电子信息前沿技术丛书

Electromagnetic
Compatibility Engineering

电磁兼容工程

[美] 亨利·W. 奥特（Henry W. Ott） 著

邹澎 等 译

清华大学出版社

北京

Electromagnetic Compatibility Engineering by Henry W. Ott
978-0-470-18930-6
Copyright © 2009 by John Wiley & Sons, inc., Hoboken, New Jersey.
Published simultaneously in Canada.
All Rights Reserved. This translation published under license. No part of this book may be reproduced in any
form without the written permission of the original copyrights holder.

北京市版权局著作权合同登记号 图字：01-2023-5906

图书在版编目（CIP）数据

电磁兼容工程 ／（美）亨利·W.奥特（Henry W. Ott）著；邹澎等译. -- 北京：清华大学出版社，
2024. 12. --（电子信息前沿技术丛书）. -- ISBN 978-7-302-67744-4

Ⅰ. TN03

中国国家版本馆 CIP 数据核字第 2024KG9930 号

责任编辑：文　怡
封面设计：王昭红
责任校对：申晓焕
责任印制：刘　菲

出版发行：清华大学出版社
　　　　网　　　址：https://www.tup.com.cn，https://www.wqxuetang.com
　　　　地　　　址：北京清华大学学研大厦 A 座　　　　邮　　编：100084
　　　　社　总　机：010-83470000　　　　　　　　　　邮　　购：010-62786544
　　　　投稿与读者服务：010-62776969，c-service@tup.tsinghua.edu.cn
　　　　质量反馈：010-62772015，zhiliang@tup.tsinghua.edu.cn
　　　　课件下载：https://www.tup.com.cn，010-83470236
印　装　者：三河市龙大印装有限公司
经　　　销：全国新华书店
开　　　本：185mm×260mm　　印　张：33.5　　　　　　字　　数：858 千字
版　　　次：2024 年 12 月第 1 版　　　　　　　　　　印　　次：2024 年 12 月第 1 次印刷
印　　　数：1～2000
定　　　价：149.00 元

产品编号：098271-01

序言

PREFACE

Electromagnetic Compatibility Engineering 是我以前的著作 *Noise Reduction Techniques in Electronic Systems* 的第 3 版，不仅更换了书名，书中的内容也有较多的变化。原来 12 章中的 9 章内容是完全重写的，还增加了 6 个新的章节和 2 个附录，超过 600 页是新加的和修订过的内容(包括 342 幅新图)。大部分的新内容是关于电磁兼容工程理论的实践应用，这些内容是基于我多年来从事电磁兼容咨询工作和电磁兼容培训的教学经验。

电磁兼容性和符合性问题是设计工程师面对的较困难和令人沮丧的问题，大部分工程师不能很好地解决这些问题，是因为在学校通常没有开设这些课程。工程师通常是通过反复尝试和试错解决 EMC 问题，很少或并不理解其中的理论知识，这是非常耗时的，结果也常常是令人不满意的。这种状况令人遗憾，因为这些问题涉及的大部分理论是简单的，而且能够使用基础物理知识来解释，本书试图纠正这种状况。

本书主要面向那些涉及电子设备或系统设计的工程师，他们要面对电磁兼容性和符合性问题。本书要处理电磁兼容工程实际问题，包括发射和抗扰性。本书中的概念适用于从音频以下到 GHz 的模拟和数字电路。在讲究成本效益的 EMC 设计中，强调的是数学计算量和复杂性要最小。读者应获得电子设备设计中必需的知识，也就是适应电磁环境，符合国际 EMC 规范。

本书可以作为高等院校高年级和继续教育"电磁兼容"课程的教科书，书后附有 251 道习题供学生练习，相应的答案在附录 F 中。

本书分为两部分：第 1 部分是电磁兼容理论，从第 1 章到第 10 章。第 2 部分是电磁兼容应用，从第 11 章到第 18 章。另外，本书有 7 个附录的补充信息(包括习题解答)。

本书内容的组织如下：第 1 章介绍电磁兼容概念，以及美国和国际 EMC 标准，包括欧盟的标准、FCC 标准和美国的军用标准。第 2 章讨论电场和磁场通过电缆耦合和串扰，以及电缆屏蔽和接地。第 3 章涵盖安全性、电源、信号和硬件/系统接地。

第 4 章讨论平衡和滤波，以及差分放大器和低频模拟电路去耦合。第 5 章介绍无源器件，涵盖影响器件性能的非理想特性，除了电阻器、电容器和电感器外，还包含铁氧体磁珠、导体和传输线。第 6 章详细分析金属薄层、塑料外导体涂层的屏蔽效果，以及孔径对屏蔽效果的影响。

第 7 章讨论继电器和开关的触点保护。第 8、9 章讨论器件和有源设备中的内部噪声源。第 8 章讨论内在噪声源，如热噪声源和散粒噪声源。第 9 章讨论有源设备中的噪声源。

第 10~12 章是有关数字电路的电磁兼容问题。第 10 章研究数字电路接地，包括有关接地阻抗和数字逻辑电流怎样流动的讨论。第 11 章讨论数字电路电源分布和去耦合。第 12 章讨论数字电路辐射机制，包括共模和差模机制。

　　第 13 章讨论交流和直流电源线上的传导发射，以及开关电源和变速电机驱动器的 EMC 问题。第 14 章讨论射频和瞬态抗扰度及电磁环境。第 15 章涉及电子产品设计中的静电放电防护问题，重点讨论机械、电子和软件设计三管齐下方法的重要性。

　　第 16 章涉及不经常讨论的印制电路板布线和叠层问题。第 17 章讨论混合信号印制电路板中分区、接地和布线的困难问题。

　　最后一章（第 18 章）是 EMC 预测量，这是在产品开发实验室使用简单且便宜的试验设备能做的测量，可以测量产品的 EMC 性能。

　　每一章的最后都有一个讨论重点内容总结及供读者复习的习题。对于那些希望得到本课题更多信息的读者，每章后都有一个参考文献目录和深入阅读文献目录。

　　7 个附录中提供了补充信息，附录 A 是关于分贝的内容，附录 B 是使产品发射最大化的 10 种最好方法，附录 C 推导薄屏蔽层中磁场的多次反射方程。

　　附录 D 的"偶极子入门"简单地、有见解地和直观地讨论偶极子天线如何工作。如果一个产品能接收或辐射电磁能，这就是天线。因此，理解一些基本的天线理论对所有的工程师，特别是 EMC 工程师是有帮助的。

　　附录 E 解释了重要的但不好理解的部分电感理论，附录 F 提供了每章末尾习题的答案。

Henry W. Ott

利文斯顿，新泽西州

译者序

FOREWORD

Electromagnetic Compatibility Engineering 是 Henry W. Ott 在其著作 *Noise Reduction Techniques in Electronic Systems* 第 2 版的基础上补充大量内容后重新出版的。原来 12 章中的 9 章内容是完全重写的,还增加了 6 个新的章节和 2 个附录。本书内容全面,既有理论分析,也有应用技术,第 1 部分是电磁兼容理论,第 2 部分是电磁兼容应用。

本书对理论分析和应用技术讲得很具体,实用性很强。例如关于电缆与机箱的屏蔽及屏蔽层的端接方法,无源器件和有源器件的噪声分析,对差模辐射、共模辐射及抑制措施的分析,去耦效果的定量研究,触点保护技术,静电防护技术,对 PCB 迹线上信号的返回电流路径的分析及 PCB 上槽和缝隙的处理方法,PCB 上的数字电流分析及模拟地和数字地的处理方法,多层 PCB 上的电磁兼容技术,EMC 预测量,部分电感的计算及接地面电感的测量等。

虽然近年来国内已经出现了很多电磁兼容教材和专著,但是对于经常要面对产品的电磁兼容认证问题、处理许多实际电磁兼容问题的系统设计工程师和电路设计工程师来说,本书仍不失为一本不可多得的参考资料。本书也可以作为电子类、电工类、通信、检测技术、仪器仪表等专业研究生、本科高年级学生的教材及相关行业的培训教材。

译者在翻译本书的过程中,除了纠正已公布的勘误表中的错误以外,也纠正了一些没有列入勘误表中的错误,使书中介绍的概念和方法更加准确。本书将中文书刊中一些不常用的单位符号收录在附录 G 中。

本书的第 1 章、第 2 章由周晓平副教授翻译,第 3 章、第 4 章、第 10~14 章由马力副教授翻译,第 5~9 章由杨明珊教授翻译,第 15~17 章、附录 A~E 由刘黎刚博士翻译,邹澎教授翻译了第 18 章、索引并审校全书。

译者水平有限,读者若发现本书中有错误和不当之处,恳请指出或提出修正意见,并发到以下邮箱:tupwenyi@163.com。

译　者

作 者 简 介

亨利·W.奥特(Henry W. Ott),IEEE life Fellow,IEEE 电磁兼容性协会的荣誉终身会员,杰出的 EMC 教育者。曾在 AT&T 贝尔实验室工作 30 年,参与导弹制导系统、核效应仪器、模拟和数字磁带记录器、电话传输和信号系统、微处理器等项目,并担任 EMC 顾问。此后创立 EMC 咨询公司并担任总裁,从事 EMC/ESD 培训和咨询。著有《电子系统中的降噪技术》《电磁兼容工程》(获美国出版商协会 PROSE Award,工程和技术领域)等著作,拥有四项专利,发表多篇技术论文。

译 者 简 介

邹澎,郑州大学信息工程学院教授,河南省电磁检测工程技术研究中心主任,河南省电工技术学会常务理事。主要从事电磁场与电磁波理论、电磁兼容和电磁环境的研究。已出版《电磁场与电磁波》《电磁兼容原理、技术和应用》《电磁辐射环境影响预测与测量》《环境电磁场测量》等专著和教材。

杨明珊,博士,郑州大学信息工程学院教授。

马力,博士,郑州大学信息工程学院副教授。

周晓平,郑州大学信息工程学院副教授。

刘黎刚,博士,郑州大学信息工程学院讲师。

目录

CONTENTS

第 2 部分 电磁兼容应用

第1部分

电磁兼容理论

第1章

电 磁 兼 容

1.1 引言

电子电路在通信、计算机、自动化和其他领域被广泛使用,各种各样的电路必须在互相靠近的情况下工作,很多时候这些电路彼此间会产生不利的影响。对电路设计人员来说,电磁干扰(EMI)已成为一个主要问题,未来,这个问题可能会变得更重要。大量、普遍地使用电子设备是导致这一趋势的原因之一。此外,集成电路的使用和大规模的集成减小了电子设备的尺寸。由于电路越来越小,越来越复杂,使越来越多的电路挤进较小的空间,增加了干扰的概率。此外,多年来时钟频率急剧增加,许多情况下超过了1000MHz。现在家庭使用的个人计算机,时钟速度超过1GHz已经很普遍。

当前,设备设计者需要做的不仅仅是让他们的系统能在实验室的理想条件下运行。除了这些明显的任务,设计的产品必须工作在其他设备附近的现实世界中,并要遵守政府的电磁兼容性法规。这就意味着设备不应受外部电磁源的影响,而且自身也不是一个污染环境的电磁噪声源。电磁兼容性应该是一个主要的设计目标。

1.2 噪声和干扰

噪声是电路中不希望存在的电信号。这个定义不包括电路中由于非线性产生的信号失真。虽然这些失真可能是不希望存在的,除非失真被耦合到电路的其他部分,否则不把它们看作噪声。因此,某一部分电路所需的信号被耦合到电路的其他部分时,就被认为是噪声。

噪声源可以分为以下三类:①内部噪声源,起因于物理系统内的随机波动,如热噪声和散粒噪声;②人为噪声源,如电动机、开关、计算机、数字电路、无线电发射机;③自然扰动产生的噪声,如闪电和太阳黑子的活动。

干扰是噪声产生的不利影响。如果噪声电压导致电路操作不当,那就是干扰。噪声不能被消除,但是干扰可以被消除。只能降低噪声的幅度,直到它不再造成干扰。

1.3 电磁兼容性设计

电磁兼容性(ElectroMagnetic Compatibility,EMC)是指一个电子系统在预定的电磁环境下正常工作且不对电磁环境产生污染的能力,电磁环境是由辐射能量和传导能量组成的。因此 EMC 包括两方面,发射和敏感性。

敏感性是指一个设备或电路对不需要的电磁能量(噪声)响应的能力,敏感性的反义词是抗扰度。一个电路或设备的抗扰度是指在一个电磁环境下该设备可以没有降级地良好地运行,并具有一定的安全裕量。确定抗扰度(或敏感性)水平的难度在于界定什么是性能降级。

发射涉及一个产品造成干扰的可能性。控制发射的目的是限制电磁能量的发射,从而控制其他产品必须工作的电磁环境。控制一个产品的发射可能会消除许多其他产品的干扰问题。因此,要产生一个电磁兼容环境最好的方法是控制发射。

在一定程度上,敏感性是能够自动调节的。如果产品对电磁环境很敏感,用户知悉后可能不会继续购买该产品。但发射往往不能自我调节。一种产品是发射源,可能自身不受发射的影响。为了保证在所有的电子产品设计中都考虑电磁兼容,各种政府机构和监管机构制定了电磁兼容法规,产品必须满足这些法规,才可以在市场上销售。这些法规控制允许的发射,在一些情况下定义了所需的抗扰程度等级。

电磁兼容可以用两种方式实现:一种是危机处理方法,另一种是系统处理方法。在危机处理方法中,设计师不考虑电磁兼容,直到完成功能设计和试制,或更糟糕的仅凭经验判断问题的存在。在这么晚的阶段实施的解决方案通常代价是昂贵的,并且由不期望的附加元件构成。这通常被称为"创可贴"方法。

随着设备开发的进程,从设计到测试,再到生产,设计师可用的各种降噪控制技术逐步减少,同时降噪成本上升。这些趋势如图 1-1 所示。因此早期解决干扰问题,通常是最好的选择,成本也最低。

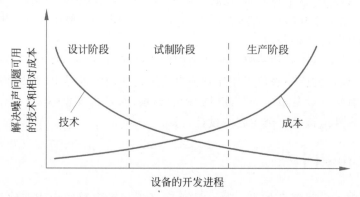

图 1-1 随着设备开发的进程,可用的各种降噪控制技术逐步减少,同时降噪成本上升

系统处理方法在整个设计过程中都要考虑电磁兼容性;设计人员在设计开始时就预先考虑电磁兼容性问题,发现在电路板和早期原型阶段存在的问题,并尽可能彻底地检测最终原型的电磁兼容性。这样一来,EMC 成为电气、机械和在某些情况下软件/硬件产品设计不可或缺的一部分。因此,电磁兼容设计是深入产品内部,而不是停留在表面。这种方法是最可取且符合成本效益的。

在设备设计的开始阶段,如果同时考虑包括子系统的电磁兼容性和噪声抑制,那么所需的降噪技术通常是简单明了的。经验表明,用这种方式处理电磁兼容,设计者应能在初始试制之前就能拿出排除了 90% 以上潜在问题的设备。

一个完全无视 EMC 的系统设计,在测试开始时就总出现问题。那时,为了找到许多可能的噪声路径对问题的影响所进行的分析就不是简单明了的了。这么晚阶段的解决方案通常包括不属于电路组成部分的额外组件。后果是增加了工程和试制费用,以及降噪元件和安装费用。此外,还可能增大尺寸、重量和功耗。

1.4　工程文件和电磁兼容

对于电磁兼容,许多重要的信息不方便通过图表等工程文件的标准方法表述。例如,一个图上的接地符号远远不足以描述这一点在何处及如何连接。许多 EMC 问题包括寄生效应,这在图纸上没有显示。此外,工程图纸中显示的器件都有非常理想的特性。

因此仅有标准工程文档的交流是不够的。良好的 EMC 设计要求在完整的设计团队中,系统工程师、电气工程师、机械工程师、EMC 工程师、软件/硬件设计师和印制电路板的设计师之间进行合作和讨论。

此外,许多计算机辅助设计(CAD)工具即使考虑了 EMC,也不够充分。因此,利用主要的 CAD 系统考虑 EMC 问题还必须经常手动。此外,你和你的印制电路设计师往往有不同的目标。你的目标是设计一个能正常工作的系统,且符合 EMC 要求。你的印制电路板(PCB)设计师的目标则是无论做什么都必须适合电路板上所有的器件和走线,不管 EMC 的影响。

1.5　美国的 EMC 法规

可以通过熟悉一些比较重要的商业和军用 EMC 法规和技术规范,加深对干扰问题及设备设计者、制造商、电子产品用户责任的理解。

最重要的是,要记住有关 EMC 法规是"活文档",并且在不断地变化。因此,一年前的标准或规范的版本可能已不再适用。当开始一个新的设计项目时,总是有最新版本的可适用法规。甚至在产品设计期间这些标准可能都在变化。

1.5.1　FCC 法规

在美国,联邦通信委员会(FCC)控制无线和有线通信的使用,其部分责任涉及干扰的控制。FCC 标准和规范的三部分对没有得到许可的电子设备有具体的要求*。这些要求包含在第 15 部分射频设备,第 18 部分工业、科学和医疗(ISM)设备和第 68 部分连接到电话网络的终端设备中。

FCC 标准和规范的第 15 部分规定了射频设备的技术标准和操作要求。射频设备是在其运行中能通过辐射、传导或其他方式发射射频能量的设备(§2.801)。射频能量可能是有意或无意发射的。按照 FCC 的定义,射频(RF)能量是:频率在 9kHz～3000GHz 范围内的任何电磁能量(§15.3(u))。规范的第 15 部分有双重目的:①为没有无线电台执照的低功率发射机运行提供规范;②控制对授权的无线电通信服务产生的干扰,这些干扰可能是能发射射频能量或噪声的设备运行时产生的。数码电子产品属于后一类。

第 15 部分分为 6 个子部分。子部分 A 为综述,子部分 B 为无意辐射体,子部分 C 为有意辐射体,子部分 D 为没有执照的个人通信设备,子部分 E 为没有执照的国家信息基础设施,子部分 F 为超宽带业务。子部分 B 包含对属于无意辐射器的电子设备的 EMC 规定。

---

* 联邦法规,第 47 条,通信。

FCC 标准和规范的第 18 部分规定了 ISM 设备的技术标准和运行条件。在工业、科学、医疗及其他用途(包括射频能量转换)中,凡使用无线电波,但既不用于也不拟用于无线电通信的任何装置,都被定义为 ISM 设备,其中包括医用电疗设备、工业加热设备、射频焊接、射频照明设备、使用无线电波在物质内产生物理变化的设备和其他类似的非通信设备。

FCC 标准和规范的第 68 部分为保护电话网络不受由终端设备(包括专用分支交换系统)连接及其接线造成的伤害提供统一标准,也为助听器和电话的兼容性提供统一标准,这种兼容性确保使用助听器的用户能合理地接入电话网。

对电话网络的伤害包括电话公司员工触电危险、电话公司的设备损坏、电话公司计费设备故障、服务降级,终端设备的用户呼叫或被叫除外。

2002 年 12 月,FCC 发布的一份报告和指令(公告 99-216)公布了第 68 部分的大部分,除了对助听器兼容性的要求。FCC 规则的第 68.602 节授权美国电信工业协会(TIA)建立终端附件管理委员会(ACTA),负责定义和出版连接到美国公众电话网终端设备的技术标准。现在这些要求定义在 TIA-968 中。法律要求所有的终端设备符合 FCC 规则第 68 部分的技术标准。第 68 部分要求直接连接到公共交换电话网络的终端设备满足第 68 部分的标准和 ACTA 公布的技术标准。

对电信终端设备制造商提供两个审批程序,内容如下:①制造商可以提供符合标准的声明(§68.320)并提交给 ACTA;②制造商可以通过委员会(§68.160)指定的电信认证机构(TCB)认证设备,TCB 必须通过美国国家标准与技术研究院(NIST)的认可。

1.5.2 FCC 第 15 部分子部分 B

FCC 法规中,第 15 部分最具普遍的适用性,因为子部分 B 实际上适用于所有的数码电子产品。1979 年 9 月,FCC 通过法规控制数字电子产品(当时称为"计算设备")的潜在干扰。FCC 法规的第 15 部分修订的这些法规"计算设备的技术标准"(公告 20780)是限制设备辐射的。现在这些法规包含在联邦法规代码为 Title 47 的第 15 部分子部分 B 中。根据这些法规设置了交流电(AC)电源线允许的最大辐射发射和最大传导发射的限值。之所以制定这些法规,是因为数码电子设备被认为是干扰无线电和电视接收的源,FCC 接到的此类投诉日益增多。在这个法规中 FCC 的表述如下。

根据已有报告,计算机对几乎所有无线电服务都造成干扰,特别是在 200MHz 以下[*],包括有关警察、航空和广播服务。由以下几个因素造成:①整个社会到处存在数字化设备并且现在已经出售给家庭使用;②技术的发展提高了计算机的速度,现在的计算机设计师的工作伴随着射频和电磁干扰,有些是他们 15 年前不曾遇到的;③现代产品已经用塑料机壳取代了钢铁机壳,钢铁机壳能屏蔽或减少辐射发射,塑料机壳很少或没有屏蔽作用。

在这个标准中,FCC 为数字设备做了如下定义(以前称为计算设备)。

一个无意的辐射体(设备或系统),该设备或系统能产生或使用速率超过 9000 脉冲(周期)/秒的定时信号或脉冲,并应用数字技术,包括使用数字技术的电话设备或产生和使用射频能量的任何设备或系统,其目的是执行数据处理功能,如电子计算、运算、变换、记录、存档、排序、存储、检索或传递(§15.3(k))。

---

[*] 注意这是 1979 年。

有意地连接到计算机上的计算机终端和外围设备,也可看作数字设备。

这个定义是宽泛的,有意包含尽可能多的产品。因此,如果一个产品采用了数字电路,时钟频率超过 9kHz,那么在 FCC 的定义下它就是一个数字设备。这个定义涵盖了现有的大多数数码电子产品。

这个定义涵盖的数字设备可分为以下两类。

A 类:销售用于商业、工业或办公环境的数字设备(§15.3(h))。

B 类:销售用于住宅环境,同时用于商业、商务和工业环境的数字设备(§15.3(i))。

由于 B 类数字设备更可能位于广播和电视接收机附近,所以这些设备的发射限值比 A 类设备的限值更严格,约 10dB。

满足这些法规中的技术标准是一个产品生产商或进口商的责任。产品在美国销售之前,FCC 要求制造商对产品进行测试,以确保符合标准。FCC 把营销定义为运输、销售、租赁、要约出售、进口等(§15.803(a))。直到产品符合标准,否则不能合法地进行广告宣传或者在展销会上展示,因为这会被视为要约出售。为了使广告宣传或产品展示合法,广告必须包含如下陈述。

该设备还没有按联邦通信委员会的标准要求获得授权,不得要约出售、出租、销售或租赁,直到获得授权(§2.803(c))。

对于个人计算机及其外围设备(B 类的一个分支),制造商能够用合格声明证明符合标准。合格声明是一个过程,在这个过程中制造商进行测量或采取其他措施,以确保设备符合适用的技术标准(§2.1071 到§2.1077)。除非特别要求,不需要向 FCC 递交抽样单元或典型的测试数据报告。

对于所有其他产品(A 类和 B 类——除了个人计算机及其外围设备),在投放市场前,制造商必须通过测试证明产品符合要求。测试是一种自我认证过程,不需要向 FCC 提交资料,除非委员会有特别的要求,这类似于符合标准声明(§2.951 至§2.956)。由 FCC 随机抽样检测产品的符合性。做符合性测试(如果产品测试失败,还要修复产品并重做测试)需要的时间应该安排进产品开发时间表。EMC 预测量(见第 18 章)有助于大大地缩短这个时间。

测试必须对代表生产单位的一个样本进行。这通常是指一个初期生产或试生产的样机。因此最终符合性测试必须是产品开发时间表中的最后一项。这不奇怪,如果产品未能通过符合性测试,对产品的任何改变都是困难的,费时且昂贵。因此,以高度的自信期望产品通过最终的符合性测试,这是可以做到的,只要确保:①正确的 EMC 设计原则(正如本书所描述的)一直贯穿于整个设计;②按照第 18 章中所述的,对早期模型和器件进行初步的 EMC 预测量。

应当指出,限值和测试程序是相互关联的。得到的限值基于指定的测试程序。因此,符合性测试必须遵循标准(§15.31)中描述的程序进行。FCC 指定对于数字设备,测试显示符合第 15 部分的规定,必须执行在测试标准 ANSI C63.4-1992 中描述的测试程序,标题为"频率在 9kHz~40GHz 范围内来自低电压电气和电子设备的无线电噪声发射的测试方法",不含 5.7 节、第 9 节、第 14 节(§15.31(a)(6))*。

测试要在一个完整的系统中进行,所有的电缆连接和配置要处于合理的方式,即以最大限

---

* 5.7 节适用于在测试中使用人工手,以支持手持设备。第 9 节适用于使用吸收钳测量无线电噪声功率,对某些受限制的频率范围内和某些类型的设备进行辐射发射测量。第 14 条适用于放宽辐射和/或传导发射限值的短期(≤200ms)瞬态发射。

度地发射(§15.31(i))。为用于个人计算机和单独销售的中央处理器(CPU)电路板和电源提供了特别授权手续(§15.32)。

1.5.3 发射

FCC 第 15 部分 EMC 标准规定了交流电源线路在 0.150~30MHz 频率范围内的最大允许传导发射和在 30MHz~40GHz 频率范围内的最大辐射发射。

1.5.3.1 辐射发射

对于辐射发射,测试程序指定了一个开阔测试场地(OATS)或在接地平面上用调谐偶极子或相关的线性极化天线做等价的测试。这种装置如图 1-2 所示。美国国家标准学会(ANSI) C63.4 允许使用替代测试场地,如吸波暗室,为其提供满足指定衰减要求的地点。然而,没有吸波衬里的屏蔽室不能用于辐射发射的测量。

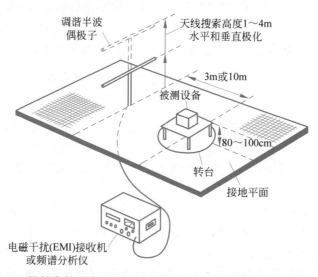

图 1-2 FCC 辐射发射测试的开阔测试场地(OATS),被测设备(EUT)在转台上

在 30~1000MHz 范围内指定的接收天线是调谐偶极子,虽然其他宽带线性极化天线也可以使用,然而在有争议的情况下,优先采纳调谐偶极子的测量数据。1000MHz 以上应使用线性极化喇叭天线。

表 1-1 列出了 FCC 对于 A 类产品,测试距离为 10m 时的辐射发射限值(§15.109)。表 1-2 列出了 B 类产品测试距离为 3m 时的辐射发射限值。

表 1-1　FCC A 类测试距离为 10m 时的辐射发射限值

频率/MHz	场强/μV·m⁻¹	场强/dBμV·m⁻¹
30~88	90	39.0
88~216	150	43.5
216~960	210	46.5
>960	300	49.5

表 1-2　FCC B 类测试距离为 3m 时的辐射发射限值

频率/MHz	场强/μV·m⁻¹	场强/dBμV·m⁻¹
30~88	100	40.0
88~216	150	43.5
216~960	200	46.5
>960	500	54

在相同的测试距离,必须做 A 类限值和 B 类限值的比较。所以,如果 B 类限值扩大到 10m 的测试距离(使用 1/d 外推),两个限值的设置比较如表 1-3 所示。可以看出,B 类限值更严格,低于 960MHz 大约 10dB 而高于 960MHz 大约 5dB。在 30~1000MHz 频率范围内(测

试距离为 10m 时),A 类和 B 类辐射发射限值如图 1-5 所示。

表 1-3　FCC A 类和 B 类测试距离为 10m 时的辐射发射限值

频率/MHz	A 类限值/dBμV·m⁻¹	B 类限值/dBμV·m⁻¹
30~88	39.0	29.5
88~216	43.5	33.0
216~960	46.5	35.5
>960	49.5	43.5

上述辐射发射测试的频率范围必须是从 30MHz 到表 1-4 中列出的频率,是基于被测设备(EUT)产生和使用的最高频率。

表 1-4　辐射发射测试的频率上限

被测设备(EUT)产生或使用的最高频率/MHz	最高测量频率/GHz
<108	1
108~500	2
500~1000	5
>1000	5 次谐波或 40GHz 较低者

1.5.3.2　传导发射

传导发射规范限制在 150kHz~30MHz 频率范围内传导回交流电源线上的电压。设定传导发射限值是因为监管机构认为,在频率低于 30MHz 的情况下,造成无线电通信干扰的主要原因是交流电源线上传导的射频能量从电源线辐射出去。因此,传导发射限值才是真正的变相的辐射发射限值。

FCC 传导发射限值(§15.107)现在和国际无线电干扰特别委员会(CISPR,来自它的法文名称)的限值是一样的,后者用于欧盟。这是该委员会 2002 年 7 月对其传导发射标准进行修改的结果,使它们与国际 CISPR 要求一致。

表 1-5 和表 1-6 分别显示了 A 类和 B 类传导发射限值。按照规定的测试程序,使用 50Ω/50μH 线路阻抗稳定网络(LISN)* 在交流电源线上测试共模电压(火线对地和中线对地)。图 1-3 表示一个典型的 FCC 传导发射测试装置。

表 1-5　FCC/CISPR A 类传导发射限值

频率/MHz	准峰值/dBμV	平均值/dBμV
0.15~0.5	79	66
0.5~30	73	60

表 1-6　FCC/CISPR B 类传导发射限值

频率/MHz	准峰值/dBμV	平均值/dBμV
0.15~0.5	66~56*	56~46*
0.5~5	56	46
5~30	60	50

*限制随频率线性减少。

比较表 1-5 和表 1-6 可知,B 级准峰值传导发射限值比 A 级限值严格 13~23dB。还要注意,峰值和平均值的测试都是必须的。峰值测试表示噪声来自窄带源,如时钟;而平均值测试表示宽带噪声源。B 级平均传导发射限值比 A 级平均限值严格 10~20dB。

图 1-4 显示了 FCC/CISPR 平均值和准峰值传导发射限值。

---

* 图 13-2 中是一个 LISN 的电路。

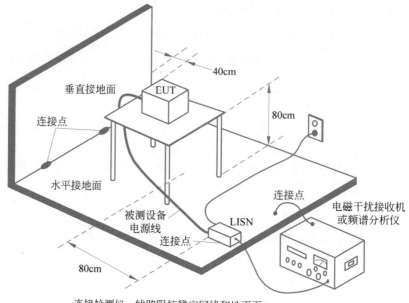

连接检测仪、线路阻抗稳定网络和地平面

图 1-3　FCC 传导发射测试装置

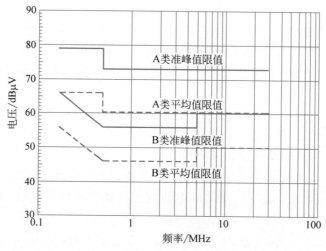

图 1-4　FCC/CISPR 平均值和准峰值传导发射限值

1.5.4　管理程序

　　FCC 法规不仅规定了产品必须满足的技术标准(限值),而且规定了必须遵循的管理程序和确定符合性必须使用的测试方法。大多数行政程序包含在 FCC 法规和标准的第 2 部分的子部分 I(射频设备的市场营销)、子部分 J(设备认证程序)和子部分 K(可能造成有害干扰的设备的输入口)中。

　　一个产品不仅必须通过符合法规中技术标准的测试,还必须贴符合性标签(§15.19),且必须提供给用户(§15.105)关于其潜在干扰的信息。

　　除了上面提到的技术标准外,规则还包含了一个不干扰的要求,声明如果产品的使用产生了有害的干扰,用户必须停止运行该设备(§15.5)。请注意技术标准和不干扰要求之间责任的不同。满足技术标准(限值)是产品制造商或进口商的责任,满足不干扰要求则是产品用户的责任。

除了最初的测试以确定产品的符合性外,规则还规定,制造商或进口商对后来制造单位后续或正在进行的符合性负责(§2.953,2.955,2.1073,2.1075)。

如果改变了一个符合标准的产品,制造商有责任确定这种改变是否影响了产品的符合性。FCC已经警告制造商(公告3281,1982年4月7日)注意:

从表面上看,很多变化是无关紧要的,其实是非常重要的。因为,这样一个电路板布局的变化,添加、去除甚至变更一根导线甚至在逻辑上的改变几乎肯定会改变设备的发射特性。无论这种特征的变化是否足以让产品不再符合标准,最好能重新测试。

2008年9月,FCC从已满足法规的技术标准考虑豁免了8个子类的数字设备(§15.103),这些设备如下。

(1)专门用于运输工具的数字设备,如汽车、飞机或船舶。

(2)用于工业设施、工厂或公众事业的工业控制系统。

(3)工业、商业、医疗试验设备。

(4)专用的数字设备,如微波炉、洗碗机、衣服烘干机、空调等。

(5)一般在有执照的保健医生指导下或监督下使用的专门医疗设备,无论是用于患者家中,还是用于健康保健机构。注意,通过零售渠道销售的、一般公众使用的医疗设备不被豁免。

(6)功率消耗不超过6nW的设备,如数字手表。

(7)不包含数字电路的操纵杆控制器或类似的设备(如鼠标)。注意,设备中允许有简单的模数转换集成电路(IC)。

(8)最高频率低于1.70MHz,同时不依赖AC电源线工作,或当连接到交流电源线工作时有预防措施的设备。

但是,上述豁免的每一种设备仍然要满足不干扰规则的要求。如果这些设备在使用中造成任何有害的干扰,使用者必须停止运行设备或在某种程度上解决干扰问题。FCC还指出,尽管不是强制性的,但还是强烈建议豁免设备的制造商努力使设备符合规则第15部分适用的技术标准。

由于FCC涵盖多种类型的电子产品,包括数字电子设备,设计和开发者应有一套完整的、最新的适用于其产品的FCC规则。设计时应该参考这些规则以免日后要求符合性认证时的困窘。

一套完整的FCC规则包含在联邦法规第47条(电信)的0~300部分中,包括5卷,可以从美国政府印刷局文件的负责人处获得。FCC的规则是在第一卷,包含联邦法规的0~19部分。新版本在每年春季出版,包含上一年度10月份以来出版的所有现行法规。这些法规还可在FCC的官网上在线查询。

当更改FCC的法规时,在官方文件正式发布之前有一个过渡期。过渡期通常是规则发布在联邦公报后一定的天数。

1.5.5 敏感度

1982年8月,美国国会修改了1934年通信法案(众议院法案♯3239),授权给FCC以规范家用电子设备和系统的敏感度。例如,收音机和电视机、家用防盗报警器和安全系统、自动车库门开启器、电子琴和立体声/高保真系统等都是家用电子设备。虽然这条法规主要针对家庭娱乐设备和系统,不是有意阻止家庭之外使用的设备采用 FCC 的敏感度标准。但迄今为止,FCC 对这项职权没有采取行动。虽然在 1978 年(一般公告号 78-369)公布了射频对电子设备干扰问题的调查。FCC 依靠行业的自律,如果行业在这方面管理不严,FCC 可以行使其管辖权。

对电磁环境调查(Heirman 1976 年,简氏 1977)表明,在约 1% 的时间内电场强度大于 2V/m。由于美国对于商业设备没有法律规定的敏感度要求,一个合理的最低抗扰度目标可能是 2~3V/m。显然敏感度小于 1V/m 的产品不是好的设计,使用期间很可能受到射频场的干扰。

1982 年,加拿大政府发布了一个电磁兼容性咨询公告(EMCAB-1),定义了电子设备抗扰度的三个级别或等级,表述如下。

(1) 符合 1 级(1V/m)的产品可能出现性能下降。

(2) 符合 2 级(3V/m)的产品不太可能出现性能下降。

(3) 符合 3 级(10V/m)的产品只有在非常恶劣的环境下才可能出现性能下降。

1990 年 6 月,加拿大工业部发布了 EMCAB-1 的升级版本。这个升级版本的结论是,位于人口密集区的产品,在大多数频带内,可能暴露在 1~20V/m 的场强范围内。

1.5.6　医疗设备

大多数的医疗设备(除了第 18 部分规则以外)是从 FCC 规则中豁免的。由美国食品和药物管理局(FDA)而不是 FCC 管理医疗设备。虽然 FDA 早在 1979 年就制定了 EMC 标准(MDS-201-0004,1979),但他们从来没有强制性地正式采用这些标准。他们依靠检查员的指导文件,确保医疗设备适当的设计,以免除电磁干扰(EMI)。这份文件——医疗器械质量体系电磁兼容性检查指南的规定如下。

此时 FDA 并不需要符合任何 EMC 标准。然而,在新设备的设计或重新设计现有设备时,应该解决 EMC 问题。

然而,FDA 正在越来越关注医疗设备的 EMC 问题。检查员现在要求制造商保证他们在设计过程中解决电磁兼容问题,且该设备能在预定的电磁环境中正常工作。上述指南鼓励制造商将 IEC 60601-1-2 医疗设备电磁兼容要求和试验作为他们的 EMC 标准。IEC 60601-1-2 提供了发射和抗扰度的限值,包括例如静电放电(ESD)的瞬态抗扰度。

结果,在大多数情况下,IEC 60601-1-2 已经有效地成为非官方的,但事实上美国医疗设备必须满足的 EMC 标准。

1.5.7　电信

在美国,电信交换局(网络)的设备是 FCC 第 15 部分的标准和规范中豁免的,只要它安装在国有电话公司租用的专用建筑物或大房间内。如果安装在用户的设施中,如办公室或商业建筑中,豁免并不适用,而是适用 FCC 第 15 部分的规则。

Telecordia(以前的贝尔实验室)的 GR-1089 通常是美国适用于电信网络设备的标准。GR-1089 涵盖发射和敏感度,有点类似欧盟的 EMC 要求。该标准通常被作为 NEBS 要求。NEBS 适用于新设备建设标准。该标准来自原来的 AT&T 贝尔系统内部的 NEBS 标准。这些标准不是强制性的法律要求,而是签署在买方和卖方的合同中。因此,可以放弃这些要求或在某些情况下不执行。

1.5.8 汽车

如前所述,在美国(§15.103),EMC法规对安装在交通运输车辆内的许多(尽管不是全部)电子产品是豁免的,如FCC第15部分的规定。

这并不意味着车辆系统没有法定的EMC要求。在世界许多地区,对于车辆电磁辐射和抗干扰度都有法定的要求。这些法定的要求通常是根据许多国际公认的标准制定的,例如,CISPR、国际标准化组织(ISO)和汽车工程师协会(SAE)等组织已经出版了多个适用于汽车产业的EMC标准。虽然这些标准是自愿的,但汽车制造商要么严格地应用,要么将其作为企业自身发展要求的参考。这些企业发展要求可能包括部件和车辆级别的,并且往往是基于客户满意的目标,因此,他们几乎都受强制性标准的影响。

例如,SAE J551是汽车级EMC标准,SAE J1113是部件级EMC标准,适用于单独的电子模块。这两个标准包括发射和抗扰度,有点类似军用的电磁兼容标准。

车辆的EMC标准包括发射和抗扰度,是世界上最严格的EMC标准,部分原因是车上有各种类型的系统组合,而且它们彼此靠近。这些系统包括高压放电(如火花点火系统)靠近敏感的娱乐无线接收系统;电感设备的配线,例如作为数据通信线在同一线束内的电动机和螺线管的配线;工作在快速切换状态的新的混合动力汽车的大电流电机驱动系统。辐射发射标准通常比FCC B类限值严格40dB。辐射抗扰度测试的电场强度是200V/m(或在某些情况下更高),大多数非汽车商业用的抗扰度标准是3V/m或10V/m。

在欧盟,EMC指令(204/108/EC)对车辆和车辆内使用的电子设备都是豁免的,但它们属于汽车指令(95/54/EC)的范围,包含EMC要求。

1.6 加拿大的 EMC 要求

加拿大的EMC法规类似于美国。加拿大的法规由加拿大工业部管理。表1-7列出了加拿大适用于各类产品的EMC标准。这些标准可以从加拿大工业部官网上查询。

表1-7 加拿大 EMC 测试标准

设 备 类 型	标　　准
信息技术设备(ITE)*	ICES-003
工业、科学和医疗设备(ISM)	ICES-001
连接到电话网络的终端设备	CS-03

* 数字设备。

ITE和ISM标准、电信标准都可从加拿大工业部官网找到。

ITE的测量方法和实际限值包含于"CAN/CSA-CEI/IEC CISPR 22:02,信息技术设备的无线电骚扰特性的限值和测量方法"中。

为减少美国和加拿大制造商的负担,美国和加拿大签署了相互默认协议,即一个国家同意接受来自另一个国家的用于设备授权目的的测试报告(FCC公告54795,1995年7月12日)。

1.7 欧盟的 EMC 要求

1989年5月,欧盟(EU)颁布了有关电磁兼容性的法规(89/336/EEC),1992年1月1日生效。然而欧盟委员会低估了该法规的实施工作。结果欧盟委员会修订了 1992 年的法规，允许一个 4 年的过渡期，并要求 1996 年 1 月 1 日完全实施 EMC 法规。

欧洲 EMC 法规不同于 FCC 法规，除了发射要求外还包括抗扰度的要求。另一个不同之处在于该法规涵盖了所有电气/电子设备，没有例外，没有豁免，甚至涵盖了灯泡。但是，该法规不包括其他 EMC 相关标准涵盖的设备，如汽车法规。另一个例子是医疗设备，归入医疗法规（93/42/EEC）而不是 EMC 法规。

1.7.1 发射要求

如前所述，目前欧盟的传导发射要求与 FCC 的相同（见表 1-5、表 1-6 及图 1-4）。辐射发射标准相似但不完全相同。表 1-8 显示了距离 10m 测试时欧盟的 A 类和 B 类辐射干扰限值。

表 1-8　CISPR 辐射发射限值（距离 10m）

频率/MHz	A 类限值/dBmV·m⁻¹	B 类限值/dBmV·m⁻¹
30～230	40	30
230～1000	47	37

图 1-5 比较了欧盟的辐射发射标准与当前 FCC 标准，频率范围为 30～1000MHz。其中，FCC B 类限值已扩展到 10m 的测试距离。可以看出，在 88～230MHz 的频率范围内，欧洲（CISPR）限值更严格。频率低于 88MHz 和高于 230MHz 时，CISPR 和 FCC 限值几乎相同（相互差别为 0.5dB 以内）。但是频率超过 1GHz 时，欧盟没有辐射发射限值，而 FCC 的限值在某些情况下（见表 1-4）可达到 40GHz。

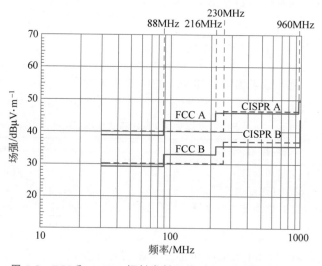

图 1-5　FCC 和 CISPR 辐射发射限值对比，测试距离为 10m

表 1-9 是在测试距离为 10m 时，FCC 和 CISPR 的辐射发射限值在最坏情况下的简单对比。

表 1-9　商用产品在最坏情况下辐射干扰发射限值的简单对比，测试距离为 10m

频率/MHz	A 类限值/dBmV·m⁻¹	B 类限值/dBmV·m⁻¹
30～230	39	29.5
230～1000	46.5	35.5
>1000	49.5	43.5

1.7.2 谐波和闪烁

欧盟有两个额外的发射要求,涉及电能质量问题,即谐波和闪烁。这些规定适用于每相输入电流不大于16A,连接到公共交流配电系统的产品。而FCC却没有类似的规定。

谐波标准(EN61000-3-2)限制是由于产品的影响来自交流电源线电流中的谐波(表18-3)。谐波的产生是由于交流电源线上接入了非线性负载,常见的非线性负载包括开关电源、变速电机驱动器和荧光灯的电子镇流器。

主要的谐波源是一个直接连接到交流电源线上的全波整流器,其次是大电容输入滤波器。在这些情况下,当输入电压大于滤波电容上的电压时,电流才流过电源线。结果电源线的电流只在交流电压波形的峰值处流过(图13-4)。合成电流波形有丰富的奇次谐波(三次、五次、七次等)。在这种情况下,总谐波失真(THD)达到70%~150%并不罕见。

电流脉冲的上升和下降时间,以及电流波形的振幅决定了出现谐波的数量。如果没有某种被动或主动功率因数校正电路,大多数开关电源(电压值非常低的电源除外)和变速电机驱动器不能满足这种要求。

为了缓解这一问题,交流输入电流脉冲必须延展到一个周期的较大部分,以减少谐波数量。正常情况下,电流脉冲的总谐波失真度必须降低到25%或更低才能符合欧盟的要求。

闪烁标准(EN 61000-3-3)限制来自产品引起的交流电源线中电流的瞬态变化,见表18-4。这个标准的目的是防止灯光的闪烁,因为它会扰民。这个标准是基于切断被测设备的交流电源时,由同一交流电源供电的一个60W白炽灯的照明无明显的变化。

由于电源线的有限源阻抗,连接到电源线上的设备改变电流会使交流电源线产生相应的电压波动。如果电压变化足够大,会产生可察觉的灯光照明变化。如果负载变化的幅度和频率过大,灯光的闪烁就会产生刺激性,令人烦恼。

为了确定合适的限值,许多人接受光闪烁实验,以确定过敏的临界值。当闪烁频率较低(小于每分钟一次)时,交流线电压变化3%时就会使人烦恼。当光闪烁频率大约为每分钟1000次时是人们最敏感的。每分钟1000次的频率、0.3%的电压变化与每分钟低于1次的频率、3%的电压变化,对人造成的刺激性是一样的。当频率为每分钟1800次以上时,光闪烁就不会被人察觉了。

大多数EMC发射要求是基于一个测量参数的大小不超过一定的值(限值)。但是,闪烁测试的不同之处在于需要进行大量的测试,然后对测量数据进行统计分析,以确定是否超出限值。

对于大多数设备而言,这个要求不是问题,因为它们不会产生很大的瞬态电流从而切断交流电源线。但是,对于突然开启会产生大电流的加热器或者重载的电机等产品而言,这种要求就成为一个问题。例如,当空调压缩机或复印机的大型加热器突然开启时的情况。

1.7.3 抗扰度要求

欧盟的抗扰度要求涵盖了辐射和传导抗扰度,以及静电放电、电快速瞬变(EFT)和浪涌的瞬态抗扰度。

EFT规则模拟交流电源线上的电感性开关负载产生的噪声。当电流接触器开启一个电感性负载的开关时,就会形成一串电弧。浪涌规则是为了模拟附近的一个闪电脉冲效应。

此外,欧盟还有敏感度要求,包括交流电压跌落、突降和中断。

关于瞬态抗扰度和电源线骚扰要求的其他信息,见 14.3 节和 14.4 节。

1.7.4　法规和标准

欧洲的规定是由法规和标准组成的。这些法规概括性强且为法律性要求。这些标准提供了一种方法,但不是符合法规的唯一的方法。

电磁兼容法规 2004/108/EC(取代了原来的电磁兼容法规 89/336/EEC)对在欧盟销售的产品规定了以下基本要求。

(1) 设备必须确保其产生的电磁骚扰不会影响周围的无线电、电信设备和其他装置实现其预期的功能。

(2) 设备必须具有固有的抗扰度电平,以对抗外部产生的电磁骚扰。

这些仅仅是关于 EMC 的法律要求,这些要求是概括性的。该法规提供了两种符合要求的证明方式。最常用的是发表一份符合性声明;另一种选择是使用技术解释文件。

如果经测试,产品符合适用的 EMC 标准,就被认定为符合法规的要求,制造商可以提出符合标准的声明,证明这一事实。

发表一份符合性声明是一个自我认证的过程,在这份声明中责任方、制造商或进口商必须首先确定产品的可适用标准,按照标准测试产品,并发表声明,声明这些产品符合这些标准和 EMC 法规。这些符合性声明可以是单页的文件,但必须包含以下内容。

- 应用欧盟委员会的哪些法规(所有适用的法规)。
- 确定符合性使用的标准(包括标准的日期)。
- 产品名称和型号,如果适用,还有序列号。
- 制造商名称及地址。
- 一份证明产品符合法规的注有日期的声明。
- 一个法律上能约束制造商的个人授权签名。

这些证明符合性的技术解释性文件是欧盟独有的。技术解释性文件通常用于没有统一标准的产品及制造商认为通用标准不适用的情况,在这种情况下,制造商会提交技术文件以描述为确保符合 EMC 法规使用的程序和测试。制造商可以开发自己的 EMC 规范和测试程序。制造商可以决定如何、在哪里、什么时候对产品进行 EMC 测试。但是,技术解释文件必须经独立、合格的机构的认可。这些合格的机构是由欧盟的各个国家指定的,并且由欧盟委员会在欧盟的官方公报上公布名单。这些合格的机构必须同意使用制造商的程序和测试方法,产品满足 EMC 法规的基本要求。这种方法是可以接受的,因为在欧盟 EMC 法规是法律文件,而不是标准,是必须满足的。在大部分其他司法管辖区,标准是必须遵守的法律文件。

经过上述程序之一证明符合 EMC 法规的产品,将被贴上 CE 标志。CE 标志使用一种指定的、独特字体的字母"CE"。贴上 CE 标志的产品表示其符合所有适用的法规,而不仅仅是 EMC 法规。其他适用的法规可能包括安全法规、玩具法规、机械法规等。

在欧盟存在两种类型的标准,即产品的特定标准和通用标准*。产品特定标准总是优先于通用标准。但是,对于某一种产品,如果没有适用的产品特定标准,通用标准就是适用的。一种产品的发射和抗扰度要求通常涵盖不同的标准。目前,已有超过 50 种不同的标准与 EMC 法规有关。表 1-10 列出了一些普遍适用的产品的特定标准及 4 个通用 EMC 标准。如

---

* 还存在第三类标准,即基础标准。基础标准通常是试验或测量程序,被产品特定标准或通用标准引用。

果在一个类别中没有某种产品的特定标准,则要求默认采用适用的通用标准。

表 1-10 欧盟 EMC 测试标准

设备类型	发 射	抗 扰 度
产品特定标准		
信息技术设备(ITE)	EN 55022	EN 55024
工业、科学和医疗设备(ISM)	EN 55011	—
广播电视信号接收设备	EN 55013	EN 55020
家用电器/电动工具	EN 55014-1	EN 55014-2
灯具及照明设备	EN 55015	EN 61547
可调速马达驱动器	EN 61800-3	EN 61800-3
医疗设备[a]	EN 60601-1-2	EN 60601-1-2
通用标准		
住宅、商业、轻工业环境	EN 61000-6-3	EN 61000-6-1
重工业环境	EN 61000-6-4	EN 61000-6-2

[a] 适用医疗法规(93/42/EEC),而不是 EMC 法规。

欧盟的标准撰写组织 CENELEC(欧洲电工技术标准化委员会)已被分配制定相应的满足 EMC 法规基本要求的技术规范的任务,符合这些技术规范就被认为符合 EMC 法规的基本要求。这些规范被称为统一标准。大多数 CENELEC 标准来自国际电工技术委员会(ITC)或是 CISPR 标准——ITC 抗扰度标准和 CISPR 发射标准。CENELEC 标准或(EN)欧洲标准只有在"欧盟的官方公报"公布后才是正式的。

由于常有新标准的生效和现有标准的修订,通常在标准中规定 2 年的过渡期。在过渡期期间,无论是旧标准还是新标准,都可以用于证明符合 EMC 法规。

关于 EMC 法规 2004/108/EC 和统一标准的最新资料,可在欧盟相关网站中找到。

鉴于 EMC 法规涉及的范围较广,涵盖了各种各样的产品。1997 年,欧盟委员会认为,有必要出版一本 124 页的指南,对电磁兼容法规进行解释,供制造商、测试实验室和其他受法规(欧盟委员会,1997)影响的部门使用。这一指南阐明与解释了与 EMC 法规相关的事项和程序,也阐明了法规在元件、组件、仪器、系统和安装方面的应用,以及在备件、设备使用和修理方面的应用。

1.8 国际协调

应制定一个允许电子产品的发射和抗扰度的国际 EMC 标准,取代许多不同国家的 EMC 标准。这将使制造商按照一个被世界各地接受的标准设计和测试产品。图 1-6 描述了对一个典型的全球商业产品不同类型的 EMC 要求,包括发射和抗扰度,必须符合统一的世界市场要求。

比统一的 EMC 标准更重要的是统一的 EMC 测试程序。如果测试过程是一样的,那么可以只做一次 EMC 测试,将测试结果与许多不同的标准(限值)比较,从而确定符合每个标准。但是,当测试程序不同时,产品必须针对每个标准重新测试,这是一项昂贵和耗时的工作。

最可能实现统一的是欧洲联盟的 EMC 标准,它是以 CISPR 标准为基础的。CISPR 成立于 1934 年,为了促进国际贸易,确定了射频干扰的测量方法和限值。CISPR 没有监管机构,但政府采纳了它的标准,就成了国家标准。1985 年,CISPR 采用一套新的信息技术设备的发

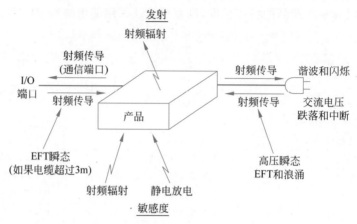

图 1-6　典型的全球商业 EMC 需求

射标准(出版物 22,计算机和数字电子设备)。欧盟已将 CISPR 标准作为其发射规则的基础。作为 CISPR 投票成员,美国投票赞成新的标准。这一举动对 FCC 产生了相当大的压力,迫使他们采用同样的标准。

1996 年,FCC 修改了其第 15 部分的规则,允许制造商使用符合标准声明作为个人计算机及其外围设备的符合程序,这类似于使用欧盟的 EMC 规定。如上所述,FCC 也采用 CISPR 传导发射限值。

1.9　军用标准

EMC 标准的另一个重要组成部分是由美国国防部发行的,适用于军事和航空航天设备的标准。1968 年,(美国)国防部综合了各部门众多不同的 EMC 标准,形成了两个普遍适用的标准：MIL-STD-461 规定了必须满足的限值,MIL-STD-462 规定了做 MIL-STD-461 中试验的测试方法和测试程序。这些标准比 FCC 的规定更为严格,它们涵盖抗扰度及 30Hz～40GHz 频率范围内的发射。

多年来,这些标准从 1968 年的 MIL-STD-461A 修订为 1999 年的 MIL-STD-461E。1999 年,MIL-STD-461D(限值)和 MIL-STD-462D(测试程序)已合并为一个标准 MIL-STD-461E,涵盖了限值和试验程序[*]。

不同于商业标准,MIL-STDs 不是法律要求,更像是合同要求。这样协商、放弃测试限值都是有可能的。早期版本仍然适用于目前的产品,因为是合同要求而不是法律要求。通常任何版本对指定的原始采购合同都适用。[**]

军用标准中规定的测试程序往往不同于商业 EMC 标准中的规定,导致难以直接与限值进行比较。对于电磁发射,军用标准中规定在封闭室(屏蔽室)中进行测试,而 FCC 和欧盟的规则要求在开阔场地内进行测试。对于传导发射的测试,军用标准最初测量电流,而商业标准测量电压。

随着对 EMC 测试及其准确性的了解越来越多,军用标准已受到对它的一些测试程序的一些

---

[*]　2007 年 12 月 10 日公布了 MIL-STD-461F。

[**]　相比之下,当一个商业标准修订、修改或制定的过渡期结束后,所有新生产的产品必须符合新的限值。

批评。因此,军用标准已采纳了一些商业测试的程序。例如,对传导发射的测试,MIL-STD-461E规定使用线路阻抗稳定网络(LISN)测量电压而不测量电流。MIL-STD-461E 也要求必须在室内墙壁上装一些吸波材料,用于发射和抗扰度测试,以消除部分反射。

表 1-11 是由 MIL-STD-461E 标准建立的发射和抗扰度要求的清单。辐射发射、传导发射及辐射、传导和高电压瞬变的敏感性都必须进行测试。

军用标准是专用的,不同的环境(如陆军、海军、航空航天等)往往有不同的限值。表 1-11 中列出的某些规定只适用于某些环境,而不是全部。表 1-12 列出了适用于各种环境的标准。

表 1-11　MIL-STD-461E 的发射与敏感度要求

标　准	描　述
CE 101	传导发射,电源线,30Hz～10kHz
CE 102	传导发射,电源线,10kHz～10MHz
CE 106	传导发射,天线终端,10kHz～40GHz
CS 101	传导敏感度,电源线,30Hz～50kHz
CS 103	传导敏感度,天线端口,互调,15kHz～10GHz
CS 104	传导敏感度,天线端口,抑制干扰信号,30Hz～20GHz
CS 105	传导敏感度,天线端口,交叉调制,30Hz～20GHz
CS 109	传导敏感度,结构电流,60Hz～100kHz
CS 114	传导敏感度,大电流注入,10kHz～40MHz
CS 115	传导敏感度,大电流注入,脉冲激励
CS 116	传导敏感度,阻尼正弦瞬变,电缆和电源线,10kHz～100MHz
RE 101	辐射发射,磁场,30Hz～100kHz
RE 102	辐射发射,电场,10kHz～18GHz
RE 103	辐射发射,天线杂波和谐波输出,10kHz～40GHz
RS 101	辐射敏感度,磁场,30Hz～100kHz
RS 103	辐射敏感度,电场,10kHz～40GHz
RS 105	辐射敏感度,瞬态电磁场

表 1-12　标准的适应性矩阵,MIL-STD-461E

安装在其内部、上面的设备,或从下列平台或装置发射的设备	C E 1 0 1	C E 1 0 2	C E 1 0 6	C S 1 0 1	C S 1 0 3	C S 1 0 4	C S 1 0 5	C S 1 0 9	C S 1 1 4	C S 1 1 5	C S 1 1 6	R E 1 0 1	R E 1 0 2	R E 1 0 3	R S 1 0 1	R S 1 0 3	R S 1 0 5
水面舰艇	A	A	L	A	S	S	S	A	A	S	A	A	A	L	A	A	L
潜艇	A	A	L	A	S	S	S	L	A	S	A	A	A	L	A	A	L
飞机、陆军、航线	A	A	L	A	S	S	S	A	A	A	A	A	A	L	A	A	L
飞机、海军	L	A	L	A	S	S	S	A	A	A	A	L	A	L	A	L	L
飞机、空军	A	A	L	A	S	S	S	A	A	A	A	A	A	L	A	A	N
太空系统与发射设备	A	A	L	A	S	S	S	A	A	A	A	A	A	L	A	A	N
地面、陆军	A	A	L	A	S	S	S	A	A	A	A	A	A	L	A	A	N
地面、海军	A	A	L	A	S	S	S	A	A	A	A	A	A	L	A	A	L
地面、空军	A	A	L	A	S	S	S	A	A	A	A	A	A	L	A	A	N

A=适用,L=标准中规定有限的适用性,S=仅适用于采购文件中有规定的,N=不适用

1.10 航空电子技术

商业航空产业具有自己的一套 EMC 标准,与军用标准类似。这些标准适用于商用飞机的全部频谱,包括轻型通用航空飞机、直升机、大型喷气式飞机等。航空无线电技术委员会(RTCA)为航空电子行业制定这些标准,目前的版本是 2004 年 12 月发行的 RTCA/DO-160E 机载设备的环境条件和测试程序,第 15～23 节和第 25 节涵盖了 EMC 问题。

类似于军用标准,DO-160E 是一项合同要求而不是法律要求,因此其条款是可以协商的。

1.11 监管过程

我们都可能熟悉一个谚语:不懂法律就不能保护自己。那么政府怎样做才能使其商用 EMC 法规公开,让大家都知道它们的存在呢?大多数国家通过国家的"官方公报"公布或引用法规。在美国,官方刊物是《联邦纪事》;在加拿大,官方刊物是《加拿大公报》;而欧盟也有自己的官方刊物。

一旦在官方公报中公布或引用法规,那么就已假定官方及个人都知道它的存在。

1.12 典型噪声路径

一个典型的噪声路径框图如图 1-7 所示,产生干扰问题要具备三个要素:①必须有一个噪声源;②必须有一个对该噪声敏感的接收体;③必须有一个从源到接收体的传输噪声的耦合通道。此外,噪声有以下特性:噪声是在该接收体敏感的频率(F)被发射,幅度(A)足以影响接收体,而且在这一段时间(T)内接收体对噪声是敏感的。记住噪声重要特性的一个好方法是用缩略词 FAT。

图 1-7　必须有一个噪声源、耦合通道和接收体,噪声才可能成为一个问题

分析噪声问题的第一步是明确问题所在:噪声源是什么?接收体是什么?耦合通道是什么?噪声的 FAT 特性是什么?因此,有三种方法阻断噪声途径:①在源处改变噪声的特点;②使接收体对噪声不敏感;③消除或减少耦合通道的传输。在某些情况下,噪声抑制技术必须同时应用两个或三个噪声要素。

对于发射问题,我们最有可能从改变发射源的特性着手,如其频率、幅度或时间。对于敏感性问题,我们最有可能将注意力放在改进接收体上以增加其对噪声的抗扰性。在许多情况下,改进噪声源或接收体是不实际的,那么留给我们的唯一选择就只有控制耦合通道了。

例如,图 1-8 所示的电路表示一个连接到电机驱动电路屏蔽装置的直流(DC)电动机。电机噪声干扰了同一设备中的一个低电平电路。电机换向器噪声沿着导线传导出屏蔽壳到驱动电路。来自导线的噪声被辐射到低电平电路。

在这个例子中,噪声源是电刷和换向器之间的电弧。耦合通道包括两部分:电机导线的传导和导线的辐射。接收体是低电平电路。在这种情况下,对噪声源或接收体无法做出大的改动。因此,必须阻断耦合通道来消除干扰,必须阻止噪声从屏蔽壳传导出或从导线辐射,或者同时采取这两方面的措施。有关这个例子更充分的讨论见 5.7 节。

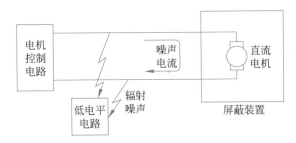

图 1-8　在这个例子中,噪声源是电机,接收体是低电平电路,
耦合通道由电机导线的传导和导线的辐射组成

1.13　噪声耦合方法

1.13.1　传导耦合噪声

将噪声耦合入电路的最明显但又往往被忽视的一种方法是通过导体,一根穿过噪声环境的导线可能拾取噪声,然后传导到另一个电路,从而导致干扰。解决的方法是阻止导线拾取噪声或在其干扰敏感电路之前通过滤波的方法去除噪声。

主要的例子是通过电源线将噪声传导到一个电路。如果电路的设计者无法控制电源,或其他设备连接到电源上,就必须在噪声进入电路之前采用去耦或滤波去除导线中的噪声。第二个例子是噪声从穿过屏蔽壳的导线耦合进或耦合出屏蔽壳。

1.13.2　共阻抗耦合

当电流从两个不同的电路流过一个共同的阻抗时,会发生共阻抗耦合。一个电路阻抗两端的电压降会受另一个电路的影响。这种类型的耦合通常发生在电源和(或)接地系统中。这种类型耦合的典型例子如图 1-9 所示,接地电流 1 和 2 都流过共同的接地阻抗。对于电路 1,其接地电位受到流过共同接地阻抗的接地电流 2 的调制。因此,有一些噪声通过共同的接地阻抗从电路 2 耦合到电路 1,反之亦然。

这个问题的另一个例子是配电线路,如图 1-10 所示。电路 2 所需的电源电流的任何变化都会影响电路 1 的端电压,因为电源线和电源内部的阻抗是共同的阻抗。通过将电路 2 的导线直接连接到电源输出端,就可绕过公共线阻抗,得到有效的改进。但是,通过电源的内部阻抗耦合的一些噪声将继续存在。

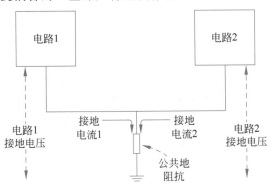

图 1-9　当两个电路共用一个地时,一个电路地
电压受另一个电路地电流的影响

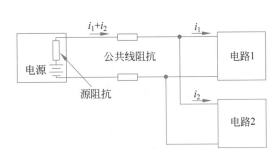

图 1-10　当两个电路共用一个电源时,一个电路
的电流会影响另一个电路的电压

1.13.3 电场和磁场耦合

辐射电场和磁场提供了另一种噪声耦合的方式。所有的电路元件,包括导体,当电荷运动时都会产生电磁辐射。除了这些无意的辐射,还有有意的源辐射,如广播电台和雷达发射机。当接收器靠近源时(近场),应该分别考虑电场和磁场。当接收机远离源(远场),辐射被认为是电场和磁场的结合或电磁辐射。*

1.14 其他噪声源

1.14.1 电池作用

如果不同的金属用在低电平信号的电路中,可能因两种不同金属之间的电池效应而产生噪声电压。两种金属之间的接触面上由于潮湿或水蒸气会产生化学湿电池(电偶)。产生的电压取决于使用的两种金属,与它们在电化学序列中的位置有关,如表 1-13 所示。表中两种金属相距越远,产生的电压就越大。如果是同一种金属,则没有电位差产生。

表 1-13   电位序

阳极端 (最易受腐蚀)		第 4 组	13. 镍(活性的)
第 1 组	1. 镁		14. 黄铜
第 2 组	2. 锌		15. 铜
	3. 镀锌钢板		16. 青铜
	4. 铝 2S		17. 铜镍合金
	5. 镉		18. 蒙乃尔铜镍合金
	6. 铝 17ST		19. 银焊料
			20. 镍(钝化的)*
第 3 组	7. 钢		21. 不锈钢(钝化的)*
	8. 铁		
	9. 不锈钢(活性的)	第 5 组	22. 银
	10. 锡铅焊料		23. 石墨
	11. 铅		24. 黄金
	12. 锡		25. 铂(最不易受腐蚀)
			阴极端

* 浸在一种强酸溶液中被钝化。

除了产生噪声电压,使用不同的金属可产生腐蚀问题。电偶腐蚀使正离子从一种金属迁移到另一种金属上。这种作用将导致正极材料逐渐被腐蚀。腐蚀的速率取决于环境中的水分含量及两种材料在电化学序列中的距离。在电化学序列中相距越远的金属,离子传输得越快。一组金属的组合是不可取的,但却又很常见,那就是铝和铜。在这种结合中,铝最终会被腐蚀。但是,如果铜上涂有铅锡焊料,反应就会明显减缓,因为铝和铅-锡焊料在电化学序列中比较接近。

产生电池效应的要素有如下 4 个。

---

* 见第 6 章近场和远场的解释。

（1）阳极材料（表 1-13 中排名靠前的）。

（2）电解质（通常是以潮湿的形式存在）。

（3）阴极材料（表 1-13 中排名靠后的）。

（4）阳极和阴极之间的传导电连接（通常存在漏电路径）。

即使阳极和阴极之间没有潮湿现象，电池效应也能发生。原因是当两种金属连接在一起时，表面上总有一些湿气，如图 1-11 所示。

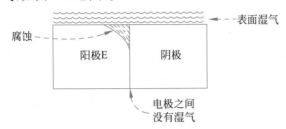

图 1-11　如果两种不同金属连接而且表面有湿气，就会产生电池效应

从表 1-13 可以看出，电化学序列的金属分为 5 组。当不同的金属必须结合时，希望金属来自同一组。如果产品要在一个相当良好的室内环境中使用，一般邻近组的金属可以一起使用。

使两种不同金属之间的腐蚀最小化的其他方法如下。

- 使阴极材料尽可能小。
- 电镀一种材料，改变接触表面。
- 使用表面涂层，连接后排除表面湿气。

1.14.2　电解作用

第二种类型的腐蚀是由电解作用引起的。它是由两种金属之间的电解质（可能是微酸潮湿的环境）中的直流电流产生的。这种腐蚀类型不依赖于使用的两种金属，即使两者相同，也会发生。腐蚀速率取决于电流的大小和电解质的导电性。

1.14.3　摩擦起电效应

如果绝缘材料没有与电缆的导体保持接触，电缆内部的绝缘材料上就会产生电荷，这就是摩擦起电效应。它通常是由电缆的机械弯曲造成的。在电缆内部，电荷是噪声电压源，避免电缆尖锐的弯曲和活动将会减少这种影响。有一种特殊的"低噪声"电缆，电缆经过化学处理，减少了介质中电荷积累的可能性。

1.14.4　导体运动

如果导体在磁场中运动，导线的两端之间会产生感应电压，因为电源线和载有大电流的其他电路，大多数环境中会存在杂散磁场。如果一根传输低电平信号的导线穿过这个场域移动，导线中就会产生噪声电压。在一个振动环境中，这个问题特别麻烦。解决的办法很简单：使用电缆夹和其他系紧装置，防止导线运动。

1.15　使用网络理论

为了准确回答一个电路是如何工作的，必须求解麦克斯韦方程组。这些方程是三个空间变量(x,y,z)与时间(t)的函数，即一个四维问题。但任何最简单问题的解通常也是复杂的。

为避免这种复杂性,一种称为"电路分析"的近似分析技术被用于大多数设计过程中。

电路分析消去了空间变量,提供了只有时间(或频率)变量的函数的近似解。电路分析的假设如下。

(1) 所有的电场被限制在电容器的内部。

(2) 所有的磁场被限制在电感器的内部。

(3) 电路尺寸小于讨论的波长。

真正隐含的外场,即使实际存在,在网络解决方案中也可被忽略。然而,对于其他电路的影响,不一定可以被忽略。

例如,一个100W的功率放大器可以产生100mW的辐射功率。就功率放大器的分析和运行而言,这100mW的辐射功率完全可以忽略不计。但是,如果辐射功率的一小部分被一个敏感电路的输入端接收,就可能造成干扰。

尽管对于100W的功率放大器来说,100mW的辐射发射完全可以忽略不计,但是在合适的条件下,一个敏感的无线电接收机可能接收到几千英里外的信号。

只要有可能,噪声耦合通道可表示为等效集总元件网络。例如,存在于两个导体之间的时变电场,可以用连接在两个导体之间的电容器表示,如图 1-12 所示。两个导体之间耦合的时变磁场可以用两个电路之间的互感表示,如图 1-13 所示。

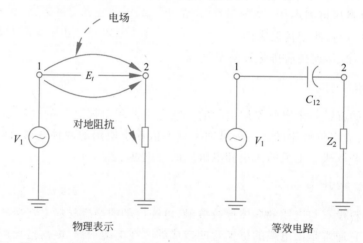

图 1-12　当两个电路由电场耦合时,耦合可以用一个电容器等效

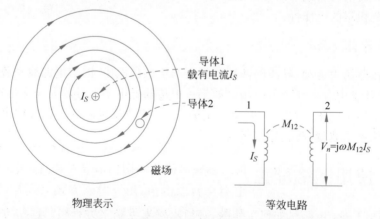

图 1-13　当两个电路由磁场耦合时,耦合可以表示为一个互感

这种方法是有效的,只要电路的物理尺寸小于所涉及信号的波长。只要合适,这个假设贯穿本书。

即使这个假设不是真正有效的,集总元件的表示方法仍然是有用的,原因如下。

(1) 因为边界条件复杂,对于大多数真实世界的噪声问题,求解麦克斯韦方程组是不现实的。

(2) 虽然集总元件的表示方法不会产生最准确的数值解,但它会清楚地显示噪声取决于系统的参数。另外,求解麦克斯韦方程,即使可能的话,也没有明确显示这些参数的依赖性。

(3) 为了解决噪声问题,必须改变系统的参数,集总电路的分析清楚地指出了参数的依赖性。

一般来说,除了某些特殊结构,集总元件的数值是难以精度计算的。但是,可以得出结论,这些组件存在,而且其结果是非常有用的,即使元件只在定性的意义上定义。

总结

- 设计不产生噪声的设备与设计不容易受到噪声影响的设备同样重要。
- 噪声源可以分为以下三类:①内部噪声源;②人为噪声源;③自然扰动产生的噪声源。
- 为了符合成本效益,噪声抑制必须在设计初期考虑。
- 电磁兼容性是指电子系统在其预定的电磁环境中正常运行的能力。
- 电磁兼容性包括两方面,即发射和敏感性。
- 电磁兼容性应在设计结束时不再为产品添加部件。
- 大多数电子设备必须符合 EMC 规范才能销售。
- EMC 法规并非一成不变,而是不断变化的。
- 三个主要的 EMC 法规是 FCC 法规、欧盟的法规和军用标准。
- FCC 要求对下列产品暂时豁免。
  - 运输车辆中的数码电子产品。
  - 工业控制系统。
  - 测试设备。
  - 家用电器。
  - 专业医疗设备。
  - 功耗不超过 6nW 的设备。
  - 操纵杆控制器或类似装置。
  - 时钟频率低于 1.705kHz 的设备,而且不连接到交流电源线运行。
- 欧盟电磁兼容性要求中几乎没有产品豁免。
- 电磁兼容性应该是一个主要的设计目标。
- 产生干扰的问题,以下三项是必要的。
  - 噪声源。
  - 耦合通道。
  - 敏感的接收器。
- 噪声的三个重要特性如下。
  - 频率。

◆ 振幅。

◆ 时间(当它发生时)。

- 互相接触的金属必须电气兼容。
- 电子系统中可以使用很多技术减小噪声;能解决大多数噪声问题的单一解决方案是不存在的。

习题

1.1 噪声和干扰之间的差别是什么?

1.2 a. 数字手表满足 FCC 数码设备的定义吗?

    b. 数字手表必须满足 FCC 的 EMC 要求吗?

1.3 a. 测试设备必须符合 FCC 第 15 部分 EMC 规则的技术标准吗?

    b. 测试设备必须满足 FCC 第 15 部分 EMC 规则的不干扰要求吗?

1.4 a. 谁对符合 FCC 的 EMC 规则的技术标准负责?

    b. 谁对符合 FCC 的 EMC 规则的不干扰要求负责?

1.5 FCC 或欧盟的 B 类辐射发射限值哪个更严格?

    a. 在 30~88MHz 的频率范围内。

    b. 在 88~230MHz 的频率范围内。

    c. 在 230~960MHz 的频率范围内。

    d. 在 960~1000MHz 的频率范围内。

1.6 a. 在低于 500MHz,高于什么频率的范围内,FCC 和欧盟的 B 类辐射发射限值之间差值最大?

    b. 超过这个频率范围最大差值的幅度是多少?

1.7 a. 高于什么频率范围 FCC 规定了传导发射限值?

    b. 高于什么频率范围 FCC 规定了辐射发射限值?

1.8 a. 对在欧盟销售产品的基本要求是什么?

    b. 哪里规定了这些基本要求?

1.9 商业 EMC 法规是通过什么程序公开的?

1.10 FCC 的 EMC 要求与欧盟的 EMC 要求的主要区别是什么?

1.11 欧盟附加的发射要求是什么? FCC 有吗?

1.12 若你公司正在设计一种将在欧盟销售的新型电子器件,这种器件将用于住宅和商业环境。你审查了特定产品类的 EMC 标准的最新清单,没有适用于这种器件的。你应该使用什么 EMC 标准(特定的)证明其符合 EMC 要求?

1.13 在欧盟合法销售的电子产品必须符合统一的 EMC 标准吗?

1.14 在欧盟证明符合 EMC 法规的两种方法是什么?

1.15 下列 EMC 标准哪些是法律要求的,哪些是合同要求的?

    FCC 第 15 部分。

    MIL-STD-461E。

    2004/108/EC EMC 法规。

    对航空电子设备的 RTCA/DO-160E。

对电话网络设备的 GR-1089。

对电信终端设备的 TIA-968。

对汽车的 SAE J551。

1.16 美国、加拿大和欧洲联盟官方的期刊是什么？

1.17 在美国，医疗设备必须满足 FCC 的 EMC 要求吗？

1.18 产生干扰问题的三个要素是什么？

1.19 分析噪声源的特点时，缩写 FAT 代表什么意思？

1.20 a. 镉、镍（passive）、镁、铜或钢，哪种最易被腐蚀？

    b. 哪种最不容易被腐蚀？

1.21 如果将一个镀锡板用螺栓连接到锌铸件上，由于电化学反应，哪种金属会被腐蚀或侵蚀？

参考文献

[1] 2004/108/EEC. Council Directive 2004/108/EEC Relating to Electromagnetic Compatibility and Repealing Directive 89/336/EEC, *Official Journal of the European Union*. No. L 390December 31, 2004, pp. 24-37.

[2] ANSI C63.4-1992. *Methods of Measurement of Radio-Noise Emissions from Low-Voltage Electrical and Electronic Equipment in the Range of 9 kHz to 40 GHz*. IEEE, 1992.

[3] CAN/CSA-CEI/IEC CISPR 22：02. *Limits an Methods of Measurement of Radio Disturbance Characteristics of Information Technology Equipment*. Canadian Standards Association, 2002.

[4] CISPR, Publication 22. *Limits and Methods of Measurement of Radio Interference Characteristics of Information Technology Equipment*, 1997.

[5] Code of Federal Regulations, Title 47, Telecommunications (47CFR). Parts 1, 2, 15, 18, and 68, U. S. Government Printing Office, Washington, DC.

[6] EMCAB-1, Issue 2. Electromagnetic Compatibility Bulletin, *Immunity of Electrical/Electronic Equipment Intended to Operate in the Canadian Radio Environment* (0.014-10,000MHz). Government of Canada, Department of Communications, 1982.

[7] EN 61000-3-2. *Electromagnetic Compatibility* (EMC)—*Part 3-2：Limits—Limits for Harmonic Current Emissions* (*Equipment Input Current ⩽16A Per Phase*). CENELEC, 2006.

[8] EN 61000-3-3. *Electromagnetic Compatibility* (EMC)—*Part 3-3：Limits—Limitation of Voltage Changes, Voltage Fluctuations and Flicker in Public Low-Voltage Supply Systems, for Equipment with Rated Current ⩽16A Per Phase and Not Subject to Conditional Connection*. CENELEC, 2006.

[9] European Commission. *Guidelines on the Application of Council Directive 89/336/EEC on the Approximation of the Laws of the Member States Relating to Electromagnetic Compatibility*, European Commission, 1997.

[10] FCC. *Commission Cautions Against Changes in Verified Computing Equipment*. Public Notice No. 3281, 1982.

[11] FCC. *United States and Canada Agree on Acceptance of Measurement Reports for Equipment Authorization*. Public Notice No. 54795, 1995.

[12] FDA. *Guide to Inspections of Electromagnetic Compatibility Aspects of Medical Device Quality Systems*. US Food and Drug Administration, Available at http://www. fda. gov/ora/inspect_ref/igs/elec_med_dev/emc1. html. Accessed September, 2008.

[13] GR-1089-CORE. *Electromagnetic Compatibility and Electrical Safety—Generic Criteria for Network*

Telecommunications Equipment. Telcordia,2002.

[14]　Heirman D N. *Broadcast Electromagnetic Environment Near Telephone Equipment*. IEEE National Telecommunications Conference,1976.

[15]　Janes D E,et al. *Nonionizing Radiation Exposure in Urban Areas of the United States*. Proceedings of the 5th International Radiation Protection Association,1977.

[16]　MDS-201-0004. *Electromagnetic Compatibility Standards for Medical Devices*. U. S. Department of Health Education and Welfare,Food and Drug Administration,1979.

[17]　MIL-STD-461E. *Requirements For The Control of Electromagnetic Interference Characteristics of Subsystems and Equipment*,1999.

[18]　MIL-STD-889B. *Dissimilar Metals*. Notice 3,1993.

[19]　RTCA/DO-160E. *Environmental Conditions and Test Procedures for Airborne Equipment*. Radio Technical Commission for Aeronautics (RTCA),2004.

[20]　SAE J551. *Performance Levels and Methods of Measurement of Electromagnetic Compatibility of Vehicles and Devices（60 Hz to 18 GHz）*. Society of Automotive Engineers,1996.

[21]　SAE J1113. *Electromagnetic Compatibility Measurement Procedure for Vehicle Components（Except Aircraft）（60 Hz to 18 GHz）*. Society of Automotive Engineers,1995.

[22]　TIA-968-A. *Telecommunications Telephone Terminal Equipment Technical Requirements for Connection of Terminal Equipment to the Telephone Network*. Telecommunications Industry Association,2002.

深入阅读

[1]　Cohen T J,McCoy L G. *RFI-A New Look at an Old Problem*. QST,1975.

[2]　Gruber M ed. *The ARRL RFI Book*. Newington,CT,American Radio Relay League,2007.

[3]　Marshman C. *The Guide to the EMC Directive 89/336/EEC*. IEEE Press,New York,1992.

[4]　Wall A. *Historical Perspective of the FCC Rules For Digital Devices and a Look to the Future*. 2004 IEEE International Symposium on Electromagnetic Compatibility,2004.

第2章

布　线

　　电缆很重要,因为它们通常是一个系统中最长的部分,因此,作为等效天线,拾取和(或)辐射噪声。本章涵盖了场与电缆及电缆之间(串扰)的耦合机制,考虑了未屏蔽和屏蔽电缆。

　　在本章中,我们作如下假设。

　　(1) 屏蔽层由非磁性的材料制成,在关注的频率处*,其厚度比趋肤深度小得多。

　　(2) 接收器与源耦合得不那么紧,不会加重源的负载。

　　(3) 接收器电路中的感应电流足够小,不会改变原来的场(这不适用于接收器电路周围的屏蔽层)。

　　(4) 与波长相比电缆是短的。

　　由于假设电缆比波长短,电路之间的耦合可以用导体之间的集总电容和电感表示。该电路可以利用常规的网络理论进行分析。

　　考虑三种类型的耦合。第一种是电容或电耦合,是由电路之间电场的相互作用造成的。这种类型的耦合在文献中通常被认为是静电耦合,明显的用词不当,因为不是静电场。第二种是电感或磁场耦合,是由两个电路的磁场之间相互作用造成的。这种类型的耦合通常被描述为电磁耦合,这又是误导性的术语,因为没有涉及电场。第三种是电场和磁场的组合,并恰当地称为电磁耦合或辐射。为处理电耦合而开发的技术也适用于电磁耦合的情况。对于近场的分析,我们通常分别考虑电场和磁场,而远场中的问题,要考虑电磁场的情况**。引起干扰的电路被称为源,受到干扰影响的电路被称为接收器。

2.1　电容耦合

　　两根导线之间电容耦合的一个简单表示方法如图 2-1 所示***。电容 C_{12} 是导线 1 和 2 之间的寄生电容。电容 C_{1G} 是导线 1 和地之间的电容,C_{2G} 是导线 2 和地之间的电容,R 为电路 2 与地之间的电阻。电阻 R 是由连接到导线 2 上的电路引起的,不是一个寄生组件。电容

---

　　* 如果屏蔽层比趋肤深度厚,在本章中除计算方法外,还有一些附加的屏蔽物,其作用在第 6 章中将进行更详细的讨论。

　　** 参阅第 6 章近场和远场的定义。

　　*** 图 2-1 中的两个导体不一定表示电缆中的导线,它们可以是空间中的任意两个导体。例如,它们也可以表示印制电路板(PCB)上的迹线。

C_{2G} 由导线 2 对地的寄生电容和任意连接到导线 2 的电路的影响组成。

耦合的等效电路也如图 2-1 所示。将导线 1 上的电压 V_1 作为干扰源,将导线 2 作为受影响的电路或接收器。直接接在源两端的任何电容,如图 2-1 中的 C_{1G} 可以忽略,因为它对噪声耦合没有影响。导线 2 和地之间产生的噪声电压 V_N 可表示如下:

$$V_N = \frac{j\omega[C_{12}/(C_{12}+C_{2G})]}{j\omega+1/R(C_{12}+C_{2G})}V_1 \tag{2-1}$$

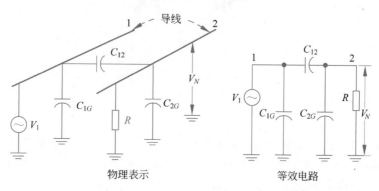

图 2-1　两根导线之间的电容耦合

式(2-1)没有清晰地显示感应电压怎样依赖于各种参数。当 R 的阻抗比寄生电容 C_{12} 加 C_{2G} 的阻抗更低时,式(2-1)可以简化。在大多数实际情况下,这是正确的。因此,对于

$$R \ll \frac{1}{j\omega(C_{12}+C_{2G})}$$

式(2-1)可简化为

$$V_N = j\omega RC_{12}V_1 \tag{2-2}$$

电场(电容)耦合可被模拟为一个电流发生器,接收器电路和地之间用 $j\omega C_{12}V_1$ 连接,如图 2-9(a)所示。

式(2-2)是用于描述两根导线之间电容耦合的最重要的方程,它清楚地表明,感应电压取决于怎样的参数。式(2-2)表明,噪声电压与噪声源的频率($\omega=2\pi f$)、受影响电路的接地电阻 R、导线 1 和 2 之间的互电容 C_{12} 及电压 V_1 的幅度成正比。

假设噪声源的电压和频率不能改变,这样只剩下两个参数来减少电容耦合。接收机电路可以工作在较低的电阻下,或可以减小互电容 C_{12}。可以通过导体合适的方位、屏蔽(如 2.2 节中所述)或导线物理上的分离减小电容 C_{12}。导线离得越远,C_{12} 越小,从而减小导线 2 上的感应电压[*]。导线间距对电容耦合的影响如图 2-2 所示。作为参考,当导线分开的距离为导线直径的 3 倍时,耦合为 0dB。从图中可以看出,导线之间的间距超过其直径 40 倍时(在 22 号线的情况下是 1in(英寸)),获得的额外衰减很小。

如果导线 2 的接地电阻大,且满足

$$R \gg \frac{1}{j\omega(C_{12}+C_{2G})}$$

---

[*]　两个直径为 d、间隔距离为 D 的平行导线之间的电容是 $C_{12}=\pi\varepsilon/\mathrm{arccosh}(D/d)$。对于 $D/d>3$,这将减少为 $C_{12}=\pi\varepsilon/\ln(2D/d)$,对于自由空间,式中 $\varepsilon=8.5\times10^{-12}$(F/m)。

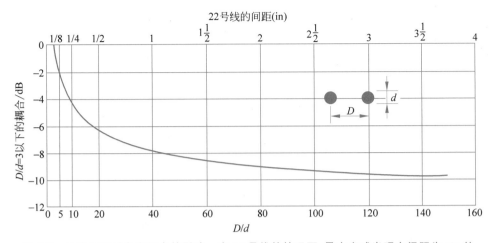

图 2-2 导体间距对电容耦合的影响。在 22 号线的情况下，最大衰减出现在间距为 1in 处

则式(2-1)简化为

$$V_N = \frac{C_{12}}{C_{12} + C_{2G}} V_1 \qquad (2\text{-}3)$$

在这种情况下，导线 2 和地之间产生的噪声电压是电容分压器 C_{12} 和 C_{2G} 分压的结果。噪声电压与频率无关，而且当电阻比 R 小时幅度更大。

式(2-1)与 ω 的关系如图 2-3 所示。可以看出，式(2-3)给出了最大噪声耦合。该图还表明，实际噪声电压始终小于或等于式(2-2)给出的值。若频率

$$\omega = \frac{1}{R(C_{12} + C_{2G})} \qquad (2\text{-}4)$$

式(2-2)给出了实际值 1.41 倍的噪声值。但几乎所有实际情况下，频率比这低得多，式(2-2)适用。

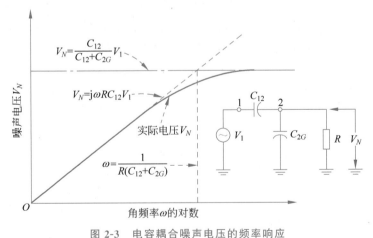

图 2-3 电容耦合噪声电压的频率响应

2.2 屏蔽对电容耦合的影响

首先，考虑如图 2-4 所示的理想屏蔽导线的情况。电容耦合的等效电路也示于图中。因为下列原因，这是一种理想的情况。

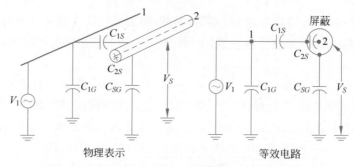

图 2-4　接收导体周围加屏蔽的电容耦合

（1）屏蔽层完全包围导线 2，导线 2 没有超出屏蔽层。

（2）屏蔽层是完整的，屏蔽层上没有孔，如编织层屏蔽的情况。

（3）屏蔽层没有终止，导线 2 上没有终端阻抗。

屏蔽层是没被屏蔽的导体，暴露在导线 1 的场中，因为屏蔽层没有终止，具有很高的终端阻抗。因此式（2-3）可用于确定屏蔽层拾取的电压。屏蔽层上的噪声电压

$$V_S = \frac{C_{1S}}{C_{1S} + C_{SG}} V_1 \tag{2-5}$$

从图 2-4 所示的等效电路，我们认识到，在这种理想情况下，连接到导线 2 的阻抗只有电容 C_{2S}。因为没有其他阻抗连接到导线 2，没有电流流过 C_{2S}。结果 C_{2S} 两端没有电压降，导线 2 拾取的电压

$$V_N = V_S \tag{2-6}$$

因此屏蔽层没有减小导线 2 拾取的噪声电压。

但是，如果屏蔽层接地，电压 $V_S = 0$，由式（2-6）可知，导线 2 上的噪声电压 V_N 同样减小到零。因此，我们可以得出结论，屏蔽层是无效的，除非它有正确的端接（接地）。正如我们看到的，在许多情况下，屏蔽端接比屏蔽层本身的特性更重要（见 2.15 节屏蔽端接）。

在许多实际情况下，中心导线延伸到屏蔽层之外，情况如图 2-5 所示。在那里，C_{12} 是导线 1 和被屏蔽的导线 2 之间的电容，C_{2G} 是导线 2 和地之间的电容。这两个电容的存在，是因为导线 2 的两端超出了屏蔽层且屏蔽层上有孔。即使屏蔽层接地，也有噪声电压耦合到导线 2。它的大小表示如下：

$$V_N = \frac{C_{12}}{C_{12} + C_{2G} + C_{2S}} V_1 \tag{2-7}$$

由于式（2-7）中 C_{12} 的值，因此 V_N 主要取决于导线 2 超出屏蔽层的长度，与屏蔽层上的孔关系较小。

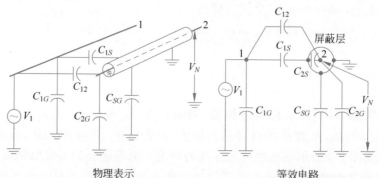

图 2-5　中心导体超出屏蔽层时的电容耦合；屏蔽层在一个点上接地

　　因此,对于良好的电场屏蔽,需要:①使超出屏蔽层的中心导线长度最小;②为屏蔽层提供良好的接地。假如电缆不超过 1/20 波长,单点接地就是一种良好的屏蔽接地。用较长的电缆,需要多点接地。

　　另外,如果接收导线具有有限的接地电阻,连接如图 2-6 所示。如果屏蔽层接地,等效电路可以简化为如图所示。任何直接接在源两端的电容可以忽略不计,因为它对噪声耦合没有影响。假如 C_{2G} 用 C_{2G} 与 C_{2S} 的和代替,可认为简化的等效电路与图 2-1 中分析的电路相同。因此,如果

$$R \ll \frac{1}{\mathrm{j}\omega(C_{12}+C_{2G}+C_{2S})}$$

这通常是真实的,那么耦合到导线 2 的噪声电压

$$V_N = \mathrm{j}\omega R C_{12} V_1 \tag{2-8}$$

此式与式(2-2)相同,这是一个未屏蔽电缆,由于屏蔽层的存在只是 C_{12} 大大减小。现在电容 C_{12} 主要由导线 1 和导线 2 未屏蔽部分间的电容组成。如果是编织的屏蔽层,从导线 1 到导线 2 通过编织层上的孔形成的任何电容也必须包含在 C_{12} 中。

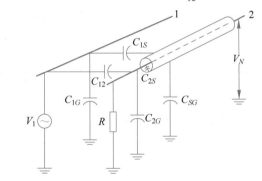

物理表示

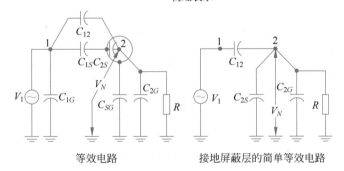

等效电路　　　　　　接地屏蔽层的简单等效电路

图 2-6　接收导体有接地电阻时的电容耦合

2.3　电感耦合[*]

　　当电流 I 流过导体时,产生磁通量 Φ,其与电流成正比,比例常数是电感 L,因此,可以写出

$$\Phi_T = LI \tag{2-9a}$$

---

[*]　附录 E 中对电感的概念有更详细的讨论。

其中,Φ_T 是总磁通量,I 是产生磁通的电流。重写式(2-9a),可得到导体的自感

$$L = \frac{\Phi_T}{I} \tag{2-9b}$$

电感取决于电路的几何特征和包含场的媒质的磁特性。

当一个电路的电流在第二个电路中产生磁通时,电路 1 和电路 2 之间有一个互感 M_{12},定义为

$$M_{12} = \frac{\Phi_{12}}{I_1} \tag{2-10}$$

Φ_{12} 表示电路 1 中的电流 I_1 在电路 2 中产生的磁通量。

在一个闭合环路所围的面积 A 中,由磁场的磁通密度 B 产生的感应电压 V_N 可由法拉第定律(Hayt,1974,p.331)得到:

$$V_N = -\frac{d}{dt}\int_A \boldsymbol{B} \cdot d\boldsymbol{A} \tag{2-11}$$

式中,$\boldsymbol{B}$ 和 $\boldsymbol{A}$ 是矢量。如果闭合环路是静止的,磁通密度随时间是正弦变化的,但环路面积是常数,则式(2-11)可简化为*

$$V_N = j\omega BA\cos\theta \tag{2-12}$$

如图 2-7 所示,A 是闭合环路的面积,B 是频率为 ω(rad/s)的正弦变化的磁通密度的均方根值(rms),V_N 是感应电压的均方根值。

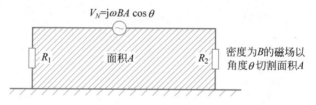

图 2-7　感应的噪声取决于受干扰电路所包围的面积

由于 $BA\cos\theta$ 表示耦合到接收电路的总磁通量(Φ_{12}),根据两个电路之间的互感 M,将式(2-10)和式(2-12)结合可得到感应电压

$$V_N = j\omega MI_1 = M\frac{di_1}{dt} \tag{2-13}$$

式(2-12)和式(2-13)是描述两个电路之间电感耦合的基本方程。图 2-8 表示式(2-13)描述的两个电路之间的电感(磁)耦合。I_1 是干扰电路中的电流,M 由几何形状和两个电路之间的媒质磁特性决定。式(2-12)和式(2-13)中的 ω 表明,耦合与频率成正比。为了降低噪声电压,B、A 或 $\cos\theta$ 必须减少。假如电流流过双绞线,而不是流过接地面,通过电路的物理分离或绞合电源线可以减少 B。在这些条件下,绞合使每根导线的 B 场抵消。将导体靠近接地平面(如果返回电流通过接地平面)或将两根导线绞合在一起(如果返回电流是通过一对导线中的一根而不是接地平面),可以减小接收电路的面积。通过源和接收电路适当取向可以减少 $\cos\theta$ 项。

注意磁场耦合和电场耦合之间的差别是有用的。对于磁场耦合,与接收导体串联

---

* 使用 MKS(米千克秒制)单位制时,式(2-12)是正确的,磁通密度 B 用每平方米韦伯(或特斯拉),面积 A 用平方米表示。如果 B 用高斯,A 用平方厘米(CGS 单位)表示,则式(2-12)右侧必须乘以 10^{-8}。

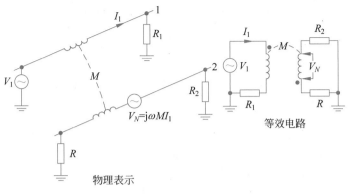

图 2-8　两个电路之间的磁耦合

（见图 2-9（b））会产生噪声电压；而对于电场耦合，接收导体与地（图 2-9（a））之间会产生噪声电流。这种差别在后面的试验中可用于检测区分电场耦合和磁场耦合。测量电缆一端阻抗上的噪声电压，同时减少电缆另一端的阻抗（图 2-9）。如果测量的噪声电压降低，拾取的是电场，如果测量的噪声电压升高，拾取的是磁场。

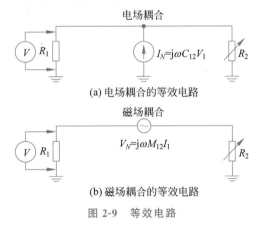

(a) 电场耦合的等效电路

(b) 磁场耦合的等效电路

图 2-9　等效电路

2.4　互感的计算

要求式（2-13）的值，则源和接收电路之间的互感必须是已知的。大多数教材对实际电路结构的互感计算不够重视。但是，Grover（1973）对此进行了广泛的讨论，Ruehli（1972）发展了有用的部分互感的概念（见附录 E）。这种部分互感概念由 Paul（1986）进一步完善。

在计算互感之前，必须确定磁通密度的大小，作为与载流导体距离函数的表达式。利用毕奥-萨伐尔定律，在距离一个长载流导体 r 处，磁通密度 B 可写为

$$B = \frac{\mu I}{2\pi r} \tag{2-14}$$

r 大于导体的半径（Hayt，1974，p.235-237）。磁通密度 B 等于每单位面积的磁通量 ϕ。因此，磁场与电流 I 成正比，与距离 r 成反比。通过计算从每个载流导体单独耦合到拾取环的磁通量，然后叠加所有的结果，获得总的耦合磁通，利用式（2-14）和式（2-10）可以确定任意结构的导体互感。

例 2-1　计算如图 2-10(a)所示两个嵌套的共面回路间的互感,假设回路的侧边比两端长很多(忽略两端导线的耦合)。导线 1 和导线 2 中的电流 I_1 在导线 3 和导线 4 构成的环路中感应一个电压 V_N。图 2-10(b)是一个横截面视图,表示导线之间的间距。导线 1 的电流产生的穿过导线 3 和导线 4 的环路的磁通量为

$$\Phi_{12} = \int_a^b \frac{\mu I_1 l}{2\pi r} \mathrm{d}r = \frac{\mu I_1 l}{2\pi} \ln \frac{b}{a} \tag{2-15}$$

其中,l 是导线 3、导线 4 的长度。由于导线对称,导线 2 也产生相同的磁通量,该磁通量与导线 1 中的电流产生的磁通量方向相同。因此,耦合到导线 3 和导线 4 构成的环路的总磁通量是式(2-15)中给出的 2 倍,即

$$\Phi_{12} = \frac{\mu l}{\pi} \ln \frac{b}{a} I_1 \tag{2-16}$$

将式(2-16)除以 I_1 并将 $\mu = 4\pi \times 10^{-7}\,\mathrm{H/m}$ 代入,可得到单位为 H/m 的互感系数 M:

$$M = 4 \times 10^{-7} l \ln \frac{b}{a} \tag{2-17}$$

这两个回路之间的耦合电压可以通过将式(2-17)的结果代入式(2-13)计算。

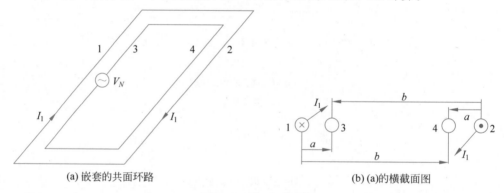

(a) 嵌套的共面环路　　　　　　(b) (a)的横截面图

图 2-10　例 2-1 的图

2.5　屏蔽对磁耦合的影响

如果在导线 2 周围放置不接地且非磁性的屏蔽层,该电路如图 2-11 所示,其中 M_{1S} 是导线 1 和屏蔽层之间的互感系数。由于屏蔽层对电路 1 和电路 2 之间媒质的几何形状或者磁性没有影响,所以它对导线 2 中的磁感应电压没有影响。然而,因为导线 1 的电流,屏蔽层拾取了一个电压

$$V_S = \mathrm{j}\omega M_{1S} I_1 \tag{2-18}$$

屏蔽层的一端接地不改变现状,因此在一个导线周围放一个非磁性且一端接地的屏蔽层对导线中的磁感应电压没有影响。

但是,如果屏蔽层的两端接地,由图 2-11 中的 M_{1S} 感应到屏蔽层的电压会造成电流的流动。屏蔽层的电流会对导体 2 感应二次噪声电压,这一点必须加以考虑。在计算这个电压之前,必须确定屏蔽层与其中心导线之间的互感。

由于这个原因,在继续讨论电感耦合之前,需要计算一个空心导体管(屏蔽层)与管内任意导体之间的磁耦合。这是讨论磁屏蔽的基础,后面也要用到。

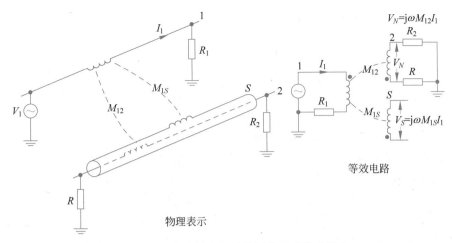

图 2-11 接收导体周围放置屏蔽层时的磁耦合

2.5.1 屏蔽层与内导体之间的磁耦合

考虑一个载有均匀轴向电流的管状导体产生的磁场,如图 2-12 所示。如果管状导体的空腔与外面的管是同心的,则空腔中没有磁场,全部磁场都在管的外部(Smythe,1924,p.278)。

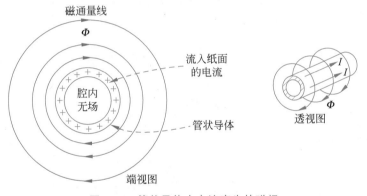

图 2-12 管状导体中电流产生的磁场

将一个导体放在管内形成一个同轴电缆,如图 2-13 所示。屏蔽管中电流 I_S 产生的所有磁通量 Φ 都环绕内导体。屏蔽层的电感

$$L_S = \frac{\Phi}{I_S} \tag{2-19}$$

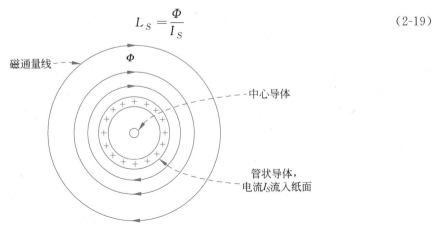

图 2-13 载有沿屏蔽层圆周均匀流动的屏蔽层电流的同轴电缆

屏蔽层和内导体之间的互感

$$M = \frac{\Phi}{I_S} \tag{2-20}$$

因为屏蔽层电流产生的所有磁通都环绕中心导体,式(2-19)和式(2-20)中的磁通量 Φ 是相同的。因此屏蔽层和中心导体之间的互感就等于屏蔽层的自感,即

$$M = L_S \tag{2-21}$$

式(2-21)是一个非常重要的、经常用到的结果,它表明屏蔽层与中心导体间的互感等于屏蔽层的自感。根据互感的互易性(Hayt,1974,p.321),反过来也是正确的。也就是说,中心导体与屏蔽层之间的互感等于屏蔽层的自感。

式(2-21)的有效性依赖于管的空腔内没有屏蔽层电流产生的磁场。这要求管是圆柱形的且沿管的圆周电流密度是均匀的,如图 2-12 所示。因为管内没有磁场,无论管内导体的位置如何,式(2-21)都适用。换句话说,两个导体不必是同轴的。式(2-21)也适用于屏蔽层内有多根导体的情况,在这种情况下,它表示屏蔽层与屏蔽层内每个导体之间的互感。

现在可以计算由屏蔽层中的电流感应到中心导体的电压 V_N。假设屏蔽层电流是由其他电路感应到屏蔽层的电压 V_S 产生的。图 2-14 为屏蔽导体的等效电路;L_S 和 R_S 是屏蔽层的电感和电阻。电压

$$V_N = j\omega M I_S \tag{2-22}$$

电流

$$I_S = \frac{V_S}{L_S} \frac{1}{j\omega + R_S / L_S} \tag{2-23}$$

因此

$$V_N = \frac{j\omega M V_S}{L_S} \frac{1}{j\omega + R_S / L_S} \tag{2-24}$$

因为 $L_S = M$(式(2-21))

$$V_N = \frac{j\omega}{j\omega + R_S / L_S} V_S \tag{2-25}$$

由式(2-25)绘制的曲线如图 2-15 所示。这条曲线的拐点频率定义为屏蔽层的截止频率(ω_c),出现在

$$\omega_c = \frac{R_S}{L_S} \quad \text{或} \quad f_c = \frac{R_S}{2\pi L_S} \tag{2-26}$$

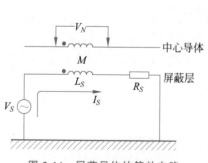

图 2-14　屏蔽导体的等效电路

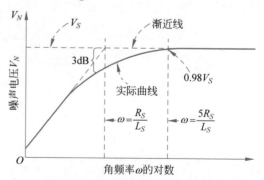

图 2-15　因为屏蔽电流产生的同轴电缆中心
导体的噪声电压

在直流时,感应到中心导体的噪声电压是零;而在频率为 $5R_S/L_S$ 时,噪声电压几乎增加到 V_S。因此,如果允许屏蔽层电流的流动,在频率超过屏蔽层截止频率的 5 倍时,感应到中心导体的电压几乎等于屏蔽层电压。

这是屏蔽层内导体的一个非常重要的性质。各种电缆的屏蔽层截止频率和此频率 5 倍频率的测量值列于表 2-1 中。对于大多数电缆,5 倍的屏蔽层截止频率位于音频频带的高端附近。铝箔屏蔽电缆比其他任意屏蔽电缆的截止频率都高得多,这是由薄铝箔屏蔽层的阻抗增大引起的。

表 2-1　屏蔽层截止频率 f_c 的测量值

电　　缆	阻抗/Ω	截止频率/kHz	截止频率的 5 倍/kHz	注　　解
同轴电缆				
RG-6A	75	0.6	3.0	双层屏蔽
RG-213	50	0.7	3.5	
RG-214	50	0.7	3.5	双层屏蔽
RG-62A	93	1.5	7.5	
RG-59C	75	1.6	8.0	
RG-58C	50	2.0	10.0	
屏蔽双绞线				
754E	125	0.8	4.0	双层屏蔽
24Ga.	—	2.2	11.0	
22Ga. *	—	7.0	35.0	铝箔屏蔽
屏蔽单线				
24Ga.	—	4.0	20.0	

* 11 对电缆中的 1 对(Belden,8775)。

2.5.2　磁耦合——裸线对屏蔽导体

图 2-16 表示当导体 2 周围放置一个非磁性屏蔽层及屏蔽层两端接地时存在的磁耦合。在这个图中,为了简化绘图,把屏蔽导体和导体 2 分开表示。因为屏蔽层两端接地,屏蔽层电流流过并在导体 2 上产生感应电压。因此,这里有两个导体对导体 2 产生感应电压,导体 1 直接感应的电压 V_2 和感应的屏蔽层电流产生的电压 V_C。注意,这两个电压极性相反。因此感应到导体 2 的总噪声电压为

$$V_N = V_2 - V_C \tag{2-27}$$

如果考虑式(2-21),并注意到导体 1 与屏蔽层之间的互感 M_{1S} 等于导体 1 与导体 2 之间的互感 M_{12}(因为相对于导体 1 所在的空间,屏蔽层和导体 2 在同一个位置),则式(2-27)可变为

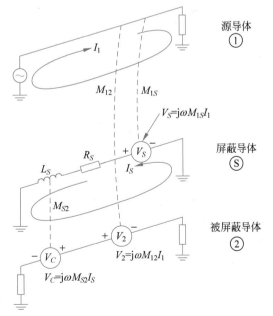

图 2-16　与屏蔽层两端接地的屏蔽电缆的磁耦合

$$V_N = \mathrm{j}\omega M_{12} I_1 \frac{R_S/L_S}{\mathrm{j}\omega + R_S/L_S} \tag{2-28}$$

如果式(2-28)中的 ω 较小,括号中的项等于1,则噪声电压与非屏蔽电缆是相同的。因此,在低频时,即使一个屏蔽层的两端接地,也不提供磁场屏蔽。

如果 ω 较大,则式(2-28)可简化为

$$V_N = M_{12} I_1 \frac{R_S}{L_S} \qquad (2\text{-}29)$$

由式(2-28)绘图,如图 2-17 所示。在低频时,屏蔽电缆拾取的噪声与非屏蔽电缆的相同;然而,在高于屏蔽层截止频率时,拾取的电压不再增加,保持为常量。因此,屏蔽效果(图 2-17 中所示的阴影线)等于非屏蔽电缆与屏蔽电缆之间的差值。

从式(2-29)可以得出结论,为了尽量减小耦合到导线 2 的噪声电压,应尽量减小屏蔽层电阻 R_S。这是因为正是屏蔽电流产生的磁场,抵消了大部分直接感应到导体 2 的噪声。由于 R_S 减小了屏蔽层电流,所以降低了电磁屏蔽效能。

由图 2-16 中间的图可以推断,R_S 不仅表示屏蔽层的电阻,也表示屏蔽层电流流动回路中的所有电阻。因此,R_S 实际上不仅包括屏蔽层电阻,而且包括屏蔽层终端的电阻和任意地电阻。为了获得最大屏蔽效能,所有电阻必须减到最小。因此,实践中有时建议屏蔽层终端接一个电阻器,而不直接接地,避免大幅降低电缆的磁场屏蔽效能。

图 2-18 表示图 2-16 所示结构的变压器模拟等效电路。可以看出,屏蔽层在变压器中起到短路线圈的作用,使线圈 2 的电压短路。短路线圈(屏蔽层)中的任何电阻(如屏蔽层电阻)都会降低其短路线圈 2 中电压的效能。

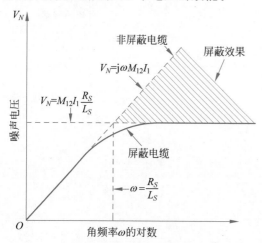

图 2-17 非屏蔽和屏蔽电缆(屏蔽层两端接地)磁场耦合的噪声电压随频率的变化

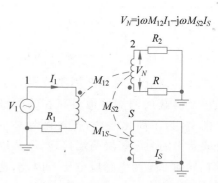

图 2-18 屏蔽电缆磁场耦合的变压器模拟,屏蔽层两端接地时(M_{S2} 比 M_{12} 或 M_{1S} 大得多)

2.6 屏蔽防止磁场辐射

为了防止辐射,干扰源必须被屏蔽。图 2-19 表示环绕一个位于自由空间的载流导体周围的电场和磁场。如果将一个非磁性屏蔽层放在导体周围,电场线就会终止于屏蔽层,但对磁场的影响很小,如图 2-20 所示。如果与中心导体上的电流大小相等、方向相反的屏蔽电流在

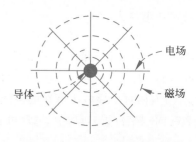

图 2-19 载流导体周围的场图

屏蔽层上流动,就会产生一个大小相等、方向相反的外部磁场。这个磁场抵消了中心导体中的电流在屏蔽层外部产生的磁场,就是图 2-21 所示的情况,屏蔽层外部没有场。

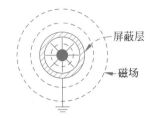

图 2-20 被屏蔽导体周围的场; 屏蔽层在一点接地

图 2-21 被屏蔽导体周围的场;屏蔽层接地,传输的电流等于内导体的电流,但方向相反

图 2-22 表示一个两端接地、载有电流 I_1 的电路。为了防止该电路磁场辐射,屏蔽层的两端必须接地,而且返回电流必须在屏蔽层上(图中的 I_S)从 A 点流到 B 点而不是在地平面上(图中的 I_G)。但是,为什么电流是通过屏蔽层而不是零电阻接地面从 A 点流回到 B 点呢? 通常用等效电路来分析此结构。写出绕接地回路的回路方程($A-R_S-L_S-B-A$),屏蔽层电流 I_S 可由下式确定:

$$0 = I_S(\mathrm{j}\omega L_S + R_S) - I_1\mathrm{j}\omega M \tag{2-30}$$

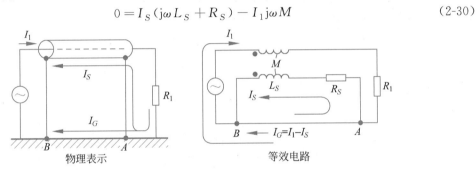

物理表示 等效电路

图 2-22 屏蔽层和接地面之间电流的分流

其中,M 是屏蔽层和中心导体之间的互感并如式(2-21)所示,$M = L_S$。替换和重新整理后,I_S 可表示为

$$I_S = I_1 \frac{\mathrm{j}\omega}{\mathrm{j}\omega + R_S/L_S} = \frac{\mathrm{j}\omega}{\mathrm{j}\omega + \omega_c} I_1 \tag{2-31}$$

从前面的公式中可以看出,如果频率远高于屏蔽层截止频率 ω_c,屏蔽层电流接近中心导体的电流。由于屏蔽层和中心导体之间的互感,同轴电缆起到一个共模扼流圈(见图 3-36)的作用。高频时,屏蔽层提供具有比接地面更低的总电路电感的返回路径。当频率下降到 $5\omega_c$ 以下时,由于通过地线返回更多的电流,电缆提供越来越少的磁屏蔽。

为防止两端接地导体辐射磁场,导体应被屏蔽,屏蔽层应两端接地。在频率远高于屏蔽层截止频率时,这种方法提供了良好的磁场屏蔽。这种磁场辐射的减少不是因为屏蔽层的磁屏蔽特性。更确切地说,是屏蔽层上返回的电流产生了一个场,抵消了中心导体产生的场。

假如把电路一端的接地去除,如图 2-23 所示,

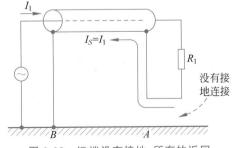

图 2-23 远端没有接地,所有的返回电流流过屏蔽层

那么屏蔽层的另一端也不应该接地,因为现在所有的返回电流必须流经屏蔽层。尤其是当频率小于屏蔽层截止频率时,这种情况下屏蔽层两端接地降低了屏蔽,因为有些电流将通过接地面返回。

2.7　接收器对磁场的屏蔽

防止磁场对接收器影响最好的办法是减小接收器回路的面积。关注的面积是接收器电路中电流流过包围的总面积。一个重要的考虑是电流返回到源的路径。通常电流返回的路径不是设计师预期的路径,因此,回路的面积会发生变化。如果一个导体周围放置非磁性屏蔽层导致电流返回路径包围一个较小的区域,那么对磁场的防护就由屏蔽层提供。然而,这种防护是由回路面积减小引起的,而不是由屏蔽层的磁屏蔽性能引起的。

图 2-24 说明了屏蔽层对电路回路面积的影响。在图 2-24(a)中,源 V_S 与负载 R_L 通过一根单导线相连接,使用一个接地返回通路。电流包围的面积是导体和接地面之间的矩形。在图 2-24(b)中,屏蔽层放置在导体周围,并且两端接地。如果电流通过屏蔽层而不是通过接地面返回,那么环路面积减小,并且在一定程度上提供磁防护。如果频率达到屏蔽层截止频率的 5 倍以上,电流将通过屏蔽层流回,如前所述。在图 2-24(c)中,屏蔽层放置在导体周围,并且只有一端接地。不改变环路面积,因此没有提供磁防护。

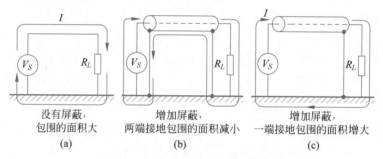

图 2-24　屏蔽对接收环路面积的影响

在低于屏蔽层截止频率时,图 2-24(b)的配置无法防护磁场,因为大部分电流通过接地面而不是通过屏蔽层返回。在低频时,该电路还存在如下两个问题:①由于屏蔽层是电路导体之一,其中的任何噪声电流都会在屏蔽层产生一个 IR 压降,作为噪声电压出现在电路中;②如果屏蔽层的两端之间有地电位差,那么它在电路中就是噪声电压。

2.8　公共阻抗屏蔽耦合

当同轴电缆用于低频率且屏蔽层两端接地时,由于噪声电流感应到屏蔽层,可能只提供有限的磁场防护。由于感应电流通过屏蔽层流动,这也是信号导体之一,就会在屏蔽层产生噪声电压,等于屏蔽层电流乘以屏蔽层电阻。如图 2-25 所示,电流 I_S 是由地电位差或外部磁场耦合引起的噪声电流。如果把输入回路周围的电压汇总起来,就得到下面的表达式:

$$V_{IN} = -\mathrm{j}\omega M I_S + \mathrm{j}\omega L_S I_S + R_S I_S \tag{2-32}$$

如前所示,因为 $L_S = M$,式(2-32)可简化为

$$V_{IN} = R_S I_S \tag{2-33}$$

注意到抵消了两个感应噪声电压,即式(2-32)中的第一项和第二项,只剩下电阻的噪声电压项。

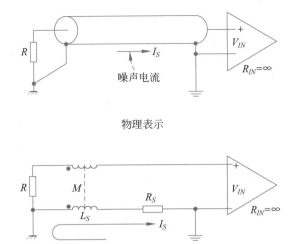

物理表示

等效电路

图 2-25　同轴电缆的屏蔽层中噪声电流流动的效果

这个例子体现了共阻抗耦合及屏蔽层的两种功能。首先,它是信号返回的导体;其次,它是一个屏蔽层及传输感应噪声电流。使用三芯电缆(如屏蔽双绞线),这个问题可以排除,或者至少可以最小化。在这种情况下,两个双绞线导体传输信号而屏蔽层只传输噪声电流,因此,屏蔽层没有这两个功能。

共阻抗屏蔽耦合通常是使用不平衡互连的消费类音频系统中的问题,在唱机插头中通常由一个中心导体和一个屏蔽端接的电缆组成。这个问题可以通过减小电缆屏蔽层的电阻,或通过使用一个平衡的互连和屏蔽双绞线使其最小化。

即使屏蔽层仅在一端接地,因为电磁场的耦合,噪声电流可能仍然在屏蔽层中流动(即电缆作为天线),拾取射频(RF)能量。这通常被称为屏蔽层电流感应噪声(SCIN)(Brown 和 Whitlock,2003)。

这个问题不会发生在高频率,因为趋肤效应的结果,同轴电缆实际上包含以下三个分离的导体:①中心导体;②屏蔽层导体的内表面;③屏蔽层导体的外表面。信号返回电流仅在屏蔽层的内表面流动,而噪声电流只流过屏蔽层的外表面。因此,两个电流不流经公共阻抗,以上讨论的噪声耦合不会发生。

2.9　实验数据

对各种电缆配置的磁场屏蔽性能进行测试和比较,测试装置如图 2-26 所示,测试结果如图 2-27 和图 2-28 所示。频率(50kHz)比所有实验电缆的屏蔽层截止频率大 5 倍以上。图 2-27 和图 2-28 中电缆是图 2-26 中所示的实验电缆 L_2。

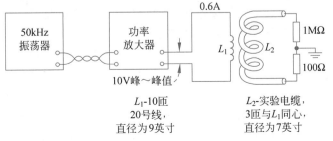

图 2-26　电感耦合实验测试装置

　　在图 2-27 中,电路 A~F 的两端都接地。它们的磁场衰减比图 2-28 中只有一端接地的电路 G~K 更小。

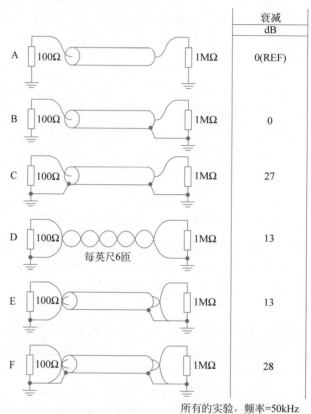

所有的实验,频率=50kHz

图 2-27　感应耦合实验结果,所有的电路都两端接地

　　图 2-27 中的电路 A 实质上没有提供磁场屏蔽。在这种情况下,在 1MΩ 电阻器两端实际测得的噪声电压为 0.8V。以电路 A 结构中拾取的电压为参考,将其定义为 0dB,用于比较其他所有电路的性能。在电路 B 中,屏蔽层一端接地,这样对磁屏蔽没有影响。屏蔽层两端都接地的结构 C 提供了一定的磁场防护,因为频率高于屏蔽层的截止频率。如果不是因为电路两端接地而形成接地回路,防护的效果会更好一些。磁场会感应很大的噪声电流,进入由电缆屏蔽层和两个接地点组成的低阻抗接地回路。正如 2.8 节中提到的,屏蔽层噪声电流会在屏蔽层中产生噪声电压。

　　在电路 D 中使用双绞线会进一步降低磁场噪声,但是其效果被电路两端接地形成的回路破坏。这个效果可以通过比较电路 H 和 D 的衰减清楚地看到。电路 E 中为双绞线增加了一端接地的屏蔽层,但没有效果。电路 F 中屏蔽层两端接地提供了额外的防护,因为低阻抗屏蔽层从信号导线分流了一些磁感应的接地回路电流。然而一般情况下,因为接地回路,图 2-27 中的电路均未提供较好的磁场防护。如果电路必须两端接地,可以采用 C 或 F 结构。

　　对于磁场屏蔽,电路 G 有很大的改进,它通过同轴电缆形成小的回路面积且没有接地回路,避免了破坏屏蔽。同轴电缆提供了一个小的回路面积,因为屏蔽可以用置于其中心轴线的等价导体表示。这个有效的屏蔽位于中心导体的轴线上或其附近。

　　可以预期,电路 H 中的双绞线会提供超过 55dB 的屏蔽,屏蔽减小是由于双绞线未屏蔽和终端不平衡出现了一些电场耦合(见 4.1 节)。这在电路 I 中可以看出,通过在双绞线周围放

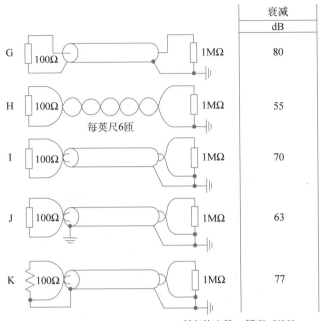

	衰减
	dB
G	80
H	55
I	70
J	63
K	77

每英尺6匝

所有的实验，频率=50kHz

图 2-28 感应耦合实验结果：所有电路都一端接地

置一个屏蔽层把衰减增加到 70dB。事实上电路 G 比电路 I 的衰减效果更好,说明在这种情况下,特别是同轴线比双绞线对磁场呈现更小的回路面积。然而一般情况下这不一定正确。对于电路 H 或 I 电路中的双绞线,增加每单位长度的匝数将会减少耦合。一般来说,对于低频磁屏蔽电路 I 优于 G,因为在电路 I 中屏蔽层也不是一根信号线。

如电路 J 中屏蔽两端接地使屏蔽效果略有下降。这是因为在接地环路中屏蔽层形成的高屏蔽电流在两个中心导体上感应不等的电压。电路 K 提供了比电路 I 效果更好的屏蔽,因为它融合了同轴线 G 和双绞线 I 的特征。通常情况下,电路 K 并不是理想的,因为屏蔽层上产生的任何噪声电压或噪声电流可能流向信号导线,它总是比把屏蔽层和信号线连到一点的效果更好一些。屏蔽层的噪声电流不从这一点流过信号线到地。

这些实验结果只是对相对较低频率(50kHz)的磁场屏蔽,且实验配置中电缆两端之间的接地电位没有差异。

2.10 选择性屏蔽示例

屏蔽的环形天线就是一个例子,电场被选择性屏蔽,而磁场不受影响。这种天线用于无线电测向仪中并在 EMC 预测量中作为磁场探头(见 18.4 节)。在广播接收机中,它也能够降低天线的噪声拾取,这一点很重要,因为大部分当地的噪声源主要产生电场。图 2-29(a)显示了基本的环形天线。根据式(2-12),磁场在环路中产生的电压为

$$V_m = 2\pi f BA\cos\theta \tag{2-34}$$

θ 是磁场和环平面法线间的夹角。然而,环天线也作为一个垂直天线从入射电场拾取电压。此电压等于电场 E 乘以天线的有效高度。对于一个圆形单环天线,其有效高度为 $2\pi A/\lambda$ (ITT,1968,p.25-6)。由电场感应的电压为

$$V_c = \frac{2\pi A E}{\lambda} \cos\theta' \qquad (2\text{-}35)$$

θ' 为电场与环平面的夹角。

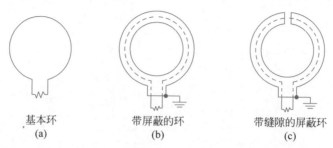

基本环　　　　　带屏蔽的环　　　　带缝隙的屏蔽环
(a)　　　　　　　　(b)　　　　　　　　(c)

图 2-29　环形天线上的缝隙屏蔽层在通过磁场时选择性衰减电场

为消除电场耦合,环应该像图 2-29(b)那样屏蔽。然而这种结构允许屏蔽电流流过,这将会在屏蔽电场的同时屏蔽磁场。为了保护环的磁灵敏度,必须打破屏蔽,以防止屏蔽电流流动。这通过在顶部破坏屏蔽是可以做到的,如图 2-29(c)所示。结果是天线只响应波的磁场。

2.11　屏蔽转移阻抗

1943 年,Schelkunoff 首先提出转移阻抗的概念,作为一种测量电缆屏蔽效果的方法。屏蔽转移阻抗是屏蔽层的一个特性,与中心导体和屏蔽层之间产生的开路电压(单位长度)和屏蔽层电流之比有关。屏蔽转移阻抗可以写为

$$Z_T = \frac{1}{I_S} \frac{\mathrm{d}V}{\mathrm{d}l} \qquad (2\text{-}36)$$

其中,Z_T 是转移阻抗,单位是每单位长度欧姆,I_S 是屏蔽层电流,V 是内导线和屏蔽层的感应电压,l 是电缆的长度。转移阻抗越小,屏蔽效果越好。

在低频时,转移阻抗等于屏蔽层的直流电阻。这一结果等效于式(2-33)的结果。在高频时(对于标准的电缆,高于 1MHz),因为趋肤效应,固体管屏蔽的转移阻抗会减小,电缆的屏蔽效果会增强。趋肤效应使噪声电流存在于屏蔽层外表面,信号电流存在于内表面,因此,消除了两种电流之间的公共阻抗耦合。

图 2-30 是固体管屏蔽转移阻抗幅度的图(归一化到直流电阻 R_{dc} 的值)。如果屏蔽是编织层,超过大约 1MHz,转移阻抗将会随频率的增加而增加,如图 2-34 所示。

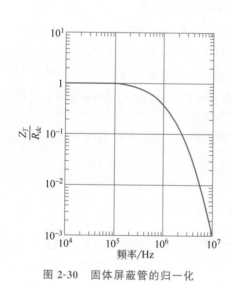

图 2-30　固体屏蔽管的归一化转移阻抗的幅度

2.12　同轴电缆和双绞线

当比较同轴电缆和双绞线时,重要的是从传输的角度来看,首先承认两种类型的电缆都是有用的,如图 2-31 所示。1980 年之前,双绞线的通常使用频率约为 100kHz,而在一些特殊应

用中其频率已高达 10MHz。然而,在许多应用中,双绞线明显地比同轴电缆更经济,现在的电缆设计者和制造商已经找到了解除这一限制的方法。

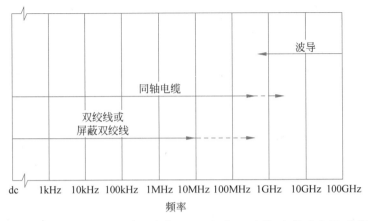

图 2-31 各种传输线的使用频率范围。正规应用(实线)和特殊应用(虚线)

双绞线因为两个导线之间不能保持一个固定的位置,特别是在折叠或弯曲时,不像同轴线那样有均匀的特性阻抗。现在的电缆设计者已经将双绞线的正常使用频率扩展到了 10MHz,在某些应用中甚至扩展到几百兆赫兹。例如,以太网和高清晰多媒体接口(HDMI)。这些高性能电缆有很小的电容和更紧密、更均匀的绞合。此外,在某些情况下,可以将两根线黏合在一起,这样沿着电缆的方向,相互间保持精确相同的位置。黏合的双绞线具有更均匀的特性阻抗,而且更抗噪声,产生更少的辐射。

许多现代的非屏蔽双绞线(UTP)的性能与老式的屏蔽式双绞线(STP)一样或更好。双绞线是一个自然平衡的结构,能够如第 4 章讨论的那样有效地防止噪声——现在的许多电缆都具有很好的平衡结构。这方面典型的例子是以太网 5 类和 6 类电缆。ANSI/TIA/EIA 568B-2.1 为 5 类以太网电缆定义了性能规格,如阻抗、电缆损耗、串扰和辐射。5 类电缆(图 2-32)由 24 号实心线做成的 4 组 UTP 组成。绞合的标称间距是 1/cm(2.5/in),但是电缆中每一对的间距都稍有不同以尽量减小对间串扰。以太网电缆的终端是平衡的。5 类 UTP 电缆被设计到 125MHz 仍有良好的性能,6 类到 250MHz,而将来 7 类电缆可达到大约 600MHz。

图 2-32 5 类以太网电缆

同轴线具有更均匀的特性阻抗和更低的损耗。从直流到 VHF 频段都可应用,在某些应用中甚至能扩展到 UHF 频段。超过 1GHz 时,同轴线的损耗将会变大。而波导通常成为更实用的传输线。

一端接地的同轴电缆具有良好的抗容性(电场)耦合作用。但如果噪声电流流入屏蔽层,就会产生噪声电压,如 2.8 节讨论的,它的幅度等于屏蔽层电流乘以屏蔽层阻抗。因为在同轴电缆中,屏蔽层也是信号通路的一部分,这个电压表现为与输入信号串联的噪声。双层屏蔽电缆或三同轴电缆在两层屏蔽之间有绝缘层,能够消除因屏蔽层阻抗产生的电压噪声。噪声电流流过外屏蔽层,而信号返回电流流过内屏蔽层。因此这两个电流(信号和噪声)没有流经共同的阻抗。

然而三同轴电缆价格昂贵,不便使用。但在高频下因为趋肤效应可将同轴电缆作为三同轴电缆。对于一个典型的同轴电缆,在1MHz以上时趋肤效应是重要的。噪声电流流过屏蔽层的外表面,而信号电流流过内表面。由于这个原因,同轴电缆在高频时的性能更好。

屏蔽双绞线有与三同轴线相似的特点,并且价格低廉、方便使用。信号电流流入两个内导体,而任何感应的噪声电流流入屏蔽层,因此消除了公共阻抗耦合。此外,出现的任何屏蔽电流通过互感等量地耦合到两个内导体(理想情况下),而两个相等的噪声电压相互抵消。

未屏蔽的双绞线,除非它的终端是平衡的(见4.1节),几乎不能防护电容(电场)耦合,但能很好地防护磁场耦合。增加单位长度的绞合数可以增强绞合的有效性。当双绞线终止时,两条线分得越开,噪声抑制越差。因此,在双绞线终止时,无论是屏蔽的还是非屏蔽的,除非有必要,不要拆开导线。

即使没有屏蔽,双绞线对于减小磁场耦合也是非常有效的。但这有两个必要条件:第一,信号必须大小相等、方向相反地流入两个导体;第二,在关注的频率绞合的间距必须小于波长的1/20。(在500MHz以上,每英寸绞合一次将是有效的)无论终端是否平衡,以上条件都是正确的。此外,如果终端平衡,双绞线也能有效地减小电场耦合(见4.1节)。不要混淆双绞线和平衡线,因为它们是两个完全不同的概念,尽管经常一起使用。

2.13 编织屏蔽层

事实上大多数电缆采用编织层屏蔽,而不是一个导体管,如图2-33所示。编织层的优点是弹性好、耐久、强度高和弯曲寿命长。编织层通常只提供60%～98%的覆盖,屏蔽效果逊于导体管。编织层对电场的屏蔽一般只减小一点(除了在UHF频段),但大大减小了磁场屏蔽。原因是编织层破坏了纵向屏蔽电流的均匀性。对于防护磁场编织层一般要比导体管小5～30dB。

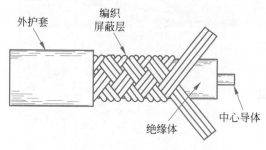

图2-33 有编织屏蔽层的电缆

在较高的频率下,由于编织层上的空洞,编织层的屏蔽效果会下降很多。多层屏蔽可以提供更多的保护,但是成本较高,而且弹性不好。双层甚至三层屏蔽的高级电缆,以及镀银铜编织线,被用于一些关键性领域,如军事、航空航天、仪器仪表。

图2-34(Vance,1978,Fig.5-14)表示归一化到编织层直流电阻的典型编织层屏蔽电缆的转移阻抗。由于屏蔽层的趋肤效应,大约在1MHz时转移阻抗减小。随后在1MHz以上转移阻抗增加,是由于编织层上的空洞引起的。给出了编织层覆盖不同百分比的曲线。松散的编织层(屏蔽覆盖的百分比较低)更有弹性,而更紧密的编织层(屏蔽覆盖的百分比较高)屏蔽效果更好,但弹性不好。可以看出,为得到最好的屏蔽效果,编织层应该覆盖95%以上。

可以使用薄的铝箔屏蔽的电缆。这些电缆提供几乎100%的覆盖和更有效的电场屏蔽。

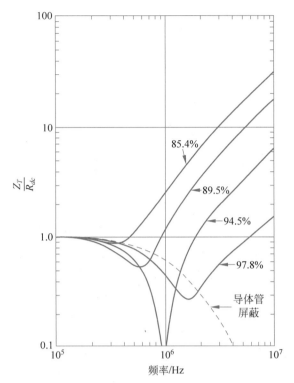

图 2-34　作为编织层覆盖率函数的编织层屏蔽的归一化转移阻抗

（Vance,1978,经 John Wiley & Sons,Inc. 许可再版）

它们的强度不如编织层,因为阻抗较高而有较高的屏蔽层截止频率,而且很难(若不是不可能)正常端接。也可以将铝箔和编织层结合起来提供屏蔽。这些电缆旨在利用铝箔和编织层最好的性能,使两者的缺点最小化。编织层允许适当的 360°屏蔽端接,而铝箔覆盖在编织层的孔洞上。铝箔上覆盖编织层或者双编织层屏蔽电缆的效率直到 100MHz 左右都不会下降。

2.14　螺旋屏蔽

螺旋屏蔽(图 2-35)用于电缆的 3 个优势如下:可减少制造成本,易于端接,增加弹性。它由包裹着电缆芯(电介质)的导体带组成,该导体带通常有 3~7 个导体。

让我们来考虑螺旋屏蔽电缆和理想的固体均匀屏蔽电缆的不同。在固体均匀屏蔽电缆中,屏蔽层电流沿电缆的轴线是纵向的,电流产生的磁场是环形的,在屏蔽层外部如图 2-12 所示。

在螺旋屏蔽的情况下,屏蔽层电流沿螺旋线流动,与导线的纵向轴线成角度 φ,其中 φ 是螺旋角,如图 2-36[*] 所示。

屏蔽层中的总电流 I 可以分解为两个分量,一个分量纵向沿电缆的轴线,另一个分量环绕在导线周围,如图 2-37 所示。沿电缆轴线的纵向电流

$$I_L = I\cos\varphi \qquad (2\text{-}37)$$

---

[*]　在实际应用中通常假定形成螺旋的各导体之间导电性很差。

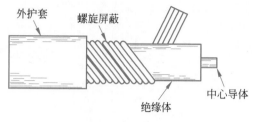

图 2-35 螺旋屏蔽电缆

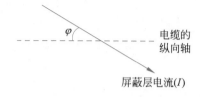

图 2-36 螺旋屏蔽电缆上的屏蔽层电流流动
的方向，φ 是螺旋角

其中，I 是总屏蔽层电流，φ 是螺旋角。垂直于电缆轴线环绕在电缆四周的环形电流

$$I_C = I\sin\varphi \tag{2-38}$$

纵向电流 I_L 与均匀固体屏蔽电缆上的屏蔽层电流相同，在电缆外部产生一个环形磁场。对于细长电缆，环形电流像一个沿电缆轴线的螺线管（线圈或电感），在屏蔽层内产生一个纵向磁场 H，而在屏蔽层外没有磁场，如图 2-38 所示。这正好与纵向屏蔽层电流产生的磁场相反，存在于屏蔽层外部，而屏蔽层内没有磁场。屏蔽层电流的环形分量产生的纵向磁场会增加屏蔽层电感。因此，这种电缆因为纵向电流分量像一个普通的同轴电缆，又因环形电流分量具有额外的电感。

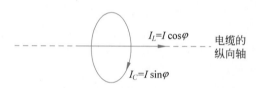

图 2-37 螺旋屏蔽电缆上的屏蔽层电流可以分解为
两个分量，纵向电流（I_L）和环形电流（I_C）

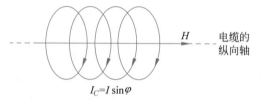

图 2-38 螺旋屏蔽电缆上屏蔽层电流的环形分量
产生沿电缆纵轴方向的磁场

编织层屏蔽电缆由两个或更多交织的导体螺旋带在相反的方向编织而成，这样每个导体带交替从另一个导体带上方及下方穿过，如图 2-33 所示。一个导体带沿顺时针方向，另一个导体带沿逆时针方向。由于两个导体带位于相反的方向，屏蔽层电流的环形分量趋于相互抵消，只剩下纵向分量，因此编织层屏蔽电缆比螺旋屏蔽电缆的高频性能更优。

如前所述（2.11 节），屏蔽电缆的屏蔽效能可用屏蔽层转移阻抗表示。螺旋屏蔽电缆的转移阻抗包含两项，一是来自屏蔽层电流的纵向分量，二是来自屏蔽层电流的环形分量。

由屏蔽层电流的纵向分量引起的转移阻抗随频率的升高而减小（是好的），如图 2-30 所示，而由屏蔽层电流的环形分量引起的转移阻抗随频率的升高而增大（是坏的）。净余效果是螺旋屏蔽电缆的转移阻抗在 100kHz 以上随频率的升高而增加。高频转移阻抗是螺旋角 φ 的强函数，这个角度越大，转移阻抗越大，而电缆的屏蔽效能就越低。

普通编织层屏蔽电缆在高频时屏蔽层转移阻抗也增大，但增幅比螺旋屏蔽电缆小得多。图 2-39 所示为各类屏蔽电缆转移阻抗的测量值（Tsaliovich，1995，图 3-9）。

螺旋屏蔽基本上是导线线圈，由于较大高频转移阻抗而表现出感应效应。因此，螺旋屏蔽电缆不应该应用于 100kHz 以上的信号，应限于音频及更低频率。对螺旋及编织层屏蔽更详细的讨论见 *Cable Shielding For Electromagnetic Compatibility*（Tsaliovich，1995）一书。

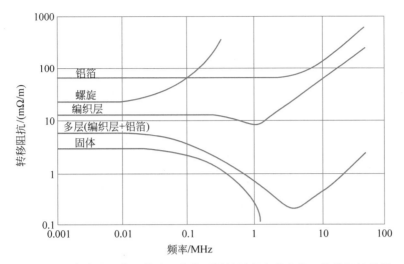

图 2-39　各类电缆屏蔽层转移阻抗的测量值随频率的变化。转移阻抗越低，
屏蔽效能越高(Tsaliovich,1995 © AT&T)

2.15　屏蔽层端接

屏蔽电缆的大多数问题是由不适当的屏蔽层端接引起的。一个良好的屏蔽电缆的最大受益是有一个适当的屏蔽层端接。一个适当的屏蔽层端接要求如下。

(1) 在适当的一端或两端,以及在适当的一点或多点端接。

(2) 端接的连接阻抗非常低。

(3) 与屏蔽层有 360°的接触。

2.15.1　辫线(猪尾巴线)

前面讨论的磁场屏蔽依赖屏蔽层圆周的纵向屏蔽电流的均匀分布,因此电缆终端的磁场屏蔽效果很大程度上依赖于屏蔽层终端的连接方法。辫线连接(见图 2-40)导致屏蔽电流集中到屏蔽层的一侧。为了最大限度地提供保护,屏蔽层在其圆周上应当均匀地端接,这可以通过使用同轴连接器实现,如 BNC、UHF 或 N 型等连接器。图 2-41 所示的连接器提供了与屏蔽层 360°的电连接。同轴端接还实现了对内导体的完全覆盖,保证了电场屏蔽的完整性。

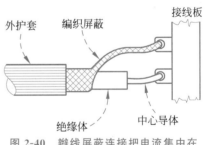

图 2-40　辫线屏蔽连接把电流集中在
屏蔽层的一侧

360°的接触是重要的,不仅在屏蔽层与连接器之间,还在与连接器相匹配的两个组件之间。螺旋式连接器(如 N 型和 UHF)在这方面表现是最好的。图 2-42 显示了一个 EMC 非螺旋式 XLR 连接器,它包括提供两个匹配组件之间 360°屏蔽层连接的环绕四周的弹性触片。图 2-43 所示为另一种无连接器而提供 360°屏蔽层端接的方法。

利用辫线端接,其长度仅为总电缆长度的一小部分,但是频率在 1kHz 以上时对电缆的噪声耦合有显著的影响。例如,将一个 8cm 的辫线端接耦合到一个 3.66m(12in)屏蔽层两端都接地的屏蔽电缆,如图 2-44 所示(Paul,1980,Fig.8a)。这个屏蔽导体的终端阻抗为 50Ω。图

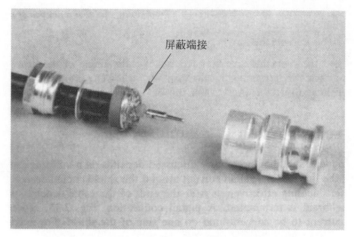

图 2-41　拆开的 BNC 连接器与屏蔽层的 360°接触

图 2-42　带有弹簧触片环绕其圆周的 XLR 母接头（用于专业音频设备），
在连接器后面的匹配组件之间提供 360°的接触

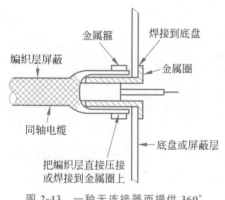

图 2-43　一种无连接器而提供 360°
屏蔽层端接的方法

中显示了电缆各屏蔽部分对磁场耦合的贡献,对电缆非屏蔽(辫线)部分的磁耦合,以及对电缆非屏蔽部分的电耦合。对电缆屏蔽部分的电容(电场)耦合是可以忽略的,因为屏蔽层接地和屏蔽导体的终端阻抗很低(50Ω)。如图 2-44 所示,在 100kHz 以上时,电缆的主要耦合来自辫线的电感耦合。

如果屏蔽导体的终端阻抗从 50Ω 增大到 1000Ω,结果如图 2-45 所示(Paul,1980,Fig.8b)。在这种情况下,10kHz 以上时对辫线的电容耦合是主要耦合机制。在这些条件下,即使电缆已经完全屏蔽(无辫线),1MHz 的耦合也比它原来大 40dB。

由图 2-44 和图 2-45 可以看出,虽然短辫线端接对于低频率(小于 10kHz)电缆屏蔽接地是可以接受的,但是对高频屏蔽接地是不可接受的。

2.15.2　电缆屏蔽层接地

有关电缆屏蔽层接地最常见的问题如下：屏蔽层应该在什么地方端接？在一端还是两端？应该连接到什么上？简单的回答是视具体情况而定。

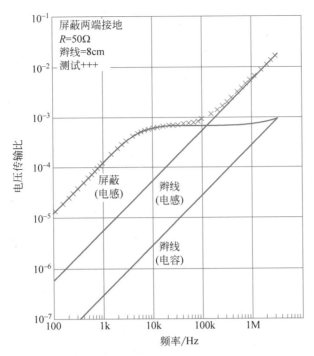

图 2-44 将一个 8cm 的端接辫线耦合到 3.66m 的屏蔽电缆,电路终端等于 50Ω(Paul,1980,*IEEE*)

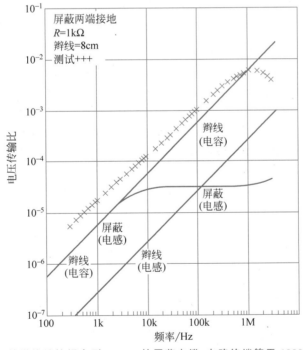

图 2-45 将一个 8cm 的辫线端接耦合到 3.66m 的屏蔽电缆,电路终端等于 1000Ω(Paul,1980,*IEEE*)

2.15.2.1 低频电缆屏蔽层接地

低频时屏蔽电缆最主要的目的是防止来自 50/60Hz 电源导线的电场耦合。正如 2.5.2 节中讨论的,在低频没有一种屏蔽能提供磁场的防护。这表明低频时使用屏蔽双绞线电缆的优点:屏蔽层防止电场耦合而双绞线防止磁场耦合。许多低频电路包含高阻抗设备,很容易受到电场耦合影响,因此,低频电缆屏蔽很重要。

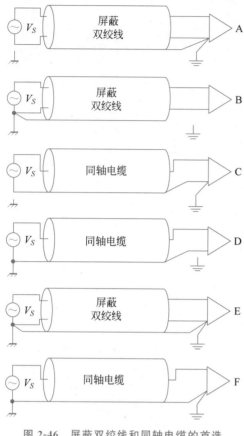

图 2-46　屏蔽双绞线和同轴电缆的首选
低频屏蔽接地方案

低频时多芯电缆的屏蔽层不是信号返回导体,通常仅一端接地。如果屏蔽层多于一端接地,由于电缆两端接地电位的差异,屏蔽层中可能产生噪声电流。这个电位差及因此产生的屏蔽层电流通常是由 50/60Hz 地电流产生的。对于同轴电缆,屏蔽层电流会产生噪声电压,其大小等于屏蔽层电流与屏蔽层阻抗之积,如式(2-33)所示。对于屏蔽双绞线,屏蔽层电流可能将不相等的电压感应到双绞线信号导线而成为一个噪声源(参考 4.1 节关于平衡的内容)。但是,如果屏蔽层仅一端接地,应是哪一端接地并接到哪里呢?

通常在源端屏蔽接地较好,因为是信号电压的参考。但是,如果信号源是浮地(不接地),那么在负载端电缆屏蔽接地较好。

对于屏蔽双绞线和同轴电缆,首选的低频屏蔽接地方案如图 2-46 所示。从电路 A 到 D,是源或放大器(负载)电路接地的情况,但不同时接地。在这 4 种情况下,电缆屏蔽也只显示一端接地,而且电路也在相同端接地。当信号电路两端接地时如电路 E 和 F 所示,接地电位差和接地环路对磁场的敏感性可能使降噪量受到限制。在电路 E 中,屏蔽双绞线电缆两端接地迫使一些接地环路电流流过低阻抗屏蔽层,而不是流过信号返回导体。在电路 F 中,同轴电缆的屏蔽层必须两端接地,因为它也是信号返回的导体,而信号两端接地。在这种情况下,可以通过降低电缆屏蔽层的阻抗降低噪声耦合,因为这将减少共阻抗耦合,如 2.8 节讨论的。如果需要增加抗扰度,那么必须断开接地环路。这可以通过使用变压器、光耦合器或共模扼流圈实现,如 3.4 节讨论的。

图 2-46 所示结构的性能指标可以从图 2-27 和图 2-28 介绍的磁耦合实验结果中得到。

电缆屏蔽层只有一端接地,以消除电力线的频率噪声耦合,但会使电缆像高频天线一样易接收射频干扰。调幅和调频广播发射能够在电缆屏蔽层上感应高频的射频电流。如果电缆屏蔽层连接到接地的电路,这些射频电流将进入设备并可能造成干扰。因此端接电缆屏蔽层正确的方式是对设备的屏蔽机壳,而不是对接地的电路。这种连接应该有尽可能最低的阻抗,应连接到屏蔽机壳的外面。这样屏蔽层上的任何射频噪声电流都只在机壳外表面无害地流动,并通过机箱的寄生电容到地,从而绕过箱内的敏感电子设备。

如果将电缆屏蔽层看作一个机箱屏蔽的延伸,很清楚,屏蔽应该终止到机壳,而不是接地的电路。

在专业音频领域,由于电缆屏蔽层连接到接地电路而不是机箱地,所出现的噪声问题被称为"引脚 1"问题。1995 年,Neil Muncy 在其关于这个问题的经典论文 *"Noise Susceptibility in Analog and Digital Signal Processing Systems"* 中首次提出了这个术语。术语引脚 1 指的是 XLR 连接器中连接到电缆屏蔽层的接线器引脚,这通常应用于专业音响系统,对于耳机插座,引脚 1 指的是套管;对于唱机插头或 BNC 连接器,引脚 1 指的是连接器的外壳。

因为许多案例中干扰是电缆屏蔽层端接到接地电路造成的,音频工程学会 2005 年发布的音响设备电缆屏蔽层接地标准规定:电缆屏蔽层和设备连接器的外壳应通过尽可能低阻抗的路径直接连接到屏蔽机壳(AES48,2005)。

同轴电缆的屏蔽,屏蔽层是信号返回的导体,必须两端接地,这种接地从功能上讲必须是电路接地。然而,正如以上讨论的关于噪声的考虑,屏蔽应首先终止于机壳。这可通过使电缆屏蔽层终止于机壳,然后把电路接地连接到机壳上的同一点实现。

单端屏蔽层接地在低频率(音频及以下)时有效,因为它防止工频电流流经屏蔽层,避免将噪声引入信号电路。单点接地也消除了屏蔽层接地环路[*]及其相关可能的磁场耦合。然而随着频率的增加,单点接地变得越来越无效。当电缆的长度接近 1/4 波长时,一端接地的屏蔽电缆成为一个非常有效的天线。在这种情况下,通常需要屏蔽层两端都接地。

2.15.2.2　高频电缆屏蔽接地

在频率 100kHz 以上,或电缆的长度超过波长的 1/20 时,需要屏蔽层两端接地。对多导体电缆和同轴电缆也是如此。高频引发的另一个问题是杂散电容导致形成接地环路,如图 2-47 所示,使屏蔽的非终止端很难或者不可能与地隔离。

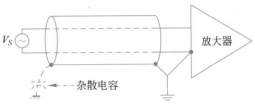

图 2-47　高频引发的杂散电容导致形成接地环路

因此,在高频和数字电路中,通常的做法是电缆屏蔽层两端接地。由地电位差引起的任何小噪声电压会耦合进入电路(主要是电源线频率及其谐波)不会影响数字电路,并且通常可以从射频电路滤出,这是由于噪声和信号之间存在很大的频率差。在 1MHz 以上的频率,趋肤效应减少了信号和流经屏蔽层噪声电流的共阻抗耦合。趋肤效应使噪声电流流过屏蔽层外表面,信号电流流过屏蔽层内表面。多点接地在高于屏蔽层截止频率的频段也提供磁场屏蔽。

2.15.2.3　混合电缆屏蔽接地

虽然单点接地在音频及以下有效,多点接地在高频率时有效,当信号包含高、低频率成分时,例如,一个视频信号怎么做?现在大多数音频设备也包含用于信号处理的数字电路,因此即使在音频设备中,通常也存在高频信号。在这种情况下,电缆中的高频信号可能不是有意的,也可以无意地作为共模信号耦合到电缆中,而电缆屏蔽层可能需要防止这些高频信号的辐射。

在这些情况下,如图 2-47 所示的电路可以用实际的电容(即 47nF)取代寄生电容,形成组合或混合接地。在低频时,单点接地的存在是因为电容的阻抗很大。然而,在高频时,电容成为低阻抗,将电路转换为两端接地。

但是有效的混合电缆屏蔽层接地的实际实现可能是困难的,因为任何与电容串联的电感都会降低其有效性。理想情况下,电容应内置在连接器中。最近一些音频连接器制造商已经认识到混合屏蔽接地方法的优点,并设计了内置有效的屏蔽端接电容的连接器。图 2-48 表示带有 10 个 SMT 电容器的 XLR 连接器,用于电缆屏蔽层终端和连接器背面之间的连接,有效地切断了低频的接地环路,同时保持高频时电缆屏蔽层到连接器外壳终端的低阻抗。10 个电容并联将与任何一个电容器串联的电感降低为 1/10,产生了一个直到大约 1GHz 有效的混合屏蔽端接。

---

[*]　电缆屏蔽层和外部地之间形成的环路。

图 2-48　电缆屏蔽层和连接器背面之间有 10 个 SMT 电容器的 XLR 连接器

2.15.2.4　双层屏蔽电缆接地

使用双层屏蔽电缆的两个原因如下：一是为提高高频屏蔽效果，二是在同一电缆中同时存在高频和低频信号。第一种情况，两个屏蔽层可以互相接触；第二种情况，两个屏蔽层必须相互绝缘（通常称为三同轴电缆）。

存在两个相互绝缘的屏蔽层，且允许设计师选择不同方式端接两个屏蔽层。外层屏蔽可以在两端端接以提供有效的高频及磁场屏蔽。外层屏蔽也经常用于防止电缆上高频共模电流产生的辐射。内层屏蔽可以仅在一端端接，从而避免两端接地时出现接地环路耦合。实际上，内层屏蔽是低频端接，而外层屏蔽是高频端接，由此解决了同时包含高、低频率分量的信号引起的问题。外层屏蔽应连接到机箱，内部屏蔽应连接到外壳或电路的接地，哪种接法性能都很好。

使用三同轴电缆时另一个关注点可能是两个屏蔽层只在一端端接并且是相反端。因此，不存在低频接地环路，而屏蔽层间电容闭合了高频回路。电缆很长时，这样做通常很有效，这时电缆两端之间可能存在很大的接地电位差，由于电缆很长存在很多屏蔽层间电容。

2.16　带状电缆

使用电缆的主要成本是电缆端接的费用。带状电缆的一个优点是允许低成本多点端接，这是使用带状电缆的主要原因。

带状电缆的另一个优点是其为"可控电缆"，因为电缆内导线的位置和方向是固定的，就像印制电路板上的导线。然而，一个正常的线束是"随机电缆"，因为电缆内导线的位置和方向是随机的，一个线束与另一个不同。因此，一个"随机电缆"一个单元的噪声性能与另一个单元是不同的。

使用带状电缆的主要问题涉及各个导线被分配为信号线和地线的方法。

如图 2-49(a)所示为一带状电缆，一根导线是地线，其余导线是信号线。此配置需要的导线数目最少，但是它存在三个问题。首先，在信号线及其返回地之间产生大环路面积，会产生辐射和敏感性问题。其次，所有的信号线同用一个返回地时会产生共阻抗耦合。最后，各导线之间电容和电感相互串扰。因此，这种结构很少使用。如果使用这种结构，为减小环路面积，应将仅有的地线指定为中心导线之一。

图 2-49(b)是一个较好的配置。在这种配置中，环路面积很小，因为每根导线有一根紧邻它的单独的返回地线，共阻抗耦合被消除，将导线之间的串扰降到最低。这是一个带状电缆的首选配置，即使它所需要的导线是图 2-49(a)中的 2 倍。在应用中电缆之间的串扰是一个问题，可能在信号导线之间需要两根地线。

图 2-49(c)中的配置略逊于图 2-49(b)，但少用了 1/4 的导线。这种配置中每根信号导线都紧邻接地导线，因此有较小的环路面积。因为两个信号线共用一根地线，所以会出现一些共阻抗耦合。因为有些相邻信号线之间没有地线，串扰比图 2-49(b)中高。在许多应用中，这种配置可提供足够的性能，具有最低的成本与性能比。

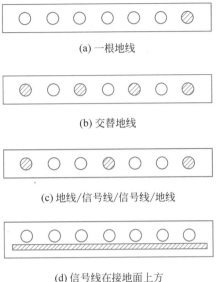

(a) 一根地线

(b) 交替地线

(c) 地线/信号线/信号线/地线

(d) 信号线在接地面上方

○ 信号线　　　◎ 地线

图 2-49　带状电缆配置

带状电缆也可用跨越电缆全部宽度的接地面，如图 2-49(d)所示。在这种情况下，环路面积是由信号导线与其下方地平面的距离确定的。因为在电缆中，这个尺寸通常比导线与导线间的距离小，环路面积比图 2-49(b)交替地线配置时小。如果允许这样做，地电流将在信号线的控制之下流动，由此图 2-22 中的电流会在屏蔽层上返回。然而，除非电缆终端全宽度地电接触到地平面，否则返回电流会被迫从下一个信号线返回，环路面积将增大。因为难以适当地端接这种电缆，所以不经常使用。

屏蔽的带状电缆也是有用的，但是，除非屏蔽层用 360°连接器适当地终止（实现很困难），否则其效能将大大降低。Palmgren(1981)讨论了带状电缆屏蔽终端的辐射作用。Palmgren 指出，屏蔽带状电缆的外导体没有像靠近其中心部位的导体一样得到很好的屏蔽（一般低于 7dB 的屏蔽）。这种效应是由屏蔽层边缘屏蔽层电流的不均匀性造成的。因此，关键信号不应放在屏蔽带状电缆边缘导体中。

2.17　电长电缆

在本章的分析中，假定电缆比波长短。这意味着电缆上所有的电流都是同相位的。在这种情况下，理论预测电场和磁场的耦合将随频率无限增加。然而，实际上，在高于一定频率时耦合趋于稳定。

当电缆接近 1/4 波长时，电缆中的一些相位电流就会不相等。当电缆是半波长时，不等相位的电流由于抵消作用导致外部耦合为零。这并没有改变耦合对其他各参数的依赖，只改变了数值结果。因此，不管电缆的长度如何变化，都应确定耦合的参数保持不变。

图 2-50 所示为使用短电缆近似和传输线模型的电缆之间的电场耦合。结果几乎精确出现在相位影响开始的那一点，大约是波长的 1/10 处。但是，短线近似到大约 1/4 波长处仍然可以用。在这一点之上，由于一些电流相位不同实际耦合下降，而短电缆近似预测耦合增大。如果在短电缆近似预测的耦合上升处，即 1/4 波长处被截断，就提供了一个实际耦合近似。请

注意,在这种情况下,均未考虑电流相位产生的零值和峰值。但是,除非在设计设备时计划利用这些零值和峰值,否则这样做是危险的,它们的位置并不重要。

关于长电缆更多的分析信息,请查阅 Paul(1979)和 Smith(1977)的文献资料。

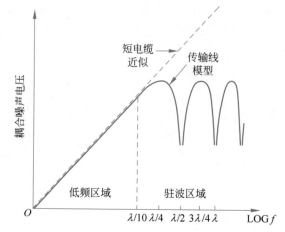

图 2-50   使用短电缆近似(虚线)和传输线模型(实线)的电缆之间的电场耦合

总结

- 电场耦合可通过插入与接收电路并联的噪声电流发生器模拟。
- 磁场耦合可通过插入与接收电路串联的噪声电压发生器模拟。
- 电场比磁场更容易防护。
- 一点或多点接地的屏蔽层屏蔽电场。
- 降低磁场耦合的关键是减小感应环路的面积。
- 对于两端接地的同轴电缆,在高于音频的频段,事实上所有的返回电流都在屏蔽层中流动。
- 为了防护磁场辐射或感应,在高于音频的频段,屏蔽层两端接地是有效的。
- 有噪声电流的任何屏蔽层不应是信号通道的一部分。
- 由于趋肤效应,高频时同轴电缆的作用就像三同轴电缆。
- 双绞线的屏蔽效能随着单位长度绞合数的增加而增加。
- 本章列举的磁场屏蔽效果需要一个圆柱形屏蔽层,其圆周上的屏蔽电流均匀分布。
- 对于实体的屏蔽电缆,屏蔽效果随频率而增加。
- 对于编织层覆盖金属箔或双层编织层电缆,屏蔽效果在 100MHz 以上时开始减小。
- 对于编织层屏蔽电缆,屏蔽效果在 10MHz 以上时开始减小。
- 对于螺旋屏蔽电缆,屏蔽效果在 100kHz 以上时开始减小。
- 大多数电缆屏蔽问题是由不适当的屏蔽层端接引起的。
- 低频时电缆屏蔽层可以只在一端接地。
- 高频时电缆屏蔽层应两端接地。
- 包含低频、高频信号时应用混合屏蔽端接有效。
- 电缆屏蔽应端接在设备机壳而不是电路的地。
- 带状电缆的主要问题是在信号和地之间如何分配各导线。

习题

2.1　图 P2-1 中导体 1 和导体 2 间的寄生电容为 50pF,每根导线对地的电容为 150pF。频率为 100kHz 时,导体 1 上有 10V 的交流信号。当终端 R_T 为以下阻抗时,导线 2 上的感应噪声电压分别为多少伏?

   a. 无穷大阻抗。

   b. 1000Ω 阻抗。

   c. 50Ω 阻抗。

2.2　图 P2-2 中,导线 2 周围放置了一个接地屏蔽层。导线 2 到屏蔽层的电容为 100pF,导线 2 和导线 1 间的电容为 2pF,导线 2 和地线间的电容为 5pF。频率为 100kHz 时,导线 1 上有 10V 交流信号。对这一配置,当终端 R_T 为以下阻抗时,导线 2 上的感应噪声电压是多少伏?

   a. 无穷大阻抗。

   b. 1000Ω 阻抗。

   c. 50Ω 阻抗。

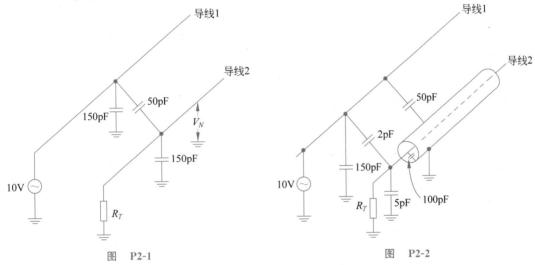

图　P2-1　　　　　　　　　　　　　　图　P2-2

2.3　由于功率晶体管的开关作用,在开关电源中电源输出引线与机箱之间通常产生噪声电压,在图 P2-3 中用 V_{N1} 表示。这个噪声电压可通过电容性耦合进入图中相邻的电路 2。C_N 是机箱和电源输出引线间的等效耦合电容。假设 $C_{12} \ll C_{1G}$。

   a. 对于这个电路结构,作为频率的函数,计算比值 V_{N2}/V_{N1} 并画图(忽略图中虚线表示的电容 C)。然后把电容 C 加在图中电源输出引线和机箱之间,如图 P2-3 所示。

   b. 对噪声耦合有什么影响?

   c. 电源引线的屏蔽如何改进噪声性能?

2.4　两根长 10cm、间隔 1cm 的导线形成一个回路。频率为 60Hz 时,该回路位于 10Gs 的磁场中。电路中来自磁场的最大耦合噪声电压是多少?

2.5　图 P2-5(a)是一个低电平晶体管放大器电路的部分示意图,该电路的印制电路板配线如图 P2-5(b)所示。电路位于一个强磁场中。在图 P2-5(b)上如图 P2-5(c)所示改变配线,有什么优点?

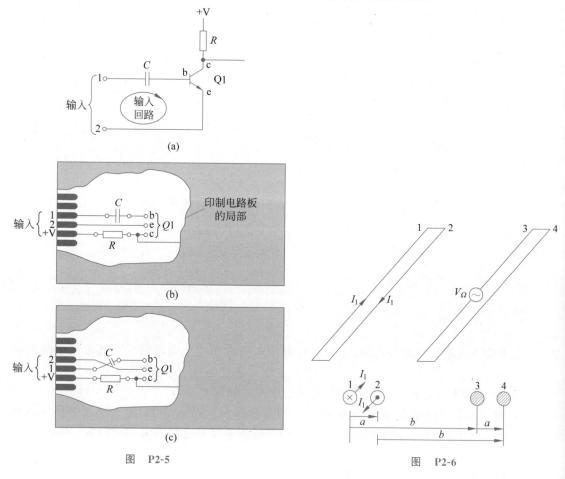

图 P2-3

2.6 计算图 P2-6 中两个共面平行回路之间每单位长度的互感应系数。

图 P2-5

图 P2-6

2.7 利用习题 2.6 的结果：

    a. 计算导线间隔为 0.05in 的带状电缆相邻对(第一和第二导线对)之间每单位长的互感应系数；并计算第一和第三导线对、第一和第四导线对之间每单位长的互感应系数。

    b. 如果一对导线中的信号为 10MHz，5V 的正弦波、电缆终端为 500Ω，相邻对中的感应电压是多少？

2.8 两个电路之间互感应系数的最大值是多少?

2.9 磁场大小随距离如何变化?

    a. 一根孤立的导线。

    b. 载有信号和返回电流的靠近的平行导线。

2.10 由长 1m 的导线组成的接收电路,位于接地面上方 5cm。电路两端各有一个 50Ω 的电阻。电场感应一个 0.5mA 的噪声电流进入电路。同一噪声源的磁场感应一个 25mV 的噪声电压进入电路。

    a. 如果测量每个终端电阻上的噪声电压,两个读数分别是多少?

    b. 根据上述结果能得到什么一般性结论?

    c. 如果感应电压的磁场极性反转,将出现什么现象?

2.11 当非屏蔽双绞线终端平衡(即两端有相同的接地阻抗)时,为什么只具有电容性感应防护?

2.12 螺旋屏蔽电缆中,如下方式产生的磁场 H 的百分比是多少?

    a. 屏蔽层电流的径向分量在屏蔽层内。屏蔽层外的百分比是多少?

    b. 屏蔽层电流的环向分量在屏蔽层内。屏蔽层外的百分比是多少?

参考文献

[1] AES48-2005. *AES Standard on Interconnections—Grounding and EMC Practices—Shields of Connectors in Audio Equipment Containing Active Circuitry*. Audio Engineering Society,2005.

[2] ANSI/TIA/EIA-568-B. 2. 1. *Commercial Building Telecommunications Cabling Standard—Part 2: Balanced Twisted Pair Components—Addendum I—Transmission Performance Specifications for 4-Pair 100 Ohm Category 6 Cabling*,2002.

[3] Brown J,Whitlock B. *Common-Mode to Differential-Mode Conversion in Shielded Twisted-Pair Cables* (*Shield Current Induced Noise*). Audio Engineering Society 114th Convention,Amsterdam,The Netherlands,2003.

[4] Grover F W. *Inductance Calculations—Working Formulas and Tables*. Instrument Society of America,1973.

[5] Hayt W H,Jr. *Engineering Electromagnetics. 3rd ed*. McGraw-Hill,New York,1974.

[6] ITT. *Reference Data for Radio Engineers. 5th ed*. Howard W. Sams & Co.,New York,1968.

[7] Muncy N. *Noise Susceptibility in Analog and Digital Signal Processing Systems*. Journal of the Audio Engineering Society,1995.

[8] Palmgren C. *Shielded Flat Cables for EMI & ESD Reduction*. IEEE Symposium on EMC,Boulder, Co,1981.

[9] Paul C R. *Prediction of Crosstalk Involving Twisted Pairs of Wires—Part Ⅰ: A Transmission-Line Model for Twisted-Wire Pairs*. IEEE Transactions on EMC,1979.

[10] Paul C R. *Prediction of Crosstalk Involving Twisted Pairs of Wires—Part Ⅱ: A Simplified Low-Frequency Prediction Model*. IEEE Transactions on EMC,1979.

[11] Paul C R. *Effect of Pigtails on Crosstalk to Braided-Shield Cables*. IEEE Transactions on EMC,1980.

[12] Paul C R. *Modelling and Prediction of Ground Shift on Printed Circuit Boards*. 1986 IERE Symposium on EMC. York,England,1986.

[13] Ruehli A E. *Inductance Calculations in a Complex Integrated Circuit Environment*. IBM Journal of Research and Development,1972.

[14] Schelkunoff S A. *The Electromagnetic Theory of Coaxial Transmission Lines and Cylindrical*

Shields. Bell System Technical Journal,Vol. 13,1934,pp. 532-579.

[15] Smith A. *A Coupling of External Electromagnetic Fields to Transmission Lines*. Wiley,New York, 1977.

[16] Smythe W R. *Static and Dynamic Electricity*. McGraw-Hill,New York,1924.

[17] Tsaliovich A. *Cable Shielding for Electromagnetic Compatibility*. New York, Van Nostrand Reinhold,1995.

[18] Vance E F. *Coupling to Shielded Cables*. Wiley,New York,1978.

深入阅读

[1] Buchman A S. *Noise Control in Low Level Data Systems*. Electromechanical Design,1962.

[2] Cathy W,Keith R. *Coupling Reduction in Twisted Wires*. IEEE International Symposium on EMC, Boulder,1981.

[3] Ficchi R O. *Electrical Interference*. Hayden Book Co. ,New York,1964.

[4] Ficchi R O. *Practical Design For Electromagnetic Compatibility*. Hayden Book Co. ,New York,1971.

[5] Frederick Research Corp. *Handbook on Radio Frequency Interference*. Vol. 3(Methods of Electromagnetic Interference Suppression). Frederick Research Corp. ,Wheaton,MD,1962.

[6] Hilberg W. *Electrical Characteristics of Transmission Lines*. Artech House,1979.

[7] Lacoste R. *Cable Shielding Experiments*. Circuit Cellar,2008.

[8] Mohr R J. *Coupling between Open and Shielded Wire Lines over a Ground Plane*. IEEE Transactions on EMC,1976.

[9] Morrison R. *Grounding and Shielding*. Wiley,2007.

[10] Nalle D. *Elimination of Noise in Low Level Circuits*. ISA Journal,vol. 12,1965.

[11] Ott H W. *Balanced vs. Unbalanced Audio System Interconnections*. Available at www. hottconsultants. com/tips. html. Accessed,2008.

[12] Paul C R. *Solution of the Transmission-Line Equations for Three-Conductor Lines in Homogeneous Media*. IEEE Transactions on EMC,1978.

[13] Paul C R. *Prediction of Crosstalk in Ribbon Cables：Comparison of Model Predictions and Experimental Results*. IEEE Transactions on EMC,1978.

[14] Paul C R. *Introduction to Electromagnetic Compatibility,2nd ed*. Chapter 9(Crosstalk) New York Wiley,2006.

[15] Rane Note 110. *Sound System Interconnection*. Rane Corporation,1995.

[16] Timmons F. *Wire or Cable Has Many Faces,Part 2*. EDN,1970.

[17] Trompeter E. *Cleaning Up Signals with Coax*. Electronic Products Magazine,1973.

第3章

接　地

　　探求"良好接地"在许多方面类似于寻找圣杯，关于它的故事比比皆是，我们都说想要和需要它，但是似乎无法找到它。

——Warren H. Lewis*

　　在连接电子器件使用的所有导体中，具有讽刺意味的是，最复杂的却是通常最少关注的——接地。接地是使未知噪声最小化和提供一个安全系统最主要的方法之一。也就是说，一个无噪声的系统不一定是安全系统，反之，一个安全的系统也不一定是一个无噪声的系统。设计者的责任是提供一个安全而无噪声的系统。必须设计一个好的接地系统，如果设计中很少或没有考虑这个问题，期望接地系统性能良好是一厢情愿的。有时很难相信，昂贵的工程时间应该用于考虑电路接地的细节，最终不必解决神秘的噪声问题，构建和测试设备节省了时间和金钱。

　　良好设计的接地系统的一个优点是通常能防护未知的干扰和发射，产品无须任何额外的单位成本。唯一的代价是设计系统需要的工程时间。相比之下，不正确设计的接地系统可能是干扰和发射的主要来源，所以，需要相当多的工程时间来解决这个问题。因此，设计适当的接地系统真正符合成本效益。

　　接地在噪声和干扰控制方面是重要的，但却经常被误解。接地的问题之一在于这个名词本身，接地这个词不同的人可能有不同的理解。它可能意味着一根 8ft 长的杆插入地下以防雷，可能意味着用于交流配电系统中的绿色安全导线，可能意味着一个数字逻辑印制电路板（PCB）上的一个接地面，也可能意味着 PCB 上的一个窄迹线，为一个环绕地球的卫星上的低频模拟信号提供返回路径。在上述所有情况中，接地的要求是不同的。

　　接地可分为两类：①安全接地；②信号接地。第二类或许根本不应称为接地，而应称为返回，且可进一步细分为信号或电源返回。如果它们被称为接地，应被称为"信号接地"或"电源接地"以定义它们载流的类型，并与"安全接地"相区别。然而，习惯的用法仍将它们都称为接地。

　　除了本章后面将讨论的出故障的情况，大部分情况下，安全接地不载流。这个特征是重要的，因为在正常工作时信号地载流。因此，接地的另一种分类方法是：①正常工作过程中的载流接地（如信号或电源返回）；②正常工作过程中不载流的接地（如安全接地）。

＊　Lewis，1995，p. 301。

另外,如果地与设备的机壳或底盘相连,通常称为底盘地。如果地通过低阻抗通路与大地相连,称为大地地。安全接地通常与大地或代替大地的某些导体(如飞机的机身或船舰的船体)相连。信号地可以与大地相连,也可以不与大地相连。在许多情况下,安全接地要求的接地点不适合信号地,这可能会使设计问题复杂化。然而接地的基本目的首先是安全,其次是在安全的前提下正常工作。所有这些情况下,接地技术都可以有效地实现。

3.1 交流配电和安全接地

在电力工业中,接地通常意味着与大地相连。在美国,设备的交流配电、接地和布线标准均包含在国家电气规范(NEC)中,通常只称为"规范"。这些规范每三年修订一次。电力系统接地的基本目的是保护人类、动物、设备和建筑物免受电击或火灾所致的危害。设备的布线通常通过如下方式实现。

(1) 出现故障时(如火线与设备外壳接触)确保防护设备(保险丝或断路器)工作。

(2) 确保导电外壳和其他金属物体之间电位差最小化。

(3) 提供雷电防护。

3.1.1 进线口

电源在进线口进入一个建筑设施(住宅或商业/工业)。公用事业公司负责进线口电源侧的布线和接地,而用户负责进线口负载侧的布线和接地。进线口是公用事业公司与用户间的接口,在这里需要进行计量,电源可与设施断开,这也是雷电可能进入设施的位置。除少数情况外,NEC只允许每个建筑物有一个进线口(条款230.2)。少数例外的情况列于条款230.2(A)到230.2(D)中。

一个三相高压(通常为4160V或13800V)系统通常用于为一个邻近地区供电。设施的引入线既可以是架空的,也可以是地下的。在工业地区,引入线都用三相线路。然而,在居民区,引入线用单相线路——单相配电变压器使高压下降。一种通用的配置是图3-1所示的中心抽头的二次配电变压器。这种配置为设施提供了120V和240V的单相电源。变压器次级的中心抽头(中线)在配电变压器和进线口接线板处牢固接地。

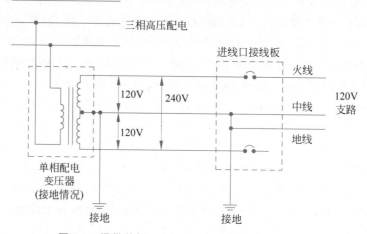

图 3-1　提供单相 120/240V 电源的单相家用服务

变压器次级的任一输出端与中线间的电压为 120V。变压器两个输出端间的电压为 240V。240V 通常用于为大功率电器供电,如电烤炉、大型空调和衣服烘干机。两根输出导线是"火线"(电压是相对于接地的中线),必须有过流保护设备,如保险丝或断路器。保险丝或断路器不允许用于中线上(230.90(B))。规范还指定要有不多于 6 处手动操作断路器或开关以完全切断设施的电源(230.71),这些断路器必须设在相同的位置,最好位于同一配电箱中。

NEC 并没有指出接地是使电力设施安全的唯一方法。在某些情况下,隔离、绝缘和防护也是可行的选择。例如,高于 1000V 的配电系统通常不接地。然而 NEC 提出了一种提供安全交流配电系统的方法,并常常被地方和国家政府机关写进法律。

交流电配电的早期,业内有许多关于建筑物中的配电系统是否应接地的争论(国际电力督察协会,附录 A,1999)。这种情况下,术语"接地"指的是载流导线之一(通常称中线)与大地连接。1892 年,纽约火灾保险局发表了一份电线接地的报告,指出:"纽约火灾保险局因为危险谴责中线接地的做法,要求停止。无疑中线接地的做法不如完全绝缘系统安全。"

在 NEC 最初的版本(1897)中唯一的强制接地要求是对于避雷器。直到 1913 年的规范中交流配电变压器次级的中线才要求接地。

目前,在世界的许多地方,不接地交流配电系统的应用还很普遍。100 多年来这些不接地系统的实践表明,这些系统可能是安全的。在海军军舰上可靠性是至关重要的,海水是始终存在的问题,配电系统通常不接地。然而,美国及许多其他国家已经采纳了接地系统——许多人感觉安全的方法。然而,上述讨论清晰地表明可接受的获得电力安全的方法不止一个。

3.1.2 分支电路

交流配电系统的接地要求包含在规范的条款 250 中。除了中线接地,还需要额外的安全接地以防止电击。因此,一个 120V 的分支电路必须是如图 3-2 所示的三线系统。负载电流流经包含过流保护的火(黑)线,然后流经中(白)线返回。NEC 称中线为"地线"。安全地线(绿色,绿色有黄色条纹,或裸线)必须与所有的非载流金属设备外壳和部件相连,必须包含在相同的电缆或管线中,作为黑色和白色载流线。NEC 称安全接地为"接地线"。然而本书中,我们只分为三种导线:火线、中线和地线(或安全地)。

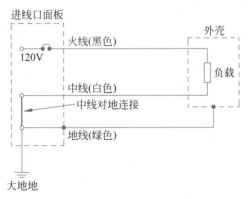

图 3-2 标准的 120V 交流配电分支电路有三根导线

接地线载流的唯一时刻是故障时,且是瞬时的,直到过流保护设备(保险丝或断路器)断开电路移除电压,使设备安全。因为通常没有电流流入地,所以没有压降,与其相连的部件和外壳都有相同的电位。NEC 指出,中线和地线应在一点且仅在一点连接,这一点应在主要进线口的面板上(250.24(A)(5))。否则将使一些负载电流返回到地线上,进而在导线上产生压降。另外,NEC 要求地线也通过接地棒或其他方法在进线口面板上与大地相连。NEC 称接地棒为"接地电极",我们称它为接地棒。金属水管和建筑物中的钢筋也必须与接地棒接在一起*,形成一个建筑物的"接地电极系统"。一个正确的

---

* NEC 定义连接如下:金属部件永久连接形成一个电传导路径……

接线分支电路如图 3-3 所示。

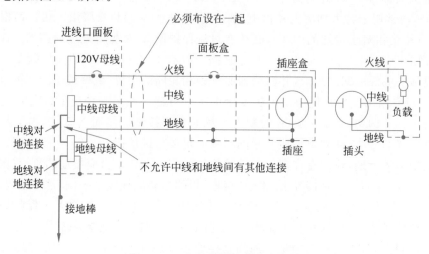

图 3-3　一个正确的接线分支电路

除了增加额外的火（通常是红色）线，120/240V 分支电路的组合与 120V 的电路相似，如图 3-4 所示。如果负载只需要 240V，图 3-4 中的中（白）线就不需要了。

图 3-5 表示一个标准的 120V 交流配电分支电路的故障电流路径，其中存在一条包含火线、地线和中线与地线连接的低阻抗通路，该通路流过很大的故障电流，很快驱动过流保护设备，使负载与电源断开，使设备安全。

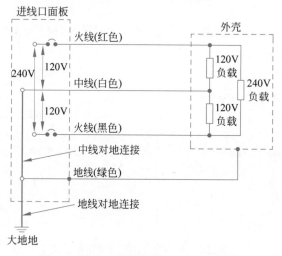

图 3-4　具有 4 根导线的 120/240V 交流
配电电路的组合

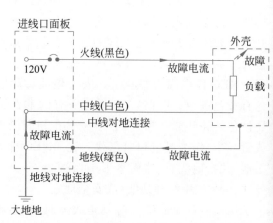

图 3-5　一个标准的 120V 交流配电分支电路
的故障电流路径

过流保护设备的工作需要地线和中线的连接；然而不需要地线和大地的连接。也不是所有与地线相连具有相同电位的金属物体都需要与大地连接。那么 NEC 为什么要求与大地连接呢？架空的电源线易受到雷击，与大地连接可使雷击电流分流到地以限制雷电施加到电源系统上的电压，以及电源线浪涌或与高压电源线无意接触所感应的电压。

3.1.3　噪声控制

NEC 很少谈到噪声和干扰控制问题，更关心的是电力安全和火灾防护。系统设计者必须找到一种方法,能在满足规范的同时产生一个低噪声系统。另外,NEC 只关心 50/60Hz 的频率及其谐波。一个可接受的 60Hz 的接地对 1MHz 的接地是不可接受的。在满足 NEC 要求的同时产生一个低噪声系统的好办法是 IEEE Std.1100-2005,被称为"绿宝石书"的 IEEE 电子设备供电和接地的推荐做法。

噪声可能是差模(火线到中线)或共模(中线到地),如图 3-6 所示。然而接地只对共模噪声有效。

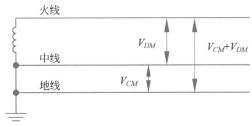

图 3-6　差模和共模噪声

为了控制噪声和干扰,需要设计一个不仅在 50/60Hz,而且在更高频率(几十或几百兆赫兹)也有效的低阻抗接地系统。为了达到这一目的,可能需要补充接地线如接地带、接地面、接地网格等。假如满足下面两个条件,NEC 允许这些补充的接地线。

(1) 必须是 NEC 要求的接地线之外的,即不能代替它们。

(2) 必须与 NEC 要求的接地线相连。

为使物理上分离的设备单元在最宽的频率范围内获得低阻抗接地,最有效的方法是将它们与一个完整的接地面相连,如图 3-26 所示。这个面通常被称为零信号参考面(ZSRP)。一个 ZSRP 比实际尺寸的单接地线的阻抗值低几个数量级,而且这个低阻抗存在于多个数量级的频率范围内(从直流到几百兆赫兹或更多)。ZSRP 无疑是最优的低阻抗、宽带接地结构。

在许多情况下,完整的 ZSRP 不实际。这种情况下,可用网格模拟一个具有很好效果的完整面。网格可被看作有很多洞的平面。只要洞的最大尺寸小于波长的 1/20,网格几乎与平面一样有效。这种网格 ZSRP 的方法通常以网格导线间距 60cm(约 2ft)的蜂窝活动地板的形式用于大型计算机房。

3.1.4　大地地

连接设备到地以减小噪声和干扰是虚构的。一些试图控制噪声和干扰的设备设计师已经提议将其设备与一个单独或分离的接地棒组成的"安静地"相连,这一系统如图 3-7 所示。然而如果火线和外壳间出现故障,则如图中箭头所示,故障电流通路将包括大地。问题是大地不是一个良导体,大地阻抗很少小于几欧姆,通常是在 10~15Ω 这一范围内。NEC 允许接地棒和大地间的电阻高达 25Ω(250.56)。如果对大地的电阻大于 25Ω,则离第一个棒至少 6ft 处必须设置第二个接地棒,且与第一个接地棒是电连接的。因此,故障电流可小于 5A,该电流太小不会使断路器跳闸。这种结构非常危险,绝不能使用,它也违背了 NEC 的要求。NEC 规定:大地不应被看作有效的故障电流通路(250.4(B)(4))。

如果用多个接地棒,NEC 要求所有都连接在一起以形成一个单一的低阻抗故障电流通路(250.50)。通信系统(有线电视(CATV)、电话等)的接地棒也要求与建筑物的接地电极系统连接(810.20(J))。在一个雷击过程中有必要减小接地棒间的电位差。

图 3-7 的结构除了不安全外,也难以减少噪声或干扰。交流电源接地系统是一个长线阵,作为天线拾取各种噪声和干扰。它也受到来自其他设备和电力设施噪声电源电流的严重污染。大地不是低阻抗,也远不是一个等位体。它更可能是噪声和干扰的源,而不是这些问题的解决方法。

实际中,建筑物或家庭中正确安装的交流配电系统将在各种出口的地之间产生小的、绝对

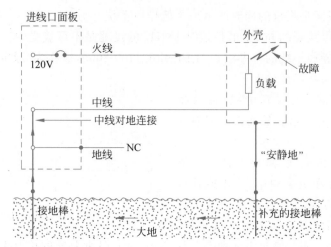

图 3-7　当负载与一单独或分离的"安静地"相连时的故障电流路径。
该结构是危险的,而且违背 NEC 的要求

安全的电压差。泄漏电流、磁场感应和流经与设备地相连的电磁干扰(EMI)滤波电容的电流会产生这些电压。两个接地点之间测得的电压通常小于 100mV,但在某些情况下,可高达几伏。这些噪声电压虽然安全,但如果耦合进大多数低电平信号电路,显然是太强了。因此,交流电源地作为信号的参考地实际价值不大。只是当需要考虑安全时,应与交流电源的地,或大地地相连。

3.1.5　单独接地

当要求敏感电子设备的地上减小噪声(电磁干扰)时,NEC 允许使用一种插座,该插座的接地端与插座安装结构绝缘(250.146(D))[*]。相似的章节(250.96(B))允许用单独的地与设备外壳直接接线。这些例子是正常的 NEC 要求牢固接地电路的例外。这种情况下,重要的是理解单独这一术语指的是插座接地的方法,而不是是否接地[**]。单独接地(IG)插座是在插座的接地端与装配的其他任何金属部分之间没有直接的电连接。单独接地插座通常被染成橙色,然而 NEC 唯一的要求是插座表面用一个橙色的 △ 识别(406.2(D))。IG 插座的使用不能解除金属插座盒和其他金属结构需接地的要求。

单独接地插座的正确接线如图 3-8 所示。通过设一个单独的绝缘导线到进线口面板或独立的派生系统的源,插座的接地插脚与安全地相连(见 3.1.6 节)。单独接地导线必须穿过中间面板盒,且不与盒子有电连接。仍然需要正常的安全接地导线,且要与所有的插座和面板盒相连。现在系统有两个接地导线。单独接地导线与插座的接地插脚相连,只使插入插座的设备接地。正常的安全接地导线将所有其他硬件及插座盒和任何中间面板盒接地。目前,交流电源线是四导线系统,包括火线、中线、单独接地线、正常的硬件(安全)接地线[***]。单独接地线和硬件接地线必须与相关的载流导线(火线和中线)一样布设在相同的电缆和导管中。

比较图 3-3 与图 3-8,唯一的不同是:①去除了插座接地插脚与插座盒间的搭接线;②增加的单独接地线返回到进线口面板。

---

[*]　NEC 没有明确地说明什么情况下应当使用单独接地。

[**]　有些人倾向于用单独接地代替绝缘接地,因为能更准确地描述系统怎样接线,但不表示电路与地绝缘。

[***]　金属导管也可代替单独的接地线用于安全接地。

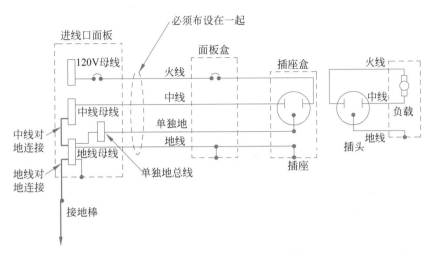

图 3-8 单独接地(2G)插座的正确接线

除了进线口处,单独接地导线和安全接地导线之间所有有意或无意的连接都将危害单独接地结构的目标。不仅危害外部连接的电路,而且危害进线口面板上单独接地母线支持的所有单独接地电路。

使用 IG 插座的好处,如果有的话,还未被普遍认可,而且在规范里没有讨论。结果从没有改进到有些改进,再到增加噪声。然而,出现的任何噪声的改进只与共模噪声有关,与差模噪声无关。

在许多情况下,单独的分支电路、ZSRP 或使用隔离变压器产生的独立派生系统将得到较好的噪声性能。这些方法可以结合使用,也可单独接地以更有效地减少噪声。

3.1.6 独立派生系统

独立派生系统是一个火线和中线未与主要电气设备直接电连接的接线系统。独立派生系统的例子是那些由发电机、电池或变压器供电的设备——假设与其他电源没有直接的电连接。基本上,独立派生系统的情况就像一个主要的进线口面板,我们又重新开始,创造了一个新的单点中线对地的连接。

隔离变压器往往用于减少共模噪声。因为隔离变压器产生独立派生系统,从而建立一个新的中线对地的连接点。在这点上,地和中线间没有共模噪声电压。如果变压器派生的电压只用于为敏感电子负载馈电,则噪声大大减小。图 3-9 表示隔离变压器和负载间的接线。把变压器的次级看作独立派生(新的)的电源,图 3-9 中的右侧部分(面板盒到负载)与图 3-2 的接线相同。

隔离变压器不能减小主要电源上出现的任何差模(火线到中线)噪声,因为这将直接通过变压器耦合。隔离变压器可与牢固接地插座或 IG 插座一起使用。当与隔离变压器结合时,这种技术可能是 IG 插座最有效的应用。

3.1.7 接地神话

接地比电子工程的其他领域存在更多的误区,常见的如下。

(1) 大地是接地电流的低阻抗通路。错,大地的阻抗比铜导线的阻抗大几个数量级。

(2) 大地是等电位的。错,正如(1)的结果,这显然是不对的。

(3) 导线的阻抗由其电阻决定。错,感抗的影响呢?

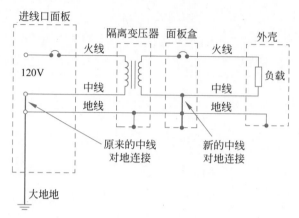

图 3-9　用于产生独立派生系统的隔离变压器。在变压器处或变压器后
的第一个面板盒处建立一个新的中线对地的连接点

（4）为工作于低噪声条件下，电路或系统必须与大地相连。错，因为飞机、卫星、汽车和电池供电的笔记本电脑没有接地连接，也能运行良好。事实上，大地更像噪声问题产生的源。更多的电子系统噪声问题是通过去除（或隔离）电路与大地的连接而不是将其与大地相连解决的。

（5）为减少噪声，电子系统应用一独立的隔离接地棒与一独立的"安静地"相连。错，除了不正确外，这个方法是危险的且违背了 NEC 的要求。

（6）大地地是单向的，电流只流进大地。错，因为电流必须在环路中流动，流进大地的电流必须在某处流出大地。

（7）隔离插座不接地。错，"隔离"这一术语只是指出插座接地的方法，而不是其是否接地。

（8）系统设计师可以根据载有电流的类型命名接地导线（如信号、电源、雷电、数字、模拟、安静、噪声等），而且电子将遵守并只在指定设计的导线中流动。这显然是错的。

3.2　信号地

地通常被定义为等电位*的点或面，将其作为电路或系统的参考电位。我喜欢将其作为地电压的定义。然而，这个定义不代表实际的接地系统，因为实际上不等电位；而且，这个定义没有强调接地电流实际路径的重要性。对于设计者而言，重要的是知道实际的返回电流路径，以评估电路的辐射发射或敏感性。为了理解"实际"接地系统的限制和问题，最好用一个定义更多地表示实际的情况。信号地更好的定义是电流返回源的一低阻抗路径（Ott，1979）。这个接地电流的定义强调了电流流动的重要性。因为电流流经一些有限的阻抗，则意味着在任意两个物理上分离的接地点之间存在电位差。电压的定义说明了理想的地应是什么样的，电流的定义则更进一步说明了实际的地是怎样的。记住接地电压和电流概念之间另一个重要的区别。电压总是相对的，我们必须问"相对于什么？"地的电位是多少？测量时应相对于什么？另外，电流是确定的——电流总要返回到源。

信号接地的三个基本要求如下。

（1）不中断接地返回路径。

（2）电流**通过尽可能小的环路返回。

---

*　无论电流流入还是流出，电压都不变的点。

**　这将是最低电感路径。

（3）意识到接地面上可能的公共阻抗耦合。

地线最重要的特点是其阻抗。任一导线的阻抗可写为

$$Z_g = R_g + j\omega L_g \tag{3-1}$$

式(3-1)清楚地表明频率对接地阻抗的影响。低频时,电阻 R_g 起主要作用。高频时,电感 L_g 成为主要阻抗。当频率高于 13kHz 时,接地面上方 1in 处,一根直的 1ft 长的 24 号导线的感抗比电阻大,见图 3-10。

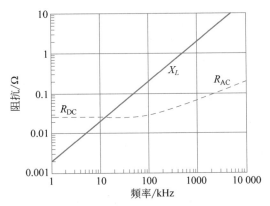

图 3-10　接地面上方 1in 处,一根直的 1ft 长的 24 号导线的电阻和感抗随频率的变化

设计地时,重要的问题是：接地电流如何流动？接地电流的路径必须确定。因为任何载流导线具有压降,那么必须估计这个压降对与地连接的所有电路性能的影响。接地电压与其他所有的电压一样遵守欧姆定律,因此有

$$V_g = I_g Z_g \tag{3-2}$$

式(3-2)指出了使接地噪声电压 V_g 最小化的两种方法。

（1）使接地阻抗 Z_g 最小化。

（2）使接地电流流经不同的路径以减小 I_g。

第一种方法往往通过接地平面或网格用于高频数字电路。第二种方法往往通过单点接地用于低频模拟电路。对于单点接地,我们可以引导接地电流流向指定的地方。式(3-2)也清楚地说明了更重要的一点,假设电流在接地面上,两个物理分开的点不会有相同的电位。

考虑图 3-11 所示的双层 PCB 的情况。它由布设在板顶面的迹线和板底面完整的接地层组成。在点 A 和点 B,导通孔穿过连接顶面迹线的板到接地面以形成电流环路。问题是,电流在接地面上点 A 和点 B 之间是如何流动的？

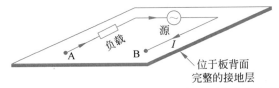

图 3-11　双层 PCB 顶面有一单迹线,底面是完整的接地层,接地面上电流在点 A 和点 B 之间如何流动

低频时,接地电流选择最小电阻的路径,图 3-12(a)所示就是点 A 和点 B 之间的直接连线。然而,高频时,接地电流选择最小电感的路径,是直接在迹线下,如图 3-12(b)所示,因为这表示最小环路面积。因此,电流返回路径在低频和高频时是不同的。这种情况下,低频和高频之间的区别通常是几百千赫兹。

(a) 低频时，返回电流选择
电阻最小的路径

(b) 高频时，返回电流选择
电感最小的路径

图 3-12 接地电流路径

注意低频时的情况(图 3-12(a))，电流流过一个非常大的环路，这是不希望的。然而高频时的情况(图 3-12(b))，电流流过一个小的环路(信号迹线的长度乘以板的厚度)。因此可以得出结论：高频接地电流与我们预期的一样(如流经小的环路)，作为设计者我们必须做的是不妨碍或不阻止它们的正常流动。然而，低频接地电流可能会或不会以我们期望的方式流动(如流经小的环路)，所以我们必须引导(或迫使)电流流向我们要求的地方。

正确的信号接地系统由许多条件决定，如电路类型、工作频率、系统大小、是独立的还是分布式的，以及其他约束条件，如安全和静电放电(ESD)防护。重要的是牢记没有一个接地系统对所有应用都适用。

牢记的另一个因素是接地总会包含折中，所有的接地系统都有优点也有缺点。设计者的任务是使应用中接地的优点最大化、缺点最小化。

而且，接地的问题有不止一个可接受的解决方法。因此，虽然两个不同的设计者往往会对同一接地问题提出两种不同的解决方法，但两个解决方法可能都可接受。

最后，接地是分层次的。接地可以在集成电路(IC)层次、电路板层次上及系统或设备层次上进行。每个层次通常由不同的人完成；每个人通常不知道下一层次会发生什么。例如，IC 设计者不了解设备的每个使用或应用，器件将进入设备的哪个部件，或最终的设备设计者将采用哪种接地策略。

信号接地可分为以下三类。

(1) 单点接地。

(2) 多点接地。

(3) 混合接地。

单点和多点接地连接分别如图 3-13 和图 3-14 所示 *。混合接地连接如图 3-21 和图 3-23 所示。单点接地的两个子类如下：串联连接和并联连接，如图 3-13 所示。串联连接也称为共用地线或菊花链，并联连接通常称为单独或星形接地系统。

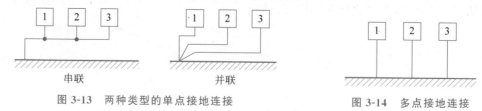

串联   并联

图 3-13 两种类型的单点接地连接   图 3-14 多点接地连接

一般来说，希望电源配电系统的拓扑结构遵循接地结构。而接地结构往往是预先设计好的，所以电源以相似的方式分布。

---

* 因为接地是分层次的，在这些图中以电路 1、2 等标出的方框表示所要描述的大的电子设备机柜、小的电子模块、PCB 或单个构件或 IC。

3.2.1 单点接地系统

单点接地在从直流到大约 20kHz 的低频使用最有效。高于 100kHz 时通常不用,虽然有时这个限值会被推高至 1MHz。对于单点接地,我们控制接地拓扑结构引导接地电流流向预期地方,这将减小接地敏感部分的 I_g。从式(3-2)中可以看到,减小 I_g 可以减小接地部分的电压降。另外,单点接地可有效防止接地环路。

最不可取的单点接地系统是图 3-15 所示的共用地线或菊花链接地系统。这个系统是将所有单独电路的接地串联连接。所示的阻抗 Z 表示[*]接地导线的阻抗,I_1、I_2 和 I_3 分别是电路 1、2 和 3 的接地电流。点 A 不是零电位,其电位为

$$V_A = (I_1 + I_2 + I_3)Z_1 \tag{3-3}$$

点 C 的电位为

$$V_C = (I_1 + I_2 + I_3)Z_1 + (I_2 + I_3)Z_2 + I_3Z_3 \tag{3-4}$$

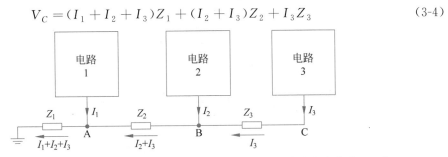

图 3-15 共用地线或菊花链的单点接地系统是串联接地连接,从噪声的角度来说不理想,但其优点是布线简单

虽然这个电路是最不理想的单点接地系统,但因其简单性被广泛应用。在非关键性的应用中,可能是满意的。该结构不应用于工作在电流级别相差很大的电路之间,因为高电流级别通过公共接地阻抗会对低电平的电路造成不利影响。当使用系统时,最关键的电路应最靠近第一个接地点。注意图 3-15 中点 A 的电位比点 B 和点 C 的要低。

如图 3-16 所示的单独或并联接地系统是更理想的单点接地系统。这是因为在不同电路的接地电流间未出现交叉耦合。例如,点 A 和点 C 的电位如下:

$$V_A = I_1Z_1 \tag{3-5}$$

$$V_C = I_3Z_3 \tag{3-6}$$

电路的接地电位现在只受接地电流和电路阻抗的影响。然而,该系统可能是笨重的,因为一个大系统中可能需要大量的接地导线。

最实际的单点接地系统实际上是串联和并联连接的组合。这样的组合是符合电子噪声标准需要和避免不必要的过多布线两个目标之间的折中。成功平衡这些因素的关键是有选择地分组接地线,以便功率和噪声电平差异很大的电路不共用相同的接地返回线路。这样,几个低电平的电路可能共用一个公共接地回路,而其他高电平电路共用不同的接地回路。

NEC 规定的交流电源接地系统实际上是串联和并联单点接地的组合。在分支电路中(与断路器相连)接地是串联连接,不同的分支电路的地是并联连接。单独或星形的连接点位于进线口面板上,如图 3-17 所示。

---

[*] 虽然图中标示为电阻,它们通常表示阻抗,也可能是电感。

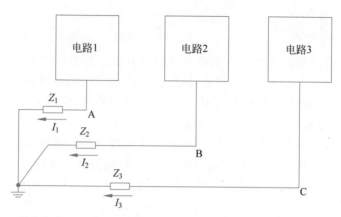

图 3-16 单独或并联接地系统是更理想的单点接地系统,可提供好的低频接地,
但在大系统中它可能是笨重的

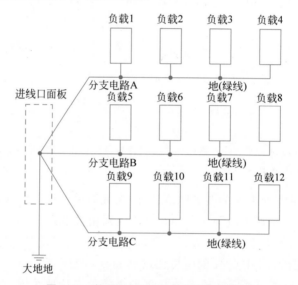

图 3-17 按照 NEC 的单点交流电源接地

高频时,单点接地系统不理想,因为接地线的电感增加了接地阻抗。频率更高时,如果长度等于 1/4 波长的奇数倍,接地线的阻抗会非常高。这些接地线不仅有很大的阻抗,而且它们作为天线产生辐射并有效地拾取能量。为保持低阻抗,使辐射和拾取最小化,接地线应保持短于波长的 1/20。

高频时没有单点接地,图 3-18 表明高频时尝试单点接地结构会发生什么。因为存在电感,接地线表现出高的阻抗。然而高频时,电路和地之间杂散电容的阻抗很低,因而接地电流流经杂散电容的低阻抗,而不是长接地线的电感产生的高阻抗。结果是高频时单点接地变为多点接地。

3.2.2 多点接地系统

多点接地应用于高频(100kHz 以上)和数字电路中。多点接地系统通过最小化地阻抗 Z_g 使式(3-2)中的接地噪声电压 V_g 最小化。由式(3-1)可以看出,高频时要最小化接地电感,可通过接地面或网格实现。如果可能,可用电路和接地面之间的多点连接减小电感。在图 3-19 所示的多点接地系统中,电路与最近可用的低阻抗接地面相连。低接地阻抗主要是接地面低电感的结果,每个电路与接地面间的连接应尽可能短以最小化其阻抗。在许多高频电路中,这些接地线的长度可能必须保持为1in的几分之一。高频时所有的单点接地由于杂散电容而变为多点接地,如图3-18所示。

增加接地面的厚度对其高频阻抗没有影响,因为:①决定阻抗的是接地电感而不是电阻;②趋肤效应高频电流只在接地面的表面流动(见6.4节)。

在任何包含高频或数字逻辑电路的PCB上,一个好的低电感地都是必要的。地既可以是一个接地面,也可以是一个双面板上的接地网格。接地面为信号电流提供低电感回路,并使信号互连使用固定阻抗传输线成为可能。

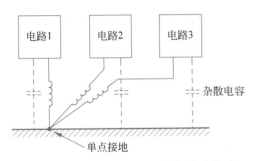

图 3-18 高频时,由于杂散电容,单点接地
变为多点接地

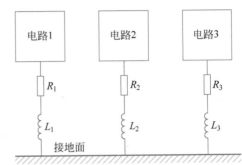

图 3-19 当频率高于约 100kHz 时,多点接地系统
是个很好的选择。阻抗 $R_1 \sim R_3$ 和 $L_1 \sim L_3$
在感兴趣的频率处必须最小化

虽然数字逻辑板上的接地应是多点的,但这并不意味着提供给板的电源也是多点接地的。因为高频数字逻辑电流应被限制在板上,而不应流经馈电给板的电源线,又因为电源是直流,即使逻辑板的接地是多点的,电源的接线也可作为单点接地。

3.2.3 共阻抗耦合

共阻抗耦合会导致许多接地系统问题。共阻抗耦合的一个例子如图3-20所示,表示两个电路共用相同的接地回路。电路1负载阻抗 R_{L1} 两端的电压 V_{L1} 为

$$V_{L1} = V_{S1} + Z_G(I_1 + I_2) \tag{3-7}$$

其中,Z_G 是公共接地阻抗,I_1 和 I_2 分别是电路1和电路2中的信号电流。这种情况下,电路1的负载 R_{L1} 两端的信号电压不再仅是电路1中电流的函数,而且是电路2中电流的函数。式(3-7)中的 $I_1 Z_G$ 项表示内电路的噪声电压,$I_2 Z_G$ 项表示互电路的噪声电压。

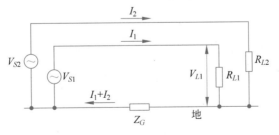

图 3-20 共阻抗耦合的例子

当两个或更多的电路共用一个公共地,且存在下述一个或多个条件时,共阻抗耦合将成为问题。

（1）高阻抗地（高频时，由太多的电感所致；低频时，由太多的电阻所致）。

（2）大的接地电流。

（3）非常敏感的低噪声容限电路与地相连。

通过分离可能互相干扰的接地电流，迫使它们流向不同的导线，以有效控制式（3-2）中的 I_g，从而使单点接地能够解决这些问题。这个方法在低频时有效。然而，信号电流路径和长导线单点接地会增加电感，这在高频时是不利的。另外，高频时，因为寄生电容使接地环路闭合，单点接地几乎不可能获得，如图 3-18 所示。

通过产生非常低的接地阻抗以有效控制式（3-1）中的 L_g，从而使多点接地能够解决这些问题。

通常，当频率低于 100kHz 时，采用单点接地系统更好；高于 100kHz 时，多点接地系统更好。

3.2.4 混合接地

当信号频率覆盖高于和低于 100kHz 的宽频带时，混合接地可能是一个解决方法。视频信号是一个很好的例子，信号频率可从 30Hz 到几十兆赫兹。混合接地是指系统接地结构在不同频率性能不同。图 3-21 表示混合接地系统的一般类型，低频时作为单点接地，高频时作为多点接地。

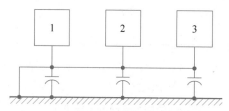

图 3-21　低频时作为单点接地，高频时作为
多点接地的混合接地连接

这个原理的一个实际应用是图 3-22 所示的电缆屏蔽结构。低频时，电容 C 是高阻抗，电缆屏蔽只在负载终端单点接地。高频时，电容 C 是低阻抗，电缆屏蔽在两端有效接地。这种类型的混合屏蔽接地在前面的 2.15.2.3 节中讨论过。

图 3-23 中是另一种类型的混合接地。这种混合接地虽然不是很普遍，但当许多设备的外壳必须接到电源系统的地时可以使用，对于电路它使信号单点接地是可用的。接地电感为 50/60Hz 时提供一个低阻抗的安全地，而高频时与地隔离。另一种应用可能是设备传导噪声电流到接地线上时，将导致电源电缆辐射，因而达不到控制 EMC 的要求。如果接地线被移走，产品符合了 EMC 要求，但违反了安全规定。增加一个电感或扼流圈（如 $10\sim25\mu H$）与接地线串联将在 50/60Hz 时提供一个低阻抗，同时在更高的噪声频率提供一个高阻抗。

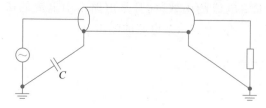

图 3-22　混合接地的电缆屏蔽结构实例

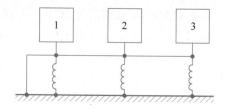

图 3-23　低频时作为多点接地，高频时作为
单点接地的混合接地连接

3.2.5 底盘接地

底盘接地是指与设备金属外壳相连的导线。底盘接地和信号接地通常在一点或多个点上连接在一起。使噪声和干扰最小化的关键是确定在哪里及信号地与底盘如何相连。正确的电

路接地将减小产品的辐射发射,并增加产品对外部电磁场的抗扰度。

考虑 PCB 的情况,有一输入/输出(I/O)电缆装配在一金属外壳内部,如图 3-24 所示。因为电路地载有电流,并具有有限值的阻抗,因而其上将产生压降 V_G。这个电压将驱动电缆上的共模电流,并导致电缆辐射。如果电路地与底盘在与电缆相对的 PCB 的一端相连,则全部电压 V_G 将驱动电流到电缆上。然而,如

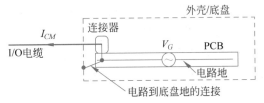

图 3-24 在 PCB 的 I/O 区域电路地应与机壳(底盘)连接

果电路地与外壳在 I/O 连接器处相连,驱动共模电流到电缆上的电压理想情况下将为零。整个接地电压现在将出现在无电缆连接的 PCB 端。因此,重要的是在板的 I/O 区域的底盘和电路地之间建立低阻抗连接。

解释这个例子的另一种方法是假设接地电压产生一共模噪声电流,流向 I/O 连接器。在连接器处,在电缆和 PCB 地与底盘连接处之间将出现分流。板的地到底盘的阻抗值越低,电缆上的共模电流越小。这个方法有效的关键在于 PCB 与底盘的连接能获得低的阻抗(在关注的频率处)。这种方法通常说起来容易做起来难,尤其当涉及的频率在几百兆赫兹或更宽的范围上时。高频时,这意味着低电感,通常需要多点连接。

在 I/O 区域,电路地和底盘间建立低阻抗连接也有利于射频(RF)抗扰度。感应进电缆的任何高频噪声电流将传导至机壳,而不是流经 PCB 的地。

3.3 设备/系统接地

许多系统的电子电路安装在大型设备机架或机柜中。一个典型的系统包含一个或多个这样的设备机壳。设备机壳可大可小,位置可彼此相邻或分散,可位于建筑物、船或飞机内,可由交流或直流(DC)电源系统供电。设备接地的目的包括电力安全、雷电防护、EMC 控制和信号完整性。下述讨论强调交流供电的地面系统,然而类似的接地方法适用于车辆、飞机系统及直流供电系统。

虽然本节以大型设备机壳的接地为例,相同的原理同样适用于包含许多小型电路模块的系统,如汽车或飞机中的系统。实际上,这些原理甚至适用于包含很多印制电路板的系统。记住,接地是分层次的,不论规模如何,都适用同样的原理。

以下介绍下述 3 种类型的系统(1983 年最初由 Denny 分类):①孤立系统,②集群系统,③分布式系统。

3.3.1 孤立系统

孤立系统是指所有功能都包含在一个单一机壳内的系统,并且没有外部信号连接到其他接地系统,如售货机、电视机、组合立体声系统(所有的组件都安装在一个单一的机柜里)*、计算机等。这个系统是所有系统中最简单且最易正确接地的。使相互连接的电子设备之间电位差最小化的最佳方法是把它们都装在一个尺寸尽可能小的六面体金属机壳内。

NEC 要求电子设备所有外露的金属机壳都要与交流电源的接地线相连。仅在机壳和大

---

* 因为扬声器不接地,所以扬声器虽然可以远离系统放置,但是其仍为孤立系统。

地、建筑物构件、飞机机身和船体等之间需要一个安全接地连接。机壳地可由以下方式提供：①当单相交流供电时的交流电源地线（绿线，图 3-2）；②当三相交流供电时单独的地线与电源线（或金属导管）一起布设。

内部信号接地应适合电路类型和工作频率。因为孤立系统与其他接地设备没有任何 I/O，不必考虑 I/O 信号的接地。

3.3.2 集群系统

集群系统在一个小区域中，例如设备机柜或一个房间内有多个设备机壳（如机柜、设备机架等），如图 3-25 所示。在系统的各个设备之间可能有多个互连的 I/O 电缆，这在图 3-25 中没有给出，但是没有任何其他接地系统。集群系统的例子如小的数据处理中心，具有许多大外围设备的微型计算机或组件散布在房间中的组合立体声系统。

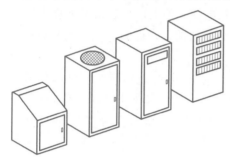

图 3-25　4 个设备机壳形成一个集群系统

3.3.2.1 集群系统的安全接地

为了安全，设备机壳必须与交流电源的地相连。这个连接可通过多种方式实现。机架可能是单点接地或多点接地，如果是单点接地，可以用串联（或菊花链）方式连接，或以并联（或星形）方式连接。如果使用图 3-15 所示的串联连接，一个外壳的电位将是与另一个机架相关的接地电流的函数。正如 3.2.1 节中讨论的，串联连接的单点接地是最不理想的，通常不能满足包含敏感电子设备的设备机壳的相互连接。

较好的方法是用图 3-16 所示的并联或星形接地。在这种情况下，每个设备机架用一个单独的接地线与主接地总线连接。因为每个设备的接地线比串联连接情况载有的电流小，所以接地线上的压降减小，而机壳的接地电位只是自身接地电流的函数。在许多情况下，这种方法能提供更好的噪声性能。

3.3.2.2 集群系统的信号接地

内部信号接地应适合电路的类型和工作的频率。各组件之间信号接地的参考点可能是单点、多点或混合，无论哪种都要适合涉及的信号特性。如果是单点，信号接地参考点通常由已有的 NEC 要求的设备接地线提供。如果是多点，信号地可由电缆屏蔽层（最差）、辅助的接地线或宽金属带（较好）、一个导线网格或完整的金属面（最好）提供。对于非敏感电子设备在良好环境中的情况，信号接地用电缆屏蔽层或辅助接地线通常是可以接受的。对于敏感电子设备在恶劣环境中的情况，应认真考虑宽金属带、网格或接地面。

迄今为止，在分离的单元之间，在最宽的频率范围内，获得低阻抗信号接地连接的最优方法是将它们用一个完整的金属接地面连接起来，如图 3-26 所示。接地面的阻抗比单导线的阻抗小 3～4 个数量级。这成为一个实际的多点接地系统，通常称为 ZSRP。第二个有效的方法是用接地网格。网格可看作有许多洞的面。只要在关注的最高频率处洞小于波长的 $1/20(<\lambda/20)$，网格就接近面的性能，而且往往更容易实现。

在多点接地系统中，每个电子设备的机壳或机架必须首先用 NEC 规定的设备接地线接地。另外，每个机架或机壳与另一个地相连，这种情况下就是 ZSRP，如图 3-27 所示。记住，可用一个网格代替面。这个方法从直流到高频都有效，无疑是一种最优的结构。

虽然 ZSRP 的性能非常好，但并不完美。它们与所有的导线结构一样存在谐振。当一个

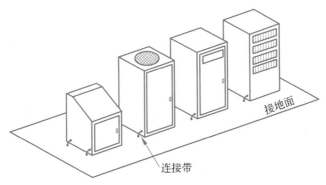

图 3-26　ZSRP 是给单个设备机壳之间提供低阻抗接地连接的最优方法,在最宽的频率范围内有效

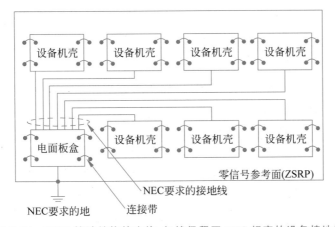

图 3-27　ZSRP 接地结构的实施,仍然保留了 NEC 规定的设备接地线

导线或一个电流路径为 1/4 波长(或它的奇数倍)时,将出现高阻抗。然而,对于 ZSRP 或网格,当电流路径为 1/4 波长时,将存在不是 1/4 波长的其他并联路径。因此,接地电流将流经这些较低阻抗的并联路径,而非高阻抗的 1/4 波长路径。因此,即使考虑到谐振,ZSRP 的阻抗也比可选择的任一单导线的阻抗小。

对于雷电防护,ZSRP 不应与任何物体或建筑物隔离。它应与每个穿透它的部件(如管道、金属导管、建筑物钢筋等)连接在一起。ZSRP 也应与距其 6ft 以内的所有金属物体连接在一起。这个规定对于防止雷电很重要。

3.3.2.3　接地带

为使电感最小化,设备机壳应与 ZSRP 用长宽比为 3：1 或更小的短带在多点处(遵循好的规则是至少 4 个)连接。因为直径与电感之间的对数关系,增加圆形导线的直径不会显著地减小其电感(见 10.5.1 节)。

用一个扁平的矩形短带代替圆导线将机壳与 ZSRP 相连。一个扁平矩形导线的电感为 (Lewis,1995,p.316)

$$L = 0.002l\left(2.303\log\frac{2l}{w+t} + 0.5 + 0.235\frac{w+t}{l}\right) \tag{3-8}$$

其中,L 是电感,单位为 μH；l 是长度；w 是宽度；t 是扁平带的厚度(单位都是 cm)。对于矩形导线,长宽比对带状线的电感具有显著影响*。当带状线的长度给定时,电感随带状线宽度

---

* 实际上,这个比值是长度与宽度加厚度之和的比。然而,因为厚度 t 通常比宽度 w 小得多,所以通常只考虑长宽比。

的增加而减小。图 3-28 表示一个长为 10cm、直径为 0.1cm 的带状线的电感关于其长宽比的函数,相对于长宽比为 100∶1 的带状线电感的百分比。

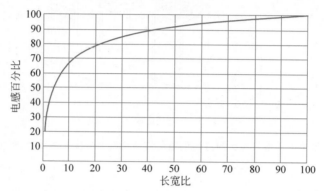

图 3-28 一个矩形截面接地带状线的电感作为它的长宽比的函数,
相对于长宽比为 100∶1 的带状线电感的百分比

式(3-8)也表明,当带状线的长度增加时,因为参数 l 在括号前面,所以无论长宽比是多少,电感都将增加。然而,对于固定长度的带状线,电感关于其长宽比的函数将减小,如图 3-28 和表 3-1 所示。因此,为得到良好的高频特性,可能要使用最小长宽比的短带状线。

接地带状线可由实体金属或编织线构成。当需要灵活性时,编织线往往优于实体金属。然而,编织线在单股线之间易受腐蚀,这将增加它的阻抗。使用时,铜编织线应镀锡或镀银以避免腐蚀。良好条件下,镀锡或电镀的编织线在该应用中应与一个实体带状线的性能一样好。

表 3-1 一个固定长度的矩形截面导线电感减小的百分比是长宽比的函数

长宽比	电感减小的百分比[*]	长宽比	电感减小的百分比[*]
100∶1	0	5∶1	45
50∶1	8	3∶1	54
20∶1	21	2∶1	61
10∶1	33	1∶1	72

[*] 减小百分比是相对于 100∶1 长宽比的电感。

电感的额外减小可以通过使用多个接地带状线获得。两个并联带状线的电感是一个带状线电感的一半,将它们分隔开可忽略互感。电感的减小与所用带状线的数量呈线性关系。4 根间隔较宽的接地带状线是一个带状线电感的 1/4。

因此,为获得最小阻抗,高频设备接地应用尽可能短、长宽比尽可能小的多个接地带状线。

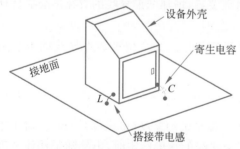

图 3-29 搭接带电感和机壳寄生电容的
并联会产生搭接带谐振

设备机柜往往有意或无意地(如机柜涂漆的表面)与所处位置的接地面绝缘。因此,与接地面唯一的电连接是通过搭接的带状线。这种情况会产生如图 3-29 所示的谐振问题,是由机壳与接地面之间的寄生电容产生的。该电容与接地带状线的电感发生谐振,谐振频率为

$$f_r = \frac{1}{2\pi\sqrt{LC}} \tag{3-9}$$

其中,L 是接地带状线的电感,C 是机壳与接地面

之间的寄生电容。因为是并联谐振，谐振处的阻抗非常大，使机壳与接地面有效地分离。在10～50MHz范围内，这种谐振是很普遍的。在高于系统工作频率的某个频率处保持这种接地带状线谐振是有用的。为了增加谐振频率，电容和(或)电感必须减小。可通过使用多根短而宽的接地带状线减小电感。用一个绝缘物体升高机柜，使其远离接地面以减小电容。

3.3.2.4 单元间的布线

单个组件间的信号和电源线应靠近ZSRP布设，如图3-30(b)所示，而不是如图3-30(a)所示的布设在机壳的上方。这种方法使电缆与参考面之间的面积最小化，也使耦合进电缆的共模噪声最小化。在一些情况下(如计算机机房)，ZSRP或网格是活动地板的一部分；这时电缆可以布设在ZSRP下，如图3-30(b)所示的选择2。

为理解这些设备的接地概念如何应用于大机架电子设备以外的设备，我们将集群系统的概念用于"面包盒"大小的小机壳内的产品上，该产品包含几个由电缆互连的单独模块和印制电路板。可能包含电源模块、磁盘驱动模块、液晶显示(LCD)模块及许多印制电路板。装配、接地，以及模块和PCB互连的最优方法是什么？

记住，接地是分层次的，虽然单个机壳是一个大尺寸的隔离系统，但如果只考虑机壳内的元件，它们可被看作一个大尺寸的集群系统。则最优结构是把所有的模块和PCB安装及接地在一个接地面或金属底板上，作为ZSRP，并将所有的电缆布设得尽可能靠近接地面。如果每个PCB用4个直径为1/4in的金属支架与接地面相连，每个支架的长度应不超过3/4in，以使长宽比不超过3：1。

3.3.3 分布式系统

分布式系统有许多设备机壳(如机柜、设备机架等)，物理上是分离的，如图3-31所示，处于不同的房间、建筑物中等。系统的各组件之间也有多个互连的I/O电缆，这些电缆通常很长，超过关注的频率波长的1/20。分布式系统的例子如工业过程控制设备及大型计算机网络。系统的组件由不同的电源供电，例如一个建筑物内不同的分支电路或组件位于不同建筑物中不同的变压器组。

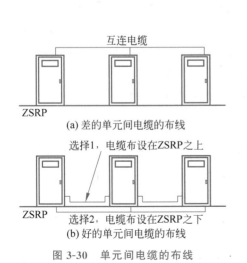

图 3-30　单元间电缆的布线

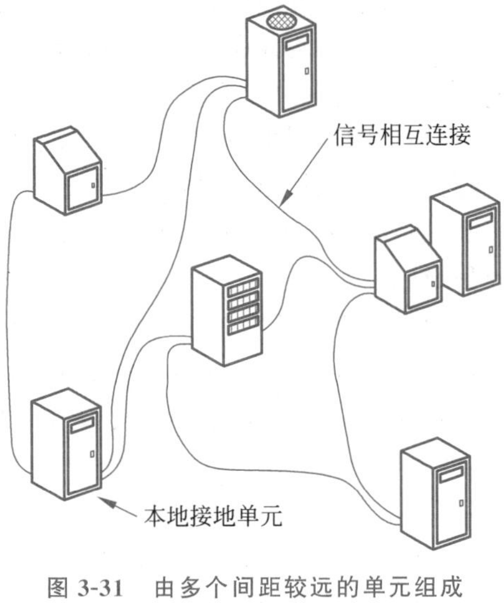

图 3-31　由多个间距较远的单元组成的分布式系统

3.3.3.1　分布式系统的接地

在一个分布式系统中,不同的组件通常有单独的交流电源、安全和雷电防护接地。然而,每个位置处的组件或组件组可看作隔离的或集群系统,它们是该类型系统适当的安全地。

内部信号的接地应适合电路类型和工作频率。与分布式系统相关的主要问题是对系统各组件之间必须互连的信号的处理方法,将所有的信号端和互连电缆看作存在于一个恶劣(嘈杂)的环境中,用第 2 章关于电缆和第 4 章关于平衡和滤波的原理进行适当地处理。

确定适用的 I/O 处理时主要考虑的问题如下:信号的特性是什么?可用的电缆和(或)滤波的类型是什么?信号是模拟的还是数字的?它的频率和幅度是多少?信号是平衡的还是非平衡的(平衡信号比非平衡信号对噪声具有更高的抗扰度)?电缆是单线、双绞线(屏蔽或非屏蔽)、带状电缆,还是同轴线?如果用到屏蔽,它们应是单端、双端,还是混合接地?另一个重要的问题是能用或将用哪种形式的隔离或滤波?例如,信号是用变压器还是用光耦合进电缆?滤波器和共模扼流圈也可用于处理 I/O 信号及使噪声耦合最小化。

在这种情况下,接地环路可能是个问题。3.4 节会讲到这个问题和解决办法。应分析所有相互连接的信号以确定需要保护的级别。一些依赖于频率、幅度、信号特性等的互连可能不需要专门的防护措施。

3.3.3.2　共用电池系统

共用电池分布式系统中的结构(如底盘、船体、飞机身等)可用作直流电源的回路。汽车和飞机中通常具有这样的结构。在这种系统中,结构通常成为信号的参考地。因为所有的接地电流(电源和信号)流经该结构,共阻抗耦合是主要的问题。由于地的这种共阻抗耦合,存在于该结构不同点之间的任意电压差将与所有接地参考(单端)信号串联。从噪声和干扰的角度考虑,这样的系统非常不理想,至少是有问题的。

与共用电池分布式系统相关的主要问题是对系统各组件之间必须的互连信号的处理方法。应分析所有的互连信号以确定需要时的保护等级。相比电路中的信号电平,噪声电压的大小是重要的。如果信噪比可能使电路工作受到影响,则必须采取措施,提供适当的保护以免受共模接地噪声的影响。敏感信号应如 3.4 节有关接地环路的讨论一样进行处理。因为平衡互连比单端互连对噪声的抗扰度更高,在这种情况下,应认真考虑。

用一根双绞线为设备提供电力总是优于用底盘回路。然而,如果将双绞线与底盘回路并联,则不如无底盘回路时有效。然而用双绞线仍有一些好处,它将减小从电源线拾取任意差模磁场。虽然低频返回电流仍将通过底盘返回(假设它比双绞线中返回导线的电阻低),高频噪声电流将经过双绞线返回(因为它提供一个较低的电感路径),且将不再有效地辐射,而可能干扰其他设备。另外,如果底盘地很差(高阻抗)或随时间降级,电源电流会返回到双绞线,这将提高可靠性。

3.3.3.3　扩展的中央系统

分布式系统的一个特例是扩展的中央系统,如图 3-32 所示,这个系统包含一个中央单元或单元组,通常是星形连接,从中心单元延伸很长的距离到远处的单元。与分布式系统的区别在于远处的单元通常很小,不在本地供电或接地,而是从中心单元获得电力。这些通常是低频系统。这类系统最典型的例子是电话网络,另一个例子是具有远程不接地传感器和(或)执行器工厂中的可编程逻辑控制器(PLC)。

与孤立或集群系统一样,中央单元应接地以适合该结构。另外,连接远方单元的电缆应如第 2 章讨论的那样进行处理以防止噪声拾取和(或)辐射。

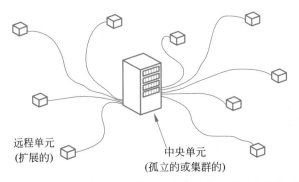

图 3-32　扩展的中央系统。扩展单元不在本地接地而是由中央系统馈电

3.4　接地环路

有时接地环路可能是噪声和干扰的源，当多个接地点间隔距离较大并与交流电源地相连，或用到低电平模拟电路时更是如此。在这些情况下，可能有必要对接地路径噪声进行某种形式的辨别或隔离。

图 3-33 是一个两电路间的接地环。图中两个不同的接地符号强调了这一事实，即两个物理上分开的接地点很可能处于不同的电位。这种结构存在如下 3 种潜在的问题。

(1) 两个地之间的接地电位差 V_G 可能耦合噪声电压 V_N 到图 3-33 所示的电路中。接地电位通常是其他电流流经接地阻抗产生的。

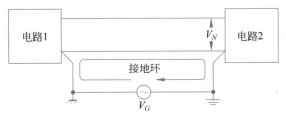

图 3-33　两电路间的接地环

(2) 任意强磁场可能感应噪声电压到信号线和地形成的环路中，这在图 3-33 中称为"接地环"。

(3) 信号电流具有多个返回路径，尤其是低频时，会流经地而不是由信号返回导线返回。

第(3)点在高频时很少出问题，因为与接地返回路径相关的较大环路比电流由信号返回导线返回的较小环路具有更多的电感。因此，高频信号电流将由信号返回导线返回而不是由地。

相比电路中的信号电平，噪声电压的大小是重要的。如果信噪比达到使电路工作受影响的大小，则必须采取措施补救。然而，在许多情况下，没有专门去做。

并非所有的接地环都不好，设计者不应偏执地对待接地环路的出现。大部分接地环路是有益的。大部分实际接地环路的问题出现在 100kHz 以下的低频，而且它们通常与敏感模拟电路有关，如音频或仪器仪表系统。典型的例子是 50/60Hz 的噪声耦合进音频系统。接地环路在 100kHz 以上的高频，或在数字逻辑系统中很少出现问题。经验表明，试图避免接地环路产生的问题多于接地环路自身产生的问题。有些接地环路实际上是有益的，如 2.5 节讨论的，电缆屏蔽层两端接地能够提供磁场屏蔽的情况。

如果接地环路是问题,那么它们可以通过以下 3 种方法进行处理。

(1) 用单点或混合接地。这个方法通常只在低频时有效,高频时尝试通常会使情况更糟。

(2) 通过最小化接地阻抗(如用 ZSRP)和(或)增加电路的噪声容限(如增加信号电压电平或用平衡电路)解决这些问题。

(3) 用下面讨论的方法断开环路。

图 3-33 所示的接地环路可用下述方法断开。

(1) 变压器。

(2) 共模扼流圈。

(3) 光耦合器。

图 3-34 表示电路 1 和电路 2 用一个变压器来隔离。接地噪声电压现在出现在变压器的初级和次级绕组之间,而不在电路的输入端。剩下的噪声耦合如果有,则主要是变压器绕组之间寄生电容的函数(如同 5.3 节有关变压器的讨论),而这可通过在变压器绕组间设置法拉第屏蔽层来减小。虽然变压器效果较好,但它们也有一些不足之处,如往往体积很大、具有有限的频率响应、不能提供直流的连续性、造价高。另外,如果电路间存在多个信号连接时,则需要多个变压器。

大部分专业的音频设备用一平衡接口降低对干扰和接地环路的敏感性。然而,大部分消费类音频设备用比较便宜的非平衡接口。非平衡接口对由设备的不同部件互连形成的任何接地环路导致的共阻抗耦合更敏感(参见图 2-25)。隔离变压器通常用于互连的信号线以消除或断开接地环路。图 3-35 表示一个双通道、高品质的音频隔离变压器,在这样的音频应用中,它可用于消除由接地环路造成的噪声。所示的模块是一个用 RCA 音频插头实现的立体声互连双通道单元。变压器有高导磁率合金的外部屏蔽以减小磁场耦合,并在初级和次级绕组之间有法拉第屏蔽以减小匝间电容。所示的单元具有 10Hz～10MHz 的频率响应,插入损耗小于 0.5dB,在 60Hz 处共模(噪声)抑制比(CMRR)为 120dB,20kHz 处为 70dB。

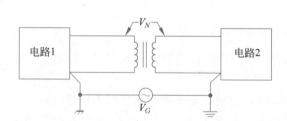

图 3-34　变压器用于断开两电路的接地环路

图 3-35　双通道(立体声)音频隔离变压器单元用于消除音频系统中由接地环路产生的噪声

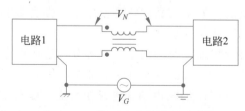

图 3-36　用于断开两电路间接地环路的共模扼流圈

注意到当使用隔离断开接地环路时,隔离应被用于信号的互连——而不是通过隔离(断开)交流电源安全接地实现。第二种方法是违背 NEC 要求的,可能非常危险。

图 3-36 中,两个电路用一变压器隔离,该变压器连接作为一个共模扼流圈,在抑制共模交流信号的同时传输直流和差模信号。它基本上是一个变压器旋转 90°,与信号线串联连接。共模噪声电

压出现在变压器(扼流圈)绕组两端,而非电路的输入端。因为共模扼流圈对传输的差模信号没有影响,多个信号线可绕在同一个芯上,而不会串扰。共模扼流圈的工作在3.5节和3.6节中分析。

图3-37中所示的光耦合器(光电隔离器或光纤)是消除共模噪声的另一种非常有效的方法,因为它切断了两个地之间的金属路径。当两个地之间的电位差很大,在某些情况下甚至达到几百伏时最有用。不希望的共模噪声电压出现在光耦合器的两端而不是电路的输入端。

图3-37所示的光耦合器在数字电路中特别有用。在模拟电路中无效是因为不是总能满足信号线性通过耦合器。然而,已经设计出用光反馈技术弥补耦合器固有的非线性(Waaben,1975)的模拟电路。隔离放大器(具有内部变压器或光耦合器)在敏感的模拟电路中也能应用。

图3-38所示的平衡电路提供了增加电路噪声抗扰度的一种方法,因为它们可以区别共模噪声电压和差模信号电压。在这种情况下,共模电压在平衡电路的两部分中感应相同的电流,平衡接收器只响应两个输入端的差值。平衡越好,共模抑制量越大。当频率升高时,越来越难获得高度的平衡。平衡将在第4章进行讨论。

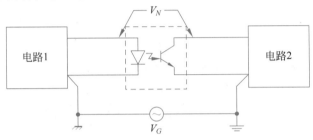

图3-37 用于切断两电路间接地环的光耦合器

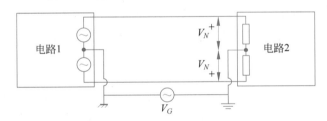

图3-38 平衡电路能用于抵消接地环路的影响

当共模噪声电压的频率与预期信号的频率不同时,通常会根据频率选择混合接地以避免引起麻烦频率处的接地环路。

3.5 共模扼流圈的低频分析

如图3-39所示连接中,变压器可用作共模扼流圈(也称纵向扼流圈,中和变压器或平衡-不平衡变换器)。这种方式连接的变压器对信号电流呈现低阻抗,并允许直流耦合。然而,对于任何共模噪声电流,变压器都是高阻抗。

图3-39中所示的信号电流在两个导线中等量流动,但方向相反。这是期望的电流,也称差模电路电流或金属电路电流。沿两个导线以相同方向流动的噪声电流称为共模电流。

图3-39中共模扼流圈的电路性能可参考图3-39的等效电路来分析。电压发生器 V_S 表示信号电压,由具有电阻 R_{C1} 和 R_{C2} 的导线与负载 R_L 相连。共模扼流圈用两个电感 L_1 和

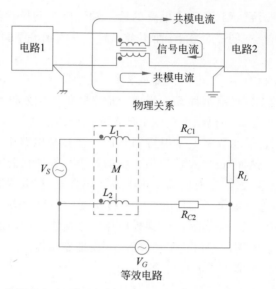

图 3-39   当要求直流或低频连续性时,共模扼流圈可用于断开接地环路

L_2 表示,其互感为 M。如果两个线圈完全相同,且紧密耦合在同一磁芯上,则 L_1、L_2 与 M 相等。电压发生器 V_G 表示来自接地环路中磁耦合或来自地面差分电压的共模电压。因为导线电阻 R_{C1} 与 R_L 串联,而且电阻值小得多,所以 R_{C1} 可忽略。

第一步是忽略 V_G 的影响,确定电路对信号电压 V_S 的响应。图 3-39 的电路可重画如图 3-40 所示,这个图与图 2-22 的电路相似。由图 2-22 可知,当频率高于 $\omega = 5R_{C2}/L_2$ 时,几乎所有的电流 I_S 都通过第二个导线而不通过接地面返回到源。如果选择 L_2,使最低信号频率大于 $5R_{C2}/L_2\,\mathrm{rad/s}$,则 $I_G = 0$。在这些条件下,图 3-40 上面环路中的电压总计如下:

$$V_S = \mathrm{j}\omega(L_1 + L_2)I_S - 2\mathrm{j}\omega M I_S + (R_L + R_{C2})I_S \tag{3-10}$$

记住 $L_1 = L_2 = M$,则解出 I_S 为

$$I_S = \frac{V_S}{R_L + R_{C2}} = \frac{V_S}{R_L} \tag{3-11}$$

假设 R_L 远远大于 R_{C2}。如果没有扼流圈,所得的式(3-11)是相同的。因此,只要扼流圈电感足够大,使信号频率 ω 大于 $5R_{C2}/L_2$,则对信号的传输没有影响。

图 3-39 中的电路对共模电压 V_G 的响应可用图 3-41 中所示的等效电路确定。如果没有扼流圈,整个噪声电压 V_G 将加载在 R_L 两端。

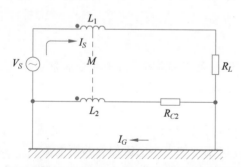

图 3-40   分析图 3-39 对信号电压 V_S 响应的等效电路

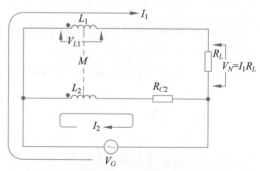

图 3-41   分析图 3-39 对共模电压 V_G 响应的等效电路

有扼流圈时，R_L 两端的噪声电压可由图中所示绕两个环路写出的方程确定。绕外环路的电压和为

$$V_G = j\omega L_1 I_1 + j\omega M I_2 + I_1 R_L \tag{3-12}$$

绕下面环路的电压和为

$$V_G = j\omega L_2 I_2 + j\omega M I_1 + R_{C2} I_2 \tag{3-13}$$

由式(3-13)可解出 I_2 为

$$I_2 = \frac{V_G - j\omega M I_1}{j\omega L_2 + R_{C2}} \tag{3-14}$$

记住 $L_1 = L_2 = M = L$，将式(3-14)代入式(3-12)，解出 I_1 为

$$I_1 = \frac{V_G R_{C2}}{j\omega L(R_{C2} + R_L) + R_{C2} R_L} \tag{3-15}$$

噪声电压 V_N 等于 $I_1 R_L$，因为 R_{C2} 通常比 R_L 小得多，可写为

$$V_N = \frac{V_G R_{C2}/L}{j\omega + R_{C2}/L} \tag{3-16}$$

V_N/V_G 的渐近线如图 3-42 所示。为使噪声电压最小化，R_{C2} 应保持尽可能小，扼流圈电感 L 应为

$$L \gg \frac{R_{C2}}{\omega} \tag{3-17}$$

其中，ω 是噪声频率。扼流圈必须足够大以使电路中流动的任何非平衡直流电流不会引起饱和。

如图 3-39 所示的共模扼流圈很容易制作，在一个磁芯上简单地绕连接两个电路的导线，如图 3-43 所示。当频率高于 30MHz 时，单匝扼流圈通常有效。多个电路的信号线可以绕在同一个磁芯上而没有信号电路的干扰（串扰）。用这种方法，可用一个磁芯为许多电路提供共模扼流圈。

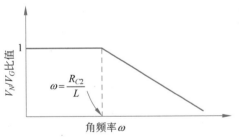

图 3-42　如果 R_{C2} 很大，噪声电压会很显著

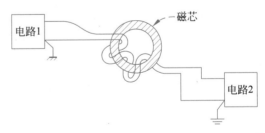

图 3-43　电路中设置共模扼流圈的一个简易方法是在一个环形磁芯上绕两根导线。也可用同轴电缆代替图中的导线

3.6　共模扼流圈的高频分析

前面对共模扼流圈的分析是低频分析，忽略了寄生电容的影响。如果扼流圈用于高频（>10MHz），则必须考虑线圈两端的杂散电容。图 3-44 表示包含共模扼流圈（L_1 和 L_2）的

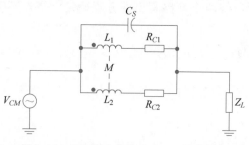

图 3-44　具有寄生旁路电容 C_S 的共模扼流圈的等效电路

一个双导体传输线的等效电路。R_{C1} 和 R_{C2} 表示扼流圈绕组与电缆线的总电阻，C_S 是扼流圈绕组两端的杂散电容。Z_L 是电缆的共模阻抗，V_{CM} 是驱动电缆的共模电压。在这个分析中，Z_L 不是差模阻抗，而是电缆作为天线的阻抗，可由约 35Ω 变化到 350Ω。

扼流圈的插入损耗（IL）可定义为没有扼流圈时的共模电流与有扼流圈时的共模电流之比。当 $R_{C1}=R_{C2}=R$ 且 $L_1=L_2=L$ 时，扼流圈的 IL 可以写为

$$IL=Z_L\sqrt{\frac{[2R(1-\omega^2LC_S)]^2+R^4(\omega C_S)^2}{[R^2+2R(Z_L-\omega^2LC_SZ_L)]^2+(2R\omega L+\omega C_SR^2Z_L)^2}} \tag{3-18}$$

图 3-45 和图 3-46 是式(3-18)在 $R_{C1}=R_{C2}=5\Omega,Z_L=200\Omega$ 时的图。图 3-45 表示旁路电容取不同值时一个 $10\mu H$ 共模扼流圈的插入损耗。图 3-46 表示旁路电容为 $5pF$，电感取不同值时扼流圈的插入损耗。从这两个图中可以看出，$70MHz$ 以上的插入损耗随扼流圈的电感变化不大，而受旁路电容的影响变化相当明显。因此，确定扼流圈性能的最重要参数是旁路电容，而不是电感的值。实际上，这些应用中所用的大部分扼流圈是超越自谐振的。寄生电容的存在极大地限制了高频时可能的最大插入损耗。用这种方法，当频率高于 $30MHz$ 时很难获得大于 $6\sim12dB$ 的插入损耗。

在这些频率处，扼流圈可看作对共模噪声电流开路。因此，电缆上总的共模噪声电流由寄生电容而非扼流圈电感决定。

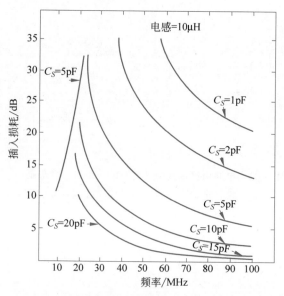

图 3-45　旁路电容取不同值时一个 $10\mu H$ 共模扼流圈的插入损耗

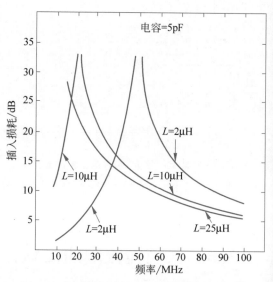

图 3-46　具有 $5pF$ 旁路电容的共模扼流圈，当电感为不同值时的插入损耗

3.7 电路的单一接地参考

制作偶极子或单极天线的前提是两个金属部件之间存在射频电位,见附录 D。两个金属部件之间的电容将为射频电流提供路径。天线辐射能量及接收能量都非常有效。事实上,在某些频率,偶极子天线的有效性超过 98%。用这种方法,不用关心天线两部分的电位是多少,只需要关心两部分之间存在的电位差。防止辐射的方法是将两部分金属连接在一起以使它们处于相同的电位,因此由于没有电压、没有电流流动就不会辐射。

许多系统包含多个接地层,如单独的模拟和数字接地层,它们只在一点连接在一起,可能只在电源处,如图 17-2 所示。一个系统具有分离的地或参考面是确保将有效天线设计到系统中的一个好方法。几乎在所有情况下,具有单独参考面、兼顾功能和 EMC 的系统性能将更好。

Terrell 和 Keenan 在其著作 *Digital Design for Interference Specifications* 中很好地说明了这一点,他们说(Terrell 和 Keenan,1983,p. 3-18):"你不可能实现,除非用一个地"。

总结

- 所有的导线,包括接地导线,都具有有限的阻抗,包括电阻和电感。
- 长于 1/20 波长的接地导线不是低阻抗。
- 接地分为两类,安全接地和信号接地。
- 交流电源地作为信号地没有什么实际价值。
- 大地不具有非常低的阻抗,而且会被噪声电源电流污染,它远不是等位体。
- 只有需要安全时与大地地相连。
- 不要将大地地看作 EMC 问题的解决方法。
- 单点接地应只用于低频,通常频率低于 100kHz。
- 多点接地应用于高频,通常高于 100kHz 和数字电路。
- 好的接地系统的一个目的是使两个或更多的接地电流流经公共接地阻抗时产生的噪声电压最小化。
- 在设备分离的各组件之间,在最宽的频率范围内实现低阻抗接地连接的最好方法是用导体面或网格连接它们。
- 为使接地噪声电压最小:
  - ◆ 低频时,控制接地拓扑结构(引导电流)。
  - ◆ 高频时,控制接地阻抗。
- 接地环路可用以下方法控制。
  - ◆ 避免接地环路。
  - ◆ 容忍接地环路。
  - ◆ 切断接地环路。
- 切断接地环路的三种一般方法如下。
  - ◆ 隔离变压器。
  - ◆ 共模扼流圈。
  - ◆ 光耦合器。

习题

3.1 哪种类型的接地在正常工作过程中不载流？

3.2 正确的交流电源接地对控制配电系统中的差模和共模噪声是非常有效的，对还是错？

3.3 在最宽的频率范围内获得一低阻抗接地的最优方法是什么？

3.4 以下两种情况下，为使接地噪声电压最小，通常控制式(3-2)中哪些参数？

    a. 低频电路的情况。

    b. 高频电路的情况。

3.5 a. 大地地的典型阻抗是多少？

    b. 在必须用第二个接地电极之前，NEC 允许的最大接地阻抗是多少？

3.6 图 3-15 中点 B 的电位是多少？

3.7 高频时，一个电子设备的机壳上为什么用多个接地带状线？

3.8 一个长 20cm、宽 5cm、厚 0.1cm 的设备接地带状线的电感是多少？

3.9 一个大的设备机架位于接地面上，但是由于机架上的涂漆使其与地绝缘。机架对地有 1000pF 的电容。它用 4 个接地带与接地面相连，机架的每个角上放置 1 个。每个接地带有 120nH 的电感。在什么频率机架对接地面的阻抗最大？

3.10 在分布式系统中，必须处理的主要问题是什么？

3.11 分布式系统和扩展的中央系统的主要区别是什么？

3.12 处理一个有问题的接地环路的 3 个基本方法是什么？

3.13 指出用于切断接地环路的 3 种不同器件。

3.14 某人的家庭立体声系统中有噪声，他发现断开交流电源绿色地线，接地到放大器可去除噪声。为什么这不是该问题的一种可接受的解决方法？

3.15 一个共模扼流圈与一根连接低电平的源到一个 900Ω 负载的传输线串联。传输线的每根导线具有 1Ω 的电阻。共模扼流圈的每个绕组具有 0.044H 的电感和 4Ω 的电阻。

    a. 高于什么频率，扼流圈对信号传输的影响可以忽略？

    b. 在 60Hz、180Hz 和 300Hz 时扼流圈对接地差模噪声电压的衰减是多少(dB)？

参考文献

[1] Denny H W. *Grounding For the Control of EMI*. Gainsville, VA, Don White Consultants, 1983.

[2] IEEE Std. 1100-2005, *IEEE Recommended Practices for Powering and Grounding Electronic Equipment* (The Emerald Book).

[3] Lewis W H. *Handbook of Electromagnetic Compatibility* (Chapter8, Grounding and Bonding). Perez, R. ed. , New York, Academic Press, 1995.

[4] NEC 2008, NFPA 70: *National Electric Code*. National Fire Protection Association (NFPA), Quincy, MA, 2008.

[5] Ott H W. *Ground—A Path for Current Flow*. 1997 IEEE International Symposium on EMC. San Diego, CA, 1979.

[6] International Association of Electrical Inspectors. *SOARES Book on Grounding and Bonding*, 10th ed. . Appendix A (The History and Mystery of Grounding, 2008). Available at http://www. iaei. org/

products/pdfs/historyground. pdf. Accessed,2008.

[7] Terrell D L,Keenan R K. *Digital Design for Interference Specifications*,2nd ed.. Pinellas Park,FL, The Keenan Corporation,1983.

[8] Waaben S. *High-Performance Optocoupler Circuits*. International Solid State Circuits Conference, Philadelphia,PA,1975.

深入阅读

[1] Brown H. *Don't Leave System Grounding to Chance*. *EDN/EEE*,1972.

[2] Cushman R H. *Designers Guide to Optical Couplers*. *EDN*,1973.

[3] DeDad J. *The Prosand Cons of IG Wiring*. *EC&M*,2007.

[4] *Integrating Electronic Equipment and Power Into Rack Enclosures*. Middle Atlantic Products,2008.

[5] Morrison R. *Grounding and Shielding*,5th ed.. New York,Wiley,2007.

[6] Morrison R,Lewis W H. *Grounding and Shielding in Facilities*. New York,Wiley,1990.

[7] *The Truth Power Distribution & Grounding in Residential AV Installations*. Parts 1 to 3, Middle Atlantic Products,2008. Available at http://exactpower. com. Accessed,2009.

第4章

平衡和滤波

4.1 平衡

一个平衡电路是有两个信号导体的双导体电路,所有与它们相连的电路相对参考面(通常是地)和所有其他导体都具有相同的非零阻抗;平衡的目的是使两个导体中拾取的噪声相等;在这种情况下,它将是一个共模信号,能够在负载上抵消。如果两个信号导体对地的阻抗不相等,则系统不平衡。因此一个具有接地返回导体的电路是不平衡的,有时被称为单端电路。

平衡是一个往往被忽视——虽然许多情况下成本效益好——的噪声减小技术,当噪声必须减小到低于只用屏蔽所获得的水平时,平衡可以与屏蔽配合使用。另外,在一些应用中,它可代替屏蔽,作为主要噪声减小技术。

为使一个平衡电路在减小共模噪声时最有效,不仅终端必须平衡,而且相互连接(电缆)也必须平衡。用变压器或差分放大器是提供平衡终端的两种方法。

平衡系统在减小噪声有效性方面一个极好的例子是电话系统,其信号电平通常是几百毫伏。由非屏蔽双绞线组成的电话电缆往往平行于高压(4～14kV)交流电源线架设若干英里,而在电话系统中很少听到任何 $50/60\,\mathrm{Hz}$ 的杂音。这是电话系统应用平衡系统的效果,源和负载都是平衡的。在罕见的情况下能听到杂音,这可能是因为线路上出现了一些非平衡的情况(如水进入电缆中)引起的,只要恢复平衡,这个问题就消失了。

考虑图 4-1 所示的电路。如果 R_{S1} 等于 R_{S2},则源是平衡的;如果 R_{L1} 等于 R_{L2},则负载是平衡的。在这些条件下,电路平衡是因为两个信号导体对地具有相同的阻抗。注意到,对于电路平衡,V_{S1} 不必等于 V_{S2}。这些发生器中的一个或两个甚至可以等于零,而电路仍然平衡。

从图 4-1 中可看出,两个共模噪声电压 V_{N1} 和 V_{N2} 与导体串联。这些噪声电压产生噪声电流 I_{N1} 和 I_{N2}。源 V_{S1} 和 V_{S2} 一起产生信号电流 I_S。负载两端产生的总电压 V_L 为

$$V_L = I_{N1}R_{L1} - I_{N2}R_{L2} + I_S(R_{L1} + R_{L2}) \tag{4-1}$$

前两项表示噪声电压,第三项表示期望的信号电压。如果 I_{N1} 等于 I_{N2},R_{L1} 等于 R_{L2},则负载两端的噪声电压等于零。式(4-1)可简化为

$$V_L = I_S(R_{L1} + R_{L2}) \tag{4-2}$$

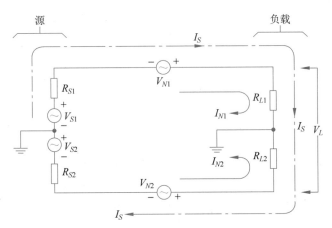

图 4-1　平衡条件 $R_{S1}=R_{S2}$，$R_{L1}=R_{L2}$，$V_{N1}=V_{N2}$，$I_{N1}=I_{N2}$

表示只有信号电流 I_S 产生的电压。

　　图 4-1 只给出了电阻性终端以简化讨论。实际中，电阻和电抗平衡都是重要的。图 4-2 是一个更一般的例子，给出了电阻性和电容性的终端。

　　在图 4-2 所示的平衡电路中，V_1 和 V_2 表示感应电压，电流源 I_1 和 I_2 表示电容性耦合进电路的噪声。源和负载之间的地电位差用 V_{cm} 表示。如果两个信号导线 1 和 2 彼此相邻，或是较好地绞合在一起，则两个电感性耦合噪声电压 V_1 和 V_2 应相等并在负载处抵消。

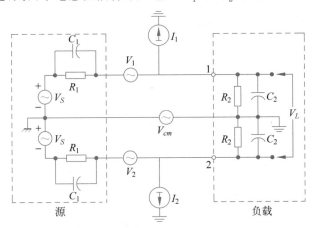

图 4-2　标明电感性和电容性噪声电压，以及源和负载之间地电位差的平衡电路

　　由电容性耦合引起的负载终端 1 和 2 之间产生的噪声电压可参考图 4-3 确定。电容 C_{31} 和 C_{32} 表示来自噪声源，此时是导线 3 的电容性耦合。阻抗 R_{C1} 和 R_{C2} 分别表示导线 1 和 2 对地的总电阻[*]。

　　因为导线 3 上的电压 V_3 感应进导线 1 中的电容性耦合噪声电压（式 2-2）

$$V_{N1}=\mathrm{j}\omega R_{C1}C_{31}V_3 \tag{4-3}$$

因为 V_3，感应进导线 2 的噪声电压

$$V_{N2}=\mathrm{j}\omega R_{C2}C_{32}V_3 \tag{4-4}$$

如果电路平衡，则电阻 R_{C1} 和 R_{C2} 相等。如果导线 1 和 2 彼此相邻，或是较好地绞合在一起，

---

　*　R_{C1} 和 R_{C2} 都等于 R_1 和 R_2 的并联组合（见图 4-2）。

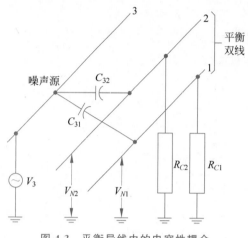

图 4-3 平衡导线中的电容性耦合

则电容 C_{31} 几乎等于 C_{32}。在这些条件下，V_{N1} 近似等于 V_{N2}，而且电容性耦合噪声电压在负载处抵消。如果终端平衡，则双绞线可提供保护，防止电容性耦合。因为双绞线也可防护磁场，而无论终端平衡与否（参见 2.12 节），所以即使导线上没有屏蔽，使用双绞线的平衡电路也能防护磁场和电场。然而，屏蔽仍是必要的，因为很难获得很好的平衡，而且也需要额外的保护。

在图 4-2 中源和负载之间的地电位差 V_{cm} 在负载的终端 1 和 2 上产生相等的电压。这些电压相抵消且在负载两端不再产生新的噪声电压。

4.1.1 共模抑制比

共模抑制比（CMRR）是一种度量，用于定量描述平衡程度或一个平衡电路抑制共模噪声电压的有效性。

图 4-4 表示一个应用于共模电压 V_{cm} 的平衡电路。如果平衡较好，则放大器的输入端不会出现差模电压 V_{dm}。然而因为系统中出现了轻微的不平衡，共模电压 V_{cm} 产生的一个小的差模噪声电压 V_{dm} 将出现在放大器的输入端。CMRR 或平衡可用 dB 定义为

$$CMRR = 20\log \frac{V_{cm}}{V_{dm}} (dB) \tag{4-5}$$

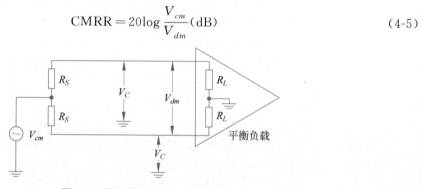

图 4-4 用于定义 CMRR 的电路

平衡越好，CMRR 越高，而共模噪声减小得越多。通常，对于一个精心设计的电路，期望达到 40～80dB 的 CMRR 是合理的。更好的 CMRR 超过这个范围也是可能的，但需要单独的电路调整和特殊的电缆。

如果源电阻 R_S 相对于负载电阻 R_L 很小，通常在这种情况下，放大器输入端每根导线的对地电压 V_C 几乎都等于 V_{cm}，可代替式（4-5）中的 V_{cm}，下面给出 CMRR 的另一定义：

$$CMRR = 20\log \frac{V_C}{V_{dm}} \tag{4-6}$$

如果源和负载物理上分开一段距离（如电话系统），则式（4-6）的定义通常较好，因为 V_C 和 V_{dm} 可在电路的同一端进行测量。

在一个理想的平衡系统中，没有共模噪声可耦合进电路。然而实际中，小的不平衡可能限制噪声抑制，包括源的不平衡、负载的不平衡和电缆的不平衡，以及出现的任何杂散或寄生阻

抗的不平衡。电阻性和电抗性平衡必须要考虑,当频率升高时电抗性平衡变得更加重要。

在许多实际应用中,负载平衡但源不平衡。由一个不平衡的源电阻 ΔR_S 产生的 CMRR 可参考图 4-5 确定。在这种情况下,

$$\mathrm{CMRR} = 20\log \frac{(R_L + R_S + \Delta R_S)(R_L + R_S)}{R_L \Delta R_S} \tag{4-7}$$

如果通常情况下,R_L 远远大于 $R_S + \Delta R_S$,则式(4-7)可重写为

$$\mathrm{CMRR} = 20\log \frac{R_L}{\Delta R_S} \tag{4-8}$$

如果一个不平衡的源(源的一端接地)与一个平衡负载一起使用,则 ΔR_S 等于总的源电阻 R_S。

例如,如果 R_L 等于 $10\mathrm{k\Omega}$,ΔR_S 等于 10Ω,则 CMRR 将为 60dB。

图 4-5 中所示的不平衡源电阻对平衡电路 CMRR 的不利影响可通过下述方法减小。

- 减小共模电压。
- 减小源的不平衡 ΔR_S。
- 增加共模负载阻抗 R_L。

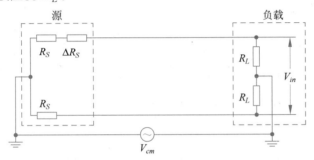

图 4-5　用于证明不平衡源电阻对平衡电路 CMRR 影响的电路

由一个不平衡负载电阻产生的 CMRR 可参考图 4-6 确定,其中 ΔR_L 表示负载电阻的不平衡。有

$$\mathrm{CMRR} = 20\log \frac{(R_L + R_S + \Delta R_L)(R_L + R_S)}{R_S \Delta R_L} \tag{4-9}$$

若 R_L 远远大于 R_S,则式(4-9)可简化为

$$\mathrm{CMRR} = 20\log \left(\frac{R_L}{R_S} \frac{R_L + \Delta R_L}{\Delta R_L} \right) \tag{4-10}$$

图 4-6　用于证明不平衡负载电阻对平衡电路 CMRR 影响的电路

例如,如果 R_S 等于 100Ω,R_L 等于 $10\mathrm{k\Omega}$,ΔR_L 等于 100Ω,则 CMRR 等于 80dB。从式(4-10)中可看出,CMRR 是 R_L/R_S 的函数;无论 ΔR_L 的值为多少,这个比值越大,噪声抑制就越

强。因此，源阻抗低而负载阻抗高将产生最大 CMRR。理想情况下，我们希望源阻抗为零而负载阻抗无穷大。

由式（4-8）和式（4-10）可推断，在源和负载都不平衡的情况下，一个大的负载电阻将使 CMRR 最大化。这是事实，因为如果负载电阻无穷大，则没有电流流动，不平衡的源或负载电阻两端将不会出现噪声电压降耦合进电路。

如果图 4-6 中的负载电阻实际上是具有 $x\%$ 公差的分立电阻，那么在最坏的情况下，一个负载电阻高 $x\%$，而另一个负载电阻低 $x\%$。如果 p 是电阻公差（表示一个数，而不是百分比），那么 $\Delta R_L = 2pR_L$ 或 $\Delta R_L / R_L = 2p$。因此，对于 $R_L \gg \Delta R_L$ 的情况，式（4-10）中的 $\Delta R_L / (R_L + \Delta R_L)$ 项表示电阻公差的 2 倍，则式（4-10）可重写为

$$\text{CMRR} = 20\log\left(\frac{1}{2p}\frac{R_L}{R_S}\right) \tag{4-11}$$

其中，p 是用数字表示的负载电阻的公差。例如，如果 R_S 等于 500Ω，每个负载电阻 R_L 是 10kΩ，1% 的电阻，则最坏情况下 CMRR 低至 60dB。

4.1.2　电缆平衡

关于相互连接的电缆，必须保持两个导体间的电阻性和电抗性平衡。因此，每个导体的电阻和电抗必须相等。许多情况下，电路的不平衡远远大于电缆的不平衡。然而，当需要大量的大于 100dB 的共模抑制，或使用非常长的电缆时，电缆的缺陷必须考虑。

大多数电缆的电阻性不平衡是微不足道的，通常可忽略。电容性不平衡通常在 3%～5% 的范围内。低频时，因为容抗远远大于电路中的其他阻抗，所以这种不平衡通常可以忽略。然而高频时，电容性不平衡必须考虑。

如果是正确的端接，对于编织的屏蔽层电缆，电感性不平衡实际上不存在。然而，不正确的电缆屏蔽层端接，即未与屏蔽体 360° 连接，就会产生问题。

因为辫线中存在电流，包含一个辫线的金属箔屏蔽电缆明显比编织层屏蔽电缆存在更多的电感性不平衡。辫线通常与一个信号线比另一个信号线靠得更近，因此具有更紧的耦合。因为低频时，辫线的电阻比铝箔屏蔽层的电阻小不止一个数量级，所以几乎所有的屏蔽电流流经辫线而不流经屏蔽层。这会在电感性耦合进入信号导体时产生显著的不平衡。

高于 10MHz 时，趋肤效应导致屏蔽电流在金属箔上流动，电感性不平衡会显著减小。因此，如果金属箔屏蔽电缆经辫线端接，这是通常的情况，因为屏蔽层电流不再均匀分布在金属箔屏蔽层的横截面上，电感性不平衡将再次出现在电缆终端附近。因为上述两个问题，即辫线中的电流和（或）不正确的屏蔽层端接导致电感性不平衡，所以有辫线的金属箔屏蔽电缆不应用于需要大量共模噪声抑制的敏感电路中。

平衡和屏蔽的效果是叠加的。屏蔽可用于减小信号导体中共模拾取的量，而平衡可减小被转换为差模电压而耦合进负载的共模电压部分。

假设电路具有 60dB 的平衡，且电缆没有屏蔽。同时假设每个导体从电场耦合拾取 300mV 的共模噪声电压。因为平衡，耦合进负载的噪声将低 60dB 或 300μV。如果现在一个具有 40dB 屏蔽效能的接地屏蔽层设置在导体周围，则每个导体中拾取的共模电压将减小到 3mV。耦合进负载的噪声会因为平衡低 60dB 或 3μV。这表明总噪声减小 100dB——其中 40dB 来自屏蔽，60dB 来自平衡。

电路平衡依赖于频率。通常频率越高，越难保持良好的平衡，因为杂散电容在高频时对电

路平衡影响更大。

4.1.3　系统平衡

我们知道,当组件组合时,由组成系统的单个组件产生的 CMRR 不能预测整个系统的 CMRR。例如,由于两个组件中的不平衡可彼此互补,因此组合的 CMRR 大于任一单个组件的 CMRR。然而,组件平衡也可能使组合的 CMRR 小于任一单个组件的 CMRR。

保证良好的系统平衡的一个方法是指定每个组件的 CMRR 高于期望系统的 CMRR。然而,这个方法可能不会使系统最经济。当多个单独的组件组成系统时,估计系统总 CMRR 的一个方法是假设其等于最差组件的 CMRR。如果最差组件的 CMRR 比其他组件的低 6dB 或更多,则这个方法特别有效。

因为双绞线是固有的平衡结构,双绞线或屏蔽双绞线往往用作一个平衡系统中的互连电缆。然而同轴电缆(同轴线)是固有的非平衡结构。如果一个平衡系统中用同轴电缆,则如图 4-7 所示,可用两个电缆。这个方法的一个例子是第 18 章中描述的如图 18-8 所示的平衡差分电压探头。

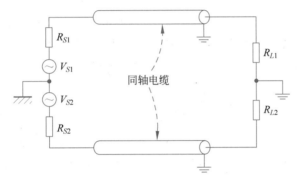

图 4-7　平衡电路中使用同轴电缆

4.1.4　平衡负载

4.1.4.1　差分放大器

差分放大器通常用作平衡系统的负载,图 4-8 表示一个基本的差分放大器电路。包含一个运算放大器(或 op-amp),如三角框中所示,环绕着反馈电阻和几个决定电路性能的电阻。运算放大器有一个差分输入端和单端输出。理想的运算放大器的特性如下。

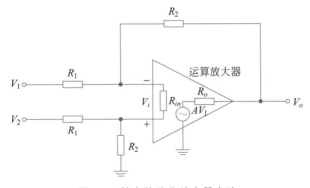

图 4-8　基本的差分放大器电路

- 有非常大的电压增益 A，理想状况下趋于无穷大。
- ＋和－输入端之间的输入电阻 R_{in} 无穷大。
- 零输出电阻 R_o。
- 无穷大的 CMRR。

这些理想的运算放大器特性实际中不能实现，但是可以逼近。一个典型的运算放大器可以有 1×10^5 的直流增益，几兆欧姆的输入电阻和几欧姆的输出电阻。没有任何额外的反馈电阻，运算放大器本身的 CMRR 通常在 $70\sim80$dB 范围内。当加上电阻形成一个实际放大器时，理想增益单元(运算放大器)的假设大大简化了分析。通过增加反馈和附加的电阻，运算放大器可构成一个单端放大器、差分放大器、反相放大器或同相放大器。

图 4-8 所示的放大器是一个差分输入反相放大器。该放大器的差模电压增益为

$$A_{dm} = -\frac{R_2}{R_1} \tag{4-12}$$

连接到负输入端的反馈驱动＋和－输入端之间的电压为一个很小的值，理论上为零。因为放大器正端和负端之间的电压很小(理想为零)，V_1 和 V_2 输入端之间的差模输入阻抗仅为

$$R_{in(dm)} = 2R_1 \tag{4-13}$$

注意到实际上没有电流流经放大器的输入端，因为理想上其阻抗是无穷大；输入电流实际上通过反馈电阻流到输出端，并通过电阻 R_2 和 R_1 返回到放大器的正端。

在两个输入端(V_1 和 V_2 合在一起)和地之间的共模输入阻抗为

$$R_{in(cm)} = \frac{R_1 + R_2}{2} \tag{4-14}$$

如果令图 4-6 中的 R_L 等于图 4-8 中的 $R_1 + R_2$，图 4-6 可表示一个由平衡源驱动的差分放大器。等效差分输入电压 V_{in}(图 4-6 中)则与 V_1 和 V_2(图 4-8 中)之间的电压相等。由共模电压 V_{cm}(如图 4-6 所示)产生的输入电压 V_{in} 将等于共模输入电流 I_{cm} 乘以负载电阻的不平衡量 ΔR_L，或 $V_{in} = I_{cm}\Delta(R_1 + R_2)$。电流 I_{cm} 等于 $V_{cm}/[R_S + \Delta(R_1 + R_2) + (R_1 + R_2)]$。满足条件 $R_2 \gg R_1$，$R_2 \gg \Delta(R_1 + R_2)$，且 $R_2 \gg R_S$ 时，放大器的等效差模输入电压为

$$V_{in} = \frac{\Delta R_2}{R_2}V_{cm} \tag{4-15}$$

由共模电压 V_{cm} 产生的放大器输出电压 V_{out} 等于由式(4-15)得到的 V_{in} 乘以放大器的差分增益 A_{dm}(式(4-12))或

$$V_{out} = \frac{\Delta R_2}{R_2}A_{dm}V_{cm} \tag{4-16}$$

因此，共模电压增益为

$$A_{cm} = \frac{V_{out}}{V_{cm}} = \frac{\Delta R_2}{R_2}A_{dm} = \frac{\Delta R_2}{R_1} \tag{4-17a}$$

在最差的情况下，式(4-17a)中的 $\Delta R_2/R_2$ 表示电阻 R_2 公差的两倍。如果电阻公差为 p(用数字而不用百分比表示)，则式(4-17a)可重写为

$$A_{cm} = 2pA_{dm} = \frac{2pR_2}{R_1} \tag{4-17b}$$

差分放大器的 CMRR 可通过将 V_{in}(式(4-15))代入式(4-5)中的 V_{dm} 确定(参考图 4-4)，得到

$$\text{CMRR} = 20\log\frac{V_{cm}}{V_{in}} = 20\log\frac{R_2}{\Delta R_2} = 20\log\frac{1}{2p} \tag{4-18}$$

如果图 4-8 所示的差分放大器用 0.1% 的电阻作为 R_1 和 R_2，由式（4-18）可得，CMRR 为 54dB。

许多书籍（如 Frederiksen,1988 和 Graeme et. al. ,1971）定义差分放大器的 CMRR 为

$$\text{CMRR} = 20\log \frac{A_{dm}}{A_{cm}} \tag{4-19}$$

将式（4-17b）代入式（4-19）中的 A_{cm}，得到 CMRR$=20\log(1/2p)$，这与式（4-18）是一致的。

当使用匹配电阻，并由一个平衡源驱动时，差分放大器可提供高的 CMRR。然而通常情况下，当如图 4-9 所示，由一个非平衡源驱动时，作为源不平衡的结果，CMRR 显著下降。

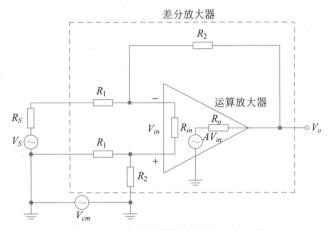

图 4-9　由非平衡源驱动的差分放大器

一个非平衡源驱动的平衡电路的 CMRR 可由式（4-8）得到。对于如图 4-9 所示的差分放大器电路，满足 $R_2 \gg R_1$ 时，这个方程可重写为

$$\text{CMRR} = 20\log \frac{R_2}{R_S} \tag{4-20}$$

在图 4-9 中，如果 $R_S = 500\Omega$，$R_2 = 100\text{k}\Omega$，则由式（4-20）可得到 CMRR$=46$dB。从式（4-20）中可明显看出，增大差分放大器的输入阻抗可以成比例地增加 CMRR。减小源阻抗 R_S 也将增加放大器的 CMRR。

因此，改进非平衡源驱动的差分放大器 CMRR 的最好方法是增大放大器的共模输入阻抗至几兆欧姆或更大。如果在前面的例子中，R_2 等于 $2\text{M}\Omega$ 而非 $100\text{k}\Omega$，则 CMRR 等于 72dB，即有 26dB 的改进。然而这样大的电阻通常不实际，而且将成为输入端的一个热噪声源。电阻中热噪声的大小是电阻大小平方根的函数（见 8.1 节）。

4.1.4.2　仪表放大器

一个可选择的方法是在标准差分放大器的输入端增加两个高阻抗缓冲放大器。一个高阻抗、同相缓冲器可由一个标准运算放大器将输入馈入正端而反馈馈入负端制成。这个方法制成的经典仪表放大器如图 4-10 所示。

仪表放大器的结构也具有单电阻（KR_f）增益控制的优点，而不是必须改变两对电阻的比值。这种情况下，仪表放大器的输入阻抗等于运算放大器的输入阻抗，因为没有反馈加到运算放大器的正输入端。采用这种结构，输入阻抗超过 $1\text{M}\Omega$ 是可能的。

如果仪表放大器的输入端改变耦合电流（AC），则附加的分流电阻必须加到图 4-10 所示电路的缓冲输入和地之间，为输入晶体管偏置电流流动提供通路。因此，应该用非常低的偏置

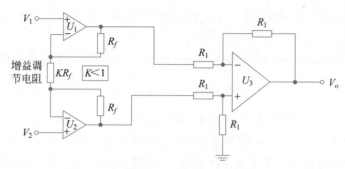

图 4-10 仪表放大器

电流晶体管或 FET 运算放大器。这种情况下的共模输入阻抗将是这些输入电阻和运算放大器输入阻抗的并联组合。

在一个仪表放大器中,增益在缓冲放大器中(U_1 和 U_2),而差分放大器(U_3)被设置具有单位增益。缓冲器的共模增益为 1,差模增益 $A_{dm}=1+(2/K)$,其中 K 是小于 1 的常数。

因为缓冲器具有单位共模增益,所有的共模抑制出现在差分放大器 U_3 中,表 4-1 总结了仪表放大器两级的增益。

表 4-1　图 4-10 所示的仪表放大器各级差模和共模增益

增　　益	缓冲放大器(U_1 和 U_2)	差分放大器(U_3)	仪表放大器的总和
A_{dm}	$1+(2/K)$	1	$1+(2/K)$
A_{cm}	1	$2p$	$2p$

注:p 是电阻 R_1 的公差,表示数值。

由式(4-19),仪表放大器的 $CMRR$ 为

$$\text{CMRR} = 20\log\left(\frac{A_{dm}}{A_{cm}}\right) = 20\log\left(\frac{A_{dm}}{2p}\right) = 20\log\left(\frac{1+\dfrac{2}{K}}{2p}\right) \qquad (4\text{-}21)$$

比较式(4-21)和式(4-18),可看出对于同样公差的电阻,仪表放大器的 $CMRR$ 比等效的差分放大器大 $20log(A_{dm})$。对于增益为 100、用 0.1% 电阻的仪表放大器,$CMRR$ 将为 $94dB$。而增益为 100、用 0.1% 电阻的差分放大器将只有 $54dB$ 的 $CMRR$(由式(4-18))。

在一个差分放大器中,由于电阻公差,共模到差模的转换出现在放大器的输入端。转换的共模信号(目前是差模信号)通过放大器的差模增益放大。在一个仪表放大器中,相似的转换出现在差分放大器(图 4-10 中的 U_3)的输入端,但该放大器具有单位差模增益,所以转换的共模信号不再放大。

因此,仪表放大器 CMRR 的改善是由于缓冲器的增益,U_1 和 U_2 先于出现在单位增益差分放大器 U_3 输入端的共模到差模的转换。

表 4-2 列出了一个仪表放大器的 CMRR 关于电阻公差和差模增益的函数。

表 4-2　仪表放大器用分贝值表示的 CMRR

电 阻 公 差	$A_{dm}=1$	$A_{dm}=10$	$A_{dm}=100$	$A_{dm}=1000$
1%	34	54	74	94
0.1%	54	74	94	114
0.01%	74	94	114	134

4.1.4.3 变压器耦合输入

获得高共模输入阻抗的另一种方法是用变压器。变压器可与差分放大器甚至单端放大器一起使用,如图4-11所示。用一个变压器,低频共模输入阻抗将由变压器初级和次级间的绝缘电阻(是非常大的)确定。高频时,变压器匝间电容也会影响共模输入阻抗。变压器也提供源和负载之间的电气隔离。然而,变压器常常很大且昂贵,但性能很好。

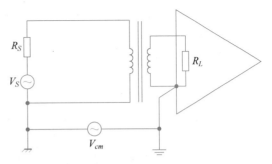

图 4-11 变压器可用于增加共模负载阻抗并提供电气隔离

4.1.4.4 输入电缆屏蔽终端

正如前面讨论的,电缆屏蔽层通常应两端接地。然而,当用高共模输入阻抗放大器电路时,如仪表放大器,输入电缆屏蔽层往往只与源的地相连,而不与负载的地相连。如果屏蔽层与负载或放大器的地相连,则放大器高的输入阻抗将被电缆电容旁路,这将降低放大器的输入阻抗,并减小系统的CMRR。但如果电缆屏蔽层在源处接地,电缆电容旁路原本低的源电阻,因而不减小CMRR。然而,如果同时存在高频或数字电路,这种方法通常会增大产品的辐射。因此必须在最大CMRR和辐射发射之间权衡。为使辐射最小化,屏蔽层应两端接地。

例 4-1 一个高阻抗差分放大器的输入由一个 600Ω 的非平衡源经过一有 $30pF/ft$ 电容的屏蔽电缆馈入。如果电缆长为 $100ft$,总电缆电容为 $3nF$。如果电缆屏蔽层在放大器端接地,则电缆电容旁路放大器的输入阻抗,而输入阻抗不能超过电缆的容抗。当频率为 $1000Hz$ 时,CMRR 将等于或小于下式(由式(4-8)):

$$\mathrm{CMRR} \leqslant 20\log \frac{1}{2\pi f C \Delta R_S}$$

因此

$$\mathrm{CMRR} \leqslant 20\log \frac{1}{2\pi(1000)(3\times 10^{-9})(600)} = 40(\mathrm{dB})$$

无论放大器的实际输入阻抗如何,系统的CMRR受电缆电容的限制都不大于40dB。如果实际放大器的输入阻抗是 $2M\Omega$,电缆屏蔽层在源端接地,则电缆电容将旁路源阻抗,CMRR 将为70dB。

4.2 滤波

滤波器用于改变信号的特性,或在某些情况下消除信号。滤波器可以是差模或共模的。信号线或差模滤波器很好理解,关于它们的设计有许多著作和论文。然而,共模滤波器往往被认为是神秘且不好理解的。

4.2.1 共模滤波器

当允许预期的差模信号无干扰地通过时,共模滤波器通常用于抑制电缆中的噪声。为什么共模滤波器比差模滤波器更难设计呢? 主要有三个原因。

- 我们通常不知道源阻抗。
- 我们通常不知道负载阻抗。
- 滤波器不能使电缆上的有用信号(差模信号)失真。

一个滤波器的有效性依赖于源和负载阻抗,滤波器处于其间。对于一个差模滤波器,通常很容易找到驱动器输出阻抗和负载输入阻抗的信息。然而,对于共模信号,源是电路产生的噪声(没有说明在什么地方),而负载通常是作为天线的某些电缆,它的阻抗通常未知,并随频率、电缆长度、导体直径和电缆的布设而变化。

对于共模滤波器,源阻抗通常是印制电路板(PCB)的接地阻抗(因为是电感性的,所以很小且随频率增大),负载是作为天线的电缆阻抗(除了电缆附近谐振是大的)。所以虽然我们可能不知道源和负载确切的阻抗,但有关于其幅度和频率特性的处理方法。

为确保共模滤波器不使有用的差模信号失真,滤波器的差模通带必须满足下述条件。

- 对于窄带信号,出现的最高频率。
- 对于宽带数字信号,信号的 $1/\pi t_r$ 频率(其中 t_r 是上升时间)。

差模或信号线滤波器(如时钟线滤波器等)应与源或驱动器尽可能近地放置。然而,共模滤波器应与电缆进出机壳的位置尽可能近地放置。

图 4-12 表示由一个串联元件和一个旁路元件组成的简单双元件、低通、共模滤波器。滤波器被嵌入信号导线及其返回导线内。该图也显示出连接到滤波器的共模(噪声)和差模(信号)电压源。

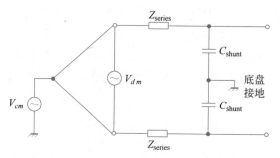

图 4-12 含有信号和返回导线的双元件共模滤波器

对于共模电压源,两个旁路电容并联为总电容 $2C_{\text{shunt}}$。对于差模电压源,两个电容串联为总电容 $C_{\text{shunt}}/2$。因此,共模源应对的电容是差模源的 4 倍。这个结果是好的,因为我们希望滤波器的旁路电容对共模信号比对差模信号有更大的作用。

然而,对于共模源,两个串联阻抗并联为总阻抗 $Z_{\text{series}}/2$。对于差模源,两个串联阻抗串联为总阻抗 $2Z_{\text{series}}$。因此,差模源面对的阻抗是共模源的 4 倍。这个结果不好,因为我们希望滤波器的串联阻抗对共模电压比对差模电压有更大的作用。结果,共模滤波器中的串联元件通常构造为共模扼流圈(见 3.5 节),这种情况下,差模阻抗是零,串联阻抗只影响共模信号而不影响差模信号。

共模滤波器通常是由 1~3 个元件按下述拓扑结构之一组成的低通滤波器。

- 单一元件滤波器。
  - ◆ 单一的串联元件。
  - ◆ 单一的旁路元件。
- 多元件滤波器。
  - ◆ L 形滤波器(一个串联元件和一个旁路元件)。
  - ◆ T 形滤波器(两个串联元件和一个旁路元件)。
  - ◆ π 形滤波器(两个旁路元件和一个串联元件)。

单一元件滤波器的优点是它们只需一个元件。多元件滤波器的优点是当单一元件滤波器无效时它们往往有效,而且可比单一元件滤波器提供更多的衰减。

滤波器中的旁路元件几乎总是电容,其值由滤波器有效的频率范围确定。串联元件可以是电阻、电感或铁氧体。如果直流电压降可接受,可用电阻;如果直流电压降不能接受,则可用电感或铁氧体,这两者都有零或非常小的直流电压降。低频(<10~30MHz)时应用电感,高频时应用铁氧体。作为高 Q 值组件的电感会出现 4.3.1 节讨论的谐振问题,有时可加一个小电阻与电感串联以降低其 Q 值。作为共模扼流圈的铁氧体结构具有不影响差模信号的优点。

滤波衰减作为阻抗失配的结果出现。从上面的讨论中,我们知道源阻抗通常很低,除了谐振时,负载阻抗通常很高。因此,L 形滤波器用高阻抗元件(串联元件)应对低的源阻抗,而用低阻抗元件(旁路电容)应对高负载阻抗,应是最有效的。

为使串联阻抗滤波元件有效,必须有一个阻抗大于源和负载阻抗之和。为使旁路滤波元件有效,必须有一个阻抗小于源和负载阻抗的并联组合。

因此,3 种可能的情况如下:①源和负载阻抗都低,在这种情况下,串联元件将有效;②源和负载阻抗都高,这种情况下,旁路电容将有效;③源或负载阻抗之一是低的,另一个是高的(哪个低哪个高无关紧要),这种情况下,哪个单一元件滤波都无效,必须用多元件滤波器。

在电缆谐振附近(源和负载阻抗都低),串联元件最有效,而当高于电缆的谐振频率时,旁路电容最有效(源阻抗由中到高,负载阻抗高)。电缆在阻抗下降到低处时有多个谐振点,此时串联元件将有效。对于电缆作为偶极子天线的情况,第一个谐振点,电缆将有大约 70Ω 的阻抗;对于单极天线,电缆阻抗约为 35Ω。

关于多级滤波器,滤波器的级数越多,衰减对终端阻抗的依赖程度越小,大部分失配出现在滤波器自身元件之间,而不依赖于实际的源和负载阻抗。

旁路电容需要与地有一个低阻抗连接,但是哪个地呢? 当控制 PCB 地产生的共模噪声时,滤波电容需要与机壳或底盘地相连。如果如推荐的,在 PCB 的输入/输出(I/O)区域将电路地和底盘地连接在一起,则底盘地和电路地在该点是相同的。

注意到共模滤波器需要应用到所有离开或进入设备机壳的导体上,包含电路接地导体。当用旁路电容时,包含接地导体在内的每个导体之间必须用一个电容连接。对于串联电阻或电感的情况,必须设置一个元件与接地导体等每个导体串联。然而,对于铁氧体磁芯,使所有导线穿过一个铁氧体磁芯,用一个元件就可以处理电缆中所有的导线。这是铁氧体的一个主要优点:一个元件可处理许多导线。

当 L 形滤波器内一个串联元件和一个旁路电容一起使用时,串联元件应放在滤波器的电路一侧(因为这是低阻抗侧),而电容放在电缆侧(因为这是高阻抗侧)。需要这样的结构是因为对低源阻抗的电路接地,电容不能工作。如果高阻抗串联元件放在旁路电容的电路一侧,则串联元件会有效地提高源阻抗达到使电容有效的值。如果在电容的电缆一侧放置铁氧体,则会增加原本高的电缆阻抗,对滤波器影响很小。

4.2.2 滤波器中的寄生效应

考虑图 4-13 所示的低通 π 形滤波器。该滤波器包括一个串联阻抗和两个旁路电容。可看出寄生电容 C_p 是接在串联阻抗 Z_1 两端的,而寄生电感 L_{p1} 和 L_{p2} 分别与两个电容 C_1 和 C_2 串联。当频率升高时,达到串联元件呈容性而两个旁路元件呈感性的点。在这个点,低通

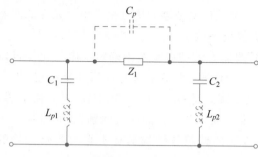

图 4-13　有寄生效应的低通 π 形滤波器

滤波器变为了高通滤波器。设计者必须保证从低通到高通滤波器的转换不发生在关注的频带内。

这个转换发生的频率是滤波器布设的函数。对于一个较差的滤波器布设,该频率出现在几十兆赫或更小的范围内。对于一个好的滤波器布设,该频率为几百兆赫或更高。布设决定所有的不同。高于某频率后,所有低通滤波器将成为高通滤波器。与此相反,高于某频率后,因为寄生效应,所有高通滤波器将成为低通滤波器。

许多情况下,高频时寄生效应的控制比预期元件的值对滤波器的性能更重要。

4.3　电源去耦

在大部分电子系统中,直流配电系统对多数电路很普通。因此,重要的是设计直流配电系统,避免其成为与系统相连的各电路之间的噪声耦合通道。配电系统的目的是在负载电流变化的条件下,为所有负载提供基本恒定的直流电压。另外,负载产生的任何交流噪声信号不应在直流电源总线上产生交流电压。

理想情况下,电源是一个零阻抗电压源。然而,实际电源不是零阻抗,它们表现为与其相连的各电路间的噪声耦合源。电源具有有限的阻抗,且用于连接电源与电路的导线增加了这个阻抗。图 4-14 表示一个典型的直流配电系统的原理图。直流源——电池、电源或转换器——接上保险丝,并通过一对导线与一个可变负载 R_L 相连。一个局部去耦电容 C 也可以连接在负载两端。

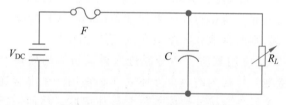

图 4-14　直流配电系统的原理图

为了更详细地分析,图 4-14 的简化图可扩展为图 4-15 的电路。这里,R_S 表示电源的源电阻,是供电调控的函数。电阻 R_F 表示保险丝的电阻。元件 R_T、L_T 和 C_T 分别表示用于连接电源和负载的传输线的分布电阻、电感和电容。电压 V_N 表示来自其他电路耦合进配线的噪声。与去耦电容 C 相关的有电阻 R_C 和电感 L_C,电阻 R_L 表示负载。

噪声拾取 V_N 可通过第 2 章和第 3 章介绍的方法最小化。去耦电容的作用在 4.3.1 节已讨论过。图 4-15 中去除耦电容和 V_N 后,变为图 4-16 的电路。该电路可用于确定配电系统的性能。这个问题可通过将图 4-16 的分析分为两部分进行简化:第一,确定系统的静态或直流性能;第二,确定系统的瞬态或噪声特性。

静态压降由最大负载电流和电阻 R_S、R_F 及 R_T 确定。源电阻 R_S 可通过改进电源的调控减小。配电线路的电阻 R_T 是导线横截面面积 A、长度 l 和导线材料电阻率 ρ 的函数:

$$R_T = \rho \frac{l}{A} \tag{4-22}$$

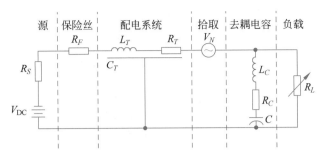

图 4-15 包括寄生效应的直流配电系统的实际电路

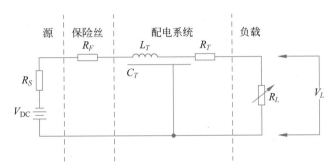

图 4-16 去除去耦电容和噪声拾取电压的电路图 4-15

铜的电阻率 ρ 等于 $1.742 \times 10^{-8} \Omega \cdot m$。最小直流负载电压为

$$V_{L(\min)} = V_{DC(\min)} - I_{L(\max)}(R_S + R_F + R_T)_{\max} \tag{4-23}$$

配电线路中的瞬态噪声电压是由负载电流需求的突然变化产生的。假设电流变化是瞬间的，则产生的电压变化的大小是传输线特性阻抗（Z_0）的函数：

$$Z_0 = \sqrt{\frac{L_T}{C_T}} \tag{4-24}$$

负载两端的瞬态电压变化 ΔV_L 则为

$$\Delta V_L = \Delta I_L Z_0 \tag{4-25}$$

电流瞬态变化的假设对于数字电路而言是现实的，但对模拟电路却未必。然而，即使对于模拟电路，直流配电传输线的特性阻抗可用作比较不同配电系统噪声特性的品质因数。对于最好的噪声特性，配电系统传输线的特性阻抗应尽可能地低——通常为 1Ω 或更小。式（4-24）表明这种线应具有高电容及低电感。

可用一个矩形横截面导体代替圆截面导体并使电源和返回导体尽可能地靠近以减小电感。当用高介电常数的材料绝缘导体时，这两种努力也会增加线的电容。图 4-17 给出了不同导线结构的特性阻抗。即使不满足图中所列的不等式，也可用这些方程。然而，在这些条件下，因为忽略了边缘效应，这些方程给出的 Z_0 比实际值大。表 4-3 列出了不同材料相对介电常数（ε_r）的典型值。优化的配电线路是用尽可能宽的平行扁平导体，将一个放在另一个上方，且两者尽可能地靠近。

表 4-3 不同材料的相对介电常数

材 料	ε_r	材 料	ε_r
空气	1.0	聚氯乙烯	3.5
聚苯乙烯泡沫	1.0	环氧树脂	3.6

续表

材　　料	ε_r	材　　料	ε_r
聚乙烯泡沫	1.6	聚甲醛树脂[TM]	3.7
蜂窝聚乙烯	1.8	Getek[®b]	9.0
聚四氟乙烯[®a]	1.0	环氧玻璃	4.5
聚乙烯	2.3	聚酯薄膜[®a]	5.0
聚苯乙烯	2.5	聚亚安酯	7.0
尼龙	3.0	玻璃	7.5
硅橡胶	3.1	陶瓷	9.0
聚酯	3.2		

[a] 注册商标 Du Pont，Wilmington，DE。

[b] 注册商标 General Electric，Fairfield，CT。

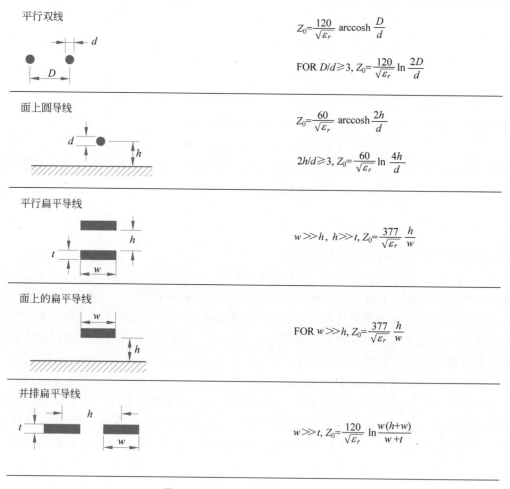

平行双线

$$Z_0 = \frac{120}{\sqrt{\varepsilon_r}} \operatorname{arccosh} \frac{D}{d}$$

FOR $D/d \geqslant 3$, $Z_0 = \frac{120}{\sqrt{\varepsilon_r}} \ln \frac{2D}{d}$

面上圆导线

$$Z_0 = \frac{60}{\sqrt{\varepsilon_r}} \operatorname{arccosh} \frac{2h}{d}$$

$2h/d \geqslant 3$, $Z_0 = \frac{60}{\sqrt{\varepsilon_r}} \ln \frac{4h}{d}$

平行扁平导线

$w \gg h$, $h \gg t$, $Z_0 = \frac{377}{\sqrt{\varepsilon_r}} \frac{h}{w}$

面上的扁平导线

FOR $w \gg h$, $Z_0 = \frac{377}{\sqrt{\varepsilon_r}} \frac{h}{w}$

并排扁平导线

$w \gg t$, $Z_0 = \frac{120}{\sqrt{\varepsilon_r}} \ln \frac{w(h+w)}{w+t}$

图 4-17　不同导线结构的特性阻抗

　　为了证明配电系统的特性阻抗非常低带来的困难，做一些数值运算的例子是有所帮助的。第一个例子首先考虑两个圆平行线相距 1.5 倍的直径用聚四氟乙烯电介质隔离。特性阻抗如下：

$$Z_0 = \frac{120}{\sqrt{2.1}} \operatorname{arccosh} 1.5 = 80(\Omega)$$

如果电介质是空气,阻抗将为 115Ω。因为场的一部分在聚四氟乙烯中,一部分在空气中,实际阻抗介于这两个值之间。在这个例子中 100Ω 是合理的。

第二个例子,两个扁平导体厚 0.0027in,宽 0.02in,在一个环氧玻璃印制电路板的表面上并排放置。如果它们间隔 0.04in,则特性阻抗为

$$Z_0 = \frac{120}{\sqrt{4.5}} \ln \frac{0.06\pi}{0.0227} = 120 (\Omega)$$

对于空气电介质,阻抗为 254Ω。因为对于印制电路板上的表面迹线,一部分场在空气中,另一部分场在环氧玻璃中,所以实际阻抗为这两个值之间的某个值。在这个例子中 187Ω 是合理的。

前面的两个例子都是普通结构,两者都不产生低特性阻抗传输线。然而,如果有两个宽 0.25in 的扁平导体,一个放在另一个上方,用一个厚 0.005in 的聚酯薄膜片隔开,则特性阻抗为

$$Z_0 = \frac{377}{\sqrt{5}} \frac{0.005}{0.25} = 3.4 (\Omega)$$

对于空气电介质,阻抗为 7.6Ω。因为一部分场在聚酯薄膜中,另一部分场在空气中,所以实际阻抗在这两个值之间。在这个例子中 5.5Ω 是合理的。这个结构比前面的例子中传输线的阻抗更低,但仍不是非常低的阻抗。

前面的例子指出了获得具有 1Ω 或更小特性阻抗的配电系统遇到的困难。这个结果说明,为获得理想的低阻抗需要在负载端电源总线上设置去耦电容。虽然这是一个好方法,但因为串联电感,高频时离散电容将不能保持其低阻抗。然而,一个合理设计的传输线即使高频时也能保持其低阻抗。4.3.1 节将讨论低频模拟去耦,关于高频数字逻辑去耦的内容见第 11 章。

4.3.1 低频模拟电路去耦

因为电源及其配电系统不是理想电压源,实际有效的方法是为每个电路或电路组提供一些去耦以使通过电源系统的噪声耦合最小化。当电源及其配电系统不在耗能较大的电路设计者的控制之下时这个方法特别重要。

电阻-电容和电感-电容去耦网络可将电路与电源隔离以消除电路间的耦合,并防止电源噪声进入电路。忽略虚线所示的电容,图 4-18 表示两种这样的配置。当用图 4-18(a)中的 R-C 滤波器时,电阻上的压降导致电源电压下降。这种下降通常限制了该结构可能滤波的量。

对于电源电压相同的损失,图 4-18(b)中的 L-C 滤波器可提供更多的滤波——尤其是高频时。然而,L-C 滤波器有一谐振频率

$$f_r = \frac{1}{2\pi\sqrt{LC}} \tag{4-26}$$

在这一频率,通过滤波器传输的信号比没有滤波器时大。必须小心以确保谐振频率在与滤波器相连的电路的通带以下。谐振时 L-C 滤波器的增益大小与阻尼系数成反比:

$$\zeta = \frac{R}{2}\sqrt{\frac{C}{L}} \tag{4-27}$$

其中,R 是电感的电阻。L-C 滤波器谐振附近的响应如图 4-19 所示。为限制谐振增益低于 2dB,阻尼系数必须大于 0.5。如果需要,可增加额外的电阻并与电感串联以增大阻尼。所用的电感也必须能通过不饱和电路所需的直流电流。第二种电容,如图 4-18 中虚线所示的那些,可加到每个支路以增加对从电路反馈回电源的噪声的滤波。这将滤波器转化成一个 π 形网络。

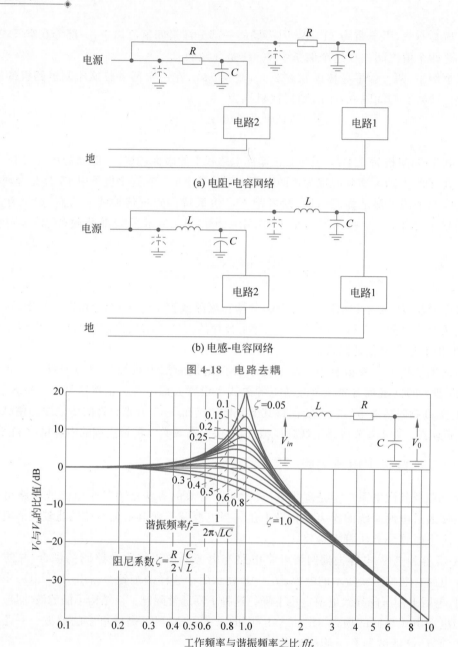

(a) 电阻-电容网络

(b) 电感-电容网络

图 4-18　电路去耦

$$谐振频率f_r=\frac{1}{2\pi\sqrt{LC}}$$

$$阻尼系数\zeta=\frac{R}{2}\sqrt{\frac{C}{L}}$$

图 4-19　阻尼系数对滤波响应的影响

　　考虑到噪声,图 4-18(a)所示的 R-C 电路耗散滤波器优于图 4-18(b)所示的 L-C 电路电抗式滤波器。在耗散滤波器中,将不需要的噪声电压转换为热,并作为噪声源消除。然而,在电抗式滤波器中,噪声电压只是转移到附近。噪声电压现在不是出现在负载两端,而是出现在电感两端,它可能辐射,从而成为电路其他部分的一个问题。于是可能有必要屏蔽电感以消除辐射。

4.3.2　放大器去耦

　　即使只是一个放大器连接到电源,通常还是需要考虑电源的阻抗。图 4-20 表示一个典型的两级晶体管放大器的电源去耦示意图。分析这个电路时,假设电源线和地之间的交流阻抗是零。除非在放大器的电源和地之间设置一个去耦电容,否则这点很难保证(因为电源及其导线具有电感和电阻）。在放大器能够产生增益的频率范围内,电容应作为一个短路线。这个频率范围可能要比放大信号的频带宽得多。如果这个短路线不是在放大器的电源端,电路会产生一个交流电压,增益到电源线上。电源线上的信号电压通过电阻 R_{b1} 反馈回放大器的输入端,可能产生振荡。

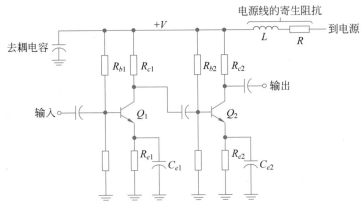

图 4-20　一个两级晶体管放大器的电源去耦

4.4　驱动电容性负载

馈送到一个电容性负载（如传输线）的射极跟随器对由不充分电源去耦导致的高频振荡特别敏感[*],图 4-21 给出这样一个电路。由电源线寄生电感形成的集电极阻抗 Z_c 随频率增大,而因为电缆电容,发射极阻抗 Z_e 随频率减小。因此,高频时在集电极（图 4-21 中的点 A）,晶体管具有一个大的电压增益:

$$\text{Voltage gain} \approx \frac{Z_c}{Z_e} \qquad (4\text{-}28)$$

通过偏置电阻 R_b 形成晶体管周围的交流反馈通路,这样就可能出现振荡。如果同一放大器的前一级与同一电源相连,反馈会通过前一级传播回来,而出现振荡的可能性更大。因为电缆影响发射极电容,因此通过晶体管高频增益和相位发生变化,所以振荡往往与输出电缆存在与否有关。

为了排除导线寄生电感的影响,一个良好的高频接地必须设置在放大器的电源终端（点 A）。

在点 A 和放大器的地之间用一个电容连接可实现这一点,如图 4-22 所示。这个电容的值应大于发射极电容 C_1 的最大值。这就要保证晶体管集电极的高频增益总是小于1。

在放大器的电源终端接一个电容无法保证电源和地之间的零交流阻抗。因此,仍有一些信号会反馈回输入电路。在增益小于 60dB 的放大器内,这种反馈通常不足以产生振荡。然而,在具有更高增益的放大器内,这种反馈通常会产生振荡。在电源至初级间增加一个 R-C 滤波器会使反馈减小更多,如图 4-23 所示。滤波器电阻两端的直流压降通常不确定,这是因为初级工作在低信号电平,因此不需要太高的直流电压。

当运算放大器（差分或单端）驱动一个大电容性负载时会出现相似的振荡问题,如图 4-24(a) 所示。当运算放大器驱动一长的屏蔽电缆时,由于这种情况下负载电容是屏蔽电缆电容,往往

---

[*] 即使是零阻抗电源,具有电容性负载的射极跟随器如果设计不合理,也可能振荡。参考 Joyce 和 Clarke(1961,p. 264-269),以及 Chessman 和 Sokol(1976)。

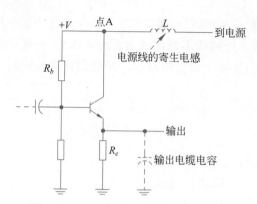

图 4-21　驱动电容性负载的射极跟随器

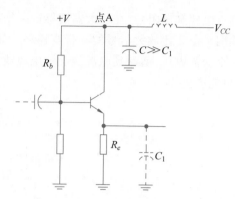

图 4-22　从电源去耦的射极跟随器

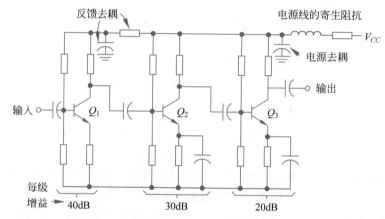

图 4-23　在放大器各级之间电源反馈去耦

会出现这种问题。该电容可从几毫微法到几微法。如果放大器具有零输出阻抗,则不会存在这样的问题。放大器输出电阻 R_0 和负载电容 C_L 形成一低通滤波器,增加输出信号的相移。当频率增大时,该滤波器的相移增大。这个滤波器的极点或拐点频率将为 $f = 1/(2\pi R_0 C_L)$。在这个频率处,相移等于 $45°$。如果由内部补偿电容加上输出滤波器产生的相移达到 $180°$,通过电阻 R_2 的负反馈将变成正反馈。如果这出现在放大器的增益仍大于 1 的频率处,则电路将振荡。这个输出滤波器的拐点频率越高,放大器越稳定。更多讨论见 Graeme(1971, p. 2191)。

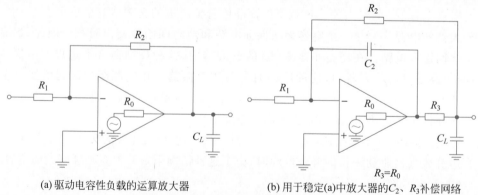

(a) 驱动电容性负载的运算放大器　　　　(b) 用于稳定(a)中放大器的C_2、R_3补偿网络

图 4-24　驱动电容性负载的运算放大器

这个问题有很多不同的解决方法。一个是用输出阻抗非常低的放大器。另一个是增加一个电容 C_2 和电阻 R_3 到图 4-24(b)所示的电路中(Franco,1989)。电阻 R_3(通常设置等于 R_0)将负载电容与放大器隔离,而小反馈电容 C_2(10~100pF)产生一相位超前(零点),补偿电容 C_L 的相位滞后(极点),这将减小净相移,并恢复电路的稳定性。

4.5 系统带宽

使系统内噪声最小化的一个简单但往往被忽视的方法是限制系统带宽到预期信号所需的宽度。用一个比信号所需带宽大的电路带宽只会使额外的噪声进入系统。系统带宽可看作一个开着的窗户,窗户开得越宽,吹进来的树叶和其他碎片(噪声)就越多。

同样的道理也可用于数字逻辑电路。高速逻辑(快的上升时间)比低速逻辑更可能产生高频噪声,也对高频噪声更敏感(见第12章)。

4.6 调制和编码

系统对干扰的敏感性不仅是屏蔽、接地、布线等的函数,而且是信号所用编码或调制方法的函数。因而,调制系统如幅度、频率和相位都具有其固有的抗扰性或不足。例如,调幅对幅度干扰非常敏感,而调频对幅度干扰非常不敏感。数字调制技术如脉冲幅度、脉冲宽度和脉冲重复率编码也可用于增加噪声抗扰性,各种编码和调制方法的噪声优势在文献(Panter,1965;Schwartz,1970 和 Schwartzetal,1966)中已有充分介绍,在此不再重复。

总结

- 在一个平衡系统中,必须保持电阻和电抗平衡。
- 在一个平衡系统中,平衡或 CMRR 的等级越高,耦合进系统的噪声越小。
- 平衡可与屏蔽一起使用以减小额外的噪声。
- 当源阻抗低,而负载阻抗高时(反之亦然),单一元件滤波器不再有效,必须用多元件滤波器。
- 由于寄生效应,高于某些频率时,所有的低通滤波器变为高通滤波器。
- 一个直流配电电路的特性阻抗越低,电路上的噪声耦合越小。
- 因为大部分直流配电系统不能提供一低阻抗,应在每个负载处应用去耦电容。
- 从噪声的角度分析,耗散式滤波器优于电抗式滤波器。
- 除非适当的补偿和(或)去耦,否则当驱动一个电容性负载时,一些放大器电路将产生振荡。
- 为了使噪声最小化,系统的带宽应不大于传输预期信号必需的带宽。

习题

4.1 推导式(4-7)。

4.2 如果图 4-4 中的平衡电路有 60dB 的 CMRR 和 300mV 的共模接地电压,则平衡负载两端的噪声电压是多少?

4.3 图 4-5 所示的电路有 5Ω 的源不平衡。假设 $R_L \gg R_S + \Delta R_S$。

    a. 如果负载电阻为 5kΩ，CMRR 是多少？

    b. 如果负载电阻为 150kΩ，CMRR 是多少？

    c. 如果负载电阻为 1MΩ，CMRR 是多少？

4.4 在一平衡电路中，如果负载电阻的公差减半，最差情况下 CMRR 将增大多少？

4.5 为使一平衡电路的 CMRR 最大，负载电阻与源电阻的比值应为多少？

4.6 对于图 4-8 所示的差分放大器，R_1 和 R_2 是 1% 的电阻，其值分别为 4.7kΩ 和 270kΩ。

    a. 差模输入阻抗是多少？

    b. 差模增益是多少？

    c. 共模输入阻抗是多少？

    d. 共模增益是多少？

    e. CMRR 是多少？

4.7 对于图 4-10 所示的仪表放大器，$R_f = 1kΩ$，$KR_f = 100Ω$，$R_1 = 10kΩ$，所有都是 1% 的电阻。

    a. 差模增益是多少？

    b. CMRR 是多少？

4.8 类似于图 4-8 所示的差分放大器和类似于图 4-10 所示的仪表放大器设计的差模增益都为 50，两个放大器所用电阻具有相同的公差。哪个放大器具有较大的 CMRR，为多少 dB？

4.9 在什么条件下，单一元件滤波器将失效？

4.10   a. 为了有效，一个串联滤波元件的阻抗必须是多少？

      b. 为了有效，一个旁路滤波元件的阻抗必须是多少？

4.11 说出共模滤波器比差模滤波器难以设计的三个原因。

4.12 一个共模滤波器的旁路电容必须接到哪里？

4.13 如何使共模滤波器中的寄生现象最小化？

4.14 什么参数可用作一个直流配电系统的品质因数？

4.15 图 P4-15 中所示的电源总线布设用于传输 5V 的直流到 10A 的负载。总线长 5m。

    a. 配电系统中的直流压降是多少？

    b. 电源总线的特性阻抗是多少？

    c. 如果负载电流突然增加 0.5A，电源总线上的瞬态电压是多少？

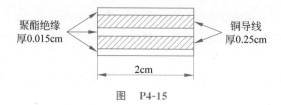

图 P4-15

参考文献

[1] Chessman M, Sokol N. *Prevent Emitter Follower Oscillation*. *Electronic Design*, 1976.

[2] Franco S. *Simple Techniques Provide Compensation for Capacitive Loads*. *EDN*, 1989.

［3］ Frederiksen T M. *Intuitive Operational Amplifiers*. New York，McGraw Hill，1988.

［4］ Graeme J G，Tobey G E，Huelsman L P. *Operational Amplifiers*. New York，McGraw Hill，1971.

［5］ Joyce M V，Clarke K K. *Transistor Circuit Analysis*. Reading，MA，Addison-Wesley，1961.

［6］ Panter P F. *Modulation，Noise，and Spectral Analysis*. New York，McGraw Hill，1965.

［7］ Schwartz M. *Information Transmission，Modulation and Noise*，2nd ed. New York，McGraw Hill，1970.

［8］ Schwartz M，Bennett W R，Stein S. *Communications Systems and Techniques*. New York，McGraw Hill，1966.

深入阅读

［1］ Feucht D L. *Why Circuits Oscillate Spuriously. Part1：BJT Circuits*，Available at http://www. analogzone. com/col_1017. pdf. Accessed，2009.

［2］ Feucht D L. *Why Circuits Oscillate Spuriously. Part2：Amplifiers*，Available at http://www. analogzone. com/col_1121. pdf. Accessed，2009.

［3］ Nalle D. *Elimination of Noise in Low Level Circuits. ISA Journal*，Vol. 12，1965.

［4］ Siegel B L. *Simple Techniques Help You Conquer Op-Amp Instability*. EDN，1988.

第5章

无 源 器 件

实际的元器件都不是理想的,它们的特性与理论上的元器件有偏差(Whalen and Paludi,1977),了解这些偏差对于这些元器件的合理使用很重要。本章讨论无源电子器件的这些特性对器件性能的影响和(或)在降噪电路中的应用。

5.1 电容器

电容器常按它们的介质材料分类。不同类型电容器的性能不同,使它们适用于某些应用,而不适用其他的应用。实际的电容器不只是纯粹的电容,也有电阻和电感,如图 5-1 中的等效电路图所示。L 是等效串联电感(ESL),来自导线和电容器。R_2 是并联泄漏电阻,它是电介质材料体电阻率的函数。R_1 是电容器等效串联电阻(ESR),它是电容器耗散因数的函数。

工作频率是选择电容器时考虑的最重要的因素之一。电容器的最大有用频率通常受电容器及其导线感应系数的限制。在某些频率,电容器与其自身的电感产生自谐振。低于自谐振频率,电容器是电容性的,它的阻抗随频率升高而降低;高于自谐振频率,电容器是电感性的,它的阻抗随频率升高而增大。图 5-2 表示 $0.1\mu F$ 纸质电容器阻抗随频率的变化,可以看出这个电容的自谐振频率约为 2.5MHz,任何外部导线或 PBC 走线都会降低谐振频率。

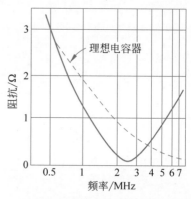

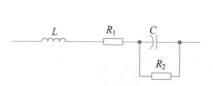

图 5-1 电容器等效电路

图 5-2 $0.1\mu F$ 纸质电容器阻抗随频率的变化

表面安装电容器,由于尺寸小且没有导线,相比有导线电容器,其电感显著降低,因此,它们是更有效的高频电容器。一般来说,电容器封装尺寸越小,电感越低。典型的表面安装、多层陶瓷电容器的电感为 $1\sim2nH$。具有 $1nH$ 串联电感的 $0.01\mu F$ 表面安装电容器的自谐振频率为 $50.3MHz$。特殊的封装设计,包括多股绞合导线,可将电容器的等效电感降低至几百微微亨利。

图 5-3 显示不同类型电容器的近似可用频率范围。高频限制是自谐振或介质吸收增大引起的。低频限制是由该种类型电容器可用的最大实际电容量决定的。

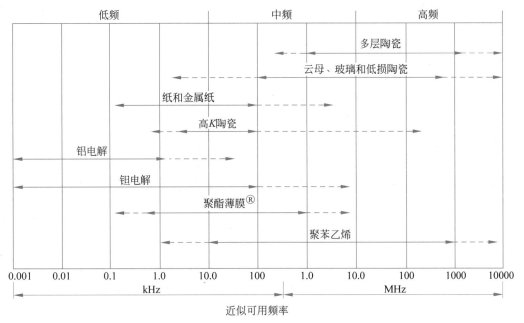

图 5-3 不同类型电容器的近似可用频率范围

5.1.1 电解电容器

电解电容器最主要的优点是电容量大且能置于小的封装中。电解电容器的电容体积比大于其他任何类型的电容器。

使用电解电容器时,一个重要的考虑是电容器是有极性的,电容器两端必须维持适当极性的直流电压。非极性电容器可由两个电容值相等、额定电压相同但极性方向相反的电解电容器串联而成。合成电容量是每个电容器的一半,额定电压值与单个电容器相等。如果是额定电压不相等的电容器串联,合成的额定电压是额定电压最低的电容器电压。

电解电容器可以分为两类,铝电解电容器和钽电解电容器。

铝电解电容器有 1Ω 或更大的串联电阻,典型电阻值是零点几欧姆。串联电阻随频率而增大,这是因为存在介质损耗。串联电阻还随温度的降低而增大,在 $-40℃$ 时,串联电阻值可能是 $25℃$ 的 $10\sim100$ 倍。由于尺寸大,铝电解电容器的电感也大,因此是低频电容器,通常不用于频率高于 $25kHz$ 的情况,而通常用于低频滤波、旁路和耦合。为达到最大使用寿命,铝电解电容器应工作在额定电压的 $80\%\sim90\%$ 下,低于额定电压 80%,工作也不会更可靠。

当铝电解电容器用于交流电路(AC)或脉冲电路(DC)时,纹波电压不应超过最大额定纹波电压,否则会发生内部过热。通常,最大纹波电压标定在 $120Hz$,这是全波桥式整流电路中滤波电容器的典型工作频率。温度是老化的主要因素,电解电容器工作时不应超出其最大温度范围。

固态钽电解电容器与铝电解电容器比较,具有较小的串联电阻和较高的电容体积比,但价格较高。钽电容器的串联电阻比等电容值的铝电容器低一个数量级。固态钽电解电容器的电感比铝电解电容器小,可以用于更高的频率,比如几 MHz。总体来说,在使用时间、温度和振动方面比铝电解电容器更稳定。不像铝电解电容器,固态钽电容器随电压的降低可靠性提高,通常应工作于 70% 的额定电压或更低。在 AC 或脉动 DC 应用中,纹波电压不应超过最大额定纹波电压,否则电容器的可靠性会因内部过热而受影响。钽电容器分为导线安装和表面贴装两种类型。

5.1.2　薄膜电容器

薄膜电容器和纸介电容器的串联电阻比电解电容器小很多,但仍有相似的电感,它们的电容体积比小于电解电容器,通常电容器可到几微法。作为中频电容器使用可以高达几兆赫。在现代应用中,薄膜电容器,如 Mylar*(聚酯)、聚丙烯、聚碳酸酯或聚苯乙烯,用于替代纸介电容器。这些电容器通常工作在 1MHz 以下,用于电路滤波、旁路、耦合、定时和噪声抑制。

聚苯乙烯电容器有相当低的串联电阻、稳定的电容频率性能和优良的温度稳定性能。在讨论的所有电容器中,中频电容器在各个方面最接近理想电容器。它们通常用于一些精密应用,如滤波器。这些应用需要相对于时间和温度的稳定性,以及精确的电容值。

图 5-4　管状电容器上的色带表示连接到的外部金属箔的导线,这个导线应接地

纸介电容器和薄膜电容器通常卷成管状,这些电容器通常在一端有条环绕的色带,如图 5-4 所示。有时色带仅用一个点代替,连接到色带或点一端的导线连接到电容器的外部金属箔。尽管电容器没有极性,色带端应尽可能接地或接公共参考电位端。通过这种方式,电容器的外部金属箔能作为一个屏蔽层,减小耦合到电容器或从电容器耦合出来的电场。

5.1.3　云母和陶瓷电容器

云母和陶瓷电容器的串联电阻和电感低,所以是高频电容器,如果导线很短,频率高达 500MHz。一些表面安装电容器可用于 GHz 频段。这些电容器通常用于射频(RF)电路,用于滤波、旁路、耦合、定时和鉴频及高速数字电路中的去耦合。除了高 K 陶瓷电容器,通常它们对于时间、温度和电压性能很稳定。

陶瓷电容器用于高频电路已将近 100 年,最初的陶瓷电容器是"圆片电容器"。然而,由于近几十年来陶瓷电容器技术的长足发展,现在陶瓷电容器已有许多不同的样式、形状和尺寸,它们是高频电容器的"主力军"。

云母介电常数低,因此,相对于电容值,云母电容器尺寸大些。综合陶瓷电容器技术的巨大进步和云母电容器的低电容体积比性能,在许多低压、高频应用中,陶瓷电容器代替了云母电容器。由于云母的介质击穿电压高,通常可达到千伏量级,因此云母电容器仍用于许多高压射频领域,如无线电发射机中。

---

*　Mylar 是 DuPont 注册的商标,Wilmungton,DE。

多层陶瓷电容器（MLCCs）由多层陶瓷材料组成，通常是钛酸钡介质，用交叉的金属电极分隔，其结构如图 5-5 所示，连接电极位于结构的终端，这种结构等效于并联了许多电容器。一些 MLCCs 有几百层陶瓷，每一层仅厚几微米。

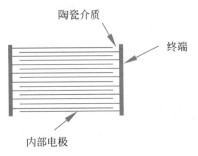

图 5-5　多层陶瓷电容器的结构

这种结构的优点是可以加倍每一层的电容，总电容值等于每层的电容值乘以层数，同时分割每层的电感，总的电感值等于每层的电感值除以层数。多层结构的电容器结合表面贴装技术可以产生几乎理想的高频电容器。一些小值（如几十 pF）表面贴装的 MLCCs 在若干吉赫频率范围内可能还有自谐振。

大部分 MLCCs 的电容值为 $1\mu F$ 或更低，额定电压值为 50V 或更低。额定电压值受限于小的层间隙。然而，间隙小、层数多相结合，制造商可以制造出 $10\sim100\mu F$ 的大电容的 MLCC。MLCCs 是优异的高频电容器，通常用于高频滤波及数字逻辑去耦合。

高 K 陶瓷电容器是唯一的中频电容器，其性能相对于时间、温度和频率不稳定。与标准陶瓷电容器相比，高 K 陶瓷电容器最主要的优点是电容体积比大，通常用于非关键部分的旁路、耦合和隔离。高 K 陶瓷电容器的另一个缺点是电压瞬变可能损坏。因此，不推荐作为旁路电容器直接跨接在低阻抗电源上。

表 5-1 是不同类型的电容器在常规使用和过电压使用时典型的失效方式。

表 5-1　不同类型的电容器典型的失效方式

电容器类型	通 常 使 用	过 电 压
铝电解	开路	短路
陶瓷	开路	短路
云母	短路	短路
聚酯薄膜	短路	短路
金属化聚酯薄膜	泄漏	噪声
固体钽	短路	短路

5.1.4　穿心电容器

表 5-2 表示小陶瓷电容器导线长度对谐振频率的影响。为保持较高的谐振频率，应优先选用可用的最小值的电容器。

表 5-2　陶瓷电容器自谐振频率

电容值/pF	自谐振频率/MHz	
	1/4in 导线	1/2in 导线
10000	12	—
1000	35	32
500	70	65
100	150	120
50	220	200
10	500	350

如果谐振频率不能保持在关注的频率之上，这种频率通常是谐振频率的许多倍，那么高于谐振频率的电容器的阻抗由电感确定。在这种条件下，任何电容值的电容器将有相同的高频阻抗，较大的电容值可以提高低频性能。在这种情况下，降低电容器高频阻抗的唯一方法是减小电容器和导线的电感。

值得注意的是，在串联谐振频率，电容器的阻抗(图 5-2)实际上低于理想电容器的阻抗(没有电感)，但是高于谐振频率，电感会使阻抗随频率增大。

使用安装在金属机壳上或穿过机壳的穿心电容器，其谐振频率会增大。图 5-6 表示安装在机壳或屏蔽体上的电容器及其示意图。穿心电容器是三端口器件，导线和电容器壳间存在电容，两个导线间没有电容。因为没有连接导线，穿心电容器接地电感很低。与信号导线串联的引线电感实际上改进了电容器的效率，这是因为它使穿心电容器变成了 T 形低通滤波器。图 5-7 表示标准电容器与穿心电容器的等效电路，包括导线电感。因此，穿心电容器的高频性能非常好。图 5-8 表示 $0.05\mu F$ 穿心电容器和 $0.05\mu F$ 标准电容器阻抗的频率特性。图中清楚地显示穿心电容器改善(降低)了高频性能(阻抗)。

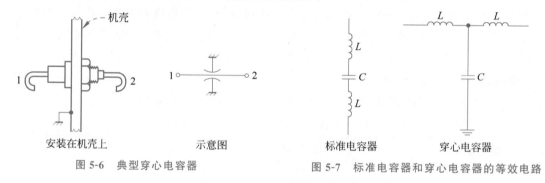

图 5-6　典型穿心电容器　　　　　图 5-7　标准电容器和穿心电容器的等效电路

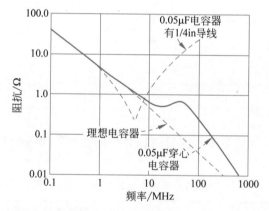

图 5-8　$0.05\mu F$ 电容器的阻抗，显示穿心电容器改善了高频性能

穿心电容器通常用于馈电(AC 或 DC)和馈送其他低频信号到电路，同时将电源线或信号线上的高频噪声旁路到接地。这些电容器非常有效，但比标准电容器昂贵。

5.1.5　并联电容器

在从低频到高频的整个频率范围内，单个电容器无法提供满意的性能。为了在这个频率范围内实现滤波，通常用两种不同类型的电容器并联。例如，使用一个电解电容器为低频滤波提供大电容值，并联一个小的低电感云母或陶瓷电容器，为高频提供低阻抗值。

电容器并联时会出现谐振问题,这是由于电容器和导线电感相互交联产生并联和串联谐振。这种情况导致在某些频率出现大的阻抗峰值,当这些并联电容器的电容值相差较大,或这些电容器间的连线较长时会带来严重后果,详见 11.4.3 节和 11.4.4 节。

5.2　电感器

电感器可以按照绕制线圈芯的类型分类。最常用的两种分类是空心(任何非磁性材料都属于这一类)和磁芯。磁芯电感器又可根据磁芯是开口还是闭合进一步细分。理想电感器只有电感,但实际的电感器还有线圈中的串联电阻和分布电容。图 5-9 表示的是电感器的等效电路,电容用一个集总并联电容器表示,因此在某些频率有并联谐振。

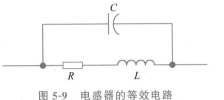

图 5-9　电感器的等效电路

电感器的另一个重要特性是对杂散磁场具有敏感性,并产生杂散磁场。空心或开路磁芯电感器更容易造成干扰,因为磁通从电感器穿过较长距离,如图 5-10(a)所示。绕在闭合磁芯上的电感器可以有效降低外部磁场,因为几乎全部磁通都留在磁芯中,如图 5-10(b)所示。

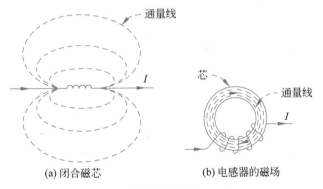

(a) 闭合磁芯　　(b) 电感器的磁场

图 5-10　空心

就对磁场的敏感性而言,磁芯电感器比空心的更敏感。开路磁芯电感器最敏感,因为低磁阻的磁芯聚集外部的磁场,使更多的磁通穿过磁芯。事实上,开路磁芯电感器(棒状磁芯)常用于小的 AM 收音机的接收天线。而闭合的磁芯比开路的磁芯敏感性差,但比空心的强。

通常需要屏蔽电感器,把它们的磁场和电场限制在一个有限的空间中。用铜、铝等低阻抗材料作屏蔽限制电场。在高频段,因为屏蔽体内产生涡电流,这些屏蔽也阻碍磁通穿过。在低频段,必须用高磁导率的磁性材料限制磁场 *。

例如,高质量的音频变压器通常用镍铁高磁导合金屏蔽。

5.3　变压器

通常在一个磁芯上耦合两个或多个电感器,就形成了变压器。变压器通常用于电路间隔离电流。例如,隔离变压器用于断开接地回路,如图 3-34 所示。在这种情况下,唯一起作用的

---

*　对磁场屏蔽的详细分析见第 6 章。

耦合就是磁场耦合。实际的变压器不是理想变压器，初级和次级绕组间存在电容，如图 5-11 所示，这就使噪声从初级耦合到次级。

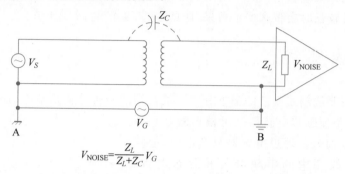

$$V_{NOISE} = \frac{Z_L}{Z_L + Z_C} V_G$$

图 5-11　实际的变压器在初级和次级绕组间存在电容及磁耦合

这种耦合可以利用静电屏蔽或法拉第屏蔽消除（在两个绕线间放置接地导体），如图 5-12 所示。如果设计合理，屏蔽不会影响磁耦合，如果屏蔽接地，就会消除电容耦合。图 5-12 中屏蔽必须在 B 点接地，如果在 A 点接地，屏蔽体的电位是 V_G，仍然通过电容器 C_2 将噪声耦合到负载。因此，变压器应放置在负载附近以简化屏蔽和 B 点的连接。通用的原则是，将屏蔽连接在噪声源的另一边。

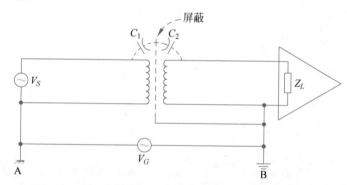

图 5-12　变压器线圈之间接地的静电屏蔽切断电容耦合

用两个未屏蔽的变压器也可以实现静电屏蔽，如图 5-13 所示。T_2 的初级线圈必须接地，最好用中心抽头。T_1 的次级线圈，如果有中心接头，也可以接地，使 C_2 的一端接近地电位。如图 5-13 所示，如果变压器没有中心抽头，变压器之间的一个导体可以接地。这种结构与专门设计带静电屏蔽的变压器相比效率更低。但是图 5-13 中的结构，可以用于实验室确定静电屏蔽变压器能否有效降低耦合到电路中的噪声。

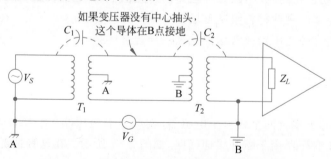

图 5-13　用两个未屏蔽的变压器实现静电屏蔽

5.4　电阻器

固定电阻器可以分为以下 3 种基本类型：①绕线式；②薄膜式；③合成式。电阻的精确等效电路取决于电阻的类型和生产工艺，但是如图 5-14 中的电路适用于大多数情况。典型的合成式电阻，并联电容是 0.1～0.5pF 数量级，电感主要是导线电感，除了绕线电阻。对于绕线电阻，电阻体是电感的最大贡献者。除了绕线电阻或其他类型的低电阻值的电阻器，在电路分析中，电感通常被忽略。然而，电阻器的电感使其对外部磁场敏感。外部导线的电感可近似使用表 5-4 中的数据。

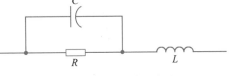

图 5-14　电阻的等效电路

当使用高阻值的电阻器时，并联电容很重要。例如，一个 22MΩ 电阻器具有 0.5pF 的并联电容，在 145kHz 时，容抗约为电阻的 10%。如果电阻器用在高于此频率的电路中，电容就可能影响电路的性能。

表 5-3 表示一个 1/2W 碳电阻器不同频率时的阻抗幅度和相位角的测量值。标称电阻值是 1MΩ，注意在 500kHz 时阻抗幅度降到 560kΩ，相位角为 −34°，因此容抗变得很重要。

表 5-3　1MΩ、1/2W 的碳电阻器在不同频率时阻抗的测量值

频率/kHz	阻　抗	
	幅度/kΩ	相位角/(°)
1	1000	0
9	1000	−3
10	990	−3
50	920	−11
100	860	−16
200	750	−23
300	670	−28
400	610	−32
500	560	−34

电阻器中的噪声

所有电阻器，不管是什么结构，都会产生噪声电压。该电压源于热噪声等噪声源，如散粒噪声和接触噪声。热噪声是不能消除的，但其他噪声源可以降低或消除。因此，总噪声电压等于或稍大于热噪声电压。这将在第 8 章中介绍。

在 3 种基本电阻器类型中，绕线电阻器噪声最小。高质量绕线电阻器的噪声不会比热噪声大。另一极端是合成电阻器，它的噪声最大。除了热噪声，合成电阻器还有接触噪声，这是因为这种电阻器由许多分离的颗粒组成。合成电阻器中无电流通过时，噪声接近热噪声。有电流通过时，附加的噪声与电流成正比。图 5-15 表示 10kΩ 碳合成电阻器频率和电流对噪声电压的影响。低频时主要是接触噪声，与频率成反比。噪声电平截止频率的噪声值等于热噪声，不同类型电阻器的噪声截止频率差别较大，还取决于电流值。

薄膜型电阻器的噪声比合成电阻器小很多，但比绕线电阻器大。它的附加噪声也是接触噪声，但是因为其材料更均匀，噪声比合成电阻器小很多。

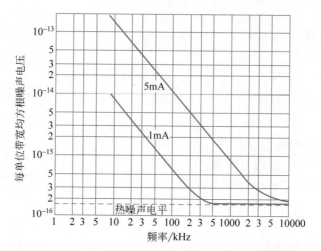

图 5-15 10kΩ 碳合成电阻器频率和电流对噪声电压的影响

影响电阻器噪声的另一个重要因素是额定功率。如果两个相同类型、相同阻值的电阻器消耗相同的功率,额定功率较高的电阻器一般噪声较低。Campbell 和 Chipman(1949)的研究数据表明,1/2W 和 2W 的合成电阻器工作在相同条件下,均方根噪声电压比大约为 3。这种差异是由式(8-19)(第 8 章)中的 K 因子造成的,它是可变的,取决于电阻器的几何形状。

可变电阻器除了产生固定电阻器的固有噪声,还有触点接触产生的噪声。该附加噪声正比于通过电阻器的电流及其电阻。为了降低这种噪声,应减小通过电阻器的电流及其自身的电阻。

5.5 导线

通常不将导线作为一种元件,然而,其性能对于噪声和电路的高频性能非常重要。在很多情况下,导线实际上是电路的重要元件。对于长度是波长几分之一的导线而言,最重要的两个特性是电阻和电感。电阻是明显的,但电感常被忽视。在很多情况下,电感比电阻更重要。即使在相对较低的频率,通常导线的感抗比电阻大。

5.5.1 圆导线的电感

若圆直导线的直径是 d,中心位于接地平面上方 h 处,则外部回路的电感为

$$L = \frac{\mu}{2\pi} \ln \frac{4h}{d} \text{(H/m)} \tag{5-1}$$

假设 $h > 1.5d$,自由空间的磁导率 μ 是 $4\pi \times 10^{-7}$ H/m,则式(5-1)可改写为

$$L = 200 \ln \frac{4h}{d} \text{(nH/m)} \tag{5-2a}$$

变换单位为 nH/in,则

$$L = 5.08 \ln \frac{4h}{d} \text{(nH/in)} \tag{5-2b}$$

在式(5-2a)和式(5-2b)中,只要 h 和 d 单位相同,可以是任意单位,因为只取两个数的比值。

以上公式表示导线的外电感,不包括导线内部磁场的影响。总的电感实际上是内部和外

部电感之和。直导线圆截面上的电流(低频电流)分布不均匀,内电感为 1.27nH/in,与导线尺寸无关。除非是相邻导线,与外电感相比,内电感一般被忽略。当考虑高频电流时,内电感降低很多,这是由于趋肤效应,电流都集中在导线表面附近。因此,通常外电感是唯一有影响的电感。

表 5-4 中列出了不同尺寸(gauge)圆导线的外电感与电阻。假设地面是电流返回的回路,表中数值显示导线距地面越近,电感减小;导线距地面越远,电感增大。

表 5-4 圆导线的电感与电阻

尺寸 (AWG)	直径 /in	DC 电阻 /(mΩ/in)	电感/(nH/in)		
			地面上方 0.25in	地面上方 0.5in	地面上方 1in
26	0.016	3.38	21	25	28
24	0.020	2.16	20	23	27
22	0.025	1.38	19	22	26
20	0.032	0.84	17	21	25
18	0.040	0.54	16	20	23
14	0.064	0.21	14	17	21
10	0.102	0.08	12	15	19

表 5-4 中还显示导线直径越大,电感越小。式(5-1)表明电感与导线直径是对数关系。因此,通过增大导线尺寸不容易减小电感。

对于载有均匀电流、电流方向相反的两平行圆导线,忽略导线内磁通的影响,回路电感为

$$L = 10\ln\frac{2D}{d}(\text{nH/in}) \tag{5-3}$$

式中,D 是两导线中心的距离,d 是导线直径。

5.5.2 矩形截面导线的电感

例如,PCB 上的迹线,矩形截面导线的回路电感可由我们熟知的关系式,即传输线特性阻抗 Z_0 等于 $\sqrt{L/C}$ 确定,因此电感为

$$L = CZ_0^2 \tag{5-4}$$

IPC-D-317A(1995)给出了位于接地平面上方 h 处窄的矩形截面迹线(微带线)的特性阻抗和电容方程,把 IPC 方程代入式(5-4),得到 PCB 矩形截面迹线的回路电感

$$L = 5.071\ln\left(\frac{5.98h}{0.8w+t}\right)(\text{nH/in}) \tag{5-5}$$

其中,w 是迹线的宽度,t 是厚度,h 是迹线在接地平面上方的高度。式(5-5)仅对 $h > w$ 的情况有效。在式(5-5)中,h、w、t 只要单位相同,可以是任意单位,因为只取它们的比值。

例 5-1 宽 0.080in、厚 0.0025in 的矩形截面导线和 26Ga 圆导线的截面积相同,当两种导线都放在距接地平面上方 0.5in 处时,26Ga 圆导线的电感是 25nH/in(由式(5-2b)),而矩形导线的电感只有 19nH/in(由式(5-5)),这个结果表明,相同横截面积下,平面矩形导线的电感小于圆导线。

5.5.3 圆导线的电阻

电阻是导线的第二重要特性。导线尺寸的选择通常是由导线中最大允许值的 DC 电压降

决定的。DC 电压降是导线电阻和最大电流的函数。导线每单位长度的电阻可以写为

$$R = \frac{\rho}{A} \tag{5-6}$$

其中,ρ 是导体的电阻率(电导率 σ 的倒数),A 是电流通过的横截面积。对于铜,ρ 等于 $1.724 \times 10^8 \Omega \cdot \text{m}(67.87 \times 10^{-8} \Omega \cdot \text{in})$。直流时电流均匀分布在导线的横截面上,圆截面导线的直流电阻为

$$R_{DC} = \frac{4\rho}{\pi d^2} \tag{5-7}$$

其中,d 是导线直径。如果 ρ 的单位是 $\Omega \cdot \text{m}$,d 的单位是 m,R_{DC} 的单位就是 Ω/m。如果 ρ 的单位是 $\Omega \cdot \text{in}$,d 的单位是 in,R_{DC} 的单位就是 Ω/in。表 5-4 中列出了不同尺寸圆导线的电阻。

高频时趋肤效应造成导线电阻增大。趋肤效应是由于导线中电流产生的磁场,使电流集中到导体的外表面附近。趋肤效应将在 6.4 节中讨论。随着频率的增大,电流集中在导线表面越来越薄的环形区域中(见图 P5-7)。电流流过的截面积减小,电阻增大。因此,高频时所有的电流都是表面电流,空心圆筒导线的交流电阻与实心导线相同。

对于实心圆铜导线,交流和直流电阻的关系如下式所示(Jordan,1985):

$$R_{AC} = (96d\sqrt{f_{MHz}} + 0.26)R_{DC} \tag{5-8}$$

其中,d 是圆导线的直径,单位是 in;f_{MHz} 是频率,单位是 MHz。在 $d\sqrt{f_{MHz}}$ 大于 0.01(d 的单位是 in)时,式(5-8)精确度在 1% 以内。当 $d\sqrt{f_{MHz}}$ 小于 0.08 时,方程不能使用。对于 22-gauge 导线,若频率大于 0.15MHz,则 $d\sqrt{f_{MHz}}$ 大于 0.01。对于 $d\sqrt{f_{MHz}}$ 小于 0.004,AC 电阻与 DC 电阻相差 1%,如果导线材料不是铜,式(5-8)第一项必须乘以系数

$$\sqrt{\frac{\mu_r}{\rho_r}}$$

其中,μ_r 是导线材料相对于铜的相对磁导率,ρ_r 是相对电导率。不同材料的相对磁导率和电导率在表 6-1 中列出。

把式(5-7)代入式(5-8),假设频率足够高,0.26 可以忽略,对于圆导线的交流电阻得到下式:

$$R_{AC} = \frac{8.28 \times 10^{-2} \sqrt{f_{MHz}}}{d} (\text{m}\Omega/\text{in}) \tag{5-9a}$$

其中,d 的单位是 in。$d\sqrt{f_{MHz}}$ 大于 0.03(d 的单位是 in)时,式(5-9a)的精度在 10% 以内。1.5MHz 以上时适用于 22-gauge 线。$d\sqrt{f_{MHz}}$ 大于 0.08 时,式(5-9a)的精度在百分之几以内。

单位变为 $\text{m}\Omega/\text{m}$,则

$$R_{AC} = \frac{82.8 \sqrt{f_{MHz}}}{d} (\text{m}\Omega/\text{m}) \tag{5-9b}$$

其中,d 的单位是 mm。

式(5-9)表明,导线的交流电阻与频率的平方根成正比。

5.5.4　矩形截面导线的电阻

导线的交流电阻可能随其形状的改变而降低。在相同截面积下,矩形导线的交流电阻比

圆导线的小,因为矩形导线表面积(周长)较大。需记住,高频电流只在导体的表面流过。因为矩形导线与圆导线相比,相同截面积下,具有较低的交流电阻和较小的电感,所以矩形导线是较好的高频导线。平带线或编织线常用作接地导线。

对于宽度为 w、厚度为 t 的矩形导线,直流电流均匀分布在导线的横截面上,由式(5-6),直流电阻为

$$R_{\mathrm{DC}} = \frac{\rho}{wt} \tag{5-10}$$

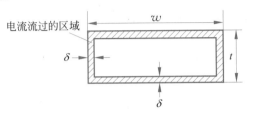

考虑到大部分高频电流集中在大约一个趋肤深度的导线表面内,孤立矩形导线的交流电阻容易计算。如图 5-16 所示,电流通过的截面积等于 $2(w+t)\delta$,其中 w 和 t 分别是矩形导线的宽度和厚度,δ 是导线材料的趋肤深度。假设 $t > 2\delta$,将 $2(w+t)\delta$ 作为面积代入式(5-6),可得

图 5-16　矩形截面导体中的高频电流集中在大约一个趋肤深度的导线表面内

$$R_{\mathrm{AC}} = \frac{\rho}{2(w+t)\delta} \tag{5-11}$$

铜的趋肤深度为(式(6-11a))

$$\delta_{\mathrm{copper}} = \frac{66 \times 10^{-6}}{\sqrt{f_{\mathrm{MHz}}}} (\mathrm{m}) \tag{5-12}$$

将式(5-12)代入式(5-11),得到矩形铜导线的交流电阻

$$R_{\mathrm{AC}} = \frac{131\sqrt{f_{\mathrm{MHz}}}}{w+t} (\mathrm{m}\Omega/\mathrm{m}) \tag{5-13a}$$

其中,w 和 t 的单位是 mm。

把单位变为 $\mathrm{m}\Omega/\mathrm{in}$,则

$$R_{\mathrm{AC}} = \frac{0.131\sqrt{f_{\mathrm{MHz}}}}{w+t} (\mathrm{m}\Omega/\mathrm{in}) \tag{5-13b}$$

现在,w 和 t 的单位是 in。

矩形导线的交流电阻值正比于频率的平方根,反比于导线的宽度加厚度。通常,如果 $t \ll w$,则交流电阻反比于导线宽度。

以上所有交流电阻的方程均假设是单独一根直导线。如果导线靠近另一根载流导线,交流电阻值要比这些方程的计算结果大,电阻增大是因为电流聚集在导线的一边,从而影响了另一根导线中的电流。这种电流聚集减小了电流通过铜导线的面积,因此增大了电阻。对于圆截面导线,如果相邻导线的距离在导线直径的 10 倍以上,这种影响可以忽略。

5.6　传输线

当导线的长度与其上信号的波长相当时,将不能用5.5节中简单的集总参数 R-L 网络表示。因为信号在导线中传输存在相移,在导线的不同位置电压和电流是不同的。在某些位置,电流(或电压)达到最大;在某些位置,电流(或电压)达到最小,甚至可能为零。因此,阻抗(电阻、电感或电容)随着在导线上的位置而变化。例如,在电流为零的位置阻抗两端没有压降,而在电流最大的位置阻抗两端压降最大。在这种情况下,信号线和回路必须作为传输线考虑,需

使用传输线的分布参数模型。

通用的规则是,工作在频域时,如果导线的长度大于波长的 1/10,或者是数字信号;在时域,当信号的上升时间小于传输时延(传播速度的倒数)的 2 倍时,导线应作为传输线。

然而什么是传输线?传输线是一种导体系列,但通常不一定是两根,用于引导电磁能量从一个地方到另一个地方。对这一重要概念的理解是,将电磁场或电磁能从一点移动到另一点,没有电压或电流;电压和电流存在,但只是作为场存在的结果。我们能够根据传输线的几何尺寸和导体的数量分类,一些常用传输线类型如下:

同轴电缆(2);

微带线(2);

带状线(3);

平衡线(2);

波导(1)。

括号中的数字代表传输线中导线的数量。上面所列 5 种类型常用传输线的几何形状如图 5-17 所示。

同轴线　　　微带线　　　带状线　　　平衡线　　　波导

图 5-17　常用传输线的几何形状

最常用的传输线可能是同轴电缆。在同轴电缆中,电磁能量通过内导体和外导体(屏蔽层)内表面之间的介质传输。

在印制电路板上,传输线通常由平的、矩形截面的导体组成,靠近一个或多个面(如微带线或带状线)。对于带状线,电磁能量通过导体间的介质传输。对于微带线,信号导线是在 PCB 表面层,电磁场部分在空气中传输,部分在 PCB 的介质中传输。

平衡线由相同尺寸和形状、对地和对所有其他导体阻抗都相等的两个导体组成(例如,两根平行圆导线),在这种情况下,电磁能量是通过导体周围的介质,通常是空气传输的。

波导由单个中空导体组成,用于引导电磁能量。在波导中,能量是通过导体空心传播的。在几乎所有情况下,传输媒质都是空气。波导大多用于 GHz 频率范围。不同于上述其他传输线,波导有一个重要的性能,就是不能传输直流信号。

需要注意的是,传输线的导体仅是引导电磁能量,电磁能量是在介质材料中传播的。在传输线中,电磁能量的传输速度为

$$v = \frac{c}{\sqrt{\varepsilon_r}} \tag{5-14}$$

其中,c 是真空中(自由空间)的光速,ε_r 是介质的相对介电常数,波在其中传播。介电常数越大,传播速度越低。表 4-3 列出了不同材料的相对介电常数。光速 c 约为 $300 \times 10^6 \, \text{m/s}(12\text{in/ns})^*$,对于大多数传输线,传播速度约为 1/3 光速至光速之间,取决于电介质材料。对于许多传输线中的电介质,传播速度约为真空中光速的一半,因此其中信号沿传输线传播的速度是 6in/ns。这个传播率是一个需要记住的有用数据。

---

* 光在真空中的速度实际上是 299792485m/s(186282397mi/s)。

重要的是记住,在传输线中以光速或接近光速传输的是电磁能量,它是在介质材料中传输而不是靠导体中的电子传输。电子在导体中的速度约为 0.01m/s(0.4in/s)(Bogatin,2004,p.211),是自由空间中光速的 300 亿分之一。因此,在传输线中,最重要的材料是介质而不是导体,电磁能量(场)通过介质传播,导体仅是引导能量。

用简单的串联 R-L 网络模拟短导线,传输线必须用大量的 R-L-C-G 单元表示,理想状况下有无限多个,如图 5-18 所示。因为在传输线中的实际位置不同,这些单元不可能都是集总在一起的。用的单元越多,模型就越准确。在图 5-18 中,R 表示单位长度导体的电阻值,单位是欧姆;L 表示单位长度导体的电感值,单位是亨利;C 表示单位长度导线间的电容值,单位是法拉;而 G 表示隔开两导线的介质材料单位长度的电导值(电阻的倒数),单位是西门子。

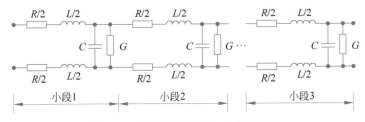

图 5-18　双导体传输线分布参数模型

大部分传输线的分析是假设仅传输横电磁波(TEM)。在 TEM 模式,电场和磁场是相互垂直的,传播方向横向于(垂直于)包含电场和磁场的平面。为了支持 TEM 模式传播,传输线必须包含两根或多根导线。因此,波导是不能支持 TEM 传播的。波导采用横电波($TE_{m,n}$)和横磁波($TM_{m,n}$)模式传输能量,下标 m 和 n 分别表示矩形波导横截面上 x 和 y 方向的半波长数。

传输线三个最重要的性能是特性阻抗、传播常数和高频损耗。

5.6.1　特性阻抗

信号进入传输线后,电磁波由导体引导沿传输线以介质中的传播速度 v 传播。电磁波将在传输线导体中感应电流,该电流沿信号导体流动,通过导体间的电容,经返回导体回到信号源,如图 5-19 所示。仅在传输波的上升前沿,电流可以通过传输线导体间的电容,这是因为只有在传输线的这个位置电压是变化的,通过电容的电流为 $I = C(dV/dt)$。

因为传播速度有限,注入信号一开始不知道传输线终端是什么负载,或者哪里是传输线的终端。因此,电压和电流由传输线的特性阻抗决定。图 5-19 清楚显示了一个重要的原理,传输线开路可以传输电压和电流。

按照图 5-18 所示的传输线参数,传输线特性阻抗 Z_0 为

$$Z_0 = \sqrt{\frac{R + j\omega L}{G + j\omega C}} \tag{5-15}$$

如果传输线是无耗的,可大大简化分析。许多实际的传输线是低损耗的,所以无耗线的方程可以描述它们的性能。对于无耗线,R 和 G 都等于零。无耗传输线模型如图 5-20 所示。将 $R = 0$ 和 $G = 0$ 代入式(5-15)得到熟知的、常被引用的无耗传输线特性阻抗方程

$$Z_0 = \sqrt{\frac{L}{C}} \tag{5-16}$$

已知式(5-16)中的任意两个参数,可以计算出第三个参数,这是很重要的。通常描述传输线性能的仅是特性阻抗和单位长度的电容,因此,利用这些已知数据可以计算单位长度的电感。

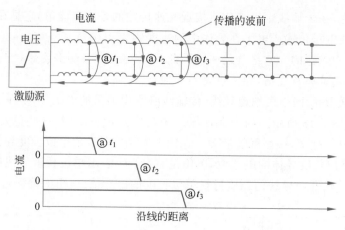

图 5-19　在传输波的上升前沿,传输线导体上流过的信号和返回电流,注意 $t_3 > t_2 > t_1$

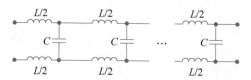

图 5-20　无耗传输线分布参数模型

传输线特性阻抗用传输线的几何尺寸表示,除了 3 种例外情况,这些特性阻抗表达式是近似的。3 种例外情况是指同轴线、圆平行双导线和平面上的一根圆导线。现有的不同传输线特性阻抗的公式相差 10%,甚至更多。许多公式只在一个有限的特性阻抗范围内是精确的。3 个较精确的公式如下:

同轴线的特性阻抗为

$$Z_0 = \frac{60}{\sqrt{\varepsilon_r}} \ln \frac{r_2}{r_1} \tag{5-17}$$

其中,r_1 是内导体的半径,r_2 是外导体的半径,ε_r 是导体间材料的相对介电常数。

圆平行双导线的特性阻抗为

$$Z_0 = \frac{120}{\sqrt{\varepsilon_r}} \ln \left(\frac{D}{2r} + \sqrt{\left(\frac{D}{2r}\right)^2 - 1} \right) \tag{5-18a}$$

其中,r 是每根导线的半径,D 是两导线间的距离,ε_r 是导线四周材料的相对介电常数。对于 $D \gg 2r$ 的情况这个方程通常近似表示为

$$Z_0 = \frac{120}{\sqrt{\varepsilon_r}} \ln \frac{D}{r} \tag{5-18b}$$

根据问题的对称性,一根圆导线位于一平面上方 h 处,特性阻抗是相距 $2h$ 的两根圆导线特性阻抗的一半。因此,位于平面上方的圆导线的特性阻抗如下:

$$Z_0 = \frac{60}{\sqrt{\varepsilon_r}} \ln \left[\frac{h}{r} + \sqrt{\left(\frac{h}{r}\right)^2 - 1} \right] \tag{5-19a}$$

其中,r 是导线的半径,h 是导线距离平面的高度。对于 $h \gg r$ 的情况,式(5-19)可近似为

$$Z_0 = \frac{60}{\sqrt{\varepsilon_r}} \ln \frac{2h}{r} \tag{5-19b}$$

大部分实际传输线的特性阻抗为 $25 \sim 500\Omega$,其中以 $50 \sim 150\Omega$ 最常见。

5.6.2　传播常数

传播常数用于描述信号沿传输线传播时的衰减和相位的变化。按照图 5-18 中所示的参数，传输线的传播常数 γ 为

$$\gamma = \sqrt{(R + j\omega L)(G + j\omega C)} \tag{5-20}$$

通常传播常数是有实部和虚部的复数。如果定义实部为 α，虚部为 β，则传输常数可表示为

$$\gamma = \alpha + j\beta \tag{5-21}$$

其中，实部 α 是衰减常数，虚部 β 是相移常数。对于无耗传输线，式(5-20)的实部和虚部为

$$\alpha = 0 \tag{5-22a}$$

$$\beta = \omega\sqrt{LC} \tag{5-22b}$$

由式(5-22a)可以看出，无耗线的衰减为零。式(5-22b)表示信号沿传输线传输时相位的变化，单位是每单位长弧度。

例 5-2　传输线的电容为 12pF/ft，电感为 67.5nH/ft，根据式(5-22b)，传输线中传输 100MHz 信号会有 0.565rad/ft 或 32.4°/ft 相移，根据式(5-16)，传输线的特性阻抗为 75Ω。

5.6.3　高频损耗

尽管上述无耗传输线模型可以很好地表示较宽频率范围内许多实际的传输线，但在 1MHz 到数百兆赫的许多情况下，它不能计算信号沿传输线传输的衰减。计算信号衰减，必须考虑传输线的损耗。

传输线损耗的两种基本类型如下：①源于导体电阻的欧姆损耗；②源于介质材料的介质损耗，介质吸收传播电场的能量并加热材料。类型①影响式(5-20)中的参数 R，类型②影响式(5-20)中的参数 G。

损耗传输线的通用方程是复数方程。为了简化计算，通常用低损耗情况近似。该近似假设 R 和 G 不是零，但很小，即 $R \ll \omega L$ 和 $G \ll \omega C$，这种假设在高频时对于大部分实际传输线是合理的。

损耗线衰减常数的推导超出了本书的范围。但是如果假设损耗很小，衰减常数(式(5-20)中的实部)可近似表示为(Bogatin,2004,p.374)

$$\alpha = 4.34\left(\frac{R}{Z_0} + GZ_0\right)(\text{dB}/\text{单位长度}) \tag{5-23}$$

其中，R 和 G 与频率有关，随频率的增大而增大。式(5-23)表示传输线单位长度的损耗，第一项是源于导体欧姆损耗的衰减，第二项是源于传输线介质材料损耗的衰减。

5.6.3.1　欧姆损耗

欧姆损耗是唯一与导体性能相关的传输线参数。其他参数都仅是介质材料和(或)传输线尺寸的函数。仅源于导体欧姆损耗的衰减为

$$\alpha_{\text{ohmic}} = 4.34\frac{R}{Z_0} \tag{5-24}$$

其中，R 是导体的交流电阻，在前面 5.5.3 节和 5.5.4 节中作了推导。如果传输线的两个导体尺寸相差较大，如同轴线、微带线或带状线，大部分的电阻或损耗来自较小的导体，而较大导体的电阻通常被忽略。在这些情况下，较小的导体通常是信号导线，较大的则是返回导线。

在某些情况下,为计算返回导体的附加电阻,常用信号导体的交流电阻乘以一个修正系数,可能是 1.35。对于微带信号线,电阻值大于式(5-13)的预测值,这是因为大部分电流仅沿导线的底部流动。在这种情况下,修正系数取 1.7 比较合适。

将式(5-9a)中单位转换为 Ω/in,再将 R 代入式(5-24),得到圆截面导体的衰减常数

$$\alpha_{\text{ohmic}} = \frac{36000\sqrt{f_{\text{MHz}}}}{dZ_0}(\text{dB/in}) \tag{5-25}$$

其中,d 是导体的直径,单位是 in。

将式(5-13b)中单位转换为 Ω/in,再将 R 代入式(5-24),得到矩形截面导体的衰减常数

$$\alpha_{\text{ohmic}} = \frac{0.569 \times 10^{-3}\sqrt{f_{\text{MHz}}}}{(w+t)Z_0}(\text{dB/in}) \tag{5-26}$$

其中,w 是导体的宽度,t 是导体的厚度,单位都是 in。

5.6.3.2　介质损耗

仅源于介质吸收的衰减为

$$\alpha_{\text{dielectric}} = 4.34GZ_0 \tag{5-27}$$

介质材料的损耗取决于材料的耗散因数,耗散因数定义为每赫兹材料能量的存储与能量耗散的比值,通常用损耗角的正切表示 $\tan\delta$。材料的 $\tan\delta$ 越大,损耗越高。表 5-5 列出了一些常用介质材料的耗散因数(损耗角)。

表 5-5　一些常用介质材料的耗散因数(损耗角)

材　　料	$\tan\delta$	材　　料	$\tan\delta$
真空/自由空间	0.0000	聚丙烯	0.0005
聚乙烯	0.0002	Getek[®b]	0.0100
聚四氟乙烯[®a]	0.0002	FR4 环氧玻璃	0.0200
陶瓷	0.0004		

[a] DuPont 的注册商标,Wilmington,DE。

[b] General Electric 的注册商标,Fairfield,CT。

将几个传输线有关 G、C、Z_0 的等式及光速代入,式(5-27)可写成如下形式(Bogatin,2004,p.378):

$$\alpha_{\text{dielectric}} = 2.3f_{\text{GHz}}\tan\delta\sqrt{\varepsilon_r}(\text{dB/in}) \tag{5-28}$$

其中,$\tan(\delta)$ 和 ε_r 分别是耗散因数和介质材料的相对介电常数。需要注意的是,介质损耗不是传输线几何尺寸的函数,它仅是介质材料的函数。

由式(5-25)和式(5-26)可以看出,欧姆损耗正比于频率的平方根,而根据式(5-28),介质损耗正比于频率。因此,在高频段介质损耗占主导。

对于短传输线(如典型 PCB 上的信号迹线),传输线损耗通常被忽略,直到频率接近 1GHz 及以上,才考虑损耗。

对于正弦波信号,损耗或衰减将减小传输波的幅度。然而,对于方波信号,高频分量衰减大于低频分量。因此,随着方波在传输线中的传播,其幅度将降低,而上升时间将增加,如图 5-21 所示。在大多数情况下,对于传输信号的完整性,上升时间增加比幅度减小更不利。根据经验法则,介质是 FR4 环氧玻璃,沿 PCB 传输线传播的方波,上升时间将增加大约 10ps/in (Bogatin,2004,p.389)。

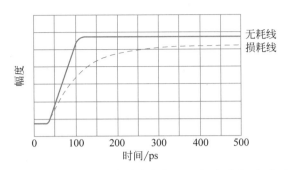

图 5-21 损耗传输线上方波的时域响应,显示幅度减小、上升时间增加

5.6.4 C、L 与 ε_r 的关系

由于传播速度是介质材料的函数,传输线的电容和电感也与介质材料、传输线尺寸有关,电容、电感和速度都是相关联的。传播速度可以写为

$$v = \frac{c}{\sqrt{\varepsilon_r}} = \frac{1}{\sqrt{LC}} \tag{5-29}$$

根据特性阻抗(式(5-16))和传播速度(式(5-29))的关系,可由特性阻抗导出传输线的 L 和 C:

$$L = \frac{\sqrt{\varepsilon_r}}{c} Z_0 \tag{5-30}$$

$$C = \frac{\sqrt{\varepsilon_r}}{c} \frac{1}{Z_0} \tag{5-31}$$

其中,c 是自由空间中光的速度($3 \times 10^8 \mathrm{m/s}$)。

式(5-30)和式(5-31)很有用,表明传输线的特性阻抗、电容、电感和介电常数之间的关系。如果知道 4 个参数中的任意两个,就可以利用式(5-30)和式(5-31)得到其他两个。

由式(5-30),电感 L 仅是介电常数和传输线特性阻抗的函数。式(5-31)表示电容 C 的相似关系。因此,相同特性阻抗和介质材料的所有传输线具有相同的单位长度电感和电容,而不管其尺寸、几何形状和结构。例如,所有特性阻抗是 70Ω、介电常数是 4 的传输线,电容值都是 95pF/m(2.4pF/in),电感值都是 467nH/m(11.8nH/in)。

5.6.5 最后的思考

经常有人问,什么时候信号用传输线互连,什么时候不用?答案很简单:信号通路就是传输线。然而,如果互连足够短,就可忽略分布参数,得到的结果非常接近预测结果。根据 5.6 节中第二段所列的标准,对于 1ns 上升时间的方波,信号互连 3in 及以上就是长线,应该用传输线理论分析。

在传输线上,无论是在传输线末端,还是由于传输线几何尺寸的变化,当信号遇到阻抗变化时都会发生反射。孔和直角弯曲都会导致阻抗不连续。传输线的反射问题不在本书范围。所有优秀的传输线相关教材中都会充分讨论这个主题。例如,虽然有些陈旧但非常好的经典传输线理论参考书是 Skilling 所著的 *Electric Transmission Lines*(1951)。非常好的关于信号完整性和传输线理论应用于数字电路的两本参考书是 Johnson 和 Graham 著的“*High-Speed Digital Design*”(1993)和 Hall 等著的“*High-Speed Digital System Design*”(2000)。

5.7 铁氧体

铁氧体是绝缘的陶瓷类的通用术语,包括氧化铁、氧化钴、氧化镍、氧化锌、氧化镁和一些稀土氧化物等。铁氧体具有多样性,因为每个制造商都生产自己的氧化合成物。没有任何两家制造商使用完全相同的合成物,因此,不同来源的铁氧体是不同的。相比铁磁材料,铁氧体最主要的优点是,在高达 GHz 频率范围,它的高电阻率降低了涡流损耗。在铁磁材料中,涡流损耗随频率的平方增大。因此,在许多高频应用中,选用铁氧体材料。

铁氧体材料决定了适用的频率范围。铁氧体可用于许多不同的构件(图 5-22),如磁珠、导线上的磁珠、表面安装磁珠(图中没有)、圆电缆芯线、平电缆芯线、Snap on 磁芯、多孔磁芯、环形磁芯等。

图 5-22　可选用铁氧体的构件

铁氧体提供了一种价廉的方式将高频阻抗耦合到电路中,而直流(DC)没有能量损耗,不影响低频信号。基本上,铁氧体可看作高频交流电阻,而在直流或低频时电阻很小或没有电阻。铁氧体磁珠很小,可以简单地安装在导体引线或导体上。表面安装型的也很容易使用。在 10MHz 以上,铁氧体对无用信号的衰减是最有效的,当然低于 1MHz 的一些应用同样有效。若正确使用,铁氧体可抑制高频振荡、共模和差模滤波,还可减小电缆的传导发射和辐射发射。

图 5-23(a)显示一个小的圆柱形铁氧体磁珠安装在一导线上;图 5-23(b)显示其高频等效电路:一个电感与一个电阻串联,电阻和电感的值取决于频率,电阻源于铁氧体材料的高频磁滞损耗;图 5-23(c)是铁氧体磁珠的常用表示符号。

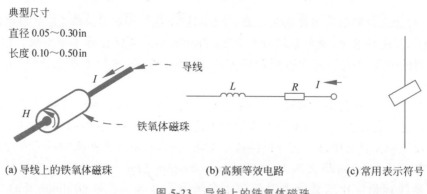

(a) 导线上的铁氧体磁珠　　　　　(b) 高频等效电路　　　　　(c) 常用表示符号

图 5-23　导线上的铁氧体磁珠

大多数铁氧体制造商通过阻抗幅度随频率的变化说明他们产品的特性。阻抗的幅值由下式给出:

$$|Z| = \sqrt{R^2 + (2\pi fL)^2} \qquad (5\text{-}32)$$

其中,R 是磁珠的等效电阻,L 是等效电感,两者的值都随频率变化。但是一些制造商只给定某一个频率的阻抗,通常是 100MHz,或者几个频率的阻抗。

图 5-24 表示一个典型铁氧体磁芯的阻抗数据(Fair-Rite,2005,p. 147)。当用于噪声抑制时,铁氧体通常用在阻抗主要是电阻的频率范围。图 5-25(Fair-Rite,2005,p. 155)表示用于噪声抑制时各种铁氧体材料推荐使用的频率范围。可以看出,铁氧体可以使用的频率范围是1MHz~2GHz。

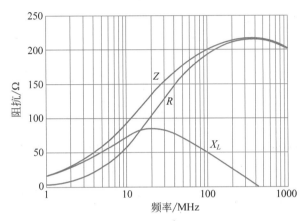

图 5-24 Type43 型铁氧体磁芯的阻抗数据(© 2005 Fair-Rite Corp. ,经授权转载)

当使用多匝时,铁氧体阻抗的增加正比于匝数的平方。然而,这也增加了匝间电容,减小了铁氧体的高频阻抗。如果需要改善铁氧体的阻抗用于低频范围,可以使用多匝,但是,阻抗的变化不容忽视。实际上,超过 3 匝的使用很少,大部分用于降噪应用的铁氧体为单匝。

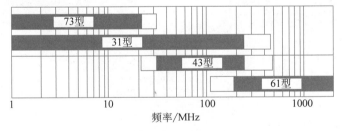

图 5-25 应用于噪声抑制时各种铁氧体材料的推荐频率范围

(© 2005 Fair-Rite Corp. ,经授权转载)

用于噪声抑制时常用的铁氧体的形状是圆柱形磁芯或磁珠。圆柱长度越大,阻抗越高。增加磁芯的长度等效于使用多个铁氧体磁芯。

铁氧体的衰减取决于包含铁氧体电路的源和负载阻抗。为了在关注的频率有效,铁氧体必须提供一个阻抗,该阻抗值大于源和负载阻抗之和。因为大部分铁氧体的阻抗只有几百欧姆或更低,它们在低阻抗电路中使用最有效。如果单个铁氧体不能提供足够的阻抗,可以使用多匝或多个铁氧体元件。

当用于抑制电路中的开关瞬变或寄生谐振产生的高频振荡时,小的铁氧体磁珠特别有效。另外,多芯电缆周围放置铁氧体磁芯作为共模扼流圈,可以阻止高频噪声导出或导入电路。

图 5-26～图 5-29 显示了铁氧体磁珠的一些应用。在图 5-26 中，两个铁氧体磁珠用于构成一个低通 R-C 滤波器，阻止高频振荡信号进入负载，又不降低负载的直流电压。在振荡频率铁氧体是电阻性的。在图 5-27 中，一个电阻性铁氧体磁珠用于抑制两个快速逻辑门间较长连接线上的振铃。

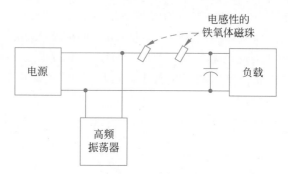

图 5-26　铁氧体磁珠用于形成 L 形滤波器阻止高频振荡器噪声进入负载

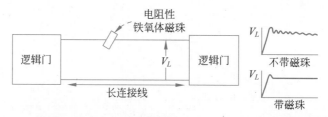

图 5-27　电阻性铁氧体磁珠用于抑制快速逻辑门间较长连接线上的振铃

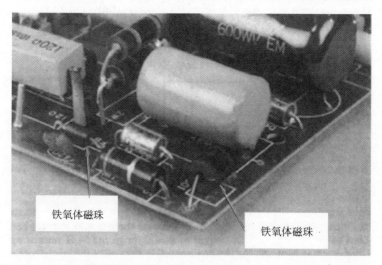

图 5-28　铁氧体磁珠安装在彩色电视机中，用于抑制行输出电路的寄生振荡

图 5-28 表示安装在印制电路板上的两个铁氧体磁珠。电路是彩色电视机行输出电路的一部分，磁珠用于抑制寄生振荡。

铁氧体磁珠的另一个应用如图 5-29 所示。图 5-29(a)表示一个直流伺服电动机连接到一个电动机控制电路。电动机的高频整流噪声沿导线传导出电机屏蔽壳，从导线辐射干扰设备中的其他低电平电路。由于电动机的加速要求，电阻器不能插入导线。这个问题的解决方法是增加两个铁氧体磁珠和两个穿心电容器，如图 5-29(b)所示。图 5-30 是带有铁氧体磁珠和穿心电容器的直流电动机。在图中可以看出,每个电动机引线上用两个铁氧体磁珠增加串联阻抗。

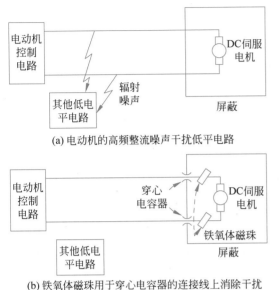

(a) 电动机的高频整流噪声干扰低平电路

(b) 铁氧体磁珠用于穿心电容器的连接线上消除干扰

图 5-29 直流伺服电动机连接到
电动机控制电路

图 5-30 铁氧体磁珠和穿心电容器用于滤除
直流电动机电源线的整流噪声

当使用铁氧体元件作为直流电路中差模滤波器时,必须考虑直流电流对铁氧体上阻抗的影响。铁氧体阻抗随着电流增大而减小。图 5-31 表示一个小铁氧体磁珠,长 0.545in,外直径为 0.138in(OD),其阻抗是直流偏流电流的函数(Fair-Rite,2005),可以看出,在 100MHz 时零电流的阻抗为 200Ω,0.5A 电流的阻抗为 140Ω,而 1A 电流的阻抗为 115Ω。

铁氧体磁芯常用于多芯电缆作为共模扼流圈(见 3.5 节)。例如,用于连接个人计算机和视频显示器的大部分视频电缆用有铁氧体磁芯。铁氧体磁芯作为单匝的变压器或共模扼流圈,可以有效减小电缆的传导发射和辐射发射并抑制电缆中的高频干扰。图 5-32 表示通用串行总线电缆上的一个铁氧体磁芯,用于减小电缆的辐射。Snap-on 磁芯(图 5-22)容易作为事后补救固定在电缆上,即使终端有较大的连接器。

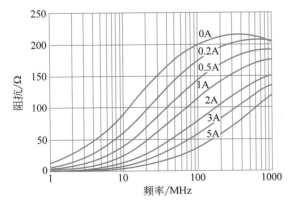

图 5-31 作为直流偏流电流的函数,铁氧体磁珠
的阻抗随频率的变化曲线

图 5-32 铁氧体芯用于 USB 电缆
抑制辐射发射

总结

- 电解电容器是低频电容器。
- 所有的电容器在某些频率有自谐振,高频使用受到限制。
- 云母和陶瓷电容器是较好的高频电容器。
- 空心电感器比闭合磁芯电感器,如环状线圈,产生更多的外部磁场。
- 磁芯电感器比空心电感器更容易接收干扰磁场。
- 静电的(或法拉第)屏蔽变压器可用于减小绕组间的电容耦合。
- 不管什么类型,所有电阻器都产生同量的热噪声。
- 低电平电路中应设置可变电阻器,使直流电流不能通过。
- 对音频以上频率,导线的感抗通常高于电阻。
- 扁平矩形截面导线的交流电阻和电感值低于圆截面导线。
- 导线的交流电阻正比于频率的平方根。
- 传输线是一个导体的系列,用于将电磁能量从一处传输至另一处。
- 导线的长度大于波长的 1/10,就应作为传输线处理。
- 当导线上方波信号的上升时间小于 2 倍的传输时延时,导线就应作为传输线。
- 无耗传输线的特性阻抗等于 $\sqrt{L/C}$。
- 传输线上的传播速度是 $C/\sqrt{\varepsilon_r}$。
- 传输线最重要的性能如下。
    - 特性阻抗。
    - 传播常数。
    - 高频损耗。
- 在典型的印制电路板上,信号 1ns 传播 6in。
- 在印制电路板上传播的方波上升时间将延长大约 10ps/in。
- 具有相同特性阻抗和介质常数的所有传输线单位长度具有相同的电感和电容。
- 传输线损耗的两种基本类型如下。
    - 欧姆损耗。
    - 介质损耗。
- 欧姆损耗正比于频率的平方根,介质损耗正比于频率。
- 在高频段介质损耗占主导。
- 传输线最重要的材料是介质,而不是导体。
- 交流电流可以通过开路传输线传输。
- 只有以下 3 种拓扑结构的传输线有精确的特性阻抗方程。
    - 同轴线。
    - 圆平行双导线。
    - 平面上一根圆导线。
- 用于噪声抑制时,铁氧体用于某一频率范围,其阻抗是电阻性的。
- 铁氧体磁芯和磁珠作为交流电阻器,将高频电阻(损耗)耦合到电路中,低频阻抗很小或没有。

- 铁氧体通常根据抗阻随频率的变化说明它的特性。
- 铁氧体磁芯用于电缆上作为共模扼流圈,可以有效降低传导发射和辐射发射。

习题

5.1　a. 电容器通常根据什么参数分类?

　　b. 在选择电容器类型时最着重考虑的因素是什么?

5.2　a. 说出两种类型低频电容器的名称。

　　b. 说出两种类型中频电容器的名称。

　　c. 说出两种类型高频电容器的名称。

5.3　在下面的应用中什么是合适类型的电容器?

　　a. 高频,低电压应用。

　　b. 高频,高电压应用。

　　c. 数字逻辑去耦合。

5.4　导线的电感与其直径是什么关系?

5.5　制作一个表格,给出频率为 0.2、0.5、1、2、5、10 和 50MHz 时 22-gauge 铜导线交流电阻和直流电阻比值。

5.6　矩形截面 0.5cm×2cm 的铜导线:

　　a. 每米导线的直流电阻是多少?

　　b. 在 10MHz 时每米导线的电阻是多少?

5.7　a. 推导出式(5-9b),理解在高频时大部分电流被限制在铜导线表面的圆环区域内,厚度等于导体的趋肤深度 d,如图 P5-7 所示,假设 $d \gg \delta$。

　　b. 当 $d \geqslant 10\delta$ 时,在 a 部分假设 $d \gg \delta$,为了使 a 部分是适用的,$d\sqrt{f}$ 必须是什么?

5.8　导线的感抗和交流电阻随频率如何变化?

5.9　图 P5-9 表示宽度为 w、厚度为 t 的矩形截面导线直流电阻和交流电阻与频率关系的对数图表。

　　a. 当趋肤深度等于多少时,矩形截面导线出现拐点频率?

　　b. 假设 $t \ll w$,回答问题 a。

　　c. 合理解释问题 b。

　　d. 在图 P5-9 中,交流电阻部分的斜率是多少?

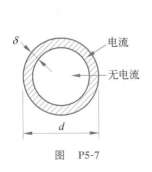

图　P5-7

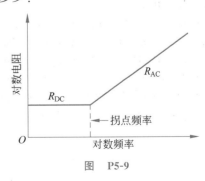

图　P5-9

5.10　考虑以下两种导体,直径为 0.5in 的圆导体和宽为 0.5in、厚为 0.1in 的矩形导体,两者均位于地平面上方 1in。

a. 每个导体的横截面积是多少?

b. 计算圆截面导体的直流电阻,在 10MHz 时的交流电阻和电感值。

c. 计算矩形截面导体的直流电阻,在 10MHz 时的交流电阻和电感值。

d. 比较结果并评价两种导体的性能。

5.11 PCB 迹线宽 0.008in,厚 0.0014in,位于接地平面上方 0.020in 处,在 100MHz 时迹线的电阻和感抗为多少?

5.12 说出波导独有的两种特性名称。

5.13 在典型传输线中,信号传输 3ft 的距离大概需要多长时间?

5.14 一 75Ω 传输线的电容为 17pF/ft,其电感为多少?

5.15 内导体直径为 0.108in、外导体直径为 0.350in、相对介电常数为 2 的同轴电缆的特性阻抗是多少?

5.16 传输速度和介质损耗均为传输线什么性能的函数?

5.17 一 50Ω 传输线的相对介电常数为 2,每英寸电感和电容值为多少?

5.18 一传输线的电感为 8.25nH/in,电容为 3.3pF/in。

a. 该传输线的特性阻抗为多少?

b. 10MHz 正弦波在传输线中的传输距离为 10ft,相移为多少?

5.19 在 FR4 环氧玻璃 PCB 上有一宽为 0.006in、厚为 0.0014in 的 50Ω 的带状线,在 3GHz 频率的衰减大约为多少?

5.20 说出提高铁氧体磁芯阻抗的两种方法。

参考文献

[1] Bogatin E. *Signal Integrity-Simplified*. Upper Saddle River, NJ, Prentice Hall, 2004.

[2] Campbell R H, Chipman R A. *Noise From Current-Carrying Resistors*, 25-500kHz. Proceedings of the IRE, vol. 37, pp. 938-942.

[3] Danker B. *New Methods to Decrease Radiation from Printed Circuit Boards*, 6th Symposium on Electromagnetic Compatibility. Zurich, Switzerland, 1985.

[4] Fair-Rite Products Corp. *Fair-Rite Products Catalog*, 15th ed. Wallkill, NY, 2005.

[5] Hall S H, Hall G W, McCall J A. *High-Speed Digital System Design*. New York, Wiley, 2000.

[6] IPC-D-317A, *Design Guidelines for Electronic Packaging Utilizing High-Speed Techniques*. Northbrook, IL, IPC, 1995.

[7] Johnson H W, Graham M. *High-Speed Digital Design*. Englewood, NJ, Prentice Hall, 1993.

[8] Jordan E C. *Reference Data for Engineers: Radio, Electronics, Computer, and Communications*, 7th ed. Indianapolis, IN, Howard W. Sams, 1985, pp. 6-7.

[9] Skilling H H. *Electric Transmission Lines*. New York, McGraw Hill, 1951.

[10] Whalen J J, Paludi C. *Computer Aided Analysis of Electronic Circuits—the Need to Include Parasitic Elements. International Journal of Electronics*, vol. 43, no. 5, 1977.

深入阅读

[1] Henney K, Walsh C. *Electronic Components Handbook*, Vol. 1. New York, McGraw-Hill, 1957.

[2] Rostek P M. *Avoid Wiring-Inductance Problems. Electronic Design*, vol. 22, 1974.

第6章

屏　蔽

　　屏蔽是两个空间区域之间的金属隔墙,用于控制电磁场从一个区域传播到另一个区域。如果屏蔽包围噪声源,屏蔽可用于遏制电磁场,如图 6-1 所示,这种配置为屏蔽体外的敏感设备提供了保护。屏蔽也可用于防止某些区域的电磁辐射,如图 6-2 所示。这种技术只对屏蔽体内的特定设备提供保护,从整体系统的角度来看,屏蔽噪声源比屏蔽接收体更有效。但是,在某些情况下,噪声源必须允许被辐射(如广播站),屏蔽单独的接收体也是必要的。

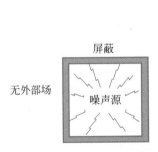

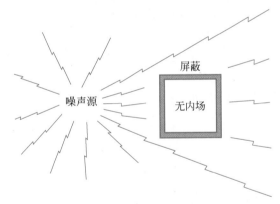

图 6-1　屏蔽噪声源,防止噪声耦合到
　　　　屏蔽体外的敏感设备

图 6-2　屏蔽接收体,防止噪声侵入

　　不管如何精心地设计,若电磁能量能通过一种可选的路径,如电缆入口,进(或出)屏蔽体,则这种屏蔽是无价值的。电缆将接收屏蔽一边的噪声,传导到另一边,那里将再次被辐射。为了保持屏蔽体的完整性,应滤除所有穿过屏蔽罩电缆的噪声电压。这种方式适用于电源电缆和信号电缆。穿过屏蔽体的电缆屏蔽层必须搭接到屏蔽体上以防止噪声通过边沿耦合。

　　本章分为两部分。第一部分介绍不含孔隙的完整屏蔽性能。第二部分,从 6.10 节开始,介绍孔隙对屏蔽效能的影响。

6.1　近场和远场

　　一个场的特性取决于场源(天线)、场源周围的媒质,以及场源与观测点之间的距离。在接近场源的观测点,场的性能主要取决于场源的特点。在远离场源的观测点,场的性能主要取决于传播场的媒质。因此,可将一个辐射源周围的空间区域分成图 6-3 所示的两个区域。接近场源的区域为近场或者感应场,距离大于 $\lambda/2\pi$(约 1/6 波长)的是远场或者辐射场,$\lambda/2\pi$ 附近的区域是近、远场的过渡区域。

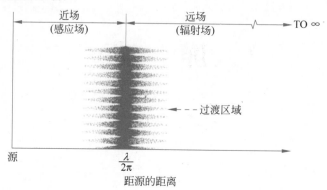

图 6-3 可将辐射源周围的空间分成两个区域,近场和远场。从近场到远场的
过渡区域在距离 $\lambda/2\pi$ 附近

电场 E 与磁场 H 的比值是波阻抗。在远场,这个比值等于传输媒质的特性阻抗(例如,在空气或自由空间中,$E/H = Z_0 = 377\Omega$)。在近场,这个比值由场源的特点及从场源到实际观测点的距离决定。如果场源具有大电流和低电压($E/H < 377\Omega$),则近场主要为磁场。相反,如果场源具有小电流和高电压($E/H > 377\Omega$),则近场主要为电场。

对于杆状或直线天线来说,源的阻抗很高。天线附近的波阻抗主要是电场,电场强度很高。随着距离的增加,电场强度会衰减,随之产生一个互补的磁场。在近场,电场以 $(1/r)^3$ 的速率衰减,而磁场以 $(1/r)^2$ 的速率衰减。因此,直线天线的波阻抗随着距离的增加而减小,逐渐接近远场自由空间的阻抗,如图 6-4 所示。

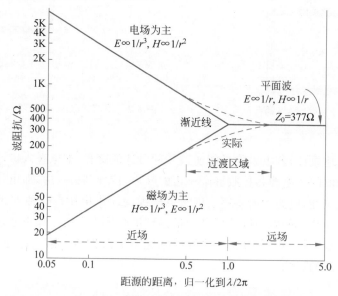

图 6-4 波阻抗随着距离的增加而减小

对于以磁场为主的情况,如环形天线产生的场,天线附近的波阻抗较低。随着距离的不断增加,磁场以 $(1/r)^3$ 的速率衰减,而电场以 $(1/r)^2$ 的速率衰减。因此,波阻抗随距离不断增

加，在 $\lambda/2\pi$ 距离处接近自由空间的波阻抗。在远场，电场和磁场均以 $1/r$ 的速率衰减。

在近场，电场和磁场必须分别考虑，因为两者之比不是恒定的；然而在远场，它们结合形成一个波阻抗为 377Ω 的平面波。因此，当讨论平面波时，则认为是在远场；当电场和磁场分别讨论时，则认为是在近场。

6.2 特性阻抗和波阻抗

以下是本章用到的媒质的特性常量：

磁导率	μ（自由空间 $4\pi\times10^{-7}$ H/m）
介电常数	ε（自由空间 8.85×10^{-12} F/m）
电导率	σ（铜 5.82×10^{7} S/m）

对于任意电磁波，波阻抗可定义为

$$Z_w = \frac{E}{H} \tag{6-1}$$

媒介的特性阻抗由以下表达式定义（Hayt，1974）：

$$Z_0 = \sqrt{\frac{j\omega\mu}{\sigma + j\omega\varepsilon}} \tag{6-2}$$

在远场讨论平面波的情况下，特性阻抗 Z_0 也等于波阻抗 Z_w。对于绝缘体（$\sigma \ll \omega\varepsilon$），特性阻抗则与频率无关，为

$$Z_0 = \sqrt{\frac{\mu}{\varepsilon}} \tag{6-3}$$

在自由空间，特性阻抗等于 377Ω，对于导体（$\sigma \gg j\omega\varepsilon$），特性阻抗被称为屏蔽体阻抗 Z_s，表示为

$$Z_s = \sqrt{\frac{j\omega\mu}{\sigma}} = \sqrt{\frac{\omega\mu}{2\sigma}}(1+j) \tag{6-4a}$$

$$|Z_s| = \sqrt{\frac{\omega\mu}{\sigma}} \tag{6-4b}$$

对于频率为 1MHz 的铜，其屏蔽体阻抗 $|Z_s|$ 等于 $3.68\times10^{-4}\,\Omega$。将常数值代入式(6-4b)，可得到以下结果：

对于铜

$$|Z_s| = 3.68\times10^{-7}\sqrt{f} \tag{6-5a}$$

对于铝

$$|Z_s| = 4.71\times10^{-7}\sqrt{f} \tag{6-5b}$$

对于铁

$$|Z_s| = 3.68\times10^{-5}\sqrt{f} \tag{6-5c}$$

对于所有导体，通常

$$|Z_s| = 3.68\times10^{-7}\sqrt{\frac{\mu_r}{\sigma_r}}\sqrt{f} \tag{6-5d}$$

表 6-1 列出了相对电导率(σ_r)和相对磁导率(μ_r)的常用数据。(译者注：σ_r 是某种导体相对于铜的电导率，$\sigma_r = \sigma / \sigma_{cu}$)

表 6-1　不同材料的相对电导率和相对磁导率

材　　料	相对电导率(σ_r)	相对磁导率(μ_r)
银	1.05	1
铜(退火)	1.00	1
金	0.70	1
铬	0.66	1
铝(软)	0.61	1
铝(回火)	0.40	1
锌	0.32	1
铍	0.28	1
黄铜	0.26	1
镉	0.23	1
镍	0.20	100
青铜	0.18	1
铂	0.18	1
镁合金	0.17	1
锡	0.15	1
钢(SAE 1045)	0.10	1000
铅	0.08	1
蒙乃尔铜(镍合金)	0.04	1
Conetic(1kHz)	0.03	25000
镍铁合金(1kHz)	0.03	25000
不锈钢(型号 304)	0.02	500

6.3　屏蔽效能

以下各节讨论近区及远区场的屏蔽效能。屏蔽效能可以用许多不同的方法分析，一种方法是使用如图 6-5 所示的电路理论。在电路理论方法中，在屏蔽体中入射场感应产生电流，这些电流反过来产生附加的场，在某些空间区域抵消原来的场。处理孔隙问题时我们将使用这种方法。

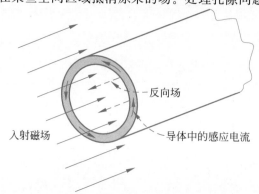

图 6-5　非磁性材料可以提供磁屏蔽。入射磁场在导体中感应电流，
产生一个反向场，抵消屏蔽层封闭空间区域内的入射场

然而,对于本章的大部分内容,我们使用 S. A. Schelkunoff (1943,p. 303-312)首先提出的方法。Schelkunoff 的方法是将屏蔽作为一个有损耗和反射的传输线问题。损耗是屏蔽体内产生热量的结果,反射是入射波阻抗和屏蔽体阻抗不同造成的。

屏蔽效能可以用屏蔽造成磁场强度和(或)电场强度的减少量描述。以 dB[*] 为单位表达屏蔽效能很方便,使用 dB 允许不同屏蔽产生的屏蔽效能相加获得总的屏蔽效能。电场的屏蔽效能(S)定义为

$$S = 20\log \frac{E_0}{E_1}(\mathrm{dB}) \tag{6-6}$$

磁场的屏蔽效能为

$$S = 20\log \frac{H_0}{H_1}(\mathrm{dB}) \tag{6-7}$$

在上述方程中,$E_0(H_0)$是入射场强,$E_1(H_1)$是穿过屏蔽后传输波的场强。

在屏蔽罩的设计中,主要考虑两点:①屏蔽材料本身的屏蔽效能;②由屏蔽的不连续性和屏蔽体上的孔隙产生的屏蔽效能。本章分别讨论这两点。

首先,考虑无接缝或孔隙的完整屏蔽罩的屏蔽效能,其次考虑不连续性和孔隙的影响。在高频段,孔隙的屏蔽效能决定一个屏蔽体的总屏蔽效能,而不是屏蔽材料固有的屏蔽效能决定。

屏蔽效能受频率、屏蔽体的几何形状、屏蔽体内场测量点的位置、场衰减的类型、入射角和极化等因素影响。本节将考虑导电材料平板的屏蔽效果。简单的几何形状可用于介绍一般的屏蔽概念,表明哪种材料特性决定了屏蔽效果,但不考虑屏蔽体几何形状的影响。平板计算的结果对于估计不同材料的相对屏蔽效果是有用的。

电磁波入射到金属表面时,有两种类型的损耗。电磁波部分从表面反射回来,而波的传输(非反射)部分穿过屏蔽体时衰减,前者称为反射损耗,后者称为吸收损耗或穿透损耗。不管是对于近场或者远场,还是磁场或电场,吸收损耗都是相同的。然而,反射损耗取决于场的类型和波阻抗。

一个没有孔隙的完整材料的总屏蔽效能等于吸收损耗(A)加反射损耗(R),再加上薄屏蔽层中多重反射的校正因子(B)。因此,总的屏蔽效能可以写为

$$S = A + R + B(\mathrm{dB}) \tag{6-8}$$

式(6-8)中所有的项必须用 dB 表示。如果吸收损耗 A 大于9dB,多重反射因子 B 可以忽略[**]。实际上,对于电场和平面波,B 也可以忽略。

6.4　吸收损耗

当电磁波穿过媒质后,其幅度呈指数衰减(Hayt,1974),如图 6-6 所示。这种衰减的产生是因为屏蔽体中感应的电流产生了欧姆损耗和材料发热。因此,可以写为

$$E_1 = E_0 \mathrm{e}^{-t/\delta} \tag{6-9}$$

和

$$H_1 = H_0 \mathrm{e}^{-t/\delta} \tag{6-10}$$

---

[*]　见附录 A 对 dB 的讨论。

[**]　$R+B$ 实际上是总反射损耗。为了方便,分成两部分,忽略多次反射的反射损耗 R,并忽略多次反射相关的因子 B。

其中，$E_1(H_1)$是屏蔽体中距离为t处的场强，如图 6-6 所示。将波衰减到原来值的 $1/e$，即约 37% 时所深入的距离定义为趋肤深度，为

$$\delta = \sqrt{\frac{2}{\omega\mu\sigma}}\ \mathrm{m}^*$$ （6-11a）

将 μ 和 σ 的值代入式（6-11a）中，换算单位，给出以 in 为单位的趋肤深度

$$\delta = \frac{2.6}{\sqrt{f\mu_r\sigma_r}}\mathrm{in}$$ （6-11b）

其中，μ_r 和 σ_r 是屏蔽材料的相对磁导率和相对电导率。不同材料的相对电导率和相对磁导率见表 6-1。

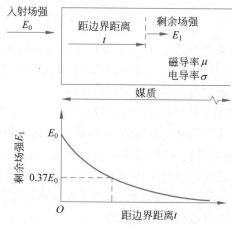

图 6-6 电磁波通过吸波材料呈指数衰减

铜、铝、钢和镍铁高导磁合金等典型材料的趋肤深度列在表 6-2 中。

表 6-2 典型材料的趋肤深度

频　　率	铜/in	铝/in	钢/in	镍 铁 合 金
60Hz	0.335	0.429	0.034	0.014
100Hz	0.260	0.333	0.026	0.011
1kHz	0.082	0.105	0.008	0.003
10kHz	0.026	0.033	0.003	—
100kHz	0.008	0.011	0.0008	—
1MHz	0.003	0.003	0.0003	—
10MHz	0.0008	0.001	0.0001	—
100MHz	0.00026	0.0003	0.00008	—
1000MHz	0.00008	0.0001	0.00004	—

穿过屏蔽体的吸收损耗现在可以写为

$$A = 20\log\frac{E_0}{E_1} = 20\log e^{t/\delta}$$ （6-12a）

$$A = 20\ \frac{t}{\delta}\log e\ (\mathrm{dB})$$ （6-12b）

$$A = 8.69\ \frac{t}{\delta}\ (\mathrm{dB})$$ （6-12c）

---

* 用 6.2 节所列的常数时（MKS 制），式（6-11a）计算的趋肤深度单位是 m。

从前面的方程可以看出,屏蔽体中一个趋肤深度厚的吸收损耗约等于9dB。以 dB 为单位,屏蔽体的厚度加倍,损耗也加倍。

图 6-7 是以 dB 为单位的吸收损耗与 t/δ 的关系图。该曲线适用于电场、磁场或平面波。

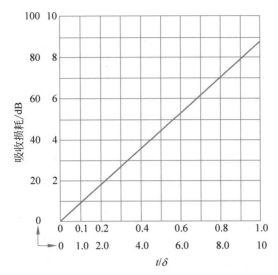

图 6-7 吸收损耗正比于屏蔽材料的厚度,反比于趋肤深度。该曲线适用于电场、磁场或平面波

将式(6.11b)代入式(6-12c),得到吸收损耗的一般表达式

$$A = 3.34t\sqrt{f\mu_r\sigma_r}\ (\text{dB}) \tag{6-13}$$

在这个方程中,t 是屏蔽体的厚度,单位为 in。式(6-13)表明吸收损耗(dB)正比于屏蔽材料相对磁导率和相对电导率乘积的平方根。

由式(6-13)绘出的通用吸收损耗曲线如图 6-8 所示。它是以 dB 为单位的吸收损耗 A 与参数 $t\sqrt{f\mu_r\sigma_r}$ 的关系图。其中,t 是屏蔽体的厚度,单位为 in;f 是频率,单位为 Hz;μ_r 和 σ_r 分别是屏蔽材料的相对磁导率和相对电导率。

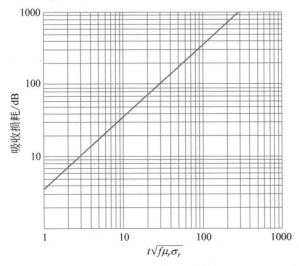

图 6-8 通用吸收损耗曲线

两种厚度的铜和钢的吸收损耗与频率的关系如图 6-9 所示。可以看出,一个薄铜片(0.02in)在 1MHz 时产生明显的吸收损耗(66dB),但在频率低于 1000Hz 没有吸收损耗。图 6-9 清楚显示出钢的吸收损耗优于铜。但是即使是使用钢,在频率低于 1000Hz,必须使用一定厚度的薄片以提供适当的吸收损耗。

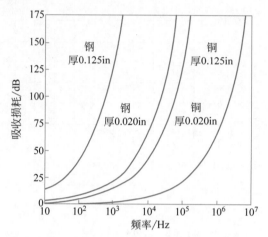

图 6-9 两种厚度的铜和钢的吸收损耗与频率的关系

6.5 反射损耗

两种媒质分界面的反射损耗与两种媒质之间特性阻抗的差异有关,如图 6-10 所示。从阻抗为 Z_1 的媒质到阻抗为 Z_2 的媒质,透射波的强度为(Hayt,1974)

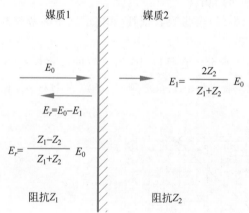

图 6-10 在两种媒质的分界面,入射波部分反射部分透射。透射波是 E_t,反射波是 E_r

$$E_1 = \frac{2Z_2}{Z_1 + Z_2} E_0 \qquad (6\text{-}14)$$

和

$$H_1 = \frac{2Z_1}{Z_1 + Z_2} H_0 \qquad (6\text{-}15)$$

$E_0(H_0)$ 是入射波的场强,$E_1(H_1)$ 是透射波的场强。

波穿过一个屏蔽体,遇到两个边界,如图 6-11 所示。第二个边界在阻抗为 Z_2 的媒质和阻抗为 Z_1 的媒质之间。穿过这个边界的透射波 $E_t(H_t)$ 由下式给出:

$$E_t = \frac{2Z_1}{Z_1 + Z_2} E_1 \qquad (6\text{-}16)$$

和

$$H_t = \frac{2Z_2}{Z_1 + Z_2} H_1 \qquad (6\text{-}17)$$

如果屏蔽层厚度比趋肤深度厚,分别将式(6-14)和式(6-15)代入式(6-16)和式(6-17),可以得到总的透射波场强。这里忽略了吸收损耗,用式(6-13)计算。因此,厚屏蔽层总的透射

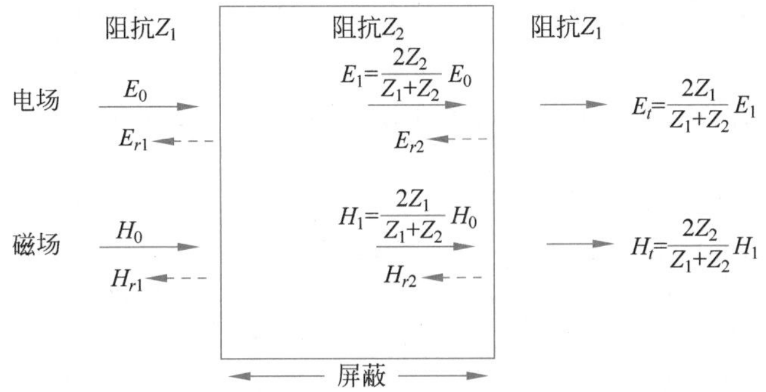

图 6-11 在屏蔽体的两个边界发生的部分反射和透射

波为

$$E_t = \frac{4Z_1 Z_2}{(Z_1 + Z_2)^2} E_0 \tag{6-18}$$

和

$$H_t = \frac{4Z_1 Z_2}{(Z_1 + Z_2)^2} H_0 \tag{6-19}$$

即使电场和磁场在每个边界处的反射不一样,通过这两个边界总的效能都是一样的。如果屏蔽体是金属且周围区域是绝缘体,则 $Z_1 \gg Z_2$。在这种条件下,对于电场来说,最大反射(最小透射)发生在波进入屏蔽体时(第一个边界),对于磁场来说,最大反射(最小透射)发生在波离开屏蔽体时(第二个边界)。电场的主要反射发生在第一个界面,即使很薄的材料也能提供好的反射损耗。而磁场的主要反射发生在第二个界面,后面将会说明,屏蔽层内的多重反射能够明显减弱屏蔽效果。当 $Z_1 \gg Z_2$ 时,式(6-18)和式(6-19)可简化为

$$E_t = \frac{4Z_2}{Z_1} E_0 \tag{6-20}$$

和

$$H_t = \frac{4Z_2}{Z_1} H_0 \tag{6-21}$$

将波阻抗 Z_w 作为 Z_1、屏蔽体阻抗 Z_s 作为 Z_2,代入反射损耗公式,忽略多重反射,电场或磁场的反射损耗可以写为

$$R = 20\log \frac{E_0}{E_1} = 20\log \frac{Z_1}{4Z_2} = 20\log \frac{|Z_w|}{4|Z_s|} (\text{dB}) \tag{6-22}$$

其中,Z_w 为进入屏蔽体前的波阻抗(式(6-1));Z_s 为屏蔽体阻抗(式(6-5d))。

这些反射损耗公式是一个平面波垂直入射接近屏蔽体时的公式。如果波接近屏蔽体时是非垂直入射,反射损耗会随着入射角的增大而增加。这种结果同样适用于弯曲界面,假如曲率半径远远大于趋肤深度。

6.5.1 平面波的反射损耗

在平面波情况下(远区场),波阻抗 Z_w 等于自由空间的特性阻抗 Z_0(377Ω)。因此,式(6-22)变为

$$R = 20\log \frac{94.25}{|Z_s|} (\text{dB}) \tag{6-23a}$$

因此,屏蔽体阻抗越低,反射损耗越大。将式(6-5d)代入$|Z_s|$且重新整理式(6-23a),得

$$R = 168 + 10\log(\sigma_r/\mu_r f) \text{(dB)} \tag{6-23b}$$

图6-12为铜、铝和钢3种材料的反射损耗与频率关系图。将其与图6-9相比可以看出,尽管钢比铜吸收损耗大,但它的反射损耗低。

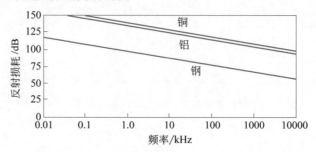

图 6-12　铜、铝和钢 3 种材料的反射损耗与频率关系图

6.5.2　近区场的反射损耗

在近区场中,电场与磁场的比值不再由媒质的特性阻抗决定。电场与磁场的比值更多地取决于源的特性(天线)。如果是高电压、低电流的源,波阻抗将大于377Ω,场将是高阻抗场或电场。如果是低电压、大电流的源,波阻抗将小于377Ω,场将是低阻抗场或磁场。

因为反射损耗(式(6-22))是波阻抗和屏蔽体阻抗比值的函数,反射损耗随波阻抗而变化。高阻抗场(电场)的反射损耗高于平面波。同理,低阻抗场(磁场)的反射损耗低于平面波。铜屏蔽层中的反射损耗随频率、离源的距离和波类型的变化如图6-13所示,同时显示出与平面波反射损耗的对比。

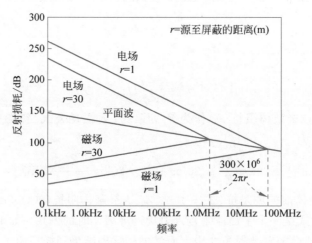

图 6-13　铜屏蔽层中的反射损耗随频率、离源的距离和波类型的变化

对于源与屏蔽体之间任意给定的距离,图6-13中的3种曲线(电场、磁场和平面波)在源与屏蔽体之间距离为$\lambda/2\pi$的频率处相交。当间隔为30m时,电场和磁场曲线在频率1.6MHz处相交。

图6-13为点源的反射损耗曲线,点源仅产生电场或仅产生磁场。然而,实际源大多是电场和磁场的结合。因此,实际源的反射损耗曲线在图中所示的电场线和磁场线之间。

图6-13表示电场的反射损耗随频率的增大而下降,直到距离为$\lambda/2\pi$处,超过此处,反射

损耗和平面波一样。磁场反射损耗随频率的增大而增加,直到距离为 $\lambda/2\pi$ 处,然后反射损耗开始以与平面波相同的速率减小。

6.5.3 电场的反射损耗

当 $r < \lambda/2\pi$ 时,点源电场的波阻抗可用下列公式近似:

$$|Z_w|_e = \frac{1}{2\pi f \varepsilon r} \tag{6-24}$$

其中,r 是源到屏蔽体的距离,单位为 m,ε 是介电质常数。将式(6-24)代入式(6-22),得到反射损耗

$$R_e = 20\log \frac{1}{8\pi f \varepsilon r |Z_s|}(\text{dB}) \tag{6-25}$$

或者用自由空间中的介电常数代替 ε,得

$$R_e = 20\log \frac{4.5 \times 10^9}{fr|Z_s|}(\text{dB}) \tag{6-26a}$$

其中,r 的单位为 m。将式(6-5d)代入 $|Z_s|$,重新整理各项,则式(6-26a)变为

$$R_e = 322 + 10\log \frac{\sigma_r}{\mu_r f^3 r^2}(\text{dB}) \tag{6-26b}$$

在图 6-13 中,标有"电场"的曲线是由式(6-26b)得到的,距离铜屏蔽层的 r 为 1m 和 30m。公式和曲线表示只产生电场的点源在指定距离的反射损耗。然而一个实际的电场源,除了电场外,还有一些小的磁场成分。因此,在图 6-13 中反射损耗曲线介于电场线和平面波线之间。因为通常情况下,我们不知道实际源落在这两条线之间的哪个位置,平面波计算(式(6-23b))通常用于计算电场反射损耗。实际反射损耗将等于或大于式(6-23b)的计算结果。

6.5.4 磁场的反射损耗

假设 $r < \lambda/2\pi$,磁场点源的波阻抗可由下列公式近似:

$$|Z_w|_m = 2\pi f \mu r \tag{6-27}$$

其中,r 是从源到屏蔽体的距离,μ 是磁导率,将式(6-27)代入式(6-22),可得到反射损耗

$$R_m = 20\log \frac{2\pi f \mu r}{4|Z_s|}(\text{dB}) \tag{6-28}$$

或代入自由空间的 μ 值,得

$$R_m = 20\log \frac{1.97 \times 10^{-6} fr}{|Z_s|}(\text{dB}) \tag{6-29a}$$

其中,r 单位为 m。将式(6-5d)代入 $|Z_s|$,重新整理式(6-29a),得

$$R_m = 14.6 + 10\log \frac{fr^2 \sigma_r}{\mu_r}(\text{dB})^* \tag{6-29b}$$

其中,R 的单位为 m。

图 6-13 中标记"磁场"的曲线是由式(6-29b)得到的,距离铜屏蔽层的层 r 为 1m 和 30m。

---

* 如果求解 R 时得到负值,用 $R=0$ 代替,并忽略多重反射系数 B。如果 R 的解是正值并接近 0,式(6-29b)出现很小的误差。出现误差是因为推导方程过程中假设 $Z_1 \gg Z_2$,而在这种情况下不满足。R 等于 0,误差是 3.8dB,随着 R 的增大误差减小。但是从实际应用角度,这个误差可以忽略。

式(6-29b)和图 6-13 表示只产生磁场的点源在指定距离的反射损耗。对于大部分实际磁场源,除了产生磁场外,还有一些小的电场,在图 6-13 中反射损耗曲线介于磁场线和平面波线之间。因为通常情况下,我们不知道实际源落在这两条线之间的哪个位置,式(6-29b)用于计算磁场的反射损耗。实际反射损耗将等于或大于式(6-29b)的计算值。

未知到源的距离,在低频段通常假设近区磁场反射损耗为零。

6.5.5　反射损耗的通用公式

忽视多重反射,通用的反射损耗公式可以写为

$$R = C + 10\log\left(\frac{\sigma_r}{\mu_r}\frac{1}{f^n r^m}\right) \tag{6-30}$$

其中,常量 C、n 和 m 在平面波、电场和磁场中的取值,分别列于表 6-3 中。

表 6-3　式(6-30)中的常量取值

场 的 类 型	C	n	m
电场	322	3	2
平面波	168	1	0
磁场	14.6	−1	−2

对于平面波,式(6-30)和式(6-23b)是等价的;对于电场,等价于式(6-26b);对于磁场,等价于式(6-29b)。式(6-30)表示反射损耗是屏蔽材料的电导率与磁导率比值的函数。

6.5.6　薄屏蔽层内的多重反射

如果屏蔽层较薄,第二个边界的反射波是从第一个边界透射过来的,到第二个边界再次反射,如图 6-14 所示。对于较厚的屏蔽层,由于吸收损耗高,这次反射可以忽略。当波第二次到达第二个边界时,幅度可以忽略,因为波已穿过厚的屏蔽层三次。

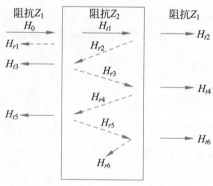

图 6-14　薄屏蔽层内的多重反射:在每次反射中部分波在第二个界面透射

对于电场,大部分入射波在第一个边界被反射,只有小部分进入屏蔽层。这可以由式(6-14)和 $Z_2 \ll Z_1$ 得到。因此,对于电场,屏蔽层内的多重反射可以忽略不计。

对于磁场,当 $Z_2 \ll Z_1$ 时,大部分入射波在第一个边界处进入屏蔽层,如式(6-15)所示。透射波的幅度基本是入射波的 2 倍。屏蔽层内有这么大幅度的磁场,多重反射的影响必须考虑。

在厚度为 t、趋肤深度为 δ 的屏蔽层内,磁场的多重反射损耗修正因子为

$$B = 20\log(1 - e^{-2t/\delta})\,(\mathrm{dB})^* \tag{6-31}$$

图 6-15 是修正因子 B 随 t/δ 变化的曲线。注意到,修正因子为负数,表明薄屏蔽层因多重反射屏蔽效果降低(小于式(6-30)的预测)。

---

* 这个公式的推导见附录 C。

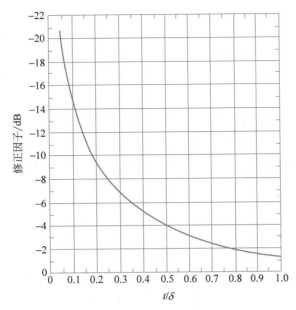

图 6-15　薄屏蔽层磁场多重反射损耗修正因子 B 随 t/δ 变化的曲线。对于非常小的 t/δ，

　　　　 B 的值见表 C-1

6.6　综合吸收损耗和反射损耗

6.6.1　平面波

平面波在远场总的损耗是吸收损耗与反射损耗之和，如式(6-8)所示。对于平面波，多重

反射损耗修正因子 B 通常忽略不计，这是因为反射损耗很大而修正项很小。如果吸收损耗大于 1dB，则修正项小于 11dB。如果吸收损耗大于 4dB，则修正项小于 2dB。

图 6-16 表示厚 0.02in 的完整铜屏蔽层总的衰减或屏蔽效能。可以看出，反射损耗随频率的增加而降低，因为屏蔽层的阻抗 Z_s 随频率的增加而增加。但是，吸收损耗却随频率的增加而增加，因为趋肤深度减小了。最低屏蔽效能出现在一些中间频率，如图中的 10kHz。从图 6-16 可知，对于低频平面波，衰减主要是反射损耗；而在高频时，衰减主要是吸收损耗。

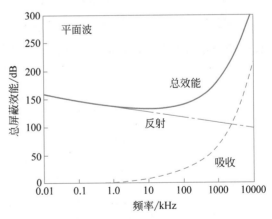

图 6-16　厚 0.02in 的铜屏蔽层在远场的屏蔽效能

6.6.2　电场

对于电场，总的损耗是吸收损耗(式(6-13))与反射损耗(式(6-26))之和，如式(6-8)所示。在电场情况下，多重反射损耗修正因子 B 通常忽略不计，因为反射损耗很大而修正项很小。低频时，反射损耗是电场的主要屏蔽机制；高频时，吸收损耗是电场的主要屏蔽机制。

6.6.3　磁场

对于磁场,总的损耗是吸收损耗(式(6-13))与反射损耗(式(6-29))之和,如式(6-8)所示。如果屏蔽层较厚(吸收损耗>9dB),多重反射损耗修正因子 B 可以忽略。如果屏蔽层较薄,式(6-31)或图 6-15 中必须考虑修正因子。

在近场,低频磁场的反射损耗很小。由于多重反射,这种影响在薄屏蔽层内更显著。磁场的主要损耗是吸收损耗。因为低频时吸收损耗和反射损耗都很小,总的屏蔽效能很低。因此,低频磁场很难屏蔽。低频磁场的防护措施是通过低磁阻的磁分流路径分流被保护电路周围的场,这种方法如图 6-17 所示。

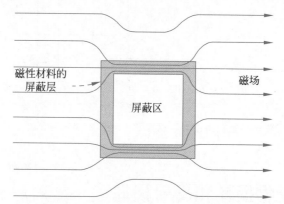

图 6-17　磁性材料为磁场提供低磁阻磁路,在屏蔽区周围分流磁场

6.7　屏蔽方程小结

图 6-18 显示了厚 0.02in 的完整铝屏蔽层对电场、平面波和磁场的屏蔽效能。由图可以看出,除低频磁场外都有很好的屏蔽效能。

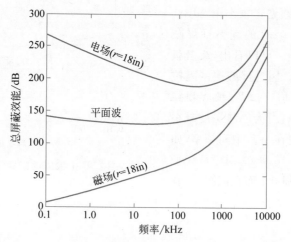

图 6-18　厚 0.02in 的完整铝屏蔽层对电场、平面波和磁场的屏蔽效能

在高频段(高于 1MHz),对 3 种类型的场吸收损耗都占主导地位。在大部分实际应用中,任何厚度的完整屏蔽层都可提供所需的屏蔽效能。

图 6-19 是在不同条件下求解屏蔽效能的公式小结。不同条件下完整屏蔽层提供屏蔽效能的定性综述在本章末尾的总结中给出(见表 6-9)。

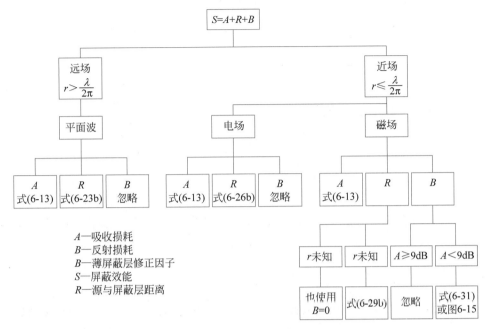

图 6-19 屏蔽效能小结,不同条件下屏蔽效能的计算公式

6.8 用磁性材料屏蔽

如果用磁性材料代替良导体作屏蔽层,那么,磁导率增加,电导率减小,产生以下影响。

(1) 增加了吸收损耗,因为对于大多数磁性材料磁导率的增加大于电导率的减小(见式(6-13))。

(2) 减小了反射损耗(见式(6-30))。

通过屏蔽层的总的损耗是吸收损耗与反射损耗之和。对于低频磁场的情况,反射损耗很小,吸收损耗是主要屏蔽机制。在这种条件下,使用磁性材料有利于增加吸收损耗。对于低频电场或平面波,主要屏蔽机制是反射损耗。因此,使用磁性物质会降低屏蔽效果。

使用磁性材料作为屏蔽层,必须考虑以下 3 个常被忽视的性能。

(1) 磁导率随频率的增加而减小。

(2) 磁导率依赖于场强。

(3) 高磁导率磁性材料加工可能会改变其磁性能,如镍铁合金。

大多数磁性材料给出的磁导率是静态或直流(DC)下的磁导率。随着频率的增加,磁导率减小。通常直流磁导率越大,磁导率随频率的增大减小得越快。图 6-20 表示了不同磁性材料的磁导率随频率的变化。可以看出,尽管镍铁合金(一种镍、铁、铜、钼合金)的直流磁导率为冷轧钢的 13 倍,但在 100kHz 时,磁导率并未优于冷轧钢板。频率在 10kHz 以下时,高磁导率材料对磁场屏蔽是最有效的。

高于 100kHz 时钢逐渐开始失去导磁性。表 6-4 列出了钢的相对磁导率在不同频率下的典型值。

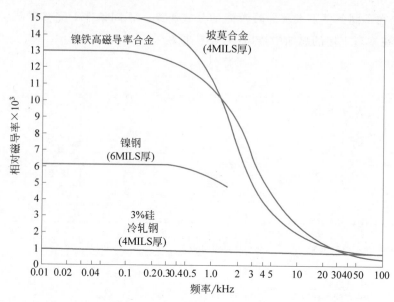

图 6-20 不同磁性材料的磁导率随频率的变化

表 6-4 钢的相对磁导率与频率的关系

频　率	相对磁导率	频　率	相对磁导率
100Hz	1000	10MHz	500
1kHz	1000	100MHz	100
10kHz	1000	1GHz	50
100kHz	1000	1.5GHz	10
1MHz	700	10GHz	1

　　高频时以吸收损耗为主,如式(6-13)所示,吸收损耗是磁导率与电导率乘积平方根的函数。对于铜,相对磁导率和相对电导率的乘积为1。由于钢的电导率大约是铜的1/10(表6-1),当相对磁导率下降为10时,相对磁导率与相对电导率的乘积仍为1。对于钢,这种情况出现在频率为1.5GHz时(表6-4)。因此,高于此频率,钢的实际吸收损耗小于铜,因为磁导率不够大,不足以抵消钢较小的导电率。

　　作为屏蔽层的磁性材料的有效性随磁场强度 H 改变。图6-21是一个典型的磁化曲线。静态磁导率是 B 和 H 的比值。可以看出,最大磁导率也就是最大屏蔽效能,出现在中等场强时。较高和较低的场强,磁导率均较低,屏蔽效果较差。高场强的屏蔽效果取决于磁饱和度,饱和度取决于材料的类型和厚度。在饱和度以上的磁场强度时,磁导率迅速降低。通常磁导率越大,磁饱和的磁场强度越低。大多数磁性材料说明书会给出最佳频率和磁场强度下的最佳磁导率,这样的说明书可能会产生误导。

　　为避免磁饱和现象,可以使用多层磁屏蔽,一个例子如图6-22所示。第一屏蔽层(低磁导率材料如钢)处于较高的磁饱和水平,第二屏蔽层(高磁导率材料如镍铁合金)处于低磁饱和水平。第一屏蔽层将磁场的幅度降低到某一值,不会使第二屏蔽层磁饱和,然后第二屏蔽层提供大部分的磁场屏蔽。这些屏蔽层也可以使用导体,如使用铜作为第一屏蔽层,使用磁性材料作为第二屏蔽层。低磁导率、高饱和度的材料通常作为靠近磁场源的屏蔽层。在一些困难的情况下,为获得所需的磁场衰减需要另加屏蔽层。多层屏蔽的另一个优点是增加的反射面会增加反射损耗。

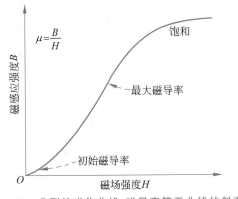

图 6-21　典型的磁化曲线,磁导率等于曲线的斜率

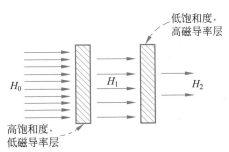

图 6-22　多层屏蔽用于避免磁饱和现象

对一些高磁导率材料,如镍铁合金或坡莫合金,进行加工,可能降低它们的磁性能。材料跌落或受到冲击,也会如此。所以必须在材料加工或成型后再退火,以恢复其磁性能。

6.9　实验数据

不同类型金属片低频磁场屏蔽效果的磁场衰减实验数据如图 6-23 和图 6-24 所示。在源和接收器距离 0.1in 的近场进行测量,屏蔽层厚度为 3～60mils(in×10^{-3}),测试频率范围为 1～100kHz。图 6-23 清楚地表明在 1kHz 时钢比铜磁场屏蔽效果好,在 100kHz 时,钢只比铜的效果稍好。但是,在 100kHz～1MHz 区间的某一频率以上,铜比钢的屏蔽效果好。

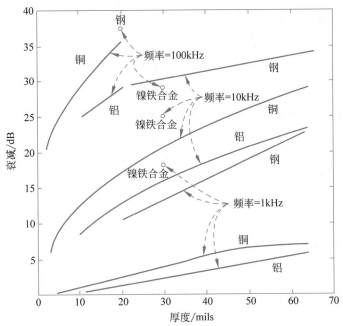

图 6-23　不同类型金属片低频磁场屏蔽效果的磁场衰减实验数据

图 6-23 显示镍铁合金作为磁屏蔽层时频率的影响。在 1kHz 时镍铁合金比钢更有效;但在 10kHz 时钢比镍铁合金有效;在 100kHz 时钢、铜、铝都优于镍铁合金。

图 6-24 中,利用图 6-23 中的一些数据绘出薄铜和铝屏蔽层从 1kHz 到 1MHz 不同频率的磁场衰减。

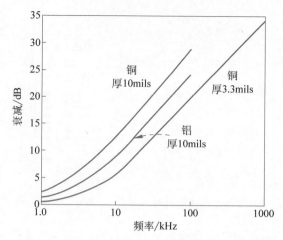

图 6-24　薄铜和铝屏蔽层不同频率的磁场衰减实验结果

总之,一种磁性材料,如钢或镍铁合金,对低频磁场的屏蔽效果比良导体(如铝或铜)好。然而在高频段,良导体的磁屏蔽效果更好。

完整的非磁性屏蔽层的屏蔽效能随频率增加而增加。因此,屏蔽效能的测量应在关注频段的最低频率进行。磁导率随频率增加而下降,导致磁性材料的屏蔽效果随频率的增加而降低。因为频率增加通过孔隙的泄漏会增大,非完整屏蔽层的屏蔽效能也会随着频率增加而降低。

6.10　孔隙

本章前面已经假设为完整的屏蔽层,没有孔隙。可以看出,除了低频磁场,超过100dB的屏蔽效能容易地获得。但是,实际大多数屏蔽层都是不完整的,一定会有盖板、门、电缆孔、通风口、开关、显示器、接缝和缝隙。这些孔隙都会明显降低屏蔽效能。作为实际问题,在高频段,更关注孔隙的泄漏,而不太关注屏蔽材料固有的屏蔽效能。

孔隙对磁场的泄漏比对电场的泄漏影响更大。因此,给出减少磁场泄漏的方法尤为重要。在几乎所有情况下,这些方法也可用于减少电场的泄漏。

孔隙的泄漏量主要取决于以下三方面因素。

(1) 孔隙的最大线性尺寸,而不是面积。

(2) 电磁场的波阻抗。

(3) 场的频率。

最大线尺寸而不是面积决定孔隙泄漏量的事实,可以直观地使用电路理论方法求解屏蔽问题。在这种方法中,入射的电磁场在屏蔽体中产生感应电流,该电流产生一个附加的场。这个新场在某些空间区域抵消原来的场,特别是屏蔽体上对着入射场一侧的区域。为了能够相互抵消,感应屏蔽电流必须以它被感应时未被扰动的方式流动。如果孔隙迫使感应电流沿不同的路径流动,则生成的场无法完全抵消原来的场,而其屏蔽效能会降低。电流被迫绕行得越多,屏蔽效能下降得也越多。

图 6-25 显示了孔隙如何影响感应屏蔽电流。图 6-25(a)为不含孔隙的屏蔽体的一部分,

也显示了感应屏蔽电流。图 6-25(b)显示了一个矩形缝隙是如何使感应电流绕行而产生泄漏的。图 6-25(c)显示了一个同样长但更窄的缝隙。这个窄缝隙尽管开口面积小很多,它与图 6-25(b)所示的宽缝隙对感应电流具有几乎相同的影响,因此产生相同的泄漏。图 6-25(d)显示出一组小孔,比图 6-25(b)所示的缝隙对电流有少得多的弯曲效果,因此产生了很少的泄漏,即使两种孔隙的总面积相同。由此可以看出,多个小孔比总面积相同的大孔产生的泄漏少。

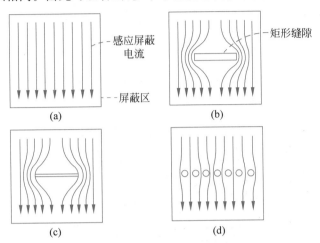

图 6-25　屏蔽不连续性对磁感应屏蔽电流的影响

图 6-25(b)和图 6-25(c)所示的矩形缝隙形成了缝隙天线(Kraus 和 Marhefka,2002),即使很窄,如果其长度大于 1/10 波长,也能产生相当多的泄漏。缝隙和接缝通常形成有效的缝隙天线。当缝隙天线最大线性尺寸等于 1/2 波长时,辐射最大。

根据缝隙天线理论,我们可以确定单孔隙的屏蔽效能。因为当缝隙天线的最大线尺寸等于 1/2 波长时,成为最有效的辐射体,我们可以定义这个尺寸的屏蔽效能为 0dB。随着孔隙的变短,辐射效能将以每 10 倍长度 20dB 的速率下降,因此屏蔽效能将以同样的速率增加。因此,对于一个最大线性尺寸等于或小于 1/2 波长的孔隙,以 dB 表示的屏蔽效能为

$$S = 20\log \frac{\lambda}{2l} \tag{6-32a}$$

其中,λ 是波长,l 是孔隙的最大线性尺寸。式(6-32a)可改写为

$$S = 20\log \frac{150}{f_{\text{MHz}} l_{\text{meters}}} \tag{6-32b}$$

解出式(6-32b)中孔隙的长度为

$$l_{\text{meters}} = \frac{150}{10^{S/20} f_{\text{MHz}}} \tag{6-33}$$

其中,S 是以 dB 表示的屏蔽效能。

缝隙天线理论表明,一个缝隙天线辐射的幅度和模式与其互补的天线是相同的,除了电场和磁场互换,极化旋转 90°(Kraus 和 Marhefka,2002 p.307)。互补天线是一种内部组件互换的天线。因此,空气(缝隙)被金属代替,而切割出缝隙的金属被空气代替,如图 6-26 所示。缝隙天线的互补天线是偶极子天线。

图 6-27 所示不同长度缝隙的屏蔽效能与频率的关系。式(6-32)和图 6-27 表示仅有一个缝隙的屏蔽效能。在控制商业产品的缝隙长度时,最好避免缝隙大于波长的 1/20(提供 20dB

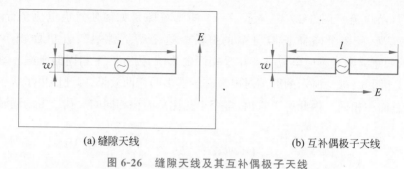

(a) 缝隙天线　　　　　　　　　　　　　　(b) 互补偶极子天线

图 6-26　缝隙天线及其互补偶极子天线

屏蔽效能）。表 6-5 给出了不同频率等效于 1/20 波长的最大缝隙长度。

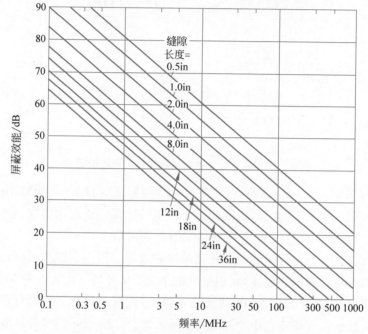

图 6-27　不同长度缝隙的屏蔽效能与频率的关系

表 6-5　对于 20dB 屏蔽效能不同频率下的最大缝隙长度

频率/MHz	最大缝隙长度/in	频率/MHz	最大缝隙长度/in
30	18	500	1.2
50	12	1000	0.6
100	6	3000	0.2
300	2	5000	0.1

6.10.1　多孔隙

一个以上孔隙将会减小机壳的屏蔽效能。减小的量取决于：①孔隙数量；②频率；③孔隙间隔。

对于一个紧密间隔的线性阵列孔隙，屏蔽效能的减小量与孔隙数量（n）的平方根成比例。因此，用分贝表示多个孔隙的屏蔽效能为

$$S = -20\log\sqrt{n} \qquad (6\text{-}34a)$$

或者

$$S = -10\log n \tag{6-34b}$$

式(6-34)应用于相同大小和紧密间隔的线性阵列孔隙,阵列的总长度小于波长的1/2。注意,式(6-34)中的 S 是一个负数。

孔隙大小相等的线性阵列的有效屏蔽效能等于一个孔隙的屏蔽效能(式(6-32b))加上多个孔隙的屏蔽效能(式(6-34a)),即

$$S = 20\log \frac{150}{f_{\text{MHz}} l_{\text{meters}} \sqrt{n}} \tag{6-35}$$

分布于不同表面的孔隙不会减小总的屏蔽效能,因为它们向不同的方向辐射。因此,产品各表面分布的孔隙对于减少任意方向上的辐射是有益的。

表 6-6 显示了基于式(6-34)的多个孔隙减小屏蔽效能的情况。

表 6-6　屏蔽效能减小与孔隙数量的关系

孔 隙 数 量	S/dB	孔 隙 数 量	S/dB
2	-3	20	-13
4	-6	30	-15
6	-8	40	-16
8	-9	50	-17
10	-10	100	-20

式(6-34)适用于紧密排列的线性孔隙阵列,如图 6-28(a)所示。它不能直接应用于二维孔隙阵列,如图 6-28(b)所示。然而,如果仅考虑第一排的孔,则式(6-34)适用,因为它是紧密排列的线性孔隙阵列。第一排的孔产生的场感应出屏蔽电流,沿着孔隙流动,如图 6-25(d)所示,因此减小了屏蔽效能。

(a) 3个近距的线性矩形孔隙阵列

(b) 36个圆孔的二维孔隙阵列

图 6-28　线性孔隙阵列和二维孔隙阵列

如果现在增加第二排孔,它不会产生任何附加电流绕行;因此第二排孔对屏蔽效能不会产生任何附加的负面影响,第三排到第六排孔的情况相同。因此,图 6-28(b)中只需要考虑第一排的 6 个孔。这种方法只是近似的,但是经验表明对于其他复杂的问题,这种设计方法是合理的,可将式(6-34)应用于二维孔隙阵列。关于多孔隙更详细的分析,见 Quine(1957)的论文。

通常将式(6-34)用于二维孔隙阵列时,要确定排列在一条直线上的孔的最大数目,无论是水平、垂直还是对角线的,仅使用最大数目 n。例如,在 6×12 的 72 孔隙阵列的情况下,n 应该等于 12,因为多孔原因屏蔽效能会减少 11dB。

6.10.2　接缝

接缝是一条狭长的窄缝,它可能会也可能不会沿缝隙有电接触。

有时很难想象一个缝可以作为辐射结构,因为它的尺寸太小了,可能仅仅是 1in 的几千分之一。如前所述,通常可以想象,缝隙产生的辐射幅度将与它的互补天线相同。

狭长缝的互补是一条细长的线,看起来很像一个有效的天线——偶极子天线。这个概念清楚地表明,为什么确定辐射发射时缝隙长度比面积更重要。缝隙长度表示等效互补偶极子天线的长度。如果缝隙长度约等于波长的 1/2,就会变成一个有效的天线。因此,为减小等效

天线的长度,必须保证每隔一小段沿缝隙有电接触点。可将具有周期性接触点的缝隙看作紧密排列的线性孔隙阵列。

沿着缝隙的长度,每隔一小段距离必须有牢固的电接触点以提供所需的屏蔽效果。接触点可以通过使用以下方法获得:①多个紧固件;②接触纽扣;③接触指;④导电衬垫。沿着缝隙的连续电接触虽然令人满意,但除非需要严格的屏蔽或很高的频率,一般不是必需的。

一个恰当设计的接缝会在配件之间提供良好的电连续性。跨越缝隙的转移阻抗在所需频率范围内应为 5mΩ 左右,而且不应该随着时间和老化明显增加。汽车工程师协会(SAE)标准 ARP 1481 建议的缝隙阻抗是 2.5mΩ。对于转移阻抗的讨论见 6.10.3 节。

使配件表面之间具有低接触电阻的措施主要有:

(1)具有导电的表面或涂层。

(2)施加足够的压力。

缝隙两边的材料都必须具有导电性。虽然大多数裸露的金属最初能提供很好的低阻抗表面,但不加防护涂层会被氧化、阳极氧化或腐蚀,这些都会急剧增加表面阻抗。此外,在存在一定空气湿度的情况下,如果两种不同的金属接触,会形成一个原电池并发生电化学腐蚀(见 1.12.1 节)。避免这种情况的一种方法是接缝的两个接触表面使用同一种金属。

在产品的整个使用期,大多数金属需要导电膜来提供低的接触阻抗。一些可接受的金属导电涂层见表 6-7。性能好的导电涂层材料位于该表的上部,表下部的材料屏蔽性能下降。这个表格假设两个接触表面是一样的,注意大多数材料需要 100~200psi 的压力以获较好的性能。黄金和锡都很软且具有延展性,产生低阻抗连接时,需要的压力比其他导电涂层小。

表 6-7　金属导电涂层(按性能顺序列表)

薄　　膜	压力/psi	耐老化性能
金	<5	极好
锡	<5	极好
电镀(锌)	50~60	较好
镍	>100	较好
热浸(铝-锌)	>100	好
镀锌	>100	好
不锈钢(钝化)	>100	较好
铝(未处理)	>200	中
铝镀透明铬酸盐	>200	中
铝镀黄色铬酸盐	>200	中/差

金作为贵金属具有低的接触电阻,且在大多数环境中较为稳定。金的延展性较强,只需要较小压力获得低阻抗连接。金的缺点是其价格高。在高可靠性设计中,通常使用金且其能适用于几乎所有环境。厚 $50\mu in$ 的金涂层通常就已足够。金通常镀在 $100\mu in$ 的镍上以阻止金扩散到基体金属中。在一个接缝中,金与镍、银和不锈钢是电化学兼容的。兼容意味着这些材料可以一起用于接缝中,自始至终保持低阻抗连接,当压力足够时无须其他处理。但是,除非环境湿度可控,否则金与锡不能兼容。

锡同样具有低的接触电阻且在大多数环境中很稳定。锡延展性很强,压力在 5psi 以上不再降低接触阻抗。锡的性能几乎和金一样,但价格低得多,且能适用于几乎所有环境。在接缝中,锡与镍、银、不锈钢和铝在电化学上能兼容,但金除外。

锡最主要的缺点是可能生长金属晶须。晶须是从某些金属表面长出的微小晶体。晶须极小,直径为几微米,长为 $50\sim100\mu m$。它们可能从表面折断并导致电子设备短路。

锡表面上金属晶须的生长可通过以下技术消除或减少（MIL-HDBK-1250，1995）。

（1）使用厚的镀层。

（2）使用热浸锡而不是电沉积锡。

（3）回流镀锡以消除应力。

（4）将环境的湿度降到最低。

（5）使用有 $2\% \sim 5\%$ 共沉积铅的镀锡。

（6）避免使用有机抛光剂。

在大多数环境中镍也很稳定，适当的压力会产生低的接触电阻。因为镍是硬的，需要 100psi 或更大的压力。镍和锡、不锈钢、银和金在接缝上是电化学兼容的。

在很多低价格商业产品和医用电子产品中，普遍使用不锈钢。常用的价格较低的镀锡或镀镍的替代选择是钢，因为避免了二次电镀。虽然不锈钢的导电性比铝或钢差，当用于接缝时，只要有足够的压力，大多数环境中其固有的表面稳定性弥补了其导电性的减少。在大多数应用中，它不需要额外的处理或涂层。在接缝中，不锈钢与锡、镍和金是电化学兼容的。

暴露在空气中未经处理的铝将会形成一层很薄的初始氧化物，它很稳定，厚度有限并具有良好的耐腐蚀性。虽然这层膜不具有导电性，但如果使用足够的压力，很容易被穿透获得导电性。在接缝中未经处理的铝可与锡兼容。

铬酸盐涂层通常用于保护金属，使铝或镁合金免受腐蚀。处理过程包括第一次酸蚀铝和使用强氧化剂，产生表面的化学变化（氧化），结果在表面上形成一种极薄的薄膜（一般只有几 μin 厚），这些薄膜不导电。为使两个接触面有良好的电接触，必须穿透不导电的铬酸盐表面膜。穿透程度是铬酸盐薄膜厚度的函数，其不容易控制，也不容易测量，只能通过颜色观察。随着厚度的增加，涂层的颜色从透明到黄色、绿色和棕褐色，颜色不断加深。厚涂层的抗腐蚀性和电阻增大。

表 6-8 列出了铬酸盐涂层的分类（ASTM B 449，1994）。

表 6-8 铬酸盐涂层的分类

级　别	外　观	腐蚀保护度
1	黄色至棕褐色	大
2	黄色	中
3	透明	最小
4	浅绿色至绿色	中

只有透明和某些条件下的黄色铬酸盐涂层可作为电接触连接。按照 MIL-STD-C-5541E，第三类涂层选择透明的铬酸盐涂层是最好的。MIL-STD-C-5541E 第三类涂层要求，当使用 200psi 的电极压力测量时，初始表面电阻不大于 $5m\Omega/in^2$；盐雾暴露 168 小时以后不超过 $10m\Omega/in^2$。与此对比，深棕色和绿色涂层的表面电阻超过 1000Ω。

Alodine® 和 Iridite™ 是两种可用于铬酸盐转化处理的商标名称。*

除涂层厚度之外，对铬酸盐涂层接触电阻同样重要的其他变量如下。

（1）压力。

（2）表面粗糙度。

---

　* Alodine 是 Henkel Surface Technologies，Madison Heights，MI 的注册商标。Iridite 是 MacDermid Industrial Solutions，Waterbury，CT 的注册商标。

（3）结合件表面的平整性。

接触电阻将会随着压力、表面粗糙度和表面平整度的增加而减小。

在缝隙中,有一层透明铬酸盐膜的铝与锡和镍是电化学兼容的。

镁合金铸件常用于许多小的轻便电子设备中,如数码照相机。镁在这些应用中的优点是重量轻且流动性强。这使薄壁铸造需要的脱模斜度最小,尺寸准确度最高。当涉及缝隙时,镁的问题是非常易受腐蚀。它在所有结构金属中最不贵重,并出现在表 1-13 中的电化学序列阳极端(与金相对的一端)。如果黄金是用于连接点的最好金属,那么镁就是最差的。镁很容易被腐蚀,能够满足大多数环境的唯一的表面处理方式是镀厚度最小为 0.001in 的锡(APR 1481,1978)。

仅有两种导电金属接触不足以提供低阻抗连接,机械设计中必须提供接触面间足够的压力,接缝设计中可以通过紧固件或某种弹簧压力实现。即使在最差的公差尺寸和产品老化条件下,设计也必须确保压力。大多数表面涂层需要 100psi 或更大的压力。

如果使用导电衬垫,它能提供需要的压力,弥补由于机械公差在接缝设计中出现的间隙。然而,仍然需要提供足够的压力,正如衬垫制造商详细说明的那样。

6.10.3　转移阻抗

一个缝隙或接缝的屏蔽效能是一个很难准确测量的参数,因为它涉及复杂的包含许多变量的辐射发射测试。一个更好的、更可靠的、更具重复性的评价屏蔽配件之间电接触质量的方法是测量其转移阻抗。将转移阻抗作为测量屏蔽电缆有效性的依据起源于 75 年前,见 2.11 节(Schelkunoff,1934)。其后,此概念延伸到评价屏蔽箱上接缝的影响(Faught,1982)。

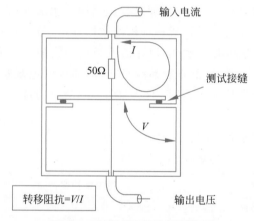

图 6-29　同轴转移阻抗测量装置

最基本的,转移阻抗测量需已知高频电流流过接缝产生的电压,电压与电流的比值就是转移阻抗。使用带有跟踪源和如图 6-29 所示的合适的同轴转移阻抗测量装置的频谱分析仪,测试样品的转移阻抗可以利用一个宽频频谱仪很容易地测量[*]。

屏蔽效能与测量的转移阻抗的倒数成正比。屏蔽质量(近似于屏蔽效能)在 SAE ARP 1705 中被定义为入射波阻抗 Z_W 与转移阻抗 Z_T 的比值,因此得出转移阻抗和屏蔽效能的关系为

$$S = 20\log \frac{Z_W}{Z_T} \tag{6-36a}$$

对于平面波,式(6-36a)可变为

$$S = 20\log \frac{377}{Z_T} \tag{6-36b}$$

图 6-30 所示为不同金属的各种组合加速老化之前和之后测量的转移阻抗数据(Archam-

---

[*]　测量是简单的,但测量装置不简单。完整的测量装置包括测量固定装置本身,在测试频率范围内通常高达 1GHz,必须保持 50Ω 的阻抗并防止测量系统中产生的反射给测量带来误差。

beault,Thibeau,1989）。这种老化是有意模拟暴露于一个典型的商业产品环境中 5~8 年的影响。样品放在含有 10ppb 氯气、200ppb 一氧化氮和 10ppb 硫化氢,温度和湿度都受到控制的环境中老化 14 天。

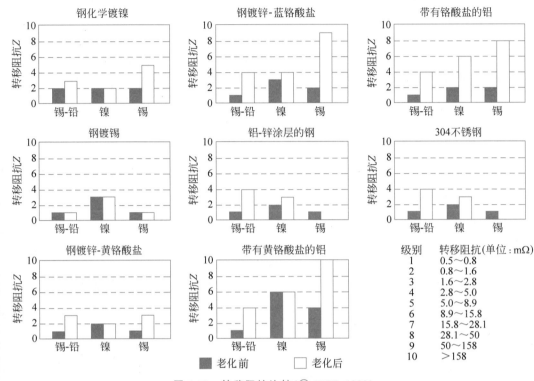

图 6-30　转移阻抗比较(© IEEE,1989)

每一幅图表都是镀一层金属,配用 3 种不同的导电衬垫。衬垫是镀锡、镀镍和镀锡铅的铍铜指形簧片。黑色条表示老化前的转移阻抗,白色条表示老化后的转移阻抗。当使用铝-锌镀钢或者不锈钢时,镀锡衬垫老化之后未得到有效数据。

虽然这个试验测量了频率范围为 1MHz~1GHz 的测试样品的转移阻抗,图 6-30 只画出了情况最差的阻抗。注意纵轴表示的是比值而不是实际转移阻抗。图中列出了每个比值对应的转移阻抗的范围。

使用 $5m\Omega$ 或更小的转移阻抗标准等效于图 6-30 中柱状图纵轴的读数 4 或更小。注意镀锡钢是唯一的转移阻抗不随老化而增加的材料。

接缝的阻抗由一个电阻和一个电容性元件并联组成,如图 6-31(a)所示。电阻是配件之间的实际电接触产生的,它主要取决于表面镀层和压力。电容不需要实际电接触,它取决于缝隙的宽度和表面积。设计一个具有凸缘或者重叠的接缝(图 6-31(b)),相对于图 6-31(a)所示的对接接头,有利于增大电容。

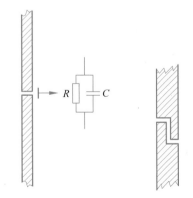

(a) 缝隙的阻抗由一个电阻和一个电容性元件组成　　(b) 接缝重叠增大接合处的电容

图 6-31　接缝的阻抗

然而仅仅增大电容而没有在配件之间为电接触提供足够的压力,是不足以产生低阻抗接缝的。如前所述,屏蔽效果好的接缝的转移阻抗不应大于几毫欧。对于接缝来说,100pF 的电容是个很大的电容量,在 1GHz 频率时阻抗为 1.6Ω。这个结果几乎比几 mΩ 大 3 个数量级;因此增加的电容不能有效降低接缝阻抗,因为它对总连接阻抗的影响很小。

6.11　低于截止频率的波导

如果孔有一定的深度,就会形成一个波导,可通过孔隙获得额外的衰减,如图 6-32 所示。波导具有一个截止频率,低于这个频率它就变成了衰减器。圆波导的截止频率为

$$f_c = \frac{6.9 \times 10^9}{d}(\text{Hz}) \tag{6-37}$$

其中,d 是直径,单位是 in。对于矩形波导,截止频率为

$$f_c = \frac{5.9 \times 10^9}{l}(\text{Hz}) \tag{6-38}$$

其中,l 是波导横截面最大的尺寸,单位是 in。

工作频率远小于截止频率时,圆波导(Quine,1957)的磁场屏蔽效能为

$$S = 32\frac{t}{d}(\text{dB}) \tag{6-39}$$

其中,d 是直径,t 是孔的深度,如图 6-32 所示。矩形波导(Quine,1957)的屏蔽效能为

$$S = 27.2\frac{t}{l}(\text{dB}) \tag{6-40}$$

l 是孔隙横截面的最大线尺寸,t 是孔隙的长度或深度。

除了孔隙的尺寸(式(6-32b)),屏蔽效能由式(6-39)或式(6-40)确定,一个长度是直径 3 倍的波导将产生接近 100dB 的屏蔽效能。

这种原理应用的典型例子是蜂巢通风面板,如图 6-33 所示。安装好后,整个面板的周围必须与底板有良好的电接触。孔隙的最大尺寸一般为 1/8in,面板厚度通常为 1/2in,t/d 为 4,波导会产生 128dB 的屏蔽效能。

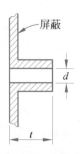

图 6-32　孔形成一个波导的截面,
　　　　　直径为 d,深度为 t

图 6-33　蜂巢通风面板,后视图显示的 EMI 衬垫安装在机壳上
　　　　　保持电接触(MAJR Products Corp. 提供)

6.12　导电衬垫

理想的屏蔽是一个没有孔隙的连续导电外壳,如法拉第笼。用连续焊接、铜焊或者锡焊的接缝会产生最好的屏蔽效果。接缝使用铆钉和螺钉不很满意,但是通常更实用。如果使用螺钉,间距应根据实际情况尽量紧密。接触点之间的距离应使形成缝的最大尺寸处于屏蔽等级需要的长度范围内。如果需要的螺钉间距太小,就必须考虑使用电磁干扰(EMI)衬垫。

EMI衬垫最主要的功能是在缝隙的两个配件部分之间提供导电路径。EMI衬垫和机壳上适当的表面镀层结合会在配件部分之间提供良好的电连续性,使接触点的阻抗减至最小并增强机壳屏蔽效果。记住,EMI衬垫通过在缝隙之间提供一个低阻抗导电路径工作,而不是仅仅填满接缝引起的缝隙。

一些常见的EMI衬垫包括导电橡胶、金属指形簧片、丝网、螺旋丝带和导电织物包覆泡沫。更新的衬垫包括钢丝编织物,在特定位置成形并模切。每种衬垫都有优点和缺点。衬垫可应用于各种横截面的设计,以及各种材料和表面镀层,包括锡、镍、铍铜合金、银、不锈钢等。导电性黏合剂、填充剂和密封剂也是可用的。图6-34为一些不同类型的EMI衬垫样本。

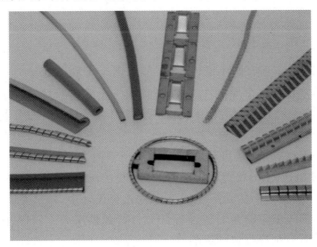

图 6-34　不同类型的 EMI 衬垫样本

6.12.1　不同金属的连接

两种不同的金属连接在一起,就会形成一个迦伐尼电偶,如1.12.1节讨论的。因此衬垫的材料必须选择与配件表面电化学兼容的,将腐蚀减至最小。

锡、镍和不锈钢相互兼容,在接点或者缝隙中配在一起不会产生问题。当以100psi或更大的压力配合时,这些材料老化后将很接近其原始导电性。

铝的问题较多。铝与其自身及锡兼容,有一层透明或黄色铬酸盐镀层的铝也与镍兼容。

银与铝不能兼容。然而银通常用作导电织物包覆泡沫和导电橡胶衬垫上的导电材料。经验表明,银填充导电橡胶和银织物包覆泡沫的衬垫的电化学性能表现与纯银不一样。它们的电化学腐蚀比预想的更少,尤其是当与铝配合使用时。衬垫制造商的数据应用于确定这些衬垫与不同金属的兼容性。

指形簧片EMI衬垫通常由铍铜合金制成,因为铍铜材料是弹性材料中最易导电的。然而,铍铜合金与其他材料不能兼容。因此,当使用铍铜合金指形簧片时,必须镀锡或镀镍,与外壳形成兼容的迦伐尼电偶。如果指形簧片与铍铜合金配合使用,就不需要电镀。

图 6-30 为不同迦伐尼电偶老化前、老化后测量的转移阻抗数据。汽车工程师协会操作规程建议 ARP 1481"机壳设计中的腐蚀控制和电导率"中包含更广泛的不同迦伐尼电偶组合的兼容性矩阵,几乎有 50 种金属、合金和镀膜,是在经验、试验和实践中发展而来的。

6.12.2　导电衬垫的安装

图 6-35 为在机壳与其盖板之间安装 EMI 衬垫的正确和不正确安装方法。衬垫必须在槽中并在螺钉内以防止螺钉孔四周泄漏。为了接点和缝隙处的电连续性,金属表面应该无涂漆、氧化物和绝缘薄膜。具有导电镀层的结合表面应受到保护以免受腐蚀。

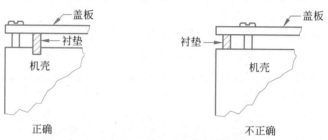

图 6-35　EMI 衬垫的正确和不正确安装方法

如果既要防护 EMI,又要防护环境,那么可能用两个单独的衬垫,或者 EMI 与环境衬垫的组合。组合垫圈通常包括一个导电性 EMI 衬垫和一个硅橡胶环境衬垫。如果同时安装了 EMI 衬垫和环境衬垫,无论是作为组合单元,还是两个独立的衬垫,EMI 衬垫都应安装在环境衬垫的里面。

对于薄的金属外壳,EMI 衬垫可利用图 6-36 中所示的方法安装。

在图 6-35 和图 6-36 所示的接缝设计中,EMI 衬垫被压缩,需要用螺钉或其他方法提供必要的压力,以适当地压缩衬垫。然而图 6-37 所示的接缝设计中,衬垫安装在陡直的板上,而又不用紧固件提供需要的压缩。装配时缝隙设计应自行提供压力。同样,图 6-37 所示的设计,缝隙的性能不受盖或面板精确位置的影响。

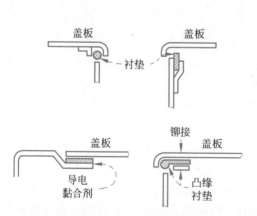

图 6-36　在金属外壳上安装 EMI 衬垫的
正确方法

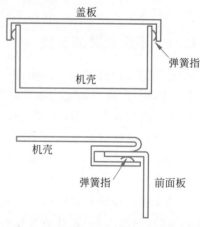

图 6-37　不需要紧固件的 EMI 衬垫安装方法,
安装衬垫是剪应力而不是压力

除了表面镀膜和安装方法,当选择 EMI 衬垫时也必须考虑下列因素。

- 需要的屏蔽等级。
- 环境(如空气条件、高湿度、盐雾等)。
- 压缩形变。
- 需要的压缩压力。
- 需要的紧固件间距。
- 衬垫附着的方法。
- 可维护性,打开和关闭的寿命等。

接缝设计必须提供足够的压力,适当地压缩衬垫材料,以保证低阻抗连接。然而,如果垫圈压缩过度则会永久变形并失去弹性,从而导致打开和关闭不能为垫圈提供足够的压缩。因此,必须避免压缩永久变形。

为避免压缩永久变形,机械限位必须设计到缝隙中以避免超过衬垫的最大压缩量,最大压缩量的典型值是垫圈直径或高度的90%。另一种方法是在凹槽中安装垫圈。当使用凹槽时,凹槽的深度和宽度都很重要。凹槽的横截面必须设计足够的空间以放置完全压缩的衬垫。虽然楔形榫头凹槽更贵,但在这种应用中使用通常非常有效。打开接缝时,一个恰当设计的楔形榫头凹槽能更有效地防止衬垫从凹槽上滑落。

大多数衬垫制造商设有优秀的应用工程部门,为预期应用中合适衬垫和表面镀层的选择方面提供咨询。

如果使用穿孔的薄片材料或者屏网覆盖大孔隙,网线之间应该有电连续性。另外,屏网的周边必须与外壳保持电接触。加网的目的是使电流流过孔隙,而不是仅覆盖孔。

在屏蔽中,导电衬垫也可安装在开关和控制器周围,可按照图 6-38 进行安装。

面板上大的开口用于安装仪表或液晶显示器(LCD),会完全破坏其他部分良好的屏蔽效果。如果仪表或 LCD 用在一个屏蔽面板上,应按图 6-39 所示安装,为仪表或显示器孔洞提供屏蔽。实际上,把屏蔽放在了显示器后面。所有进出显示器的导线必须被屏蔽或者滤波,以免影响屏蔽效果,正如第 3 章和第 4 章所讨论的。

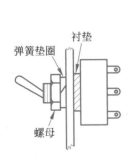

图 6-38　用 EMI 衬垫将开关安装在屏蔽面板上

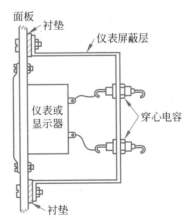

图 6-39　仪表或显示器在屏蔽面板上的安装方法

对于最佳屏蔽,用 EMI 衬垫代替常规环境衬垫的机壳应被认为是电密封的。

6.13 "理想"的屏蔽

若要设计理想的屏蔽,而无须考虑成本或设计的复杂性,可以使用磁性材料的屏蔽获得最大吸收损耗——钢将是一个很好的选择。为防止生锈并在任何接缝处具有良好的电连续性,可为钢镀上一种在大多数环境中稳定且具有低接触电阻的材料,如锡。为避免接缝处电磁场能量泄漏,除了机壳的盖,应焊接所有接缝,记住,不需要考虑成本。机壳的盖接缝不能焊接,以便安装和移除电子器件。

盖和机壳之间的接缝必须有一层导电表面镀层。已经应用于钢铁的镀锡就可以满足要求,简单且无任何额外花费。为获得最大的屏蔽效果,接缝的设计必须满足两个连接部件沿其长度方向有良好的电接触。接缝设计也必须提供高接触压力,配件之间应为 $100\sim200$psi 或更多。尽管成本不是问题,如果不需要垫圈或紧固件来保证电连续性,也很不错,给予盖和机壳之间一个合适的压力可能是一种可行的方法,尽管设计中不常见。

恭喜你,设计了"理想"的屏蔽,也被称为油漆罐!我最近(2008 年)看了一下,可以零售购买少量低于 3 美元的一加仑大小的油漆罐。以体积计算,成本将不到一半。总而言之,如果屏蔽设计适当,是有效而低成本的。

6.14 导电窗口

大型观察窗难以屏蔽,因为需要高度的光学透明度,这种应用应制作特殊的导电窗口,两种主要方法如下:①透明的导电涂层;②金属丝网屏。

6.14.1 透明导电涂层

极薄的透明导电涂层可以真空沉积到光学基板上,如塑料或玻璃。这种方法具有适中的光透明度和良好的屏蔽特性。由于沉积的薄膜厚度为 μin 级,吸收损耗很小,主要屏蔽效能自反射损耗,因此使用高电导率材料。由于屏蔽效能是涂层电阻率的函数(取决于厚度),而光透明度取决于涂层是否薄,两者必须作出权衡。具有光学传输率 $70\%\sim85\%$ 的典型表面电阻率的范围为 $10\sim20\Omega/m^2$。

通常金、铜、银或氧化锌因其高稳定性和良好的导电性而被用作沉积材料。导电涂料也可沉积到光学聚酯薄膜上,然后层压在两片玻璃或塑料之间形成窗口。

6.14.2 金属丝网屏

一个导电性金属丝网屏或穿孔的金属屏可以层压在两片透明塑料或玻璃之间,形成一个屏蔽窗口。另一种方法是将金属丝网屏浇注在透明的塑料屏幕内。金属丝网屏窗口相对于涂层窗口的主要优势是光学透明度。金属丝网屏的光学透明度可高达 98%。微波炉上的门是一个穿孔金属屏作为视窗使用的典型例子。

金属丝网屏通常由每英寸 $10\sim50$ 根铜或不锈钢丝网制成。这些屏幕提供最高的光学透明度,通常为 $80\%\sim98\%$。由每英寸 $50\sim150$ 根金属丝制成的屏具有最高屏蔽效能,但降低了光学透明度。在所有金属丝网屏中,为得到良好的屏蔽效能,其交叉点导线需要良好的搭接。

一般来说,铁丝网或穿孔金属屏比导电涂层窗口具有更好的屏蔽效能。它们的主要缺点是衍射妨碍观看。

6.14.3 窗口的安装

在决定整体性能上,安装屏蔽窗口(不论金属丝网或导电涂层)的方法与窗口本身的材料一样重要。窗口的安装必须满足:沿整个窗口的周边金属丝网(或导电涂层)与安装机壳表面之间有良好的电接触。窗口的设计应当满足:导电涂料或金属丝网能够接到装配件四周的边沿。图 6-40 所示为一种导电窗口的安装方法。

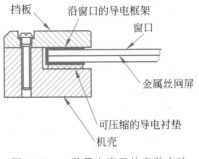

图 6-40　一种导电窗口的安装方法

6.15　导电涂层

塑料经常用于包装电子产品。为了提供屏蔽,这些塑料必须做成能导电的,通过下面两种基本方法可以实现:①为塑料涂上导电涂料;②使用导电的填充物成型到塑料中。当使用导电塑料时,重点考虑需要的屏蔽效能、成本及最终产品的美观度。

正如前面讨论的,屏蔽效能不仅取决于所用的材料,也与控制穿过外壳上接缝和孔洞的泄漏量有关。前面 6.10 节介绍的关于控制孔隙的方法也可应用于有导电涂层的塑料屏蔽。与固体金属屏蔽一样,孔隙通常是高频屏蔽效能的制约因素。使用导电塑料最困难也最贵的通常是控制通过孔隙,尤其是接缝处的泄漏。式(6-33)给出了一个孔洞或缝隙的最大长度,式(6-32b)给出了固定长度凹槽缝隙的屏蔽效能。

在塑料上使用的导电涂料通常很薄,因此在低频段吸收损耗并不重要,反射损耗通常是最主要的屏蔽机制。

为使屏蔽有效,导电塑料每平方米必须只有几欧姆或更小的表面电阻。因此,应使用高电导率材料,如银、铜、锌、镍或铝。导电涂层的反射损耗可由式(6-22)近似得到,在这里 Z_W 是波阻抗,Z_s 是涂层的表面电阻,单位为 Ω/m^2。例如,表面电阻为 $1\Omega/m^2$ 的导电涂层将有约 $39.5dB$ 的平面波($Z_W = 377$)反射损耗。

然而如果仅为了防止静电放电(ESD)而提供保护,可以使用表面电阻率相当高的材料,如高达每平方米几百欧姆。因此,如果只要求 ESD 防护,通常可以使用碳或石墨材料。

使用导电涂层塑料时的另一种考虑是符合 IEC 60950-1 和其他电气安全规定,要求所有裸露的金属可承受 25A 的浪涌电流。一些薄的导电涂层将无法满足此要求。

制作导电塑料外壳可借助以下方式。

(1) 导电涂料。

(2) 火焰/电弧喷涂。

(3) 真空金属化涂层。

(4) 化学镀。

(5) 金属箔衬层。

(6) 填充塑料。

喷涂导电涂料和化学镀是电磁干扰屏蔽最常用的两种方法。

6.15.1 导电涂料

如今使用的许多电子产品都涂有导电涂料。该涂料由黏合剂(通常是聚氨酯或丙烯酸)和导电填充料(银、铜、镍或石墨)组成。一种典型的混合物可以包含多达 80% 的导电填充料和仅 20% 的有机黏合剂。镍和铜是最常用的导电填充料。

导电涂料可以提供良好的表面电导率($<1\Omega/m^2$),虽然没有纯金属那样好,因为只能通过涂料中导电颗粒间的接触实现导电性。导电涂料表面电导率通常比纯金属小一到两个数量级。

导电涂料可方便地用于标准的喷涂设备,机壳上被屏蔽的部分不喷涂。这一过程是廉价的,但为了获得最大效益,外壳的设计必须使接缝间具有足够的压力和电连续性,从而使塑料件模具变得复杂。如果塑料外壳设计未考虑喷导电涂层,接缝设计大多难以具有良好的屏蔽效能。

导电涂料应用普遍,除了含银的导电涂料,在常用的涂层方法中导电涂料是成本最低的。

6.15.2 火焰/电弧喷涂

在火焰/电弧喷涂法中,将低熔点金属丝或粉末(通常是锌)熔化在一个特殊的喷枪中,喷涂到塑料材料上。这种方法可生成具有优良的导电性、坚硬致密的金属涂层。其缺点是应用过程需要特殊的设备和技能。因此,这种方法比喷涂料贵,但效果良好,因为纯金属是沉积到塑料上,而不是像导电涂层那样靠非导电黏合剂中的金属颗粒。

6.15.3 真空金属化涂层

在真空金属化涂层中,纯金属(通常是铝)在真空室里蒸发,然后凝结和黏合到塑料部件的表面,在表面上形成均匀的纯铝涂层。虽然这种涂层不像在化学镀中那样均匀,但已足够均匀。可以很容易地标注并控制哪些区域沉积金属,哪些区域不沉积。这个过程可生成具有较强附着力和导电性的表面,这种方法的缺点是需要昂贵的专用设备。

真空金属化涂层通常用于小批量或生产周期短的产品。这个过程也可用于生产塑料上的镀铬外观装饰,常用于汽车装饰、玩具、模型、装饰件等。

6.15.4 化学镀

化学镀更准确的名字是化学沉积,是通过受控的化学反应(通过金属沉积催化)沉积一层金属涂料(通常是镍或铜),将部件浸没到一个化学浴槽(缸)中完成的。这个过程生成良好导电性的均匀纯金属涂层,适用于简单或复杂的形状,其导电性接近纯金属。这个过程虽然比前面的涂层方法昂贵,但因其良好性能而常被使用。

这个过程类似于在印制电路板制作镀通孔。

对于 EMC 屏蔽,通常通过两步,一层较厚的铜,其上再沉积一层薄的镍。大部分屏蔽效能来自铜层,但是镍克服了铜的两个缺点:①铜是软的,可被擦掉,在接点多次组装和拆卸过程中也易被磨损;②铜易被氧化,随着时间的推移会形成一个非导电表面。镍较硬且具有环境稳定性,可解决这两个问题。虽然更复杂,但选择只化学镀到塑料部件特定的区域也是可以做到的。然而,这需要几个附加的步骤,因此增加了过程成本。

在许多情况下,化学镀是塑料机壳获得高质量屏蔽效能的首选方法。它被认为是一个标准,所有其他涂层方法均通过这个标准来检验。结合适当的接缝设计和孔缝控制,化学镀可提供高质量的屏蔽效能。

6.15.5　金属箔衬层

压力敏感的、有黏合衬底的金属箔（通常是铜或铝）适用于塑料部件的内部。金属箔衬层具有良好的导电性。这种涂层方法在试验中最常用。在生产中通常难以令人满意，因为它进度慢，需要大量手工制作。形状复杂的部件用这种方法覆盖也很困难。

6.15.6　填充塑料

导电塑料可在注射成型之前通过导电剂与塑料树脂混合产生，这是一种注射模压复合材料。导电材料可能是纤维状、片状或粉末形式。宽范围的电导率可以通过这种方法获得，不需要进行第二次涂层操作。典型的导电填充料是铝薄片、镍或镀银碳纤维或不锈钢纤维。由此产生的导电率通常是有限的，因为导电性是由塑料中的导电颗粒之间的接触产生的。

要实现所需的电性能，导电填充料载入水平从 10%～40% 变化。然而高载入水平往往改变基体材料的机械性能、颜色及美观度，其中机械性能的改变可能不再适合其应用。

填充塑料最主要的优点是可省去为获得导电性而增加涂层材料的第二步工艺。然而，因为导电材料在塑料内部，表面可能不导电。这使控制接缝之间或接触点之间的导电率变得很困难。材料边缘的第二次加工可能是必需的，以使接缝里的导电颗粒暴露出来，这抵消了不需要第二步工艺步骤的优点。

对 EMC 屏蔽使用导电填充塑料的想法是在几十年前大量引入的，它没有辜负人们的预期。导电填充塑料在某些情况下已成功应用于静电放电控制中，这里只需有限的电导率，但作为一种简单、廉价、通用 EMC 塑料屏蔽的解决方案，还未达到预期的效果。

6.16　内部屏蔽

屏蔽并不总是必须在外壳上完成，也可以在外壳内的部件上通过屏蔽分立的模块、插件等来完成。屏蔽也可以做到印制电路板（PCB）一级，在分离组件四周进行板级屏蔽。在板面上，一个五面的屏蔽可以安装在 PCB 上并用穿孔技术或表面贴装技术接地。板上的接地面便成为屏蔽体的第 6 个面。

图 6-41 显示了一部手机的 PCB 上安装了屏蔽。该屏蔽不仅为板提供整体屏蔽，还屏蔽板之间的不同部分。在该例中，屏蔽体是不锈钢，而 PCB 上的配合面是镀金层。通常用 6 个螺钉将手机壳的两半连接在一起，也用于将屏蔽体固定到 PCB 上。屏蔽壳上紧密排列的弯曲弹簧片在螺钉孔之间以等间隔距离与板接触。尽管螺钉孔间隔是 3/4in，弹簧片限制孔隙最大线尺寸为 0.1in。这个尺寸等于 5.9GHz 波长的 1/20。

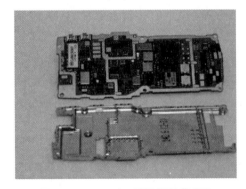

图 6-41　PCB（上）用板级屏蔽（下）

到目前为止，本章只考虑屏蔽完全封闭的产品，并强调控制孔隙的重要性。然而在某些情况下，部分屏蔽可有效地用于内部屏蔽。例如，在 PCB 上敏感元件的周围放一个栅板，可以有效减少近场电容耦合，如图 6-42 所示。当然有人会质疑，这不是真正的屏蔽，只是阻断相邻电路之间电容性耦合的一种方法。栅板必须连接到 PCB 的接地面上,如图 6-42(b)所示,为阻断的电容耦合电流提供一个回路。栅板常能有效应用于数字逻辑电路和输入/输出(I/O)电路之间,将耦合到 I/O 端口的数字噪声减到最小。

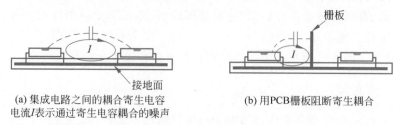

(a) 集成电路之间的耦合寄生电容
电流 I 表示通过寄生电容耦合的噪声

(b) 用PCB栅板阻断寄生耦合

图 6-42　用 PCB 栅板减少电容耦合

屏蔽甚至可以通过使用电源平面和(或)接地平面屏蔽它们之间的层应用到 PCB 内部。一个例子如图 16-17 所示。高速信号布在第 3 层和第 4 层,它们被第 2 层和第 5 层屏蔽。PCB 上 1oz 的铜平面厚度将大于频率高于 30MHz 的 3 个趋肤深度。对于 2oz 的铜平面,频率将超过 10MHz。

但是,一些辐射可能仍然发生在板的边缘。层数较多的板,多个地平面可用作屏蔽,板的四周利用紧密排列的接地通孔连接在一起接地,用以减少或消除板的边缘辐射。在一些高频率的板上,对于 GHz 的信号,板的边缘通过镀铜强化屏蔽。

6.17　空腔谐振

封闭在金属腔体内的能量会在腔体内壁来回反射。如果电磁能量进入腔体(来自腔体内部的源或者外部能量泄漏到腔体内),腔体可作为谐振腔使用。当能量从一个表面反弹(反射)到另一个表面时,在腔体内产生驻波,且其取决于密闭腔体的尺寸和形状。在与腔体谐振频率一致的频率上,这些驻波将在腔体内部的某些点上产生高的场强,而在其他某些点上为 0。对于一个立方体腔体,最低谐振频率(White,1975)为

$$f_{\mathrm{MHz}} = \frac{212}{l} \tag{6-41}$$

其中,f_{MHz} 为谐振频率,单位为 MHz;l 是腔体一边的长度,单位为 m。高于这个频率会发生另外的谐振。

一般来说,矩形腔体会有多个谐振频率:

$$f_{\mathrm{MHz}} = 150\sqrt{\left(\frac{k}{l}\right)^2 + \left(\frac{m}{n}\right)^2 + \left(\frac{n}{w}\right)^2} \tag{6-42}$$

其中,l、h 和 w 分别为腔体的长度、高度和宽度,单位为 m。k、m 和 n 为正整数(0,1,2,…),表示各种可能的传播模式,每次只能有一个整数为 0。例如,$k=1$,$m=0$ 和 $n=1$ 表示 TE_{101} 传播模式的最低谐振频率。相对于次最低传播模式的谐振频率,将有两个整数 (k,m,n) 等于 1,另一个整数等于 0。

令 $w=h=l$,式(6-42)可应用于立方体腔体。对于最低谐振频率,整数 k、m 和 n 可以以任意次序等于 1、1 和 0。将上述条件代入式(6-42),则可简化为式(6-41)。

6.18　屏蔽接地

完全包围着一个产品(一个法拉第笼)的完整屏蔽可以是任何电位,但仍能提供有效的屏蔽。也就是说,可以防止外部的电磁场影响屏蔽体内的电路,反之亦然。因此,屏蔽不需要接

地,也不需要以任何方式定义它的电位以发挥屏蔽作用。但是在大多数情况下,屏蔽应连接到电路公共端,以防止屏蔽体和屏蔽机壳内电路之间形成电位差。

然而,在很多实际应用中,因为其他原因屏蔽应接地。如果产品切断交流电源(AC),接地是一个安全的要求。接地的屏蔽提供一个故障电流返回的路径,使断路器跳闸而使设备断开电源,保证产品的安全。接地也可以防止屏蔽体上积聚静电。

无论屏蔽接地与否,一个系统的所有金属部分电气应搭接在一起。每个部分都应低阻抗连接到其他金属部件,最好是在两个地方以上。如果有一层导电涂层,可用螺钉搭接这些部分。另外,星形衬垫或攻丝螺钉可用于穿过没有导电性的涂料和面漆。

总结

- 所有进出屏蔽罩的电缆都应被屏蔽和滤波。
- 进入屏蔽罩的屏蔽电缆应将屏蔽层搭接到屏蔽罩上。
- 电场和平面波的反射损耗大。
- 低频磁场的反射损耗通常小。
- 一个趋肤深度厚的屏蔽大约产生 9dB 的吸收损耗。
- 反射损耗随频率的升高而降低。
- 吸收损耗随频率的升高而增大。
- 屏蔽磁场比屏蔽电场更难。
- 使用高相对磁导率材料屏蔽低频磁场。
- 使用高导电材料屏蔽电场、平面波和高频磁场。
- 吸收损耗是磁导率和电导率乘积的平方根的函数。
- 反射损耗是电导率除以磁导率的函数。
- 屏蔽材料的磁导率增大,吸收损耗增大,反射损耗减小。
- 孔隙控制是高频屏蔽的关键。
- 孔隙的最大线尺寸(而不是面积)决定了泄漏量。
- 为减小泄漏,屏蔽罩接缝间必须保持电接触。
- 屏蔽效能的减小量与孔隙数量的平方根成比例。
- 大于 1MHz 时大多数屏蔽材料以吸收损耗为主。
- 低频屏蔽效能主要取决于屏蔽材料。
- 导电涂层塑料壳上的孔隙控制与金属屏蔽壳上一样重要。
- 屏蔽不仅可以在外壳级做,也可以在模块级和 PCB 级做。
- 屏蔽不一定只接地才有效。

表 6-9 是没有孔隙的完整屏蔽应用的屏蔽效能的定性总结。

表 6-9 屏蔽效能的定性总结

材 料	频率/kHz	吸收损耗[a] 各种场	反射损耗		
			磁场[b]	电场	平面波
磁性 ($\mu_r=1000$, $\sigma_r=0.1$)	<1	极差~差	极差	极好	极好
	1~10	平均~好	极差~差	极好	极好
	10~100	极好	差	极好	好
	>100	极好	差~平均	好	平均~好

续表

材　料	频率 /kHz	吸收损耗[a] 各种场	反　射　损　耗		
			磁场[b]	电场	平面波
非磁性 ($\mu_r=1$, $\sigma_r=1$)	<1	极差	差	极好	极好
	1~10	极差	平均	极好	极好
	10~100	差	平均	极好	极好
	>100	平均~好	好	极好	极好
等级	衰减				
极差	0~10dB				
差	10~30dB				
平均	30~60dB				
好	60~90dB				
极好	>90dB				

[a] 厚 1/32-in 的屏蔽层的吸收损耗。

[b] 距源 1m 的磁场反射损耗(如果距离小于 1m,屏蔽效能较小;如果距离大于 1m,屏蔽效能较大)。

习题

6.1　在 10kHz 时银、黄铜和不锈钢特性阻抗的幅值是多少?

6.2　计算如下频率厚 0.062in 的黄铜屏蔽体的趋肤深度和吸收损耗。

 a. 0.1kHz

 b. 1kHz

 c. 10kHz

 d. 100kHz

6.3　仅考虑吸收损耗,讨论对 60Hz 的场提供 30dB 衰减的屏蔽设计。

6.4　a. 厚 0.001in 的铜屏蔽对 1000Hz 平面波的反射损耗是多少?

 b. 若厚度增加到 0.01in,其反射损耗是多少?

6.5　计算厚 0.015in 的铜屏蔽距离 10kHz 磁场源 1in 的屏蔽效能。

6.6　如果放在远场区,计能上题中的屏蔽效能。

6.7　厚 0.032in 的软铝屏蔽距离 10kHz 电场源 1ft 远,屏蔽效能是多少?

6.8　屏蔽距电场源或磁场源 6in,使用远场公式,频率应在多少以上?

6.9　计算以下 3 种不同厚度的铜屏蔽在 1kHz 磁场的吸收损耗:0.020in;0.040in;0.060in。

6.10　一个屏蔽体有 10 个相同的孔线性排列,需要在 100MHz 有 30dB 的屏蔽效能,每个孔的最大线性尺寸是多少?

6.11　一个屏蔽体有 5×12 阵列直径为 1/8in 的散热孔,在 250MHz 时的屏蔽效能是多少?

6.12　一屏蔽通风面板有 20×20 阵列 400 个 1/8in 的圆孔,面板厚 1/2in(因此孔深 1/2in),面板在 250MHz 时的屏蔽效能大约是多少?

6.13　一产品需要在 200MHz 有 20dB 的屏蔽效能,计划使用 100 个小圆散热孔(相同尺寸)排列成 10×10 阵列,每个孔的最大直径是多少?

6.14　为了在接缝处获得良好的电连续性,需要哪两项工艺?

6.15　测得加衬垫的接缝转移阻抗为 10mΩ,接缝对入射的平面波的屏蔽效能是多少?

6.16　2ft 立方屏蔽罩的最低谐振频率是多少?

6.17 2ft×3ft×6ft 的长方体机壳的最低谐振频率是多少？（解答这个问题可能需要一些其他思路）

参考文献

[1] Archambeault B,Thibeau R. *Effects of Corrosion on the Electrical Properties of Conducted Finishes for EMI Shielding*. IEEE National Symposium on Electromagnetic Compatibility,Denver,CO,1989.

[2] ARP 1481. *Corrosion Control and Electrical Conductivity in Enclosure Design*. Society of Automotive Engineers,1978.

[3] ARP 1705. *Coaxial Test Procedure to Measure the RF Shielding Characteristics of EMI Gasket Materials*. Society of Automotive Engineers,1994.

[4] ASTM Standard B 449. *Standard Specifications for Chromates on Aluminum*,April.

[5] Faught A N. *An Introduction to Shield Joint Evaluation Using EMI Gasket Transfer Impedance Data*,*IEEE International Symposium on EMC*,1982,pp. 38-44.

[6] Hayt W H. *Engineering Electromagnetics*,3rd. ed. New York,McGraw Hill,1974.

[7] IEC 60950-1,*Information Technology Equipment—Safety—Part 1：General Requirements*,International Electrotechnical Commission,2006.

[8] Kraus J D,Marhefka R J. *Antennas*. 3rd ed. ,New York,McGraw-Hill,2002.

[9] MIL-HDBK-1250,*Handbook For Corrosion Prevention and Deterioration Control in Electronic Components and Assemblies*,1995.

[10] MIL-STD-C-5541E,*Chemical Conversion Coatings on Aluminum and Aluminum Alloys*,1990.

[11] Quine J P. *Theoretical Formulas for Calculating the Shielding Effectiveness of Perforated Sheets and Wire Mesh Screens*,*Proceedings of the Third Conference on Radio Interference Reduction*,Armour Research Foundation,1957,pp. 315-329.

[12] Schelkunoff S A. *The Electromagnetic Theory of Coaxial Transmission Lines and Cylindrical Shields*,*Bell Sys Tech J*,Vol. 13,1934. pp. 532-579.

[13] Schelkunoff S A. *Electromagnetic Waves*. Van Nostrand,New York,1943.

[14] White R J. *A Handbook of Electromagnetic Shielding Materials and Performance*,Don White Consultants,Germantown,M. D. ,1975.

深入阅读

[1] Carter D. *RFI Shielding Windows*,Tecknit Europe,May 2003,Available atwww. tecknit. co. uk/catalog/windowsguide. pdf. Accesed,2008.

[2] Cowdell R B. *Nomographs Simplify Calculations of Magnetic Shielding Effectiveness*. EDN,vol. 17,September 1,1972. Available at www. lustrecal. com/enginfo. html. Accessed,2008.

[3] Cowdell R B. *Nomograms Solve Tough Problems of Shielding*. EDN,April 17,1967. Available at www. lustrecal. com/enginfo. html. Accessed,2008.

[4] Chomerics. *EMI Shielding Engineering Handbook*. Woburn,MA,2000.

[5] *IEEE Transactions on Electromagnetic Compatibility*. Special Issue on Electromagnetic Shielding,vol 30-3,1988.

[6] Kimmel W D. and Gerke,D. D. *Choosing the Right Conductive Coating*. Conformity,2006.

[7] Miller D A,Bridges J E. *Review of Circuit Approach to Calculate Shielding Effectiveness*. IEEE Transactions on Electromagnetic Compatibility,vol. EMC-10,1968.

[8] Molyneux-Child J W. *EMC Shielding Materials*,*A Designers Guide*,Butterworth Heinemann. London,

U. K. 1997.

[9]   Paul C R. *Introduction to Electromagnetic Compatibility*, Chapter 11, Shielding, 2nd ed.. Wiley, New York, 2006.

[10]   Schultz R B, Plantz V C, Bush D R. *Shielding Theory and Practice*. IEEE Transactions on Electromagnetic Compatibility, vol. 30-3, 1988.

[11]   Schultz R B. *Handbook of Electromagnetic Compatibility* (Chapter 9, Electromagnetic Shielding), Perez, R. , ed. New York, Academic Press, 1995.

[12]   Vitek C. *Predicting the Shielding Effectiveness of Rectangular Apertures*. IEEE National Symposium on Electromagnetic Compatibility, 1989.

[13]   White R J, Mardiguian M. *Electromagnetic Shielding*. Interference Control Technologies, Gainesville, V. A. , 1988.

[14]   Young F J. *Ferromagnetic Shielding Related to the Physical Properties of Iron*. IEEE Electromagnetic Compatibility Symposium Record, IEEE, New York, 1968.

第7章

触 点 保 护

一旦打开或关闭一个载流电路的接触点,接触点之间可能发生电击穿。当接触点靠近但未完全接触时,击穿就已开始。在触点闭合过程中,击穿一直持续,直到接触点闭合;在接触点打开的情况下,击穿持续直到不再满足击穿发生的条件。击穿发生时,会对接触点产生一些物理损坏,从而降低其使用寿命。此外,击穿也可能导致线路中产生高频辐射,以及电压和电流浪涌。这些浪涌可能成为干扰源,影响其他电路。

减少接触点物理损坏的技术类似于消除辐射和传导干扰。本章讨论的接触点保护网络可大大降低接触和负载产生的噪声,同时延长接触点的使用寿命。在开关接触中,两种类型的击穿很重要。它们是气体或辉光放电和金属蒸气或电弧放电。

7.1 辉光放电

当接触点之间的气体被电离时,会在接触点间产生再生的、自激的辉光放电或电晕*,这样的击穿也称为汤森放电。启动辉光放电需要的电压是气体、接触点之间距离及气压的函数。

如果气体是在标准温度和气压下的空气,间距长度为 0.0003in,启动辉光放电需要的电压为 320V。如果接触点间距过小或过大,则需要更高的电压。如图 7-1 表示启动辉光放电需要的击穿电压(V_B)与接触点间距的关系。发生击穿后,一个小的电压(V_G)就可以使气体保持电离状态。空气中的电压 V_G 约为 300V,正如图 7-1 所示,不论触点间距大小,维持电压基本上是恒定的。维持辉光也需要最小电流,通常只需要几毫安。

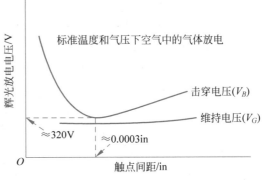

图 7-1 辉光放电电压与接触点间距的关系

---

* 气体中存在一些自由电子和离子,来自放射性衰变、宇宙辐射或光。当施加电场时,这些自由电子和离子产生一个小电流。如果电场足够大,电子就能达到足够的速度(能量),从与它们发生碰撞的中性原子或分子中撞击出其他电子,从而使气体电离。如果外加电压可以保持所需的电场强度,那么这个过程就能自我维持。

为避免辉光放电,接触点间的电压必须小于 300V。如果能做到这点,那么唯一需要考虑的就是接触点的电弧放电损害。

7.2　金属蒸气或电弧放电

电弧放电可能发生在触点间距和电压远低于辉光放电的条件时。它甚至可以在真空中发生,因为不需要气体存在。电弧放电产生于场致电子发射[*],需要约 0.5MV/cm(在 4×10^{-6} in 间为 5V)的电压梯度。

当通电的未受保护的触点打开或关闭时形成电弧,因为触点间隙很小时电压梯度通常超过需要的值。当电弧放电形成时,电子从一个面积很小的阴极发射出去——这个区域电场最强。

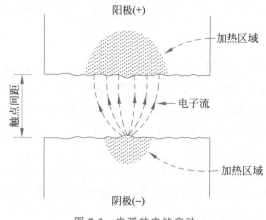

图 7-2　电弧放电的启动

因为在微观尺度上,所有表面都是粗糙的,阴极上最高和最尖锐的点电位梯度最大,并因此成为电子的场致发射源,如图 7-2 所示。电子流穿过缝隙扇形发射出去,最后轰击阳极。局部电流密度很高,而且它将接触材料(相当于 I^2R 的损耗)加热到几千 K。这个温度足够使接触金属蒸发。通常阳极和阴极哪个先蒸发,取决于热量从两个触点向外传输的速率。而这又取决于触点的大小、材料和间距。

熔化金属的出现标志着从场致发射(电子流)过渡到金属蒸气电弧。这种转变需要的时间通常不到 1ns。熔化的金属一旦出现,会在接触点之间形成一个导电"桥",即使电位梯度降低到启动放电所需的值以下,也能维持电弧放电。这种金属蒸气桥产生了只受电源电压和电路阻抗限制的电流。当电弧开始后,只要外部电路提供足够的电压克服阴极接触电势并提供足够的电流使阳极或阴极材料蒸发,电弧就会继续。随着触点的不断分离,熔化的金属"桥"延伸,并最终断裂。维持电弧所需的最小电压和电流分别称为最小电弧电压(V_A)和最小电弧电流(I_A)。最小电弧电压和电流的典型值见表 7-1(继电器和开关行业协会,2006)。如果电压或电流降到这些值以下,电弧将会消失。

表 7-1　最小电弧电压和电流的典型值

材　　料	最小电弧电压	最小电弧电流
银	12V	400mA
金	15V	400mA
金合金[a]	9V	400mA
钯	16V	800mA
铂	17.5V	700mA

[a] 69% 的金,25% 的银,6% 的铂。

---

[*]　电子在金属内自由运动。若一些电子的速度足够快,会从材料表面逃逸。然而,当它们离开时,会产生一个将它们拉回材料表面的电场。如果外部电场存在足够的电位梯度,就可以克服通常使电子返回材料表面的力,电子就会离开材料表面获得自由。

不同材料触点之间的电弧,V_A 是由阴极(负极接触)的材料决定的,I_A 为接触材料(阳极或阴极)具有的最小电弧电流。但是注意,表 7-1 列出的最小电弧电流是针对洁净的无破损的触点。若触点已经被电弧损坏,最小电弧电流可能减小至表中所列值的 1/10。

总之,电弧放电是触点材料的函数,它是特点具有相对低的电压和相对高的电流。相比之下,辉光放电是气体的函数,通常触点之间是空气,它具有相对高的电压和相对低的电流。将在7.8 节说明,因为电弧放电只需要一个很低的电压,因此很难避免电弧放电的形成。如果确实形成了电弧,可以使电流低于最小电弧电流以阻止电弧持续。

7.3 交流电路与直流电路

如果要保护接触点,一旦电弧形成,就要快速切断以使接触材料受到的损坏最小。如果切断不够快,一些金属会从一个触点转移到另一个触点。电弧产生的损坏与其具有的能量成比例——也就是电压×电流×时间。

接触点两端之间的电压越高,越难切断电弧。在有电弧的条件下,当电压等于或小于额定电压时,一组触点通常能承受其额定伏安数,但电压较高时就不适用了。

一组触点通常可以承受比直流电压高得多的交流电压,原因如下。

(1) 交流电压的平均值小于其均方根值。

(2) 当电压低于 10~15V 时,电弧不可能启动。

(3) 由于极性反转,每个触点作阳极和阴极的次数相同。

(4) 当电压过零时,电弧将消失。

因此,一个额定值为 30V 的直流触点通常可以承受 115V 的交流电压。但是交流电开关的一个缺点是,当触点需要保护时,很难提供适当的触点保护网络。

7.4 触点材料

不同的负载值(电流)需要不同类型的触点材料。没有一种材料可应用于零电流(弱电流电路)到高电流。在侵蚀性环境的触点中,钯是良好的高电流负载。银和银镉在高电流时运行良好,但在没有电弧的环境下可能会很差。金和金合金在低电流或弱电流电路条件下运行良好,但高电流时被侵蚀严重。

市场上有许多所谓的通用继电器,额定电流从 0~2A。这些继电器通常是在银或钯等重负载触点材料上镀硬金,低电流时使用,因为镀金接触电阻很低。用于高负载电流时,金在最初的几次操作中被烧掉,而留下高电流触点材料。由于这个原因,通用继电器一旦用于高电流,就不再适用于低电流。

软金镀在银上有时会发生一个问题,银迁移到金内,在触点上形成一个高电阻涂层(银硫化物)。因为这个高电阻表面涂层可能导致接触失效。

7.5 触点容量

触点容量通常由它们所能馈送到电阻负载的电压和电流的最大值确定。若触点工作在额定条件下,会有一些瞬间电弧"产生"和"消失"*。若工作在这种条件下,触点工作的时间等于

---

* 少量的电弧对于烧掉形成于触点上的薄的绝缘层可能是有用的。

其额定电气寿命。弱电流电路(没有电流)是额定的机械寿命。

除了电阻负载容量,一些触点也有额定的感性负载。第三种常见的容量是电动机或电灯作为负载的容量,初始电流比正常的稳态电流大得多。

所有这些容量都假设没有使用触点保护。如果使用适当的触点保护,在额定电压和(或)电流下可以处理更多次操作,或对于额定的操作次数,可以承受更高的电压和(或)电流。

7.6 具有高浪涌电流的负载

如果负载不是电阻,触点必须适当降低额定值或加以保护。电灯、电动机和电容性负载,触点刚闭合时产生的电流比处于稳态时的电流高得多。例如,灯丝中的初始电流可能是正常额定电流的 10~15 倍,如图 7-3 所示。通常灯负载触点的额定负荷只有正常电阻负载容量的 20%。

电容性负载也可以产生非常高的初始电流。电容器充电的电流只受外部电路串联电阻的限制。

电动机的初始电流通常是正常额定电流的 5~10 倍。此外,当电流中断时(电感性突变),电动机自感会产生高电压,这也会引起电弧。因为电弧"产生"和"消失"时会损坏触点,因此电动机很难开启和关闭。

为了保护用于高浪涌电流电路的触点,必须限制初始电流。使用一个与触点串联的电阻限制初始电流并不总是可行,因为它也限制了稳态电流。假如一个电阻不能满足,可以使用低直流电阻电感限制初始电流。在一些轻负荷应用中,可在触点导线上放置铁氧体磁珠,进行足够的初始电流限制,而不会影响稳态电流。

在严重的情况下,可能需要使用可开关的限流电阻保护关闭的触点,如图 7-4 所示。这里在电容性负载两端接一个继电器,其常开触点接在限流电阻两端*。当开关关闭时,电容器的充电电流受到电阻 R 的限制。当电容两端的电压变得足够大时开启继电器,常开触点闭合,使限流电阻短路。

与关闭触点相关的另一个问题是颤振或反弹。触点开始接触后,可能会反弹,再次打开并切断电路。在一些触点中,可能持续进行 10 次或更多,每次触点都会打开或关闭电流。这不仅会使电弧不断产生,造成电路运行问题,而且还会对触点产生相当大的损坏及高频辐射。

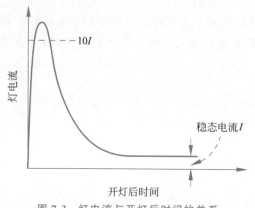

图 7-3 灯电流与开灯后时间的关系

图 7-4 使用可开关的限流电阻保护关闭的触点

---

* 在继电器处也可使用功率场效应管(FET)。

7.7　电感性负载

电感(L)两端的电压由下式给出：

$$V = L\,\frac{\mathrm{d}i}{\mathrm{d}t} \tag{7-1}$$

这个表达式说明，当电流流过电感时突然中断，瞬间产生了很高的电压。变化的速率 $\mathrm{d}i/\mathrm{d}t$ 很大且为负值，导致很大的反向瞬态电压或电感性冲击。从理论上说，如果电流从某个有限值瞬间降为零，感应电压将变为无穷大。但是实际上触点电弧和电路电容的存在不会使这种情况发生。然而，确实有非常大的感应电压。抑制高电压电感瞬变，应减小 $\mathrm{d}i/\mathrm{d}t$ 项。

对于工作在 12V 直流电源的电感器而言，若流过电感的电流突然中断，由此产生 $50\sim500$V 的电压是很常见的。图 7-5 显示的是电感的电流中断时电感负载两端的电压。当一个触点中断电感负载的电流时产生的高电压会产生严重的触点损坏。这也是辐射和传导噪声的来源，除非使用适当的触点保护电路。在这种情况下，储存在电感中的大部分能量消耗在电弧上，从而导致过多的损坏。

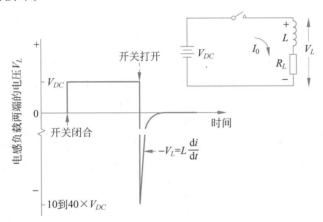

图 7-5　电感的电流中断时电感负载两端的电压

图 7-6 所示电路说明了电感负载对一组触点产生的损坏。图中电池通过开关触点连接到电感负载上，假定忽略了负载电阻。在实际中，这种情况可以近似为一低电阻直流电动机。稳态电流受反电动势的限制，而不是电路的电阻。然后，当电流 I_0 流过电感时打开开关，存储在电感中的磁场能量等于 $\frac{1}{2}LI_0^2$。

当开关打开时，存储在电感中的磁场能量将

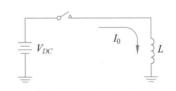

图 7-6　开关控制的电感性负载，当开关打开时，电感中储存的大部分能量通过开关触点间形成的电弧消耗

发生什么变化呢？如果忽略电路电阻，那么所有的能量必须通过触点之间产生的电弧消耗或者辐射出去。若缺乏某种类型的保护电路，这种应用中使用的开关寿命不会很久。

7.8　触点保护基础

图 7-7 总结了触点击穿所需的电压-距离关系。启动辉光放电所需的击穿电压及辉光放电

维持电压如图所示。图中还给出了产生电弧放电需要的 $0.5\mathrm{MV/cm}$ 电压梯度,还有电弧放电维持电压。粗线条曲线表示产生触点击穿的复合特性。在这条曲线的右下方无击穿发生,而左上方有触点击穿发生。

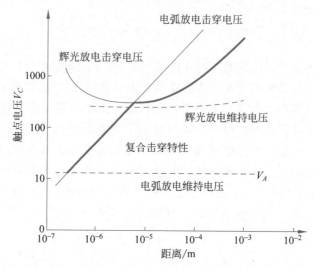

图 7-7　接点断开时触点电压与距离的关系

图 7-7 中包含的击穿信息更有用的表述是画出击穿电压与时间的关系,而不是与距离的关系。这种变换可以利用触点的分离速度来完成。也可以看出,一个典型的复合击穿特性与时间的函数如图 7-8 所示。避免触点击穿的两点要求如下。

(1) 保持触点电压低于 $300\mathrm{V}$,以防止辉光放电。

(2) 保持触点电压的初始上升速率低于产生电弧放电需要的值($1\mathrm{V/\mu s}$ 的值满足大部分触点)。

如果在特殊的应用中无法避免触点击穿,那么应使击穿远离自我维持状态。这通常意味着设计电路使电流总是低于维持击穿的电流值。

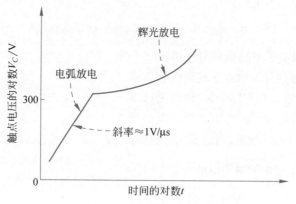

图 7-8　触点击穿特性与时间的关系

为了确定特定情况下击穿是否发生,必须知道打开触点时产生的电压。然后将此电压与图 7-8 中的触点击穿特性曲线比较,如果触点间电压大于击穿电压,那么触点击穿就会发生。

图 7-9 所示为一电感负载通过开关 S 连接到电池上。打开开关将在触点间产生电压,假如没有发生触点击穿,该电压就称为"可用电路电压"。对于图 7-9 中的电路,这一点被表示在图 7-10 中。I_0 为开关打开时流过电感的电流,C 为导线的杂散电容。图 7-11 比较了可用电

路电压(见图 7-10)与触点击穿特性(见图 7-8)。在 $t_1 \sim t_2$ 时间内,电压超过击穿电压,因此触点击穿发生在这个区域。

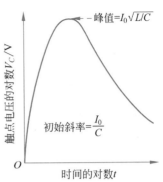

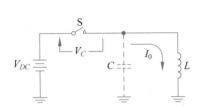

图 7-9　触点控制一个电感性负载,电容 C 表示线路的杂散电容

图 7-10　图 7-9 中电路打开的触点两端的可用电路电压,假设没有发生触点击穿

　　知道击穿发生了,让我们更详细、更准确地考虑一下图 7-9 中的触点打开时会发生什么。当开关打开时,电感的磁场趋于保持电流 I_0。由于电流不能流过开关,转而流经杂散电容 C。为电容充电,电容两端的电压以初始速率 I_0/C 上升,如图 7-12 所示,一旦这个电压超过击穿电压,触点间就会产生电弧。如果这一点的可用电流小于最小电弧电流 I_A,电弧仅持续到电容 C 放电到维持电压 V_A 以下。电容放电后,电流再次为 C 充电,这个过程不断重复,直到电压超过辉光放电电压(图 7-12 中的 A 点),在这一点发生了辉光放电。如果仍达不到维持辉光放电所需的更小维持电流,则辉光仅维持到电压降到最小辉光电压 V_G 以下[*]。这个过程重复到时间 t_2,此后没有足够的电压产生任何其他击穿。

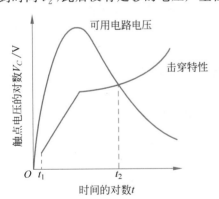

图 7-11　图 7-9 中的电路,可用电路电压和触点击穿特性的比较

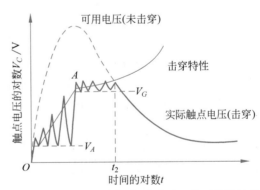

图 7-12　图 7-9 中的电路,当电流不足以维持持续辉光放电时的实际触点电压

　　如果任意时间可用电流超过最小电弧电流 I_A,就会产生稳定的电弧并持续到有用电压(或电流)降低到最小辉光电压(或电流)以下。图 7-13 表示有足够的可用电流,能够维持辉光放电,但还不足以产生电弧放电的波形图。

　　如果杂散电容 C 足够大,或者有一个离散的电容与其并联,那么峰值电压和触点电压的

初始上升率能够降低到不会发生电弧放电的水平。这个波形如图 7-14 所示。但是,这种方法使用电容,关闭时可能会因大的电容充电电流而对触点造成损坏。

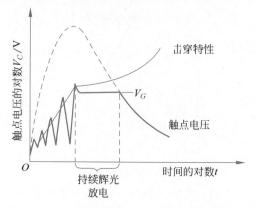

图 7-13   图 7-9 中的电路,当电流足以维持持续
辉光放电时的触点电压

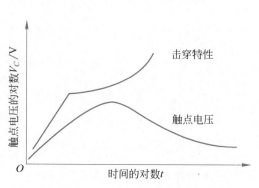

图 7-14   图 7-9 中的电路,当电容足以阻止
击穿时的触点电压

当开关打开时,图 7-9 中的谐振电路产生电气振荡,成为附近设备的高频干扰源。如果有足够大的电阻和电容保证电路处于过阻尼状态,这些振荡是可以避免的。无振荡需要满足的条件由式(7-6)给出。

7.9   电感性负载的暂态抑制

为了保护控制电感负载的触点,减少辐射和传导噪声,一些类型的触点保护网络必须放在电感或(和)触点处。在某些情况下,保护网络可以连接到负载或具有等效作用的触点上。在一些大的系统中,负载可能受不止一个触点控制,连接到负载处而不是为每个触点提供保护可以更经济。

在严重的情况下,保护网络必须应用于电感和触点,以有效消除干扰并且保护触点。在其他情况下,保护网络的使用受限于操作上的要求。例如,继电器线圈的保护网络增加了释放时间。在这种情况下,保护网络必须在满足操作要求和为控制继电器的触点提供充分保护之间折中。

从降噪的角度看,通常优先对噪声源提供尽可能多的瞬态抑制——在这种情况下,噪声源就是电感器。在大多数情况下这为触点提供了足够的保护。没有这些时,可在触点处使用附加的保护。

触点保护网络元件值的精确计算是很困难的。它涉及一些参数,这些参数的值通常电路设计者也不知道,如连接导线的电感、电容及触点分离速度。简化设计公式是一个起点,而且在很多情况下提供一个可以接受的触点保护网络。然而,应该用测试验证预期应用中保护网络的有效性。

保护网络可以分为以下两种:那些通常应用于电感的网络和应用于触点的网络。然而,有些网络可用于这两种情况。

图 7-15 为 6 个通常放置在继电器线圈或其他电感处的负载保护网络,以减小电流中断时产生的瞬态电压。在图 7-15(a)中,一个电阻连接到电感器两端,当开关打开时电感会驱动触点打开之前的电流流过电阻。因此瞬态电压峰值随电阻的增加而增加,但是受到稳态电流乘

以电阻的限制。如果令 R 等于负载电阻 R_L，那么瞬态电压受限于电源电压幅度。在这种情况下，触点间的电压等于电源电压与感应线圈电压之和，或者两倍的电源电压。这种电路消耗功率，因为只要负载通电，电阻都会有电流流过。如果 R 等于负载电阻，这个电阻的功耗和稳态功率是一样的。

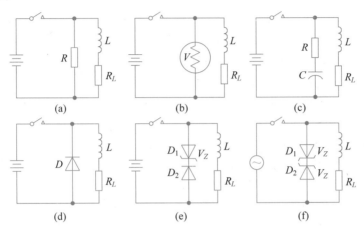

图 7-15　用于负载的保护网络，减小电流中断时电感产生的电感性冲击

另一种方法如图 7-15(b)所示，变阻器(电压可变电阻器)连接到电感上。当变阻器两端电压低时，其电阻就高；但当变阻器两端电压高时，其电阻就低。该装置工作原理与图 7-15(a)中的电阻相同，只是变阻器在电路通电时消耗的功率减小了。

一个更好的方法如图 7-15(c)所示。在这里，一个电阻与电容串联，放在电感之间。当电感通电时此电路不消耗能量。当触点打开时，电容初始时起短路作用，电感驱动电流流过电阻。电阻和电容的值可由 7.10.2 节介绍的对于 R-C 网络的方法确定。

在图 7-15(d)中，半导体二极管连接到电感上，该二极管是有极性的，因此当电路接通时没有电流流过二极管。然而当触点打开时，电感两端的电压与电源电压极性相反，这个电压正向偏置二极管，将电感两端的瞬态电压限制到较低的值(二极管正向压降加上二极管的 IR 压降)。因此，打开的触点上的电压约等于电源电压。这种电路对于抑制电压瞬变很有效。然而，电感电流衰减需要的时间远多于前面的电路，并可能导致操作问题。

例如，如果电感是一个继电器，它的释放时间就会增加。在图 7-15(d)中可以增加一个与二极管串联的小电阻以减少继电器的释放时间，但代价是产生较高的瞬变电压。二极管的额定电压必须高于最大电源电压，二极管的额定电流必须大于最大负载电流。如果触点只是偶尔工作，那么可以使用二极管的峰值额定电流。如果触点工作多于每分钟几次，那么应该使用二极管持续额定电流。

增加一个与整流二极管串联的齐纳二极管，如图 7-15(e)所示，允许电感电流衰减得更快。然而，这种保护方式不如前面介绍的二极管好，并需要额外的元件。在这种情况下，打开的触点上的电压等于齐纳二极管上的电压加上电源电压。

二极管电路(图 7-15(d)或图 7-15(e))都不能用于交流电路。工作在交流电源的电路或者必须工作在两种直流极性的电路可以使用图 7-15(a)至图 7-15(c)的网络进行保护，或者用两个齐纳二极管背靠背相接，如图 7-15(f)所示。每个齐纳二极管的额定击穿电压必须高于交流电源电压的峰值，且额定电流等于最大负载电流。

7.10 电感负载的触点保护网络

7.10.1 *C* 网络

图 7-16 为用于触点控制电感负载的 3 种触点保护网络。一种抑制直流电流中断引起的电弧的最简单方法是在触点两端接一个电容,如图 7-16(a)所示。如果电容足够大,当触点打开时负载电流会通过电容瞬间转移,不产生电弧。然而,当触点打开时,电容充电到电源电压 V_{DC};当触点关闭时,电容通过触点放电,初始放电电流仅受导线和触点的寄生电阻限制。

电容值越大,电源电压越高,电弧产生的损坏越大,因为增加了电容中储存的能量。如果接点反弹或者颤动,则会因电流多次接通和断开而产生额外损坏。由于这些因素,通常不使用单一电容跨接在一组触点上。如果使用,电容值的确定见 7.10.2 节。

7.10.2 *R-C* 网络

图 7-16(b)所示电路通过限制触点关闭时电容的放电电流克服了图 7-16(a)电路的缺点。这可以接一个与电容串联的电阻 R。触点关闭时,希望有尽可能大的电阻限制放电电流。然而,当触点打开时,希望电阻尽可能小,因为电阻降低了电容防止电弧的有效性。因此,R 的实际值必须在这两种相互矛盾的要求中折中。

R 的最小值是由触点关闭条件决定的。它可以通过限制电容放电电流到触点的最小电弧电流 I_A* 设置。最大值由触点打开的条件确定,触点打开时两端的初始电压等于 $I_0 R$。如果 R 等于负载电阻,触点两端的瞬时电压等于电源电压。为将触点打开时的初始电压限制为电源电压,通常使 R 的最大值等于负载电阻。因此,R 的限制可以表述为

$$\frac{V_{DC}}{I_A} < R < R_L \qquad (7\text{-}2)$$

其中,R_L 等于负载电阻。

C 值的选择要满足以下两个要求:①触点两端的电压峰值不得超过 300V(避免辉光放电);②触点电压的初始上升率不得超过 $1V/\mu s$(避免电弧放电)。如果 C 对于负载电流至少

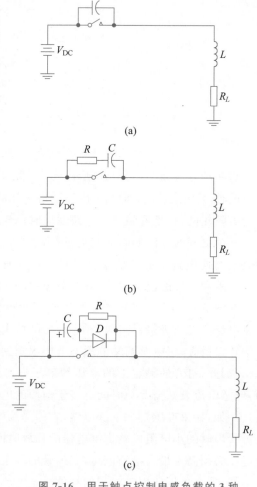

图 7-16　用于触点控制电感负载的 3 种触点保护网络

---

* 最好限制放电电流到 $0.1I_A$。然而,因为电阻值是两个相互矛盾的要求的折中值,这通常在 *R-C* 网络中不可行。

为 $1\mu F/A$，那么后者的要求能够满足。

电容两端的峰值电压通常是忽略电路电阻并假定所有储存在电感负载中的能量都可传输到电容来计算的。在这些条件下，

$$V_{C(\text{peak})} = I_0 \sqrt{\frac{L}{C}} \tag{7-3}$$

其中，I_0 为触点打开时流过电感负载的电流，电容 C 值的选择总是使 V_C（峰值）不超过 300V。因此

$$C \geqslant \left(\frac{I_0}{300}\right)^2 L \tag{7-4}$$

另外，为将触点初始电压上升率限制在 $1V/\mu s$，

$$C \geqslant I_0 \times 10^{-6} \tag{7-5}$$

在一些情况下，由电感和电容形成的谐振电路最好是非振荡的（过阻尼），非振荡的条件是

$$C \geqslant \frac{4L}{R_1^2} \tag{7-6}$$

其中，R_1 是与 L-C 电路串联的总电阻。在图 7-16(b) 的情况下，应该是 $R_1 = R_L + R$。然而，通常不需要遵守非振荡的要求，因为它需要一个很大的电容值。

R-C 保护网络（图 7-16(b)）是应用最广泛的，因为其成本低、体积小。而且，它对负载的释放时间影响很小。然而 R-C 网络并不总是 100% 有效。电阻的存在导致打开的触点两端瞬时电压（等于 $I_0 R$）升高，并因此出现一些早期的电弧。图 7-17 显示正确设计的 R-C 保护网络触点两端的电压，叠加在触点击穿特性曲线上。该图显示，随着触点两端瞬间电压的升高出现了早期电弧。

7.10.3　*R-C-D* 网络

图 7-16(c) 是一种能弥补图 7-16(a) 和图 7-16(b) 缺陷的更昂贵电路。当触点打开时，电容 C 充电到电源电压，极性如图中所示。当触点关闭时，电容通过电阻 R 放电，这限制了电流。

然而当触点打开时，二极管 D 使电阻短路，因此当触点打开时允许负载电流瞬间流过电容。二极管的击穿电压必须高于电源电压，还要有足够的浪涌电流额定值（比最大的负载电流大）。电容值的选取与 R-C 网络一样。因为当触点打开时二极管使电阻短路，不再需要折中的电阻值。现在可以选择电阻来限制封闭的电流，使其小于电弧电流的 1/10，即

$$R \geqslant \frac{10 V_{\text{DC}}}{I_A} \tag{7-7}$$

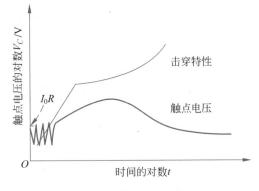

图 7-17　具有 *R-C* 保护网络触点两端的电压

R-C-D 网络提供最佳触点保护，但是它比其他方法更昂贵，且不能用于交流电路。

7.11　晶体管开关控制的电感性负载

如果电感性负载由晶体管开关控制，则必须保证电流中断时电感产生的瞬态电压不超过

晶体管的击穿电压。通常一种有效的方法是在电感上跨接一个二极管,如图 7-18 所示。在这个电路中,当晶体管中断流过电感的电流时,二极管将晶体管集电极钳位在＋V,从而将晶体管两端的电压限制到＋V。可能会用到图 7-15 所示的网络。在晶体管上跨接齐纳二极管是另一种常用的方法。在任何情况下,网络设计应将晶体管两端的电压限制到低于其额定击穿电压。

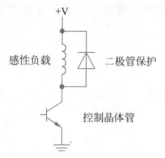

感性负载　　二极管保护

控制晶体管

图 7-18　二极管用于保护晶体管
控制的电感性负载

很大的瞬态电流流过感性负载和保护二极管之间的电路。因此,应尽量减少回路面积以限制瞬态电流产生的辐射。二极管应尽可能靠近感性负载。当保护二极管包含在继电器驱动集成电路内时,这种考虑显得尤其重要,否则会产生大的回路。

7.12　电阻性负载触点保护

电阻性负载工作在电源电压小于 300V 的情况下,不会产生辉光放电,因此不需要考虑。如果电源电压大于最小电弧电压 V_A(大约 12V),当触点打开或关闭时,都会产生电弧放电。电弧一旦启动,是否能够自我维持,取决于负载电流的幅度。

如果负载电流小于最小电弧电流 I_A,电弧一形成马上就消失了。在这种情况下,触点只会发生很小的损坏,而且通常不需要触点保护网络。因为电路的寄生电容或者触点反弹,电弧会启动、停止,反复多次。这种类型的电弧可能是高频辐射源,需要一些保护来控制干扰。

如果负载电流大于最小电弧电流 I_A,就会形成稳定的电弧。这种稳定的电弧会对触点产生相当大的损坏。如果电流小于电阻性电路中触点的额定电流,并满足额定量的操作,那么可能不需要触点保护。

如果电阻性负载需要触点保护,需要使用什么类型的网络呢?在一个电阻性电路中,触点打开或关闭的最大电压是电源电压。因此,假如电源电压在 300V 以下,触点保护网络不需要提供高电压保护,这种功能已经由电路提供了。在这种情况下,触点保护网络需要的功能是限制触点电压的初始上升率以防止形成的电弧放电。这可以通过在触点两端使用图 7-16(c)中的 R-C-D 网络很好地完成。

7.13　触点保护选择指南

下列指南可用于确定不同负载的触点保护类型。

(1)非感性负载流过的电流小于电弧电流,一般不需要触点保护。

(2)感性负载流过的电流小于电弧电流,需要使用 R-C 网络或二极管保护。

(3)感性负载流过的电流大于电弧电流,需要使用 R-C-D 网络或二极管保护。

(4)非感性负载流过的电流大于电弧电流,需要使用 R-C-D 保护网络。假如电源电压小于 300V,不需要满足式(7-4)。

7.14　举例

用一些例子可能会帮助更好地理解触点保护的合理选择。

例 7-1 一个 150Ω、$0.2\mathrm{H}$ 的继电器线圈通过一个银触点开关接 12V 直流电源。设计一个用于此继电器的触点保护网络。

稳态负载电流是 80mA，小于银触点的电弧电流，因此，$R\text{-}C$ 网络或二极管是适用的。为保持触点两端的电压梯度小于 $1\mathrm{V}/\mu\mathrm{s}$，保护网络的电容量必须大于 $0.08\mu\mathrm{F}$（根据式(7-5)）。为了保持触点打开的最大电压低于 300V，电容量必须大于 $0.014\mu\mathrm{F}$（根据式(7-4)）。根据式(7-2)，电阻值必须在 $30\sim150\Omega$ 之间。因此，一个适当的触点保护网络应由 $0.1\mu\mathrm{F}$ 电容串联 100Ω 电阻，接在触点或负载两端。

例 7-2 一个有 1H 电感和 53Ω 电阻的磁性制动器通过一个银触点开关接 48V 直流电源。如果使用一个 $R\text{-}C$ 触点保护网络，那么电阻必须满足 $120\Omega<R<53\Omega$（根据式(7-2)）。因为这不可能实现，所以必须使用一个更复杂的保护网络，如 $R\text{-}C\text{-}D$ 网络。对于 $R\text{-}C\text{-}D$ 网络，电阻值必须大于 1200Ω（根据式(7-7)）。制动器的稳态直流电流为 0.9A。因此，由式(7-5)可以得出电容必须大于 $0.9\mu\mathrm{F}$，用于限制触点打开时两端的电压梯度。由式(7-4)可以看出，电容必须大于 $9\mu\mathrm{F}$。故需要用一个额定电压为 300V 的 $10\mu\mathrm{F}$ 电容、一个 1500Ω 的电阻和一个二极管，如图 7-19 所示。

一个 $10\mu\mathrm{F}$、300V 的电容体积是相对较大的。为避免使用如此大的电容，可采用下列替代方案。如果将串联的 60V 齐纳二极管和整流二极管接在负载两端，负载两端的最大瞬态电压将被限制在 60V。触点打开时，触点上的最大电压将为齐纳电压加上电源电压或是 108V。因此，保护网络的电容不必选择将触点间最大电压限制在 300V，因为这个电压已经被二极管限制在 108V 了。现在对电容的唯一要求是满足式(7-5)。因此，可以使用一个 $1\mu\mathrm{F}$、150V 的电容，如图 7-20 所示，而无须使用物理体积大的 $10\mu\mathrm{F}$、300V 的电容。

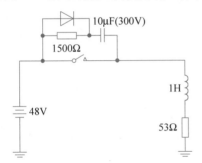

图 7-19 例 7-2 的触点保护网络

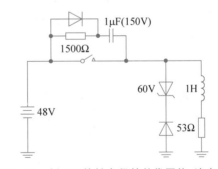

图 7-20 例 7-2 的触点保护替代网络，该电路允许使用物理体积较小的电容

总结

- 在开关触点中，两种类型的击穿很重要：辉光或气体放电，电弧或金属蒸气放电。
- 电弧放电是触点材料的函数。
- 辉光放电是触点之间气体的函数。
- 电弧放电具有低电压和高电流特性。
- 辉光放电具有高电压和低电流特性。
- 为防止辉光放电，保持触点电压在 300V 以下。
- 为防止电弧放电，保持触点电压初始上升率低于 $1\mathrm{V}/\mu\mathrm{s}$。

- 电灯、电动机和电容性负载在关闭时会因为浪涌电流很高而导致触点损坏。
- 感性负载最具破坏性,因为电流中断时它们会产生高电压。
- R-C 网络是应用最广泛的触点保护网络。
- R-C-D 网络或只是一个二极管是最有效的保护网络。
- 必须考虑触点保护网络对继电器释放时间的影响。
- 在电感两端跨接二极管是一种非常有效的瞬态抑制网络,然而由于它阻止了电感电流的快速衰减,可能会导致操作问题。

习题

7.1　下列哪种类型的击穿最难防止,辉光放电还是电弧放电,为什么?

7.2　一个 1H、400Ω 的继电器线圈工作在 30V 直流电压,控制继电器开关的触点材料为铂金。为这个电路设计一个 R-C 触点保护网络。

7.3　对于图 7-15(e)的齐纳二极管保护电路,当触点关闭又打开时画出以下 3 种波形。假设没有发生触点击穿。

　　a. 负载两端的电压(V_L)。

　　b. 流过负载的电流(I_L)。

　　c. 触点两端的电压(V_C)。

7.4　a. 一个有银触点的机械开关通过一个 240Ω 的绕线电阻和 10mH 电感控制一个 24V 直流继电器。如果用一个 R-C 网络保护开关触点,需要使用多大的电阻和电容?

　　b. 如果在触点保护网络中使用 100Ω 电阻,那么组成非振荡(过阻尼)保护网络需要多大的电容值?

7.5　如果用图 7-16(c)的 R-C-D 网络保护习题 7.4a 中的触点,确定合适的 R、C 值和二极管 D 的特性参数。

参考文献

Relay and Switch Industry Association (RSIA). *Engineers'Relay Handbook*. 6th ed. Arlington,VA. 2006.

深入阅读

[1]　Auger R W,Puerschner K. *The Relay Guide*,New York,Reinhold,1960.

[2]　Bell Laboratories. *Physical Design of Electronic Systems*. Vol. 3:Integrated Device and Connection Technology,Chapter 9 (Performance Principles of Switching Contacts),Englewood Cliffs,N. J,Prentice-Hall,1971.

[3]　Dewey R. *Everyone Knows that Inductive Loads Can Greatly Shorten Contact Life*. EDN,1973.

[4]　Duell J P. *Get Better Price/Performance from Electrical Contacts*. EDN,1973.

[5]　Holm R. *Electrical Contacts*. 4th ed. Berlin,Germany,Springer-Verlag,1967.

[6]　Howell K E. *How Switches Produce Electrical Noise*. *IEEE Transactions on Electromagnetic Compatibility*,vol. EMC-21,No. 3,1979.

[7]　Oliver F J. *Practical Relay Circuits*. New York,Hayden Book Co. ,1971.

[8]　Penning F M. *Electrical Discharge in Gases*. NewYork,Phillips Technical Library,1957.

第8章

固有噪声源

即使可以从电路上消除所有的外部噪声耦合,理论上仍存在最低噪声电平,这是因为存在某种内在或内部的噪声源。可以定义这些噪声源的均方根(RMS)值,瞬时振幅可根据概率预测。固有噪声几乎存在于所有电子元件中。

本章涵盖 3 种最重要的固有噪声源:热噪声、散粒噪声和接触噪声。此外还讨论了爆米花噪声及随机噪声的测量方法。

8.1 热噪声

热噪声是来自电阻内部电子的热扰动,它对电路中的噪声设置了一个下限。热噪声也被称为电阻噪声或"约翰逊噪声"(J. B. Johnson 是发现者)。Johnson(1928 年)发现了存在于所有导体中的非周期性电压,其振幅与温度有关。随后 Nyquist(1928)利用热力学理论从数学上描述了噪声电压,阐明电阻产生的开路均方根电压(RMS)为

$$V_t = \sqrt{4kTBR} \tag{8-1}$$

其中,k 是玻耳兹曼常数(1.38×10^{-23} joules/K),T 是绝对温度(K),B 是噪声带宽(Hz),R 是电阻(Ω)。

在室温(290K)下,$4kT$ 等于 1.6×10^{-20} W/Hz。式(8-1)中的带宽 B 是系统的等效噪声带宽。等效噪声带宽的计算见 8.3 节。

热噪声存在于包含电阻的所有元件中。17℃(290K)时的热噪声电压曲线如图 8-1 所示。正常的温度变化对热噪声电压的影响很小。例如,117℃时的噪声电压仅比图 8-1 中 17℃时的电压大 16%。

式(8-1)表明,热噪声电压正比于带宽的平方根和电阻的平方根。因此,可以通过减小系统的电阻和带宽减小热噪声电压。如果热噪声仍是一个未解决的问题,可通过使电路工作在极低的温度(接近绝对零度),或通过使用一个参量放大器,明显减小热噪声。因为参量放大器增益源于快速变化的电抗,它没有热噪声。

电阻的热噪声可以通过增加一个与电阻串联的热噪声电压源 V_t 表示,如图 8-2 所示。电压 V_t 的振幅是由式(8-1)决定的。在一些情况下,最好用一个与电阻并联的等效均方噪声电流发生器表示热噪声,幅度为式(8-2),如图 8-2 所示。即

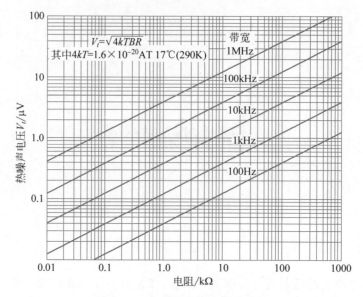

图 8-1　17℃ 时的热噪声电压曲线

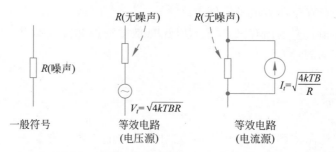

图 8-2　电阻的热噪声(左)可以用等效电路表示为电压源(中)或电流源(右)

$$I_t = \sqrt{\frac{4kTB}{R}} \qquad (8-2)$$

　　热噪声是一种通用的函数,与电阻的材质无关。例如,一个 1000Ω 的碳质电阻器和 1000Ω 的钽薄膜电阻器具有相同的热噪声。由于热噪声,一个实际电阻器的噪声只会更大,不会更小。这种额外或附加的噪声相对于其他噪声源而存在。对实际电阻中噪声的讨论见 5.4.1 节。

　　只有当电路元件消耗能量时才会产生热噪声。因此,电抗不产生热噪声。这可以通过一个电阻和电容相连的例子证明,如图 8-3 所示。在这里,我们做一个错误的假设,即电容产生了热噪声电压 V_{tc}。源 V_{tc} 传送给电阻的功率是 $P_{cr} = N(f)V_{tc}^2$。这里的 $N(f)$ 是某些非零网络的函数。[*] 因为电容不消耗能量,由源 V_{tr} 传输到电容的功率是零。为保持热力学平衡,电阻传送给电容的能量必须等于电容传送给电阻的能量。否则其中一个元件的温度会上升,而另一个元件的温度会下降。因此

$$P_{cr} = N(f)V_{tc}^2 = 0 \qquad (8-3)$$

函数 $N(f)$ 不能在所有频率都为零,因为它是该网络的函数。因此电压 V_{tc} 必须为零,这表明电容器不产生热噪声。

---

　　[*]　在这个例子中,$N(f) = [\mathrm{j}\omega/(\mathrm{j}\omega + 1/RC)]^2/R$。

现在把两个不等值的电阻(在同一温度下)连接在一起,如图8-4所示,并验证热力学平衡。

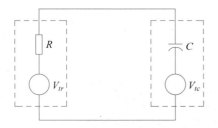

图 8-3 如果 V_{tc} 等于零,则 R-C 电路是热力学平衡的

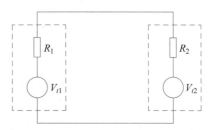

图 8-4 两个电阻并联是热力学平衡的

源 V_{t1} 传输给电阻 R_2 的功率为

$$P_{12} = \frac{R_2}{(R_1 + R_2)^2} V_{t1}^2 \tag{8-4}$$

将式(8-1)代入 V_{t1},则

$$P_{12} = \frac{4kTBR_1R_2}{(R_1 + R_2)^2} \tag{8-5}$$

源 V_{t2} 传输给 R_1 的功率为

$$P_{21} = \frac{R_1}{(R_1 + R_2)^2} V_{t2}^2 \tag{8-6}$$

将式(8-1)代入 V_{t2},有

$$P_{21} = \frac{4kTBR_1R_2}{(R_1 + R_2)^2} \tag{8-7}$$

对比式(8-5)和式(8-7),可得出结论

$$P_{12} = P_{21} \tag{8-8}$$

表明两个电阻热力学平衡。

在前面的计算中,不必考虑源 V_{t1} 传输给电阻 R_1 的功率。这部分能量来自电阻 R_1 并被 R_1 消耗,因此,不会对电阻 R_1 的温度产生影响。类似地,也不必考虑源 V_{t2} 传输给电阻 R_2 的功率。

现在考虑图8-4中两个电阻阻值相同时的情况,在两个电阻之间传输了最大功率,可以写出

$$P_{12} = P_{21} = P_n = \frac{V_t^2}{4R} \tag{8-9}$$

将式(8-1)代入 V_t,则

$$P_n = kTB \tag{8-10}$$

其中,kTB 被称为"有效噪声功率",在室温(17℃)下,每赫兹带宽的噪声功率为 4×10^{-21} W,与电阻值无关。

可以证明(Van Der Ziel,1954,p.17),任意连接的无源元件产生的热噪声等于等效网络阻抗实部电阻产生的热噪声。这对于计算复杂无源网络的热噪声有很大帮助。

8.2 热噪声的特征

热噪声功率的频率分布是均匀的。在频谱上对于指定带宽的任意位置,有效噪声的功率

是恒定的,并与电阻值无关。例如,$100 \sim 200\mathrm{Hz}$ 之间的 $100\mathrm{Hz}$ 带宽的噪声功率等于 $1000000 \sim 1000100\mathrm{Hz}$ 之间的 $100\mathrm{Hz}$ 带宽的噪声功率。当在宽带示波器上观察时,热噪声如图 8-5 所示。这种噪声——功率随频率均匀分布——被称为"白噪声",意味着它是由许多频率成分组成的。许多不同于热噪声的其他噪声源也具有这一特性,同样被称为白噪声。

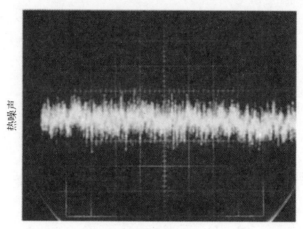

时间,每格200μs

图 8-5　在宽带示波器上观察到的热噪声(水平扫描,每格 200μs)

　　虽然热噪声的均方根值被很好地定义了,但其瞬时值只能根据概率定义。热噪声的瞬时幅度服从高斯分布,或正态分布。平均值为零,而均方根值由式(8-1)给出。图 8-6 为热噪声的概率密度函数。任意两个值之间瞬态电压出现的概率等于这两个值之间概率密度函数的积分。概率密度函数在零幅度时最大,表明零附近的值是最常见的。

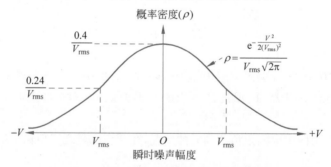

图 8-6　热噪声的概率密度函数(高斯分布)

　　波形的波峰因数定义为波峰与均方根值的比值。热噪声的概率密度函数如图 8-6 所示,$\pm V$ 很大时振幅渐近趋于零。由于曲线永远不会到达零,瞬时噪声电压的幅度没有极限。在这个基础上,波峰因数将是无限的,这不是一个非常有用的结果。如果我们计算出现在一个指定的很小时间百分比内峰值的波峰因数,将得到更有用的结果,见表 8-1。通常只考虑发生在至少 0.01% 时间内的峰值,热噪声的波峰因数约为 4。

表 8-1　热噪声的波峰因数

超出峰值时间的百分比	波峰因数(peak/rms)	超出峰值时间的百分比	波峰因数(peak/rms)
1.0	2.6	0.001	4.4
0.1	3.3	0.0001	4.9
0.01	3.9		

8.3　等效噪声带宽

噪声带宽 B 是系统或电路电压增益平方带宽。噪声带宽是针对在通频带内有均匀增益而在通频带外增益为零的系统定义的。图 8-7 显示了低通电路和带通电路单元的理想带宽。

实际电路没有这些理想特性，只有类似图 8-8 中显示的实际带宽。问题就是找一个等效噪声带宽，可与实际非理想带宽一样能等效地给出相同结果。在白噪声源的情况下（在频谱中对于任意指定的带宽，噪声功率相等），如果等效噪声带宽曲线下面积等于实际曲线下面积，目标就实现了。图 8-9 是一个低通电路的情况。

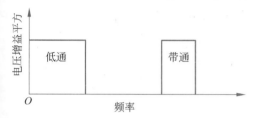

图 8-7　低通电路和带通电路单元的理想带宽

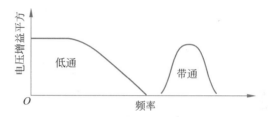

图 8-8　低通电路和带通电路单元的实际带宽

对于任意网络传输函数 $A(f)$（表示为电压比或电流比），等效噪声带宽与恒定传输幅度 A_0 同时存在，带宽为

$$B = \frac{1}{|A_0|^2} \int_0^\infty |A(f)|^2 \, \mathrm{d}f \tag{8-11}$$

典型的带通函数如图 8-10 所示。A_0 通常是 $A(f)$ 的最大绝对值。

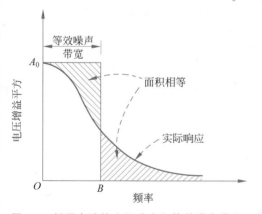

图 8-9　低通电路的实际响应和等效噪声带宽，
该曲线用线性刻度绘制

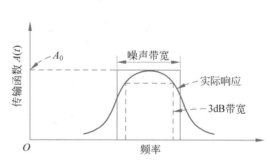

图 8-10　任意网络传输函数可以表示为具有
恒定传输比的等效带宽

例 8-1　计算图 8-11 中简单的 R-C 电路的等效噪声带宽。这个单极（时间常数）电路电玉增益与频率的关系为

$$A(f) = \frac{f_0}{\mathrm{j}f + f_0} \tag{8-12}$$

其中，

$$f_0 = \frac{1}{2\pi RC} \tag{8-13}$$

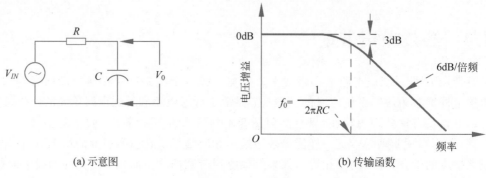

(a) 示意图 (b) 传输函数

图 8-11　R-C 电路

频率 f_0 是指电压增益下降 3dB 处的值,如图 8-11 所示,在 $f=0$ 处,$A(f)=A_0=1$。将式(8-12)代入式(8-11),得到

$$B=\int_0^\infty \left(\frac{f_0}{\sqrt{f_0^2+f^2}}\right)^2 \mathrm{d}f \tag{8-14a}$$

$$B=f_0^2\int_0^\infty (f_0^2+f^2)^{-1}\mathrm{d}f \tag{8-14b}$$

令 $f=f_0\tan\theta$,可以求积分。因此,$\mathrm{d}f=f_0\sec^2\theta\mathrm{d}\theta$,代入式(8-14b),得到

$$B=f_0\int_0^{\pi/2}\mathrm{d}\theta \tag{8-15}$$

积分给出

$$B=\frac{\pi}{2}f_0 \tag{8-16}$$

因此,此电路的等效噪声带宽是 3dB 电压带宽 f_0 的 $\pi/2$ 倍或 1.57 倍。这一结果可应用于能表示为单极点、低通滤波器的所有电路,同样适用于某些有源器件,如晶体管,它可模拟为单极点、低通电路。

表 8-2 中给出了不同极点数电路的噪声带宽 B 与 3dB 带宽 f_0 的比值。可以看出,当极点数增加时,噪声带宽接近 3dB 带宽。三极点或多极点的 3dB 带宽可用于代替噪声带宽,误差很小。

表 8-2　噪声带宽 B 与 3dB 带宽 f_0 的比值

极点数	B/f_0	高频衰减/(dB/倍频)	极点数	B/f_0	高频衰减/(dB/倍频)
1	1.57	6	4	1.13	24
2	1.22	12	5	1.11	30
3	1.15	18			

确定噪声带宽的第二种方法是用图形积分,即在线性图纸上绘制电压增益平方相对于频率的曲线。画出一个等效噪声带宽的矩形,这样噪声带宽曲线下面积等于实际曲线下面积,如图 8-9 所示。

8.4　散粒噪声

散粒噪声与流过势垒的电流联系在一起,这是由随机电子(或空穴)发射导致的平均值附近电流的波动引起的。这种噪声存在于真空管和半导体中,在真空管中,散粒噪声来自阴极电子的随机发射;在半导体中,散粒噪声是由通过晶体管基极的载流子随机扩散和空穴与电子对的随机产生与复合产生的。

W. Schottky 在 1918 年对散粒效应进行了理论分析,指出噪声电流的均方根值为(Van Der Ziel,1954,p. 91)

$$I_{sh} = \sqrt{2qI_{DC}B} \tag{8-17}$$

其中,q 是电子电荷(1.6×10^{-19}C),I_{DC} 是平均直流电流(A),B 是噪声带宽(Hz)。

式(8-17)在形式上类似于式(8-2)。散粒噪声功率密度不随频率变化,是一常数,且振幅呈高斯分布。散粒噪声为白噪声,与前面描述的热噪声有同样的特性。将式(8-17)除以带宽的平方根,得出

$$\frac{I_{sh}}{\sqrt{B}} = \sqrt{2qI_{DC}} = 5.66 \times 10^{-10} \sqrt{I_{DC}} \tag{8-18}$$

在式(8-18)中,每带宽平方根噪声电流只是流过器件直流电流的函数。因此,通过测量流过器件的直流电流,可准确确定噪声值。

在测量放大器噪声系数时(在 9.2 节中讨论),用不同的白噪声源可以简化测量。二极管可以作为白噪声源。如果散粒噪声是二极管中的主要噪声源,那么噪声电流的均方根值可通过测量流过二极管的直流电流简单地确定。

8.5　接触噪声

接触噪声由两种材料之间不完善接触产生的电导率变化所致。在两个导体的任意连接处都会产生接触噪声,如开关和继电器触点。因为接触不完善,接触噪声也发生在晶体管和二极管中,以及由许多小颗粒成型在一起的合成电阻和碳麦克风中。

接触噪声有很多其他名字,在电阻中产生的,称为"过量噪声";在真空管中观察到的,通常称为"闪烁噪声"。由于其独特的频率特性,通常称为"$1/f$ 噪声"或"低频噪声"。

接触噪声与流过器件的直流电流成正比,功率密度随频率的倒数($1/f$)而变化,幅度服从高斯分布。每带宽平方根的噪声电流 I_f 可近似表示为(Van Der Ziel,1954,p. 209)

$$\frac{I_f}{\sqrt{B}} \approx \frac{KI_{DC}}{\sqrt{f}} \tag{8-19}$$

其中,I_{DC} 是直流电流平均值(A),f 是频率(Hz),K 是取决于材料类型和几何尺寸的一个常数,B 是有关频率中心的带宽(f)。

应当注意,接触噪声的幅度在低频时可以变得很大,因为它的 $1/f$ 特性。大多数关于接触噪声的理论预测认为,在某些低频时噪声的幅度为常数。然而,在频率低到每天几个周期时,测量的接触噪声仍然显示出 $1/f$ 特性。由于其频率特性,接触噪声通常是低频电路中最重要的噪声源。

$1/f$ 或接触噪音也称"粉红噪声",粉红噪声是带限白噪声,其特点类似于通过每倍频衰减 3dB 的滤波器后的白噪声。白噪声在每个单位带宽内噪声功率相等,当用频率的对数坐标画图时,每倍频功率上升 3dB。然而,粉红噪声每倍频(或每 10 倍频)带宽噪声功率相等,因此,当用对数频率坐标画图时,会出现一个平坦的响应。例如,2～4kHz 倍频内的粉红噪声功率将等于 20～40kHz 倍频内的噪声功率。然而白噪声 20～40kHz 频带内的噪声功率将是 2～

4kHz 频带内噪声功率的 10 倍(3dB)。

粉红噪声重点在低频和每倍频功率相等的特性,与人类的听觉反应密切匹配。此外,粉红噪声有点类似于在频谱中讲话,没有特定的频率或振幅。因此,粉红噪声源通常用于音频系统的测试。当用于音频测试时,粉红噪声通常由一个白噪声源经滤波后产生,如二极管。

8.6 爆米花噪声

爆米花噪声也称突发噪声,首次发现于半导体二极管,也出现在集成电路(ICs)中。如果突发噪声被放大并馈入扬声器,听起来像玉米爆裂,伴随着热噪声提供一个油炸声音的背景,因而称为爆米花噪声。

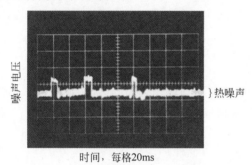

图 8-12 带有爆米花噪声的 IC 运算放大器的输出波形。基线上和突发噪声顶部的随机噪声是热噪声

不像本章讨论的其他噪声源,爆米花噪声是由制造缺陷导致的,它可以通过改进制造过程消除。这种噪声是由半导体器件的连接缺陷导致的,通常是金属杂质。爆米花噪声突然发生,导致电平离散变化,如图 8-12 所示。噪声脉冲的宽度从微秒到秒不等。重复率不是周期性的,从每秒几百个脉冲到每分钟少于一个脉冲。然而对于设备特殊的样本,振幅是固定的,因为它是一个连接缺陷特征的函数。通常振幅是热噪声幅度的 2~100 倍。

爆米花噪声功率密度具有 $1/f^n$ 的特点,n 的典型值为 2。由于噪声与电流相关,在高阻抗电路中爆米花噪声电压是最大的,例如,运算放大器的输入电路。

8.7 噪声电压叠加

独立产生的噪声电压或电流没有关联,相互之间是不相关的。当不相关噪声源叠加时,总功率等于各自功率的总和。两个噪声电压发生器 V_1 和 V_2 按功率叠加,得出

$$V_{\text{total}}^2 = V_1^2 + V_2^2 \tag{8-20}$$

总的噪声电压可写为

$$V_{\text{total}} = \sqrt{V_1^2 + V_2^2} \tag{8-21}$$

因此,不相关噪声电压叠加是各噪声电压平方和的平方根。

两个相关噪声电压可用下式叠加:

$$V_{\text{total}} = \sqrt{V_1^2 + V_2^2 + 2\gamma V_1 V_2} \tag{8-22}$$

其中,γ 是一个相关系数,可以是 $+1$~-1 中的任意值。当 γ 等于 0 时,电压是不相关的;当 $|\gamma|$ 等于 1 时,电压是完全相关的;对于 0 和 1 之间、0 和 -1 之间的 γ 值,电压是部分相关的。

8.8 随机噪声测量

噪声测量通常在一个电路或放大器的输出端进行。这是基于以下两个原因:①输出噪声

较大,因此更容易测量;②避免噪声仪扰乱被测设备的屏蔽、接地或输入电路的平衡。如果需要等效输入噪声值,用测量的输出噪声除以电路的增益,就可得到等效输入噪声。

因为大多数电压表测量的是正弦电压,因此,必须研究它们对随机噪声源的响应。对噪声仪的3个一般要求是:①应该响应噪声功率;②波峰因数为4或更大;③带宽应至少为被测量电路噪声带宽的10倍。当用于白噪声测量时,就要考虑各种类型噪声仪的响应。

真实均方根值噪声仪显然是最好的选择,它提供了足够的带宽和波峰因数。波峰因数为3时,误差小于1.5%,而波峰因数为4时,误差小于0.5%。且不需要对仪表的指示进行校正。

最常见的交流(AC)电压表响应波形的平均值,但需校正读取均方根值。这种仪表采用整流器和直流表头来响应被测量波形的平均值。正弦波的均方根值是平均值的1.11倍,因此,仪表刻度被校正为被测量值的1.11倍。然而白噪声的均方根值是平均值的1.25倍。因此,当用于测量白噪声时,平均值响应仪表的读数太低。如果带宽和波峰因数是足够的,这样的仪器用于测量白噪声时应将仪表的读数乘以1.13或增加1.1dB,使测量值低于仪器量程的一半,以免切削噪声波形的波峰。

波峰响应电压表不应用于测量噪声,因为它们的响应是由各自使用仪表的充电和放电时间常数决定的。

示波器是一个常常被忽视,但适于测量白噪声仪器。它优于其他指示器的一个优点是可以看见被测波形。这样可以确认测量的是所需的随机噪声,而不是拾取的或60Hz的交流噪声。白噪声的均方根值约等于示波器的峰-峰值除以8。[*] 确定示波器上的峰-峰值时,应忽略个别明显大于其他波形的峰值,可以用这种方法精确地确定均方根值。即使存在60Hz交流噪声或其他非随机噪声源,使用示波器也可以测量随机噪声,因为在显示器上可以区别并分别测量波形。

表8-3中总结了用于测量白噪声的各种仪表的特点。

表 8-3 用于测量白噪声的各种仪表的特点

仪 表 类 型	校 正 因 子	说 明
真实均方根值	无	仪表带宽大于10倍的噪声带宽,波峰因数为3或更大
均方根值校正的平均值响应	读数乘以1.13或加1.1dB	仪表带宽大于10倍的噪声带宽,波峰因数为3或更大,读数低于半量程以避免波峰被切
均方根值校正的波峰响应	不使用	
示波器	RMS≈1/8 峰-峰值	能观测到波形,确认是随机噪声,而不是拾取的噪声,忽略偶然和极端的波峰

总结

- 热噪声产生于所有包含电阻的元器件中。
- 电抗不产生热噪声。
- 在无源器件连接中的热噪声等于等效网络阻抗实部电阻产生的热噪声。

---

[*] 对于白噪声,假设波峰因数是4。

- 散粒噪声是由流过势垒的电流产生的。
- 接触噪声（$1/f$ 噪声）存在于电流流过非均匀材料时。
- 接触噪声仅在低频时成为问题。
- 爆米花噪声可以通过改进制造过程消除。
- 噪声带宽大于 3dB 带宽。
- 由于极（时间常数）的数量增加，噪声带宽接近 3dB 带宽。
- 热噪声的波峰因数通常假定为 4。
- 单位带宽内（如热噪声和散粒噪声）具有相同功率的噪声是白噪声。
- 每倍频（或 10 倍频）带宽（如 $1/f$ 或接触噪声）具有相同功率的噪声是粉红噪声。
- 粉红噪声的特性类似于通过每倍频衰减 3dB 的低通滤波器后的白噪声。
- 不相关噪声电压按功率叠加，因此

$$V_{\text{total}} = \sqrt{V_1^2 + V_2^2 + \cdots + V_m^2}$$

习题

8.1 室温下（290K）在带宽为 100kHz 的 50Ω 测量系统中，最小的噪声电压可能是多少？

8.2 在带宽为 10kHz 的系统中，计算以下温度时，5000Ω 电阻产生的噪声电压。

    a. 27℃（300K）。

    b. 100℃（373K）。

8.3 对于图 P8-3 所示的电路，计算每平方根带宽的热噪声电压。

8.4 对于图 P8-4 所示的电路，计算放大器输出端的噪声电压。假设放大器的频率响应等于：

    a. 截止频率为 2kHz 的理想低通滤波器。

    b. 截止频率为 99kHz 和 101kHz 的理想带通滤波器。

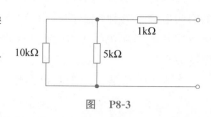

图　P8-3

8.5 如图 P8-5 所示，室温下频率为 1590Hz 时，确定电路 A-A 端产生的每平方根带宽的电压。

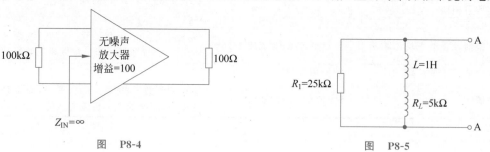

图　P8-4

图　P8-5

8.6 确定 100Ω 电阻产生的等效噪声电流。假设 $T=290$K，$B=1$MHz。

8.7 确定一个 3dB 带宽为 3.3kHz、每倍频衰减 12dB 的低通滤波器的噪声带宽。

8.8 一个二极管用作白噪声发生器，通过二极管的电流为 10mA。每 $\sqrt{B}$ 的噪声电流为多少？

8.9 已知一噪声源有 $1/f$ 频谱密度，在 100～200Hz 频带测量的噪声电压为 2μV。

    a. 200～800Hz 频带的噪声电压为多少？

    b. 2000～4000Hz 频带的噪声电压为多少？

8.10　系统中有 3 个非相关噪声电压源，3 个噪声电压幅度分别为 $10\mu\mathrm{V}$、$20\mu\mathrm{V}$、$32\mu\mathrm{V}$，总的噪声电压是多少？

参考文献

［1］　Johnson J B. *Thermal Agitation of Electricity in Conductors*. *Physical Review*，vol. 32，1928，pp. 97-109.

［2］　Nyquist H. *Thermal Agitation of Electric Charge in Conductors*. *Physical Review*，vol. 32，1928，pp. 110-113.

［3］　Van Der Ziel A. *Noise*. Englewood Cliffs，N. J. Prentice-Hall，1954.

深入阅读

［1］　Baxandall P J. *Noise in Transistor Circuits*，Part 1. *Wireless World*，vol. 74，1968.

［2］　Bennett W R. *Characteristics and Origins of Noise——Part I*. *Electronics*，vol. 29，1956，pp. 154-160.

［3］　Campbell R H，Chipman R A. *Noise from Current-Carrying Resistors 20 to 500 Kc*. *Proceedings of I. R. E.*，vol. 37，1949，pp. 938-942.

［4］　Dummer G W A. *Fixed Resistors*. London，U. K. Sir Isaac Pitman，1956.

［5］　Lathi B P. *Signals，Systems and Communications*. Chapter 13. New York，Wiley，1965.

［6］　Mumford W W，Scheibe E H. *Noise Performance Factors in Communication Systems*. Horizon House，Dedham，MA，1969.

［7］　Van Der Ziel A. *Fluctuation Phenomena in Semi-Conductors*. New York，Academic，1959.

第9章

有源器件噪声

双极型晶体管、场效应管(FETS)和运算放大器(op-amps)都有固有的噪声产生机制。本章讨论这些内部噪声源，并阐明优化噪声特性所需的条件。

讨论有源器件噪声之前，已介绍了噪声的特性和测量等一般性问题。这些综合分析介绍了噪声参数标准的设置，可用于分析不同器件中的噪声。器件噪声分析的一般方法是：①使用噪声系数；②使用噪声电压和噪声电流模型。

9.1 噪声系数

将噪声系数作为评价真空管中噪声的方法是在 20 世纪 40 年代提出的。尽管有几个严格限制，目前这种方法仍在广泛使用。

噪声系数(F)是比较一个器件与理想器件(没有噪声)噪声特性的参量。可定义为

$$F = \frac{\text{实际器件输出的噪声功率}(P_{no})}{\text{理想器件输出的噪声功率}} \tag{9-1}$$

理想器件输出的噪声功率是有源电阻的热噪声功率。测量有源噪声功率的标准温度是 290K。因此，噪声系数可以写为

$$F = \frac{\text{实际器件输出的噪声功率}(P_{no})}{\text{有源噪声输出的功率}} \tag{9-2}$$

噪声系数的等价定义为输入信噪比(S/N)除以输出信噪比：

$$F = \frac{S_i/N_i}{S_o/N_o} \tag{9-3}$$

这些信噪比必须是功率的比值，除非输入阻抗等于负载阻抗，在这种情况下它们可以是电压的平方、电流的平方或者功率的比值。

所有噪声系数的测量必须用源电阻，如图 9-1 所示。开路输入噪声电压因此等于源电阻 R_S 的热噪声电压：

$$V_t = \sqrt{4kTBR_S} \tag{9-4}$$

在 290K 时

$$V_t = \sqrt{1.6 \times 10^{-20} BR_S} \tag{9-5}$$

图 9-1　源电阻用于噪声系数的测量

如果器件具有电压增益 A，定义为 R_L 两端测量的输出电压与开路有源电压的比值，那么，由于 R_S 内存在热噪声，输出电压的分量为 AV_t。R_L 两端测量的总输出噪声电压用 V_{no} 表示，噪声系数可以写为

$$F = \frac{V_{no}^2/R_L}{(AV_t)^2/R_L} \tag{9-6}$$

或者

$$F = \frac{V_{no}^2}{(AV_t)^2} \tag{9-7}$$

V_{no} 包括源噪声和器件噪声的影响。将式(9-4)代入式(9-7)，得

$$F = \frac{V_{no}^2}{4kTBR_SA^2} \tag{9-8}$$

从式(9-8)中可以看出，噪声系数具有下列 3 个特性。

（1）噪声系数与负载电阻 R_L 无关。

（2）噪声系数与源电阻 R_S 有关。

（3）如果一个器件完全没有噪声，那么噪声系数等于 1。

噪声系数用分贝表示，被称为噪声指数（NF），定义为

$$\mathrm{NF} = 10\log F \tag{9-9}$$

从定性的意义上看，噪声指数和噪声系数是相同的，通常它们是可以互换的。

因为式(9-8)分母中存在带宽项，噪声系数可用下面两种方法具体说明：①点噪声，在指定的频率用 1Hz 带宽测量；②综合或平均噪声，用指定的带宽测量。如果器件噪声是白噪声，并且先于电路的带宽限制产生，这时点噪声和综合噪声系数相等。这是因为，随着带宽的增加，总的噪声和源噪声都以相同的因子增加。

噪声系数的概念存在以下 3 个主要限制。

（1）增加源电阻可以减小噪声系数，但会增加电路的总噪声。

（2）如果使用纯电抗源，噪声系数是没有意义的，因为源噪声为零，会使噪声系数无穷大。

（3）当设备噪声只是源热噪声的一小部分（如一些低噪声场效应管）时，噪声系数需要采用两个几乎相等的数字之比。这种方法会产生不准确的结果。

只有当两个噪声系数使用相同的源电阻测量时，两者直接比较才有意义。噪声系数随偏置条件、频率、温度及源电阻的变化而变化，当确定噪声系数时，这些条件都要详细说明。

已知某一源电阻值的噪声系数，并不能计算出其他源电阻值的噪声系数。这是因为源噪声和器件噪声会随源电阻而改变。

9.2　噪声系数的测量

通过测量方法的介绍可以更好地理解噪声系数。两种测量方法如下：①单频率方法；

②噪声二极管法或白噪声方法。

9.2.1 单频法

单频法测量配置如图 9-2 所示。V_S 是振荡器,设置测量频率,R_S 是源电阻。随着源电压 V_S 的关闭,测量输出均方根值(rms)噪声电压 V_{no}。这种电压由两部分组成:第一部分来自源电阻的热噪声电压 V_t,第二部分来自器件噪声。

$$V_{no} = \sqrt{(AV_t)^2 + (器件噪声)^2} \tag{9-10}$$

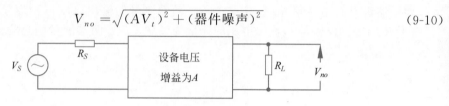

图 9-2 单频法测量配置

然后,发生器 V_S 打开,加入输入信号,直到输出功率加倍(输出均方根电压比先前测量的增加 3dB)。在这种条件下,满足下列等式:

$$(AV_S)^2 + V_{no}^2 = 2V_{no}^2 \tag{9-11}$$

因此

$$AV_S = V_{no} \tag{9-12}$$

将式(9-12)代入式(9-7),得

$$F = \left(\frac{V_S}{V_t}\right)^2 \tag{9-13}$$

再将式(9-5)的 V_t 代入式(9-13),可得

$$F = \frac{V_S^2}{1.6 \times 10^{-20} B R_S} \tag{9-14}$$

因为噪声系数不是 R_L 的函数,负载电阻的任意值都可以用于测量。

这种方法的缺点是必须知道器件的噪声带宽。*

9.2.2 噪声二极管法

较好的噪声系数测量方法是使用一个噪声二极管作为白噪声源。测量电路如图 9-3 所示。I_{DC} 是流过噪声二极管的直流电流,R_S 是源电阻。二极管中的散粒噪声为

$$I_{sh} = \sqrt{3.2 \times 10^{-19} I_{DC} B} \tag{9-15}$$

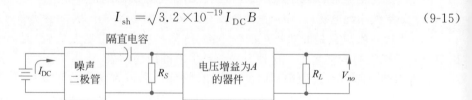

图 9-3 噪声二极管法测量噪声系数的电路

利用戴维南定理,散粒噪声电流发生器可由电压发生器 V_{sh} 串联 R_S 代替。那么

$$V_{sh} = I_{sh} R_S \tag{9-16}$$

---

* 噪声带宽通常不等于 3dB 带宽(见 8.3 节)。

首先,当二极管电流为 0 时,测量输出噪声电压均方根值 V_{no}。这个电压由两部分组成,来自源电阻的热噪声和器件噪声,因此

$$V_{no} = \sqrt{(AV_t)^2 + (\text{器件噪声})^2} \tag{9-17}$$

然后,允许二极管电流流过,并不断增加,直到输出噪声功率加倍(输出电压均方根值增加 3dB)。在这种条件下,满足下列等式:

$$(AV_{sh})^2 + V_{no}^2 = 2V_{no}^2 \tag{9-18}$$

因此,

$$V_{no} = AV_{sh} = AI_{sh}R_S \tag{9-19}$$

将式(9-19)中的 V_{no} 代入式(9-7),得到

$$F = \frac{(I_{sh}R_S)^2}{V_t^2} \tag{9-20}$$

再将式(9-15)和式(9-5)的 I_{sh}、V_t 分别代入,得到

$$F = 20I_{DC}R_S \tag{9-21}$$

现在噪声系数只是流过二极管的直流电流和源电阻的函数。这两个参数都很容易测量,无须得知器件的增益或噪声带宽。

9.3 计算 S/N 值并由噪声系数计算输入噪声电压

一旦已知噪声系数,可用于计算信噪比和输入噪声电压。对于这些计算,电路中使用的源电阻和用于噪声系数测量的源电阻必须一样,这是很重要的。重新整理式(9-8),得出

$$V_{no} = A\sqrt{4kTBR_SF} \tag{9-22}$$

设输入信号电压为 V_S,输出信号电压为 $V_o = AV_S$。输出信噪功率比为

$$\frac{S_o}{N_o} = \frac{P_{\text{signal}}}{P_{\text{noise}}} \tag{9-23}$$

或者

$$\frac{S_o}{N_o} = \left(\frac{AV_S}{V_{no}}\right)^2 \tag{9-24}$$

将式(9-22)代入,得

$$\frac{S_o}{N_o} = \frac{V_S^2}{4kTBR_SF} \tag{9-25}$$

式(9-23)~式(9-25)中的信噪比是指功率比。然而,有时信噪比表示为电压比。应注意指定的信噪比是功率比,还是电压比,因为这两种表示在数值上不相等。当用分贝表示时,功率信噪比为 $10\log(S_o/N_o)$。

总等效输入噪声电压(V_{nt})也是一个有用的量,它等于输出噪声电压(式(9-22))除以增益:

$$V_{nt} = \frac{V_{no}}{A} = \sqrt{4kTBR_SF} \tag{9-26}$$

总等效输入噪声电压是单噪声源,代表电路的总噪声。为达到最佳噪声性能,V_{nt} 应该减至最小,提供的信号电压保持不变,最小的 V_{nt} 等效于最大的信噪比。这一点将在 9.7 节介绍最佳源电阻时进行深入讨论。

等效输入噪声电压由两部分组成，一部分来自源的热噪声，另一部分来自器件噪声。

用 V_{nd} 表示器件噪声，总等效输入噪声电压为

$$V_{nt} = \sqrt{V_t^2 + V_{nd}^2} \tag{9-27}$$

其中，V_t 是开路源电阻热噪声电压。由式（9-27）解出 V_{nd}：

$$V_{nd} = \sqrt{V_{nt}^2 - V_t^2} \tag{9-28}$$

将式（9-4）和式（9-26）代入式（9-28），得出

$$V_{nd} = \sqrt{4kTBR_S(F-1)} \tag{9-29}$$

9.4　噪声电压和电流模型

克服噪声系数限制的一个较好的方法是进行噪声建模以等效噪声电压和电流。实际网络可被模拟为一个无噪声设备和连接到网络输入端的两个噪声发生器 V_n 和 I_n，如图 9-4 所示。当 R_S 等于 0 时，V_n 表示存在设备噪声；当 R_S 不等于 0 时，I_n 表示有附加的设备噪声。这两种噪声发生器的使用加上一个复杂的相关系数（没显示），完全表征了器件的噪声特性（Rothe，Dahlke，1956）。尽管 V_n 和 I_n 通常在某种程度上是相关的，制造商很少给出相关系数的值。另外，对于一个设备而言，典型宽泛的 V_n 和 I_n 值通常掩盖了相关系数的影响。因此，实践中通常假设相关系数等于 0。本章后面都是如此。

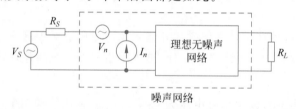

图 9-4　噪声网络模型等效于带有输入噪声电压和噪声电流源的理想无噪声网络

图 9-5 表示噪声电压和噪声电流曲线。从图中可以看出，数据通常是 $V_n/\sqrt{B}$ 和 $I_n/\sqrt{B}$ 相对于频率的曲线。要求某频带上的噪声电压或电流，通过 $(V_n/\sqrt{B})^2$ 或 $(I_n/\sqrt{B})^2$ 对频率进行积分，然后对结果取平方根。当 $(V_n/\sqrt{B})$ 或 $(I_n/\sqrt{B})$ 在所求的带宽内是常数时，总噪声电压或电流可以通过 $(V_n/\sqrt{B})$ 或者 $I_n/\sqrt{B}$ 乘以带宽的平方根很简单地得到。

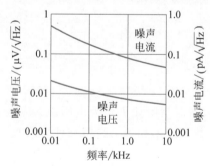

图 9-5　典型噪声电压 $V_n/\sqrt{B}$ 和噪声电流 $I_n/\sqrt{B}$ 曲线

利用这些曲线和图 9-4 的等效电路，可以确定任意电路的总等效输入电压、信噪比或噪声系数。这可以用于任何源阻抗、电阻或者电抗，以及任何频谱。然而，器件必须工作在曲线规定的偏置条件下或者接近偏置条件。通常会给出额外的曲线以表示这些噪声发生器偏置点的变化。有了这一组曲线，所有工作条件下器件的噪声特性都清楚了。

等效参数 V_n 和 I_n 等噪声数据的表达式可用于所有器件。场效应晶体管和运算放大器通常以这种方式说明，一些双极晶体管制造商们也开始用 V_n-I_n 参数代替噪声系数。

器件的总等效输入噪声电压是一个很重要的参数。假设噪声源之间没有关联，这个电压综合了 V_n、I_n 和源的热噪声的影响，可写为

$$V_{nt} = \sqrt{4kTBR_S + V_n^2 + (I_n R_S)^2} \tag{9-30}$$

其中，V_n 和 I_n 是带宽 B 内的噪声电压和噪声电流。为获得最佳噪声性能，应减小式（9-30）表示的总噪声电压。这将在 9.7 节关于最佳源电阻部分更详细讨论。

每平方根带宽的总等效输入噪声电压可以写为

$$\frac{V_{nt}}{\sqrt{B}} = \sqrt{4kTR_S + \left(\frac{V_n}{\sqrt{B}}\right)^2 + \left(\frac{I_n R_S}{\sqrt{B}}\right)^2} \tag{9-31}$$

器件的等效输入噪声电压只可以通过式（9-30）减去热噪声分量计算。器件等效输入噪声为

$$V_{nd} = \sqrt{V_n^2 + (I_n R_S)^2} \tag{9-32}$$

图 9-6 是典型的低噪声双极晶体管、结型场效应晶体管和运算放大器 3 种类型器件的每平方根带宽总等效噪声电压曲线图。图中还显示了源电阻产生的热噪声电压。热噪声曲线在总输入噪声电压上设置了一个低限。从图中可以看出，当源电阻值在 10000Ω 和 $1\mathrm{M}\Omega$ 之间时，场效应管的总噪声电压只略高于源电阻的热噪声。基于噪声，当源电阻在这个范围内时，场效应管接近理想的器件。然而如果源电阻低，双极型晶体管噪声通常小于场效应管噪声。在大多数情况下，运算放大器的噪声都大于其他器件的噪声。原因将在 9.12 节运算放大器的噪声部分讨论。

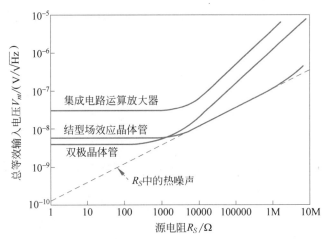

图 9-6 典型的 3 种类型器件的每平方根带宽总等效噪声电压曲线

9.5 V_n 和 I_n 的测量

测量器件的 V_n 和 I_n 参数相对简单。这种方法可参考图 9-4 进行说明。由式（9-30），总的等效噪声电压 V_{nt} 为

$$V_{nt} = \sqrt{4kTBR_S + V_n^2 + (I_n R_S)^2} \tag{9-33}$$

为了求出 V_n，设源电阻为 0，这使式（9-33）的第一项和最后一项也为 0，就测出了输出噪声电压 V_{no}。如果电路的电压增益为 A，对于 $R_S = 0$，

$$V_{no} = AV_{nt} = AV_n \tag{9-34}$$

等效输入噪声电压为

$$V_n = \frac{V_{no}}{A} \tag{9-35}$$

为了测量 I_n，第二种测量方法是使用一个大的源电阻。源电阻必须足够大，从而忽略式(9-33)的前两项。若测量的输出噪声电压满足以下条件，则结果是正确的：

$$V_{no} \gg A\sqrt{4kTBR_S + V_n^2}$$

在这些条件下，对于 R_S 非常大的情况，等效输入噪声电流为

$$I_n = \frac{V_{no}}{AR_S} \tag{9-36}$$

9.6 由 V_n-I_n 计算噪声系数和信噪比

已知等效输入噪声电压 V_n、电流 I_n 和源电阻 R_S，参考图 9-4 可以计算噪声系数。这个推导过程留给读者，见习题 9.10。结果为

$$F = 1 + \frac{1}{4kTB}\left(\frac{V_n^2}{R_S} + I_n^2 R_S\right) \tag{9-37}$$

其中，V_n 和 I_n 是关注带宽 B 的等效输入噪声电压和电流。

产生最小噪声系数的 R_S 值可由式(9-37)关于 R_S 的微分求出。使噪声系数最小的 R_S 的值为

$$R_{S_o} = \frac{V_n}{I_n} \tag{9-38}$$

如果将式(9-38)代回式(9-37)，则最小噪声系数为

$$F_{\min} = 1 + \frac{V_n I_n}{2kTB} \tag{9-39}$$

输出功率信噪比也可由图 9-4 的电路计算。这个推导过程留给读者，见习题 9.11。结果为

$$\frac{S_o}{N_o} = \frac{V_S^2}{V_n^2 + (I_n R_S)^2 + 4kTBR_S} \tag{9-40}$$

其中，V_S 是输入信号电压。

对于常数 V_S，当 $R_S = 0$ 时，得到最大信噪比

$$\left.\frac{S_o}{N_o}\right|_{\max} = \left(\frac{V_S}{V_n}\right)^2 \tag{9-41}$$

应该注意，当 V_S 为常数且 R_S 为变量时，$R_S = V_n/I_n$ 时有最小噪声系数，但是最大信噪比发生在 $R_S = 0$ 时。因此，最小噪声系数不表示最大信噪比或最小噪声。参考图 9-7 可以很好地理解，这是一幅典型器件总等效输入噪声电压图。当 $R_S = V_n/I_n$ 时，器件噪声和热噪声的比值最小。然而，当 $R_S = 0$ 时，器件噪声和热噪声都是最小的。虽然最小等效输入噪声电压(和最大信噪比)在数学上出现在 $R_S = 0$ 时，事实上 R_S 的值有一个范围，在这个范围内最小等效输入噪声电压几乎为常数，如图 9-7 所示。在这个范围内，器件的 V_n 为主要的噪声源。对于大的源电阻值，I_n 为主要的噪声源。

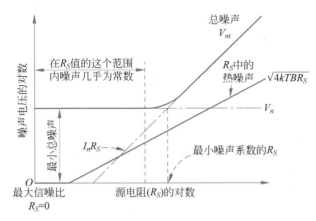

图 9-7　一典型器件的总等效输入噪声电压 V_{nt}，总噪声电压由 3 部分组成

（热噪声、V_{nt} 和 $I_n R_S$），如式（9-30）所示

9.7　最佳源电阻

因为最大信噪比发生在 $R_S=0$ 时，最小噪声系数发生在 $R_S=V_n/I_n$ 时，所以为获得最佳噪声特性，就出现了最佳的源电阻是多少的问题。源电阻为 0 的要求是不实际的，因为所有实际的源都有一个有限的源电阻。然而如图 9-7 所示，只要 R_S 很小，总噪声电压在 R_S 的一个范围内几乎为一个常数。

实际上，电路设计者不需要总是控制源电阻的值。因为各种原因，常使用固定阻值的源。问题是这个源电阻是否应转换为产生最小噪声系数的值。这个问题的答案取决于怎样转换。

如果实际源电阻小于 $R_S=V_n/I_n$，实体电阻不应通过与 R_S 串联提高电阻值。这样会产生 3 个不利影响。

（1）大的源电阻会增大热噪声（这种增大与 $\sqrt{R}$ 成正比）。

（2）增大从输入噪声电流发生器流过大电阻产生的噪声（这种增大与 R 成正比）。

（3）减小到达放大器的信号。

然而，使用变压器可以有效提高 R_S 值，使其接近 $R_S=V_n/I_n$，改善噪声特性，使器件产生的噪声减到最小。同时，信号电压通过变压器的匝数比得到增大。实际上，这种影响被抵消了，因为源电阻的热噪声电压也以同样的系数被增大了。但是，这样做信噪比有一个净增长。

如果实际源电阻大于获得最小噪声系数需要的值，通过改变源电阻使其值接近 $R_S=V_n/I_n$，仍可改善噪声特性。然而如果使用低阻抗源，噪声将会更大。

为改善最佳噪声特性，应尽可能使用最低源阻抗。一旦决定这样做，利用变压器耦合这个源与阻抗 $R_S=V_n/I_n$ 匹配，可以改善噪声特性。

将式（9-3）改写为

$$\frac{S_o}{N_o}=\frac{1}{F}\frac{S_i}{N_i} \tag{9-42}$$

可以看出，利用变压器耦合改进信噪比是可能的。

假设固定一个源电阻的阻值，加上一个理想的任意匝数比的变压器，不能改变输入信噪比。若输入信噪比固定，当噪声系数 F 最小时，输出信噪比最大。当器件源电阻 $R_S=V_n/I_n$ 时，F 达到最小值。因此，耦合实际源电阻的变压器使 F 达到最小并使输出信噪比达到最大。

如果源电阻阻值没有固定,则选择 R_S 的值使 F 最小,不一定产生最佳噪声特性。然而,对于一个给定的源电阻 R_S,噪声最小的电路中 F 值是最小的。

当使用变压器耦合时,必须计入变压器绕组中的热噪声。将初级绕组的电阻加到源电阻上,再用次级绕组的电阻除以匝数比的平方就可以了。匝数比定义为次级绕组的匝数除以初级绕组的匝数。尽管变压器引入了额外噪声,信噪比通常的增加足以证明是否应使用变压器,实际源电阻与最佳源电阻相比不只是差一个数量级。

当使用变压器时,还要考虑噪声源对磁场影响的灵敏度。为将这种影响减小到可接受水平,通常需要屏蔽变压器。

变压器耦合导致的信噪比的改善可用信噪比改善系数(SNI)表示,定义为

$$\text{SNI} = \frac{(S/N)\,使用变压器}{(S/N)\,没有变压器} \tag{9-43}$$

可以证明,信噪比改善系数也可以用下列更有用的形式表示:

$$\text{SNI} = \frac{(F)\,使用变压器}{(F)\,没有变压器} \tag{9-44}$$

9.8　噪声系数的级联

为获得最佳噪声特性,信噪比和总等效输入噪声电压应用于设计系统的组件。一旦设计好了系统的组件,用噪声系数表示各组件的噪声特性通常是有利的。各组件的噪声系数可以组合为级联网络,如图 9-8 所示。

图 9-8　级联网络

Friis(1944)给出了级联网络(见图 9-8)总的噪声系数:

$$F = F_1 + \frac{F_2 - 1}{G_1} + \frac{F_3 - 1}{G_1 G_2} + \cdots + \frac{F_m - 1}{G_1 G_2 \cdots G_{m-1}} \tag{9-45}$$

其中,F_1 和 G_1 是第一级噪声系数和可用功率增益[*],F_2 和 G_2 是第二级的,以此类推。

式(9-45)清楚地表明,只要系统的第一级有足够的增益 G_1,总的噪声系数主要由第一级的噪声系数 F_1 确定。

例 9-1　图 9-9 所示为几个相同的放大器等间距布置在级联传输线上。每个放大器有一个可用功率增益 G。放大器是隔离的,因此,放大器之间电缆部分的损耗也是 G。这种类型的布置可用于电话中继电路或 CATV(有线电视)分布系统。放大器可用功率增益等于 G,而噪声系数是 F,电缆部分的插入增益是 $1/G$,而噪声系数是 G[**]。式(9-45)变为

$$F_t = F + \frac{G-1}{G} + \frac{F-1}{1} + \frac{G-1}{G} + \frac{F-1}{1} + \cdots + \frac{F-1}{1} \tag{9-46}$$

---

[*]　$G = A^2 R_S / R_o$,其中,A 是开路电压增益(开路输出电压除以源电压),R_S 是源电阻,R_o 是网络输出阻抗。

[**]　对电缆部分可以用基本噪声系数的定义(式(9-1))推导,认为电缆是匹配传输线,工作在其特性阻抗。

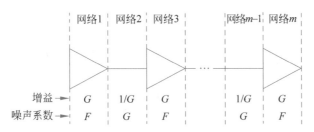

图 9-9 几个相同的放大器等间距布置在级联传输线上

即

$$F_t = F + 1 - \frac{1}{G} + F - 1 + 1 - \frac{1}{G} + F - 1 + \cdots + F - 1 \tag{9-47}$$

对于 K 级放大器和 $K-1$ 级电缆部分：

$$F_t = KF - \frac{K-1}{G} \tag{9-48}$$

如果 $FG \gg 1$，则

$$F_t = KF \tag{9-49}$$

整体噪声指数为

$$(NF)_t = 10\log F + 10\log K \tag{9-50}$$

因此，整体噪声指数等于第一个放大器的噪声指数加上 10 倍的级联数的对数。对此另一种看法是，级联的数量加倍，噪声指数就增加 3dB。这限制了可以级联的运算放大器的最大数量。

例 9-2 图 9-10 所示为一个天线通过 300Ω 匹配传输线连接到电视机上。如果传输线有 6dB 的插入损耗，电视机有 14dB 的噪声指数。为了在电视端口得到 40dB 的信噪比，天线终端需要多大的信号电压？为解决这个问题，将系统中的所有噪声源在某一点转换成等效噪声电压输入电视机。噪声电压可以合成，产生要求信噪比所需的适当的信号电平可以计算得出。

输入阻抗为 300Ω、带宽 4MHz，电视机输入端的热噪声为 -53.2 dBmV$(2.2\mu V)^*$。因为电视机输入热噪声增加了 14dB 的噪声，总的输入噪声

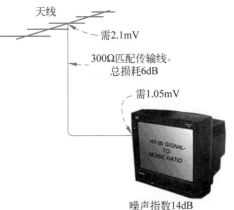

图 9-10 电视机连接天线

电平为 -39.2 dBmV(热噪声电压 dB+噪声指数)。因为需要 40dB 的信噪比，放大器输入信号电压必须为 $+0.5$ dBmV(总输入噪声 dB+信噪比 dB)。传输线有 6dB 的损耗，因此天线终端处的信号电压必须是 $+6.5$ dBmV 或者 2.1mV。为了能直接相加，正如本例，所有的量必须参考同样的阻抗水平，这里为 300Ω。

---

* 在室温(290K)下，对于 300Ω 电阻和 4MHz 带宽的开路电路，噪声电压为 $4.4\mu V$。当这个源连接到 300Ω 负载时，传输一半的电压到负载，即 $2.2\mu V$。

9.9 噪声温度

另一种表征电路或设备噪声特性的参数是等效输入噪声温度(T_e)。

电路的等效输入噪声温度可以定义为,在电路的输出端产生观察到的噪声功率,源电阻需要增加的温度。对于噪声温度的测量,标准参考温度 T_0 是290K。

图 9-11 所示为温度 T_0 时源电阻为 R_S 的有噪声的放大器。总的被测输出噪声是 V_{no}。图 9-12 所示为一个与图 9-11 有相同增益和源电阻 R_S 的理想无噪声的放大器。现在源电阻的温度增加了 T_e,因此测量的总输出噪声 V_{no} 与图 9-11 中的一样。那么 T_e 就是放大器的等效噪声温度。

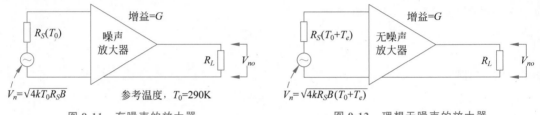

图 9-11 有噪声的放大器　　图 9-12 理想无噪声的放大器

等效输入噪声温度与噪声系数 F 的关系为

$$T_e = 290(F-1) \tag{9-51}$$

而与噪声指数 NF 的关系为

$$T_e = 290(10^{\text{NF}/10} - 1) \tag{9-52}$$

用等效输入噪声电压和电流(V_n-I_n)表示等效输入噪声温度为

$$T_e = \frac{V_n^2 + (I_n R_S)^2}{4kTBR_S} \tag{9-53}$$

几个放大器级联的等效输入噪声温度如下:

$$T_{e(\text{total})} = T_{e1} + \frac{T_{e2}}{G_1} + \frac{T_{e3}}{G_1 G_2} + \cdots \tag{9-54}$$

其中,T_{e1} 和 G_1 是第一级的等效输入噪声温度和可用功率增益;同样,T_{e2} 和 G_2 是第二级的,以此类推。

9.10 双极型晶体管噪声

典型双极型晶体管噪声指数与频率的关系如图 9-13 所示。可以看出,噪声指数在频率范围的中部为常数,两侧均升高了。噪声指数在低频时增大是因为存在"$1/f$"噪声或接触噪声(见 8.5 节)。$1/f$ 噪声和频率 f_1 随集电极电流的增大而增大。

频率高于 f_1 时,噪声是由白噪声源产生的,白噪声源由基极电阻的热噪声和发射极与集电极的散粒噪声组成。为将白噪声减至最小,可选取基极电阻小、电流增益大和高 α 截止频率的晶体管。高于频率 f_2 时噪声指数增大基于以下原因:①在这些频率晶体管增益下降;②输出(集电极)结产生的晶体管噪声不受晶体管增益的影响。

对于典型的音频晶体管,频率 f_1 可能为 $1 \sim 50\,\text{kHz}$,低于这个频率范围时噪声开始增大。频

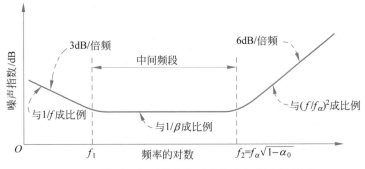

图 9-13　典型双极型晶体管噪声指数与频率的关系

率 f_2 通常大于 10MHz，高于这个频率时噪声开始增大。晶体管用于射频设计时，f_2 更高一些。

9.10.1　晶体管噪声系数

双极型晶体管噪声系数的理论表达式可以从忽略了漏电流 I_{CBO} 的晶体管 T 形等效电路开始推导，如图 9-14 所示。通过忽略 r_c（$r_c \gg R_L$）和增加以下噪声源：①基极电阻的热噪声；②发射极的散粒噪声；③集电极的散粒噪声；④源电阻的热噪声，电路可以修正为图 9-15 所示的等效电路。

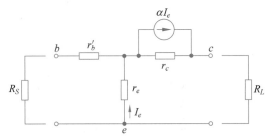

图 9-14　双极晶体管的 T 形等效电路

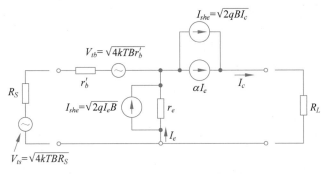

图 9-15　双极晶体管的噪声等效电路

由图 9-15 的电路可以得到噪声系数，有关量的关系为

$$I_c = \alpha_0 I_e \tag{9-55}$$

$$r_e = \frac{kT}{qI_e} \approx \frac{26}{I_e(\mathrm{mA})} \tag{9-56}$$

$$|\alpha| = \frac{|\alpha_0|}{\sqrt{1+(f/f_\alpha)^2}} \tag{9-57}$$

其中,α_0 是共基极电流增益 α 的直流值,k 是玻耳兹曼常数,q 是电子电量,f_α 是晶体管 α 截止频率,f 是频率变量。利用这个等效电路,Nielsen(1957)证明晶体管的噪声系数为

$$F = 1 + \frac{r'_b}{R_S} + \frac{r_e}{2R_S} + \frac{(r_e + r'_b + R_S)^2}{2r_e R_S \beta_o}\left[1 + \left(\frac{f}{f_\alpha}\right)^2 (1 + \beta_o)\right] \tag{9-58}$$

其中,β_o 是共射极电流增益 β 的直流值:

$$\beta_o = \frac{\alpha_o}{1 - \alpha_o} \tag{9-59}$$

式(9-58)不包括 $1/f$ 噪声的影响,并且图 9-13 中所有高于 f_1 的频率都是有效的。$1/f$ 噪声可以表示为集电极电路中与 αI_e 并联的一个附加噪声电流源。

式(9-58)中的第二项表示基极的热噪声,第三项表示发射极的散粒噪声,第四项表示集电极的散粒噪声。这个公式适用于共射极和共基极配置的晶体管。

为获得使噪声系数最小的源电阻 R_{so} 的值,可将式(9-58)对 R_S 微分,并令其结果等于 0。得到源电阻为

$$R_{so} = \left[(r'_b + r_e)^2 + \frac{(2r'_b + r_e)\beta_o r_e}{1 + (f/f_\alpha)^2 (1 + \beta_o)}\right]^{1/2} \tag{9-60}$$

对于大多数双极型晶体管,最小噪声系数的源电阻值接近产生最大功率增益的值。大多数晶体管应用时,工作频率远低于 α 截止频率。在这个条件下($f \ll f_\alpha$),假设 $\beta_o \gg 1$,式(9-60)可简化为

$$R_{so} = \sqrt{(2r'_b + r_e)\beta_o r_e} \tag{9-61}$$

如果基极电阻 r'_b 可以忽略(不总是这种情况),式(9-61)可变为

$$R_{so} \approx r_e \sqrt{\beta_o} \tag{9-62}$$

该式对于产生最小噪声系数的源电阻值的快速近似也很有用处。式(9-62)表示,晶体管共射极电流增益 β_o 越高,R_{so} 的值也会越高。

9.10.2 晶体管的 V_n-I_n

为确定等效输入噪声电压和电流模型的参数,必须首先确定总等效输入噪声电压 V_{nt}。将式(9-58)代入式(9-26),再将结果平方,得到

$$V_{nt}^2 = 2kTB(r_e + 2r'_b + 2R_S) + \frac{2kTB(r_e + r'_b + R_S)^2}{r_e \beta_o} \times \left[1 + \left(\frac{f}{f_\alpha}\right)^2 (1 + \beta_o)\right] \tag{9-63}$$

令式(9-63)(见式(9-34)和式(9-35))中的 $R_S = 0$,可以得到等效输入噪声电压的平方 V_n^2 为

$$V_n^2 = 2kTB(r_e + 2r'_b) + \frac{2kTB(r_e + r'_b)^2}{r_e \beta_o} \times \left[1 + \left(\frac{f}{f_\alpha}\right)^2 (1 + \beta_o)\right] \tag{9-64}$$

为了确定 I_n^2,必须用式(9-63)除以 R_S^2,然后使 R_S 大一些(见式(9-34)和式(9-36)),得出

$$I_n^2 = \frac{2kTB}{r_e \beta_o}\left[1 + \left(\frac{f}{f_\alpha}\right)^2 (1 + \beta_o)\right] \tag{9-65}$$

9.11　场效应晶体管噪声

结型场效应管(JFET)3 种重要的噪声机制为:①栅极反向偏置产生的散粒噪声;②源极

和漏极之间的沟道产生的热噪声;③栅极和沟道之间的空间电荷区产生的$1/f$噪声。

图 9-16 是结型场效应管的噪声等效电路。噪声发生器 I_{sh} 表示栅极电路的散粒噪声,I_{tc} 表示沟道的热噪声,I_{ts} 表示源导纳 G_S 的热噪声。场效应管有一个输入导纳 g_{11},以及正向跨导 g_{fs}。

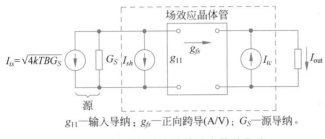

g_{11}—输入导纳;g_{fs}—正向跨导(A/V);G_S—源导纳。

图 9-16　结型场效应管的噪声等效电路

9.11.1　FET 噪声系数

假设图 9-16 中 I_{sh} 和 I_{tc}* 没有关联,总的输出噪声电流可以写为

$$I_{\text{out}} = \left[\frac{4kTBG_S g_{fs}^2}{(G_S + g_{11})^2} + \frac{I_{sh}^2 g_{fs}^2}{(G_S + g_{11})^2} + I_{tc}^2 \right]^{1/2} \tag{9-66}$$

来自源的热噪声的输出噪声电流仅为

$$I_{\text{out}}(\text{源}) = \frac{\sqrt{4kTBG_S}}{G_S + g_{11}} g_{fs} \tag{9-67}$$

噪声系数 F 是式(9-66)的平方除以式(9-67)的平方,或者

$$F = 1 + \frac{I_{sh}^2}{4kTBG_S} + \frac{I_{tc}^2}{4kTBG_S (g_{fs})^2}(G_S + g_{11})^2 \tag{9-68}$$

I_{sh} 是输入散粒噪声,且等于

$$I_{sh} = \sqrt{2qI_{gss}B} \tag{9-69}$$

其中,I_{gss} 是总的栅极漏电流。I_{tc} 是沟道的热噪声,且等于

$$I_{tc} = \sqrt{4kTBg_{fs}} \tag{9-70}$$

将式(9-69)和式(9-70)代入式(9-68),且认为

$$\frac{2q}{4kT}I_{gss} = g_{11} \tag{9-71}$$

得到噪声系数为

$$F = 1 + \frac{g_{11}}{G_S} + \frac{1}{G_S g_{fs}}(G_S + g_{11})^2 \tag{9-72}$$

使用电阻而不是导纳,重写式(9-72)为

$$F = 1 + \frac{R_S}{r_{11}} + \frac{R_S}{g_{fs}}\left(\frac{1}{R_S} + \frac{1}{r_{11}}\right)^2 \tag{9-73}$$

式(9-72)或式(9-73)都不包括 $1/f$ 噪声的影响。式中第二项表示栅极连接处散粒噪声的贡献。第三项表示沟道中热噪声的贡献。

---

* 高频时噪声发生器 I_{sh} 和 I_{tc} 表现出一些关联。然而作为实际问题,这通常被忽略。

为了工作在低噪声状态,场效应管应当有高增益(大的 g_{fs})和高输入电阻 r_{11}(小的栅极泄漏)。

通常在低频情况下,源电阻 R_S 小于栅极泄漏电阻 r_{11}。在这些条件下,式(9-73)可变为

$$F \approx 1 + \frac{1}{g_{fs}R_S} \tag{9-74}$$

在绝缘栅极场效应晶体管(IGFET)或者金属氧化物场效应晶体管(MOSFET)的情况下,没有 P-N 栅极连接,因此也没有散粒噪声,所以式(9-74)是适用的。然而,对于 IGFETs 或 MOSFETs 的情况,$1/f$ 噪声通常比 JFETs 更大。

9.11.2 FET 噪声的 V_n-I_n 表示方法

将式(9-73)代入式(9-26),可以得到总的等效输入噪声电压为

$$V_{nt}^2 = 4kTBR_S \left[1 + \frac{R_S}{r_{11}} + \frac{R_S}{g_{fs}} \left(\frac{1}{R_S} + \frac{1}{r_{11}} \right)^2 \right] \tag{9-75}$$

在式(9-75)中令 $R_S = 0$,就得到等效输入噪声电压的平方(见式(9-34)和式(9-35))为

$$V_n^2 = \frac{4kTB}{g_{fs}} \tag{9-76}$$

为了确定 I_n^2,必须用式(9-75)除以 R_S^2,并使 R_S 值很大(见式(9-34)和式(9-36)),得出

$$I_n^2 = \frac{4kTB(1 + g_{fs}r_{11})}{g_{fs}r_{11}^2} \tag{9-77}$$

当 $g_{fs}r_{11} \gg 1$ 时,式(9-77)可变为

$$I_n^2 = \frac{4kTB}{r_{11}} \tag{9-78}$$

9.12 运算放大器的噪声

在确定器件的噪声特性时,首先要考虑运算放大器的输入级。大部分单片集成运算放大器使用差分输入结构,使用 2 个(有时使用 4 个)输入晶体管。图 9-17 表示一个集成电路运算放大器的典型双晶体管输入电路的简化原理图。因为使用了 2 个输入晶体管,噪声电压近似为单晶体管输入级的 $\sqrt{2}$ 倍。另外,一些集成晶体管的电流增益(β)低于分立晶体管,这也增大了噪声。

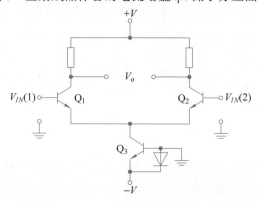

图 9-17 集成电路运算放大器的典型双晶体管输入电路的简化原理图。晶体管 Q_3 作为恒流源为输入晶体管 Q_1 和 Q_2 提供直流偏置

因此,一般运算放大器与分立的晶体管放大器相比,是固有的高噪声器件。这可以从图 9-6 所示的典型总等效噪声电压曲线观察到。在运算放大器之前一级分立的双极型晶体管,通常具有低噪声特性和运算放大器的其他优点。运算放大器对低温漂移和低输入偏移电流有平衡输入的优点。

运算放大器的噪声特性最好用等效输入噪声电压和电流 V_n-I_n 建模。图 9-18(a)表示一个典型的运算放大器电路。图 9-18(b)表示包含等效噪声电压和电流源的相同电路。

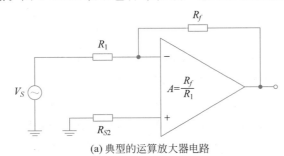

(a) 典型的运算放大器电路

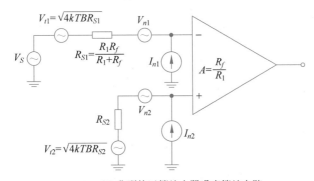

(b) 典型的运算放大器噪声等效电路

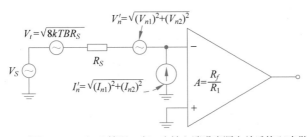

(c) 对于 $R_{S1}=R_{S2}=R_{S3}$ 的情况,在一个输入端噪声源合并后的(b)电路

图 9-18 典型的运算放大器电路及其等效电路

图 9-18(b)中的等效电路可用于计算总的等效输入噪声电压:

$$V_{nt} = \left[4kTB(R_{S1} + R_{S2}) + V_{n1}^2 + V_{n2}^2 + (I_{n1}R_{S1})^2 + (I_{n2}R_{S2})^2 \right]^{1/2} \qquad (9\text{-}79)$$

应该注意,V_{nt}、V_{n2}、I_{n1} 和 I_{n2} 也是带宽 B 的函数。

式(9-79)的两个噪声电压源可以合并,定义为

$$(V_n')^2 = V_{n1}^2 + V_{n2}^2 \qquad (9\text{-}80)$$

式(9-79)可改写为

$$V_{nt} = \left[4kTB(R_{S1} + R_{S2}) + (V_n')^2 + (I_{n1}R_{S1})^2 + (I_{n2}R_{S2})^2 \right]^{1/2} \qquad (9\text{-}81)$$

尽管合并了电压源,式(9-81)中仍需要有两个噪声电流源。然而,如果 $R_{S1}=R_{S2}$,这是常见的情况,因为这使输入偏置电流引起的直流输出电压偏移减至最小,这两个噪声电流发生器也可

以合并,定义为

$$(I'_n)^2 = I_{n1}^2 + I_{n2}^2 \tag{9-82}$$

因为 $R_{S1} = R_{S2} = R_S$,式(9-81)可简化为

$$V_{nt} = [8kTBR_S + (V'_n)^2 + (I'_n R_S)^2]^{1/2} \tag{9-83}$$

这种情况的等效电路如图 9-18(c)所示,为从运算放大器获得最佳噪声特性(最大信噪比),总等效输入噪声电压 V_{nt} 必须减至最小。

9.12.1 描述运算放大器噪声的方法

运算放大器制造商通过各种方法说明其器件的噪声。第一种方法是提供每个输入端 V_n 和 I_n 值,如图 9-19(a)等效电路所表示的那样。因为输入电路的对称性,每个输入端的噪声电压和噪声电流是相等的。第二种方法是提供 V'_n 和 I'_n 的值,如图 9-19(b)所示,仅应用于一个输入端。为了合并两个噪声电流发生器,必须假设相等的源电阻连接到两个输入端。图 9-19(b)中合并的电压发生器的噪声幅度,与图 9-19(a)中单个发生器幅度的关系为

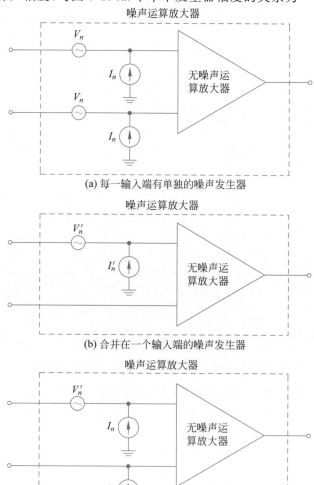

(a) 每一输入端有单独的噪声发生器

(b) 合并在一个输入端的噪声发生器

(c) 单独的噪声电流发生器与合并噪声电压发生器

图 9-19　运算放大器噪声建模的方法

$$V'_n = \sqrt{2}\, V_n \tag{9-84}$$

$$I'_n = \sqrt{2}\, I_n \tag{9-85}$$

在某些情况下,制造商给出的噪声电压是合并电压 V'_n,然而噪声电流是应用于每个输入端的值 I_n,表示这种方法的等效电路如图 9-19(c)所示。因此在利用这些信息前,用户必须了解设备制造商提供的数据应用于哪种等效电路。到目前为止,还没有一个使用这 3 种方法中的哪一种描述运算放大器噪声的标准。

9.12.2　运算放大器噪声系数

通常噪声系数没有与运算放大器联系在一起。然而将式(9-83)代入式(9-26),可以确定噪声系数,解出 F,得到

$$F = 2 + \frac{(V'_n)^2 + (I'_n R_S)^2}{4kTBR_S} \tag{9-86}$$

式(9-86)假设源噪声是来自一个源电阻 R_S 的热噪声,而不是来自两个源电阻。当运算放大器作为单端放大器使用时,这种假设是合理的。在未使用的输入端,电阻 R_S 的热噪声会被认为是放大器噪声的一部分,是使用这种结构付出的代价。

在配置反相运算放大器的情况下,在未使用的输入端,源于 R_S 的噪声可能被一个电容旁路。然而在同相配置中这是不可能的,因为反馈被连接到这一点。

为运算放大器定义噪声系数的第二种方法是假设源噪声来自两个源电阻的热噪声(在这种条件下是 $2R_S$)。噪声系数可写为

$$F = 1 + \frac{(V'_n)^2 + (I'_n R_S)^2}{8kTBR_S} \tag{9-87}$$

如果运算放大器作为带有双输入驱动的差分放大器使用,则式(9-87)是适用的。

总结

- 在电路设计中,如果源电阻是变量,源电压是常量,最小噪声系数并不代表最佳噪声性能。
- 对于一个给定的源电阻,噪声最小的电路就是噪声系数最低的那个。
- 为获得最佳噪声特性,输出信噪比应该最大,这等效于总输入噪声电压(V_{nt})减至最小。
- 当源是纯电抗时,噪声系数的概念是没有意义的。
- 为获得最佳噪声性能,应使用低的源电阻(假设源电压保持不变)。
- 利用变压器耦合源电阻,使其值 $R_S = V_n / I_n$,可以改善噪声特性。
- 如果一个系统的第一级增益很高,系统总的噪声由第一级噪声决定。
- 有源设备噪声可用以下多种方法具体描述。
  - 作为 2 个噪声系数 F。
  - 作为等效输入噪声电压 V_n 和输入噪声电流 I_n。
  - 作为等效输入噪声温度 T_e。

习题

9.1 由式(9-1)推导出式(9-3)。

9.2 以下哪种器件产生的等效输入器件噪声最小$(V_{nd}/\sqrt{B})$?

    a. 在$R_S = 10^4\Omega$测量到噪声指数为10dB的双极型晶体管。

    b. 在$R_S = 10^5\Omega$测量到噪声指数为6dB的场效应晶体管。

9.3 在源电阻为1.0MΩ时,测得晶体管的噪声指数为3dB。如果这个晶体管用于输入信号为0.1mV和源电阻为1.0MΩ的电路,那么输出功率信噪比是多少? 假设系统等效噪声带宽为10kHz。

9.4 场效应晶体管噪声说明如下:等效输入噪声电压为$0.06 \times 10^{-6}\,V/\sqrt{Hz}$,等效输入噪声电流为$0.2 \times 10^{-12}\,A/\sqrt{Hz}$。

    a. 如果FET用于源电阻为100kΩ、等效噪声带宽为10kHz的电路中,噪声指数是多少?

    b. R_S值为多大时会产生最小噪声指数,最小噪声指数是多少?

9.5 一个低噪声前置放大器由10Ω的源驱动。制造商提供在工作频率V_n和I_n下的数据说明如下:

$$\frac{V_n}{\sqrt{B}} = 10^{-8}\ V/\sqrt{Hz}$$

$$\frac{I_n}{\sqrt{B}} = 10^{-13}A/\sqrt{Hz}$$

    a. 为提供最佳噪声特性,确定输入变压器的匝数比。

    b. 使用(a)中的变压器计算电路的噪声指数。

    c. 前置放大器直接耦合到10Ω的源,噪声指数是多少?

    d. 该电路的SNI系数是多少?

9.6 如图P9-6所示,一FM天线通过一段75Ω匹配的同轴电缆连接到FM接收机上。为获得高质量的接收,接收机输入端需要的信噪比为18dB,接收机的噪声指数是8dB。

图　P9-6

    a. 如果连接接收机到天线的电缆插入损耗为6dB,为获得高质量的接收,在天线与电缆的连接点需要多大的信号电压? 接收机噪声带宽为50kHz。

    b. 这个电压为什么比9.8节例9-2中电视机的情况需要的电压小得多?

9.7 一个系统的等效输入噪声温度T_e等于290K,求噪声指数。

9.8 一个晶体管的工作频率$f \ll f_\alpha$。晶体管参数为$r'_b = 50\Omega$,$\beta_0 = 100$。计算最小噪声系数,当集电极的电流为如下值时求源电阻的值。

    a. 10μA。

b. 1.0mA。

注意：$r_e \approx 26/I_c$ (mA)。

9.9 一个结型场效应晶体管在 100MHz 时测到的参数如下：$g_{fs} = 1500 \times 10^{-6}\,\Omega$，$g_{11} = 800 \times 10^{-6}\,\Omega$。如果用于源电阻为 1000$\Omega$ 的电路，晶体管的噪声指数是多少？

9.10 由图 9-4 的等效电路和式(9-1)，推导出式(9-37)。

9.11 由图 9-4 的等效电路，推导出式(9-40)。

参考文献

[1] Friis H T. *Noise Figures of Radio Receivers*. *Proceedings of the IRE*，vol. 32，1944.

[2] Mumford W W，Scheibe E H. *Noise Performance Factors in Communication Systems*. Horizon House，Dedham，MA，1968.

[3] Nielsen E G. *Behavior of Noise Figure in Junction Transistors*. *Proceedings of the IRE*，vol. 45，1957，pp. 957-963.

[4] Rothe H，Dahlke W. *Theory of Noisy Fourpoles*. *Proceedings of IRE*，vol. 44，1956.

深入阅读

[1] Baxandall P J. *Noise in Transistor Circuits*. *Wireless World*，vol. 74，1968.

[2] Cooke H F. *Transistor Noise Figure*. *Solid State Design*，1963，pp. 37-42.

[3] Gfeller J. FET Noise. EEE，June 1965，pp. 60-63. Graeme J. *Don't Minimize Noise Figure*. *Electronic Design*，1971.

[4] Haus H A，et al. *Representation of Noise in Linear Twoports*. *Proceedings of IRE*，vol. 48，1960.

[5] Letzter S，Webster N. *Noise in Amplifiers*. *IEEE Spectrum*，vol. 7，no. 8，1970，pp. 67-75.

[6] Motchenbacher C D，Connelly J A. *Low Noise Electronic System Design*. NewYork，Wiley，1993.

[7] Robe T. *Taming Noise in IC Op-Amps*. *Electronic Design*，vol. 22，1974.

[8] Robinson F N H. *Noise in Transistors*. *Wireless World*，1970.

[9] Schiek B，Rolfes I，Siwevis, H. *Noise in High-Frequency Circuits and Oscillators*. New York，Wiley，2006.

[10] Trinogga L A，Oxford D F J F E T. *Noise Figure Measurement*. *Electronic Engineering*，1974.

[11] Vander Ziel A. *Noise in Solid State Devices and Lasers*. *Proceedings of the IEEE*，vol. 58，1970.

[12] Vander Ziel A. *Noise in Measurements*. New York，Wiley，1976.

[13] Watson F B. *Find the Quietest JFETs*. *Electronic Design*，1974.

第10章

数字电路接地

数字系统也是一种存在明显噪声和潜在干扰的射频系统。虽然大部分数字电路的设计者都非常熟悉数字电路的设计,但他们有时却不能很好地解决射频系统的分析和设计问题。数字电路工程师往往是优秀的天线设计师,但他们自己并不明白这一点。

另外,现在许多模拟电路的设计者也在设计数字电路,他们可能还没有认识到模拟电路和数字电路的接地、配电和互连需要不同的技术方法。例如,虽然在一些低频模拟电路中单点接地可能获得较好的效果,但在数字电路中就可能成为主要的噪声耦合和辐射的源。

只需要几毫安直流驱动的小的数字逻辑门初看起来似乎不是一个严重的噪声源。然而,它们以很高的开关速度与相连的导体电感相结合,成为主要的噪声源。当通过一个电感的电流变化时所产生的电压为

$$V = L \frac{\mathrm{d}i}{\mathrm{d}t} \tag{10-1}$$

其中,L 是电感,$\mathrm{d}i/\mathrm{d}t$ 是电流的变化率。例如,假设电源线的电感是 50nH,当一个逻辑门开关时,如果瞬态电流是 50mA,而逻辑门在 1ns 内开关,则当该逻辑门切换状态时,根据式(10-1),沿电源线产生的噪声电压为 2.5V。在一个典型系统中,需要把许多逻辑门产生的噪声电压叠加,而这样一个系统的典型电源电压可能只有 3.3V,这就表明逻辑门可以是一个主要的噪声源。噪声电压出现在系统的接地、电源和信号导体处。

第 10 章、第 11 章、第 12 章和第 14 章分别介绍数字电话的①接地;②配电;③辐射控制;④敏感度的理论和设计方法。

10.1 频域和时域

数字电路的设计者考虑的是时域。然而研究 EMC 最好考虑频域。对于系统的辐射及干扰控制元件(如电容器、铁氧体、滤波器和屏蔽器)的特性,法定要求都是指定在频域。频域和时域通过傅里叶变换(Paul,2006)相联系,这将在 12.1.3 节讨论。

方波的谐波分量扩展到无穷多,但越过某个点后,谐波能量很小,可以忽略。这个点被认为是逻辑带宽,出现在傅里叶系数由 $-20\mathrm{dB/dec}$ 变为 $-40\mathrm{dB/dec}$ 的折点处(12.1.3 节将讨论)。因此,数字信号的带宽可通过下式与上升时间 t_r 相联系:

$$BW = \frac{1}{\pi t_r} \tag{10-2}$$

例如,1ns 的上升时间相当于 318MHz 的带宽。利用新型的集成电路技术,亚纳秒级的上升时间变得很普遍。例如,低压差分信号(LVDS)有 300ps 的上升时间,这相当于 1GHz 的带宽。

10.2 模拟和数字电路

模拟电路通常包含放大器,少量外部噪声耦合进电路,可能产生干扰。当电路工作在非常低的信号电平时(mV 或 μV)和(或)电路包含高增益放大器时就会产生干扰。

而与许多模拟电路相比,数字电路不包含放大器,工作在相对高的信号电平。对于互补金属氧化物半导体(CMOS)电路,噪声容限大约是 V_{CC} 电压的 0.3 倍(5V 电源供电时约为 1.5V)。因此,数字电路对于低电平噪声具有固有的抗扰度。然而,数字逻辑电路供电电压越来越低的趋势(如 3.3V 和 1.75V)带来的后果是固有噪声抗扰度的逐步下降。

10.3 数字逻辑噪声

在模拟电路中,外部噪声源通常是关注的重点。然而在数字电路中,内部噪声源往往是主要关心的问题。数字电路的内部噪声是由下列原因产生的:①接地总线噪声(通常称为"接地反射");②电源总线噪声;③传输线反射;④串扰。最重要的是接地和电源总线噪声,将在本章和第 11 章分别进行介绍。串扰在第 2 章中已经介绍了。反射问题在大多有关数字电路设计的经典书籍中都有介绍,如 Blakeslee(1979)、Barna(1980)、Johnson 和 Graham(2003)。这些问题在此不再阐述。

10.4 内部噪声源

图 10-1 是一个由 4 个逻辑门组成的简单数字系统。考虑当逻辑门 1 的输出由高到低切换时会发生什么。在逻辑门 1 切换之前,它的输出是高的,逻辑门 1 和逻辑门 2 之间连线上的杂散电容被充电至电源电压。当逻辑门 1 切换时,在低电压被传输给逻辑门 3 之前,这些杂散电容必须放电。因此,很大的瞬态电流将流过接地系统以使这些杂散电容放电。由于接地电感,这个瞬态电流将在逻辑门 1 和逻辑门 2 的接地端产生噪声电压脉冲。如果逻辑门 2 的输出是低的,这个噪声脉冲将被耦合至逻辑门 4 的输入端,如图 10-1 所示,这将导致逻辑门 4 切换产生信号完整性问题。

图 10-1 也表明与接地噪声有关的另一个问题,那就是电缆辐射。如图中所示,进出系统的电缆也是以电路的地为参考地,因此,一部分接地噪声电压将激发电缆作为天线进行辐射,进而产生 EMC 问题。导致 EMC 问题必需的噪声电压比产生信号完整性问题所需的噪声电压低约 3 个数量级。降低接地噪声电压最实际的方法是降低接地系统的电感值。

从杂散电容通过逻辑门 1 输出端和接地导体形成的放电路径中包含小的电阻。这形成一个可能产生振荡的高 Q 值串联谐振电路,并将导致逻辑门 1 的输出电压为负,如图 10-2 所示。

串联谐振电路的 Q 值(谐振增益)为

$$Q = \frac{1}{R}\sqrt{\frac{L}{C}} \tag{10-3}$$

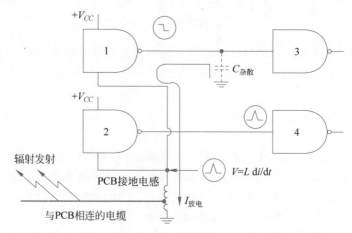

图 10-1 当逻辑门 1 的输出由高到低切换时产生接地噪声

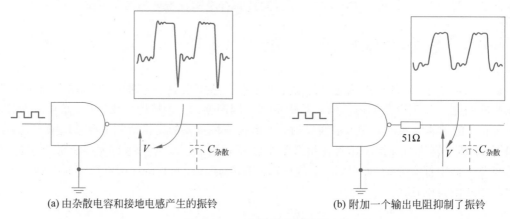

(a) 由杂散电容和接地电感产生的振铃　　　　(b) 附加一个输出电阻抑制了振铃

图 10-2 TTL 输出电压波形

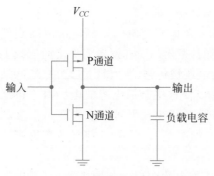

图 10-3 有极性输出电路的 CMOS
逻辑门的基本示意图

在逻辑门的输出端利用电阻或铁氧体磁珠的附加阻尼(图 10-2(b))将抑制这种振铃。

在晶体管-晶体管逻辑(TTL)门情况下,大部分振铃出现于负跳变时,如图 10-2 所示。因为 TTL 有一个内部电阻与电源正端串联。对于 CMOS 逻辑门,振荡通常在正跳变和负跳变时都会出现,这是因为它没有内部电阻,如图 10-3 所示。

在数字逻辑电路中第二种噪声源可以参照图 10-3 进行理解,这是采用有极性输出电路(即在下拉晶体管顶端有一上拉晶体管)的 CMOS 逆变器逻辑门的基本示意图。当输出是高电平时,P 通道

晶体管(上面的)导通,N 通道晶体管(下面的)断开。与之相反,当输出是低电平时,N 通道晶体管导通,P 通道晶体管断开。然而,在开关过程中一个很短的时间内两个晶体管是同时导通的。这种传导叠加将导致在电源和地之间存在一低阻抗连接,在每个逻辑门上产生 50～100mA 的很大的瞬态电源电流尖峰。大的集成电路,如微处理器,可以产生大于 10A 的瞬态电源电流。这种电流可以用不同的名称,如叠加电流、竞争电流或直通电流。TTL 及其他大多数逻辑电路也会产生类似的效应,然而瞬态电流的峰值会低些,因为 TTL 有一个限流电阻

与有极性输出电路串联。注意,虽然 CMOS 与 TTL 相比具有较小的稳态或平均电流,然而它有较大的瞬态电流。但是射极耦合逻辑电路(ECL)不采用有极性输出结构,因此其开关时不会产生很大的瞬态电流。

因此,不论何时开关数字逻辑门,电源都会产生很大的瞬态电流。这个电流给负载电容充电,并为极性输出电路提供短路电流。这个电流流经电源和接地导体的电感,使电源电压产生很大的瞬态电压降。在 CMOS 逻辑电路中,这种大的瞬态电源电流是主要的噪声源,并导致这些电路产生辐射发射。解决方法(参见第 11 章)是在每一个集成电路(IC)附近提供一电荷源,如去耦电容或电容器,供瞬态电流通过,避免其流经电源和接地导体的所有电感。

为使这两种内部噪声源产生的噪声最小,所有数字逻辑系统必须遵循以下原则设计。

(1) 低阻抗(电感)接地系统。

(2) 每个逻辑集成电路旁设置一电荷源(去耦电容器)。

本章将对实现低电感接地的有关内容进行介绍,第 11 章将对去耦或配电等内容进行介绍。

10.5　数字电路接地噪声

瞬态接地电流是产生系统内部噪声电压、传导和辐射发射的主要原因。为减小来自瞬态接地电流的噪声,必须将接地阻抗减至最小。一个典型的 PCB 的迹线(1oz 的铜导线宽 0.006in,距返回导线 0.02in)具有 82mΩ/in 的电阻(式(5-10))和 15nH/in 的回路电感(式(10-5))。表 10-1 表示 15nH 的电感阻抗随频率的变化,与式(10-2)确定的逻辑电路的上升/下降时间有关。

表 10-1　1in 长 PCB 迹线(15nH 的电感)的阻抗随频率的变化

频率/MHz	上升时间/ns	阻抗/Ω	频率/MHz	上升时间/ns	阻抗/Ω
1	318	0.1	100	3.2	9.4
10	32	1.0	300	1.1	28.0
30	11	2.8	500	0.64	47.0
50	6.4	4.7	1000	0.32	94.0

可以看出,当频率高于 1MHz 时,15nH 电感的阻抗大于 82mΩ 的电阻。频率高于 10MHz 时,电感比该电阻大几个数量级。对于具有 1ns 上升时间(由式(10-2)可知,带宽为 318MHz)的数字信号而言,接地导体将产生约 30Ω/in 的感抗。因而,在设计数字印制电路板时,电感是考虑的重点。如果要使接地电路阻抗最小,则电感必须减小一个数量级或更多。

10.5.1　使电感最小化

为了控制电感,理解电感如何取决于电路的物理特性是非常有帮助的。

电感与导体的长度成正比,由此可以通过最小化载有大的瞬态电流的高频导线的长度优化电路设计,如时钟引线或总线驱动。然而这并不是一个通用的解决办法,因为在大的系统中一些引线必须长一些。这说明大规模集成(LSI)的优点之一是通过在单个 IC 芯片上设置大量电路,使连接导线的长度和电感大大减小。

电感反比于导体直径的对数或扁平导体宽度的对数。设直径为 d 的单一圆形导体置于

电流返回平面上方 h 处,则回路电感为

$$L = 0.005\ln\frac{4h}{d}(\mu\text{H/in}) \qquad (10\text{-}4)$$

其中,$h > 1.5d$。

对于扁平导体,如印制电路板,回路电感为

$$L = 0.005\ln\frac{2\pi h}{w}(\mu\text{H/in}) \qquad (10\text{-}5)$$

其中,w 是导体的宽度。该式仅适用于长的窄迹线,条件是 $h \geqslant w$。

如果式(10-4)等于式(10-5),若扁平导体与直径为 d 的圆形导体的电感相同,宽度 w 应为

$$2w = \pi d \qquad (10\text{-}6\text{a})$$

或

$$w = 1.57d \qquad (10\text{-}6\text{b})$$

假设迹线的宽度远大于迹线的厚度,式(10-6b)表明,如果具有相同的表面积,扁平导体与圆形导体具有相同的电感。

因为式(10-4)和式(10-5)中的对数关系,通过增加导体的直径或宽度很难使电感大幅减小。一个典型的例子,直径或宽度加倍,电感只减小了 20%。电感要减小 50%,则尺寸必须增加 1200%。如果要求电感大大减小,则必须寻求其他实现方法。

减小电路电感的另一种方法是寻找电流流动的替代路径。这些路径必须是电并联,但不一定是物理并联。如果两个相同的电感并联,且忽略互感,则等效电感将为电感的一半。如果 4 条路径并联,则电感将为 1/4。因为电感反比于并联路径的数量,假设互感可以被控制(最小化),这个方法对于减小电感很有效。

10.5.2 互感

当两个导体并联时,计算总电感必须考虑互感效应。两个载有同向电流的并联导体的净部分电感可写为

$$L_t = \frac{L_1 L_2 - M^2}{L_1 + L_2 - 2M} \qquad (10\text{-}7)$$

其中,L_1 和 L_2 是两个导体的部分自电感,M 是它们之间的部分互感。如果两个导体是相同的($L_1 = L_2$),则式(10-7)可简化为

$$L_t = \frac{L_1 + M}{2} \qquad (10\text{-}8)$$

式(10-8)表明,互感限制并联导体总电感的减小。如果导体间距很小(紧耦合),互感接近自感($L_1 \approx M$),总电感约等于单一导体的电感。

如果导体间距很大(松耦合),则互感变得很小,总电感接近单一导体原电感的一半。因此必须确定导体间距对互感的影响。

利用部分电感的理论(参见附录 E),能够确定间距对载有同方向电流的并联导体的净部分电感的影响。将式(10-8)中的部分自电感 L_1 用式(E-14)代替,部分互感 M 用式(E-17)代替,则两个并联导体归一化的净部分电感为

$$\frac{L_t}{L_1} = \frac{\ln \frac{2l}{r} + \ln \frac{2l}{D} - 2}{2\left(\ln \frac{2l}{r} - 1\right)} \tag{10-9}$$

其中，D 是两个导体的间距，l 是导体的长度（$l \gg D$），r 是每个导体的半径。

对于两根长 3in 的 24 号导线，式(10-9)如图 10-4 所示。可以看出，电感下降大多发生在间距 0.5in 以内。间距大于 0.5in 时，电感不再显著下降。

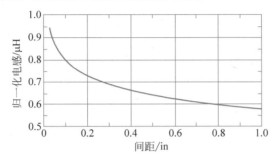

图 10-4　间距对载有同向电流的并联导体电感的影响。电感以单一导体的电感进行归一化

10.5.3　实用的数字电路接地系统

实用的高速数字电路接地系统必须在能彼此通信的集成电路所有可能的组合之间提供低阻抗（低电感）连接。实现这个目的最实用的方法是提供尽可能多的可选择（并联）的接地路径，这在网格中最容易实现。

电感的阻抗（感抗）正比于频率。因此，为保持同样的接地阻抗，接地电感必须随频率正比例减小。这意味着随着数字逻辑电路频率的增加，接地网格必须细化再细化，以提供更多的并联路径。如果这种方法达到了极限，则并联路径或平面数为无穷大。虽然一个接地平面可提供最佳性能，重要的是要记住网格是所需要的基本拓扑结构。

PCB 上的网格可以通过在板上印制水平和垂直接地迹线实现，如图 10-5 所示。在一个双面 PCB 上，水平迹线敷设在板的一个面上，垂直迹线敷设在另一个面上。两个面上的接地迹线通过其十字交叉处的电镀穿孔（导通孔）连接在一起，以便为所有必需信号的相互连接提供充足的空间。

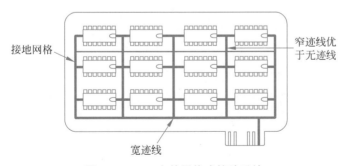

图 10-5　PCB 上的网格式接地系统

若电路板原先已敷设好了，通过一些特别的努力即使在一个拥挤的电路板上也可以实现令人满意的网格。如果用这种方法，重要的是在设计信号路径之前先在电路板上设置接地网格。虽然并非不可能，一旦信号导体被敷设之后，再在板上设置网格就困难了。接地网格不会增加产品单元成本，因此是一种经济有效的降噪技术。

虽然主要接地分布导体应由处理直流电流(具有最小压降)必需的宽迹线组成,但接地网格可以包括窄迹线,因为每个附加的迹线可为接地结构提供更多的并联路径。理解这一点很重要,设计者可能不愿意使用窄迹线作为接地系统的一部分。

重要的是要意识到对于直流或低频,迹线的宽度用于减小电阻。但是,对于高频,迹线的网格用于减小电感。这两个作用是相互独立的。

一个网格,即使是一个相当粗的网格,也会比单点接地的噪声减小一个或多个数量级。例如,来自德国(1985)的表 10-2 中的数据表明,在具有相同元件配置的相同双面 PCB 上,在有或没有接地网格的情况下,对集成电路不同组合的接地引脚之间测量得到的接地噪声电压。在这个例子中,最大接地电压从 1000mV 下降至 250mV,当采用接地网格后,IC15 和 IC16 上接地引脚之间的电压从 1000mV 下降至 100mV,降低了 1 个数量级。采用接地网格,最大辐射发射也从单点接地结构的 42.9dBμV/m 下降至 35.8dBμV/m,改善了 7.1dB。

表 10-2 不同接地噪声电压的峰值(mV)

位　　置	单点接地	接地网络	位　　置	单点接地	接地网络
IC1-IC2	150	100	IC1-IC10	400	150
IC1-IC3	425	150	IC1-IC11	625	200
IC1-IC4	425	150	IC1-IC12	400	150
IC1-IC5	450	150	IC1-IC13	425	250
IC1-IC6	450	150	IC14-IC11	900	200
IC1-IC7	450	150	IC15-IC7	850	125
IC1-IC8	425	225	IC15-IC10	900	125
IC1-IC9	400	175	IC15-IC16	1000	100

应用部分电感的理论参见附录 E,Smith 和 Paul(1991)研究了网格间距对电感的影响。他们的结论是,为最大程度减小接地噪声,应选用 0.5in 或更小的网格间距。

接地网格已被成功应用于频率高达几十兆赫的双面板。但是,当频率高于 5MHz 或 10MHz 时,就应该考虑采用接地面了。

图 10-6 给出了一个典型 PCB 的接地面。注意到这个面不是完整的,而是布满了洞(更像瑞士奶酪)。无论在哪里,元件的导线都需要通过这些孔穿过板而不与地短路。实际上,图 10-6 中的接地结构看起来比接地面更像一个精细网格。它之所以精细,是因为网格是首先期望的。

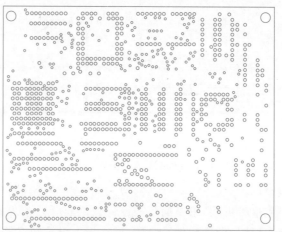

图 10-6 典型 PCB 的接地面

接地系统是数字逻辑 PCB 的基础。如果接地系统不好,那么很难解决诸如快速重启和实现正确接地等问题。因此,所有数字 PCB 都应被设计有接地面或接地网格。

10.5.4　环路面积

减小电感的另一种重要方法是使被电流包围的环路面积最小化。两个电流方向相反的导体(如一个信号线及其接地回路迹线)具有一个总环路电感 L_t,等于

$$L_t = L_1 + L_2 - 2M \tag{10-10}$$

其中,L_1 和 L_2 是单个导体的部分自电感,M 是它们之间的部分互感。如果两个导体是相同的,则式(10-10)可简化为

$$L_t = 2(L_1 - M) \tag{10-11}$$

为使总的环路电感最小化,导体间的部分互感应该最大化。因此,两导体应放置得尽可能近以使它们之间的面积最小。

如果两导体间的磁耦合系数 k 是 1,那么互感将等于自感,因为

$$M = k\sqrt{L_1 L_2} \tag{10-12}$$

闭合环路的总电感将为 0。高频时,同轴电缆接近这个理想条件。

因此,将信号和返回电流路径靠近放置是一种减小电感的有效方法。这可通过密绕双绞线或同轴电缆实现。应用这一配置,电感小于 1nH/in 是可能的。

对于包含多个接地回路的系统,其环路面积是多少? 关注的区域是实际电流包围的整个区域(Ott,1979)。因此,一个重要的考虑是电流沿接地路径返回源。这往往不是设计者预期的路径。

通过比较式(10-8)和式(10-11),可以得出一个非常重要的结论。为使总电感最小化,两个载有同方向电流的导体(如两个接地导体)应被分开。然而,两个载有相反方向电流的导体(如源和地,或者信号和接地导体)应该放置得尽可能近。

附录 E 对电感进行了更详细的讨论,还讨论了环路电感和部分电感之间的重要区别。

10.6　接地面电流分布和阻抗

因为接地结构对于高频 PCB 的性能如此重要,又因为大部分高频 PCB 都采用接地面,所以理解接地面的特性也很重要。例如,信号迹线下返回电流的实际分布是怎样的? 接地面的阻抗是多少?

PCB 接地面上的任一电压降将激励端接于板上的电缆,导致其像偶极子或单极天线一样产生辐射,如图 10-1 所示。长 1m 的天线产生超过联邦通信委员会(FCC)辐射要求所需的电流是很小的,只有几微安(参见表 12-1)。因此,即使是很小的接地噪声电压,也很重要,因为只需几毫伏的电压,就可产生这么大的电流。

虽然接地面的电感比迹线的电感小得多,但接地面电感不能忽略。减小接地面电感的原理是使电流分散开以提供多个并联路径。为了计算接地面的电感,必须先确定面上电流的分布。

许多论文和资料(例如,Leferink 和 van Doorn,1993)对接地面电感进行了分析,但作者通常假设电流均匀流过整个平面的截面,这不太可能发生。

10.6.1　参考面电流分布

10.6.1.1　微带线

微带线由参考面上的迹线组成。微带线周围场的典型分布如图 10-7 所示。因为趋肤效

应(参看6.4节)高频场不能穿透平面*。参考面电流(返回电流)将存在于电力线终止的临近平面**。从图10-7中可以看出,微带线下参考面电流的扩展超过了迹线的宽度,从而为返回电流提供多种并联路径。但是参考面上电流的实际分布是怎样的呢?

Holloway 和 Kuester(1995)推导出微带迹线参考面电流密度的表达式。微带线的结构是在平面上方高 h 处有一宽度为 w 的迹线,如图10-8所示。距迹线中心 x 处的参考面电流密度 $J(x)$ 为

$$J(x) = \frac{I}{w\pi}\left(\arctan\frac{2x-w}{2h} - \arctan\frac{2x+w}{2h}\right) \tag{10-13}$$

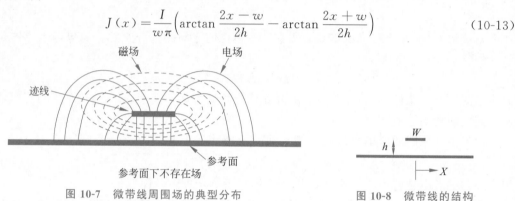

图 10-7 微带线周围场的典型分布

图 10-8 微带线的结构

式中,$J(x)$ 是电流密度,I 是环路中的总电流。式(10-13)的电流密度是产生最小电感必需的分布。无论频率是多少,该电流密度都是一样的;唯一的限制是当频率足够高时,平面电阻相比感抗可以忽略不计。这通常发生在频率高于几百千赫兹以上。

图10-9是式(10-13)的[$J(x)/J(0)$]作为 x/h 的函数的归一化曲线图。图的纵轴是归一化到迹线中心($x=0$)正下方平面的电流密度,横轴是归一化到迹线的高度(x/h)。可以看出,大部分电流靠近迹线。注意到距迹线中心的距离为迹线高度的5倍时,电流密度很小,曲线斜率很小。因为斜率这么小,在远离迹线中心处还有一些电流。

将式(10-13)在 $+x$ 与 $-x$ 之间进行积分,给出平面上距离迹线中心线 $\pm x/h$ 之间包含的微带线返回电流的百分比。结果如图10-10所示,其中横轴是归一化到迹线的高度(x/h)。可以看出,50%的电流包含在正负迹线高度的范围内,80%的电流包含在迹线高度正负3倍的范围内,97%的电流出现在迹线高度正负20倍的范围内。

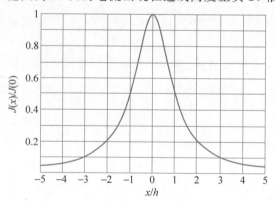

图 10-9 微带线的归一化参考面电流密度

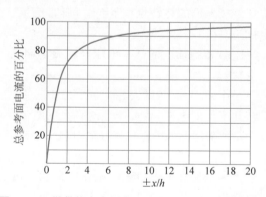

图 10-10 微带线参考面电流分布在 $\pm x/h$ 之间的积分

---

* 铜板的厚度大于3倍趋肤深度,1oz的铜板要30MHz以上,0.5oz的铜板要120MHz以上,2oz的铜板要8MHz以上。

** 无论邻近平面是接地平面还是电源平面均可。因此,本节中将邻近平面简称为参考面。

如果迹线宽度小于高度$(w \leqslant h)$,式(10-13)可近似为

$$\frac{J(x)}{J(0)} = \frac{1}{1 + \left(\dfrac{x}{h}\right)^2} \tag{10-14}$$

此外,如果只关注距迹线中心线距离$x \gg h$时参考平面的电流,式(10-14)可简化为

$$\frac{J(x)}{J(0)} = \frac{h^2}{x^2} \tag{10-15}$$

相邻迹线间的串扰是迹线产生的场相互作用的结果,场终止于电流存在的地方。因此,式(10-15)表明,相邻微带迹线间的串扰正比于迹线高度的平方除以间隔距离的平方。式(10-15)表明很重要的一点,即使迹线间的距离保持不变,使迹线靠近参考平面,也会减小串扰。在迹线相距较远的情况下,这提供了一个在PCB上不占用太多宝贵空间并能减小串扰的有效方法。

10.6.1.2　带状线

带状线由一条迹线对称分布在两平面之间,如图10-11所示。在一篇2000年论文的附录中,Chris Holloway推导出带状线结构的参考平面电流密度。距迹线中心距离为x处参考平面的电流密度为

$$J(x) = \frac{I}{w\pi}\left(\arctan e^{\frac{\pi(x-w/2)}{2h}} - \arctan e^{\frac{\pi(x+w/2)}{2h}}\right) \tag{10-16}$$

式(10-16)表示两平面中一个平面上的电流密度。因此参考平面的总电流密度应是式(10-16)所示电流密度的两倍。图10-12对带状线和微带线的电流密度进行了比较。描绘出式(10-13)的归一化电流密度$J(x)/J(0)$和式(10-16)归一化电流密度的两倍(表示两个平面总的带状线电流)随x/h的变化。可以看出,带状线电流没有微带线电流扩散得远。距迹线中心的距离是迹线高度的4倍时,带状线电流密度几乎为零。

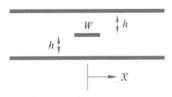

图10-11　带状线的结构

图10-13表示式(10-16)作为x/h的函数在$+x$与$-x$之间积分两倍的值。曲线表示两个平面上的总电流;每个平面上的电流是该电流的一半。曲线表示距离迹线中心线$\pm x/h$平面范围内包含的带状线返回电流的百分比。74%的带状线电流包含在正负迹线高度的范围内,99%的电流包含在迹线高度正负3倍的范围内。因此,带状线参考面电流没有微带线参考面电流扩展得远。

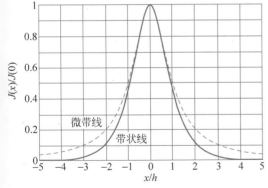

图10-12　带状线(实线)和微带线(点状线)的归一化参考面电流密度

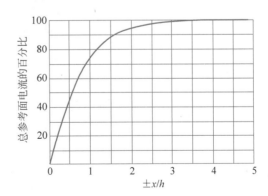

图10-13　带状线参考面总电流分布在$\pm x/h$之间的积分,两个面中的每个平面上的电流是该电流的一半

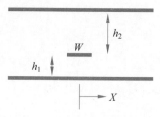

图 10-14　非对称式带状线的结构

10.6.1.3　非对称带状线

非对称带状线由一条迹线非对称地分布于两平面之间组成,如图 10-14 所示。

非对称带状线通常用于数字逻辑电路板,两个正交敷设的信号层位于两平面之间。因为两个信号层是正交的,它们之间的相互作用最小。应用这种结构的原因是对于两个带状线电路只需要两个平面,而不是三个平面,然而对任何一个带状线电路,平面都被非对称设置,这个结构中的 h_2 等于 $2h_1$。

Holloway 和 Kuester(2007)已推导出非对称带状线参考面电流密度的一个表达式。对于非对称带状线,他们给出了距迹线中心 x 处,最接近迹线的平面上参考面电流密度为

$$J_{\text{close}}(x) = \frac{I}{w\pi}\arctan \frac{e^{\frac{\pi(x-w/2)}{h_1+h_2}} - \cos\frac{\pi h_1}{h_1+h_2}}{\sin\frac{\pi h_1}{h_1+h_2}} - \arctan \frac{e^{\frac{\pi(x+w/2)}{h_1+h_2}} - \cos\frac{\pi h_1}{h_1+h_2}}{\sin\frac{\pi h_1}{h_1+h_2}}$$

(10-17a)

其中,h_1 是迹线与最近平面间的距离,h_2 是迹线与最远平面之间的距离(图 10-14)。

距迹线最远的平面上参考面电流密度为

$$J_{\text{far}}(x) = \frac{I}{w\pi}\arctan \frac{e^{\frac{\pi(x-w/2)}{h_1+h_2}} - \cos\frac{\pi h_2}{h_1+h_2}}{\sin\frac{\pi h_2}{h_1+h_2}} - \arctan \frac{e^{\frac{\pi(x+w/2)}{h_1+h_2}} - \cos\frac{\pi h_2}{h_1+h_2}}{\sin\frac{\pi h_2}{h_1+h_2}}$$

(10-17b)

图 10-15 是 $h_2 = 2h_1$ 时,式(10-17a)与式(10-17b)作为 x/h_1 的函数的归一化曲线图。这个图是归一化到迹线中心($x=0$)的正下方两个平面上电流密度的总和。迹线正下方,大约 75% 的电流在近的平面上,25% 的电流在远的平面上。然而当距离大于迹线高度的约 3 倍时(h_2/h_1 为 2),近的平面和远的平面上的电流相同。

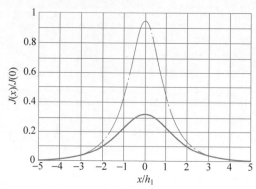

图 10-15　$h_2 = 2h_1$ 时,非对称式带状线归一化参考面电流密度。点状线代表较近面上的电流,实线代表较远面上的电流

对于 3 种情况(满足 $h_2 = 2h_1$ 的非对称带状线、带状线及微带线)电流密度随 x/h_1 变化的曲线如图 10-16 所示。对于带状线和非对称带状线,图中的电流是两个平面电流的总和。从图中可以看出,当 $x/h_1 < 2$ 时,非对称带状线电流密度近似等于微带线电流密度。然而,当

$x/h_1 > 4$ 时,相比于微带线的电流密度,非对称带状线电流密度更接近带状线的电流密度。

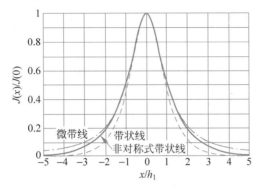

图 10-16 微带线(点状线)、带状线(虚线)和非对称式带状线(实线)的归一化参考面
电流密度。带状线和非对称式带状线是两个面电流的总和

对式(10-17a)和式(10-17b)中的 x 从负无穷到正无穷进行积分,得到每个平面的总电流,结果为

$$I_{\text{close}} = \left(1 - \frac{h_1}{h_1 + h_2}\right) I \tag{10-18a}$$

和

$$I_{\text{far}} = \frac{h_1}{h_1 + h_2} I \tag{10-18b}$$

其中,h_1 是距最近参考面的距离,h_2 是距最远参考面的距离。

表 10-3 列出了每个平面电流占总电流的百分比。

表 10-3 非对称式带状线每个平面电流占总电流的百分比

h_2/h_1	近　面	远　面	h_2/h_1	近　面	远　面
1	50%	50%	4	80%	20%
2	67%	33%	5	83%	17%
3	75%	25%			

有趣的是,如果将 $h_2 = h_1$ 代入式(10-17a)和式(10-17b),则两式都可简化为式(10-16),即带状线电流密度的计算式。同样,如果 h_2 趋于无穷大,则式(10-17a)可简化为式(10-13),即微带线电流密度的计算式。因此,式(10-17a)和式(10-17b)是 3 种常见的 PCB 传输线拓扑结构中求解任一种参考平面电流分布的通用公式。

第 17 章混合信号 PCB 设计中将对参考平面的电流分布作进一步讨论,详见 17.2 节、17.6.1 节及 17.6.2 节。

10.6.2　接地面阻抗

虽然导线或 PCB 迹线电感的计算相当简单,但一个平面电感的计算是复杂的。为此,1994 年我通过测试确定了微带接地平面的净部分电感。

10.6.2.1　测量电感

接地平面上的电压降等于电流乘以阻抗,在频域可表示为

$$V_g = I_g (R_g + j\omega L_g) \tag{10-19}$$

其中,R_g 是接地平面的电阻,L_g 是接地平面的净部分电感。

电感将电压与电流的变化率联系了起来。时域中此关系的表达见式(10-1),因此部分接地平面上的电压降在时域可表示为

$$V_g = L_g \frac{\mathrm{d}i}{\mathrm{d}t} + IR_g \tag{10-20}$$

假设高频情况下,电感值占主导地位,则可忽略电阻值,写为

$$L_g = \frac{V_g}{\mathrm{d}i/\mathrm{d}t} \tag{10-21}$$

这个假设的正确性将在10.6.2.3节进行更详细的讨论。由式(10-21)可以推断出,如果接地平面的电压可以测得,且信号电流随时间的变化率 $\mathrm{d}i/\mathrm{d}t$ 已知,则可以确定接地平面的电感[*]。

测量了由 10MHz 方波激励的微带线下部分接地平面上的电压降后,再通过测量流经负载电阻的信号确定电流的变化率。已知接地电压降和 $\mathrm{d}i/\mathrm{d}t$,接地电感可由式(10-21)计算。

测量接地面电感的测试板如图10-17所示,包含一个双面板,板的顶面有一条单迹线,板的底面为接地面,由此构成一个微带线。使用不同厚度的层压板以便改变迹线和接地面的间距。微带线长 6in,终端接 100Ω 的电阻。沿接地面每英寸间隔设置测量接地电压降的测试点。利用一个高频 50Ω 的微分探头从接地面的上面(迹线边)测量接地电压,如图10-18所示。关于这个测试设置的更多细节见附录 E.4。

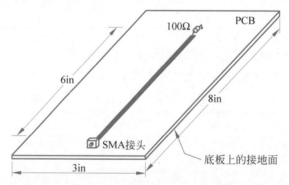

图 10-17 测量接地面电感的测试板

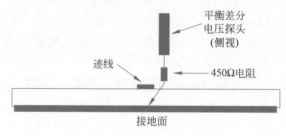

图 10-18 测量接地电压的装置

图10-19给出了接地面电感测量的结果[**]。在迹线长度中心附近的接地面上以 1in 的间隔测量电感。图10-19清晰地表明,由于互感增加,接地平面电感将随迹线高度的减小而变小。当迹线高度从 0.010in 变为 0.060in 时,电感将从 0.1nH/in 变为 0.7nH/in。相比之下,

---

[*] 很难准确确定,这里所用的方法在附录 E.4 中讨论。

[**] 这条曲线在 7mils 处中断了,与该数据点相关的问题在 10.6.2.3 节中讨论。

一个典型的 PCB 迹线的电感是 15nH/in。减小迹线高度不仅减小了接地面电感,更重要的是减小了接地面电压,进而减小了板的辐射。

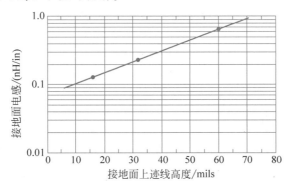

图 10-19　被测接地面电感(nH/in)随迹线高度(1mils＝0.001in)的变化。因为确信存在错误,所以 7mils 迹线高度的数据点从图中删除了,见 10.6.2.3 节

考虑所有实际的目的,因为电感与宽度的对数有关,所以电感不依赖于迹线的宽度。对于一条高 0.020in 的迹线,测得的接地平面电感约为 0.15nH/in,或者比典型迹线电感低两个数量级。虽然接地面电感很低,但不能忽略。当 40mA 的数字逻辑电流流过时,测得接地平面的电压降为 15mV/in。

10.6.2.2　计算的接地平面电感

1998 年,Holloway 和 Kuester 利用他们先前推导的微带线接地平面电流分布的表达式(式(10-13))计算出了接地面的电感。然而,因为所涉及积分的复杂性,他们没能推导出一个关于电感的解析公式。但他们给出了计算不同微带结构电感的曲线。其中一条曲线如图 10-19 所示,与我通过测量获得的结果一致。针对宽 0.050in 的迹线,图 10-20 将 Holloway 和 Kuester 1998 年的计算结果与我 1994 年的测量结果进行了对比。当迹线高度≥10mils (1mils＝0.001in)时,计算结果与测量结果符合度较高。

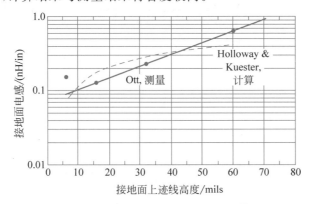

图 10-20　比较接地面电感作为迹线高度函数的计算结果和测量结果

10.6.2.3　关于小迹线高度处的差异

迹线高度小于 10mils 时,测量结果与理论结果相差很大。迹线高度为 7mils 时,电感的理论值减小,然而实际上测量的电感值比 16mils 时的数据点稍有增大。首先想到的是在这点上数据测量有误。因为受一些其他因素影响,也可能发生这种情况,而不能归结为测量有误,这种情况在低迹线高度情况下会发生。

从图 10-20 中可以看到,当迹线高度值小时,接地面电感已减小到迹线电感的 1/150。从图 10-9 中也可得出这样的结论:因为电流扩散是 x/h 的函数,所以接地面电流的扩散程度是迹线高度的函数。对于小的高度,接地面电流只扩散很小的值,因为电流流经很小的铜截面,所以接地面电阻将增加。以上两方面影响(迹线高度减小,电感减小而电阻增大)促使我们继续参考式(10-21)并提出以下问题,难道是被忽略的接地面电阻影响了测量数据?

10.6.2.4　接地面电阻

Holloway 和 Hufford(1997)提供了计算微带线接地面交流电阻的必要资料。基于接地面电流分布的式(10-13),电阻可表示为

$$R_g = \frac{2R_s}{w\pi}\left\{\arctan\frac{w}{2h} - \frac{h}{w}\ln\left[1 + \left(\frac{w}{2h}\right)^2\right]\right\} \tag{10-22}$$

其中,R_s 是 Leontovich 表面电阻,为

$$R_s = \frac{1}{\sigma\delta} \tag{10-23}$$

其中,σ 是电导率(铜为 $5.85\times10^7\,\mathrm{S/m}$),$\delta$ 是材料的趋肤深度。式(6-11)定义了趋肤深度。将式(6-11)代入式(10-23),可得

$$R_s = \sqrt{\frac{\pi f\mu}{\sigma}} \tag{10-24}$$

可以看出,R_s 是频率平方根的函数。因此接地电阻 R_g 是频率、迹线宽度和迹线高度的函数。当频率升高时,接地面电阻增大。

对于一条宽 0.010in 的迹线,100MHz 时交流接地面电阻随迹线高度变化的曲线如图 10-21 所示。当迹线高度大于 10mils 时,电阻很小。然而,当迹线高度变得很小时,电阻显著增大,这一点可使我们想到,即对于小的迹线高度,接地面电阻影响电感的测量。

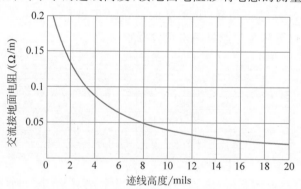

图 10-21　100MHz 时,宽 0.010in 的迹线的交流接地面电阻(Ω/in)随迹线高度(mils)变化的曲线

10.6.2.5　接地面电感和电阻的比较

正如前文提到的,对于接地面电感,我们没有解析公式。由图 10-19 的曲线拟合得到接地面电感(nH/in)的经验公式为

$$L_g = 0.073\times10^{15.62h} \tag{10-25}$$

其中,h 是迹线的高度(in)。

虽然以上是关于宽 0.050in 的迹线的公式,Holloway 和 Kuester(1998)已经证明电感对迹线宽度不敏感,我的测量也证实了这一点。迹线宽度增加一个数量级,电感减小不到 5%。因此,不管迹线的宽度如何,式(10-25)可作为接地面电感的一个合理近似。

因此接地面的感抗为

$$X_{Lg} = 2\pi f L_g = 4.59 \times 10^{-10} \times f \times 10^{15.62h} \qquad (10\text{-}26)$$

图 10-22 是一个宽 0.010in 的迹线,在 100MHz 时,接地面感抗 X_{Lg}(式(10-26))和接地面电阻 R_g(式(10-22))随迹线高度变化的曲线图。

由图 10-22 可以看出,当接地面上迹线高度减小时,感抗也减小,然而接地面电阻会在迹线高度很小时大幅增加。图 10-22 也表明对于一条宽 0.010in 的迹线,在 100MHz、高度约为 6.5mils 时,接地面电阻的数值等于接地面感抗。当迹线高度小于 6.5mils 时,接地面电阻的数值大于接地面感抗的数值。

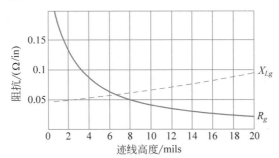

图 10-22 100MHz 时,一条宽 0.010in 的迹线接地面感抗 X_{Lg} 和电阻 R_g 作为迹线高度(mils)的函数

图 10-23 是 200MHz 频率下一个类似的图。比较图 10-22 与图 10-23 可以看出,当频率升高、接地面电阻大于感抗时所对应的迹线高度减小。图 10-22 和图 10-23 清晰地表明,对于小的迹线高度,通常小于 9mils 时,接地面电阻成为主要影响,这就说明了小的迹线高度接地面电感测量值较高的原因。以上的重要性在于说明存在接地面阻抗被影响时设置迹线与接地面距离多近的一个限值。

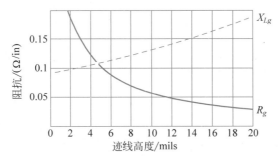

图 10-23 200MHz 时一条宽 0.010in 的迹线接地面感抗 X_{Lg} 和电阻 R_g 是迹线高度(mils)的函数

接地面电阻(式(10-22))是基于电流分布的式(10-13),如图 10-9 所示。在计算电流分布时,Holloway 和 Kuester(1997)假设接地面电感是主要阻抗。换言之,电流分布是基于最小化电感的需要而计算的,而接地面电阻是基于电流分布计算的。因而,只有当电阻相比感抗可忽略时,电流分布才是精确的。如上所述,只有迹线高度大于电阻与感抗相等时对应的迹线高度,才能满足上述条件。因此,图 10-20 中在迹线高度很小(小于 10mils)的情况下,测量的电感和计算的电感都是错误的。

10.6.2.6 临界高度

我们定义:当交流电阻等于感抗时的迹线高度作为临界高度,并将其命名为 h_c。上面的讨论有一个疑问,即当迹线高度低于 h_c 时,接地面电流是怎样分布的?目前我们还不能回答这个问题,但可以推测一个可能性。对于小的迹线高度,电阻似乎不可能继续升高,如图 10-21 所示。因为式(10-22)是基于电流分布图 10-9 的,上述结论在迹线高度小于临界高度 h_c 时是不正确的。

然而,可作出如下探索性的推论。

当迹线高度低于 h_c 时,电阻是主要的影响因素。现在假设迹线降低一个小的量值,接地面电流的扩散多于图 10-9,以降低电阻(这是目前主要的影响因素)。然而,如果电流扩散得多,电感将增大,电阻将不再是主要影响因素,所以电流不能如此扩散。因而,从电感的角度考虑,电流将扩散得少些(如图 10-9 所示),但如此一来,电阻将增大得更多,所以电流也不能这样扩散。继续按这一线索推理,假设迹线高度降低另一个小的量值,我们会得出一个唯一合理的结论,即当迹线低于临界值时,电流分布不会显著地变化。

基于上面探索性的推论,可以得出下列结论:当迹线高度低于 h_c 时,电流分布保持不变,因此接地阻抗也不变。换言之,通过改变迹线高度,存在一个可以降低接地面阻抗的限值。当迹线高度低于 h_c 时,接地面阻抗将不再减小,而是保持不变。

因为接地面电阻和接地面电感在临界高度时模值相等,相位相差 90°,在此高度下接地面阻抗的幅值将是 $1.41X_{Lg}$(或 $1.41R_g$)。临界高度的值是迹线宽度与频率的函数,然而其随迹线宽度的变化很小,可以忽略。

图 10-24 给出了一条宽 0.010in 的迹线的临界高度(h_c)随频率变化的曲线。如果迹线高度低于这个值,则接地阻抗将不再减小,而是保持不变。

图 10-25 是一条宽 0.010in 的迹线在临界高度($R_g = X_{Lg}$)时接地面阻抗 R_g(或 X_{Lg})随频率变化的曲线。在该点,接地面阻抗的值将等于 $1.41R_g$(也等于 $1.41X_{Lg}$)。注意到阻抗随频率线性增加。

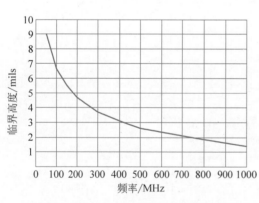

图 10-24 宽 0.010in 的迹线的临界高度随频率变化的曲线

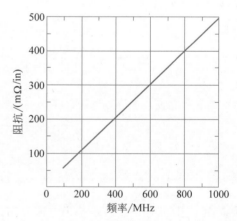

图 10-25 宽 0.010in 的迹线在临界高度时,接地面阻抗(R_g 或 X_{Lg},mΩ/in)随频率变化的曲线

对上述内容作一个小结,当迹线高度大时,接地面电感是主要阻抗。当迹线向接地面靠近时,电感减小而接地面电阻增大。最终达到电阻与感抗相等的一点(迹线临界高度 h_c)后,再降低迹线高度,阻抗也不会再降低多少了。

10.6.3 接地面电压

根据 EMC 的观点,最重要的不是接地面阻抗,而是阻抗产生的接地面电压降。这个接地面电压将激励与 PCB 相连的任何电缆产生共模辐射(图 12-2 和 12.3 节)。目前我们有充足的资料计算接地面电压。将式(10-22)和式(10-25)代入式(10-19),得到下面这个由接地面电阻和接地面电感共同作用所产生的接地面电压表达式:

$$V_g = I_g \left(\frac{2\sqrt{\dfrac{\pi f \mu}{\sigma}}}{w\pi} \left\{ \arctan \frac{w}{2h} - \frac{h}{w}\ln\left[1+\left(\frac{w}{2h}\right)^2\right] \right\} + j\omega 0.073 \times 10^{15.62h} \right) \quad (10\text{-}27)$$

图 10-26 是在 50MHz 时宽 0.050in 的迹线流过 40mA 接地电流的情况下,由式(10-27)绘出的曲线。在同样的结构下,对接地面电压也进行了测量。测量的电压值在图 10-26 中用黑点标出,与计算结果符合得较好。

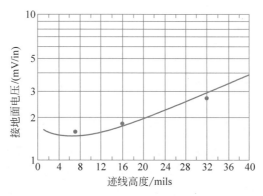

图 10-26 50MHz 时宽 0.050in 的迹线接地面电压的计算曲线

10.6.4 终端效应

前面对于接地面电流分布和接地面阻抗的讨论与其他书籍一样,都是分析了图 10-8 所示的简单横截面结构,而没有考虑经导通孔电流馈入和流出接地面的迹线的始端和终端会发生什么。

图 10-27 是微带迹线下接地面电流分布的一个简单描述。远离迹线终端,电流已扩散到式(10-13)定义的图 10-9 所示的电流分布。因为电流扩散减小了接地面电感,在电流必须经导通孔聚集流入或流出平面的每个终端会发生什么?如果电流扩散减小了电感,那么电流在终端的聚集必然增大电感。因此,沿着迹线总长度,总的接地面电感将主要由每个终端由导通孔大小所聚集的电流产生的大电感决定。

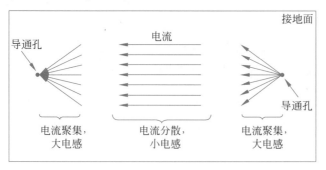

图 10-27 微带线迹线下接地面电流分布的描述

为了证实在导通孔附近接地面电感增大的这一假设,对接地面以 1in 以上的间隔对离导通孔不同距离处的电感进行了测量。在接近导通孔处,以 0.5in 和 0.25in 为间隔进行了电感的测量,结果如图 10-28 所示,水平轴是距测量间隔中心的距离。可以看出,远离导通孔,电感小且保持不变。但是当与导通孔的距离减小时,电感增大。在这个例子中,由于电流都聚集在一起使接地面电感的增大发生在离导通孔 1in 以内。有趣的是,当与导通孔零距离时,迹线电感的曲线趋于 15nH/in。

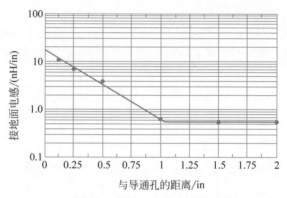

图 10-28 接地面电感随与导通孔距离变化的曲线

因为电流不会聚集那么多,所以应用多个导通孔可减小这一影响。图 10-29 给出了单一导通孔和三个导通孔情况下接地面电感随与导通孔的距离变化的曲线。多导通孔的情况是三个导通孔以 0.1in 的间隔沿垂直于迹线的方向依次排列。三个导通孔情况下离导通孔零距离处的接地面电感约为单一导通孔时的一半。

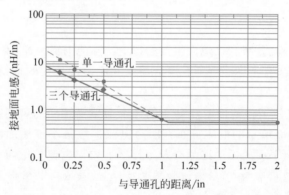

图 10-29 单一导通孔和三个导通孔情况下接地面电感随与导通孔的距离变化的曲线
虚线是单一导通孔的情况,实线是三个导通孔的情况

然而,在许多情况下,多导通孔的应用对于高密度的 PCB 而言不实际。但是,对于去耦电容的情况,如果板上的空间允许,因为与去耦电容串联减小了电感,所以多导通孔将是非常理想的,是有利的,这将在 11.7 节中讨论。

10.7 数字逻辑电流的流动

正如 10.6 节讨论的,对于高频电流,最低阻抗(电感)信号回路处于与信号迹线直接相邻的平面内。在图 10-30 中给出 4 层 PCB 的分层显示中,对于最高层的信号,返回电流通路将

是电源层。正如前面讨论的,微带迹线中信号产生的电力线终
止于相邻平面,如图 10-7 所示,无论这个平面的作用是什么。
在高频情况下,由于趋肤效应,场不会渗入平面,信号不知道在
电源层下有接地层,因此返回电流将终止在电源层上。这会产
生问题吗? 返回电流在接地层上岂不是更好? 为了回答这些问
题,必须首先分析数字逻辑信号电流实际是如何流动的。

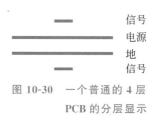

图 10-30　一个普通的 4 层
PCB 的分层显示

　　许多工程师和设计师都对数字返回电流如何流动、在哪流动及数字逻辑电流的源是什么
感到困惑。首先声明,驱动器 IC 不是电流的源,只是作为一个开关来控制电流。电流的源是
去耦电容和(或)寄生迹线电容及负载电容。

　　从噪声或 EMC 的角度考虑,瞬态(开关)电流很重要,瞬态电流的流动不依赖于线路终端
的负载(见图 5-19 的相关讨论)。因为沿线路的传播时间有限,瞬态电流不知道负载阻抗的情
况,直到信号穿过线路。

　　返回电流通路是传输线、带状线结构形式,还是微带线结构形式,取决于逻辑转换是高对
低还是低对高。对于微带线而言,返回电流通路是什么形式,也取决于迹线邻近接地层还是电
源层。对于带状线而言,还取决于迹线是位于两接地层之间、两电源层之间,还是接地层和电
源层之间。

　　图 10-31 给出了一个具有带状线结构且输出信号迹线位于电源层和接地层之间的 CMOS
逻辑门电路。在这个图里也标明了负载 IC、源的去耦电容、信号迹线的寄生电容及负载电容。
图 10-32 至图 10-37 给出了各种可能结构的逻辑电流通路。

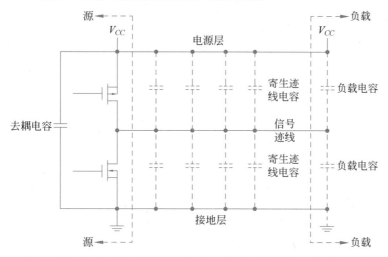

图 10-31　CMOS 逻辑门驱动位于电源层和接地层之间的带状线电路

10.7.1　微带线

　　图 10-32 给出了邻近接地层的一个微带线上由低到高转换时的电流通路,电流源是去耦
电容。电流从 CMOS 逻辑门上方的晶体管流过信号迹线到负载,也流过迹线到地的寄生电
容*,然后返回接地层的去耦电容。

　　图 10-33 给出了邻近接地层的一个微带线上由高到低转换时的电流通路,电流源是迹线

---

　　* 本节中提到的迹线对地的寄生电容都是指迹线寄生电容加上负载电容。

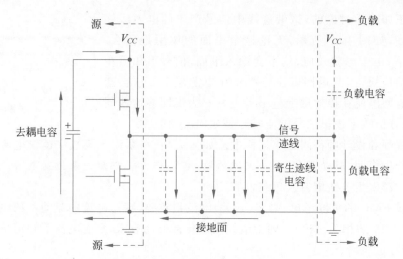

图 10-32 由低到高转换时,邻近接地层的微带线上电流的通路

到地的寄生电容。电流流过信号迹线到驱动器 IC,流过 CMOS 驱动器下方的晶体管,返回接地层。在这种情况下,是 CMOS 驱动器下方的晶体管短路了迹线到地的电容以产生电流。注意在这个例子中,去耦电容不包含在电流通路中。

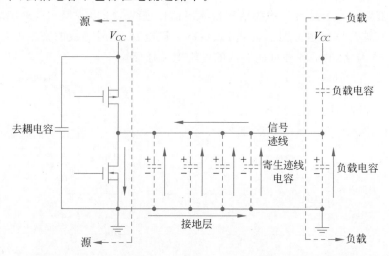

图 10-33 由高到低转换时,邻近接地层的微带线上电流的通路

图 10-34 给出了邻近电源层的一个微带线上由低到高转换时的电流通路,电流源是迹线到电源层的寄生电容。电流从电源层流到源,流过 CMOS 驱动器上方的晶体管,返回信号迹线。在这种情况下,是 CMOS 驱动器上方的晶体管短路了迹线到电源层的电容以产生电流。与前面的例子一样,去耦电容不包含在电流通路中。

图 10-35 给出了邻近电源层的一个微带线上由高到低转换时的电流通路,电流源是去耦电容。电流流过电源层,流过迹线到电源层的电容返回信号迹线上的驱动器 IC,然后流过驱动器下方的晶体管,返回去耦电容。

10.7.2 带状线

图 10-36 给出了一个与电源层和接地层都相邻的带状线上由低到高转换时的电流通路,电流源是去耦电容加上迹线到电源层的寄生电容。去耦电容电流(实线箭头)从 CMOS 驱动

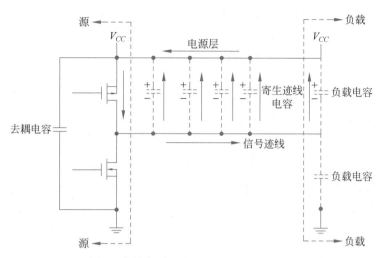

图 10-34　由低到高转换时，邻近电源层的微带线上电流的通路

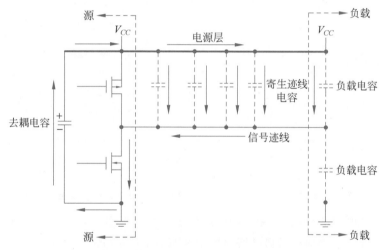

图 10-35　由高到低转换时，邻近电源层的微带线上电流的通路

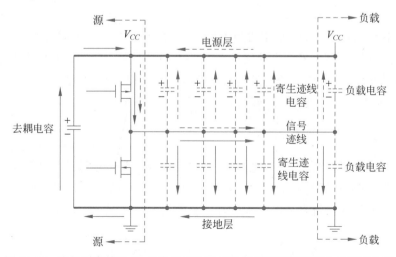

图 10-36　由低到高转换时，与电源层和接地层都相邻的带状线上电流的通路

上方的晶体管流过信号迹线到负载,然后流过迹线到接地层的寄生电容,返回接地层的去耦电容。迹线到电源层的电容电流(虚线箭头)流过电源层,返回驱动器IC,然后流过驱动器上面的晶体管,返回信号迹线。注意这个结构中,电流流过接地层和电源层,且电流在两个层上的流向相同,在这种情况下,都是从负载流向源。

图10-37给出了一个与电源层和接地层都邻近的带状线上由高到低转换的电流通路,电流源是去耦电容加上迹线到接地层的电容。去耦电容电流(实线箭头)流过电源层,经过迹线到电源层的电容返回信号迹线上的驱动器IC,然后流过CMOS驱动器下方的晶体管,返回到去耦电容。迹线到接地层的电容电流(虚线箭头)流过信号迹线,返回驱动器IC,然后经过下方的驱动晶体管,返回接地层。注意这个结构中,电流在接地层和电源层上流向也相同,但是在这种情况下,都是从源流向负载。

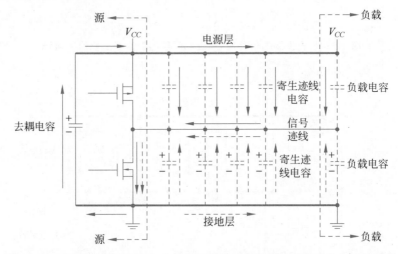

图 10-37　由高到低转换时,与电源层和接地层都相邻的带状线上电流的通路

对于有两个接地层的带状线,除了带状线例子中每个平面只载有一半的总电流外,电流源和电流通路与只有一个接地层的微带线(图10-32和图10-33)是一样的。对于有两个电源层的带状线,除了每个平面只载有一半的总电流外,电流流动与只有一个电源层的微带线(图10-34和图10-35)是一样的。

在所有带状线的例子中,电流在两个不同的信号回路中流动,且两个回路中电流流向相反,一个回路是逆时针方向,另一个回路是顺时针方向。另外,每个回路中只载有一半的总电流。因此,来自两个回路的辐射减小且趋于彼此抵消。所以,带状线结构比微带线产生的辐射小得多。另外,两个层能屏蔽出现的辐射,这也能减少更多的辐射。

10.7.3　数字逻辑电流流动小结

从上面的例子可以推断出,对于电流而言,参考面或层是接地层还是电源层没有区别。在上面所有的例子中,电流通过一个小的环路面积直接返回到源是没有问题的。没有一个例子中电流必须改变原路线或流经一个较大的环路面积返回源。因此,参考面是电源还是地没有区别。

表10-4总结了这些结果,列出了上面讨论的10种结构中每种对应的电流源和返回电流的通路。

表 10-4　数字逻辑电流流动小结

结　构	参　考　面	转　换	电　流　源	返回电流的通路
微带线	地	低到高	去耦电容	接地层
微带线	地	高到低	寄生迹线电容	接地层
微带线	电源	低到高	寄生迹线电容	电源层
微带线	电源	高到低	去耦电容	电源层
带状线	电源和地	低到高	去耦和寄生迹线电容	电源层和接地层
带状线	电源和地	高到低	去耦和寄生迹线电容	电源层和接地层
带状线	地和地	低到高	去耦电容	接地层
带状线	地和地	高到低	寄生迹线电容	接地层
带状线	电源和电源	低到高	寄生迹线电容	电源层
带状线	电源和电源	高到低	去耦电容	电源层

在所有涉及由低到高转换的例子中,电流通过电源引脚进入驱动器 IC,并经过信号引脚离开驱动器 IC。在所有涉及由高到低转换的例子中,电流通过信号引脚进入驱动器 IC,并通过接地引脚离开驱动器 IC。无论所用结构、参考面或平面是什么,都是如此。

总结

- 由于高速切换速度,数字逻辑电路是主要的辐射发射源。
- 与模拟系统相比,数字系统需要不同的接地技术。
- 导致 EMC 问题所需的噪声电压比信号完整性问题所需的噪声电压低约 3 个数量级。
- 考虑到噪声控制,在数字逻辑系统布设时一个最重要的考虑是使接地电感最小化。
- 数字系统中可通过使用接地网格或接地平面使接地电感最小化。
- 接地平面具有的电感通常比迹线电感小两个数量级。
- 虽然接地平面电感很小,但不能忽略。
- 接地平面电感如此小是因为电流散布于平面中。
- 当迹线和返回层间的距离增加时,返回层电感也将增大。
- 最小阻抗的高频信号返回路径是在信号迹线正下方的面上。因此,数字逻辑电流将返回邻近迹线的平面,且扩展一定距离到迹线的任一端。
- 下面是以最小返回电流扩散量为顺序的传输线拓扑结构列表:
    - 带状线。
    - 非对称带状线。
    - 微带线。
- 对于带状线,99%的返回电流在平面上±3 倍迹线高度的范围内。
- 对于微带线,97%的返回电流在平面上±20 倍迹线高度的范围内。
- 减小参考面上的迹线高度将:
    - 减小面的电感。
    - 减小面上的电压降。
    - 降低辐射发射。
    - 减小邻近迹线间的串扰。
- 大的迹线高度通常是指高于 0.010in,返回层电感将是该平面阻抗的主要部分。

- 低于某临界高度,接地层电阻将成为阻抗的主要部分。
- 临界高度是频率的函数,且随频率的增加而减小。
- 电流通过导通孔馈入和流出平面。导通孔附近接地面电流的汇聚会增大平面电感。
- 许多工程师都对数字逻辑电流如何流动、在哪里流动及数字逻辑电流的源是什么感到困惑。
- 从噪声或 EMC 的角度考虑,只有瞬态(开关)电流是重要的。
- 数字逻辑电流的源不是逻辑门。
- 电流的源是去耦电容和(或)寄生迹线电容及负载电容。
- 参考面或层是电源还是地,对于电流的流动和电感都没有区别。
- 对于相似尺寸的结构,带状线辐射比微带线辐射小得多。

习题

10.1 产生低电感结构最基本的接地布局是什么?

10.2 a. 接地迹线的宽度影响哪些参数? 在什么频率下最重要?

b. 接地网格影响哪些参数? 在什么频率下最重要?

10.3 包含在离迹线中心线±2 倍迹线高度之间的参考面中信号返回电流的百分比是多少?

a. 对于微带线。

b. 对于带状线。

10.4 对于微带线,两条相邻迹线间的串扰与下列条件的关系如何?

a. 参考面上的迹线高度。

b. 两条迹线之间的距离。

10.5 一条非对称带状线离一个参考面 0.005in,离另一个参考面 0.015in。

a. 返回到较近面上的信号电流的百分比是多少?

b. 返回到较远面上的信号电流的百分比是多少?

10.6 图 10-18 所示的接地面电压的测量为什么必须在接地面的上面进行? 在接地面的底面进行测量将容易得多。

10.7 考虑一条宽 0.010in 的微带线。

a. 在 600MHz 下最小接地面阻抗是多少?

b. 此时迹线高度是多少?

10.8 数字逻辑电流的两种可能的源是什么?

10.9 说出带状线比微带线产生辐射少的两个原因。

10.10 a. 对于由低到高转换的情况,画出数字逻辑电流在位于两个电源层间的带状线上流动的图。

b. 对于由低到高的转换,电流的源是什么?

c. 对于由高到低的转换,电流的源是什么?

参考文献

[1] Barna A. *High Speed Pulse and Digital Techniques*. New York Wiley,1980.

[2] Blakeslee T R. *Digital Design with Standard MSI and LSI*,2nd ed. New York,Wiley,1979.

[3] German R F. *Use of a Ground Grid to Reduce Printed Circuit Board Radiation*. *6th Symposium and Technical Exhibition on Electromagnetic Compatibility*, Zurich, Switzerland, 1985.

[4] Holloway C L. *Expression for Conductor Loss of Strip-Line and Coplanar-Strip (CPS) Structures*. *Microwave and Optical Technology Letters*, 2000.

[5] Holloway C L, Hufford G A. *Internal Inductance and Conductor Loss Associated with the Ground Plane of a Microstrip Line*. *IEEE Transactions on Electromagnetic Compatibility*, 1997.

[6] Holloway C L, Kuester E F. *Closed-Form Expressions for the Current Density on the Ground Plane of a Microstrip Line, with Applications to Ground Plane Loss*. *IEEE Transactions on Microwave Theory and Techniques*, vol. 43, no. 5, 1995.

[7] Holloway C L, Kuester E F. *Net Partial Inductance of a Microstrip Ground Plane*. *IEEE Transactions on Electromagnetic Compatibility*, 1998.

[8] Holloway C L, Kuester E F. *Closed-Form Expressions for the Current Densities on the Ground Plane of Asymmetric Stripline Structures*. *IEEE Transactions on Electromagnetic Compatibility*, 2007.

[9] Johnson H W, Graham M. *High-Speed Signal Propagation, Advanced Black Magic*. Upper Saddle River, NJ, Prentice Hall, 2003.

[10] Leferink F B J, Van Doorn M J C M. *Inductance of Printed Circuit Board Ground Planes*. *IEEE International Symposium on Electromagnetic Compatibility*, 1993.

[11] Ott H W. *Ground—A Path for Current Flow*. *IEEE International Symposium on Electromagnetic Compatibility*, 1979.

[12] Paul C R. *Introduction to Electromagnetic Compatibility*, 2nd ed. (Chapter 3, Signal Spectra—the Relationship between the Time Domain and the Frequency Domain) New York, Wiley, 2006.

[13] Smith T S. and Paul, C. R. *Effect of Grid Spacing on the Inductance of Ground Grids*, 1991 IEEE International Symposium on Electromagnetic Compatibility. Cherry Hill, NJ, 1991.

深入阅读

[1] Grover F W. *Inductance Calculations, Working Formulas and Tables*. Research Triangle Park, NC, Instrument Society of America, 1973.

[2] Mohr R J. *Coupling Between Open and Shielded Wire Lines Over a Ground Plane*. *IEEE Transactions on Electromagnetic Compatibility*, 1967.

第2部分

电磁兼容应用

第11章

数字电路的配电

正如第 4 章讨论的,一个理想的直流配电系统的特性如下。

(1) 为负载提供一个稳定的直流电压。

(2) 不传播负载产生的任何交流噪声。

(3) 在源和地之间具有 0Ω 的交流阻抗。

理想情况下,配电布局应与接地系统相同并且平行。然而从实际考虑,这并不现实或并不必要。因为电源噪声往往通过适当的电源去耦得以控制,电源网格或电源层分布系统虽然令人满意,但不如正确的接地系统重要。如果需要折中,最好利用可用的电路板空间,提供尽可能好的接地系统,并采用其他方法控制电源噪声。

许多作者实际上已对从 PCB 上去除电源平面的效果表示肯定(Leferink 和 Van Etten,2004;Janssen,1999)。

11.1 电源去耦

电源去耦是从电路的电源总线上消除某种电路功能的一种方法。它提供如下两种有益的效果。

(1) 减小一个集成电路(IC)对另一个集成电路的影响。(IC 间的耦合)。

(2) 提供电源和地之间的低阻抗,使 IC 工作在设计者期望的状态。(IC 内的耦合)[*]

当逻辑门转换时,配电系统中出现瞬态电流增量 dI,如图 11-1(a)所示。这个瞬态电流流经接地和电源迹线。流过电源和接地电感的瞬态电流在 V_{CC} 和逻辑门的接地终端之间产生一噪声电压。另外,流过一个大环路的瞬态电流使其成为一个等效环形天线。

电源电压瞬态的幅值可通过减小电感 L_p 和 L_g 或(和)减小流过这些电感的电流的变化率(dI/dt)来减小。如第 10 章讨论的,通过使用电源和接地平面或网格,电感可以减小,但不能消除。通过其他的源,如位于逻辑门附近的一个电容或一组电容提供瞬态电流,可以减小环路面积和电感,如图 11-1(b)所示。逻辑门两端的噪声电压是电容 C_d 及其与门之间迹线

---

[*] 无论是模拟电路,还是数字电路,电子电路和 IC 的正常运行都依赖于电源和地之间的低交流阻抗,理想值为 0。假定电源和地处于相同的交流电位。

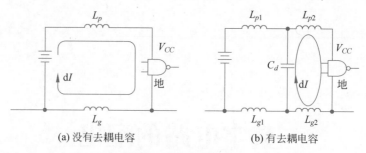

(a) 没有去耦电容　　　　　　　　(b) 有去耦电容

图 11-1　瞬态电源电流

（图 11-1(b)中用 L_{p2} 和 L_{g2} 表示）的函数。电容器的数量、型号、容量及相对于 IC 的位置对于决定其效果都很重要。

因此，去耦电容具有两个作用。首先提供一个邻近 IC 的电荷源以使 IC 切换时，去耦电容可以通过一个低阻抗通路提供所需的瞬态电流。如果电容不能提供所需电流，总线电压的幅度将下降，IC 可能无法正常工作。其次是在电源和接地线间提供一个低交流阻抗，这将有效地短路（或至少最小化）由 IC 回注入电源/接地系统的噪声。

11.2　瞬态电源电流

当一个数字 IC 切换时将产生两种不同的电源瞬态电流，如图 11-2 所示。首先，当逻辑门由低到高切换时，瞬态电流 I_L 需要为负载电容 C_L 充电。这个电流只出现在与输出连接的逻辑门中。由 IC 的推挽输出结构产生的第二种电流，出现在由高到低和由低到高的转换中。通

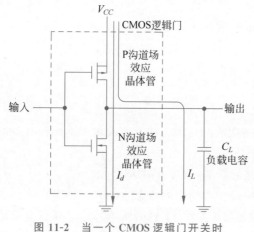

图 11-2　当一个 CMOS 逻辑门开关时产生的瞬态电流

过开关回路的一部分，两个晶体管部分导通，在电源的两端产生一个低阻抗，从而产生瞬态电流 I_d，如图 11-2 所示。这些动态的内部电流甚至在不与外部负载连接的门中出现。

每当逻辑电路切换状态时会产生这些瞬态电源电流。这两种电流哪种占主导地位取决于 IC 的型号。对于具有大量输入/输出(I/O)驱动的数字 IC，如时钟驱动、缓冲器或总线控制器，瞬态负载电流 I_L 将占主导地位。对于大型应用程序的专用集成电路(ASIC)、微处理器或具有大量内部处理功能的其他设备，动态内部电流 I_d 占主导地位。这些电流的幅度可由下述方法确定。

11.2.1　瞬态负载电流

如图 11-2 所示，通过考虑负载电容 C_L 对 IC 的影响确定瞬态负载电流的大小。在转换周期内，流经负载电容的瞬态电流 $I_L = (C_L V_{CC})/t_r$。连接 IC 的负载多于一个时，C_L 乘以负载的数量 n，这样就给出了如下所示的瞬态负载电流的幅值：

$$I_L = \frac{n C_L V_{CC}}{t_r}$$

$$(11-1)$$

其中，C_L 是一个负载的电容量，n 是 IC 负载的数量，V_{CC} 是 IC 的供电电压，t_r 是输出波形的上升时间。典型的 CMOS 逻辑门作为负载时具有 7～12pF 的输入电容。

经验表明，瞬态电流脉冲的波形可用三角波近似（图 11-3），其峰值大小由式（11-1）确定，脉冲宽度等于 2 倍的上升时间 t_r（Archambeault，2002 或 Radu 等，1998）。这种瞬态负载电流通常只出现在由低到高转换时，因为如表 10-4 所示，电源或去耦电容只在由低到高转换时作为瞬态负载电流的源[*]。

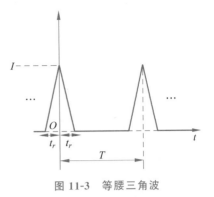

图 11-3 等腰三角波

例如，一个工作于 5V 电源的设备具有 1ns 上升时间的输出脉冲，驱动 10 个输入电容都是 10pF 的 CMOS 负载，将产生 500mA 的瞬态 I/O 电流。

11.2.2 动态内部电流

通常直通电流的估算难于瞬态负载电流的估算。许多 IC 数据表没有提供 IC 产生的瞬态电源电流的信息。然而，一些 CMOS 设备数据表通过提供等效功率耗散电容 C_{pd} 的值给出内部功耗信息。功率耗散电容可作为一个用于估算直通电流大小的等效内部电容；这种方法类似于用负载电容 C_L 确定瞬态负载电流的大小。这个电容通常是指每个门多大的电容，总的功率耗散电容是每个门的电容 C_{pd} 乘以同时切换的门的数量（可能很难确定）。其他的 IC 数据表实际列出了动态电源电流 I_{ccd} 的值，其单位为 A/MHz。

动态内部电流 I_d 的大小可用下面两个公式之一进行估算：

$$I_d = I_{ccd} f_0 \tag{11-2a}$$

或

$$I_d = \frac{n C_{pd} V_{CC}}{t_r} \tag{11-2b}$$

其中，I_{ccd} 是动态电源电流，f_0 是时钟频率，C_{pd} 是每个门的功率耗散电容，n 是切换的门的数量，V_{CC} 是供电电压，t_r 是门的切换时间。

这种动态电流脉冲的波形也可由与时钟的每个边缘相关的三角波近似，其峰值大小由式（11-2a）或式（11-2b）确定。脉冲宽度等于两倍的上升时间 t_r（Archambeault，2002 或 Radu 等，1998）。因为动态内部电流出现在时钟每次转换（由低到高和由高到低）时，动态内部电流将包含时钟频率两倍的谐波分量。

11.2.3 瞬态电流的傅里叶频谱

对于如图 11-3 所示的等腰三角波，n 次谐波电流的幅度可由下式给出（Jordan，1985，p. 7-10）：

$$I_n = \frac{2 I t_r}{T} \left(\frac{\sin \dfrac{n \pi t_r}{T}}{\dfrac{n \pi t_r}{T}} \right)^2 \tag{11-3}$$

---

[*] 一个例外是当带状线邻近电源和接地平面设置时，这种情况下由高到低和由低到高转换时，去耦电容是电流的源。

其中，I 是三角波的幅度，t_r 是上升（下降）时间，T 是周期，n 是谐波数。图 11-4 给出了对于 $t_r/T = 0.1$ 的波的谐波包络的对数-对数曲线。可以看出，频率高于 $1/\pi t_r$ 时，谐波随频率的增大以 40dB/dec 的斜率下降，且奇次谐波和偶次谐波都存在。

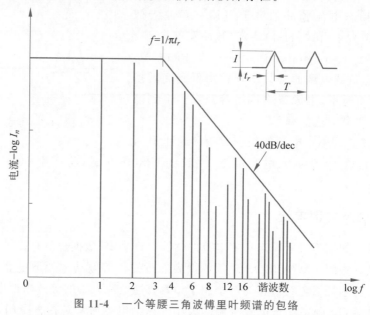

图 11-4　一个等腰三角波傅里叶频谱的包络

表 11-1 列出了出现在前面 6 个谐波中电流的百分比随 t_r/T 的变化。当上升时间越快（t_r/T 越小）时，电流的百分比基本上是减小的，电流随频率（谐波数）的增大而缓慢下降。t_r/T 为 0.1 或更小时，基频包含的电流百分比小于 20%。

表 11-1　等腰三角波前 6 个谐波中电流的百分比随 t_r/T 的变化

t_r/T	谐　波					
	1	2	3	4	5	6
0.05	10%	10%	9%	9%	8%	7%
0.1	19%	18%	15%	12%	8%	5%
0.2	35%	23%	10%	2%	0%	<1%
0.3	44%	15%	2%	2%	3%	<1%

$1/\pi t_r$ 的频率出现在频率等于基频的 k 倍时，其中 k（可能是非整数）为

$$k = \frac{T}{\pi t_r} \tag{11-4}$$

表 11-1 中的粗线表明在这些谐波之间从 $1/\pi t_r$ 的频率下降。

11.2.4　总瞬态电流

IC 产生的总瞬态电流是瞬态负载电流 I_L 和动态内部电流 I_d 的总和。图 11-5 给出了总瞬态电流的波形。瞬态负载电流尖峰出现在时钟频率处，而动态内部电流尖峰出现在时钟频率的两倍处。

Archambeault（2002，pp. 127-129）用图 11-5 所示的电流波形已证明 V_{CC} 对地的噪声电压的测量与预计值具有很好的相关性。

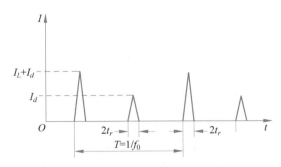

图 11-5 IC 产生的总瞬态电流的波形

11.3 去耦电容

时钟频率的增大及更快的上升时间都将导致有效的电源去耦变得更加困难。无效的去耦可以导致过多的电源总线噪声及过多的辐射发射。

许多设计者通过在靠近 IC 处放一个 $0.1\mu F$ 或 $0.01\mu F$ 的电容对数字逻辑 IC 进行去耦。这种方法与被用于数字逻辑 IC 已 50 年的方法是相同的,所以它必然正确,对吗?然而,过去的 50 年内 IC 技术发生了多大的变化?有趣的是这种方法已应用了这么多年。我们现在提出一种新的数字 IC 去耦方法是必要的。

重要的是,要理解去耦不是如图 11-6(a)所示的靠近 IC 放一个电容以提供瞬态开关电流这样的过程,而是靠近 IC 放一个 L-C 网络以提供瞬态开关电流的过程,如图 11-6(b)所示。所有的去耦电容都有与其串联的电感。因此,去耦网络是一个串联谐振电路。如图 11-7 所示,电感来自以下所示的三种源。

(1)电容本身。

(2)PCB 迹线和导通孔的互相连接。

(3)IC 内部的导线结构。

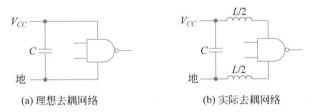

(a) 理想去耦网络   (b) 实际去耦网络

图 11-6 去耦网络

虽然图 11-7 是对于双列直插式封装(DIP)的等效电路,但总电感值对于其他 IC 封装仍是有代表性的。图 11-7 假设电容放在 DIP 的一端,靠近一个管脚(电源或地),且离其他管脚 1in 以外。

表面安装技术(SMT)电容自身的内部电感通常是 $1\sim2nH$,根据布局,PCB 迹线和导通孔的互相连接会增加 $5\sim20nH$ 或更多电感;根据 IC 封装的类型,IC 的内部导线结构可具有 $3\sim15nH$ 的电感。然而,互相连接的 PCB 迹线的电感通常是系统设计者可控制的唯一参数。

因此,极其重要的是 IC 和去耦电容间迹线电感的最小化。PCB 迹线应该尽可能短,且应该设置得尽可能地靠近以使环路面积最小化。注意到图 11-7 中去耦电容对电感的贡献最小。因此,这不是主要问题。

从上面可看到,总电感可从低约 10nH 变化到高约 40nH。通常变化范围为 $15\sim30nH$。

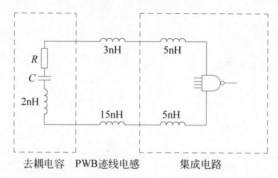

图 11-7 对于电源和地是对角的 IC 引脚的 DIP 封装,与一集成电路连接的去耦电容的等效电路

正是这个电感限制了去耦网络的有效性。重要的是——我们在电源和地之间设置了一个 L-C 网络,而不是一个电容。

因为电容和电感的组合,去耦网络在一些频率点将发生谐振。在谐振频率时,感抗的大小等于容抗的大小,网络具有非常低的阻抗且是一个有效旁路。高于谐振频率时,电路成为电感性的,阻抗随频率而增大。

一个串联 L-C 电路的谐振频率为

$$f_r = \frac{1}{2\pi\sqrt{LC}} \tag{11-5}$$

图 11-8 表示串联 30nH 电感时不同去耦电容的阻抗随频率的变化。顶部的水平刻度表明对应于底部水平刻度所示频率的等效数字逻辑的上升时间。上升时间与频率的关系式为 $t_r = 1/\pi f$。

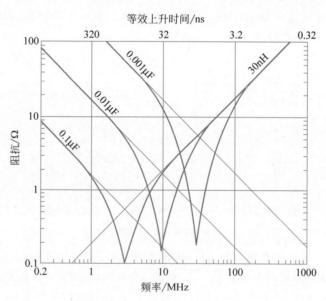

图 11-8 串联 30nH 电感时不同去耦电容的阻抗随频率的变化

容抗等于感抗的点是电感和电容组合的谐振频率点。在谐振点阻抗减小到一个小的值(等于网络的串联电阻),因为容抗抵消了感抗,所以只剩电阻。

如图 11-8 所示,对于 30nH 的电感,通常用 0.1μF 的电容谐振于 3MHz,而用 0.01μF 的电容谐振于 9MHz,这在 100MHz 时钟的今天给人的印象并不深刻。超过 50MHz,无论所用电容多大,去耦网络的阻抗由 30nH 的电感确定。如果布局好,电感是图 11-8 所示 30nH 的一半,谐

振频率将只增加 $\sqrt{2}$ 倍（或 1.41 倍）。因此当串联 15nH 的电感时，$0.1\mu F$ 的电容谐振于约 4MHz，而 $0.01\mu F$ 的电容谐振于约 13MHz。

图 11-8 清晰地表明，不管电容值或位置如何，靠近 IC 放一个电容，在 50MHz 以上频率时不是数字逻辑去耦的一种有效方法，图 11-8 还表明，对于低于 50MHz 的频率，在出问题的频率上通过选择不同的电容值以设置谐振下降点，可能对去耦网络进行调谐。但在 50MHz 以上时同样的方法不再有效。

图 11-9 表示 PCB 上有/没有去耦电容($0.01\mu F$)时测得的 V_{CC} 对地噪声电压随频率的变化。测量是在 IC 的电源和接地插脚间进行的。在频率为 20～70MHz 时，去耦电容的存在显著降低了 V_{CC} 对地噪声电压的大小。然而，在频率为 70～120MHz 时，有或没有去耦电容，噪声电压是一样的，这个结果表明在这个频率范围内电容是无效的，预测结果通过图 11-8 得到了证实。

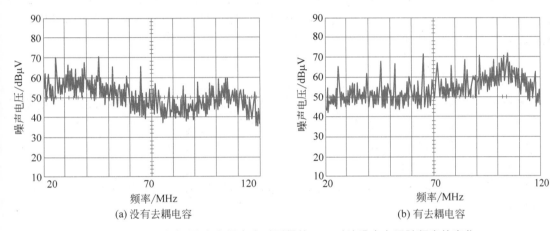

(a) 没有去耦电容　　　　　　　　　　(b) 有去耦电容

图 11-9　PCB 上有/没有去耦电容时测得的 V_{CC} 对地噪声电压随频率的变化

11.4　有效的去耦策略

无效去耦产生的时钟谐波所带来的 V_{CC} 总线污染可能导致信号完整性问题，且会产生大量辐射发射。对于高速去耦问题可能的解决办法如下。

(1) 减慢上升时间。

(2) 减小瞬态电流。

(3) 减小与电容串联的电感。

(4) 应用多个电容。

上面所列的前两种方法与技术的进步相违背，不是一个长远的解决方法。无论可能性有多大，减小与去耦电容串联的电感是可行的，并且通常这样做；然而这种方法不能解决高速去耦问题。即使与电容串联的总电感以某种方法减小到只有 1nH，也是不太可能的。包含 $0.01\mu F$ 电容的去耦网络的谐振频率只有 50MHz，因此，不可能使用任何实际电容把单一电容去耦网络的谐振频率提高至几百兆赫兹。

表 11-2 列出了不同值的电容与 5nH、10nH、15nH、20nH、30nH 的电感串联时的谐振频率。

表 11-2　不同值的电容与所列值的电感串联时的谐振频率(MHz)

电容/μF	5nH	10nH	15nH	20nH	30nH
1	2.3	1.6	1.3	1	0.9
0.1	7.1	5	4.1	3.6	3
0.01	22.5	16	13	11	9
0.001	71.2	50	41	36	30

从表 11-2 中可得出结论,在大部分情况下,不可能把 $L\text{-}C$ 去耦网络的谐振频率提高到目前大部分数字电子学中通常使用的时钟频率或谐波频率之上。若只用 10nH 的电感,一个 1000pF 的电容只有 50MHz 的谐振频率。

在去耦网络的谐振频率之下,两个最重要的考虑是:①具有足够的电容(见式(11-12))以提供所需的瞬态电流;②提供一个足够低的阻抗以短路 IC 产生的噪声电流(见 11.4.5 节)。然而,在谐振频率之上,最重要的考虑是具有一个足够低的电感,这样去耦网络仍然是低阻抗,而且短路噪声电流。因此,如果可以找到充分降低电感的方法,则在谐振频率之上去耦网络可能仍然有效。

11.4.1　多个去耦电容

单一去耦电容网络不能提供足够低的电感。因此,高频去耦问题的实际解决办法是使用多个去耦电容。已经提出以下 3 种方法。

(1) 使用相同值的多个电容。

(2) 使用两种不同值的多个电容。

(3) 使用不同值的多个电容,通常电容值间隔 10 倍,如 $1\mu\text{F}$、$0.1\mu\text{F}$、$0.01\mu\text{F}$、$0.001\mu\text{F}$、100pF 等。

11.4.2　相同值的多个电容

如图 11-10 所示,当许多相同 $L\text{-}C$ 网络并联连接时,总电容 C_t 为

$$C_t = nC \tag{11-6a}$$

其中,C 是一个网络的电容,n 是并联网络的个数。

n 个相同 $L\text{-}C$ 网络并联的总电感 L_t 为

$$L_t = \frac{L}{n} \tag{11-6b}$$

其中,L 是一个网络的电感。参考式(10-8)可得出结论,式(11-6b)只在单一网络电感间的互感相比它们的自感可以忽略时是正确的。因此,$L\text{-}C$ 网络必须彼此物理分开。

由式(11-6a)和式(11-6b)可知,当相同 $L\text{-}C$ 网络并联时,电容(好的参数)乘以网络的个数,而电感(坏的参数)除以网络的个数。因此,只需使用足够多的并联 $L\text{-}C$ 网络,网络的电感可减小到任意想要的值。

有效地并联多个 $L\text{-}C$ 网络的要求如下。

(1) 使所有的电容值相同,这样它们分配的电流相同。

(2) 每个电容必须通过不同的电感馈入 IC,因此它们不能放在一起,应散布开以免产生互感。

相比只考虑谐振频率,分析去耦网络有效性更好的方法是将 IC 看作一个噪声电流发生器,如图 11-11 所示。于是去耦网络在关注的频带内可设计为低阻抗以短路噪声电流,并阻止

其污染电源总线。去耦网络阻抗的最大允许值,也称目标阻抗,是可以确定的,如 $100\sim$ $200\text{m}\Omega$,可以计算所选去耦网络的阻抗以确定阻抗小于目标阻抗的频率范围。更多确定目标阻抗相关的内容参见 11.4.5 节。

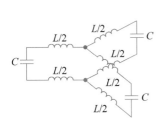

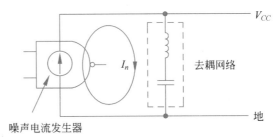

图 11-10　3 个相同 $L\text{-}C$ 网络的并联　　　　图 11-11　IC 作为噪声电流发生器

图 11-12 是不同数量(1,8,64,512)的相同 $L\text{-}C$ 网络并联时阻抗随频率的变化。在所有情况下,总电容等于 $0.1\mu\text{F}$,且与每个电容串联的电感都是 15nH。

虽然通过使用多电容网络,可显著减小高频阻抗,但低频阻抗没有减小,只是谐振下降的频率漂移。实际上,在低频单一电容网络谐振时,使用多个电容时的阻抗通常高于使用单一电容时的阻抗。这是因为在 $0.1\mu\text{F}$ 的情况下,在这些频率总电容未大到使网络呈现低阻抗。

图 11-13 与图 11-12 相似,只是图中的总电容变为了 $1\mu\text{F}$。结果是低频阻抗显著减小。对于 512 个电容的情况,图 11-13 表明 $L\text{-}C$ 去耦网络的阻抗在 $1\sim1000\text{MHz}$ 时都低于 0.2Ω。对于 64 个电容的情况,阻抗在 $1\sim350\text{MHz}$ 时都低于 0.5Ω。图 11-13 中表明去耦网络的谐振频率低于图 11-12 所示网络的谐振频率,但去耦的有效性提高了(低阻抗分布于更宽的频率范围)。因此,使用大量等值电容是使低阻抗去耦网络在宽频带范围内实现的一种有效方法。这种方法在大的 IC 去耦时非常有效。

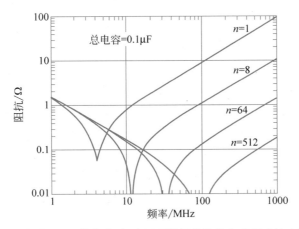

图 11-12　当串联 15nH 的电感时,由不同数量的等值电容组成的去耦网络的阻抗随频率的变化,在所有情况下,总电容等于 $0.1\mu\text{F}$

11.4.3　两种不同值的多个电容

基于大电容将提供有效低频去耦,而小电容将提供有效高频去耦的理论,有时建议用两种不同值的去耦电容。如果用两种不同值的电容,如图 11-14 所示,将出现两次明显的谐振阻抗下降,这是很理想的。

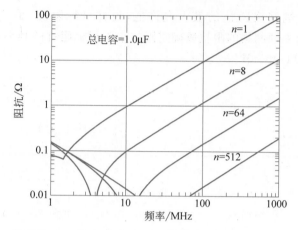

图 11-13　当串联 15nH 的电感时,由不同数量的等值电容组成的去耦网络的
阻抗随频率的变化,在所有情况下,总电容等于 1μF

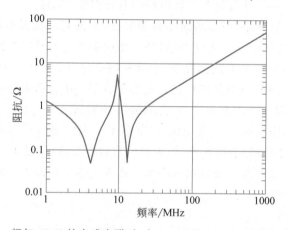

图 11-14　都与 15nH 的电感串联时,由 0.1μF 和 0.01μF 电容组成的去耦
网络的阻抗随频率的变化

　　虽然以上是事实,当不同值的电容并联时存在一个潜在的问题,即在两个网络间出现并联谐振(有时也称"反谐振")。图 11-14 给出了 $0.1\mu F$ 与 $0.01\mu F$ 的电容并联,且两个电容均与 15nH 的电感串联的阻抗图。图 11-14 清晰地表明与 15nH 的电感串联的两个不同值的电容产生两次谐振下降,一个在 4.1MHz,另一个在约 13MHz。然而,注意到一个阻抗尖峰出现在约 9MHz 时,这是不利的。正如 Paul(1992)指出的,这个结果是由两个网络间的并联谐振导致的。

　　参考图 11-15(a)可以更好地理解为什么会产生这种现象,图中表示在 V_{CC} 和地之间连接了不同值电容的两个 L-C 去耦网络。假设 $C_1 \gg C_2$ 且 $L_1 = L_2$,f_{r1} 是电容 C_1 与电感 L_1 谐振的频率,f_{r2} 是电容 C_2 与电感 L_2 谐振的频率。

　　当频率低于两个网络的谐振频率($f < f_{r1}$)时,两个网络呈容性,总电容等于两个电容之和,这实际上等于大电容。因此,小电容对于去耦网络的性能只有较小的影响或没有影响。

　　当频率高于两个网络的谐振频率($f > f_{r2}$)时,两个网络呈感性,总电感等于两个电感并联,或一个电感值的一半。当频率高于 f_{r2} 时有助于去耦。

　　然而,当频率在两个网络的谐振频率之间($f_{r1} < f < f_{r2}$)时,具有较大电容的网络呈感性,具有较小电容的网络仍然呈容性。因此两个网络的等效电路是图 11-15(b)所示的一个电容并联一

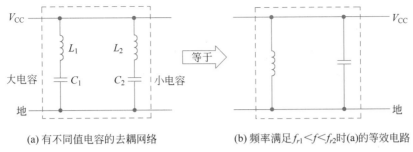

(a) 有不同值电容的去耦网络 　　　　　(b) 频率满足$f_{r1}<f<f_{r2}$时(a)的等效电路

图 11-15 有两种不同值电容的去耦网络及其等效电路

个电感或一个并联谐振电路,其阻抗在谐振时是大的,将产生谐振的尖峰,如图 11-14 所示。

并联谐振峰值的准确形状、幅度和位置将作为两个电容值的比值、电容的等效串联电阻 (ESR)及 PCB 布局的函数而变化。如果两个电容值的比值在 2：1 以内,因为谐振峰值将出现在谐振下降中,所以它的幅度将减小到一个可接受的值。例如,因为公差,即使同样标称值的电容也会有不同的值。两个有 20％甚至 50％公差的电容间产生的谐振峰值不会产生问题。并联谐振的主要问题出现在电容值出现一个数量级或更大的差距时。

因此可得出结论,若两个不同值的电容分别用于两个去耦网络。

- 当频率低于大电容网络的谐振频率时,小电容网络对去耦性能没有影响。
- 当频率高于两个网络的谐振频率时,因为电感减小,去耦性能将提高。
- 在两个谐振频率之间的某些频率,由于并联谐振网络导致的阻抗尖峰,实际去耦性能将变差,这是不利的。

例如,Archambeault(2001)通过用网络分析仪测量一个试验 PCB 的电源对地平面的阻抗,给出了不同去耦方法的去耦效果信息。对于两个不同值去耦电容的情况,他的结论是：当第二个电容值增加时,高频去耦性能没有显著提高。实际上,在许多典型噪声能量存在的频率范围(50～200MHz)内,去耦性能是较差的。

Archambeault 的数据表明,在两个去耦网络谐振频率之间的某些频率,如 50～200MHz 范围内,与所有电容值都相同时的结果比较,用两种不同值的电容时噪声增加了 25dB。

11.4.4 许多不同值的电容

基于“不同值电容的谐振产生的多个阻抗下降,因其在许多频点能提供低阻抗,所以是有利的”这一理论,许多不同值的电容(通常间隔 10 倍)有时也被推荐。

然而,当用许多不同值的去耦电容时,也会产生额外的阻抗尖峰。图 11-16 给出当用 4 个不同值的去耦电容,且每个电容均与 15nH 的电感串联时的阻抗随频率的变化。实线表示一个 $0.1\mu F$、一个 $0.01\mu F$、一个 $0.001\mu F$ 和一个 100pF 电容并联的情况,每个电容都与 15nH 的电感串联。图中存在 4 次谐振下降,每个电容值对应一次。然而,在阻抗图中并联谐振也产生了 3 次谐振尖峰。如果一些时钟谐波落在这些尖峰频率上或其附近,电源对地噪声实际将增加。一些人把这种方法等效视为玩“俄罗斯轮赌盘”,因为都希望没有一个时钟谐波落在任何一个谐振尖峰上或其附近。如图 11-16 所示,谐振尖峰的幅度也随频率而增加,谐振下降的阻抗则保持不变。

然而,如果用 4 个 $0.1\mu F$ 的电容代替 4 个不同值的电容,阻抗如图 11-16 中的虚线所示。两个图是相同数量的电容。低频时较低的阻抗是 4 个 $0.1\mu F$ 的电容并联产生较大总电容的

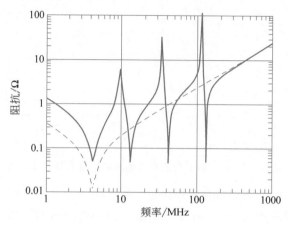

图 11-16　由一个 0.1μF、一个 0.01μF、一个 0.001μF 和一个 100pF 电容组成的去耦网络(实线)，以及由 4 个 0.1μF 电容组成的去耦网络(虚线)的阻抗随频率的变化。这两个网络中的电容都与 15nH 的电感串联

结果。没有谐振尖峰是因为所有电容值相同。当频率高于 200MHz 时，对于 4 个 0.1μF 的电容和 4 个不同值电容，结果是相同的。这是因为，在这些频率上只有与电容串联的电感起作用，而且这两种情况中 4 个电感是并联的。然而，当低于 200MHz 时，除了多值电容情况下对应谐振下降的几个频率外，4 个 0.1μF 电容的情况结果会更好些。你的产品更适合哪个阻抗图呢?

我倾向于有效的高频去耦，因此用相同值的多个电容。这种方法效果良好，且比用多个不同值电容的任意方法缺陷都少一些。

11.4.5　目标阻抗

作为一个有效的去耦网络，网络的阻抗必须低于关注频率范围内的一些目标值。如果可以做到这一点，则谐振频率的位置就无所谓了。如果目标阻抗是 200mΩ，则对于 64 个电容结构的情况而言，如图 11-12 所示，阻抗低于 200mΩ 的范围为 8~130MHz。

然而，跨频率范围用一个固定的目标阻抗是过于严格且没必要的。由式(11-3)和图 11-4 可知，当频率高于 $1/\pi t_r$ 时，一个三角波的谐波幅度以 40dB/dec 的斜率下降。因此，当高于这个频率时目标阻抗可能会增加，而噪声电压不会增加。如果高于这个拐点频率(图 11-17 实线所示)，目标阻抗允许以 20dB/dec 的斜率增加，则超过这个频率噪声仍以 20dB/dec 的斜率减小。这种方法大大简化了去耦网络的设计，且使需要的电容器数量达到了最小。

用这种方法，可以容易地估算出提供有效高频去耦所需的去耦电容的数量。电容的最小数量 n 为

$$n = \frac{2L}{Z_t t_r} \tag{11-7}$$

其中，L 是每个电容串联的电感，Z_t 是低频目标阻抗，t_r 是逻辑器件的开关(上升/下降)时间。至少需要这么多电容才能使去耦网络的高频阻抗保持或低于目标阻抗。

一个最佳去耦设计的关键是求出式(11-7)中所用的电感值。就 IC 芯片自身电源对地噪声而言，必须考虑总电感(去耦电容、PCB 迹线及 IC 引线结构)。然而，关于 IC 引线结构的电感在 PCB 级没什么可做。而且，当我们在一个 IC 上测量电源对地噪声时，是在 IC 的插脚处而不是芯片上进行测量。另外，就噪声干扰 PCB 电源总线而言，起作用的是 IC 对 PCB 接口

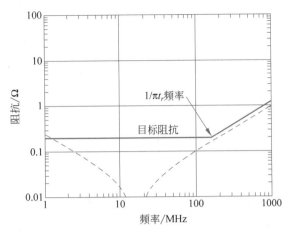

图 11-17　目标阻抗(实线)；由 64 个 0.01μF 电容组成,且每个电容均
与 10nH 电感串联的去耦网络的阻抗(虚线)

(如 IC 插脚)的电压,而不是芯片本身的噪声电压。

　　因此,去耦的目的应是使 IC 插脚处 V_{CC} 对地噪声电压最小化。为了达到这一目的,可以忽略 IC 的内电感。因此,只需考虑去耦电容的电感和 PCB 迹线(包括导通孔)的电感。一个好的 SMT 电容的内电感约为 1.5nH 或更少。PCB 迹线的电感约为 10nH/in,在一个厚 0.062in 的 PCB 上,一个导通孔的电感约为 0.8nH。

　　低频目标阻抗通常由总瞬态电流和电源电压允许变化的幅度决定。可以写为

$$Z_t = \frac{k\,\mathrm{d}V}{\mathrm{d}I} \tag{11-8}$$

其中,dV 是允许的电源瞬态电压的变化量,dI 是 IC 产生的瞬态电源电流的幅度,k 是一个校正因子,将在下一段中讨论。

　　假设我们关心的是 V_{CC} 对地噪声尖峰及其对电路工作的影响。从表 11-1 中可知,当频率低于 $1/\pi t_r$ 时,只包含不超过 50% 的电流。因为式(11-8)中所用的 dI 是总瞬态电流,所以低频目标阻抗可增加 2 倍,这种情况下可令式(11-8)中的 $k=2$。这种方法将限制总噪声电压尖峰低于目标阻抗乘以总瞬态电流。

　　考虑一个工作于 5V 电源,具有 2ns 上升/下降时间的大 IC 的去耦例子,这里保持最大电源偏差不超过电源电压的 5% 是合适的。也假设 IC 产生的总瞬态电流是 2.5A。在式(11-8)中 $k=2$,可得到一个 200mΩ 的低频目标阻抗。假设每个去耦电容有 10nH 的电感与之串联。频率高至 $1/\pi t_r$ 时,目标阻抗将是 200mΩ,对于 2ns 的上升时间频率等于 159MHz,高于这个频率,目标阻抗可允许以 20dB/dec 的斜率增加。目标阻抗如图 11-17 中实线所示。

　　通过式(11-7)可确定,50 个电容在 159MHz 时满足 200mΩ 的目标阻抗是必需的。如果关注的最低频率是 2MHz,在 2MHz 时达到 200mΩ 目标阻抗所需的总去耦电容将为 400nF。用 400nF 除以 50,得到每个电容的最小值为 8000pF。在这个例子中,总电容也必须满足式(11-12)中的瞬态电流条件。如果设计者用 64 个 0.01μF 的电容,阻抗随频率的变化将如图 11-17 中虚线所示。在高于 1.3MHz 处,去耦网络将具有一个低于目标阻抗的阻抗值。

11.4.6　嵌入式 PCB 电容

　　基于用大量相同值的电容达到电容数量极限的理论,可以推断出理想的去耦结构是无穷

多个无限小的电容(例如,可以用分布式电容取代离散电容)。

利用 PCB 电源和接地平面间层间电容的有利条件可能获得这样的结果吗? 为使高于 50MHz 时有效,需要一个约 $1000\text{pF}/\text{in}^2$ 的电源对地平面电容。然而,标准的 $0.005\sim0.01\text{in}$ 的层间距提供的电容是这个值的 $1/10\sim1/5$。

因此,如果利用分布电容概念的有利条件,则需要开发出一种新的具有额外电容的 PCB 结构。分布电容的增加可能通过下述方法获得。

(1) 减小层间距。

(2) 增大 PCB 材料的介电常数。

11.4.6.1　有效去耦电容面积

然而,有效去耦电容不是总的电源对地平面电容。因为电磁能量传播速度有限,如图 11-18 所示,有效层间电容只是位于被耦合 IC 的有限半径 r 内面积的电容。在开关瞬间内,储存在层间电容内的电荷可以比不能移动的电荷更快地到达 IC。

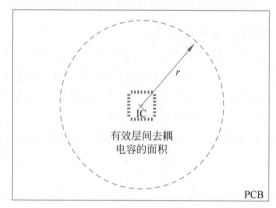

图 11-18　有效层间去耦电容的面积

在电介质中,电磁能量的传播速度已由式(5-14)给出,即

$$v = \frac{c}{\sqrt{\varepsilon_r}} \tag{11-9}$$

其中,c 是光速($12\text{in}/\text{ns}$),ε_r 是材料的相对介电常数。

有效电容面积的半径为

$$r = vt = \frac{12t}{\sqrt{\varepsilon_r}} \tag{11-10}$$

其中,r 是半径,单位为 in;t 是移动电荷所需时间,单位为 ns;ε_r 是材料的相对介电常数。如果要在一个 FR-4 环氧树脂玻璃 PCB($\varepsilon_r = 4.5$)上移动电荷 0.5ns,则 r 近似等于 3in。

一个电源对地平面的有效电容为

$$C = \frac{\varepsilon A_e}{s} \tag{11-11}$$

其中,ε 是介电常数;s 是平面的间距;A_e 是平面的有效面积。

电容与有效面积(由传播速度和 IC 的上升/下降时间决定)、平面间距及介电常数成比例。从式(11-11)中可看出,减小层间距是增加板的有效去耦电容的一种有效方法。

然而,如果 PCB 材料的介电常数增加,则电容增加,由式(11-9)可知传播速度将减小。这样,如果介电常数增加,则有效面积的半径随 ε 的平方根减小,而有效电容的圆面积随半径的

平方或 ε 成比例减小。因此,面积 A_e 随 ε 的增加成比例减小。因此由式(11-11)可得出结论:PCB 介电常数的改变对有效去耦电容没有影响,因为 ε 的增加和有效面积 A_e 的减小一样多。

因此,不论 PCB 材料的介电常数如何,有效层间去耦电容保持不变,增加有效电容的唯一有效方法是使层相互靠得更近。因此,在一个大的高速数字逻辑 PCB 上,通过使用外来的(昂贵的)高介电材料增加嵌入式去耦电容没有什么好处,增加有效去耦电容的唯一有效方法是使电源与接地平面相互靠近,或使用多个电源和接地平面*。

11.4.6.2 嵌入式电容的实际应用

1989—1990 年 Zycon 公司(此后成为 Hadco 公司,现在是 Sanmina 公司)将标准的 FR-4 环氧玻璃作为电介质,开发了具有 2mils 层间距的特殊 PCB 层压板。这个被称为 ZBC-2000 的层压板提供 $500pF/in^2$ 的层间电容**。在一个 PCB 中用两组由这种层压板制成的电源和地平面,可以获得预期的 $1000pF/in^2$ 的电容。

虽然 Sanmina 公司(Howard 和 Lucas,1992)和 Unisys 公司(Sisler,1991)对 2mils 厚的嵌入式电容 PCB 申请了专利,但这项技术很易用且是多源的。Sanmina 公司这项技术的商业命名为嵌入式电容。虽然此技术应用已超过 15 年,但只是现在才流行起来。转换到嵌入式电容 PCB 是简单的,因为不需要新的工艺,只是叠层发生改变。因此制作两套原型板就能容易地检验这种技术,一套板用标准方法制作,另一套板用嵌入式电容层制作,两套板的性能可以直接比较。最一般的叠层如图 11-19 所示。

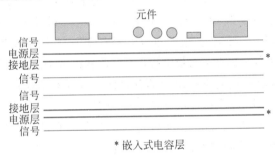

图 11-19　一个典型嵌入式电容 PCB 的叠层

16.4.2 节将讨论另一种可能用到嵌入式电容方法的叠层。因为两个电源-地平面对的应用,当应用嵌入式电容时,4 层板变成 6 层板,6 层板变成 8 层板。虽然 ZBC-2000 层压板比标准 PCB 层压板稍贵些,但主要成本的增加来自两个额外 PCB 层的印制。

图 11-20 表示用图 11-19 所示叠层的一个嵌入式电容 PCB 上和另一个只有一个电源平面和一个接地平面(Sisler,1991)的标准(非嵌入式电容)PCB 上,0～200MHz 时的 V_{CC} 对地噪声电压。由图 11-20 可看出,嵌入式电容板在高于 30MHz 时噪声减小得更多,在高于 60MHz 时几乎没有可测噪声。对于图 11-20 所示的数据,标准板上有 135 个去耦电容,而嵌入式电容板上没有去耦电容。两个板包含相同容量的去耦电容(见 11.8 节)。

然而,当频率低于 30MHz,尤其是 20MHz 时,嵌入式电容板上去耦较差。这是由于在低频率时嵌入式电容板没有足够的总电容,难以使其有效。这个结果与图 11-12 所示结果相似,即电容数量的增加减小了电源分布网络的高频阻抗,但没有减小低频阻抗。为了减小低频阻

---

　　* 对于面积小于有效层间去耦电容圆面积的 PCB 而言,整个板的面积将对有效去耦电容有贡献,在这种情况下,增大材料的介电常数将增大去耦电容。计算用于确定有效去耦电容圆周半径的传播延迟,必须用到高介电常数材料的 ε_r。

　　** ZBC-2000 是 Sanmina-SCI,San Jose,CA 的注册商标。

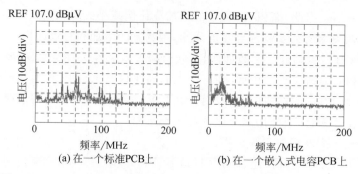

图 11-20   0～200MHz 时的 V_{CC} 对地噪声电压（UP Media Group，1991）

抗，比较图 11-12 和图 11-13 可知需要额外的电容。

对于图 11-20(b)所示的情况，将原来的 135 个去耦电容恢复 4 个(因而增加了总电容)，从而将嵌入式电容板上的低频噪声电压减小到标准板上的水平。

后来其他人在嵌入式电容 PCB 上的测试表明，在频率高达 5GHz 时，在板上只有很少或没有离散去耦电容的情况下能提供有效的去耦。我不知道是否有人进行了 5GHz 以上的测试，但没有理由怀疑嵌入式电容方法高于这个频率会失效。

嵌入式电容板也有其他优点。层间距的减小，以及多个电源和接地平面的应用，使电源和接地平面的电感显著减小。因为嵌入式电容电源/接地平面的三明治结构作为低 L/C 比率的结果(见式(10-3))而趋于一个低 Q 结构，所以谐振问题也减到最小。另外，通过去掉 90% 或更多的去耦电容，以及与其相关的导通孔，板的布线可大大简化，而且在许多情况下可以减小板的尺寸。在一些应用中，去掉大部分离散的去耦电容也会消除板的两个面上对表面安装组件的需求。

对于嵌入式电容板，通常板上所有位置都有相似的电源对地噪声电压，而使用离散去耦电容的标准板的电源，其对地噪声电压取决于测量的位置。

我深信未来某种形式的嵌入式电容 PCB 将成为工业标准，因为它们可用最小数量的离散电容为高频电源去耦提供一种简单有效的方法。当 Sanmina 和 Unisys 的专利几年后到期时，向嵌入式电容一般应用的转换可能会加速。理论上说，分布式电容去耦在频率增大时更有效，而离散电容去耦网络在频率增大时有效性会降低。

11.4.7   电源隔离

高频去耦问题唯一真正的解决方法是在 PCB 内使用多个离散或嵌入式电容。

虽然另一种方法不能从根本上解决去耦问题，但它可以且已被用于使较差去耦的不利影响最小化，防止由去耦失效导致的噪声电源平面干扰 PCB 的其他部分。

将 PCB 电源层的噪声部分与其他部分绝缘或隔离，并通过一个 π 形滤波器为隔离平面馈电可达到这一目的，如图 11-21 所示。注意到只是电源层被隔离，而不是接地层。这种方法在隔离电源层上不能减小噪声或提高去耦有效性，但它能防止噪声污染主电源层。

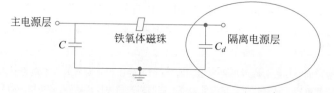

图 11-21   将电源馈入一隔离电源层的滤波器

当只是一小部分电路工作于高频时,这种方法最有效。高频电路或一组电路与电路的其余部分隔离,且由隔离的电源平面馈电,如图 11-22 所示。例如,如果一个微处理器是唯一工作于高时钟频率的芯片,则这个微处理器及其时钟振荡器可能从被隔离的电源平面上馈入能量。另一个例子是将时钟振荡器和时钟驱动与电路的其他部分隔离,且从一个被隔离的电源平面上馈入能量。多个被隔离的电源平面也可用于不同的电路。

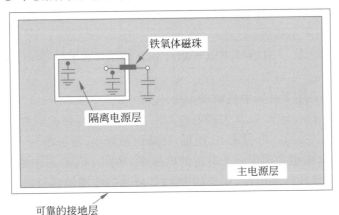

图 11-22　一个隔离电源层的例子

图 11-23 给出在一个由隔离平面供电的微处理器及其振荡电路的 PCB 上,20～120MHz时的 V_{CC} 对地噪声电压。图 11-23(a)给出给微处理器供电的隔离电源平面上的 V_{CC} 对地噪声电压,图 11-23(b)给出了主电源层上的 V_{CC} 对地噪声电压。在图 11-23(a)中,微处理器的无效去耦产生了大量的时钟噪声。将图 11-23(a)和图 11-23(b)进行比较可看到,与被隔离的电源平面上的噪声相比较,60MHz 以上时主电源平面上的时钟噪声实际上已排除,低于60MHz 时噪声也减小很多。

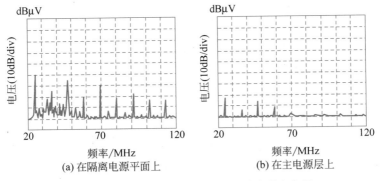

图 11-23　20～120MHz 时的 V_{CC} 对地噪声电压

注意使用这种方法时,没有信号迹线穿过电源平面的缝隙,16.3 节将讨论,在邻近层上这会中断返回电流的通路。由隔离平面馈电的与 IC 相连的所有信号迹线必须在与完整平面(电源或接地)邻近的层上布设路径。因此,这种方法存在布线限制,而先前讨论的分布式电容方法性能更好,由于去掉了电容和与其相关的导通孔而简化了路径。

隔离电源平面的方法有时通过在一个信号层上印制隔离平面完成,取代了实际电源层的隔离。在这种情况下,隔离的电源平面通常被称作一个电源岛或"电源坑"。无论是隔离电源层,还是电源岛,结果是一样的。

11.5　去耦对辐射发射的影响

当数字逻辑 IC 切换时,瞬态电源电流通过下述 3 种不同的机制产生辐射发射。

(1) 瞬态电源电流绕 IC 和去耦电容之间的环路流动将产生环路辐射。

(2) 流经地阻抗的瞬态电源电流将产生一个接地噪声电压,这个电压将激励所有与系统相连的电缆,导致它们产生辐射。

(3) 经过电源总线,V_{CC} 对地噪声电压耦合到其他 IC(如 I/O 驱动),而最终终止于电源和信号电缆,导致它们产生辐射。

有效地去耦可使上述 3 种辐射机制最小化。

图 11-24(a)给出了一个 IC 及其去耦电容 C_1。来自去耦环路的辐射与环面积乘以环中电流幅度成正比(见式(12-2))。电容距 IC 越近,环路面积越小,辐射越少。

另外,瞬态电源电流也会产生一个对地的电压降,如图 11-24(a)中的 V_g。这个接地噪声电压将激励所有与系统相连的电缆,造成如图 12-2 所示的电缆的共模辐射,这将在 12.2 节进行讨论。

图 11-24(b)给出了与图 11-24(a)相同的 IC,其中有两个相同的去耦电容 C_1 和 C_2,IC 的每一边各接一个电容。因为两个电容值相同,而且相对于 IC 对称分布,当 IC 切换时,每个电容将提供 IC 所需电流的一半。因此,来自包含电容 C_1 的环路的辐射将减少一半或减少 6dB。包含 C_2 的环路电流将包含瞬态电流的另一半,且它也会产生等量的辐射。

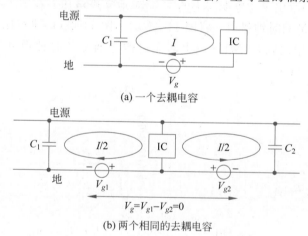

(a) 一个去耦电容

(b) 两个相同的去耦电容

图 11-24　IC 到去耦电容环路中的电流

然而,与 C_1 相关的环路电流是顺时针流动的,而与 C_2 相关的环路电流是逆时针流动的。因此,来自这两个环路的辐射不是相加,而是相减,这两个环路趋于彼此抵消。即使不能完全抵消,也能显著减小。假设只抵消 12dB,则环路辐射总的减少量将是 18dB(其中 6dB 来自环路电流的减小,12dB 来自环路的抵消)。

在图 11-24(b)中,两个接地噪声电压是由瞬态电源电流产生的,但它们的极性相反,而且包含 IC 的接地平面部分两端的净电压是零。因此,连接到板的所有电缆的共模辐射也将显著减小。

因此,在一个 IC 上用 2 个去耦电容可显著地减小由瞬态电源电流导致的共模辐射和差模辐射。若再减小相同的辐射量,需要额外的 2 个电容,这样将使总电容数为 4。若再减小相同的辐射量,需要额外的 4 个电容,这将使总电容数达到 8 个,以此类推。每次电容数量必须翻倍。

那么,最大的回报来自哪里呢? 很清楚,回报来自第二个电容的增加。这个结果导致一个问题,为什么曾经用少于 2 个电容去给一个 IC 去耦,是因为用那么小的成本能提供如此大的改进吗?

基于上述讨论,提出数字 IC 去耦的下述建议。

- 在一个 DIP 上最少用 2 个电容,将电容接在封装的两端。
- 在一个小的方形 IC 封装(如四方扁平封装)上最少用 4 个电容,4 个边每个边接一个电容。
- 产生大的瞬态电源电流的许多大型 IC(如微处理器)通常需要许多去耦电容(在一些情况下,电容数量是几百个)。要单独分析这些 IC 的去耦要求。

另外,如上述及 11.4 节讨论的,有效去耦将使 V_{CC} 对地噪声电压的幅度最小化,这将减小对 V_{CC} 总线的干扰,并显著减小由于将这些噪声耦合到电路板上其他 IC 产生的辐射。

11.6 去耦电容的型号和大小

去耦电容必须提供高频电流,因此,它们应该是低电感的高频电容。因为这个原因,多层陶瓷电容更好。

为了低频时有效去耦(低于去耦网络的谐振频率),总的去耦电容必须满足以下两个条件。

(1) 总电容必须足够大以在关注的最低频率处具有低于目标阻抗的阻抗值(见 11.4.5 节)。

(2) 若保持电源电压在要求的误差之内,电容必须足够大以提供 IC 切换时所需的瞬态电流。满足要求(2)的最小电容值为

$$C \geqslant \frac{\mathrm{d}I\,\mathrm{d}t}{\mathrm{d}V} \tag{11-12}$$

其中,dV 是发生在时间 t 内,由电流瞬态值 dI 所产生的容许的电源电压的瞬态电压降。例如,如果一个 IC 在 2ns 内需要 500mA 的瞬态电流,且希望电源电压的瞬态值小于 0.1V,则电容必须至少 $0.01\mu F$。

如前所述,只是去耦网络的低频有效性受电容值的影响,而高频特性只由所驱动电感的值决定。电感由使用的电容数量决定,且电感与每个电容串联。一个多层 SMT 电容的内电感主要由其封装体积决定。一个 1206SMT 封装电容约是一个 0603 电容电感的两倍。1206 电容器的电感约为 1.2nH,而 0603 电容器的电感约为 0.6nH。

因此,选择去耦电容的一个好方法是实际应用最小的封装体积,然后在这个封装体积内用可用的最大电容。选择一个较小值的电容对于高频特性没有改善,但它会使低频有效性降低。

11.7 去耦电容的布设和安装

去耦电容必须尽可能靠近 IC 以保持环路面积和电感尽可能地小。

经常会问这样的问题,去耦电容应该用迹线与 IC 的电源和接地插脚直接相连,还是去耦电容与电源和接地层直接相连呢? 答案应视情况而定。当迹线很短,能使电感最小时,两种结构都有效。除了迹线长度,也必须考虑导通孔的长度以决定电感值。我喜欢纯数字板,通常会将电容和 IC 直接连接到电源和接地层。

然而,将电容直接与 IC 的电源和接地插脚相连因为减少了所需的导通孔数量,可以节约拥挤的 PCB 上的宝贵空间。只要保持环面积很小,将电容与 IC 的电源和接地插脚直接相连是一个完美可接受的方法。去耦电容应该直接与 IC 还是与电源和接地层相连,这个问题没有简单的答案,每个设计必须单独评估以决定哪种方法是最好的。

电感最小化意味着使电容和 IC 之间的环面积最小化,这是至关重要的。具有最小环路面积的电容布局的性能最好。

图 11-25 给出一个 0805SMT 去耦电容的安装垫片和一个位于板叠层中心的电源-地平面对之间的近似电感,不包括电容器本身的电感,只是安装垫片、迹线和导通孔的电感。注意到只是基于安装电容的方法,电感几乎会从 3nH 变化到 0.5nH 以下。

多个导通孔将减小从安装垫片到电源-地平面对的电感(见 10.6.4 节)。然而,导通孔会占据大量的 PCB 空间。将载有相反方向电流的导通孔靠近布设也将产生互耦合效应而减小电感。因此图 11-25 所示的边侧导通孔结构比终端导通孔结构具有较小的电感。

当在一个 IC 上用 1~2 个去耦电容时,它们的位置很关键。然而,当用大量的电容时,它们的准确位置比起只用 1~2 个电容时就不再那么重要了。只是在 IC 周围散布开,并努力使它们相对于 IC 对称(或均匀)布设。

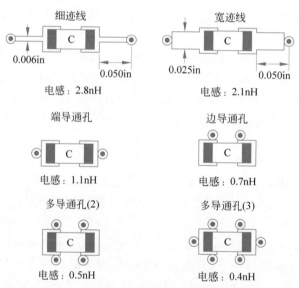

图 11-25　各种 0805SMT 去耦电容安装结构的电感

大部分设计者包括作者通常在一个单独 IC 的基础上去耦。就是说,设计者将决定每个单独 IC 所需电容的大概数量和大小。然而,另一种方法是 PCB 的整体去耦,即不管每个 IC 的位置如何,整个板上均匀分布大量相同大小的电容,并将它们与电源和接地层直接相连。这种全局方法最适用于所含 IC 都有相似瞬态电流需求的 PCB 上,而当 PCB 上的 IC 有瞬态电流需求的较大变化时,单独 IC 的去耦方法往往更好。

其他去耦电容的布设考虑如下。

- PCB 是单面还是双面装配?
- IC 封装是网格阵列的周边引脚封装吗?
- PCB 有多少电源和接地层?叠层是多少?层间距是多少?
- IC 有多少电源和接地插脚?

11.8　大容量去耦电容

当逻辑切换时,IC 去耦电容将释放一些电荷。当逻辑再次切换前,IC 去耦电容必须再充电。比起单独 IC 去耦电容的情况,再充电电流出现的频率相当低,且由位于 PCB 上的大容量去耦电容或电容器组供电。单独 IC 去耦电容必须工作以逻辑门的开关速度工作——基本上是与上升和下降时间相关的。大容量去耦电容通常具有至少一半的时钟周期为单独去耦电容充电,因此,它们工作在时钟频率的两倍或稍低一些。

大容量电容的值不是关键,但它应该大于其所服务的 IC 所有去耦电容值之和。一个大容量去耦电容应该位于电源进入板的位置。其他大容量电容应合理地分布于板的周围。与周围分布太少相比,周围分布较多大容量去耦电容更好。

大容量去耦电容的大小通常为 $5 \sim 100 \mu F$($10 \mu F$ 是一个典型值),且应有一个小的等效串联电感。过去钽电解质电容器很普遍,随着电容技术水平的提高,多层陶瓷电容器在应用中变得更普遍。铝电解质电容器的电感比钽电解质电容器高一个数量级或更多,因而不宜使用。

因为大容量去耦电容具有的电容值不同于单独 IC 去耦电容,两个不同的电容值将产生一个并联谐振阻抗尖峰。然而,因为大容量电容具有很大的电容值,阻抗尖峰出现在很低的频率,且幅度较低,通常不会有问题。在大容量电容内少量等效串联电阻实际上是有用的,因为它可产生一定程度的阻尼以减小可能出现的谐振峰值的幅度。

11.9　电源输入滤波器

外部噪声可以传导到 PCB 上,而内部噪声可以传导出 PCB 到直流电源线上。应将高频电源瞬态电流限制在数字逻辑板上,这些电流不允许流到直流电源线上。因此,电源输入滤波器应是标准的设计实践。图 11-26 给出了一个典型的电源输入滤波器的电路。它应包含一个差模和一个共模部分。差模滤波器通常是包含一个铁氧体磁珠或电感(作为串联元件)的 π 形滤波器。

在关注的频率范围内,滤波元件的典型值是电容为 $0.1 \sim 0.01 \mu F$,铁氧体磁珠的阻抗是 $50 \sim 100 \Omega$。在这个应用中,重要的是避免铁氧体磁珠被直流电流磁饱和。如果用一个电感,则典型值为 $0.5 \sim 5 \mu H$。

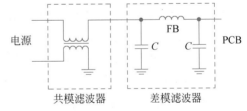

图 11-26　一个典型的电源输入滤波器

共模滤波器元件通常是一个 PCB 上的共模扼流圈或直流电源电缆上的一个铁氧体磁芯。

总结

- 去耦电容需要通过一个低电感通路供电,当一个 IC 逻辑门切换时需要一部分或所有瞬态电源电流。
- 需要去耦电容短路或减小注入电源接地系统的噪声。
- 去耦不是靠近 IC 接一个电容以提供瞬态开关电流的过程,而是靠近 IC 接一个 L-C 网络以提供瞬态开关电流的过程。

- 去耦电容的值对于低频去耦的有效性很重要。
- 去耦电容的值在高频时不重要。
- 高频时最重要的是减小与去耦电容串联的电感。
- 有效的高频去耦需要应用大量的电容。
- 大部分情况下,单一值去耦电容的应用性能优于多值电容的应用。
- 对于最佳高频去耦,不应使用离散电容,应使用分布式电容 PCB 结构。
- 去耦的第一原则是尽可能使电流流经最小的环路。

习题

11.1 一个 3.3V 的电源为两个 CMOS 门供电,对于一个有 500ps 上升时间的 CMOS 器件,假设每个 CMOS 门的输入电容是 10pF,则瞬态负载电流的幅度是多少?

11.2 列举 3 种可能导致辐射发射的无效去耦机制。

11.3 与去耦电容串联的 3 种电感的源是什么?

11.4 在较高频率去耦有效的两个决定因素是什么?

11.5 去耦在最低频率有效的决定因素是什么?

11.6 确定一个 IC 总去耦电容最小值时必须满足的两个条件是什么?

11.7 用于一个 IC 的去耦电容的最小数量是多少? 为什么?

11.8 有效并联多个电容的两个要求是什么?

11.9 列举使用多个等值电容去耦的 3 个好处。

11.10 不等值的去耦电容对习题 11.9 3 个答案中的哪个不适用?

11.11 使用不等值的去耦电容时会产生什么问题?

11.12 希望在高于 1MHz 的所有频率对一个具有 3ns 切换速度的数字 IC 有效去耦。用一个 $100m\Omega$ 的低频目标阻抗,并且假设每个电容有 5nH 的电感与之串联。

    a. 需要用多少个等值离散电容?

    b. 每个去耦电容的最小值是多少?

11.13 在 3.3V 电源激励下,一个大微处理器产生 10A 的总瞬态电流。逻辑门具有 1ns 的上升/下降时间。希望限制 V_{CC} 对地噪声电压峰值为 250mV,且每个去耦电容有 5nH 的电感与之串联。去耦将在多个等值电容的条件下进行,并且在高于 20MHz 的所有频率有效。

    a. 画出目标阻抗随频率的变化图。

    b. 所需去耦电容的最小数量是多少?

    c. 每个单独去耦电容的最小值是多少?

    d. 用较大值的电容只是为了有效吗?

11.14 1ns 内 IC 产生 1A 的瞬态电源电流。为了防止电源电压减小量大于 0.1V,所需去耦电容的最小值是多少?

11.15 一个 10in×12in 的嵌入式电容 FR-4 环氧玻璃 PCB 有一个 500pF/in² 的电源对地平面电容,逻辑电路的上升时间是 300ps,有效层间去耦电容是多少? 假设来自去耦电容的电荷必须在上升时间内到达 IC。

参考文献

［1］ Archambeault B. *Eliminating the MYTHS About Printed Circuit Board Power/Ground Plane Decoupling*. ITEM,2001.

［2］ Archambeault B. *PCB Design for Real-World EMI Control*. Boston,MA,Kluwer Academic Publishers,2002.

［3］ Howard J R,Lucas G L,Inventors; Zycon Corp. ,Assignee. Capacitor Laminate for Use in Capacitive Printed Circuit Boards and Methods of Manufacture. U. S. Patent 5,079,069,1992.

［4］ Janssen L P. *Reducing The Emission of Multi-Layer PCBs by Removing the Supply Plane*. 1999 *Zurich EMC Symposium*, Zurich,Switzerland,1999.

［5］ Jordan E C. *Reference Data For Engineers*. Indianapolis,IN,Howard W. Sams,1985.

［6］ Leferink F B J, Van Etten W C. *Reduction of Radiated Electromagnetic Fields by Removing Power Planes*. 2004 *IEEE International Symposium on Electromagnetic Compatibility*, Santa Clara, CA,2004.

［7］ Paul Clayton R. *Effectiveness of Multiple Decoupling Capacitors*. *IEEE Transactionson Electromagnetic Compatibility*,1992.

［8］ Radu S,DuBroff R E, Hubing T H, et al. *Designing Power Bus Decoupling for CMOS Devices*. 1998 *IEEE EMC Symposium Record*,Denver,CO,1998.

［9］ Sisler J,Inventor; Unisys Corp. ,Assignee. *Method of Making Multilayer Printed Circuit Board*. U. S. Patent5,010,641,1991.

［10］ Sisler J. *Eliminating Capacitors From Multilayer PCBs*. *Printed Circuit Design*,1991.

深入阅读

［1］ Hubing T H, et al. *Power-Bus Decoupling With Embedded Capacitance in Printed Circuit Board Design*. *IEEE Transactions on Electromagnetic Compatibility*,2003.

［2］ Wang T. *Characteristics of Buried Capacitance*. *EMC Test and Design*,1993.

第12章

数字电路辐射

在当今的监管环境中，EMC 工程在把电子产品推向市场的过程中起着重要作用。一种产品的功能特性在产品上市的时间表中通常不是主要的问题，主要问题是通过必需的 EMC 测试。

控制数字系统发射的成本效益与设计复杂的数字逻辑一样麻烦，一样困难。发射控制从一开始就应该作为一个设计问题对待，而且在整个设计过程中应得到必要的工程资源。

本章模拟了辐射发射，并概述了辐射依赖的参数。根据信号的电特性和系统的物理特性，也给出了预测辐射发射的方法。了解影响辐射的参数将有助于开发使其最小化的技术。

来自数字电子器件的辐射会以差模和共模的方式出现。如图 12-1 所示，差模辐射是电路正常工作的结果，是电流流过电路导体形成的环路产生的。这些环路作为小环形天线，主要辐射磁场。虽然这些信号环路对于电路工作是必需的，但为了使辐射最小化，在设计过程中必须控制它们的尺寸和面积。

然而，共模辐射是电路的寄生现象，是导线上不希望出现的压降产生的。流经接地阻抗的差模电流在数字逻辑接地系统中产生一个压降，因而当电缆连接到系统时，被共模地电位驱动，形成天线，辐射以电场为主，如图 12-2 所示。因为这些寄生阻抗不是有意设计到系统中或显示在文件中的，所以共模辐射往往更难于理解和控制。在设计过程中，必须提出处理共模发射问题的方法。

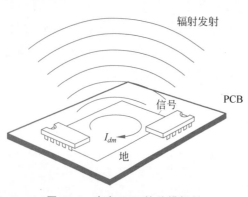

图 12-1　来自 PCB 的差模辐射

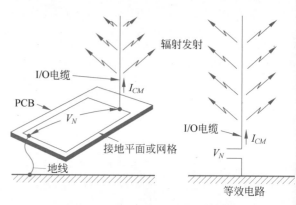

图 12-2　来自系统电缆的共模辐射

12.1　差模辐射

差模辐射被模拟为一个小环形天线[*]。对于一个面积为 A 的小环路,载有电流 I_{dm},在远场中距离为 r 处,自由空间中测得的电场 E 的辐射为(Kraus 和 Marhefka,2002,p.199,Eq.8)

$$E = 131.6 \times 10^{-16}(f^2 A I_{dm})\frac{1}{r}\sin\theta \tag{12-1}$$

其中,E 的单位是 V/m;f 的单位是 Hz;A 的单位是 m^2;I_{dm} 的单位是 A;r 的单位是 m;θ 是观察点和环路平面垂线间的夹角。

一个周长小于 1/4 波长的小环中电流的相位处处相同。对于较大的环,电流不再处处同相,因此,一些电流对于总的发射可能是减小,而不是增加。

如图 12-3 所示,自由空间的一个小环形天线辐射方向图是一个圆环体(面包圈形状)。最大辐射来自环的边缘并出现在环平面上。零辐射出现在环平面的法线方向上。如图 12-3 所示,因为电场是极化在环平面上的,最大电场将被一个极化方向相同的接收天线检测到。

当环的周长增加超过 1/4 波长时,图 12-3 的辐射方向图不再适用。对于周长等于一个波长的环,辐射方向图将旋转 90°,

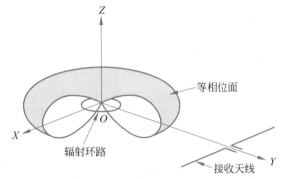

图 12-3　自由空间的一个小环形天线辐射方向图

使最大辐射出现在环平面的法线方向。因此,小环的零辐射方向成为大环的最大辐射方向。

虽然式(12-1)由圆环推导而来,但因为小环辐射的幅度和方向图与环的形状无关,只依赖于环的面积(Kraus 和 Marhefka,2002,p.212),所以它可应用于所有平面环。无论环的形状如何,所有相同面积的小环辐射相同。

式(12-1)中的第一项是一个描述媒质特性的常数——该公式中是自由空间。第二项定义了辐射源的特性,即此环路。第三项表示场从源传播过来的延迟。最后一项描述了测量点相对于环平面垂线的角度方向,即图 12-3 中偏离 Z 轴的角度。

式(12-1)是一个小环位于自由空间,周围没有反射面的情况。然而,大部分电子产品辐射的 EMC 测量是在地平面上的开阔场地进行的,而不是在自由空间中。大地提供了一个必须考虑的反射面。这个反射地面可使测量的辐射增大 6dB(或 2 倍)。考虑到这一点,式(12-1)必须乘以系数 2。修正地面反射,并假设是在距离环平面 r 处进行的观察($\theta = 90°$),在开阔场地上测量可将式(12-1)写为

$$E = 263 \times 10^{-16}(f^2 A I_{dm})\frac{1}{r} \tag{12-2}$$

式(12-2)表明,辐射与电流 I、环面积 A 和频率 f 的平方成正比。频率平方这一项为未来的 EMC 工程师提供了职业保险。

―――――――――――――

[*]　小环形定义为周长小于波长的 1/4。

对于 3m 的测试距离,式(12-2)可写为

$$E = 87.6 \times 10^{-16}(f^2 A I_{dm}) \tag{12-3}$$

因此,差模(环路)辐射可用以下方法控制。

(1) 减小电流幅度。

(2) 降低频率或电流的谐波成分。

(3) 减小环路面积。

对于一个不同于正弦波的其他波形,电流波形的傅里叶级数必须在代入式(12-3)前确定。

12.1.1 环面积

在数字系统的设计中,控制差模辐射的主要方法是使电流包围的面积最小。这意味着将信号导线和与其相关的接地返回导线靠在一起,这对于时钟、底板布线及连接电缆非常重要。

例如,在 30MHz 频率,25mA 的电流流过一个 10cm² 的环路,在 3m 距离处测量的电场强度为 197μV/m。这个场强几乎是一个商用 B 类产品允许限值的 2 倍。

不超过指定发射电平的最大环路面积可通过解式(12-2)中的环路面积 A 确定,这样,

$$A = \frac{380Er}{f^2 I_{dm}} \tag{12-4}$$

其中,E 是辐射限值,单位为 μV/m;r 是环路和测量天线之间的距离,单位为 m;f 是频率,单位为 MHz;I 是电流,单位为 mA;A 是环面积,单位为 cm²。

例如,30MHz 时对于 25mA 的电流,在距离 3m 处限定辐射为 100μV/m(FCC/CISPR 的 B 类限值)的最大环面积是 5cm²。

如果我们设计的系统满足辐射发射的法定要求,必须确保环路面积很小。在这样的条件下,式(12-2)对预测辐射发射是适用的。

12.1.2 环电流

如果已知环电流,很容易利用式(12-2)预测辐射。然而电流很难准确得知,必须被模拟、测量或估算。电流依赖于驱动环路的电路源阻抗及终止环路的电路负载阻抗。

可用一个宽带电流探头测量环路电流。这种测量可能需要切断信号迹线并增加一段导线与迹线串联,使导线足够长以夹住电流探头。

12.1.3 傅里叶级数

因为数字电路用方波,在计算发射前,必须知道电流的谐波成分。一个对称的方波(实际上是一个梯形波,因为上升和下降时间是有限的)如图 12-4 所示,第 n 次谐波电流由 Jordan (1985,p.7-11)给出:

$$I_n = 2Id \frac{\sin(n\pi d)}{n\pi d} \left(\frac{\sin \frac{n\pi t_r}{T}}{\frac{n\pi t_r}{T}} \right) \tag{12-5}$$

其中,I 是图 12-4 所示方波的幅度,t_r 是上升时间,d 是占空比 t_0/T,T 是周期,n 是 1 到无穷大的整数。因为公式中其余的量是无量纲的,所以 I_n 的单位与 I 相同。式(12-5)中假设上升时间等于下降时间。如果不满足这一点,两个值中的较小者应被用于一个最坏的结果。

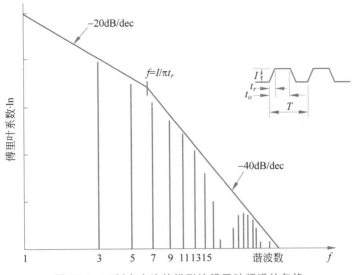

图 12-4 50%占空比的梯形波傅里叶频谱的包络

对于 50%的占空比($d=0.5$),一次谐波(基波)的幅度 $I_1=0.64I$,而且只有奇次谐波。对于一般的情况,上升时间 t_r 远小于周期 T,图 12-4 给出对称方波的谐波包络。谐波随频率以 20dB/dec 的斜率下降到频率为 $1/\pi t_r$,超过这个频率后将以 40dB/dec 的斜率下降。这表明当上升时间增加(减慢)时,高次谐波电流减小。

首先利用式(12-5)确定每个谐波的电流分量,然后将电流和相应频率代入式(12-2),计算出差模辐射发射。对于每个谐波频率都重复这样的计算。

式(12-2)中频率平方这一项表示发射随频率以 40dB/dec 的斜率增加。结合式(12-2)和式(12-5)的结果得出,当频率低于 $1/\pi t_r$ 时,辐射发射以 20dB/dec 的斜率增加,如图 12-5 所示,当高于这个频率时辐射发射将保持不变*。

图 12-5 清晰地表明上升时间对辐射发射具有重要影响。正是上升时间决定着差模辐射随频率增加的转折点。为了使发射最小化,应在尽可能实现功能的条件下增加信号的上升时间。

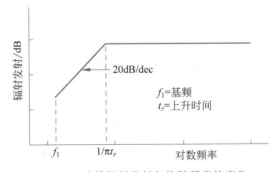

图 12-5 差模辐射发射包络随频率的变化

例如,图 12-6 表示一个有 4ns 上升时间的 6MHz 时钟信号沿一个面积为 $10cm^2$($1.5in^2$)的环路流动时在 3m 处测得的辐射发射。这个环路由一个 35mA 峰值幅度的方波电流驱动。

---

* 实际上,高于环路周长为 1/4 波长对应的频率时,因为式(12-2)中小环的假设不再有效,高频辐射将下降,这将出现在频率 $f_{\text{MHz}}=75/C_{\text{meters}}$ 时,其中 C 是环路的周长。

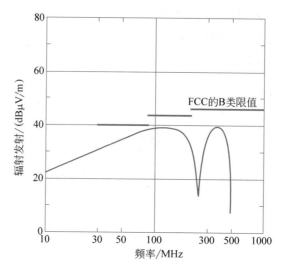

图 12-6　辐射发射频谱和 FCC 的 B 类限值。一个面积为 10cm² 的环路中一个 6MHz，
4ns 上升时间的 35mA 时钟信号的频谱

12.1.4　辐射发射包络

如果一个信号的频率、峰值电流、上升时间和环路面积都已知，就可轻松估算出图 12-5 所示的辐射发射的包络。因为辐射发射包络的形状已知，只是基频辐射的幅度需要计算。基频的傅里叶系数（假设一个 50% 占空比的方波）是 $I_1 = 0.64I$，其中 I 是方波电流的幅度。

将 0.64 乘以方波电流的幅度代入式(12-2)，可计算出基频辐射的幅度。此频率处的辐射发射（单位 dBμV/m）可在半对数纸上画出。从这一点到频率 $1/\pi t_r$ 处作一条以 20dB/dec 斜率增加的直线，频率超过 $1/\pi t_r$ 时作一水平线。这样就可以表示差模辐射发射的包络。

12.2　控制差模辐射

12.2.1　电路板的布设

控制差模辐射发射的第一步是 PCB 的布设。考虑成本效益，最初设计 PCB 时必须考虑发射控制。

当布设一个 PCB 以控制发射时，应使信号迹线形成的环路面积最小化。试图控制由所有信号和瞬态电源电流形成的环路的面积可能是一项艰巨的工作。幸运的是不必单独处理每个环路。最关键的环路应单独分析，而大部分不重要的环路（这是环路中的大多数）只需借助好的 PCB 布设经验就可控制。

最关键的环路工作于最高频率，而且其信号是所有时刻波形都相同的周期信号。

为什么周期性如此重要，可通过下述分析理解。一个一定尺寸（面积）、载有一定量电流的环路只能辐射那么多能量。如果所有的能量都在同一频率或非常有限的频率，则每个频率的幅值很大。然而，如果能量在频谱上散布开，则每个频率的能量将降低。因为时钟通常是系统中最高的频率信号，并且具有周期性，大部分能量只集中在包含基波和较低次奇数谐波的较窄频带内。因此，这种频率处的幅值将很大。

图 12-7(a)给出一个典型数字电路辐射发射的频谱。图 12-7(b)给出相同电路但只工作于时钟信号下的发射。两种情况下最大发射基本相同,对于图 12-7(b)的情况,95%或更多的电路已关掉。在几乎所有情况下,来自时钟谐波的发射会超过所有其他电路的发射。

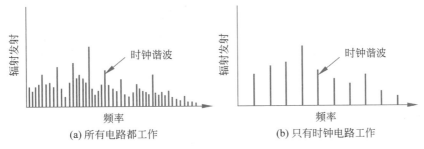

图 12-7 典型数字电路的辐射发射频谱

时钟信号应首先在 PCB 上布线,而且要以尽可能产生绝对最小环路面积的方法进行布线。时钟迹线的长度及所用导通孔的数量应最小化。在一个多层 PCB 上,时钟应在邻近完整(没有裂缝)接地层或电源层的一个层上布线。时钟迹线层和返回层的间距应尽可能小。在双面板上,时钟迹线应邻近接地返回迹线。对于时钟布线要特别关注!

当然,时钟不是系统中唯一的周期信号。许多其他选通脉冲或控制信号也是周期性的。在一个基于微处理器的系统中,一些关键的周期性的信号包括时钟(CLK)、地址锁存选通(ALE)、行地址选通脉冲(RAS)和列地址选通脉冲(CAS)。本书中提到的术语时钟,不仅是指时钟信号,也包括高频周期性信号。

为防止时钟耦合到离开 PCB 的电缆中,时钟电路应远离输入/输出(I/O)电缆或电路。

为使串扰最小化,时钟迹线不应长距离平行于数据总线或信号线。Johnson 和 Graham (1993),Paul(1985)和 Catt(1967)对数字逻辑板上的串扰有更详细的介绍。

除了时钟,地址总线和数据总线是第二个关注点,因为它们通常处于终端且载有大的电流,而辐射发射与电流成正比。虽然它们通常没有时钟重要,可将它们布设在邻近多层板中的一个层面上,但要注意使它们的环路面积保持最小值。

在双面板上,至少一个信号返回(接地)迹线应靠近每一组 8 个数据线或地址线。这个返回迹线最好靠近最低有效位,因为它通常载有最高频率的电流。大部分其他各种信号环路面积可用接地网格或面控制,这也需要使内部产生的噪声量最小化(见第 10 章和第 11 章)。

总线和线驱动因通常载有大电流而带来困扰。然而,因为信号的随机特性,它们产生的宽带噪声每单位带宽具有较少的能量。总线和线驱动应靠近其所驱动的线。离开 PCB 的电缆的驱动应靠近连接点。用于驱动板外负载的线驱动集成电路不应用于板上的其他电路。

虽然这些环路通常很小,但可能载有非常大的电流,所以另一个重要的辐射发射源是数字逻辑切换时所需的瞬态电源电流。这些环路的面积可通过第 11 章讨论的适当的电源去耦得到控制。

差模发射与频率的平方成正比,通过环路面积的最小化控制,环路面积主要随 PCB 的布局变化。在过去的 5~10 年里,时钟频率已显著增加了 10 倍或更多。因此,差模发射已增加 100 倍或更多。然而,决定印制较小环路能力的 PCB 技术在同一时期内改进幅度很小——可能是两倍。

因此,发射问题已经增加了 100 倍,而我们通过印制较小环路解决它的能力只增加了两倍。我们显然正在失去控制差模辐射发射能力的战斗。因此,如果要控制这种发射,除了屏蔽

PCB,我们必须提出一些其他可能非常规的方法以减小发射。两种常见的方法包括**抵消环路**和扩频时钟。

12.2.2 抵消环路

如果不能印制足够小的环路,可以找到一个简单的方法印制两个相互抵消的环路吗?考虑如图 12-8(a)所示的时钟迹线及其接地返回路径的情况。来自环路的发射是环路面积和环路中电流的函数。如果这表示 PCB 技术可以印制的最靠近的迹线,则除了屏蔽 PCB 外,不能减小发射。

(a) 有单一接地返回迹线   (b) 有两个接地返回迹线

图 12-8 时钟迹线

然而,考虑如图 12-8(b)所示的布线。在时钟迹线两边各有一条接地返回迹线。因此有两个环路,每个都与图 12-8(a)所示的环路有相同的面积。如果两个返回(接地)迹线相对于时钟迹线对称分布,则返回电流将在两个路径中分流。因此,图 12-8(b)中下面的环路电流只有图 12-8(a)中环路电流的一半,且辐射减为一半或减少 6dB。

当然,另一半是图 12-8(b)上面的环路辐射,而且它将与下面环路辐射的一样多。然而,上面环路中的电流是逆时针流动的,而下面环路中的电流是顺时针流动的。因此,来自上面环路的辐射与来自下面环路的辐射不是相加,而是相抵消。虽抵消不完全,但也非常好。图 12-8(b)中的布线因此比图 12-8(a)中的辐射减少了 20dB。

图 12-8 中所示的迹线可看作印制在 PCB 的同一层或不同层上。后面的例子将介绍一个印制在位于两个接地层中间 PCB 层上的时钟。

12.2.3 抖动时钟

不减小环路面积的另一个减小辐射发射的方法是使发射在频谱上散布开,这样在任一频率上发射的幅度将减小。发射的散布可通过一个抖动或扩频时钟完成。基本上,我们要做的是调制时钟的频率。

时钟抖动有意使时钟频率以低频的速率少量变化,这使时钟能量在频域上扩散开,因此每个单一频率上发射的峰值幅度较低(因为每个小的频带包含较低的能量)。应用最优设计发射可减少约 15dB,通常结果在 10~14dB 的范围内。如果基频变化 100kHz,则二次谐波频率变化 200kHz,三次谐波频率变化 300kHz,以此类推。

减小的幅度是抖动波形和频率偏移的函数。优化调制波形不是标准的波形,而是图 12-9 所示的通常被称为"赫尔希之吻"的特殊波形。这种调制波形被 Lexmark(Hardin,1997)申请了专利。有关各种抖动波形特性的更多信息见 Hoekstra(1997)。

"赫尔希之吻"与一个三角波相比没有太多区别。三角波只比"赫尔希之吻"减少几分贝。因此,大部分

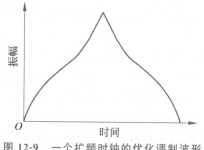

图 12-9 一个扩频时钟的优化调制波形

时钟抖动电路使用三角波。

一个典型扩频时钟的参数如下。

- 调制波形：三角波。
- 调制频率：35kHz。
- 频率偏移：0.6%。
- 调制方向：向下。
- 发射减小：12dB。

应注意到一些系统不能应用扩频时钟，但大部分可以。许多个人计算机和打印机也应用扩频时钟。如果要求实时准确，扩频时钟可能会有问题。然而，大部分锁相环有扩频时钟配合时运行良好。

常用的时钟抖动的基本方法有两种，一是中心扩展，二是向下扩展。在中心扩展方法中，时钟在它未调制的频率上、下抖动。在向下扩展方法中，时钟只从它的正常频率向下扩展。两种方法发射的减少量相同。因为时钟频率未增加，所以向下扩展的优点是不容易产生时序余量问题。

图 12-10 给出有和没有时钟抖动两种情况下，一个 60MHz 时钟 3 次谐波的辐射发射。在这种情况下，抖动时钟向下扩展，表明发射减少 13dB。

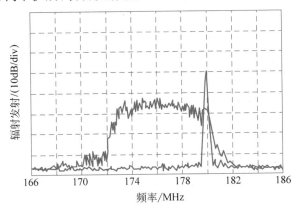

图 12-10　一个有和没有抖动的 60MHz 时钟 3 次谐波的频谱

减小环路面积或抵消环路只能控制差模发射，对于可能由同一时钟产生的共模发射没有影响。然而，因为改变了辐射源的特性（如时钟），抖动时钟频率减少了两种辐射。因此，通过减少与抖动时钟信号有关的所有辐射，抖动时钟的方法具有重要作用。

12.3　共模辐射

可以通过 PCB 的设计和布线控制差模辐射。然而，共模辐射更难于控制，而且通常决定一个产品总的发射特性。

共模辐射最一般的形式是由系统的电缆发出。辐射频率由共模电压（通常是接地电压）决定，如图 12-2 所示。对于共模辐射的情况，电缆起什么作用并不重要，重要的是它连接到系统并以某种方式影响系统的地。辐射频率与电缆中原来的信号无关。

共模发射可以模拟为由噪声电压（接地电压）驱动的一个偶极子或单极天线（电缆）。对于一个长度为 l 的短偶极子天线，距离源 r 处的远场中测得电场强度为（Balanis，1982，p. 111，Eq. 4-36a）

$$E = \frac{4\pi \times 10^{-7} (flI_{cm}) \sin\theta}{r} \tag{12-6}$$

其中,E 的单位是 V/m;f 的单位是 Hz;I 是电缆(天线)中的共模电流,单位为 A;l 和 r 的单位为 m;θ 是观测点与天线轴向间的角度。最大场强出现在垂直于天线轴线的方向上,即 $\theta=90°$ 时。

当偶极子天线沿 Z 轴放置时,一个小偶极子天线的自由空间方向图与图 12-3 中的小环形天线是相同的。对于一个在无限大参考面上的单极天线,其方向图和幅度与只存在于上半空间的偶极子天线一样。

式(12-6)对于一个电流均匀分布的理想偶极子天线是适用的。对于一个真实的偶极子天线,在线的开路端电流为零。对于一个小天线,沿天线长度方向的电流分布是线性的。因此,天线上的平均电流只是最大电流的一半。

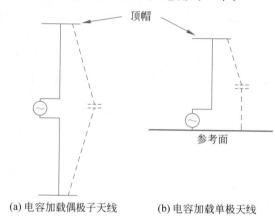

(a) 电容加载偶极子天线　　(b) 电容加载单极天线

图 12-11　顶帽天线

实际上,如果在偶极子或单极天线的开路端装一个金属帽,则可获得更均匀的电流分布,如图 12-11 所示。这增大了终端的电容,吸引更多的电流到终端,沿天线产生几乎均匀的电流分布。这种天线被称为电容加载或顶帽天线(Stutzman 和 Thiel,1981,p.81)。当天线(电缆)连接到设备的其他组件上时,这种结构被近似。顶帽天线非常近似于理想均匀电流天线模型,因此可用式(12-6)。

对在垂直于天线轴线方向($\theta=90°$)上距离 r 处观察到的情况,应用 MKS 单位,式(12-6)可写为

$$E = \frac{12.6 \times 10^{-7} (flI_{cm})}{r} \tag{12-7}$$

式(12-7)表明,辐射与频率、天线长度及天线上共模电流的幅度成正比,减少这种辐射的主要方法是限制共模电流,共模电流是电路的正常工作不需要的。

因此,共模(偶极子)辐射可以利用如下方法控制。

(1) 减小共模电流的幅度。

(2) 减小频率或电流的谐波成分。

(3) 减小天线(电缆)的长度。

对于不同于正弦波的电流波形,电流的傅里叶级数必须在代入式(12-7)前确定(见 12.1.3 节)。

式(12-7)中的频率项表示随频率以 20dB/dec 的斜率增加。因此,对于傅里叶系数,结合式(12-7)和式(12-5)的净余结果是:共模发射频谱的包络在频率为 $1/\pi t_r$ 之前是平的,而高于这个频率后以 20dB/dec 的斜率减小。

图 12-12 给出了共模辐射发射的包络随频率的变化。比较图 12-5 与图 12-12,可认为共

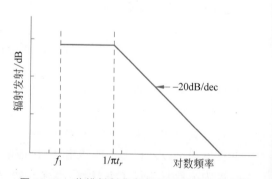

图 12-12　共模辐射发射的包络随频率的变化

模发射更像一个低频问题,而差模发射更像一个高频问题。上升时间在 $1\sim10$ns 范围内时,大部分共模辐射发射将出现在 $30\sim300$MHz 频带内。

解式(12-7), I 为

$$I_{cm} = \frac{0.8Er}{fl} \qquad (12\text{-}8)$$

其中, E 是电场强度,单位为 μV/m; I_{cm} 的单位是 μA; f 的单位是 MHz; r 和 l 单位为 m。

表 12-1 列出了 50MHz 时 1m 长的电缆中不超过规定的辐射发射监管限值所允许的共模电流的近似最大值。

表 12-1　50MHz 时 1m 长的电缆中允许的最大共模电流

规　范	限　值	距　离	最大共模电流
FCC A 类	90μV/m	10m	15μA
FCC B 类	100μV/m	3m	5μA
MIL-STD 461	16μV/m	1m	0.25μA

产生相同辐射发射所需的差模电流与共模电流的比值可通过令式(12-2)等于式(12-7)确定,求解这个电流比例。因此

$$\frac{I_{dm}}{I_{cm}} = \frac{48 \times 10^6 l}{fA} \qquad (12\text{-}9\text{a})$$

其中, I_{dm} 和 I_{cm} 分别为产生相同辐射发射所需的差模和共模电流。如果电缆长度 l 等于 1m,环路面积等于 10cm^2(0.001m^2),频率是 48MHz,则式(12-9a)可简化为

$$\frac{I_{dm}}{I_{cm}} = 1000 \qquad (12\text{-}9\text{b})$$

由式(12-9b)可知,为产生相同的辐射场,差模电流比共模电流大 3 个数量级。换言之,共模辐射机制比差模辐射机制有效得多,几微安的共模电流可与几毫安的差模电流产生等量的辐射。

式(12-6)和式(12-7)是用短电缆推导出的,对于长电缆($l>\lambda/4$)的辐射会估计过高。在高于电缆等于 $\lambda/4$ 的所有频率上可用 $\lambda/4$ 预测修正。原因见 2.17 节有关长电缆的讨论。对于长电缆($l>\lambda/4$),式(12-7)可写为

$$E = \frac{94.5 I_{cm}}{r} \qquad (12\text{-}10)$$

其中, I_{cm} 是共模电流, r 是测量距离,单位为 m。注意到,对于长电缆,共模辐射发射的包络不是电缆长度或频率的函数,而只是电缆中共模电流的函数。

12.4　控制共模辐射

正如差模辐射的情况,希望限制信号的上升时间和频率以减少共模发射。

实际上,电缆长度是相互连接的组件或设备之间的距离,而且不受 EMC 设计者的控制。另外,当电缆长度达到 1/4 波长时,因为不同相电流的出现,发射不再随电缆长度的增加而继续增加(见图 2-50 和式(12-10))。

因此,式(12-7)中设计者唯一可完全控制的参数是共模电流。共模电流可看作辐射发射的一个"控制按钮"。正常的系统工作不需要共模电流。

电缆上的净余共模电流可通过以下技术控制。

（1）最小化共模源电压，通常是接地电位。

（2）用一大的共模阻抗（扼流圈）与电缆串联。

（3）旁路电缆的电流。

（4）屏蔽电缆。

（5）将电缆与 PCB 接地层隔离，例如，用一个变压器或光耦合器。

所用的共模抑制技术必须能影响共模电流（通常是时钟谐波），而不是电缆上功能必需的差模信号。过去大部分 I/O 信号的频率比时钟频率低得多，上述功能很容易实现。然而目前许多类型的 I/O 信号的频率与时钟频率一样高，在某些情况下实际上比时钟频率还高，如通用串行总线（USB）或以太网，这样对不干扰所需信号的共模抑制技术的要求就相当高了。

12.4.1　共模电压

控制共模辐射的第一步是使驱动天线（电缆）的共模电压最小化。这通常包括接地电压的最小化，这意味着使接地阻抗最小化，如第 10 章所讨论的。对此，应用接地平面或接地网格是一个非常有效的方法。需要强调的是，应避免在接地层插槽（见 16.3.1 节），因为这样会显著增加接地阻抗。

正确选择电路的地和外壳位置及连接方式，对于确定驱动共模电流到电缆上可用的共模电压也很重要（见 3.2.5 节）。电路对底盘的接地连接点离板上电缆的终端越远，越可能在这些点之间产生大的噪声电压。正如 12.4.2 节将讨论的，外部电缆上共模电流的参考面或返回面是外壳，如图 12-13（a）所示。因此，PCB 的 I/O 区域内电路的地应与外壳具有相同的电位。为做到这一点，两个地在这个区域内必须连在一起。为确保有效性，这种连接的阻抗（电感）在关注的整个频率范围内必须很低，通常需要多重连接。

即使接地电压已最小化，往往仍不足以控制共模辐射发射。只需要几毫伏甚至更少的接地电压就可以驱动 $5\mu A$ 的共模电流到电缆。因此，往往还需要其他共模发射控制技术。

12.4.2　电缆滤波和屏蔽

如果通过控制接地电压，仍不能有效减小共模电流，则必须通过某种方式的滤波阻止共模噪声到达电缆，或屏蔽电缆以消除电缆的辐射。

第 2 章对电缆屏蔽和端接进行了讨论。电缆屏蔽层端接影响电缆屏蔽效果的示例如图 12-13 所示。

图 12-13（a）给出了一个屏蔽壳内的产品，离开外壳的是一个未屏蔽电缆。共模噪声电压 V_{cm}（通常是地噪声）在这个未屏蔽电缆上产生一个共模电流 I_{cm}。这个电流不返回该电缆，而是通过电缆和外壳间的寄生电容 C 返回源。这个流经寄生电容的非控制电流代表着辐射，附录 D 中对此有讨论。如果测量电缆上的共模电流是 I_{cm}，辐射发射将由式（12-7）确定。

图 12-13（b）与图 12-13（a）是相似的，用一种正确的终端屏蔽电缆，且屏蔽层与外壳 360°连接。共模噪声电压 V_{cm} 仍驱动电流 I_{cm} 进入电缆的中心导线，这与图 12-13（a）是相同的。然而，在这种情况下，屏蔽阻断了中心导线与外壳间的寄生电容。因此电流流经中心导线和屏蔽层之间的寄生电容，返回屏蔽层的内表面。因为屏蔽层与外壳有良好的 360°电连接，电流通过外壳返回源。这种情况下，电缆上的净余共模电流为零，所以没有电缆辐射。

从图 12-13（b）中可知，不只靠屏蔽层的存在而阻止辐射，而是通过返回电流工作，否则该电流将通过一个小环路直接到源产生辐射。如果屏蔽层无电流，就不能有效防止辐射。因为

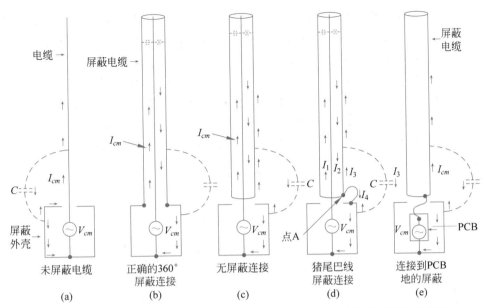

图 12-13 电缆屏蔽层端接对共模电缆电流的影响，以及对电缆辐射发射的影响

屏蔽层必须载有返回电流才有效，屏蔽层的终止方法对于屏蔽效能很关键。

除了屏蔽层全都不终止于外壳外，图 12-13(c)与图 12-13(b)是相似的。共模电压 V_{cm} 仍驱动电流 I_{cm} 到电缆的中心导线，屏蔽层的出现阻断了中心导线与外壳间的寄生电容。因此电流流经中心导线与屏蔽层之间的寄生电容，经屏蔽层的内表面流到电缆底部。在这一点，图 12-13(b)与图 12-13(c)的结构表现非常相似。

然而，因为图 12-13(c)中的屏蔽层没有端接，电流不能流回外壳到源。因此电流在周围转向，流过屏蔽层的外表面，并通过外表面与外壳间的寄生电容 C 经外壳返回源[*]。如果测量电缆上的共模电流 I_{cm}，辐射发射将由式(12-7)确定。因此，图 12-13(c)的结构与图 12-13(a)的结构具有相同的辐射发射，尽管存在屏蔽层。

图 12-13(d)中，屏蔽层通过一个小辫终止于外壳。共模电流流动的分析与图 12-13(c)相同，电流到达屏蔽层内表面底部的点(图 12-13(d)中的点 A)。在点 A 处有一个电流的分流，电流 I_2 的一部分作为 I_3 沿屏蔽层外表面向上，流经屏蔽层外表面和外壳间的寄生电容返回外壳，剩余的电流 I_4 流经小辫返回外壳。

中心导线上的电流 I_1 和屏蔽层内表面上的电流 I_2 大小相等、方向相反，将抵消，留下屏蔽层外表面上的电流 I_3 作为电缆上的净余共模电流。将 I_3 代入式(12-7)可确定辐射发射。小辫越长，阻抗越高，电流 I_3 和辐射也越大。小辫长度是可用于调整这种结构辐射发射的一个有效变阻器。因为对任何用小辫终止的电缆屏蔽层而言，电流的分流将出现在点 A，可以断定所有用小辫终止的屏蔽层必然产生辐射，只是辐射多少的问题。

从图 12-13(d)可知，涉及屏蔽层外部的电流通路是电容性的，而涉及小辫的电流通路是电感性的。因此，如电缆中的共模电流是方波而不是正弦波，高频谐波将选择屏蔽层外表面的路径产生辐射，而低频谐波将选择涉及小辫的路径，且不产生辐射。

代替终止于外壳，图 12-13(e)表示屏蔽层终止于 PCB 电路地的情况。屏蔽电缆上的屏蔽

---

[*] 由于趋肤效应，高频时导体上的所有电流都是表面电流，因此，实际上屏蔽层的外表面是一个独立的导体，与屏蔽层的内表面无关。

层是没有屏蔽的,因此,共模噪声电压 V_{cm} 激励屏蔽层,驱动共模电流 I_{cm} 到屏蔽层,则屏蔽层像图 12-13(a)中未屏蔽电缆一样辐射。图 12-13(e)所示的情况中,因为屏蔽层辐射,甚至不需要中心导线。如果测量电缆上的共模电流,是否存在中心导线都将是 I_{cm}。

虽然电缆屏蔽层应终止于外壳(图 12-13(b))而不是 PCB 的地(图 12-13(e)),但在 PCB 上(而非外壳上)安装 I/O 连接器更经济。然而,为了有效,连接器的背后仍然必须与外壳 360°连接。图 12-14 为将连接器安装在 PCB 上的一种方法,当 PCB 装在外壳里时,要用一个电磁干扰衬垫或金属指形弹簧片将连接器背面拧到外壳上,使其 360°连接。

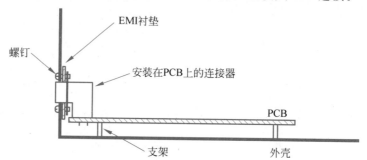

图 12-14　安装在 PCB 上的连接器背面必须与外壳 360°连接

I/O 电缆的滤波可通过增加一个与共模噪声串联的高阻抗(如一个共模扼流圈或铁氧体磁芯)实现,或通过一个低阻抗分流器(一个电容)转移共模噪声到"地"。但是地是什么?这些分流电容必须连接到"干净"的地,通常是指外壳,而不是"脏"的逻辑地。正如前面讨论的 I/O 连接器的情况,在 PCB 上安装这些 I/O 电缆滤波电容具有经济性。这将在 12.4.3 节讨论。共模滤波器的不同结构已在 4.2 节中讨论。

12.4.3　分离的 I/O 地

如果将 I/O 连接器和(或)电缆滤波电容安装在 PCB 上,则需要设置到 PCB 上外壳地的接口。除非在设计初期考虑,等需要的时候再考虑这样的地就不可用了。

将所有 I/O 连接器都放在板的一个区域内,而且在这个区域内设置分离的 I/O 接地平面,以低阻抗连接到外壳并只将一点连接到数字逻辑地,就可以实现这种接口。用这种方法,没有嘈杂的数字逻辑地电流流过"干净"的 I/O 地而污染它。

图 12-15 给出了这个想法一种可能的实现方法。为了避免污染 I/O 接地平面,与其连接的唯一组件应是 I/O 电缆滤波电容和 I/O 连接头的背面。这个地必须与外壳有低阻抗连接。I/O 接地平面应与外壳有多重连接以使其电感最小化,并提供一个低阻抗连接。如果未建立 I/O 地和外壳地之间的连接,或没有足够低的阻抗(在有关的频率处),I/O 接地平面将不再有效,而事实上,用这种设计方法,电缆的实际发射可能增加了。然而当方法正确时,这种方法效果良好,而且已被成功应用于许多商业产品中。

如果设计合理,跨 I/O 接地平面缝隙的迹线将不再是个问题。低频 I/O 信号(小于 5～10MHz)应如图 12-15 所示用两条迹线(一条信号迹线和一条伴行返回迹线)在驱动 IC 和连接器之间连接。因此,信号返回电流是在伴行迹线中,而不是在接地面中。伴行返回迹线只与 I/O 连接器插脚连接,而不与 I/O 接地面连接。

高频(高于 5～10MHz)I/O 信号可以邻近接地面布置为单一信号迹线,只要布置迹线跨一个桥,如图 12-15 所示。这种方法在迹线下为返回电流提供了一个连续的路径,与

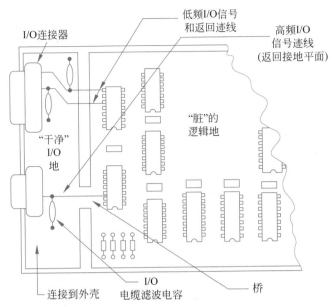

图 12-15　只包含 I/O 电缆滤波电容和连接器，有分离的"干净"I/O 接地平面的数字 PCB

图 17-1(b)中有关混合信号 PCB 布设的方法相似。桥应该足够宽以容纳所需的迹线数加上每一边接地面上迹线高度的 20 倍(对于高 0.005in 的迹线是 0.1in)。见表 17-1，这将使桥足够宽以适合 97% 的返回电流。

对于高频信号，用一个桥代替伴行返回迹线是为了减小返回路径的阻抗(电感)。如 10.6.2 节所讨论的，接地面的电感比迹线的电感小两个数量级(接地面大概是 0.15nH/in，而迹线是 15nH/in)。

I/O 的地应该被看作外壳的延伸。如图 12-13(a)所示，外壳是外部电缆上共模电流的参考面或返回面，进一步讨论见附录 D。外壳可被看作产品的高频参考面。我喜欢将这种方法看作在 PCB 上及其周围包裹一部分金属外壳。

另一个将这种方法形象化的比喻好像是 PCB 在逻辑地的终端终止，而连接器将板接在短导线上，电容则将每条信号线与外壳相连以从电缆分流高频噪声。除了代替悬挂一根导线在板上，为了方便，电容和连接器通常安装在 PCB 上，并与 I/O 的接地面相连，这实际只是外壳的延伸。

以上工作的关键是在 I/O 的地和外壳之间有一个低电感连接。这一事实怎么强调都不为过。

PCB 的电源平面不允许延伸到 I/O 的接地区域。电源平面通常包含高频逻辑噪声，如果延伸到 I/O 区域，它会耦合噪声到 I/O 信号和接地导体。我通常在这个区域印制两个 I/O 接地平面，一个在 PCB 接地平面上，另一个在板的 PCB 电源平面上。

我以前强调接地平面上不应有槽(或缝隙)，因为跨越槽的任何单端信号迹线都有一个不连续的电流返回路径。那么我为什么现在推荐在接地平面上设置一个槽呢？我不是这个意思！数字逻辑接地平面是一个完整的连续平面，而 I/O 平面实际上只是印制在 PCB 上的外壳的延伸。正如先前建议的，这种情况下在一个点上，通过如图 12-15 所示的"桥"，这两部分是连接在一起的。这个桥应具有必要的宽度，为所需数量的高频信号提供跨越的路径。

这个概念可应用于所有系统结构，甚至大的多板系统。重要的一点是，系统中的某个位置应有一个连接底盘的干净的 I/O 地。所有非屏蔽电缆应在离开系统前去耦到这个地。在大的系统中,I/O 地甚至可能是位于电缆入口的一个单独的 PCB,只包含连接器和 I/O 电缆滤波电容。一旦噪声从电缆中移走,必须小心控制它们的路径以免耦合噪声返回电缆。因此,干净的 I/O 地应位于电缆离开/进入系统的位置。

I/O 电缆滤波电容的有效性依赖于驱动电路的共模源阻抗。有时除了电缆滤波电容,用一个串联电阻、铁氧体或电感器可获得更好的效果。具有内置并联电容和(或)串联电感元件(通常是铁氧体)的滤波连接器性能相似,也可以使用。

12.4.4 共模辐射问题的处理

因为产生一个辐射发射问题所需的共模电流很小,除非在设计初期就采取一些避免措施,否则几乎所有的电缆都存在这样的问题。电缆上几微安的共模电流足以产生发射问题,它只需几毫伏或更少就可产生接地噪声。

因此,最好在一个新设计开始时对所有电缆列一个表,包括电源电缆,记述为减小或消除这些电缆上的共模电流所使用的技术。然后在原型阶段时,所有电缆上的共模电流可以很容易地在研发实验室中应用 18.3 节讨论的技术进行测量,并将结果与式(12-8)确定的近似限值进行比较。这允许设计者在最终辐射发射测试之前估计产品共模抑制设计的有效性。

总结

- 发射控制应在产品最初的设计和布线时考虑。
- 差模辐射发射与频率的平方、环路面积及环路中的差模电流成正比。
- 控制差模辐射的主要方法是减小环路面积。
- PCB 技术(印制更小环路的能力)跟不上差模辐射公式中频率平方项增加的辐射。
- 当环路不能做得足够小时,可能需要抖动时钟和抵消环路等非传统技术。
- 最关键的信号是:
  - 最高频信号。
  - 周期性信号。
- 共模辐射发射与频率、电缆长度及电缆中的共模电流成正比。
- 方波的谐波成分由其上升时间(而不是基频)决定。
- 控制共模辐射的主要方法是减小或消除电缆上的共模电流。
- 电缆上只需几微安或更小的共模电流就不能满足辐射发射的要求。
- 共模辐射可通过以下方法减小。
  - 减小接地噪声电压。
  - I/O 电缆的滤波。
  - 屏蔽 I/O 电缆。
- 通过减小频率和(或)增加信号的上升时间,可同时减小共模和差模辐射。
- I/O 连接器背面和电缆滤波电容必须与机壳地相连,而不是与电路地相连。
- 电缆屏蔽层应与机壳 360°连接。
- 大部分共模辐射发射问题出现在 300MHz 以下,而大部分差模辐射发射问题出现在 300MHz 以上。

习题

12.1　a. 差模辐射可用哪种天线模拟?

　　　b. 共模辐射可用哪种天线模拟?

12.2　如果发射源是图 11-3 所示的等腰三角形电流脉冲,差模和共模辐射发射包络的形状是什么样的?

12.3　一个 100MHz、50%占空比的方波电流具有 0.5A 的幅度、0.5ns 的上升/下降时间。其 5 次谐波的幅度是多少?

12.4　从产品角度(而不是减小环路面积、频率及电流的角度)说出 3 种减小差模辐射的技术。

12.5　哪个是更有效的辐射结构,小环形天线还是小偶极子天线?

12.6　长 4in、距返回导体的距离为 0.062in 的一个 PCB 迹线载有一个 10MHz、3.18ns 上升时间的时钟信号。假设环中电流是 50mA。

　　　a. 当距板 3m 处测量时,以 dBμV/m 为单位确定基频辐射场强。

　　　b. 画出 10～350MHz 辐射发射的包络。

　　　c. 对于 FCC 的 B 类限值,最差的裕量是多少? 发生频率是多少?

12.7　a. 环不再减小,习题 12.6 的辐射发射高于哪个频率时开始下降?

　　　b. 下降的斜率是多少?

12.8　如果一个小圆环和一个小矩形环面积相同,同频且载有相同的电流,哪个将产生较大的辐射发射?

12.9　时钟频率的增加对哪种辐射模式产生更大的影响,差模辐射还是共模辐射?

12.10　一个长 0.5m 的电缆上 75MHz 共模电流的测量值是 $50.8\mu A$,距离电缆 3m 处的电场强度是多少?

12.11　不超过 FCC A 类产品的辐射发射限值,在 94MHz 时与具有 25mV 接地噪声的系统相连电缆的最大长度是多少? 假设电缆在 94MHz 时具有 200Ω 的共模阻抗。

12.12　在 75MHz,测量距离为 3m 时,FCC 的 B 类辐射发射限值为 $100\mu V/m$。不超过这个限值,一个长 0.5m 的电缆中允许的共模电流的最大值是多少?

参考文献

[1]　Balanis C A. *Antenna Theory,Analysis and Design*. New York,Harper&Row,1982.

[2]　Catt I. *Crosstalk(Noise) in Digital Systems*. *IEEE Transactions on Electronic Computers*,1967.

[3]　Hardin K B,Inventor;Lexmark International Inc. ,Assignee. *Spread Spectrum Clock Generator*. U. S. patent 5,631,920,1997.

[4]　Hoekstra C D. *Frequency Modulation of System Clocks for EMI Reduction. Hewlett-Packard Journal*,1997.

[5]　Johnson H W,Graham M. *High-Speed Digital Design*,Englewood Cliffs,NJ,Prentice Hall,NJ,1993.

[6]　Jordan E C. *Reference Data For Engineers*. Indianapolis,IN,Howard W. Sams,1985.

[7]　Kraus J D,Marhefka R J. *Antennas*,3rd ed. New York,McGraw Hill,2002.

[8]　Paul C R. *Printed Circuit Board EMC. 6th Symposium on EMC*,Zurich,SwitzerLand,1985.

[9]　Stutzman W L,Thiel G A. *Antenna Theory and Design*,New York,Wiley,1981.

深入阅读

［1］ Gardiner S,et al. *An Introduction to Spread Spectrum Clock Generation for EMI Reduction*. *Printed Circuit Design*,1999.

［2］ Hardin K B,Fessler J T,Bush D R. *Spread Spectrum Clock Generators for Reduction of Radiated Emission*. *1994 IEEE International Symposium on Electromagnetic Compatibility*,Chicago,IL,1994.

［3］ Mardiguian M. *Controlling Radiated Emission by Design*,2nd ed. Boston,MA,Kluwer Academic Publishers,2001.

［4］ Nakauchi E,Brasher L. *Techniques for Controlling Radiated Emission Due to Common-Mode Noise in Electronic Data Processing Systems*. *IEEE International Symposium on Electromagnetic Compatibility*,1982.

［5］ Ott H W. *Controlling EMI by Proper Printed Wiring Board Layout*. *6th Symposium on EMC*,Zurich, Switzerland,1985.

第13章

传 导 发 射

传导发射规范是控制公共交流配电系统的辐射[*]，这是由传导回电源线的噪声电流产生的。通常这些电流太小不能对连接在同一电源线上的其他产品产生直接干扰；然而，它们足以使电源线辐射，而且可能成为干扰源，如对 AM 无线广播。传导发射的限值在 30MHz 以下，大部分产品自身不足以成为有效的辐射源，但交流配电系统可成为一个有效的天线。因此，传导发射的必要条件实际上是伪装辐射发射的必要条件。FCC 的传导发射限值列于表 1-5、表 1-6 中，并作出图 18-12。

另外，在交流配电系统中，一些产品是非线性负载。它们有非正弦输入电流波形，且有丰富的谐波，会对配电系统的性能产生不利影响。由于这个原因，欧盟已规定电子产品的谐波发射限值[**]。这些限值列于表 18-3 中。

因为产品的电源直接连接交流电源线，电源和电源线滤波器的设计对于传导和谐波发射具有很大的影响。开关电源和变速的电机驱动更是如此。

13.1 电源线阻抗

传导发射规范限制了产品传导回交流(有时是直流)电源线的共模噪声电压。这个电压可通过火线对地和中线对地测量。对于直流电源线的情况，可测正导体对地和负导体对地的电压。正是电源线阻抗将产品的传导噪声电流转换为了噪声电压。

图 13-1 是在 100kHz～30MHz 频率范围内，交流电源线最大和最小阻抗的图(Nicholson 和 Malack，1973)。这些数据是在美国不同地区 36 个未经滤波的商用交流电源线上测量的结果。可以看出，电源线阻抗值在 2～450Ω 的范围内变化。

因为电源线阻抗变化范围很大，所以很难获得可重复的传导发射测量结果。为产生可重复的结果，由产品端反看回交流电源线的阻抗应是稳定的或确定的。这可通过使用一个线路阻抗稳定网络实现。

---

[*] 汽车、军用及其他规范也有适用于直流电源线的传导发射限值。

[**] 另外，*IEEE* Std 519，电力系统中谐波控制的推荐方法和要求中给出了单个用户(设施)而非单个设备注入配电系统的谐波限值。在美国被广泛用于限制由单个用户反馈入配电系统的谐波。

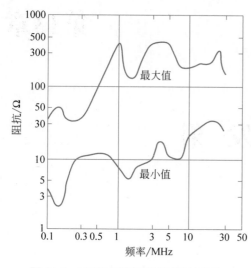

图 13-1　115V 交流电源线测量的阻抗。
IEEE 1973，经授权转载

线路阻抗稳定网络

传导发射测试过程中，在 150kHz～30MHz 频率范围内，若要在产品的电源线终端呈现一个已知的阻抗，需要在产品和实际电源线之间设置一个线阻抗稳定网络（LISN）[*]。一个 LISN 插入电源线的火线，另一个插入电源线的中线。三相电源线上必须用 3 个 LISN。

大部分传导发射测试中所用的 $50\mu H$ LISN 的电路如图 13-2 所示。LISN 电源线侧的 $1\mu F$ 电容 C_2 短路了实际电源线不稳定的阻抗，使其不影响测量结果。$50\mu H$ 的电感 L_1 提供了一个与图 13-1 所示的电源线阻抗测量相似的随频率增加的阻抗。

电容 C_1 用于耦合传导发射测量设备到电源线。当 LISN 断开电源线时，1000Ω 电阻 R_1 使 LISN 电容放电，以防止 LISN 中充电的电容造成电击危险。测量设备（频谱分析仪或射频接收器）设置为 50Ω 与电阻 R_1 分流以限制 LISN 的阻抗随频率增加。重要的是，意识到测量设备 50Ω 的输入阻抗实际是 LISN 阻抗的一部分。

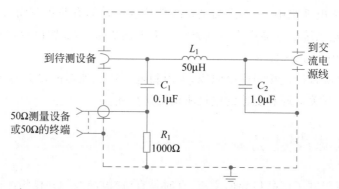

图 13-2　用于传导发射测试的一个 $50\mu H$ LISN 的电路

从 LISN 的被测设备（EUT）端口看进去的阻抗如图 13-3 所示。可以看出，0.15～30MHz 频率范围内大部分频率的阻抗值接近 48Ω[**]。只是低于 500kHz，阻抗明显下降，低于这个值。

LISN 随频率增加的阻抗是由 LISN 的 $50\mu H$ 电感产生的。从图 13-1 可以看出，LISN 的阻抗与实际测量电源线阻抗的平均值接近。结果，当进行传导发射测量时，这是所用标准阻抗的一个很好的选择。因为在 500kHz～30MHz 的绝大部分频率范围内 LISN 的阻抗接近 50Ω，所以 LISN 经常模拟为一个 50Ω 的电阻。

---

[*]　LISN 也称人工电源网络（AMN）。

[**]　在测试端口 50Ω 终端和 1000Ω 电阻 R_1 的并联组合。

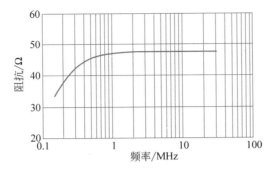

图 13-3 从一个 50μH LISN 的 EUT 端口看进去的阻抗

13.2 开关电源

目前高度复杂的开关电源(SMPS)的工作效率为 85% 或更高,而且其大小和重量只是可比的线性电源的一小部分。然而,具有这些优点的同时也伴随着许多缺点。开关电源是产生传导和辐射发射的一个主要的源。在开关频率的谐波处,它们传导很大的噪声电流(共模和差模)返回电源线。

另外,馈入电容性输入滤波器的电源线电压的全波整流,当滤波电容再次充电时,在电压周期的峰值处电源线上会产生电流尖峰。因为电流不在整个周期流动,电流波形有大量的谐波失真。合成电流波形丰富的奇次(如 3 次、5 次、7 次、9 次等)谐波使电力公司的变压器过热。在三相配电系统中会产生过多的中线电流。图 13-4 给出一个开关电源输入端上典型的电压和电流波形。相同的额定功率,电源产生的脉动交流电流与正弦波相比,不仅包含许多高频谐波,还有许多大的峰值。根据电源线阻抗和线上的峰值电流,电压波形也可能失真,而且在峰值处有一个平顶(不像图 13-4 所示)。

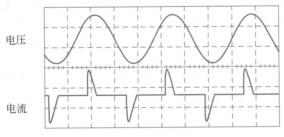

图 13-4 开关电源输入波形

存在许多不同的 SMPS 拓扑结构[*],但在本章中,我们将逆向变换器作为与 SMPS 相关的 EMC 问题的例子。图 13-5 是逆向变换 SMPS 的简化电路。

在逆向变换器中,全波桥整流交流电压。全波整流的电压通过电容 C_F 滤波产生接近交流波形峰值的直流电压。一个脉冲宽度调制(PWM)控制器用一个可变占空比的方波加到开关晶体管的输入端。这个电压的可变占空比(由输出负载确定)调节输出电压[**]。开关晶体管在变压器上产生一个方波电压,到次级绕组,然后整流、滤波以产生直流输出电压。变压器可

---

[*] 一些更通用的拓扑结构包括降压变换器、升压变换器、降压-升压变换器、逆向变换器、正向变换器、半桥变换器、全桥变换器和谐振变换器(Hnatek,1989,第二章)。

[**] 输出电压被采样并反馈回(一般通过光隔离器)PWM 控制器。这个反馈电路未在图 13-5 中显示。通过改变驱动开关晶体管方波的占空比进行调节,以响应电源输出电压的变化。

具有多个次级绕组,因此可产生一些不同的直流电压。

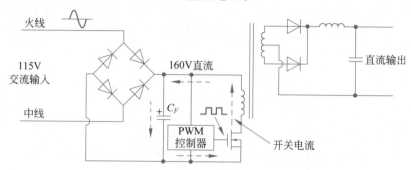

图 13-5 一个逆向变换开关电源的简化电路

因为变压器工作在电源的开关频率(通常为 50kHz～1MHz),可制作得比一个 50Hz 或 60Hz 的变压器更小更轻。电源开关设备是双极晶体管或金属氧化物半导体场效应管(MOSFET)。因为晶体管开关方波(上升时间通常为 25～100ns),在线性区域花费较少的时间,使功率损耗最小化,因此具有高的设计效率。

然而,这种 SMPS 结构具有多个噪声源。一些是电路正常工作的结果(差模噪声),另一些是电路寄生电容引起的(共模噪声)。在开关频率的谐波处,电源既产生共模噪声电流,也产生差模噪声电流。

为了解决 SMPS 遇到的传导发射幅度问题,我们将电源内部的工作电平与规定的传导发射限值进行了比较。对于一个 115V 的输入,因为变压器初级(交流电源线侧)没有将开关与线隔离,SMPS 产生一个与交流电源线直接相连的 160V 的方波。FCC 的 B 类传导发射限值(500kHz～5MHz)是 $631\mu V$(1 微伏以上 56dB)。160V 与 $631\mu V$ 的比约为 253556 或 108dB。因此,允许的发射电平约为电源内工作电平的百万分之四。因此,为了符合规定的限值,电源内的工作信号必须被抑制 110dB 以上。虽然电源的固有设计具有一定的噪声抑制功能,但几乎在所有情况下,为了符合规定,都需要一个额外的电源线滤波器。

13.2.1 共模发射

共模发射的主要贡献者是初级侧对地的寄生电容。对这个电容有贡献的 3 部分如图 13-6 所示,是开关晶体管到散热器的电容、变压器绕组间电容及初级配线电容。

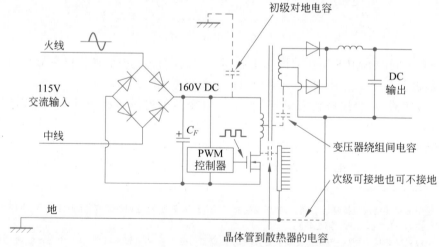

图 13-6 寄生电容接地的开关电源

最大的单一贡献通常来自开关晶体管到散热器的电容。这个电容可通过以下方法减小：①在晶体管和散热器之间用一个包含法拉第屏蔽的绝缘热垫圈；②用一个厚的陶瓷垫圈（如氧化铍）；③散热器不接地。法拉第屏蔽绝缘热垫圈由一个铜屏蔽层在两个薄的绝缘材料层之间组成。为了有效，铜屏蔽层必须与开关晶体管的源极相连。对于双极开关晶体管，铜屏蔽层应与发射极相连。有几个供应商生产含法拉第屏蔽的热垫圈。

如果散热器是电浮点接地的，为了安全必须防止任何人接触散热器。出事故时，开关晶体管和散热器之间的绝缘热垫圈会失效，散热片将具有交流线的电位，有电击穿的危险。

对这个寄生电容的第二个贡献来自变压器绕组间电容。因为设计者想要体积小的变压器，就要使初级和次级绕组靠近在一起，这将使绕组间电容最大化。使线圈分开较远的变压器或包含一个法拉第屏蔽的变压器可减小这个电容。有法拉第屏蔽的变压器的缺点是会增加成本，还可能增加体积。

仔细的元件布局包括仔细的布线和（或）PCB 的设计，可使第三个贡献即初级配线电容最小化。

增加 LISN*，重画图 13-6 所示的电路，表示出共模传导发射路径得到如图 13-7 所示的电路。注意共模电流，LISN 阻抗看似 25Ω，即两个 50Ω 电阻的并联。通过将开关晶体管表示为一个峰值幅度等于滤波器电容 C_F 两端的直流电压的方波电压发生器，可使图 13-7 的电路大为简化。开关电源简化的共模等效电路如图 13-8 所示。

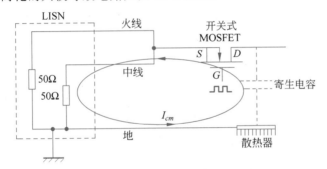

图 13-7　开关电源的共模等效电路

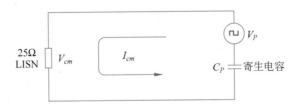

图 13-8　开关电源简化的共模等效电路

从图 13-8 中可确定电源有一个高的源阻抗等于 C_P 的容抗的大小。因此，共模电流和 LISN 电压主要由这个寄生电容的大小确定。C_P 典型值的范围是从 50pF 到高达 500pF。

从图 13-8 的电路中可以计算出 LISN 电阻两端共模电压 V_{cm} 的幅度为

$$V_{cm} = 50\pi f C_P V(f) \tag{13-1}$$

其中，$V(f)$ 是电压源 V_P 在频率 f 处的幅度（见习题 13.1）。

因为电压源是方波，傅里叶频谱（式（12-5））可用于确定电压 $V(f)$ 的谐波分量。由图 12-4 可

---

* 本章中，将 LISN 的阻抗表示为 50Ω 的电阻。

知,对于方波,傅里叶频谱的包络以 20dB/dec 的斜率下降至频率 $1/\pi t_r$,其中 t_r 是开关晶体管的上升/下降时间,超过这个频率,将以 40dB/dec 的斜率下降(图 12-4)。

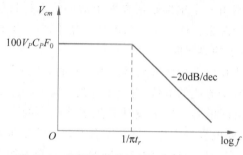

图 13-9 共模传导发射的包络随频率变化

式(13-1)中的频率项表示以 +20dB/dec 的斜率增大。因此,综合式(13-1)和傅里叶频谱 $V(f)$ 的结果,共模传导发射电压 V_{cm} 在频率为 $1/\pi t_r$ 之前是平坦的,超过这个频率将以 20dB/dec 的斜率下降,如图 13-9 所示。图 13-9 的曲线限于传导发射,然而,实际发射只存在于基频 F_0 的谐波处。

因为发射在频率 $1/\pi t_r$ 之前是平坦的,之后以 20dB/dec 的斜率下降,所以只需计算某一点(如基频)的发射以画出完整的包络。从 12.1.3 节有关傅里叶级数的信息中可知,基频的幅度是 $0.64V_P$。在式(13-1)中,将 f 代入基频 F_0、$V(f)$ 代入 $0.64V_P$,得到下面基频处共模传导发射幅度的表达式:

$$V_{cm}=100V_PF_0C_P \tag{13-2}$$

对于 100ns 的上升时间,图 13-9 中曲线的转折点在 3.18MHz 处。意识到 V_p 混合了电源线电压,从式(13-2)中可推断出:一旦开关电源的基频选择好,为了减小共模传导发射,设计者可控的唯一参数是寄生电容 C_P。

从图 13-9 中观察到,减慢开关晶体管的上升时间,对增加它的功率损耗具有不良影响,但并不减小共模传导发射的最大幅度。减慢上升时间唯一的影响是使转折点移向更低的频率。这将减小高频发射,但不能减小低频的最大发射。

例 13-1 当 $V_P=160V$,$C_P=200pF$,$t_r=50ns$,$F_0=50kHz$ 时,共模传导发射的包络在 150kHz~6.37MHz 时幅度为 160mV,然后以 20dB/dec 的斜率下降。B 类产品允许的发射约为 48dB。因此,为使产品符合规定,需要一个产生 50dB 或更大共模衰减的电源线滤波器。

13.2.2 差模发射

电源正常工作时,由开关晶体管在开关频率沿一个环路驱动一个电流,这个环路由开关晶体管、变压器和滤波电容 C_F 组成,如图 13-5 所示。只要开关电流在电源内流经这个环路,就不产生差模发射。

然而,电容 C_F 的主要作用是滤波全波整流交流线电压。因此滤波电容是一个大容量、高电压的电容(通常为 250~1000μF,额定电压为 250V 或更高),而且远不是一个理想电容。通常有一个显著的等效串联电感(ESL)L_F 和等效串联电阻(ESR)R_F。作为这些寄生阻抗的结果,并非所有的开关电流都流经电容 C_F。如图 13-10 所示,电容处将出现分流,一些开关电流流经电容,剩余的流经全波桥式整流器到电源线。流到电源线的开关电流是流经 LISN 的差模噪声电流。注意到对于差模电流,LISN 看似 100Ω(两个 50Ω 电阻的串联)。图 13-10 的电路可以用一个电流发生器 I_P 代替开关晶体管和除去桥式整流器得以简化。简化后的只显示差模传导发射电流路径的差模等效电路如图 13-11 所示。

从图 13-11 的电路中,我们看到电源有一个由输入纹波滤波电容 C_F 的大容量导致的低的差模源阻抗。因此,差模电流及 LISN 电压都主要由寄生参数(L_F 和 R_F)和滤波电容 C_F 的安装确定。不合理的安装将增加与电容串联的额外电感。

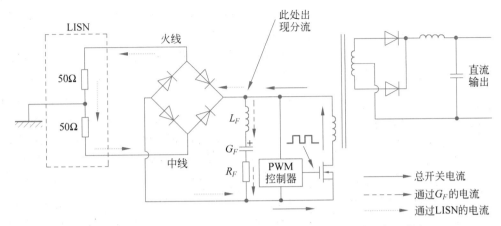

图 13-10 开关电源,显示了差模电流通路。在电容 C_F 处出现分流

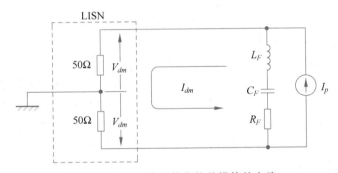

图 13-11 开关电源简化的差模等效电路

从图 13-11 的电路中,我们可计算出 LISN 电阻两端的差模电压 V_{dm}。在电源线频率的两倍处(100Hz 或 120Hz),选择电容 C_F 为一个低阻抗,因此可假定传导发射频率处(是 3 次或更高的数量级)的容抗接近零。例如,50kHz 时一个理想的 $250\mu F$ 电容的容抗是 0.01Ω。因此,在开关频率处,寄生 L_F 和 R_F 将是主要的阻抗。

13.2.2.1 滤波电容的 ESL 的影响

先忽略 R_F,且假设在关注的频率处 C_F 的容抗等于零,可计算出差模噪声电流 I_{dm} 为

$$I_{dm} = \frac{j2\pi f L_F I(f)}{100 + j2\pi f L_F} \qquad (13\text{-}3)$$

其中,电流 $I(f)$ 是电流源 I_P 在频率 f 处的幅度。

当 $2\pi f L_F \ll 100$ 时(一个合理的假设*),式(13-3)可简化为

$$I_{dm} = \frac{j2\pi f L_F I(f)}{100} \qquad (13\text{-}4)$$

差模 LISN 电压 V_{dm} 等于 50Ω 乘以 I_{dm},因此,LISN 电压的幅度可写为

$$V_{dm} = \pi f L_F I(f) \qquad (13\text{-}5)$$

用一个方波近似初级开关电流,然后用式(12-5)得到傅里叶频谱,可以确定出 $I(f)$ 的谐波分量。从图 12-4,我们知道一个方波的傅里叶频谱的包络以 20dB/dec 的斜率下降至频率达到 $1/\pi t_r$,其中 t_r 是开关晶体管的上升/下降时间,超过这个频率后包络将以 40dB/dec 的斜率下降。

---

* 例如,当 $f=500\text{kHz}$、$L_f=50\text{nH}$ 时,$2\pi f L_f = 0.16\Omega$。

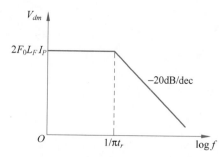

图 13-12　差模传导发射的包络随频率的变化,忽略输入纹波电容的等效串联电阻 R_F

因为频率项,式(13-5)有与频率相关的 20dB/dec 的斜率。因此,综合式(13-5)和电流 $I(f)$ 的傅里叶频谱结果可得,差模传导发射的包络至频率达到 $1/\pi t_r$ 之前是平坦的,如图 13-12 所示,超过这个频率将以 20dB/dec 的斜率下降。图 13-12 是忽略电容的 ESR 的影响时,差模辐射发射的包络随频率的变化。

因为发射至频率达到 $1/\pi t_r$ 之前是平坦的,之后以 20dB/dec 的斜率下降,只需计算某一点上(如基频)的发射以画出完整的包络。由关于傅里叶级数的 12.1.3 节可知,一个具有 50% 占空比的方波的基频幅度是 $0.64V_P$。将式(13-5)中的 f 代入基频 F_0、$I(f)$ 代入 $0.64I_P$,可得

$$V_{dm} = 2F_0 L_F I_P \tag{13-6}$$

这是基频处差模传导发射的幅度,其中 I_P 是噪声电流发生器的峰值。

意识到 I_P 是由电源的额定功率确定的,从式(13-6)可推断出:一旦电源的基频选择好,减小差模传导发射最大值,受设计者控制的唯一参数是输入纹波滤波电容的寄生电感 L_F。

例 13-2　假设 $I_P = 4A, L_F = 30nH, t_r = 50ns, F_0 = 50kHz$。忽略输入纹波滤波电容的 ESR,差模传导发射的包络在 150kHz～3.18MHz 时幅度为 12mV,之后以 20dB/dec 的斜率下降。B 类产品允许的发射值约为 26dB。因此,为使产品符合规定需要一个有 30dB 或更多差模衰减的电源线滤波器。

比较例 13-2 和例 13-1 的结果可知,共模噪声电压比差模噪声电压大 20dB 以上,因而是主要的发射。式(13-2)表明,共模传导发射与开关电压的幅度成正比,而式(13-6)表明,差模传导发射与开关电流的幅度成正比。因此,在高压低电流的情况下,共模发射占主导地位,但在低压高电流的情况下,差模发射占主导地位。

从式(13-2)和式(13-6)中可确定共模发射占主导地位的条件为

$$V_P > \frac{L_F I_P}{50 C_P} \tag{13-7}$$

将式(13-2)和式(13-6)代入式 $V_{cm} > V_{dm}$,并求解 V_P 得到式(13-7)。如果式(13-7)不成立,则差模发射将占主导地位。

13.2.2.2　滤波电容的 ESR 的影响

图 13-12 所示的差模发射的包络忽略了输入纹波滤波电容的 ESR。在电源线频率(50Hz 或 60Hz),容抗是这个电容的主要阻抗。高于 1MHz 时感抗成为该电容的主要阻抗。在这两个频率之间的任一频率,电阻将是主要阻抗。对于占主导的电阻而言,它的值必须比 L_F 的感抗大得多。实现上述情况的条件为

$$f < \frac{R_F}{2\pi L_F} \tag{13-8}$$

差模传导发射中 ESR 的影响如图 13-13 所示,在频率 $R_F/2\pi L_F$ 处差模传导发射的包络增加了另一个低频转折点。低于这个转折点,发射随频率的降低以 20dB/dec 的斜率上升。例如,一个有 30nH ESL 和 0.1Ω ESR 的滤波电容,低频转折点将出现在频率为 531kHz 时。

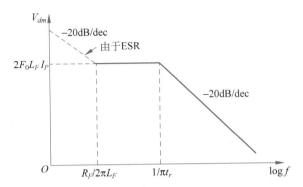

图 13-13 考虑输入滤波电容的 ESR 和 ESL 的影响后,差模传导发射的包络随频率的变化

商用 B 类(图 1-4)和军用传导发射限值低于 500kHz 时随频率下降都有 20dB/dec 的上升斜率。商用 A 类限值低于 500kHz 时允许的发射增加 6dB。这将使滤波电容的 ESR 导致的差模发射随频率下降上升的不利影响最小化。只要低频转折点为 500kHz 或更低,输入滤波电容的 ESR 就不再是问题。转折点等于或小于 500kHz 的条件为

$$R_F \leqslant \pi 10^6 L_F \qquad (13-9)$$

从上面的讨论可知,输入纹波滤波电容应有一个低串联电感和一个低串联电阻。

与上述描述相似的过程可用于确定其他电源变换器拓扑结构的差模发射的包络,其中开关电流不能用方波表示,确定出电流波形的傅里叶频谱,将其与式(13-5)结合以确定差模发射的包络。例如,在一些 SMPS 的拓扑结构中,开关电流用三角波表示更精确。Clayton Paul 在其《电磁兼容入门》第三章"信号谱——时域和频域之间的联系"中对任意波形傅里叶频谱的确定方法进行了深入的讨论(Paul,2006)。

一些电源变换器的设计中用两个滤波电容串联作为输入纹波滤波电容。这样做的目的是增加电容的额定电压或形成一个电压加倍结构,使电源既能在 115V 也能在 230V 的交流电源线工作。然而,这种方法具有使总电容值减半(好的参数),ESR 和 ESL 值加倍(坏的参数),且差模传导发射增加的缺点。

结合图 13-8 的共模等效电路和图 13-11 的差模等效电路,可获得 SMPS 的整体噪声等效电路,结果如图 13-14 所示。图 13-14 中所示的差模源阻抗是包含 ESL 和 ESR 的电源纹波滤波电容的阻抗。共模阻抗是电源初级(交流线侧)电容对底盘或地的阻抗。如果一根双导线用于电力供应,图 13-14 所示的电源和 LISN 之间的接地导线将不存在。

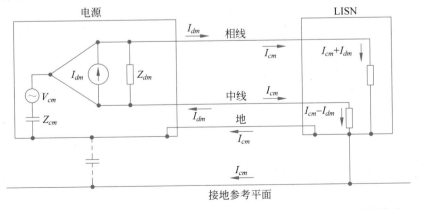

图 13-14 标出共模、差模噪声源和电流的开关电源及 LISN 的噪声等效电路

图 13-14 也表示共模和差模的电流路径,差模噪声电流只流经电源导线(相线和中线),而共模噪声电流还流经外部接地参考面。在这种情况下,当流经与相(火)线相连的 LISN 阻抗时,共模和差模电流相加;而当流经与中线相连的 LISN 阻抗时,共模和差模电流相减。正如 18.6.1 节对此内容的讨论,提出了一种通过测量确定主导噪声是由共模发射还是差模发射产生的方法。

电源的外壳可接地也可不接地。如果不接地,共模接地电流将通过电源对地的电容返回,如图 13-14 所示。一个开放式电源(没有金属外壳)是不接地电源的典型例子,其中对地电容将构成共模返回电流路径。

13.2.3 DC-DC 变换器

上述对 SMPS 的讨论也适用于 DC-DC 变换器。一个通用的 DC-DC 变换器的简化电路与图 13-5 所示的不含全波桥式整流器的电路相同,大部分理论和结论都是适用的。下面的例子是将前面介绍的 SMPS 理论应用于 DC-DC 变换器的情况。

例 13-3 假设一个 28V、20A 的直流输入变换器,初级寄生电容是 100pF,工作在 100kHz,开关晶体管的上升时间是 100ns。输入电容有 0.05Ω 的 ESR 和 20nH 的 ESL。由式(13-2),共模传导发射在 398kHz~3.18MHz 时为 28mV,超过这一频率以 20dB/dec 的斜率下降。由式(13-6),差模发射在 398kHz~3.2MHz 时为 80mV。低于 398kHz 时发射将以 20dB/dec 的斜率上升,高于 3.18MHz 时发射将以 20dB/dec 的斜率下降。

注意,在这种情况下因为电源是低压高电流电源,差模发射比共模发射大得多,这个结论也可通过式(13-7)估算得到。

13.2.4 整流二极管噪声

SMPS 中出现的其他噪声源也应该解决。其中之一是用于整流过程的二极管。当一个二极管正向偏置时,电荷储存于其结电容内。当二极管截止(反向偏置)时,电荷必须被移走(Hnatek,1989,p.160),这称为二极管反向恢复;当二极管截止时,电压波形上会产生一个尖锐的负尖峰,这将产生大量的振铃,成为高频差模噪声源。

一些二极管是快速恢复二极管,因而截止锐利,另一些二极管是软恢复二极管,因而截止缓慢。因为消耗功率少且更有效,所以快速恢复二极管通常是电源设计者的首选。然而,快速恢复二极管比软恢复二极管产生更高的频率噪声频谱。

这方面的主要问题是次级整流器,因为这些二极管工作在比初级整流器高得多的电流水平。这些噪声脉冲可被传导至电源的次级,和(或)通过开关变压器被耦合到电源的初级。在这两种情况下,二极管噪声自身显现出差模传导发射。

二极管开关产生这种高频噪声的一种解决方法是在每个整流二极管两端接一个尖峰降低缓冲网络,如图 13-15 所示(Hnatek,1989,p.190)[*]。这个缓冲网络由一个串联 R-C 电路组成。典型值为 470pF 和 10Ω。当二极管切换时,缓冲网络提供一个电流通路以释放二极管结电容中储存的电荷。因为高频电流将在缓冲网络与二极管的环路中流动,所以这个环路的面积应保持尽可能地小。

鉴于图 13-15 中的两个整流二极管中的一个或另一个总是导通,两个缓冲网络总是有效

---

[*] R-C 缓冲网络也可用于开关晶体管两端以减小振铃。

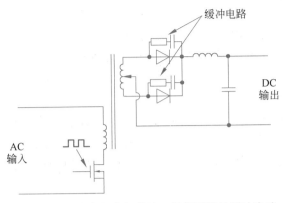

图 13-15 接在电源次级整流二极管两端的缓冲电路

地连接在变压器次级绕组的两端。在一些情况下,尤其是低功率变换器,设置在变压器次级绕组两端的一个缓冲网络可代替每个整流二极管两端的缓冲网络[*]。

另一种方法是每个整流二极管增加一个串联的小铁氧体磁珠,即增加与整流器串联的高频阻抗,减小高频振铃电流的幅度。通常最有效的方法是铁氧体磁珠与缓冲电路相结合。

用一个小铁氧体磁珠减小 SMPS 中振铃的思路也可推广到电源中其他的开关设备。小铁氧体磁珠与二极管、整流器或开关晶体管串联通常是抑制这些设备开关时产生振铃的一种有效方法。

13.3 电源线滤波器

前面的讨论和实例已表明,为使一个 SMPS 符合规定的传导发射要求,电源线滤波器总是必需的。滤波器必须提供共模和差模噪声电流的衰减。

电源线滤波器是一个低通 L-C 结构。源(电源)和负载(LISN)阻抗决定滤波器的精确结构。因为滤波器的衰减是阻抗失配的函数,电源线滤波器的作用是使源和负载阻抗之间的失配最大化(Nave,1991,p.43)。

对于共模噪声,电源是一个高阻抗源(小的寄生电容),而 LISN 是一个低阻抗负载(25Ω 的电阻)。对于最大衰减,高阻抗滤波元件(电感)应面对低阻抗负载(LISN),而低阻抗滤波元件(电容)应面对高阻抗源(电源)。图 13-16 给出电源线滤波器的一般结构。两个线对地电容(C_1 和 C_2)和共模扼流圈 L_1 形成了一个低通 L-C 滤波器的共模部分。

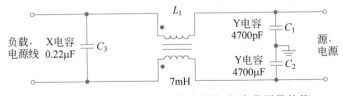

图 13-16 一般电源线滤波器的结构,包含典型元件值

因为各种安全机构提出的泄漏要求,所以线对地电容的最大值受到限制。过多的对地泄漏电流是一个电击危险因素,因此被控制。根据应用和安全机构的要求,全世界泄漏电流要求

---

[*] 虽然缓冲网络对于减小振铃和噪声可能非常有效,但它们也有负面影响,例如,增加功率耗散和(或)增加所用设备两端的电压和流经设备的电流。

从 0.5mA 变化到 5mA[*]。例如,保险业实验室(UL)对大部分消费产品有 0.5mA 的泄漏要求。在一个 115V 的系统中,这限制了滤波器的线对地电容的最大值为 0.01μF。

图 13-16 中的电容 C_1 和 C_2 称为 Y 电容,在线对地的应用中,必须是安全机构(如 UL)认可和登记过的型号。同样,线对线电容 C_3(称为 X 电容)在线对线应用中也必须是得到认可的型号。

为获得抑制开关频率低次谐波所需的大电感,L_1 应绕在一个高磁导率的磁芯上。为防止由大的交流电源线电流产生的磁芯饱和,电感的两个线圈应缠绕在同一个磁芯上,这形成一个共模扼流圈。因为每个线圈上的电源线电流方向相反,磁芯中这些电流产生的磁通量相抵消。

13.3.1 共模滤波

在实际应用中,线对地的电容通常是泄漏要求允许的最大值的一半[**]。从共模噪声电压的角度看到两个线对地电容并联,因此,等效共模电容等于两个电容值之和。从这个电容出发,选择共模扼流圈的值以提供所需的共模衰减。扼流圈的典型值为 2~10mH。如果需要大于 10mH 以获得所需的衰减,则应用多个扼流圈串联以限制扼流圈两端的寄生电容。

13.3.2 差模滤波

对于差模噪声,两个 Y 电容要串联连接。因此,等效差模电容值等于一个电容值的一半。这只提供很少的差模滤波,尤其在最需要的低频,因为泄漏要求,电容值不能增加。这些电容只对高于大约 10MHz 时的差模衰减有贡献,而这通常是不需要的。因此,差模滤波通常被忽略。

为了提供一个大容量的差模电容,增加一个线对线电容 C_3(X 电容)到电源线滤波器。因为这个电容不与地连接,它的值不受泄漏要求的限制。这个电容的典型值为 0.1~2μF。出于安全考虑,有时增加一个电阻(通常为 1MΩ)与这个电容并联。当电源断开时,这个电阻可使电容器放电。

当电源有一个质量差的纹波滤波电容,或两个电容串联时,在电源线两端和共模扼流圈的电源侧设置第二个 X 电容是有帮助的。

13.3.3 泄漏电感

共模扼流圈的泄漏电感在电源线滤波器中是重要的,因为它决定着差模电感出现的等级。理想的共模扼流圈不提供差模电感。每个线圈中差模噪声电流的方向相反,而且磁芯中所有的磁通量相抵消。

扼流圈或变压器的泄漏电感是两个线圈间不完全耦合的结果。一个线圈产生的全部磁通量不会全部耦合到另一个线圈中,因此,当线圈中流过差模电流时,会产生一些不能抵消的泄漏磁通。这种泄漏会使线圈产生一个小的差模电感。

在一个电源线滤波器中,泄漏电感既有好处,也有坏处。由于泄漏电感,扼流圈的每个线圈将产生一个与其串联的小差模电感。这个差模电感与 X 电容形成一个可提供差模滤波的

---

[*] 某些医疗设备的泄漏要求是低至 10μA。在这些应用中,电源线滤波器中不用对地电容。

[**] 这是因为电源线滤波器不能用完产品允许的全部泄漏要求,必须留些给电源和产品自身。因此,这些电容的值只提供泄漏要求的一半。

L-C 滤波器。然而,过大的泄漏电感会导致共模扼流圈在低值的交流电源电流下饱和,这是不利的特性。正如生活中的许多其他事情一样,一点是好的,太多就不好了。

通常设计和制造共模扼流圈使其有一个特定值的泄漏电感,这样它们可提供一个有用的差模滤波,而且当载有额定电源线电流时不饱和。通常电源线扼流圈具有的泄漏电感是其共模电感的 $0.5\%\sim5\%$。

一个共模扼流圈的泄漏电感可通过短接一个线圈测量另一个线圈的电感轻松测得。如果没有泄漏磁通,短接一个线圈通过变压器作用将感应到另一个线圈,测量的电感将为零。因此,用这种测试装置测量的电感一定是泄漏电感。

图 13-16 电路中的差模滤波器由 X 电容 C_3 和扼流圈的泄漏电感 L_1 组成。正如共模滤波的情况,差模滤波器也是一个低通 L-C 结构,其中源和负载的阻抗决定实际的结构。对于差模噪声,电源是一个低阻抗源(大滤波电容 C_F),而 LISN 是一个高阻抗负载(LISN 的电阻为 100Ω)。为达到最大衰减,低阻抗滤波元件(电容 C_3)应面对高阻抗负载(LISN),而高阻抗滤波元件(泄漏电感 L_1)应面对低阻抗源(电源)。图 13-16 中元件正是如此布局的。这种电源线滤波器的结构,以及共模和差模源阻抗及负载阻抗的对照如图 13-17 所示。

LISN 阻抗	模式	电源阻抗
低	共模	高
高	差模	低

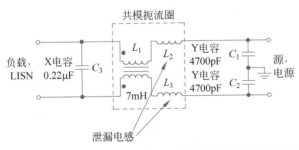

图 13-17 显示出共模扼流圈泄漏电感的电源线滤波器,附负载和源阻抗的对照

通常先设计共模滤波器,再由共模扼流圈的泄漏电感设计差模滤波器,并选择线对线电容 C_3 的值以提供需要的衰减。

如果需要额外的差模衰减,可增加两个额外的离散差模电感到滤波器中,如图 13-18 所示。差模电感绕在低磁导率磁芯上,以使大的工频电流流过时不会饱和。这些差模电感的值通常是几百微亨。

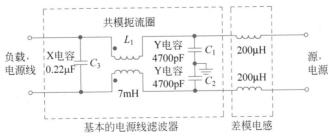

图 13-18 具有两个额外差模电感的电源线滤波器

图 13-17 所示的电源线滤波器可分成图 13-19 所示的共模部分和差模部分。图 13-19(a)表示差模滤波器的电路,而图 13-19(b)表示共模滤波器的电路。图 13-19(a)中的电感 L_L 表示共模扼流圈 L_1 中的泄漏电感。

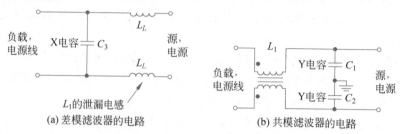

(a) 差模滤波器的电路　　　　　(b) 共模滤波器的电路

图 13-19　电源线滤波器的等效电路

图 13-20 是一个开关电源、电源线滤波器和 LISN 的完整噪声等效电路。共模扼流圈的泄漏电感由 L_L 表示。电容 C_Y 和扼流圈 L_{cm} 滤波共模噪声,而电容 C_X 与泄漏电感 L_L 结合形成差模滤波器。

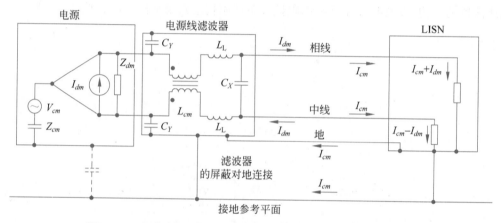

图 13-20　开关电源、电源线滤波器和 LISN 的完整噪声等效电路

从图 13-20 中可看到,电源线滤波器与屏蔽罩之间(如果滤波器没有金属外壳,则是滤波器的地)的连接是串联 Y 电容。因此,这种连接中的所有电感将使作为共模滤波元件的 Y 电容的有效性降低。

13.3.4　滤波器的安装

图 13-21 所示为装在金属外壳内的一个商用电源线滤波器。这个滤波器的性能是由其安装位置、安装方式及布线方式决定的,因为这是滤波器的电气设计。图 13-22 表示 3 种存在问题的电源线滤波器安装和接地方式,这将显著降低它的有效性。

第一,滤波器没有安装在靠近电源线进入机壳的位置,因此,暴露的电源线会从机壳内的电场和磁场中拾取噪声。滤波器不能去除滤波器后面交流电源线拾取的所有噪声。

第二,滤波器到机壳的接地线有大的电感,这将降低滤波器中 Y 电容的有效性。滤波器制造商用图 14-11(c)所示的技术安装内部 Y 电容,以产生连接滤波外壳的绝对最小的电感。

第三,在嘈杂的电源-滤波器接线和交流电源线之间出现电容耦合。不要使滤波器输入导线距离输出直流电源线太近,这样将使寄生电容耦合最大。

图 13-21 金属外壳内的商用
电源线滤波器

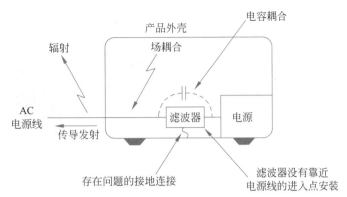

图 13-22 存在问题的电源线滤波器的安装和接地

图 13-23 表示全部解决了上述 3 种问题的电源线滤波器的一种合理的安装方法。将滤波器安装在交流线进入机壳处以防止场耦合进滤波后的电源线。金属外壳阻断了从滤波器输入电缆和滤波后电源线耦合的所有电容。

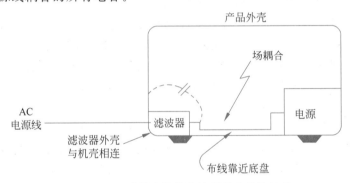

图 13-23 正确的电源线滤波器的安装和接地

安装滤波器,使滤波器的金属外壳与机壳直接相连,可消除与内部 Y 电容串联的所有额外的电感。滤波器外壳与机壳间的任何导线都会因其电感而降低滤波器的有效性。即使短线也是感性的,应当避免。

滤波器与电源之间的电缆应靠近外壳布设以使任何拾取最小化。滤波器的输入导线也应远离信号电缆(尤其是数字电缆),而且不应布设在数字逻辑 PCB 上或靠得太近。对图 13-23 所示布局的一个改进是直接邻近电源线滤波器安装电源。

上述讨论指出,如图 13-24 所示的一个有集成交流电源线连接器的电源线滤波器的优点。这种结构把滤波器安装在电源线进入外壳的位置,当滤波器的金属法兰用螺钉拧紧或用铆钉铆在机壳(没有涂漆的导电面)上时,Y 电容将良好接地。电源线滤波器正确的安装和配线的重要性怎么强调都不为过。

13.3.5 具有集成电源线滤波器的电源

一些开关电源将电源线滤波器装在同一 PCB 上的电源中作为电源变换器。这样做通常是为了减小体积和减少成本。一个板上滤波器的制造成本往往只需一个独立外壳内商用滤波器的一半(Nave,1991,p.29)。然而,这样的设计往往有些违背上面讨论的滤波器的正确安装和配线规则。这种安排最常见的 3 种问题如下。

(1) 长的迹线(太多的电感)连接 Y 电容与外壳。许多情况下,PCB 上的 Y 电容接地迹线

图 13-24　具有集成电源线连接器的商用电源线滤波器

是几英寸长,加上到外壳的金属支架(可能是 1in 或更长)。相当长的 Y 电容接地导线会使它们作为高频滤波元件失效。

(2) 磁耦合到无屏蔽的共模扼流圈。因为 PCB 安装滤波器很少被屏蔽,显著的磁场耦合会出现在开关变压器、包含大的 di/dt 信号的 PCB 电流环路及共模扼流圈之间。这使电源噪声直接耦合进扼流圈,旁路 Y 电容,将噪声以大幅减少的衰减传导至电源线。这个问题可通过板上共模扼流圈的合理布局及定位或在板上扼流圈或电源线滤波器部分设置一个屏蔽来解决,这个屏蔽必须由钢或其他磁性材料制成,不能是铝。关于减小磁场耦合的其他内容见 13.7 节。

(3) 滤波器的输入和输出迹线采用使两者间寄生电容最大的方式布设,将滤波器周围的噪声耦合进了电源线。

当滤波器与电源集成时,许多时候有必要为产品增加第二个商用电源线滤波器以使其通过传导发射测试。磁场耦合和高接地电感都对降低板上滤波器的有效性起着重要作用。只有在设计过程中把前面讨论的涉及滤波器正确安装及配线的所有问题都考虑了,滤波器与电源的集成才有效。

13.3.6　高频噪声

优化电源滤波器以控制开关电源的谐波,在控制高频($>10\text{MHz}$)噪声时并不是很有效。电源噪声的高频衰减主要受共模扼流圈的匝间电容及与 Y 电容串联的电感限制。反馈入滤波器的高频噪声(如来自数字逻辑的谐波),如果低于 30MHz,可作为传导发射出现在交流电源线上,如果高于 30MHz,可作为辐射发射。处理这个问题的最好方法是在源处,即数字逻辑PCB 上。PCB 上包括共模和差模滤波器,直流电压加到 PCB 上,如 11.4 节和 11.9 节所讲的用最小的接地噪声和最佳的去耦设计 PCB。

因为大部分高频噪声是共模的,位于电源直流输出(直流电缆上)处的一个小铁氧体磁珠可有效控制高于 30MHz 的噪声。作为最后的手段,有法拉第屏蔽的电源变压器可用于防止共模噪声从电源的输出端回馈入电源的输入端。

铁氧体磁珠位于滤波器和电源之间的交流电源线上,与电缆的滤波器端靠近,也可有效地使高频噪声远离滤波器。

在噪声敏感应用中可能出现的另一个问题是电源直流输出中的高频噪声干扰电源供电产品。例如,用于给一个敏感无线电接收机或低电平放大器供电的开关电源。

除了开关频率上的波纹(或如果直流输出电路中用一个全波整流器时是两倍的开关频率),开关电源输出导线上的噪声包含狭窄的高振幅电压尖峰(间距与开关频率有关),而且往往伴随大量振铃。电压尖峰幅度的峰-峰值通常可由 50mV 变化到 1V。振铃频率通常为 5～50MHz。这种高频噪声通常既有差模也有共模，电源的直流输出端需要额外的高频滤波。

高频滤波可通过在直流输出端增加铁氧体磁珠与两个导体串联，以及在两个直流输出导线之间增加一个只有很短导线的高频差模电容获得，如图 13-25 所示。应选择电容值使在关注的最低频率处其阻抗小于几欧姆。如果只需 30MHz 以上滤波，一个 1000pF 的电容通常能满足需要。低于 30MHz 时，将首选一个 0.01μF 的电容。通过增加电容旁路输出导线到地（底盘）以增加高频共模衰减，可实现高频滤波。

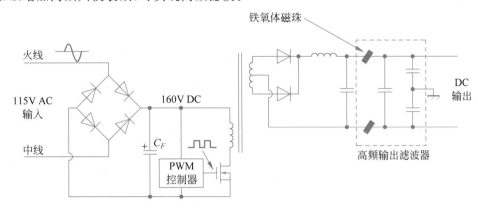

图 13-25　直流输出端有高频滤波的开关电源

所选择的铁氧体磁珠材料应能在关注的最低频率处提供约 50Ω 的阻抗，而且铁氧体必须载有不饱和的输出电流。铁氧体磁珠在每条输出导线上的应用提供了共模和差模滤波。如果需要额外的滤波，则可在每条导线上应用多个铁氧体磁珠以增加串联阻抗。

高频（高于 30MHz）时来自直流输出电缆的辐射会导致辐射发射问题，可在电缆的两条导线上都放一个铁氧体磁珠（共模扼流圈）来减小该问题。

用 SMPS 为敏感负载供电的另一种方法是用一个不同的开关拓扑结构，如准谐振、零电流及零电压开关拓扑结构。用这种拓扑结构，开关电流波形是开关在零电流和零电压点的半正弦波，由于频谱成分减少很多会产生更少的噪声。

13.4　初级到次级的共模耦合

开关电源产生共模电流的另一种机制如图 13-26 所示。这是输入和输出电路都在电源外部接地的结果。这种情况下，开关晶体管作为噪声电压发生器在电源变压器的初级绕组上产生一个大的 dV/dt；这个电压的幅度在峰值开关电压和零之间变化。dV/dt 驱动一共模电流 I_{cm} 流经变压器的匝间电容 C_T 到电源输出端的地，而且返回输入端的地，如图 13-26 所示。即使输出电路不接地，由于输出电路与地之间的寄生电容，这个环路也仍然存在。

在电源内部提供一个小的环路供电流流过，因此电感很小，会使这个外部共模电流消除或最小化。可在电源内部的初级公共端和次级接地端之间增加一个桥电容来实现这个结果，如图 13-27 所示（Grasso 和 Downing，2006）。因为这个电容连接在一个交流输入电源线和次级地之间，所以它必须经安全部门认可。通常用一个 Y 电容（共模滤波器中所用型号相同的电容），值为 1000～4700pF。为了有效，桥电容必须装在 PCB 上可使与之串联的迹线电感（用短宽的迹线）最小化的位置，迹线必须为共模电流保持一个小环路。

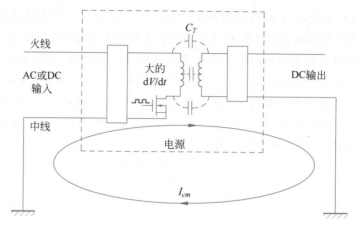

图 13-26　在电源初级和次级间耦合的 dV/dt 的例子

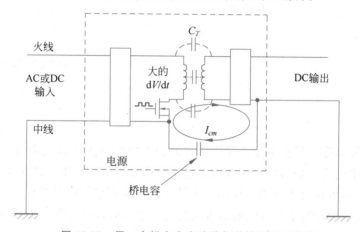

图 13-27　用一个桥电容旁路外部共模接地环路

　　消除或最小化这一问题的另一种方法是用一个有法拉第屏蔽的变压器以有效减小匝间电容，或在直流输出导线上增加一个共模扼流圈以减小共模电流。

13.5　频率抖动

　　减少来自 SMPS 的共模和差模发射的另一种方法是在一个狭窄的范围内改变开关频率，使能量在一个更大的频带内扩散，这将减小任一频率处的峰值幅度。这种技术与 12.2.3 节讨论的数字电路的时钟抖动相似。几种集成电路（IC）脉宽调制电源控制器内有这种特性。调制波形是频率偏差通常为几百赫兹、最大几千赫兹的三角波。

　　在具有低泄漏要求（例如，一些医疗设备是 $10\mu A$）的产品内，Y 电容不能用于电源滤波器（如果用，电容值要严格限制），频率抖动和（或）桥电容的应用是减小共模发射的非常有效的技术。

13.6　电源的不稳定性

　　在一些条件下，电源和电源线滤波器之间的相互作用会导致电源变得不稳定。开关电源具有负的输入阻抗*，如果不能正确端接电源线滤波器，实际上它就会变得不稳定。

―――――――――――

　　* 在电源反馈环带宽内的频率，这是真的。

当输入电压变化时,通过分析电源的工作情况很容易证明稳压电源有负输入阻抗。考虑电源馈入一个固定负载阻抗的情况。如果输出电压固定,则输出电流固定,因此输出功率也固定,则输入功率也必须固定。如果输入功率固定,输入电压减小,则输入电流必须增加以保持功率不变。输入电流随电压减小而增加的特性是一个负电阻的特性。

当电源直接连接低阻抗交流电线时,它通常是稳定的。然而,当电源线滤波器的阻抗嵌入电源和电源线之间时,就会产生导致电源不稳定的潜在因素。

电源有一个负输入阻抗时的情况与一个具有正输出阻抗的电源线滤波器相联系。如果源电压慢慢减小,则电源必须驱动更大的电流以使功率恒定。增加的电流将导致滤波器输出阻抗两端产生一个增加的电压降,这将降低电源的输入电压。反过来又导致电源产生更大的电流,进一步降低输入电压,以此类推。因此不稳定。

可以看出,为使电源稳定,滤波器正输出阻抗的幅值必须小于电源负输入阻抗的幅值(Mark Nave,1991,p.121)。有关电源稳定性更详细的讨论,可参阅 Mark Nave 的《开关电源电源线滤波器的设计》中的第 6 章。

13.7 磁场发射

开关电源产生可能导致许多问题的强磁场。除了一些军用和汽车产品,磁场发射没有规定的限值。然而,磁场会对电源的工作和周围其他电路的工作产生不利影响。

电源内部磁场的主要源是:①存在大的电流变化率 di/dt 的电流环路;②开关变压器。因为有效的低频磁场屏蔽很难获得(见第 6 章),最好在源处控制磁场——避免或最小化产生磁场。

那些存在大的 di/dt 的关键环路应该谨慎地布设以使其面积最小。图 13-28 表示开关电源中两个最重要的环路。它们是开关晶体管环路(初级环)和整流器环路(次级环)。两个环路中,整流器环路通常具有较大的 di/dt,因此通常对于磁场的产生是最重要的。来自一个环路的磁场辐射正比于环路的面积和环路中的 di/dt。电源设计者最容易控制的参数是环路面积。通过认真地设计 PCB 和布线即可获得。初级和次级环路中的电流应彼此分离,而且都应尽可能地小。

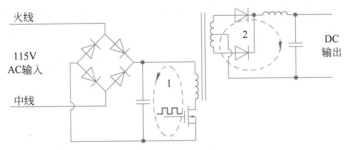

1—开关晶体管环路(初级环路);2—整流器环路(次级环路)。

图 13-28 开关电源中的关键环路面积

当电源线滤波器与电源在同一个板上时,磁场耦合通常出现在电源变压器和电源线滤波器之间。因为低成本及容易制作,许多商用电源使用 E 芯变压器。然而,这些变压器会产生大量的磁场泄漏。减小变压器磁场泄漏的一种方法是用环形芯代替 E 芯。环形芯变压器泄漏的磁通量更少,但更难制作,因而更贵。

减少来自 E 芯变压器泄漏磁通最容易的方法是用一个短路环(有时称为"腹带")。短路环是一个绕在变压器绕组四周的宽铜带(Mark Nave,1991,p.180)。短路环只与泄漏的磁通耦合,作为一个低阻抗高电流的次级线圈。感应进短路环内的电流产生一个磁场,与泄漏磁通的极性相反,因而抵消大部分的原泄漏磁通。

无论什么时候用 PCB 上的电源线滤波器,必须尽可能使滤波器距离电源变压器较远以使磁场耦合最小。分离是减小近场耦合的一种有效方法,因为在近场中,场强随与源距离的三次方衰减。

磁场也会耦合到 PCB 上的其他电路,并在这些信号中产生噪声。对这些信号最好的保护方法是减小其环路面积。布设一个信号迹线与其返回迹线靠在一起,使环路面积最小,这是一种简单的技术。在 PCB 上使用绞合导线或调整迹线位置是防止磁场耦合的另一种有效方法。应被小心保护的敏感迹线是控制电源输出电压调节的电压反馈信号。如果这个信号与电源变压器靠近,则信号迹线与其接地返回迹线应在 PCB 上周期性地调换位置以模仿可减小磁场敏感性的双绞线。

图 13-29 中给出一个有趣的例子,电源内的磁场耦合如何在直流输出导线上产生共模噪声电流。耦合到图中阴影面积的磁场可感应一个共模电压 V_{cm} 到直流输出导线束。这个电压将在直流输出电缆上产生共模噪声电流。

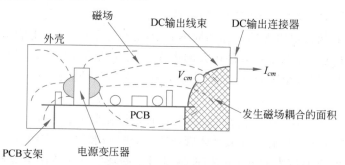

图 13-29 磁场感应共模电压到电源的直流输出导线

对于这个问题,一种新的解决方法是,从直流输出线束连接 PCB 位置附近的底板上连接一根导线(有时称为"底板线")到输出连接器附近的底板上,邻近输出线束布线如图 13-30 所示。这种方法大大减小了杂散磁场感应共模电压的环路面积,减小了电压,因而减小了共模输出噪声电流。

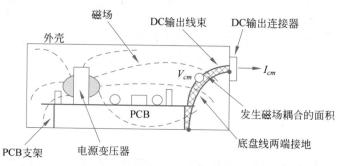

图 13-30 用一个底板线减小电源直流输出的共模电流

底板线技术是 2.5.2 节讨论过的在电缆的两端屏蔽层接地以防止磁场耦合技术的变形。底板线是一个在输出线束上模拟屏蔽的低成本尝试。事实上,通过实际屏蔽直流输出线束并在两端将屏蔽层接地到底板可改进这一技术。

从单独的直流输出导线连接到机壳的电容也可用于磁场耦合最小化。然而,为保证效果,它们必须位于输出连接器上,而比仅用一根导线成本高得多。电容滤波器插头连接器适合这一应用。

另外,如果需要屏蔽电源以减少磁场发射,应采用钢或其他磁性材料,不要用铝。

13.8 变速电动机驱动器

因高功率、固态、可变速的电动机驱动器很容易控制交流感应电动机的速度并具有较高的效率,在工业生产中的应用已很普遍,也普遍用于混合动力或电力车辆。在引入变速电动机驱动器之前,改变交流感应电动机转速的唯一方法是采用机械的齿轮、皮带或皮带轮。在一个变速电动机驱动器中,速度控制可通过改变驱动电动机的频率和电流的幅度实现。变速电动机驱动器有时也称变频驱动器。

变速电动机驱动器主要基于以下原理:一个交流感应电动机的同步速度是由交流电源的频率和电动机定子磁极对的数量决定的。这些参数间的关系如下:

$$\text{RPM} = \frac{120 \times f}{p} \tag{13-10}$$

其中,RPM 是电动机的转速,单位为 r/min,f 是电源频率,p 是电动机中磁极对的数量。因为滑动,感应电动机的转速比同步速度低约 4%*。从式(13-10)中可看出,从电气角度改变一个交流电动机转速的唯一方便方法是改变使用频率。

然而,电动机的转矩是使用电压与频率比值的函数。因此,为了保持相同的转矩,当频率改变时电压也必须成比例调整,目的是保持固定的电压频率比例。例如,如果一个设计工作在230V、60Hz 的电动机工作于 30Hz 的电源时,电压必减小到 115V。

大部分变速电动机驱动器是为 230V 或 460V 且可在 1/4hp～1000hp 变化的三相电动机设计的。采用变速电动机驱动器,一个电动机可启动于几赫兹频率和低电压下。当用全部市电电压和频率时,还可避免产生通常与电动机启动相关的高浪涌电流。用这种方法,电动机可在几乎零速时提供 100% 的额定转矩。于是这种驱动器可成比例地增加频率和电压,无须从电源线得到过多电流而使电动机以控制的速率加速。变速电动机驱动器通常可在 2～400Hz 时改变它们的输出频率。

一个基本的三相变速电机驱动器的简化框图如图 13-31 所示。整流器将三相输入频率转化为直流电压,储存于一个直流母线的电容上。逆变器再将直流电压转换为一系列高频恒定电压脉冲。输出电压脉冲宽度的调制方法是:通过电动机绕组的电感滤波会产生一个准正弦电流波形,其幅度随正弦电流的频率成比例变化。电压脉冲越宽,电动机电流越大,电压脉冲越窄,电动机电流越小。图 13-32 给出了一个典型脉冲宽度调制逆变器电压和电流的输出波形。在驱动器中一个集成微处理器控制逆变器的全部工作,并且适当地调节输出电压脉冲宽度。

脉冲开和关的速率是开关或载波的频率。切换频率越高,电流波形越光滑,分辨率越高。

---

* 滑动的产生是由于电动机(转子)转速和定子中旋转磁场转速的不同。由于转子试图跟上定子中的旋转磁场,滑动实际上是由电动机旋转产生的。一个 4 磁极、60Hz 的电动机的同步速度是 1800r/min(式(13-10)),但由于滑动,通常工作在 1750r/min 的转速。

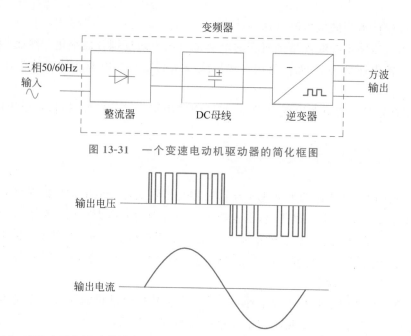

图 13-31　一个变速电动机驱动器的简化框图

图 13-32　变速电动机驱动的输出波形。上图为脉宽调制电压,下图为滤波后的电动机电流

这与数模转换器相似,比特越多,分辨率越高,产生的模拟波形越光滑。电流波形也有一些包含开关频率谐波的高频噪声凹陷(图 13-32 中没有显示)。

　　几种不同的开关设备都能实现这种功能,但目前绝缘栅双极晶体管最通用。图 13-33 表示一个脉宽调制变速电动机驱动的电路图,变速电动机驱动器工作于三相交流电源,驱动一个三相电动机。除了没有变压器降低输出电压,以及没有次级整流器将次级电压转换为直流以外,这些驱动器与开关电源有许多共同的特性。变速电动机驱动器是宽带传导和辐射发射源,而且是输入交流电源线上谐波失真的主要制造者。

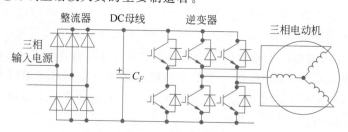

图 13-33　脉宽调制变速电动机驱动的电路图

　　这些电动机驱动器的另一个优点是在混合动力和电力车辆的情况下,三相交流电动机可以断开一相交流电源,甚至直流源供电。在所有情况下,输入为直流电压或首先被转换为直流电压,然后被转换为具有可变频率和幅度的准正弦电流的脉宽调制方波以驱动三相电动机。

　　如图 13-33 所示,驱动器的逆变器部分由三对 IGBT 晶体管组成,每对驱动三相电动机的一相。每对中的一个晶体管驱动高输出到正的直流电压,另一个驱动低输出到负的直流电压,这与数字逻辑门的"推挽"输出是相似的。为理解这一工作原理,我们只需考虑一对晶体管的工作。

　　图 13-34 是基本的变速电动机驱动器输出电路的简化图,图中只显示一对开关晶体管。电源提供一个直流电压给电容 C_F,或者直接来自直流电源,或者通过单相或三相交流电源整流。当上面的晶体管导通时(下面的截止),驱动器输出一个正向电压脉冲。当下面的晶体管

导通时(上面的截止),驱动器输出一个负向电压脉冲。这个方波输出电压的开和关通常出现在 2～15kHz 之间的某个频率处。类比于一个开关电源,电动机绕组相当于电源中的变压器,而 IGBT 相当于开关晶体管。

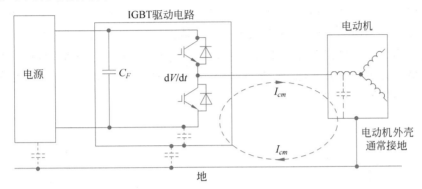

图 13-34　变速电机驱动器输出电路的简化图

与变速电动机驱动器相关的主要噪声问题来自电动机电缆的共模传导发射和辐射发射。对于 SMPS 的情况,共模传导发射产生的方式与 13.2.1 节讨论的相似。

初级(输入)传导发射通常可用包含两个共模扼流圈的两级电源线滤波器控制,如图 13-35 所示[*]。

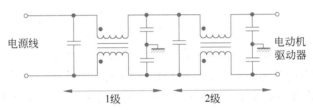

图 13-35　适用于单相交流输入的变速电动机驱动器的两级电源线滤波器

在变速电动机驱动器中,次级(输出)共模电流往往存在很多问题,通常更难控制。如图 13-34 所示,一个大的 dV/dt 出现在两个 IGBT 的结合处,是驱动共模电流 I_{cm} 到电动机电缆上的噪声源。因为电动机绕组与电动机外壳之间存在寄生电容(通常为 100～500pF),共模电流将由外部地返回 IGBT 驱动电路。

实际应用中,3 个组件(电源、IGBT 驱动电路、电动机)中的任一个可以不接地。即使它们不接地,寄生电容也将构成共模电流环路。这种情况与图 13-26 所示的开关电源相似,只是没有变压器。在这两种情况下,开关设备是驱动共模电流流经寄生电容到地的 dV/dt 的源。在使用电源的情况下,共模电流流经变压器的匝间电容。在使用电动机驱动器的情况下,电流流经电动机绕组对地的电容。

从概念上说,尝试减小噪声源总是好的,在这种情况下,噪声源是开关产生的 dV/dt。然而,从功能的角度考虑,通过减慢开关的上升时间减小 dV/dt 不能令人满意,因为开关晶体管较长时间保持在线性区域,因而消耗更多功率,从而减小了驱动器的效率。减慢上升时间只减少频率高于 $1/\pi t_r$ 时的共模传导发射。然而即使稍微减慢开关,也会对高频谐波产生显著影

---

[*]　两级用于提供增加的衰减。这种情况下首选两个共模扼流圈,基于以下两个原因不能只增加一个扼流圈的电感值:第一,由于电源线电流,增大值的单个扼流圈更可能饱和;第二,较大值的单个扼流圈匝间电容将增大,因此比 13.3.1 节讨论的共模滤波用两个扼流圈的高频滤波效果更差。

响。这个问题通过插入一个 R-C 滤波器或在一些情况下只在门驱动器中插入一个铁氧体磁珠到 IGBT 就可轻松解决。

另一种方法是为共模电流提供一个返回路径,而不是外部接地。在电动机电缆上加一个接地返回导线,连接电动机外壳和开关的公共端(负)将是一种解决方法,但往往很难实现。或者电动机外壳必须是浮地,或者开关公共地必须与地连接,两种方法都不太可能。

一种更实用的方法是在电动机外壳和变速驱动器外壳间连一个接地线,然后通过一个电容连接驱动器外壳到开关公共地,如图 13-36 所示。这种方法与图 13-27 所示的在开关电源中用一个桥电容的概念相似。

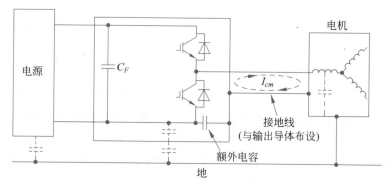

图 13-36　在电动机外壳和驱动器外壳间加设接地线,从驱动器外壳到开关的
负极加一个电容,为共模电流提供一个返回路径

接地线可作为电动机电缆上的一个屏蔽层。这不仅是一种实用的方法,而且更大的好处在于屏蔽层减小了来自电动机驱动电缆的辐射发射,因而有双重作用。另外,电缆上增加一个铁氧体磁芯(靠近驱动器)将在不影响低频差模电动机驱动电流的条件下,增加电缆的高频共模阻抗。就像减小电缆的辐射一样,铁氧体将减小共模电流。铁氧体磁芯可用于屏蔽或非屏蔽的电动机驱动电缆。

另一种方法是在每个电动机驱动晶体管对的输出端串联插入电感器(通常称为线电抗器或 dV/dt 扼流圈)。这种方法不增加开关的功耗,增加了电动机电流的上升时间,就像开关本身减慢了一样。增加上升时间减少了电缆中共模电流的频谱成分。缺点是这些电感器必须体积大以使通过电动机的电流不饱和。

图 13-37 是具有共模电流和谐波抑制(见 13.9 节)的变速电动机驱动器框图,电缆屏蔽层和屏蔽电缆上的铁氧体磁芯控制输出共模电流和电缆辐射,电源线滤波器控制变速电动机驱动器电源线侧的传导发射。

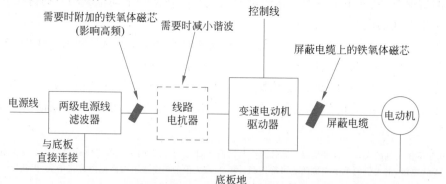

图 13-37　具有传导发射和谐波抑制的变速电动机驱动器框图

13.9 谐波抑制

欧盟要求限制与公共交流配电系统直接相连的产品所产生电流的谐波成分,这些限值列于表 18-3 中。

谐波的产生是与交流线相连的负载具有非线性特性的结果。产生这一问题的主要原因是全波整流器后的电容输入滤波器。这个组合在开关电源和变速电机驱动器中是常见的。在这个电路中,当输入电压超过输入滤波电容器上的电压时,才有来自交流电源线的电流。结果只在电压波形的峰值处有电流,如图 13-4 所示。合成的电流波形奇次谐波丰富。在这些情况下,70%~150% 的总谐波失真(THD)值都是常见的。

为了解决这个问题,需要一些功率因数校正电路。功率因数校正电路可分为两类,无源的或有源的。无源功率因数校正只使用无源器件,通常是一个电感。虽然无源功率因数校正简单,但是很难获得低电平的谐波失真,而且因为必须工作在交流频率下,元件体积可能很大。

然而,有源的功率因数校正使用有源和无源元件的组合。有源元件通常是开关晶体管和 IC 控制器。无源元件通常是二极管和电感。电路工作在高频下,因此电感可以比工作在交流频率下的电感小。有源功率因数校正可获得低电平的 THD,在一些情况下为 5% 或更少。

为减少谐波成分,电流脉冲必须在大部分的电压波形周期内展开。3 种可能的做法如下。

- 在整流器后用一个电感性输入滤波器代替一个电容性输入滤波器。
- 用有源的功率因数校正电路。
- 在整流器的交流侧增加功率因数校正电感。

13.9.1 感性输入滤波器

用电感性输入滤波器将展开电流波形,在许多情况下会充分减小谐波以使产品符合要求。图 13-38 表示一个有电感性输入滤波器的 SMPS 的典型输入波形,电感限制 di/dt,因此减慢电流波形的上升。另外,将图 13-38 与图 13-4 的电流波形比较,它展开了电流脉冲并减小了峰值幅度,从而减少了波形的总谐波成分。

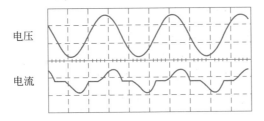

图 13-38 有电感性输入滤波器的开关电源的输入波形

13.9.2 有源功率因数校正

在开关电源的情况下,对于谐波问题,一种更好的解决方法是用一个有源功率因数校正(PFC)电路,电路体积可以很小且能减小电流失真到一低电平。几种 PFC 电路是可用的,其将在整个周期内展开电流脉冲。图 13-39 表示有源功率因数校正的一种通用方法。这个电路用一个升压转换器拓扑结构形成一个有源谐波滤波器。这个电路是一个不连续的电流模式 PFC 电路,通常用于几百瓦的电源。一些 IC 制造商将 PFC 控制器和 PWM 电源控制器的功能综合到一个单 IC。

PFC 控制器监控全波整流输入电压和电流。控制器以高频速率（几十千赫兹）连续地切换 PFC 开关的 ON 和 OFF,这会产生一个三角波输入电流,流经 PFC 电感;控制每个三角脉冲的峰值幅度与输入电压成正比,因此三角脉冲的包络是正弦的,而且此正弦曲线的峰值幅度随电源的功率要求变化。在 PFC 电路的输入处,即图 13-39 中的 A 点,在交流电源线输入电压的一个完整周期内的电压和电流如图 13-40 所示。

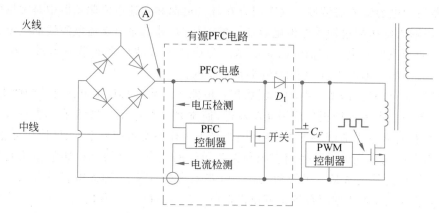

图 13-39　具有有源功率校正的开关电源

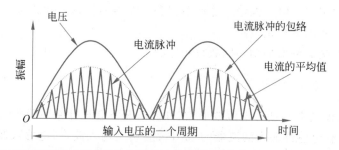

图 13-40　有源功率因数校正电路的输入电压和电流波形(图中所示为图 13-39 中 A 点的波形)

因为三角电流脉冲连续地流过 PFC 电感,平均电流是峰值为三角脉冲峰值一半的正弦波。电源线滤波器的差模电感则用于平均这些三角脉冲,这将在电源线滤波器的输入端产生一个正弦电流,其幅度与 SMPS 的功率要求成比例。

当 PFC 开关处于 ON 时,三角波电流储存能量于 PFC 的电感中;PFC 电感则在 PFC 开关处于 OFF 的时间内通过二极管 D_1 为电源滤波电容 C_F 充电(图 13-39)。当 PFC 开关处于 ON 时,二极管需要阻止滤波电容 C_F 放电回 PFC 电路。

13.9.3　交流线路电抗器

整流器交流侧的功率因数电感产生的结果与一个电感性输入滤波器相似。然而,当电感在电源的交流侧时,为平衡电源线并将共模噪声转换为差模噪声,单相线需要用两个电感,三相线需要用三个电感。在使用开关电源的情况下很少用这种方法。

然而,交流电源线上用交流线路电抗器(电感)是解决变速电机驱动器谐波问题的一种通用而有效的方法。它们可用于单相或三相交流电源线。具有交流线路电抗器控制谐波的变速电机驱动器的一个框图如图 13-37 所示。线路电抗器对于保护驱动器防止交流线路上的瞬态过电压也是有效的。

总结

- 在 100kHz～30MHz 的频率范围内,交流线路阻抗可在 2～450Ω 范围内变化。
- 来自 SMPS 的共模发射与电源的输入电压成正比。
- 来自 SMPS 的共模发射与对底盘或地的初级寄生电容值成比例。
- 来自 SMPS 的差模发射与输入电流的大小成正比,因此它们是电源额定功率的函数。
- 对差模发射影响最大的电源元件是输入纹波滤波电容。
- 500kHz 以上的差模发射与 ESL 成比例,而低于 500kHz 的差模发射与输入纹波滤波电容的 ESR 成比例。
- 共模和差模发射都正比于电源的开关频率。
- 影响共模衰减的电源线滤波元件是 Y 电容和共模扼流圈。
- 影响差模衰减的电源线滤波元件是 X 电容和共模扼流圈的泄漏电感。
- 电源线滤波器的有效性与滤波器的电气设计一样,是滤波器的安装方式、安装位置及导线配线方式的函数。
- 当电源线滤波器与电源位于同一 PCB 上时,磁场耦合和与 Y 电容串联的高接地电感会显著降低滤波器的有效性。
- 在一些情况下,电源和电源线滤波器之间的相互作用会导致电源不稳定。
- 为减小电源中的磁场,可采用以下措施。
  - 使含有大 di/dt 的所有环路面积最小化。
  - 用环形芯变压器代替 E 芯变压器。
  - 给 E 芯变压器加一个短路环。
  - 用钢或其他磁材料(而不用铝)屏蔽部件。
- 桥电容可有效减小开关电源中某些类型的共模传导发射。
- 有意抖动(改变)电源的频率是减小共模和差模传导发射的另一种方法。
- 交流电源线上谐波的主要来源是全波整流器后的电容输入滤波器。这个结构在下述应用中很普遍。
  - 开关电源。
  - 变速电机驱动器。
- 在许多方面,变速电机驱动器的特性与开关电源相似,具有相同的 EMC 问题。
- 变速电机驱动器交流输入上的传导发射通常受电源线滤波器的控制,而且往往有两个共模部分。
- 变速电机驱动器输出端的共模发射往往通过在电机外壳和驱动器公共地之间增加一接地线和电容得以较好的控制,这为共模噪声电流提供了一个可选择的返回路径。
- 在开关电源和变速电机驱动器中下述方法可用于减小交流电源线上的谐波电流。
  - 用电感性输入滤波器代替电容性输入滤波器。
  - 用有源的功率因数校正电路。
  - 在交流电源线上增加一个功率因数校正电感(线路电抗器)。

习题

13.1 a. 推导式(13-1)。

b. 在式(13-1)的推导中需要做哪些假设?

c. 证明习题 13.1b 中的假设是合理的。

13.2 为了满足 0.5mA 的泄漏要求,对于一个 230V、50Hz 的系统,电源线滤波器的线对地电容(Y 电容)的最大值是多少?

13.3 列出图 13-4 和图 13-38 中电流波形之间的 3 个显著区别。

13.4 一个开关电源具有如下特性。

开关频率:100kHz。

最大开关电流:4A。

输入电压:115V 交流(输入纹波滤波器电容上的直流电压是 160V)。

输入纹波滤波器电容的特性如下。

电容值:470μF。

额定电压:250V。

ESL:30nH。

ESR:0.1Ω。

开关晶体管上升时间:75ns。

初级(输入)电路对地寄生电容:150pF。

画出 150kHz~30MHz 时共模传导发射包络的对数-对数图。

13.5 对于习题 13.4 中的电源,画出 150kHz~30MHz 时差模传导发射包络的对数-对数图。

13.6 在一个 12V、10A 的输入直流-直流的变换器中,起主要作用的是共模还是差模传导发射?输入纹波滤波电容具有习题 13.4 所列的特性,初级电路对地寄生电容是 100pF。

13.7 交流电源线滤波器的共模扼流圈中泄漏电感的作用是什么?

13.8 在一个正确安装的电源线滤波器中,什么参数会限制滤波器的高频共模有效性?

13.9 当与一个 115V、60Hz 的电源线相连时,使产品达到 10μA 泄漏要求的电源线滤波器的 Y 电容的最大值是多少?

13.10 除了开关频率和额定峰值电流,开关电源的哪两个参数对差模传导发射的影响最大?

13.11 开关频率和开关晶体管的上升时间中哪一个对开关电源的共模传导发射最大值的影响最大?

参考文献

[1] Grasso C, Downing B. *Low-Cost Conducted Emissions Filtering in Switched-Mode Power Supplies*. *Compliance Engineering*, 2006 Annual Reference Guide.

[2] Hnatek E R. *Design of Solid State Power Supplies*, 3rd ed. New York, Van Nostrand Reinhold, 1989.

[3] Nave, M. J. *Power Line Filter Design for Switched-Mode Power Supplies*. New York Van Nostrand Reinhold, 1991.

[4] Nicholson J R, Malack J A. *RF Impedance of Power Lines and Line Impedance Stabilization Networks in Conducted Interference Measurements*. *IEEE Transactions on Electromagnetic Compatibility*, 1973.

[5] Paul C R. *Introduction to Electromagnetic Compatibility*, 2nd ed. New York, Wiley, 2006.

深入阅读

[1] EN 61000-3-2. *Electromagnetic Compatibility（EMC）—Part 3-2：Limits—Limits for harmonic current emissions（equipment input current≤16 A per phase）*. CENELEC, 2006.

[2] Erickson R W, Maksimovic D. *Fundamentals of Power Electronics*. 2nd ed. New York, Springer, 2001.

[3] Fulton D. *Reducing Motor Drive Noise*. Part 1, Conformity, 2004.

[4] IEEE Std. 519. *Recommended Practices and Requirements for Harmonic Control in Electrical Power Systems*. IEEE, 1992.

[5] Schneider L M. *Noise Source Equivalent Circuit Model for Off-Line Converters and its Use in Input Filter Design. IEEE 1993 International Symposium on Electromagnetic Compatibility*, Washington, DC, 1983.

[6] Severns R. *Snubber Circuits For Power Electronics*, ebook, www. snubberdesign. com/snubber-book. html, Rudolf Severns, 2008.

第14章

射频和瞬态抗扰度

1996 年以来,由于欧盟商用产品发射和抗扰度的 EMC 规范,对电磁抗扰度的兴趣有所增加。然而,数字电路对产品的辐射起主要作用(见第 12 章),低电平模拟电路主要关注射频(RF)敏感度。然而,数字电路可能对静电放电(ESD)的高电压瞬变比对射频场更敏感。这本书中的很多内容(如有关布线和屏蔽的章节)同样适用于发射或抗扰度。

抗扰度可定义为出现电磁骚扰时,一个产品没有降级工作的能力。抗扰度的反义词是敏感度,是指出现电磁骚扰时,一个设备趋于发生故障或表现降级的性能。

本章包括电子系统抗扰度的设计。射频抗扰度、瞬态抗扰度及电源线骚扰的抗扰度都将讨论。应明确的是,并非所有设备都要设计成相同的抗扰度等级。在选择合适的抗扰度等级时,应考虑产品的应用、故障潜在的结果、用户期望、产品使用的电磁环境及任何适用的法规要求。

即使一个产品不需要达到抗扰度要求(例如,只在美国销售的商用产品),设计并测试抗扰度以避免现场故障以使用户满意仍是明智的。因此,所有产品都应设计并至少进行低等级的传导、辐射、瞬态及电源线抗扰度测试。

14.1　性能标准

与抗扰度要求及测试有关的一个问题(不与发射相关的问题)是什么是失败?我们应该都能同意的是,如果在抗扰度测试过程中,产品发生损坏或变得不安全,就是失败的。然而,除了产品实际损坏或变得不安全以外,还有很多关于失败标准的不同解释。例如,如果在一台电视的抗扰度测试过程中,显示破坏了垂直同步,屏幕显示垂直滚动一次或两次,这算失败吗?不同的人对这个问题有不同的回答。

值得称道的是,欧盟的抗扰度标准定义了 3 个失败的标准。于是每个抗扰度测试应指明适用 3 个标准中的哪一个。这 3 个标准如下(EN 61000-6-1,2007)。

标准 A:测试中或测试后,设备按预期继续工作。不允许出现性能的降级或功能的丧失。

标准 B:测试后设备按预期继续工作。测试后不允许出现性能的降级或功能的丧失。测试过程中,允许出现性能的降级。但不允许改变工作状态或存储的数据。

标准 C:允许功能的暂时丢失,假设功能可以自动恢复或通过控制操作恢复。

标准 A 适用于射频抗扰度,标准 B 适用于瞬态抗扰度及一些电源线干扰的场合,标准 C 适用于电源线电压严重骤降和中断的场合。

14.2　射频抗扰度

射频干扰(RFI)对于所有电子系统可能都是一个严重的问题,包括家庭娱乐设备、计算机、汽车、军事设备、医疗设备及大型工业处理控制设备。

射频抗扰度标准主要是控制或限制产品对电磁场的敏感度。高频(通常为 50MHz 或更高)时,电磁能量很容易直接耦合进设备和(或)其电缆中。在较低的频率(通常为 50MHz 或更低)时,大部分产品不足以成为电磁能量的有效接收体。结果,电磁耦合几乎总是出现在这些频率的电缆上。当电缆是 1/4 或半波长时,将成为最有效的接收天线。在 50MHz 时,半波长等于 3m。

在一个均匀电磁场中暴露 3m 长的电缆是一个难以完成的测试,这需要很大的测试空间和昂贵的设备。因此,第 13 章已讨论过类似的传导发射情况,可通过在电缆的导体中注入一个电压来模拟电磁场的拾取完成测试。这些被称为"传导抗扰度测试",实际上是变相的辐射抗扰度测试。

在 150kHz~80MHz 范围内,当射频电压为 3V(住宅/商用产品)或 10V(工业设备)时,80%的调幅(AM)被共模耦合进交流(AC)电源电缆(EN 61000-6-1,2007),商用产品的传导射频抗扰度标准通常要求产品无降级地正常工作(性能标准 A)。如果长度超过 3m,这个测试也必须应用于信号电缆、直流(DC)电源电缆和接地导体。电压作为共模电压作用于电缆导体。对于未屏蔽电缆,电压通过 150Ω 的共模阻抗被电容性耦合进每个导体(发生器的 50Ω 源阻抗加上每个导体的 100Ω 电阻乘以 n,其中 n 是电缆中导体的数量)。对于屏蔽的电缆,电压通过一个 150Ω 的电阻被直接耦合进屏蔽层(发生器的 50Ω 源阻抗加上 100Ω 的电阻)。

当暴露于 3V/m(住宅/商用产品)或 10V/m(工业设备)的电场中时,在 80~1000MHz 范围内,80%的 AM 调制,商用产品的射频辐射抗扰度标准通常要求产品无降级地正常工作(性能标准 A)。200V/m 的较高场强适用于汽车和军用产品。

14.2.1　射频环境

很容易计算出与发射机距离为 d 处的电场强度。对于一个小的各向同性的辐射体(所有方向辐射相同),与源距离 d 处的功率密度 P 等于有效辐射功率(ERP)除以一个半径为 d 的球的表面积,或

$$P = \frac{\text{ERP}}{A_{\text{sphere}}} = \frac{\text{ERP}}{4\pi d^2} \tag{14-1}$$

功率密度 $P(\text{W/m}^2)$ 等于电场 E 与磁场 H 的乘积。对于远场,E/H 等于 120π(约 377)Ω。将其代入式(14-1),并解出 E 为

$$E = \frac{\sqrt{30\text{ERP}}}{d} \tag{14-2}$$

其中,ERP 是发射功率乘以天线增益(表示为一个数字)。对于小的手持发射体,天线的增益通常假设为 1。对于偶极天线,增益等于一个各向同性辐射体的 1.28 倍或增大 2.14dB。

式(14-2)适用于 FM 发射。对于 AM 发射,式(14-2)乘以 1.6 计入调制的峰值(假设 80%的调制)。

例如,一个 50kW 的 FM 基站在距离为 1.6km 处将产生 0.77V/m 的电场强度。然而,一

个 600mW 的手机在距离 1m 处产生 4.24V/m 的电场强度。从这个例子中可以得出结论,附近的低功率发射体往往比远处的高功率发射体对电子设备造成更大的威胁。

在对加拿大的无线电环境进行调查后,加拿大工业部得出结论:在 10kHz～10GHz 的频率范围内,城市和郊区预计的最大电场强度为 1～20V/m(加拿大工业部,1990)。

除非场强高于 10V/m,否则数字电路通常对射频辐射能量不敏感。然而,包含稳压器的低电平模拟电路往往对 1～10V/m 的射频辐射场非常敏感。

14.2.2 音频检波

射频敏感度通常包括音频检波。音频检波是在低频电路中,由一个非线性的元件对高频射频能量进行无意识的检波(整流)。当一个被调制的射频信号遇到一个非线性器件(就像一个双极晶体管中的基极-发射极结)时,信号被检波,而且在电路中出现调制。对于一个非调制的射频信号,电路中将产生一个直流偏置电压。对于一个调制的射频信号,电路中将产生一个等效于调制频率的交流电压。直流偏置或调制频率通常在低频模拟电路的通带内,因此会产生干扰。经典的例子是 27MHz 的民用波段无线电干扰家庭的高保真立体声系统。

音频检波可能出现在音频/视频电路中,如立体声系统、电话、麦克风、放大器、电视等,也可能出现在低频反馈控制系统中,如稳压器、电源、工业处理控制系统、温度和压力传感器——甚至在数字电路一些不常见的情况下。在前面的例子中,通常能听到或看到解调的射频信号,但在后面的例子中,解调的射频信号会在控制系统中产生一个直流或低频偏置电压,扰乱控制功能。

当音频检波成为问题时,必须出现以下两种情况。
- 第一,必须拾取射频能量。
- 第二,射频能量必须被检波。

缺少上述一点,不会发生音频检波。

射频能量通常通过电缆拾取——在一些频率很高的情况下则通过电路自身拾取。在大部分情况下,检波出现在射频能量遇到的第一个 PN 结处。在很少的情况下,检波可由一个不好的焊接点或不好的接地连接点的检波特性所致。

最关键的电路通常是类似放大器和线性稳压器电路的低电平模拟电路。

14.2.3 RFI 缓解技术

射频辐射和射频传导抗扰度都用同样的技术处理,因为它们都是辐射电磁耦合的形式。图 14-1 是一个典型电路被保护不受 RFI 影响的例子。它包含一个传感器、一个非屏蔽电缆和一个 PCB。电缆通常拾取射频能量,包括共模拾取和差模拾取。传感器电路和(或)PCB 电路则检波信号。

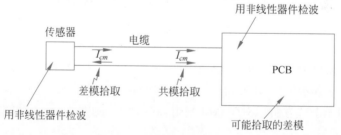

图 14-1　射频抗扰度例子

用双绞线(差模)、共模扼流圈(共模)或屏蔽(两种模式)可以防止电缆拾取射频能量。对于许多产品而言,最敏感的频率是电缆谐振的频率。在传感器处、电缆的 PCB 端及整流器件处正确的滤波可以旁路射频能量,消除这个问题。

RFI 缓解技术可以并应该应用于:

- 设备级。
- 电缆。
- 机壳。

14.2.3.1 设备级保护

RFI 抑制应开始于设备级,然后补充机壳和电缆级保护。最关键的电路是工作在最低信号电平和最靠近输入/输出(I/O)电缆的电路。

保持所有关键信号环路的面积尽可能地小,尤其是输入电路和低电平放大器的反馈电路。敏感的 IC 应直接在其输入端用射频滤波器保护,如图 14-2 所示,一个低通 $R\text{-}C$ 滤波器包括一个串联的阻抗(铁氧体磁珠*、电阻或电感),在敏感设备的输入端用一个旁路电容转移射频电流,使其远离设备,防止音频检波。

一个有效的 RFI 滤波器可由一个 $50\sim100\Omega$ 阻抗的串联元件和一个几欧姆或更小阻抗的旁路元件(通常是一个电容)制成,这两种元件由关注的频率确定。

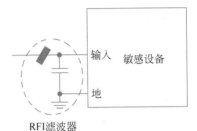

RFI滤波器

图 14-2 在一个敏感设备输入端的 RFI 滤波器

直流压降可接受时,电阻可用作串联元件。当频率高于 30MHz 时,铁氧体磁珠工作良好,且没有任何直流压降。

低于 10MHz 时必须用电感,因为串联元件应具有 $50\sim100\Omega$ 的阻抗。考虑串联阻抗是 62.8Ω 的情况,之所以选择这个值,是因为可容易地确定合适的电感值。感抗的大小可写为

$$X_L = 2\pi fL = 62.8 \tag{14-3}$$

或

$$fL = 10 \tag{14-4}$$

因此,选择一个电感应使频率与电感的乘积等于10,例如,1MHz 时 $10\mu H$ 或 10MHz 时 $1\mu H$。

在一些情况下,串联元件是电缆或 PCB 迹线的电感时,一个旁路电容即有效。

表 14-1 列出了不同频率理想电容器(未串联电感或电阻)的阻抗。频率为 $80\sim1000MHz$(欧盟要求的作辐射抗扰度测试的频率范围)时,对于阻抗范围 $0.16\sim1.99\Omega$,1000pF 是一个射频滤波电容的有效值。对于较低频率的传导抗扰度问题,可能需要更大的电容值。

表 14-1 不同频率理想电容器的阻抗(Ω)

频率/MHz	0.047μF	0.01μF	4700pF	1000pF	470pF	100pF
0.3	11.3	53	112.9	530	1129	5300
1.0	3.3	15.9	33.9	159	339	1590
3.0	1.1	5.3	11.3	53	113	530
10	0.3	1.59	3.4	15.9	33.9	159
30	0.11	0.53	1.1	5.3	11.3	53
100	0.03	0.16	0.34	1.6	3.4	15.9

---

* 从直流到约 1MHz,铁氧体磁珠作为小交流电阻,阻抗几乎为 0。它们在 30MHz 以上时最有效。

续表

频率/MHz	0.047μF	0.01μF	4700pF	1000pF	470pF	100pF
300	0.01	0.05	0.11	0.53	1.13	5.3
1000	0.003	0.02	0.03	0.16	0.34	1.6

因为滤波器的旁路元件应只有几欧姆或更小的阻抗,考虑阻抗为 1.6Ω 的情况。容抗的大小为

$$X_C = 1/2\pi fC = 1.6 \tag{14-5}$$

或

$$fC = 0.1 \tag{14-6}$$

因此,选择一个电容应使频率与电容的乘积等于 0.1,例如,100MHz 时为 1000pF。

例如,考虑在一个有低的源阻抗和高的负载阻抗的信号线中插入 L 形滤波器的情况。如果滤波器有一个 62.8Ω 的串联元件和一个 1.6Ω 的旁路元件,将产生 32dB 的衰减。

为确保有效性,安装旁路电容必须用几乎为零的短导线,这是极其重要的。许多滤波器的不足在于与旁路电容串联的电感。这个电感包括用于连接敏感设备输入和地之间电容的 PCB 迹线,以及电容器自身的电感。

对于双极晶体管放大器的情况,射频能量检波通常出现在基极-发射极结处。图 14-3 表示适用于晶体管放大器基极和发射极结的 RFI 滤波器的情况。在图 14-3～图 14-5 中,串联滤波元件表示为了电阻,但是,串联元件也可以是前面讨论的铁氧体磁珠或电感。

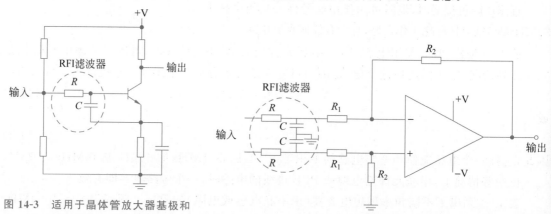

图 14-3 适用于晶体管放大器基极和
发射极结的 RFI 滤波器

图 14-4 应用于运算放大器输入端的 RFI 滤波器

在大多数集成电路放大器的情况下,输入晶体管基极-发射极结不能接至集成电路(IC)的引脚。在这些情况下,射频滤波器必须用于设备的输入端以使射频能量不能进入组件。图 14-4 表示应用于运算放大器输入端的 RFI 滤波器。

一些 IC 仪表放大器(如 AD620 仪表放大器)直接进入输入晶体管的基极和发射极,用户可以直接在基极-发射极两端应用 RFI 滤波器,如图 14-5 所示。

由 14.2.3 节可知,一个包含非线性器件(如晶体管、二极管、固态放大器等)的遥感器也需要保护以防止音频检波。传感器的导线作为接收天线,传感器的 PN 结作为检波器。在这样的情况下,传感器和电缆的 PCB 端都需要滤波器以防止音频检波。图 14-6 表示一个适用于一个由发光二极管(LED)和光电晶体管组成的光电编码器的 RFI 滤波器。滤波器将铁氧体磁珠作为串联元件,而将电容器作为旁路元件。

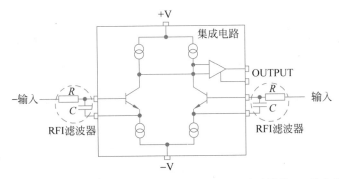

图 14-5　输入晶体管基极-发射极两端直接应用 RFI 滤波器的 IC 仪表放大器

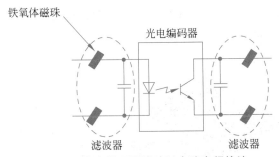

图 14-6　光电编码器滤波以去除音频检波

　　一个有电源和接地平面的多层 PCB 比一个单层或双层板具有更高的射频抗扰度。这是由于平面提供较低的接地阻抗和较小的环路面积。有效的高频电源去耦及电源与地之间充足的大容量电容，即使在低频模拟电路中，对于提高射频抗扰度也是重要的。

　　对于场直接感应的噪声，一个外部的镜像平面*可以加到单层或双层 PCB 上，与一个板内接地层具有相同效果。这个平面可由金属箔或薄金属制成，并应尽可能地靠近 PCB 放置。在射频频率，感应进镜像平面的电流产生与直接感应的场相抵消的场。即使镜像平面不与 PCB 连接，也将出现场的抵消效应。安装 PCB 靠近金属底盘可产生相似的效果。

　　电路接地应在 I/O 区域与底盘有一个低阻抗连接（见 3.2.5 节和 12.4.3 节）以转移出现的所有射频能量到底盘。高频板可能需要额外的电路地到底盘的连接。然而，这些接地连接除了在 I/O 区域内的以外，不能代替它们。

　　稳压器包括三端稳压器也对射频场敏感。这可以通过直接在稳压器的输入和输出端加射频滤波电容处理，1000pF 通常是适当的。加到稳压器输入和输出导线上的小铁氧体磁珠将增加滤波器的有效性。除了较大值的电容，这些电容是稳压器正常工作和（或）保持稳定性所需要的，并应直接连接至稳压器的公共引脚，如图 14-7 所示。

14.2.3.2　电缆抑制技术

　　在大部分情况下，射频能量由电缆拾取。因此，这种拾取最小化是良好射频抗扰度设计的一个重要方面。在屏蔽电缆的情况下，用一个高质量、高覆盖的编织层、多层编织层或有正确端接的编织层覆盖金属箔，不用猪尾巴线或辫线（见 2.1.5 节）。对于射频抗扰度，不要用螺旋屏蔽电缆。虽然电缆连接器与金属机壳 360° 连接是理想的屏蔽端接方法，但其他成本较低的

---

　　*　一个导体平面平行于 PCB 放于其下，因为导体平面发生的情况完全是由感应到平面上的等效镜像电流引起的。这个平面称为镜像平面（German，Ott 和 Paul，1990）。

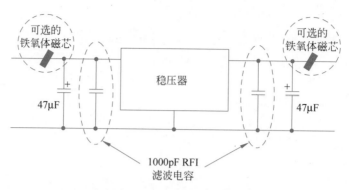

图 14-7 防止稳压器受射频干扰

方法也有效。图 14-8 表示用一个金属电缆夹具有效端接屏蔽电缆的一种简易方法。这个电缆夹具应尽可能靠近电缆进入机壳的位置。

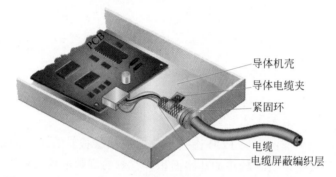

图 14-8 用一个金属电缆夹具有效端接屏蔽电缆的一种简易方法

将电缆屏蔽层看作屏蔽机壳的延伸,因此,屏蔽效果与电缆屏蔽层如何有效地端接于机壳有很大关系。通过 360°端接到机壳,而不是电路的地。

如果不屏蔽 I/O 电缆,则用双绞线,在电缆进(或出)机壳的位置用滤波器。除了前面讨论的敏感设备的滤波器,设置 I/O 滤波器尽可能靠近 I/O 连接器,而且将 I/O 滤波器的旁路电容连接到机壳而不是电路的地。电容滤波插头连接器虽然更贵一些,但在这方面也是有效的。共模扼流圈(铁氧体磁芯)可用于外部电缆,有助于减小射频敏感性。

为优化射频抗扰度,带状电缆和挠性电路沿电缆宽度方向应有多个接地导体。带状电缆和挠性电路有一个电缆整体宽度的接地面会更好,端接电缆的接地面应尽可能地宽。电缆接地面的效果可通过在扁平电缆的一端加正确接地的铜带模拟。

电缆和连接器上的多个接地导体可减小信号环路面积,并使电缆终端之间的接地电位差最小化。理想情况下,信号与接地导体的比例应为 1∶1,虽然 2∶1 的比例也性能良好,因为邻近每个信号导体仍能提供一个接地导体。对于 3∶1 的比例,每个信号导体邻近的接地导体在两个以内。3∶1 的比例是一个良好的折中设计,因为当限制导体的总数时,它提供一个合理的接地导体数量。电缆中信号频率越高,所用的地越多。但任何情况下,信号与接地导体的比例都不应超过 5∶1。

内部电缆也对敏感性问题有贡献。铁氧体共模扼流圈的应用,以及靠近底盘但远离缝隙和孔径布设电缆,将提高抗扰度。如果电缆屏蔽用于内部电缆,最好的方法是在两端将屏蔽层端接在底盘上。然而,对于短的内部电缆的布设,屏蔽层只在一端接地就足够了,但应使用正确的端接——非辫接。

对于非屏蔽机壳内的产品,电缆滤波器可与一个镜像平面相连(German,Ott 和 Paul,1990)。镜像层也将减小 PCB 的直接射频拾取。如果没有其他可用的选择,可将滤波器连接到电路的接地面,虽然这种方法不如连接到机壳或一个分离的镜像平面有效。

14.2.3.3 机壳抑制技术

高频辐射的射频场可直接耦合到一个产品的电路和内部电缆。假设能正确控制孔径(见 6.10 节),铝、铜或钢制的薄屏蔽层是有效的。唯一的例外是低频磁场的情况,低频磁场(<500kHz)时需要较厚的钢屏蔽。例如,一个工作于 50kHz 的开关电源的屏蔽层应由钢(而非铝)制成。

屏蔽机壳上孔径(如缝隙、冷却孔等)的最大线性尺寸应被限制在 1/20 波长以下。这将通过孔径产生约 20dB 的衰减。在一些条件下,孔径必须更小。表 14-2 列出了 10MHz～5GHz 的不同频率处对应的 1/20 波长的大约尺寸。

表 14-2 不同频率处对应的 1/20 波长的大约尺寸

频率/MHz	1/20 波长尺寸	频率/MHz	1/20 波长尺寸
10	1.5m(5ft)	500	3cm(1.2in)
30	0.5m(1.6ft)	1000	1.5cm(0.6in)
50	0.3m(12in)	3000	0.5cm(0.2in)
100	0.15m(6in)	5000	0.3cm(0.1in)
300	5cm(2in)		

因为大多数射频抗扰度规范要求试验到 1000MHz,所以 1.5cm(0.6in)的最大线性尺寸通常是一个好的设计标准。

最大线性尺寸决定射频泄漏,而不是孔径的面积(见 6.10 节)。一个长的狭缝(如接缝)比有更大面积但最大线性尺寸较小的冷却孔具有更多的泄漏。

为使机壳缝隙处具有良好的电接触,接触面之间的机械设计必须能提供完美的导电性和足够的压力(见 6.10.2 节)。大部分接触表面需要大于 100psi 的压力以提供一个低阻抗接触。

所有穿过屏蔽层未滤波的电缆可从屏蔽层外部载有射频能量到内部,反之亦然,从而降低屏蔽的有效性。因此,所有穿过屏蔽层的电缆必须被滤波或被屏蔽以避免能量从一个环境传到另一环境。

数字电路也对射频能量敏感,但通常不太敏感,除非场强大于 10V/m。如果观察到数字电路敏感,解决的方法类似于前面对模拟电路敏感性的描述,即去耦来自电缆的射频能量并在敏感数字电路的输入端用一个滤波器。然而,数字电路的敏感问题通常是由具有快速上升时间的高压瞬时脉冲产生的。

14.3 瞬态抗扰度

欧盟要求产品进行高压瞬态抗扰度试验。基本上,以下 3 种高压瞬态试验是电子设备设计师需要关注的。

- 静电放电(ESD)。
- 电快速瞬变(EFT)。
- 雷电浪涌。

对于高压瞬变,最敏感的电路是数字控制电路,如重置、中断和控制线。如果这些电路由一个瞬态电压触发,它们会导致整个系统改变状态。

欧盟商用产品的瞬态抗扰度标准要求产品按预期工作,在瞬态敏感度试验后不出现功能的降级或缺失。在试验过程中,功能的降级是允许的,然而工作状态或所存储的数据是不允许改变的(性能标准 B)。对于一些关键应用(如一些型号的医疗设备),在 ESD 试验过程中,不允许出现混乱(EN 61000-6-1,2007)。

表 14-3 总结了 3 种高压瞬变特性。两个最重要的参数是上升时间和脉冲能量。从表 14-3 中可知,ESD 和 EFT 有相似的上升时间和脉冲能量。然而,浪涌的上升时间更慢,是微秒而不是纳秒,它的脉冲能量高 3~4 个数量级(是焦耳而不是毫焦耳)。因此,ESD 和 EFT 可用相似的方式处理,但浪涌往往必须用不同的方法处理。

表 14-3　高压瞬变特性

瞬　　态	电　压	电　流	上升时间	脉冲宽度	脉冲能量
ESD	4~8kV	1~10s A	1ns	60ns	1~10s mJ
EFT(单脉冲)	0.5~2kV	10s A	5ns	50ns	4mJ
EFT(突发脉冲)	0.5~2kV	10s A	n/a	15ms	100s mJ
浪涌	0.5~2kV	100s A	$1.25\mu s$	$50\mu s$	10~80J

14.3.1　静电放电

接触放电和空气放电是适用于 ESD 的两种测试方法。在接触放电中,不带电的放电电极与待测设备接触,利用测试设备的开关启动放电。然而在空气放电中,测试设备带电的电极移向待测设备,直到通过空气发生放电(火花)。接触放电可重复、可产生更多的结果,是首选的测试方法。空气放电更接近模拟实际的 ESD,但不可重复,只用于接触放电不能应用的情况,如一个塑料外壳内的产品。

欧盟的静电放电试验要求产品通过(性能标准 B)±4kV 的接触放电和 ±8kV 的空气放电。测试发生器的源阻抗为 330Ω,限制 8kV 的放电电流为 24.24A。放电被加到正常使用和客户维护过程中可能触及设备的点和面。

ESD 的防护技术将在第 15 章中介绍。

14.3.2　电快速瞬态

断开电感性负载,如继电器或接触器,将在配电系统中产生高频短触发脉冲。通用的功率因数校正器电容开关是产生电源线瞬态振荡的另一个原因。

图 14-9 表示欧盟 EFT/突发测试脉冲的波形。在不小于 1min 的时间内,包含每 300ms 重复 1 次的 75 个脉冲。每个单独脉冲的上升时间是 5ns,脉冲宽度是 50ns,重复频率是 5kHz。对于住宅/商用产品,交流电源线上单个脉冲的幅度是 ±1kV,而在直流电源线,以及信号和控制线上是 ±0.5kV,用作共模电压。对于工业产品,交流和直流电源线上的 EFT 脉冲高达 ±2kV,而信号线上为 ±1kV。测试发生器有 50Ω 的源阻抗。如果长度超过 3m,测试只需在信号、控制线及接地导体上进行。

14.3.3　雷电浪涌

欧盟的浪涌要求并非旨在交流电源线上模拟一个直接的雷电冲击,而是旨在模拟一个附近的雷电冲击或事故、风暴导致的电线杆倾倒产生的电源线上的电压浪涌。当大电流负载突

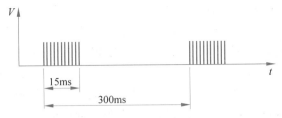

图 14-9　EFT/突发测试脉冲

然切断时,电压浪涌也可由电源线的电感产生。

欧盟设计的浪涌测试发生器,能产生一个上升时间 $1.25\mu s$、脉冲宽度 $50\mu s$(在 50% 的幅度之间)的电压浪涌,进入开路电路;以及一个上升时间 $8\mu s$、脉冲宽度 $50\mu s$(在 50% 的幅度)的电流浪涌,进入短路电路。测试发生器的有效源阻抗是 2Ω。电压浪涌必须用于含共模和差模的交流和直流电源线,而非信号线。在交流电源线上,线对地的电压为 $\pm 2kV$,而线对线的电压为 $\pm 1kV$。在直流电源线上,线对地和线对线的电压都是 $\pm 0.5kV$。$\pm 0.5kV$ 的脉冲也必须用于所有的接地导体。

除了 ESD,大部分高压瞬态骚扰适用于电缆,ESD 适用于机壳。表 14-4 总结了住宅/商用产品[*]的 EFT 和浪涌电压,并指出测试电压如何用于共模和差模(EN 61000-6-1,2007)。

表 14-4　EFT 和浪涌测试电压(住宅/商用产品)

电　　缆	EFT	浪涌	浪涌
	共模	共模	差模
AC 电源线	$\pm 1kV$	$\pm 2kV$	$\pm 1kV$
DC 电源线[a]	$\pm 0.5kV$	$\pm 0.5kV$	$\pm 0.5kV$
信号线[a]	$\pm 0.5kV$	n/a	n/a
接地导体	$\pm 0.5kV$	n/a	n/a

[a] 只适用于长度超过 3m 的电缆。

14.3.4　瞬态抑制网络

瞬态防护网络一些预期的特性如下:

- 限制电压。
- 限制电流。
- 分流。
- 快速操作。
- 能够处理能量。
- 瞬态后不损坏。
- 对于系统工作的影响可忽略。
- 故障保护。
- 具有最小的成本和体积。
- 要求最少或无须维护。

在大部分情况下,并非上述要求都可以同时达到。

---

[*]　对于工业产品,在交流和直流电源线上,EFT 脉冲高达 $\pm 2kV$;在信号线上,则为 $\pm 1kV$,EN 61000-6-2,2005。

单级瞬态电压保护网络的一般结构如图 14-10 所示。这个网络由一个串联元件和一个分流的元件组成。虽然分流元件可能是线性设备,如电容,但大部分情况下是一个非线性的击穿设备,在电路正常工作时,其具有很大的阻抗,而当出现瞬态高压时阻抗低得多,进而将瞬态电流分流到地。这个结果可用击穿或箝位设备获得,如齐纳二极管、气体放电管或压敏电阻。在前面的例子中,当瞬态电压超过设备的击穿电压后,分流设备两端的电压近似恒定。在后面的例子中,当瞬态电压超过设备的击穿电压后,分流电阻将近似恒定。

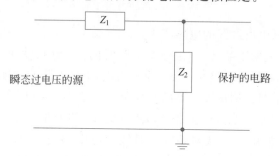

图 14-10　单级瞬态电压保护网络的一般结构

串联元件用于限制通过分流设备的瞬态电流,而且作为 Z_1 和 Z_2 组成的分压器,将减小加在被保护电路上的电压。串联元件可能是一个电阻、电感或铁氧体;但在一些情况下,它由导体的寄生电感、电阻及瞬态发生器的源阻抗组成。在电源电路中,熔丝或断路器的阻抗也将成为串联阻抗的一部分。

重要的是理解电路中的某个位置必须有串联元件,否则击穿后,通过分流设备的电流将变为无穷大。因此,只要用瞬态抑制器,设计者就要考虑串联阻抗的位置及构成,其可能是单独的元件,或是瞬态发生器的源阻抗,或是连接到设备的导线或 PCB 迹线的阻抗。

有效的瞬态抑制包括下列 3 种方法。

* 第一,分流瞬态电流。
* 第二,保护敏感设备以防损坏或混乱。
* 第三,编写瞬态固化软件(这些内容见 15.10 节)。

许多瞬态抑制方法与前面讨论的 RFI 抗扰度相似。因为大部分高压瞬态骚扰加在电缆上,所以电缆防护成为瞬态抗扰度设计的一个重要方面。

14.3.5　信号线抑制

I/O 信号电缆防护可通过在电缆进入产品的位置加瞬态电压抑制(TVS)二极管实现。TVS 二极管与齐纳二极管相似,但有一个较大的与瞬态额定功率成比例的 P-N 结区。增加的结面积增加了二极管的电容,也增加了信号线的电容性负载,在某些情况下,会对电路的正常工作产生不利影响。

瞬态电压抑制二极管(有时称为硅雪崩二极管)可用于单向和双向结构。TVS 二极管 3 个最重要的参数如下。

* 反向隔离电压。
* 钳位电压。
* 峰值脉冲电流。

在选择 TVS 二极管时,反向隔离电压必须大于被保护电路的最大工作电压,以确保二极管不切断电路的最大工作电压或信号电压。最大钳位电压表示当承受峰值脉冲电流时出现在二极管两端的峰值电压。这是在瞬态过程中,保护电路能够无损坏可承受的电压。

峰值脉冲电流是二极管无损坏可承受的最大瞬态电流。在 TVS 二极管之前给电路增加一个串联阻抗(图 14-10 中的 Z_1),例如电阻,将有助于限制通过二极管的峰值脉冲电流。

TVS 二极管与底盘必须有一个低电感连接以有效分流瞬态能量远离敏感电路。例如,当承受 10A/ns 的瞬态脉冲时,每一侧 9V 击穿 TVS 二极管和 0.5in PCB 迹线串联组合两端的电压是 159V。这是基于 15nH/in 的迹线电感。典型的瞬态脉冲在 PCB 的迹线上可产生 6V/mm(150V/in)的电压降。因此,合理的布线对于获得最佳性能很关键。

图 14-11 表示 PCB 上 TVS 二极管的 3 种安装结构。图 14-11(a)表示考虑二极管两根导线的电感的典型安装结构,这使二极管对限制迹线上的瞬态电压失效。图 14-11(b)中,二极管靠近地安装以减小二极管对地的电感,使其几乎为零。然后在二极管到被保护的迹线之间设一条迹线,这明显增加了与 TVS 二极管串联的电感,并使其失效。图 14-11(c)表示的二极管也是靠近地安装,但不是在二极管到被保护的迹线之间设一条迹线,而是将被保护的迹线接在二极管上,结果使与二极管串联的电感几乎为零,以实现有效的瞬态电压保护。

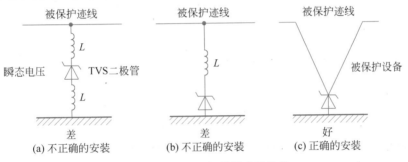

图 14-11 TVS 二极管的安装结构

图 14-12 表示用 4 个双极 TVS 二极管防护瞬态过电压的 RS-232 接口。注意到每个接地导体恰好被一个 TVS 二极管保护。这通常是因为电路地和底盘地之间的内部连接可能不在电缆入口的位置,而且可能不具有低电感。

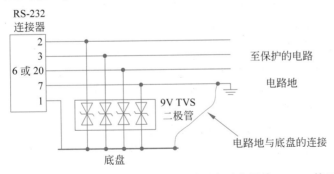

图 14-12 用 4 个双极 TVS 二极管防护瞬态过电压的 RS-232 接口

微处理器复位、中断及其他可能改变数字设备工作状态的控制输入应被保护以防止快速上升的时间瞬变引起的误触发,可以加一个小电容或 R-C 网络(50~100Ω,500~1000pF)到 IC 输入端,类似于图 14-2,以减小它对如由 ESD 或 EFT 产生的尖窄瞬变脉冲(1~5ns)的敏感性。

一个有电源和接地层的多层 PCB 比单层或双层板具有更高的瞬态抗扰度。这是与层间电容串联较小接地阻抗和低电感的结果。11.4.6 节讨论的嵌入式 PCB 电容技术也能有效提高瞬态抗扰度。体积足够大的去耦电容也能有效提高瞬态抗扰度,因为它将减小由瞬态电荷*产生的电源电压的变化。电压、电荷和电容之间的关系如式(15-1)所示。由该式可看出,对于瞬态电流产生的固定电荷 Q 的变化,电压变化的数值由电容决定。电容越大,当额外电荷注入系统时,电压改变越小。

图 14-13 表示瞬态电流入口保护和敏感设备加固的结合。输入电缆上的瞬态抑制器接到底盘地,其目的是分流瞬态电流,远离 PCB。然而,敏感设备输入端的保护滤波器接到电路的地,其目的是消除或最小化设备输入插脚和地插脚之间出现的任何瞬态电压。

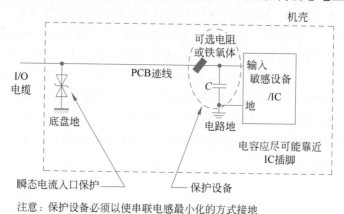

注意:保护设备必须以使串联电感最小化的方式接地

图 14-13　瞬态保护设备接地

14.3.6　高速信号线的保护

高速 I/O 接口采用 100Mb/s 的数据速率或更通用的串行总线,如(USB)2.0、高速以太网和 IEEE Std 1394(FireWire 和 iLink),会出现与高电压瞬态保护相关的一个特有问题。为避免影响期望的信号,许多这样的接口线上的电容性负载必须小于几皮法。除了气体放电管,大多数 TVS 二极管和其他瞬态抑制设备具有太大的电容。但是,气体放电管用于 ESD 或 EFT 防护响应太慢。大部分 TVS 二极管的电容在几十到几百皮法。特殊的低电容 TVS 二极管的电容为 1~10pF。这些二极管通常用于高达 100Mb/s 的数据速率,但不能更高了。

特有的聚合物压敏电阻(VVR)已被改进,专门适用于这些高速应用**。它们是双极型器件,典型电容范围是 0.1~0.2pF,断态电阻是 $10^{10}\Omega$,通态电阻是几欧姆。然而,触发电压比大部分 TVS 二极管高得多。压敏电阻是导通后钳位电压低于触发电压的消弧器件。典型的触发电压是 150V,而钳位电压约为 35V,额定峰值瞬态电流为 30A。这些聚合物 VVR 可用于信号频率高达 2GHz 的数据线上。

图 14-14 表示用 TVS 二极管和 VVR 结合为 3 种不同高速接口提供瞬态保护的例子。TVS 二极管用于直流电源线,而 VVR 用于高速数据线。注意图 14-12 所示的情况,保护设备与底盘地相连。

图 14-15 是保护高速 USB 接口的瞬态抑制设备的最佳 PCB 布线例子。PCB 的底边在 USB 连接器的下面。安装表面贴装抑制设备是为了使与之串联的电感最小化,它们与底盘地而不与电路地相连以分流瞬态电流远离电路。PCB 底盘接地面应与实际底盘有直接的多重连接。

---

* 电荷 Q 等于 $I\mathrm{d}t$ 的积分。

** 例子是 Littlefuse's PulseGuard® 和 Cooper Electronics's SurgX®。

(a) USB　(b) IEEE Std 1394(火线)

(c) 以太网接口

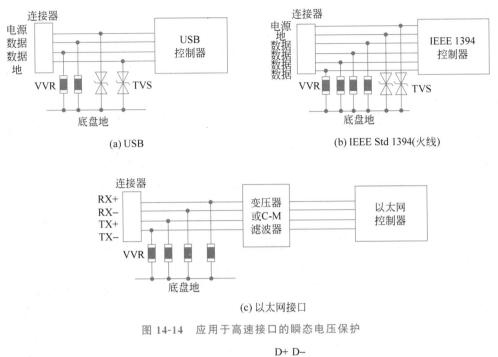

图 14-14　应用于高速接口的瞬态电压保护

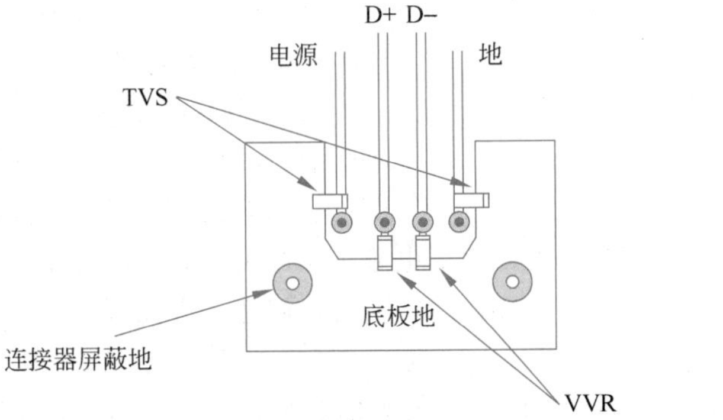

图 14-15　保护高速 USB 接口的瞬态抑制设备的 PCB 布线

14.3.7　电源线瞬态抑制

在交流或直流电源入口处通常要求有瞬态电压保护，这就是通常的电源线滤波，需要防护 EFT 和浪涌。汽车和一些工业处理控制设备处于大的电源线尖峰普遍的环境中，因此往往需要电源线瞬态保护。

许多电源线滤波器能处理 ESD 和 EFT 的低能量瞬态。如果需要，可在到电源线滤波器或电源的输入电缆上附加共模铁氧体扼流圈，使电源线上获得额外的 EFT 或 ESD 抑制。电源线滤波器是按比例衰减高频噪声和电源线瞬变的线性设备。优化可控制低电平高频噪声，衰减高压瞬变，并将为共模和差模瞬变提供一定程度的防护。

然而，浪涌具有比 ESD 或 EFT 大一千倍甚至更多倍的脉冲能量，所以完全是另一个问题。这些高能量脉冲的瞬态保护往往需要在电源线滤波器之前。以下 3 种非线性瞬态保护器通常用于高功率瞬变。

- TVS 二极管。
- 气体放电管。
- 金属氧化物压敏电阻(MOV)。

瞬态电压抑制二极管(TVS)和 MOV 是电压钳位设备。它们工作时将电压限制在一个固定电平。一旦它们导通,必须在内部消耗掉瞬态脉冲能量。然而气体放电管是消弧设备,一旦它们导通,两端的电压将降到非常低的值,因此,功率耗散大大减小。它们可处理极大的电流。

TVS 二极管通常用在信号线(见 14.3.5 节)和直流电源线上。它们没有 MOV 那么大的载流或能量耗散容量,然而,它们可用于较低的钳位电压。浪涌电流通常必须限制在 100A 以下以使用 TVS 二极管,响应时间在皮秒级的范围内,可用于 ESD、EFT 及浪涌防护。它们是上面所列的 3 种瞬态保护设备中最不耐用的。

气体放电管主要用于电信电路中。它们是最慢的瞬态响应保护设备,其响应时间为微秒级,因此不能用于 ESD 或 EFT 防护。因为它们是消弧设备,不必在内部耗散过多的能量,是所有 3 种瞬态抑制设备中最耐用的。它们通常可承受几万安培的电流。

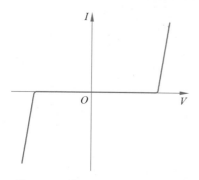

图 14-16　典型 MOV 的电流-电压
关系曲线

金属氧化物压敏电阻是由各种氧化锌混合物制成的压敏(非线性)电阻,器件两端的电压超过阈值电平时电阻减小(Standler,Chapter8,1989)。一个典型 MOV 的电流-电压关系曲线如图 14-16 所示。可以看出,压敏电阻是一个钳位于正、负电压的对称双极器件。钳位电压通常定义为通过压敏电阻的电流为 1mA 时的电压。因为设备钳位电压,瞬态脉冲的所有能量必须在设备内部耗散。

传统的 MOV 最常用于交流电源线上。它们的响应时间慢于 TVS 二极管,但快于气体放电管,通常为几百纳秒,对浪涌而言是足够快的,但对 EFT 或 ESD 而言往往不够快。它们可以承受的浪涌电流是几百或几千安培,能耗散几十焦耳或更多的能量。

当承受浪涌电流时 MOV 逐渐降级,因为它们通常有几百万的额定浪涌,所以这通常不是个问题。综合考虑,MOV 似乎是保护电子设备免受交流电源线浪涌的最好设备。

新型的多层 MOV 也适用于 PCB 的表面贴装封装。它们具有亚纳秒级的响应时间,电容小于 100pF。这些设备足够快,可用于 ESD 和 EFT 防护,而且适用于 10～50V 的钳位电压。虽然它们的功率耗散(通常小于 1J)和额定电流(通常小于 100A)不如传统的 MOV 高,但在适合其特性的场合有许多应用。

一个设施或建筑物最主要的共模雷电(浪涌)防护是在电线进入建筑时由电力公司和电话公司提供的。对于交流电源线的情况,如图 3-1 所示,通过将配电变压器的中线和地线连接在一起,并将它们在进线口面板上与大地地连接来完成。

对于电话线的情况,共模浪涌防护由紧邻线进入设施处的防护器模块提供。目前大多数情况下,它由一对气体放电管连接两个电话线导体到地组成。这也提供了差模防护,但电压是气体放电管钳位电压的两倍。

因为电源线和电话线已有共模浪涌防护,位于设施或建筑物内的电子产品通常只需要额外的差模浪涌防护。对于电源(或电话)线的情况,用单个 MOV 连接到火线和中线之间就可以容易地完成,如图 14-17 所示。

提供差模和共模防护的一个通用的电源线浪涌保护电路如图 14-18 所示。这个电路用 3 个 MOV,每条线对地用一个,火线和中线之间用一个。在许多情况下,这个电路被组合在包含集成浪涌抑制的交流电源插座内。然而当使用下行服务入口时,这种方法存在缺点。接地

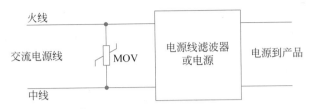

图 14-17　为交流电源线提供差模浪涌防护的单个 MOV

MOV 将产生大的浪涌电流（几百安培或更多）* 进入设施，并倾泻到安全接地导体上。

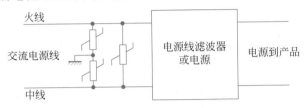

图 14-18　为电源线提供共模和差模浪涌防护的 3 个 MOV

因此，电子产品或交流电源插座不推荐使用图 14-18 的浪涌保护电路。作为大浪涌电流感应进接地导体的结果，安全地中将产生一个高的电压差，例如，500A 的浪涌电流在一个长100ft 的 12 号接地导线上（1.59-mΩ/ft 电阻）将产生 80V 的电压降。于是，接地电压将出现在设备各种组件相互连接的信号导体上，可能导致损坏。

图 14-17 的保护电路不存在这样的问题，因为没有 MOV 与地相连。这个设计只提供了差模浪涌保护，但它在许多应用中是适用的。然而，在一些情况下，要求 MOV 接地符合欧盟的浪涌测试要求。

安装在设施交流电源线上的隔离变压器（见 3.1.6 节）在所安装的分支电路中抑制共模瞬变值也是有效的。然而，它们不能阻断差模瞬变。

直流电源线的差模浪涌保护电路如图 14-19 所示。除了一个肖特基二极管为保护电路提供反极性保护外，与图 14-17 的电路相似。用肖特基二极管是因其正向压降低。二极管必须能承受超过 MOV 击穿电压的反向电压。

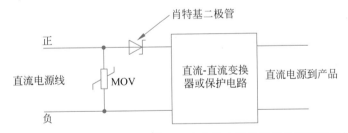

图 14-19　MOV 和肖特基二极管用于为直流电源线提供差模浪涌保护

表 14-5 总结了许多常用瞬态抑制器件的典型特性。

表 14-5　常用瞬态抑制器件的典型特性

器件	类型	响应时间	电容	优　点	缺　点	瞬态类型	典型应用
TVS 二极管	钳位	<1ns	>10pF	• 低成本 • 低钳位电压	• 有限的功率处理能力	ESD,EFT 浪涌[a]	• 信号线 • DC 电源线

---

* 例如，一个 2kV 的浪涌产生的电流高达 1000A。

续表

器件	类型	响应时间	电容	优 点	缺 点	瞬态类型	典型应用
标准 MOV	钳位	100's ns	10～10000pF	• 低成本 • 大功率处理能力	• I<100A • 高钳位电压 • 随多个浪涌降级	浪涌	• AC电源线 • DC电源线
多层 MOV（表面装贴）	钳位	<1ns	10～2500pF	• 较低的额定电压 • 快速切换	• 较低的功率处理能力	ESD,EFT浪涌	• PCB应用
VVR	撬棍	<1ns	<1pF	• 体积小 • 非常小的电容	• 高钳位电压	ESD,EFT	• 高速信号线
气体放电管	撬棍	μs 级	<1pF	• 快速切换 • 非常高的浪涌电流容量	• 成本高	浪涌	• 电信
L-C 滤波器	线性	n/a	高	• 非常可靠 • 最耐用 • 电路中可能已存在 • 滤波器中能量消耗很小	• 较高的击穿电压 • 慢开启 • 电压不被钳位 • 可能产生振铃	ESD,EFT浪涌	• 电源 • 信号线

[a] 电流被限制。

14.3.8 混合保护网络

如果既要求防护如 EFT 或 ESD 的快速上升时间瞬变，也要求防护如浪涌的高能量高电流瞬变，通常很难设计类似图 14-2 的单级网络以满足所有要求。在这种情况下，应考虑设计两级混合瞬态抑制网络(Standler,1989,pp. 113,236C24)。两级混合瞬态防护网络包含一个 TVS 二极管加上一个气体放电管或 MOV，如图 14-20 所示。当电压高于被保护电路的最大额定电压时，TVS 二极管首先导通。TVS 二极管吸收最初的瞬态能量以留下气体放电管或 MOV 开启的时间。流经 TVS 二极管的电流在串联电阻两端产生一个压降，这将增加气体放电管两端的电位差直到达到其击穿电压。于是气体放电管导通，吸收大部分瞬态能量。

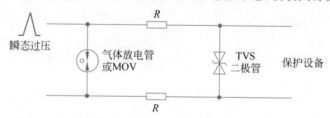

图 14-20　两级混合瞬态防护网络

当与瞬态脉冲的源阻抗结合时，选择电阻值使 TVS 二极管电流限定在一个安全值。另外，电阻导致气体放电管两端的电压增加至高于 TVS 二极管的击穿电压，从而使气体放电管开启。在一些情况下，要求的电阻值可能大于正常工作过程中电路可允许的值。在这些情况下，串联元件不必是一个电阻。对于快速上升时间瞬变，它应该是一个电感（或可能是一个铁氧体）或电阻与电感（或铁氧体）的组合。

例如，当暴露于代表浪涌的 1000V/μs 的瞬态脉冲时，一个 1μH 的电感两端将有 100V 的压降。一个线绕电阻有时可用作串联元件，向元件内提供电阻和电感。

14.4 电源线骚扰

设备设计者关注的其他电源线骚扰包括电压骤降和中断。电压骤降是指均方根电压短时间内减小,通常小于几个周期。在交流电源线上是由电源系统的故障和(或)启动一个类似电动机和大的加热器的高浪涌电流产品所产生的,瞬间的中断通常为几秒钟,使电压完全丢失,这通常是电力公司清理系统上的瞬态故障行为造成的。

表 14-6 列出了欧盟对交流电源线电压骤降和中断的要求,适用于住宅、商用或轻工业环境中工作的产品(EN 61000-6-1,2007)。

表 14-6 交流电源线对电压骤降和中断的要求

测　　　试	降　　　压	持 续 时 间	性 能 标 准
电压骤降	30%	0.5 个周期	B
电压骤降	60%	5 个周期	C
电压中断	>95%	250 个周期	C

为应对电压骤降或瞬时中断,需要一个储存能量的源。这可通过使直流电源的输出端有足够的电容实现。一个产品应设计有足够的电容以使其在交流电压完全丢失时至少在 17ms(大约 60Hz 交流电源线频率的一个周期)内能正常工作。

众所周知,电容器电流电压的关系为

$$i = C \frac{\mathrm{d}v}{\mathrm{d}t} \tag{14-7}$$

可以重写为

$$C = \frac{i}{\mathrm{d}v/\mathrm{d}t} = \frac{i\,\mathrm{d}t}{\mathrm{d}v} \tag{14-8}$$

例 14-1,一个产品从电源得到 1A 的稳态电流,正常工作的电压是 12V±3V。电源的输出端需要多大的电容值以使产品能在电源输入端度过 10ms 完全丢失交流电压的状态? 由式(14-8),得到 $C = 10 \times 10^{-3}/3 = 3333\mu F$。

电源线抗扰度曲线

20 世纪 80 年代初,信息技术产业理事会(ITI)的前身计算机和商业设备制造商协会(CBEMA)针对信息技术设备(ITE)提出了一条实际的电源线抗扰度的轮廓曲线。这条曲线定义了大多数信息技术设备没有中断或功能缺失所能承受的交流电源线电压的包络。2000年,基于广泛的深入研究,ITI 改进的曲线如图 14-21 所示。这条曲线已成为 ITE 行业和其他行业的标准,通常称为 CBEMA 曲线(ITI,2000)。

虽然不打算作为设备的设计规范,但这条曲线通常用作此目的。想要生产一高质量产品,制造商通常用 CBEMA 曲线作为电源线抗扰度的一个指南。电源质量的电压测试者甚至可以连续地监测交流电源线电压,并记录超过 CBEMA 曲线的"无功能中断"限值的任何情况。

CBEMA 曲线是适用于包括瞬态和稳态条件的单相 120V、60Hz 设备的电压容差包络。它是交流电压的百分比随持续时间变化的半对数图。图中包含 3 个区域。曲线左侧的区域定义了产品正常工作且无性能降级的电压容差包络。在曲线右下方电压骤降的区域,产品可能无法正常工作,但不会损坏。曲线右上方的电压浪涌区域是禁止区域。如果设备处于这些条件下,产品会出现故障,甚至可能损坏。

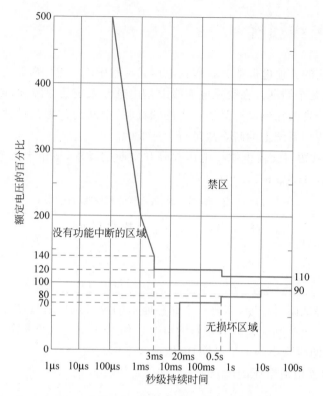

图 14-21　CBEMA 曲线(2000 年修订)定义的电源线电压容差包络，
应用于单相 120V 设备(©信息技术产业理事会,2000)

曲线表明,产品通常工作在±10%的电压变化范围内。应能承受 10s 的 20%的电压骤降,0.5s 骤降 30%,电压完全中断长达 20ms,应仍能正常工作。

曲线也表明,20%的电压浪涌持续 0.5s,电压增大 40%持续 3ms,增大 100%持续 1ms,产品通常能正常工作。

出现在曲线左侧区域的电压浪涌持续时间小于 100μs,通常是附近雷击的结果。在曲线的这一区域,最重要的是瞬态能量而非电压幅值。目的是在这个区域为产品提供最小 80J 的瞬态抗扰度。这个结果与欧盟的浪涌测试要求是一致的,因为表 14-3 中所列的浪涌能量小于 80J。

虽然 CBEMA 曲线只适用于 120V、60Hz 的系统,但表 14-5 中所列欧盟的电压骤降和中断要求与曲线的限值一致。电压骤降 30%持续 0.5 个周期(50Hz 电源线为 10ms)的要求属于 CBEMA 曲线无功能中断区域,这与欧盟的性能标准 B 一致。电压骤降 60%持续 5 个周期(50Hz 时为 100ms)而骤降 95%以上持续 250 个周期(50Hz 时为 5s),属于曲线的无损坏区域,与欧盟的性能标准 C 一致。

总结

- 大部分射频敏感性问题是音频检波的结果。
- 当音频检波成为问题时,必然出现下述两种情况。
  - ◆ 第一,必须拾取射频能量。

　　　　◆ 第二,射频能量必须被检波。

- 针对电缆和机壳的 RFI 缓解技术应当应用于设备级。
- 保持敏感信号的环路面积尽可能地小。
- 在敏感设备的输入端增加 RFI 滤波器。
- 滤波器的串联元件应在关注的频率有 $50\sim100\Omega$ 的阻抗。
- 滤波器的串联元件可能是电阻、电感或铁氧体。
- 选择一个 RFI 滤波器的电感应使频率与电感的乘积等于 10。
- RFI 滤波器的分流元件应在关注的频率只有几欧姆或更小的阻抗。
- 选择 RFI 滤波器的电容应使频率与电容的乘积等于 0.1。
- 在 $80\sim1000\mathrm{MHz}$ 的频率范围内,1000pF 的电容是有效的。
- 即使电路工作在低频也要应用射频去耦。
- 使用具有接地和电源平面的多层 PCB。
- 只要有可能,尤其是在放大器的低电平输入端,就要用平衡电路。
- 在稳压器的输入和输出端应增加高频电容性滤波器。
- 使用高质量屏蔽电缆、高覆盖编织层或金属箔上覆盖编织层的屏蔽。
- 正确端接屏蔽层到机壳,不用猪尾巴线或辫线。
- 对射频抗扰度不能用螺旋屏蔽电缆。
- 如果不用屏蔽电缆,在进入/离开机壳的位置将 I/O 引线滤波。
- 对于带状电缆,限制信号线与地线的比例为 3∶1。
- 屏蔽机壳上孔径的最大线性尺寸应小于最高关注频率波长的 1/20。
- 铝或铜制成的薄屏蔽层频率在 500kHz 以上也有效。
- 钢屏蔽应用于 500kHz 以下的频率。
- 影响设备的 3 种最常见的高电压瞬变如下。
　　◆ 静电放电。
　　◆ 电快速瞬变。
　　◆ 雷电浪涌。
- 有效的瞬态防护包括以下 3 种方法。
　　◆ 第一,分流瞬态电流。
　　◆ 第二,保护敏感设备免受损坏或混乱。
　　◆ 第三,编写瞬态固化软件(见 15.10 节)。
- 当数据速率高于 100MB/s 时,应将非常低电容的聚合物 VVRs 用于高速接口的瞬态保护。
- 相似的技术通常能用于防护 ESD 和 EFT。
- 浪涌的脉冲能量比 ESD 或 EFT 大一千倍,需要可处理额外能量的防护设备。
- 只在交流和直流电源线上要求浪涌防护。
- 当同时要求亚纳秒的瞬变和浪涌防护时,可能需要一个两级混合保护网络。
- 表 14-5 总结了各种瞬变抑制器件的特性。
- 电源线骚扰,如电压骤降、中断和浪涌,是存在的事实,应加以防护。
- CBEMA 曲线可用作设备的电源线电压容差抗扰度指南。

习题

14.1 距离一个有效辐射功率 10kW 的 AM 广播基站 1km 处的电场强度是多少？

14.2 距离一个 1W 的小手持 FM 发射机 1m 处的电场强度是多少？

14.3 一个 FM 发射机驱动 100W 功率进入一个偶极子天线,离这个天线 10m 处的电场强度是多少？

14.4 通常根据电场强度(V/m)或功率密度(W/m^2 或 mW/cm^2)测量或确定电磁场,根据功率密度 P(W/m^2)写出远场电场强度 E(V/m)的表达式。

14.5 如果一个发射机电磁场的功率密度为 10mW/cm^2,远场测量时以 V/m 为单位的电场强度是多少？

14.6 什么是音频检波？

14.7 a. 用一个 RFI 滤波器防护一个 5MHz 发射机产生的敏感问题,串联电感的合适值为多少？

　　 b. 上述滤波器中分流电容的合适值为多少？

14.8 当计算一个 L 形滤波器的衰减时,通常假设滤波器嵌入的电路具有低的源阻抗和高的负载阻抗。

　　 a. 如果源阻抗不低,将对滤波器的性能有什么影响？

　　 b. 如果负载阻抗不高,将对滤波器的性能有什么影响？

14.9 频率高达 650MHz 时,能提供至少 20dB 屏蔽效果的屏蔽机壳孔径的最大线性尺寸是多少？

14.10 当钳位一个 2A、500ps 上升时间的 ESD 脉冲时,与一条长 1in 的 PCB 迹线(二极管两侧各 0.5in)串联的 12VTVS 二极管两端的电压降是多少？

14.11 a. 在 300MHz 时,与长 3/4in 的 PCB 迹线串联的一个 470pF 滤波电容的阻抗是多少？

　　 b. 在 300MHz 时,一个理想的 470pF 的电容(无串联电感)的阻抗是多少？

14.12 a. 欧盟的浪涌测试发生器设置 4kV 的接触放电。当放电于一个短路电路时,峰值电流为多少？

　　 b. 当应用于一个短路电路时,1kV EFT 脉冲的峰值电流是多少？

　　 c. 当对一个短路电路进行 2kV 的浪涌放电时,欧盟的浪涌测试发生器的峰值电流是多少？

14.13 图 14-20 所示的混合瞬变防护网络使用一个 150V 的击穿气体放电管和一个 12V 的双向 TVS 二极管,每个串联电阻是 10Ω,并将一个 1000V、上升时间 1μs、脉冲宽度 50μs 的浪涌(源阻抗是 5Ω)用于该网络。

　　 a. 流经 TVS 二极管的最大内部电流是多少？

　　 b. 气体放电管开启后,流经 TVS 二极管的最大电流是多少？

　　 c. 流经气体放电管的最大电流是多少？

14.14 一个产品从电源获得 0.5A 的稳态电流,产品正常工作的直流电压应为 9V±2V。为使产品能在电源输入端度过 20ms 完全失去交流电压的状态,电源输出端所需的电容值为多少？

14.15 一个产品从一个 SMPS 的输出端获得 95mA 的电流。产品规格是直流电压为 12V±2V,电源具有 1200μF 的输出电容。如果交流电源失去 SMPS 的输入,产品在 60Hz 电源线的几个周期仍能工作?

14.16 在以下条件下,工作于 120V、60Hz 电源线的计算机或打印机是否满足欧盟的性能标准 A?

    a. 80% 的电压骤降持续 0.5 个周期。

    b. 40% 的电压骤降持续 5 个周期。

    c. 150% 的电压浪涌持续 1ms。

    d. 在上述哪种条件下,产品会损坏?

14.17 定义一组交流电源线条件(电压幅度和持续时间),在该条件下一个 ITE 设备无法正常工作,甚至可能损坏。

参考文献

[1] EN 60601-1-2. *Medical Electrical Equipment—Part1-2: General Requirements for Safety—Collateral Standard: Electromagnetic Compatibility—Requirements and Tests*,CENELEC,2007.

[2] EN 61000-6-1. *Generic Immunity Standard for Residential, Commercial, and Light-Industrial Environments*,CENELEC,2007.

[3] EN 61000-6-2. *Generic Immunity Standard for Industrial Environments*,CENELEC,2005.

[4] German R F,Ott H W,Paul C R. *Effect of an Image Plane on Printed Circuit Board Radiation. IEEE Electromagnetic Compatibility Symposium*,Washington,DC,1990.

[5] Industry Canada. *EMC AB 1*, Issue 3. *Immunity of Electrical/Electronic Equipment Intended to Operate in the Canadian Radio Environment* (0.010-10000MHz). Industry Canada,1990.

[6] ITI (CBEMA) Curve Application Note. *Information Technology Industry Council.* 2000. Available at www.itic.org/archive/iticurv.pdf.

[7] Standler R B. *Protection of Electronic Circuits from Overvoltage*. Wiley,New York,1989.

[8] Standler R B. *Protection of Electronic Circuits from Overvoltage*. Frederica,DE,Dover,2002.

深入阅读

[1] AN-671. *Reducing RFI Rectification in Instrumentation Amplifiers.* Analog Devices, Norwood, MA,2003.

[2] Lepkowski J. *An Introduction to Transient Voltage Suppression Devices*,ON Semiconductor,2005.

[3] Lepkowski J,Johnson J. *Zener Diode Based Integrated Filters, an Alternative to Traditional EMI Filter Devices.* ON Semiconductor.

[4] General Electric. *Transient Voltage Suppression*,5th ed. 1986.

第15章

静 电 放 电

静电是我们比较熟悉的现象。如附着在衣服上的静电、触摸门把手或其他金属物体时出现的电弧、闪电。两千年以前静电就已为远古的希腊人所知。在中世纪,魔术师用静电效应表演"魔袋"。当代利用静电实现了很多有用的功能,利用这一原理制造的产品包括静电复印机、静电除尘器、空气净化器、静电式喷墨打印机等。

然而,不受控制的静电放电(ESD)对电子工业已经形成一种危害。20世纪60年代早期,人们就已经认识到许多集成电路、金属氧化物半导体、分离元件(如薄膜电阻、电容器和晶体)易受静电放电危害的影响。随着电子元件体积的减小、速度的提高,且能在更低的电压下工作,它们对ESD的敏感性也在提高。

静电放电控制是EMC和瞬态抗扰性课题中的一个特例。很多用于降低系统静电放电灵敏度的技术与用于暂态抗扰性和控制辐射发射的技术类似。

15.1 静电的产生

静电可以由许多不同的方式产生*,但最常用的方法是材料间的接触与随后的分离。这些材料可以是固体、液体或气体。当两种非导体(绝缘体)接触时,一些电荷(电子)从一种材料转移到另一种材料。因为电荷在绝缘体中不易移动,当两种材料分开时,电荷不能返回原材料中。如果两种材料原来是中性的,它们将被充电,一个带正电,另一个带负电。

这种产生静电的方法称为摩擦起电。古代静电由羊毛摩擦琥珀产生。tribos在希腊语中是摩擦的意思,elektron在希腊语中是琥珀的意思,triboelectric即摩擦琥珀。虽然我们倾向于认为摩擦在两种材料间产生电荷是必需的,但这并不正确。事实上两种材料接触后分离才是产生静电必需的。

一些材料容易吸收电子,而另一些容易释放电子。摩擦起电序列是按照材料释放电子的能力排序的列表。表15-1是典型的摩擦起电序列表。列表前部的材料容易释放电子得到正电荷,列表后部的材料容易吸收电子而带负电荷。然而这个列表只是近似的。

当两种材料接触时,电子将从列表中前部的材料转移至后部的材料上。表15-1中两种材

---

* 例如,摩擦起电、感应起电和压电效应。

料的离开程度不代表产生电量的大小。产生电量的大小不仅与两种材料在摩擦起电序列表中的位置有关,还与表面的清洁度、接触压力、摩擦次数、接触面积、表面光滑程度及分离速度有关。两个同种材料的物体接触随后分离时也能产生电荷,只是这种情况下哪个物体获得正电荷、哪个物体获得负电荷是不可预测的。一个典型的例子是打开一个塑料袋时也能产生静电。

表 15-1 摩擦起电序列表

正电		18. 硬质橡胶
1. 空气		19. 聚酯薄膜[R]a
2. 人的皮肤		20. 环氧树脂玻璃
3. 石棉		21. 镍,铜
4. 玻璃		22. 黄铜,银
5. 云母		23. 金,铂
6. 人的头发		24. 聚苯乙烯泡沫
7. 尼龙		25. 丙烯酸
8. 羊毛		26. 聚酯
9. 毛皮		27. 赛璐珞
10. 铅		28. 腈纶,丙烯酸类树脂
11. 丝绸		29. 聚亚安酯泡沫
12. 铝		30. 聚乙烯
13. 纸张		31. 聚丙烯
14. 棉		32. PVC(聚氯乙烯)
15. 木材		33. 硅
16. 钢		34. 聚四氟乙烯[R]a
17. 琥珀		负电

a DuPont 公司的注册商标。

电荷以库仑(C)为单位进行度量,它是难以测量的。因此,我们通常提到的是一个物体的静电电压(以伏特为单位进行测量),而不是它的电量。电量、电压和电容量之间的关系如下:

$$V = \frac{Q}{C} \qquad (15\text{-}1)$$

当两种材料分离时电量 Q 保持恒定。因此,V、C 的乘积是一个常数。当两种材料接近时,电容量增大,电压降低。当两种材料分开时,电容量减小,电压增大。举例来说,若电容是 75pF,电量是 $3\mu C$,电压将是 40000V。

绝缘体与导体分离时也会发生摩擦起电,但两个导体分离时不会发生这种现象,由于导体中的电荷移动较快,分离后电荷即可返回原来的材料。

因此,导体和绝缘体在与另一个绝缘体接触、分离后可以容易地充上电荷。紧密接触是电荷发生转移所必需的。摩擦往往增加接触的压力,产生更大的接触面积,进而促进电荷的转移。快速分离给电荷回流留下更少的时间,这也促进了电荷的转移,进而提高了电压。

选自 DOD-HDBK-263 的表 15-2 列出了不同条件下可能产生的典型的静电电压。注意:湿度对产生的电压影响很大。常用材料在湿度小于 20% 的生活和工作环境中可产生 10~20kV 的电压。但是,当湿度大于 65% 时产生的电压约为 1500V 或更小。

静电是一种表面现象。静电荷仅存在于材料的表面而不在它们的内部。绝缘体上的电荷保持在其产生的区域,而不是分布在材料内部或遍及材料的整个表面。将绝缘体接地也不会消除电荷。

如果电荷产生在导体上，极性相同的电荷相互排斥，而导体表面是电荷能分开的最远距离，因此电荷会分布于整个导体表面。导体内部不存在电荷，电荷只存在于导体表面。然而，与绝缘体不同，带电的导体如果接地会释放电荷。

表 15-2　典型的静电电压

静电产生的方法	静 电 电 压	
	相对湿度 10%～20%	相对湿度 65%～90%
在地毯上行走	35000	1500
在乙烯基地板上行走	12000	250
工人在长椅上移动	6000	100
打开一个乙烯基信封	7000	600
打开聚乙烯袋子	20000	1200
坐在填充聚亚安酯泡沫的椅子上	18000	1500

静电放电通常包括下列 3 个步骤。

（1）在绝缘体上产生电荷。

（2）电荷通过接触或感应转移到导体上。

（3）带电导体接近金属物体时发生放电。

例如，当一个人走过地毯时，鞋底（绝缘体*）在与地毯接触分离时带电。这些电荷通常通过感应转移到人体（导体）上，如果人接触一个金属物体（接地或不接地），就发生放电。当放电现象发生在没有接地的物体（如门把手）上时，放电电流流过这个物体和地之间的电容。

带电的绝缘体本身并不直接受静电放电的威胁。由于绝缘体上的电荷不能自由移动，不会发生静电放电，带电绝缘体的危险来自于它的电位。当带电绝缘体靠近导体（如人体）时，通常通过感应在导体上产生电荷，例如人体，然后就可能产生静电放电。

15.1.1　感应起电

带电体（绝缘体或导体）周围存在静电场。如果将一个中性导体放到带电体附近，静电场将使中性导体上平衡分布的电荷重新分布，如图 15-1 所示。与带电体上极性相反的电荷将分布在离带电体较近的中性导体表面上，另一种极性的电荷则分布在表面上较远的地方。但是导体上的正负电荷电量相等，导体仍然保持中性。当这个中性导体离开带电体时，正负电荷重新结合。

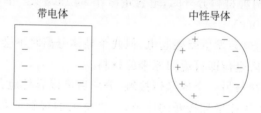

图 15-1　带电体附近中性导体上正负电荷的分开分布

然而，如果带电体附近的中性导体接地（例如，这个物体与人或者与一个接地物体接触），中性导体上远离带电体一侧的电荷将被释放，如图 15-2（a）所示。然后，如果断开接地，如图 15-2（b）所示，这个导体还在带电体附近，不管这个导体是否与带电体接触，都会被充电。接

---

* 有些鞋子（如皮革鞋底）是静电耗散的。

地仅需要瞬间,并可以产生相当大的阻抗(100kΩ 或更大)。

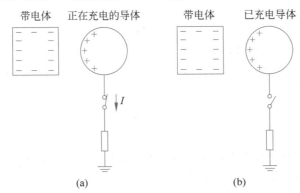

图 15-2　如果图 15-1 中的中性导体接地(a),负电荷将被释放而使导体带电(b)

15.1.2　能量存储

尽管电荷存在于物体表面,与电荷相联系的能量(场)却存储于该带电体的电容中。我们通常认为电容存在于距离很近的平行板之间,然而每个物体都有自身的自由空间电容,物体本身是一个极板,另一个极板位于无穷远处。它代表一个物体能拥有的最小电容。一个不规则物体的自由空间电容主要由其表面积决定。因此,自由空间电容可用两个同心球的简单几何关系近似,一个球与这个物体有相同的表面积,另一个球位于无穷远处。

两个同心球的电容为(Hayt,1974,p.159)

$$C = \frac{4\pi\varepsilon}{\dfrac{1}{r_1} - \dfrac{1}{r_2}} \tag{15-2}$$

其中,r_1、r_2 分别是两个球的半径($r_2 > r_1$),ε 是两个球之间介质的介电常数。

对于自由空间,$\varepsilon = 8.85 \times 10^{-12} \mathrm{F/m}$。如果外球半径趋于无穷大,则式(15-2)可简化为

$$C = 111r \tag{15-3}$$

其中,C 是以 pF 为单位的电容量,r 是以 m 为单位的球的半径。

式(15-3)表示空间中孤立物体的电容,可用于估计物体的最小电容(自由空间电容)。计算步骤如下:①确定待求自由空间电容的物体的表面积;②计算与之有相同表面积的球面半径;③用式(15-3)计算电容。不同形状物体表面积的计算公式如图 15-3 所示。

例如,人体的表面积约等于 1m 直径的球面面积,因此人体的自由空间电容约为 50pF。地球的自由空间电容约为 700μF。而一个弹球大小的物体的自由空间电容约为 1pF。

除了式(15-3)给出的自由空间电容以外,由于物体与周围的另一个物体接近,平行板电容也同时存在。

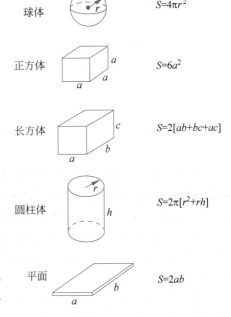

图 15-3　不同形状物体表面积的计算公式

两个平行板之间的电容为

$$C = \frac{\varepsilon A}{D} \tag{15-4}$$

其中，A 是板的面积，D 是两板间距。

物体的总电容等于自由空间电容（式(15-3)）加上与相邻物体间的平行板电容（式(15-4)）。

15.2　人体模型

人体是一个主要的静电放电源。如前文所述，人体很容易带静电。然后，这些电荷以静电放电的形式从人体转移到敏感电子设备上。

为模拟人体放电，我们从研究人体的电容开始。除 50pF 的自由空间电容外，对人体电容主要贡献来自两鞋底与地之间的电容。如图 15-4 所示，两鞋底与地间的电容约为 100pF（每只脚 50pF）。由于人体与周围其他物体接近，如建筑物、墙壁等，另外可能还有 50～100pF 的其他电容。因此，人体电容在 50～250pF 之间变化。

为研究静电放电建立的人体模型如图 15-5 所示。人体电容 C_b 通过摩擦起电或其他方式充电至电压 V_b，通过人体电阻 R_b 发生放电。人体电阻很重要，因为它限制了放电电流。人体电阻在 500～10000Ω 之间变化，它的大小取决于放电发生在身体的哪个部位。如果通过指尖上放电，电阻约为 10000Ω；如果通过手掌放电，电阻约为 1000Ω；如果通过手中的小金属物体放电（如一个钥匙或一枚硬币），电阻约为 500Ω。但是，如果放电发生在与人体接触的大金属物体上（如一个椅子或购物车），电阻可能低至 50Ω。

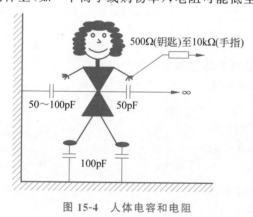

图 15-4　人体电容和电阻

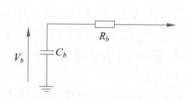

图 15-5　人体模型

各参数的变化范围：C_b 为 50～250pF；
R_b 为 500～10kΩ；V_b 为 0～20kV

图 15-5 所示电路用于测试和模拟人体放电。对于不同的静电放电测试标准，模型中的元件使用不同的参数值。最常用的是欧盟的基础静电放电标准 EN 61000-4-2 规定的模型，它包含一个 150pF 的电容和一个 330Ω 的电阻。

图 15-6 表示把 150pF、330Ω 的人体模型放到 EN 61000-4-2 标准中规定的专用 2Ω 的测试目标产生的典型波形。对于 8kV 的放电，电流上升时间为 0.7～1ns，峰值电流为 30A；4kV 时峰值电流为 15A。

这个波形事实上是图 15-7 所示两个放电波形的合成。快速上升的窄脉冲是静电放电测试仪探针（标准中定义了探针的大小和形状）的自由空间电容放电波形，慢变的宽脉冲是与测

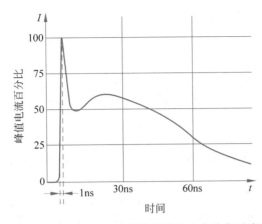

图 15-6　150pF、330Ω 人体模型放电产生的典型波形

试仪的接地线电感(图 15-5 中没有标出)串联的 150pF 电容的放电波形。

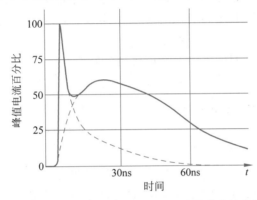

图 15-7　图 15-6 中的波形包含两个波形：快速上升的窄脉冲是静电放电测试仪探针的自由空间电容放电波形，慢变的宽脉冲是与测试仪的接地线电感串联的 150pF 电容的放电波形

实际上，电压低于 3500V 的放电人们是感觉或觉察不到的。因为很多电子设备对静电放电危害的敏感度只有几百伏，所以，人们还没感觉到、听到或看到，放电对元器件造成的损害可能就已经发生了。另一个极端的例子是，电压超过 25kV 的放电对人来说就非常痛苦了。

15.3　静电泄漏

物体上累积的电荷离开这个物体有两种途径：泄漏或电弧。由于最好避免电弧，泄漏是使物体放电的首选方式。由于空气潮湿，电荷可通过空气泄漏。空气湿度越大，电荷泄漏越快。用离子发生器在空气中产生带正负电荷的离子，也可以中和物体上的电荷，极性相反的离子被吸引到带电体上，与上面的电荷中和。离子越多，电荷中和得越快。

可以采用故意将带电导体接地的办法使其泄漏。接地可以是硬接地(接近 0Ω)或软接地(阻抗很大，几百千欧姆到几兆欧姆)来限制电流。由于人体是导电的，用一个导电的腕带接地即可释放电荷。然而，使人体接地并不能释放其衣服上(非导体)或手中的塑料物体(如聚苯乙烯泡沫塑料咖啡杯)上的静电。去除这些物体上的电荷，必须用离子或高湿度(>50%)来解决。

人体接地时应避免硬接地，因为如果人体与交流电源线或其他高压设备接触时会产生安全问题。人体接地时的最小阻抗为 250kΩ，接地的腕带与地间的电阻通常为 1MΩ。电阻越大,电荷从物体上离开需要的时间越长。

弛豫时间

由于物体上的电荷释放需要一段时间,弛豫时间是一个重要参数,它是电荷减少到原来的37%所需的时间。弛豫时间(有时称为衰减时间)为(Moore 1973,p.26,Eq.15)

$$\tau = \frac{\varepsilon}{\sigma} \tag{15-5}$$

其中,ε 是材料的介电常数,σ 是电导率。弛豫时间用材料的表面电阻率表示,可写为

$$\tau = \varepsilon \rho \tag{15-6}$$

由式(15-6)可以看出,弛豫时间可以用来作为测量材料电阻率的一种间接方法。

由于静电是一种表面现象,可根据表面电阻率对材料进行分类。表面电阻率具有 Ω / m^2 的量纲,等于在材料的一个正方形截面上测得的电阻。不管面积多大,材料的电阻率都不变。表面电阻率用一种包含两个电极的固定装置测量,这两个电极形成正方形相对的两条边。只要两个电极的间距与电极的长度相同,不管这两个电极多长,测得的电阻率都是一样的。也就是说,如果两个电极长 3cm,间距也必须是 3cm。

根据表面电阻率,DOD-HDBK-263 标准将材料分为 4 类,见表 15-3。

表 15-3 各种材料的表面电阻率

材　　料	表面电阻率/$\Omega \cdot m^{-2}$	材　　料	表面电阻率/$\Omega \cdot m^{-2}$
导电材料	$0 \sim 10^5$	抗静电材料[a]	$10^9 \sim 10^{14}$
静电耗散材料	$10^5 \sim 10^9$	绝缘材料[a]	$> 10^{14}$

[a] 从抗静电材料到绝缘材料,表面电阻率 10^{14} 是很高的,比较常见的值是 $10^{12}\Omega / m^2$。

表面电阻率为 $10^9 \Omega / m^2$ 或更小的材料能通过接地迅速放电。如果电荷存在于一个物体上,为限制电流避免产生危害,应缓慢地将电荷释放。

导电材料是释放电荷最快的材料,将这类材料接近已带电的电子设备是比较危险的。如果一个带电设备与接地的导电材料接触,就会迅速放电,产生很大的峰值电流,进而造成危害。

由于静电耗散材料放电速度较慢,抗静电性能优于导电材料。接地的静电耗散材料可用于防止电荷累积,也可以将物体上已有的电荷安全地释放。

抗静电材料放电是最慢的。然而这类材料具有实用性是因为它们放电比产生静电快,因而能防止物体上电荷的累积。粉红色的聚乙烯袋子就是一个实例。为防止摩擦起电,物质表面的电阻率应不超过 $10^{12}\Omega / m^2$。

将自身分开或与其他材料分开时,静电耗散性材料和抗静电性材料都不会带电。它们有相似的应用,有时还被归为同一类。在对静电放电比较敏感的环境中,如电子设备的生产线上,这两类材料是首选。

绝缘体不能耗散电荷,而是保留自身所带的电荷。聚乙烯袋子和聚苯乙烯泡沫包装材料就是实例。这些材料不允许用于静电放电敏感环境。

15.4　设备设计中的静电放电防护

若实验表明存在问题,应将静电放电防护作为系统初始设计的一部分,而不应最后环节再加入。有效的静电放电抗扰设计需要 3 个步骤。

第一,通过以下方法防止或最小化瞬时电流进入。

(1) 有效的机壳设计。

(2) 电缆屏蔽。

(3) 对非屏蔽的外部电缆提供暂态保护。

第二,加固敏感电路,例如:

(1) 复位。

(2) 中断。

(3) 其他关键的输入控制。

第三,编写瞬态固化检测软件,如果可能,纠正以下错误。

(1) 程序流程。

(2) 输入/输出(I/O)数据。

(3) 内存。

最有效的静电放电防护应综合运用以上3种方法。

静电放电的能量可通过以下两种方式耦合到电子电路中。

(1) 直接传导。

(2) 场耦合。

① 电容性耦合。

② 电感性耦合。

直接传导发生在放电电流(典型电流为几十安培)直接流过敏感电路时,这可能导致电路损坏。

需要避免直接传导带来的静电放电问题。与静电放电相关的快速上升时间、高电压和大电流会产生很强的电场和磁场。虽然这些场通常不会产生危害,但它们足以导致距离实际放电位置1m或更远的很多电子电路运行紊乱。

采用以下方法可以保护电路或系统免受静电放电的危害。

(1) 在电源上消除静电的累积。

(2) 对产品进行绝缘,防止放电。

(3) 为放电电流设计可选择的通路以旁路敏感电路。

(4) 屏蔽电路以防护放电产生的电场。

(5) 减少回路面积以保护电路免受放电产生的磁场影响。

上面列出的前3项控制直接传导,后两项控制相关的场耦合。

电子系统中静电放电感应效应可分为以下3类。

(1) 硬损坏。

(2) 软损坏。

(3) 暂时混乱。

硬损坏导致系统硬件的实际损坏(如集成电路损坏);软损坏影响系统运行(如改变存储位或程序锁死),但并没有导致物理上的损坏;暂时混乱也不会导致损坏,但这种影响是可以察觉到的(如CRT显示的滚动,或阅读显示的瞬时变化)。

欧盟的静电放电故障标准(标准B)如下。

测试后设备能够按预定方式继续运行。不允许性能降低或功能丧失。可是测试过程中性能降低是允许的。实际运行状态和存储的数据不允许变化。

换句话说,暂时混乱是允许的,但是不允许出现硬损坏和软损坏。

设备静电放电抗扰性设计的第一步是防止直接放电电流流过敏感电路。解决的方法是使电路绝缘,或者为放电电流设计一个可选路径。

如果采用绝缘的方法,就必须完全绝缘,因为电火花可以通过极窄的空气隙进入,如键盘上按键周围的缝隙或空气隙。放电也可以通过针孔大小的洞。

产品放在金属机壳内时,机壳可以作为静电放电电流的一个可选路径。为有效转移静电放电电流,远离敏感电路,机壳的所有金属部分必须搭接在一起。如果从导电的角度看,机壳是不连续的,那么部分电流可能流过内部电路,如图 15-8 所示。

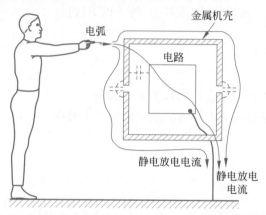

图 15-8　缝隙处没有良好电接触时金属机壳上的静电放电

静电放电搭接和接地的基本原则是在可能出现静电放电电流的地方采用低电感多点搭接,而在不可能出现静电放电电流的地方采用单点搭接。因此,必须保证机壳所有的结点、接缝和连接处具有良好的高频电连续性(多点式)。对于不恰当搭接的机壳,静电放电电流会流过机壳与内部电路之间的寄生电容,放电电流的路径通常是复杂而不可预知的。

15.5　防止静电放电进入

3 种最常见的静电放电入口是机壳、电缆,以及键盘和控制面板。机壳可以是金属或塑料材质,它们各有优缺点。不同材质应采取不同的静电放电防护措施。

15.5.1　金属机壳

金属机壳的主要优点在于可用作静电放电电流可选择的通路,主要缺点在于它促使放电发生。

如图 15-9 所示,接地的金属机壳完全密封了与机壳绝缘的电路,该电路没有与机壳外任何物体连接。考虑到接地导体电感较大,大部分初始静电放电电流流过机壳与地之间的寄生电容。放电发生时寄生电容充电,导致机壳的电位上升,10000V 放电时机壳电位上升到的典型电位为 1000~2000V。

假设导体的自感系数为 15nH/in,一个 6ft 的接地导体的自感约为 1μH。在 300MHz 时,1μs 上升时间的静电放电脉冲的频谱分量产生的接地导体阻抗约为 2000Ω。机壳与地之间的电容充电是引起机壳电位最初上升的原因。然后接地导体以较慢的速度释放寄生电容的电荷,机壳电位回到地电位。

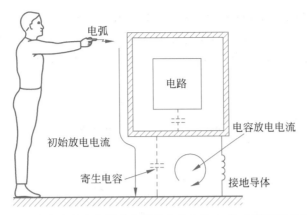

图 15-9　对将电路完全密封的金属机壳静电放电,该电路没有外部连接

放电时机壳电位上升,机壳内的电路也上升到相同的电位。因此,机壳与内部电路之间或者电路的不同部分之间不存在电位差,使电路得到保护,这样就很安全。

机壳的不连续性(如缝隙或孔)会导致机壳上出现不同的电压,使静电放感应场耦合到机壳内,如图 15-8 所示。机壳上的电压和场也能耦合到电路中,影响电路的运行。

解决场耦合问题通常有两种方法。第一种方法也是最优方法,就是使机壳尽可能完整。机壳应尽可能连续,且缝隙和孔的数量最少。为减少静电放电的耦合,机壳上缝隙的最大长度为 25mm(1in)。第二种方法是减小电路环路面积,减少机壳与电路之间的电感耦合,或增加内部屏蔽,阻断机壳与电路之间的电容耦合。这种方法更详细的讨论见图 15-11 的讨论和 15.9 节。

图 15-9 不是实际应用的情形,因为这个电路与机壳外没有任何连接。一个更实际的情况如图 15-10 所示,这里机壳内密封的电路有外部接地。当对机壳放电时,如前所述,机壳的电位升高。然而,由于有外部接地,电路保持或接近地电位。因此,机壳与电路之间出现很大的电位差,在机壳和电路之间可能出现图 15-10 所示的二次电弧。这个二次电弧发生时没有限制电流的电阻,因此,可以产生比初次电弧更大的电流(几百安培),所以具有更大的潜在破坏性。

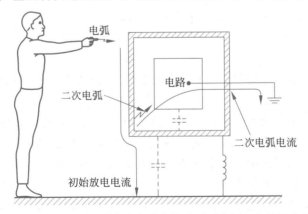

图 15-10　机壳内密封的电路有外部接地时对金属机壳的静电放电

机壳不接地将产生相似的效果。在此情况下,不像接地的机壳一样出现几千伏的电压,机壳上可能出现接近放电源的电压。因此,为提供静电放电保护,所有金属机壳都要接地。

二次电弧可以通过以下途径避免:①在所有金属部件与电路之间提供足够的空间;②将电路与金属机壳连接,保持电路与机壳等电位。间距应该足够大,接地的机壳应能承受约

2000V 的电压,不接地的机壳应能承受 15000V 的电压。

常温常压(STP)下空气的击穿场强约为 3000V/mm(75000V/in)。击穿场强大致正比于气压,反比于绝对温度。通常认为,预防电弧的安全距离为以上值的 1/3 或 1mm/kV。表 15-4 列出了不同电压时以 1mm/kV 为基准的安全距离。

表 15-4　以 1mm/kV 为基准的安全距离

电压/V	距离/mm	电压/V	距离/mm
2000	2	15000	15
4000	4	20000	20
8000	8	25000	25
10000	10		

即使在不出现二次弧的情况下,金属机壳与电路之间的强电场也会使电路出现问题。通常情况下,机壳内和敏感电路周围需要设计二次屏蔽以阻断电场耦合。这种非外露的二次屏蔽通常按图 15-11(b)所示方式与电路连接。

电路与机壳的连接应该是位于 PCB I/O 接口处的一个低电感连接。这与 12.4.3 节中介绍的用于抑制电缆共模辐射的电路与机壳的接地连接相似。因此,利用这种技术可实现两种目的。

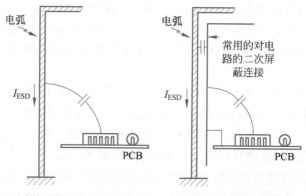

(a) 金属机壳与电路间的电容耦合　　(b) 用二次屏蔽阻断电路与金属机壳间的电容耦合

图 15-11　用二次屏蔽阻断电路与金属机壳间的电容耦合

图 15-12 中的设置验证了结果。当对机壳放电时,机壳电位升高。然而,由于电路通常都与机壳连接,电路的电位也随之升高,且电路的不同点之间,以及电路与机壳之间不存在电位差。

然而,机壳上的高电位会产生什么后果?这个电压作为共模电压传输到接口电缆上,并加到了电缆的另一端。于是,问题从发生放电的机壳内的电路传输到电缆另一端的电路上。如果电缆是交流电源线,几千伏的瞬时电压不会对其造成危害。但如果电缆是连接在低电平电路上的信号线,则电路很可能被损坏。

当然,这种情况也可以反过来。即放电发生在电缆远端的电路上,而损坏机壳内的电路。这种现象称为典型的放电问题,即放电发生在盒子 A 上,损坏发生在盒子 B 中的电路上。反之亦然。

因此,对于一个封闭在完整导体机壳内并与机壳相连的电路,静电放电主要问题在于电缆接口,所以,需对这些电缆采取措施以避免静电放电造成危害。

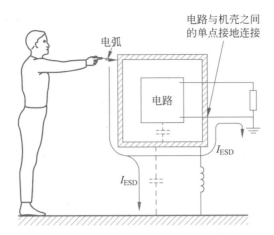

图 15-12　对机壳内电路与机壳之间有一个单点接地连接的金属机壳的静电放电

15.5.2　输入输出电缆的处理

电缆以以下 3 种方式产生静电放电：①直接放电；②起天线的作用；③15.5.1 节中讨论的典型的两个盒子的静电放电问题。通过以下一种或几种方法可以防止或至少最小化静电放电。

(1) 使用屏蔽电缆。

(2) 共模扼流圈。

(3) 瞬态电压抑制二极管。

(4) 电缆旁路滤波器。

使用高覆盖率编织层屏蔽电缆或金属箔外加编织层屏蔽电缆可以防护静电放电。最理想的防护是屏蔽层终止于机壳上时采用 360°焊接。金属箔屏蔽电缆用于静电放电防护中的问题在于，屏蔽层用辫线（猪尾巴连接线）端接，而不是与机壳 360°连接。

图 15-13 表示静电放电防护中正确连接屏蔽层的重要性。这里考虑的是典型的两个盒子的静电放电，这两个盒子通过屏蔽电缆连接在一起。从某种角度看，这种方法试图通过电缆的屏蔽层将两个机壳连接成一个机壳。因此，屏蔽层与机壳的连接成为判定这种结构抗静电放电性能的最重要参数。表 15-5 按屏蔽层终端连接方式的不同（Palmgren，1981）列出了 A 机壳上发生 10000V 放电时，B 机壳中 50Ω 信号电缆的终端电阻上测得的感应信号电压。所有情况下屏蔽层都与一个机壳进行 360°连接，而另一机壳屏蔽层的端接方式是可以变化的。

表 15-5　屏蔽层终端连接方式对静电放电感应信号电压的影响（Palmgren，1981）

屏蔽层终端连接方式	感应信号电压/V
无屏蔽或屏蔽不与机壳相连	>500
辫线接地	16
屏蔽层焊接到连接器上，连接器通过螺旋插座与机壳连接	2
屏蔽层焊接到连接器上，连接器与机壳 360°连接	1.25
用 360°接触夹具将屏蔽层直接夹在机壳上（不用连接器）	0.6

无屏蔽或屏蔽层不与第二个机壳接在一起时，B 机壳中 50Ω 电阻两端的电压超过 500V，约为 1000V。使用一段短辫线（约 0.75in）后电压降至 16V。常用的辫线长 3~4in，测量电压接近 75V 或 100V。

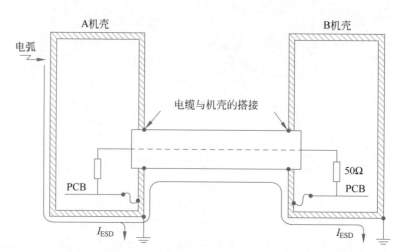

图 15-13 试图用电缆屏蔽层将两个机壳连接成一个连续的机壳

当屏蔽层 360°焊接到连接器后壳上,但后壳仅通过两个 D 形螺旋连接器与机壳相连时,电压降至 2V。若屏蔽层 360°焊接到连接器后壳上,且这两个匹配的后壳与机壳进行良好的 360°连接时,测量电压为 1.26V。最后,不用连接器,屏蔽层直接与机壳以 360°夹在一起时电压为 0.6V。因此,对于 A 机壳上 10000V 的放电,仅改变电缆屏蔽层终端连接方式,即可使 B 机壳中 50Ω 负载电阻上的感应电压从 500V 以上变到 0.6V(接近 1000:1 的比例)。

除电缆屏蔽以外,铁氧体也可以有效地防护静电放电。静电放电的频谱范围为 $100 \sim 500\text{MHz}$,也正是在这个频率范围内,大多数铁氧体的阻抗达到最大。在接口电缆上装上铁氧体或共模扼流圈可使大部分瞬时放电电压降在扼流圈上,而不是电缆另一端连接的电路上,如图 15-14 所示。由于静电放电脉冲的上升时间很短,要使扼流圈或铁氧体有效,必须最小化其上的寄生电容(见 3.6 节共模扼流圈高频分析)。如果电路与机壳只有一点相连,则电缆应由该点进入/离开机壳,如图 15-15(b)所示,而不应按图 15-15(a)所示进行连接。

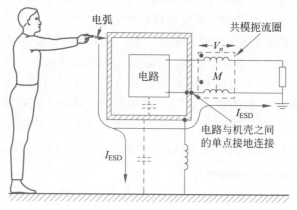

图 15-14 共模扼流圈装在电缆接口上可以降低静电放电感应噪声电压(V_n)

如果输入输出电缆没有屏蔽,则所有导体上都应接有瞬时电压保护装置或滤波器,如图 14-12 所示。这些保护装置必须能在静电放电脉冲的上升沿足够快地($\ll 1\text{ns}$)打开。首选设备就是瞬态电压抑制(TVS)二极管。这些设备开关速度很快(典型值 $< 10^{-12}\text{s}$),并有较大的结点面积,能够耗散大量的能量。如 14.3.5 节和 14.3.6 节所述,尽管较新的多层、表面贴装的 MOVs 工作速度更快,可用于静电放电防护,但气体放电管或普通的金属氧化物压敏电

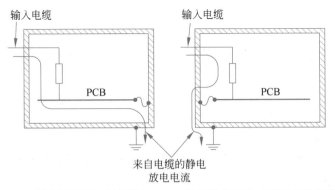

(a) 不正确的连接, 迫使静电　　　(b) 正确的连接, 使静电放电电流
放电电流流过PCB　　　　　　　　从远离PCB的路径传导到机壳

图 15-15　PCB 与机壳间的连接

阻对静电放电防护来说通常还是太慢。

　　如果在被保护的线路中加入一些串联阻抗, 形成二元件的 L 形网络, TVS 二极管对静电放电将更有效。串联元件的阻抗在 $100\sim500\mathrm{MHz}$ 范围内应为 $50\sim100\Omega$。在这种应用中电阻器和铁氧体都很有效。当电路不能承受低频或直流电流在电阻上产生的电压降时需要使用铁氧体。

　　也可以用由一个串联电阻(或铁氧体)和一个并联电容构成的 L 形滤波器代替瞬态电压保护器。但是, 瞬态电压保护器是非线性器件, 它可以将输入电压钳制在一个设定的电平; 滤波器是线性器件, 它只能依靠自身的衰减按一定的比例减小静电放电的瞬态影响。由于大部分静电放电能量在 $100\sim500\mathrm{MHz}$ 的频率范围内, 所以设计滤波器时此频率范围至少要提供 40dB 的衰减。滤波器的分流元件通常是一个电容器($100\sim1000\mathrm{pF}$), 而串联元件可以是一个电阻或铁氧体($50\sim100\Omega$)。对于静电放电防护, 电缆上的铁氧体磁芯和直接装在机壳上的电容性滤波器插头也可以构成良好的 L 形滤波器。

　　应该安装这些保护元件以使静电放电产生的接地电流不流过电路的地, 也就是说, 这些保护元件应该与机壳或独立的 I/O 地相连, 如图 15-16 所示(见 12.4.3 节)。

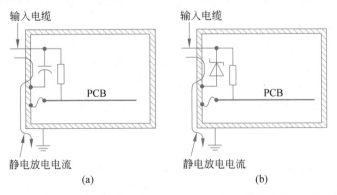

图 15-16　正确接地的电容或 TVS 二极管将静电放电电流从电缆传导至机壳

　　以上讨论的电缆输入防护方法能使电路元件免受损坏, 但不能防止软件错误或暂时混乱, 因为噪声电压仍然会出现在输入端。为预防软件错误, 必须在系统中设计另外的抗噪声电路以控制这些噪声信号。利用以下方法可以实现: 为敏感器件加滤波器、使用平衡输入、选通输入电路或者瞬态固化软件设计(见 15.10 节)。

15.5.3 绝缘机壳

绝缘机壳的主要优点是可阻止静电放电的发生。但是，如果不是完全绝缘，通过机壳上的缝隙或孔洞，也可能发生静电放电。

对于金属机壳的情况，底盘或机壳可以作为低电感路径，导出放电电流，而不流过内部电路。但是，非金属机壳不存在低电感路径，这在很多方面都使静电放电更难以控制。

绝缘机壳的主要缺点如下。

（1）对直接的静电放电未提供方便的可选路径。交流电源线的绿色地线作为静电放电的地线是不起作用的，见 15.7 节。

（2）对间接放电（场耦合）不能提供屏蔽。

（3）无法方便地连接如下器件。

① 电缆的屏蔽层。

② 连接器的后面板。

③ 瞬态电压抑制器。

④ 输入电缆滤波器。

所以，当产品装在塑料机壳中时，电缆的屏蔽层、瞬态电压抑制器、输入/输出滤波器应该接在什么位置？有如下 3 种可能。

（1）接在电路的接地面上（最差的选择）。

（2）接在独立的输入/输出接地面上（较好的选择），见 12.4.3 节的讨论。

（3）接在产品底部加装的独立的大金属板上（最佳选择）。

当电路的地用于转移静电放电电流时会产生很大的地电压，这个电压会导致电路损坏或软件错误，尤其是在没有使用完整接地平面时。

如果所有电缆都接在 PCB 的相同位置，就应该使用一个独立的输入/输出接地平面（如12.4.3 节所述）来旁路静电放电电缆电流。然而，由于这种情况下没有金属机壳，输入/输出接口的地线不会与机壳相连。静电放电电流将流过这个独立的输入/输出接地平面，以及这个平面与实际地之间的电容，而不流过电路。这种方法的效果是输入/输出接地平面面积大小的函数，也是它与地之间电容的函数。

然而，最好的方法是在系统中装一个独立的静电放电接地平面，同时作为参考电位和静电放电电流流过的一个低电感路径。正是这个平面的自由空间电容提供了地。这种线路布局如图 15-17 所示。当使用这种方法时，常见的问题是这个静电放电接地平面应该做多大。答案很简单：静电放电接地平面应该与机壳一样大以使其对地的电容尽可能大。静电放电平面不必很厚或很重，但它应该很大，金属箔即可起到良好作用，在塑料机壳内表面涂上导电涂层也可以。

当产品放在塑料机壳中时，另一种使静电放电电流远离敏感电路的方法是对电源电路采用二极管钳位，如图 15-18(a) 所示。这些二极管使浪涌电流流入电源总线，远离需要保护的电路输入端。然而，将静电放电电流注入电源总线会导致供电电压暂时升高或降低。供电电压的这种变化足以导致被保护电路或与这个电源相连的其他电路运行混乱，某些情况下甚至对电路造成损坏。

如果加入两个元件，使用二极管的方法效果也不错。首先，在二极管前面加入串联电阻（或铁氧体）以限制静电放电电流的幅度。其次，在电源线上跨接大容量电容器（$5\sim50\mu F$）。

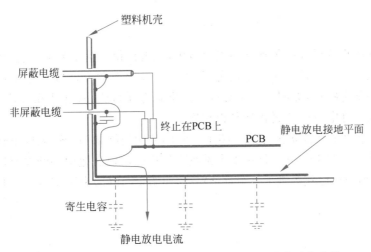

图 15-17　使用接地金属平面从 PCB 上转移出静电放电电流

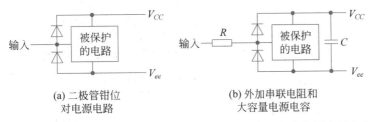

(a) 二极管钳位　　　　　　　(b) 外加串联电阻和
对电源电路　　　　　　　　大容量电源电容

图 15-18　对电源电路进行二极管钳位,外加串联电阻和大容量电源电容

这两种方法如图 15-18(b)所示。

电容器上电压电流的关系可以用(14-8)式表示:

$$dV = \frac{i\,dt}{C} \tag{15-7}$$

因为 $i\,dt$ 表示电量 dQ,式(15-7)也可写为

$$dV = \frac{dQ}{C} \tag{15-8}$$

因此,在一次静电放电中,一定量的电量 dQ 注入电源和地构成的系统中时,电容量 C 越大,电压的变化越小。

当使用塑料机壳时,电子器件应该远离机壳上的缝隙和孔洞,因为它们是静电放电可能的进入点。常用的安全间距一般为 1mm/kV。如果不能提供需要的间距,就要在孔洞和电子器件间另加绝缘物质。

对于无屏蔽机壳的产品,也应该考虑保护内部电缆。虽然内部电缆并不容易遭受直接的静电放电打击,但是,相对于与静电放电相关的场耦合,它们还是很脆弱的。大多数耦合到内部电缆的信号是共模信号,所以铁氧体磁芯通常对各种电缆都有效。

带状电缆对静电放电特别敏感,应该使用铁氧体扼流圈减小共模耦合。带状电缆对差模耦合也很敏感,其敏感性取决于接地点(信号返回)的数量和位置。带状电缆上应该均匀分布大量的接地点以减少信号回路面积。理想情况下,每条信号导线一个地。然而,这个条件常被放松到每 3 条信号导线一个地(信号线与地线的比为 3:1),可以接受的最大信号线与地的比为 5:1。

15.5.4 键盘和控制面板

键盘和控制面板的设计必须保证不发生放电,或者即使发生了放电,电流也可以流过备选路径而不直接流过敏感元件。在很多情况下,可将金属火花避雷器置于键盘和电路之间以便为放电电流提供备选路径,如图 15-19 所示。如果是金属机壳,火花避雷器应与机壳相连,否则应与一个独立的静电放电金属接地平板相连。

图 15-19 还给出了其他防护方法。图 15-19(b)使用绝缘轴和(或)大旋钮防止放电发生在控制器或电位器上。图 15-19(c)是在整个键盘上使用一层没有缝隙的绝缘材料。图 15-19(a)所示的配置为静电放电电流提供了一个备选路径,而图 15-19(b)和图 15-19(c)中的配置可防止放电发生。

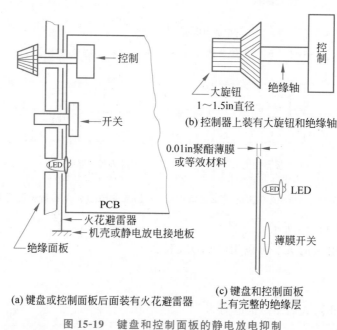

图 15-19　键盘和控制面板的静电放电抑制

15.6　加固敏感电路

为阻止静电放电电流进入,我们已经尝试各种方法。接下来是加固敏感电路。由于静电放电上升时间很短,数字电路比模拟电路更容易运行混乱。然而,面临静电放电危害时模拟电路和数字电路同样脆弱。

复位、中断及其他能改变设备运行状态的任何控制输入都应该受到保护,以免快速上升时间、静电放电瞬态窄脉冲造成误触发。这些问题可通过以下方法解决,在集成电路输入端(如图 14-2 所示)加一个小电容,或者电阻/电容(或铁氧体/电容器)网络(50～100Ω,100～1000pF),降低它对由 ESD 产生的瞬态尖峰窄脉冲的敏感性。这部分内容在 14.2.3.1 节中已经讨论过,并且这种方法应成为标准的设计方法。

多层 PCB 比双面电路板具有多一个数量级或以上的静电放电抗扰度。这是使用电源平面和接地平面,降低电源和接地阻抗的结果,使用电源平面和接地平面,同时减小了信号回路面积。

如 15.5.3 节所述,大容量的去耦电容对于提升瞬态抗扰度很有效,因为它可以减小瞬时充电产生的电源电压的变化。

15.7　静电放电接地

提到静电放电接地,就会想到交流电源线的绿色地线在静电放电频率上是一个高阻抗线。如前文所述,一般导体有约 15nH/in 的电感。因此,6ft 长的交流电源线的接地导线在 300MHz 时有 2000Ω 的感抗。这还不包括插座后面建筑物墙内所有的交流电源线的电感,即绿色地线实际接地前导线的电感。这部分导线很容易达到 50ft 或更长,将使接地线增加 17000Ω 的阻抗,从而使总的电源线接地阻抗在 300MHz 时接近 20000Ω。

静电放电的实际地或参考地是机柜(或金属机壳)或产品内的静电放电接地平板,以及它的自由空间电容,如图 15-9 所示。如果机壳或静电放电接地平板仅有 26pF 的电容,那么其在 300MHz 时的阻抗约为 20Ω。这表明它比交流电源线的阻抗小 3 个数量级。

因此,将静电放电电流从电路中转移出来的方法是在机壳上安装输入电路瞬态电压保护器和(或)滤波器。如果没有金属机壳,瞬态保护器或滤波器就安装在产品内部的独立静电放电接地板上。如果既没有金属机壳,也没有静电放电接地板,那就尝试用电阻或铁氧体限制放电电流,并将保护器或滤波器接在接地平面上。如果也没有接地平面,那就真的处于困境中了。

图 14-13 是瞬态电流入口保护和敏感设备加固相结合的一个例子。注意装在输入电缆上的瞬态抑制器是以与机壳相连的方式接地的,因为它的目的是从 PCB 上将瞬态静电放电电流转移出去。然而,敏感设备输入端的保护滤波器是与电路的地相连的,因为它的目的是减少或消除设备输入端和接地插头之间产生的任何瞬态电压。

将幅度很大的静电放电电流导入大地,会在产品附近或内部产生很强的磁场,从而对系统产生不利影响。因此,某些情况下在静电放电进入点和地之间加入一些电阻以减小放电电流的幅度,很有好处。这就是人们常说的"软地"。通常情况下电阻为 100～1000Ω 就足够了。

15.8　不接地的产品

静电放电能发生在不接地的物体上吗?答案是肯定的。我们可能都见过不接地的门把手上的放电现象。在这种情况下,静电放电电流的路径是什么?在没有外部接地连接的产品(如一个手持式计算器)上,静电放电电流路径将从进入点通过该产品对地电容最大(阻抗最小)的部分流到地上。在很多小型手持式产品上,具有最大对地电容的部分是 PCB。静电放电电流流过 PCB 时,通常不会得到期望的输出。

解决方法是为静电放电电流提供一个对地具有低阻抗(大电容)的可选路径,通常通过在产品的 PCB 下面增加一个静电放电接地平板实现。这个平板阻断了实际 PCB 与地之间的电容,同时这个平板自身与地之间构成一个大电容,供静电放电电流通过。这与使用金属机壳时的情况相似。这种方法在很多小型手持式设备(如计算器)上使用,由此提供静电放电保护。

图 15-20 为一个手持式计算器塑料翻盖机壳的内部结构。左侧为印制电路板,右侧为装在机壳底部的不锈钢静电放电接地平板。从图 15-20 左侧可以看到 PCB 和键盘之间设置的第二个金属平板的底部。这是一个与图 15-19(a)中相似的火花避雷器,可为键盘放电产生的瞬态电流提供通路。

图 15-20 手持式计算器塑料翻盖机壳的内部结构。左侧为印制电路板,右侧为静电放电接地平板

15.9 场致骚扰

对产品直接放电并不是产生静电放电问题的必要条件。对附近物体放电可产生很强的电场和磁场,进而耦合到产品中,引起软件错误或瞬态混乱。这种影响可能是几米远处的放电产生的结果。

15.9.1 电感耦合

瞬时电流在回路中产生的感应电压为

$$\mathrm{d}V = \frac{2A}{D}\frac{\mathrm{d}i}{\mathrm{d}t} \tag{15-9}$$

其中,A 是回路面积,单位是 cm^2;D 是放电与回路之间的距离,单位是 cm;$\mathrm{d}i/\mathrm{d}t$ 的单位是 $\mathrm{A/ns}$。图 15-21 给出了附近放电的电感耦合的典型配置。例如,PCB 上的敏感回路面积为 $10\mathrm{cm}^2$,放电发生在 $5\mathrm{cm}(2\mathrm{in})$ 处,静电放电瞬时电流为 $20\mathrm{A/ns}$,$10\mathrm{cm}^2$ 回路中的感应电压为 $80\mathrm{V}$。如果放电发生在 $1\mathrm{m}$ 外,感应电压将为 $8\mathrm{V}$。这些感应电压的幅度显然会引起电路混乱,并在某些情况下造成实际损坏。

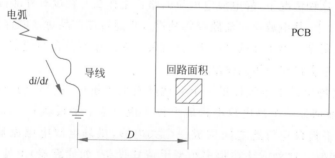

图 15-21 附近放电的电感耦合的典型配置

有趣的是,没有一个常用的静电放电试验标准要求做试验来模拟这种类型的电感耦合。

15.9.2　电容耦合

图 15-22 表示一个塑料机壳产品放在桌子上,附近有一个金属文件柜的情况。如果放电发生在文件柜上,那么电流将通过产品与文件柜之间的寄生电容注入产品。

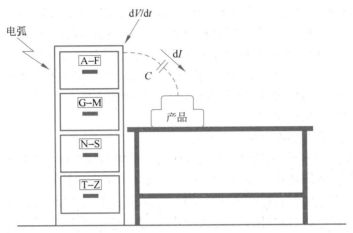

图 15-22　对附近金属物体放电的电容耦合

注入产品中的暂态电流为

$$dI = C\frac{dV}{dt} \tag{15-10}$$

其中,C 的单位为 pF,dV/dt 的单位为 kV/ns,t 的单位为 ns。

如果产品与文件柜之间的电容为 10pF(不太大的电容),文件柜上的 dV/dt 为 2000V/ns(对文件柜放电产生的结果),注入产品的瞬时电流将为 20A,如此大的电流必然产生问题。

当前大多数的静电放电标准要求通过试验模拟这种类型的电容耦合。例如,欧盟的静电放电标准 EN 61000-4-2 不仅要求对产品直接进行放电,而且要求对产品附近的垂直和水平耦合板进行放电。产品放在水平耦合板上但与耦合板绝缘。50cm×50cm 的垂直耦合板放在距产品每个面的 10cm 处,然后像对产品直接放电一样对垂直和水平耦合板进行放电。

15.10　瞬态加固软件设计

产品的第三种静电放电防护措施是编写瞬态加固软件/固件。在最小化静电放电问题中,不应忽视正确设计软件/固件的重要性。软件应该这样设计:如果静电放电暂时扰乱了程序,则不应进入死机状态,而应平稳地恢复。合理设计的软件在消除和减少静电放电产生的错误方面可发挥重要作用。

编写抗静电放电软件的两个基本步骤如下。

(1) 检测到故障。

(2) 系统平稳恢复到一个已知的稳定状态。

为此,软件必须定期检查反常情况。目标是能够尽快在有机会产生任何危害之前检测出错误。

软件错误检测技术通常分为 3 类。

(1) 程序流程中的错误。

（2）输入输出错误。

（3）存储器错误。

15.10.1 在程序流程中检测错误

编写噪声容错软件最重要的方面是保证程序自身的健全性。程序流程错误可能是由微处理器内部寄存器（如程序计数器）的变化引起的，也可能是程序指令部分某个存储位的变化引起的。因此，程序可能被锁在一个无限循环中无法退出。此时，程序可能试图在并不存在的存储器中定位一条指令，或试图将数据解释为一条指令。当编写容错软件时，应该假定静电放电事件可将微处理器的程序计数器设为任意值，编写容错软件其实并不复杂。

检测程序流程中的错误包括定期检查程序的下列两种情况。

程序是不是耗费太长的时间？

程序是不是运行在有效的存储器范围内？

检测这些情况并不困难，可能只需要几行代码。可用的技术包括看门狗（程序的健全性）定时器、软件检查点、错误捕获、无操作返回码及未使用中断向量位置捕获。

应对死循环最有效的方法是使用一个 sanity 定时器或看门狗定时器。目前很多微处理器包含集成的 sanity 定时器，如果没有定时器，则可通过外部电路实现。这种方法是设置一个定时器，当它计数到某设定值时使微处理器复位。软件输出周期性的 sanity 脉冲以使定时器在超时前复位。如果每个程序都运行正常，定时器就不会超时，也不会使微处理器复位。如果处理器陷入死循环，定时器就不会输出 sanity 脉冲，于是定时器超时，微处理器复位，系统从死循环中退出。在这个过程中，系统可能出错，但它不会进入锁死状态并能很快平稳恢复。可将 sanity 脉冲的实现代码写为一个子程序，主程序重复调用这个子程序，仅需要加几行代码即可。

软件令牌是另一种方法。令牌通常加在软件模块的入口和出口处，入口和出口令牌需设为相同的值。退出一个模块时，如果出口令牌与入口令牌不匹配，就可以从某个地方跳转到例行程序，进而退到错误恢复程序，以减少可能的损害，实现平稳恢复。

如果存储器是分区的，则程序被限制在存储器的特定区域。如果程序存储器是只读存储器（ROM），软件中可以设置陷阱，防止程序试图从有效存储范围外存取指令。未使用的部分程序存储器应该填充"无操作"（或相似的）指令，最后跳转到错误处理程序。按照这种方式，如果因疏忽跳转至未使用或不存在的存储区时，将调用错误处理程序。

未使用的微处理器硬件中断向量位置经常成为程序流程错误的源。如果静电放电瞬态过程出现在未使用中断的输入上，那么将导致程序跳转至中断向量的位置。如果这个位置包含一条程序指令或存储的数据，那么，结果将难以预料。简单的解决办法是在所有未使用的中断向量位置设置一条"返回"指令或一条跳转至错误处理程序的指令。

一旦检测到程序流程错误，就要使系统返回一个已知的稳定状态，尽可能将损失降到最小。这可以通过将控制转移到错误处理程序实现。最简单的错误处理程序是使系统复位。然而某些情况下，这种强制复位的办法是不可接受的。错误恢复应该包括损失评估和必要时对程序进行修复。具体如何处理取决于特定系统的具体问题，本书不再讨论。

15.10.2 在输入输出接口处检测错误

输入输出接口处的瞬态脉冲可将错误信息传入或传出系统。输出错误可通过输出的回波

（反射）及回波数据与被传递数据进行比较来检测。

输入错误可以通过对输入数据进行软件滤波及对数据进行合理性检查来控制。有一种简单的软件滤波技术：对输入数据连续读 n 次，每两次数据读取之间有一个短暂的延迟，只接受读数一致的数据。通过这种方式，可从瞬态噪声尖峰中识别出有效的输入。对于静电放电防护，两次数据读取之间几百纳秒的时间延迟就足够了。滤波的级数是 n 的函数，而且容易调整。n 越大，输入滤波也越大。n 取 2 或 3 通常就能为静电放电提供足够的防护。

图 15-23 显示了对输入数据进行滤波的软件子程序流程图。该子程序连续读取输入数据，直到 n 次连续读数相匹配才接受这个数据。该程序还周期性地产生 sanity 脉冲，通过忽略短时的噪声瞬变，对输入数据起到低通滤波器的作用。

另外，输入数据保护也可以在接收数据前通过对数据类型及数据范围的合理性检查来实现。通过这种方式，极端输入错误经常能在数据进入系统并传递之前被检测出来并加上标记。

15.10.3　在存储器中检测错误

静电放电感应的瞬时噪声引起的存储器内的变化不会立即产生影响。然而，如果未被发现，这些错误接下来可能影响系统的工作。为了检测这种类型的错误，所有从存储器中取出的数据使用之前都应先进行有效性验证。现在已有多种数据有效性检测技术。最简单的是使用一个单一的校验位。其他技术包括使用校验和、循环冗余校验（CRC）及各种各样的纠错码。这些技术都能检测错误，有些技术甚至可以纠正错误。

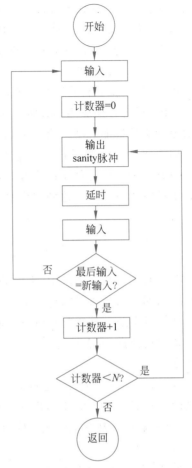

图 15-23　对输入数据进行滤波的
软件子程序流程图

例如，每个数据字加一个校验位，可以检测出所有的奇数位错误。如果数据字是奇数，校验位就设为 1；如果数据字是偶数，校验位就设为 0。当从存储器中读取数据时，系统可以通过此信息标记未通过奇偶校验的数据，并检测其有效性。

纠错码可以检测错误，某些情况下还可以纠正特定类型的错误。这可以通过对每一存储字增加数据位来完成。例如，每个 16 位字增加 6 个数据位，就可检测出奇数位或偶数位错误，而且可以纠正奇数位错误。所需数据存储保护的级别必须作为整个系统规范的一部分。

错误检测的另一种简单方法是将数据分区存储，使用校验和或循环冗余校验进行检查。校验和是将数据区内的数据加起来，并将结果与这些数据存储在一起。当读取这些数据时，执行相同的操作，并将求和的结果与储存的校验求和结果进行比较。

更复杂的数据区错误检测方法是 CRC 技术。该技术是将数据区当作一个单独的二进制数（字）w 进行处理，用另一个数字（关键字）k 来除它。忽略商 q，将余数 r 作为 CRC 检测结果进行储存。该方法的新颖性在于它使用了简单的除法。这种方法也不是万无一失的，因为

当用 k 去除时,很多不同的数字 w 都能得到相同的余数 r。然而,当关键字 k 的位数 n 增加时,错误漏检的概率会降低。假如原来的二进制数 w 为随机数,错误漏检率约为 $1/n$。因此,如果 n 足够大,错误漏检率就会非常小。

有趣的是奇偶校验是 CRC 的一种简单形式,它使用十进制数 2(二进制 10)作为除数 k。

由于 CRC 擅长检测瞬变引起的位错误,易于进行数学分析,而且在数字系统中易于实现,所以 CRC 成为普遍应用的技术。在 UNIX 和 LINUX 操作系统中,有一个函数"cksum"对任意给定的文件都能自动生成一个 32 位的 CRC 校验结果。这种 CRC 错误检测方法是 1961 年 Peterson 和 Brown 最早在一篇论文中提出的。

还有一种简单的错误检测方法,将关键数据另存为多个副本,从存储器中读取数据后对两个副本进行比较。尽管这种方法简单,但它浪费存储空间。

15.11　时间窗口

在带时钟的数字系统中,不同的时间窗口对静电放电的敏感度是不同的。这是由于不同的时间周期内系统执行的程序不同。这些程序中也许只有个别程序对静电放电敏感。例如,一个计算机系统在某个时间窗口可能从硬盘驱动器中读取数据,在另一时间窗口可能在向外围设备发送数据,或者执行一个运算程序。之后,计算机可能又在刷新显示器或向存储器中写入数据。

因此,当进行产品的静电放电试验时,对产品的静电放电应该进行足够长的时间,要涵盖被测设备(EUT)的所有工作模式。这意味着必须对被测设备的每个测试点进行大量的放电试验,可能几百次甚至上千次。而且,静电放电千万不能与被测设备以任何方式同步,它们应该是随机的。

另外,静电放电敏感度本身是一个统计过程。因此,为得到可重复的结果,测试标准应具有合理的统计基础。这也要求对被测设备进行多次放电实验。而且测试通过或失败的标准也应该有统计学意义,即该产品经过指定次数的放电测试,出现了不超过百分之几的非破坏性错误。然而,现行标准使用的都是不允许失败的绝对标准。

现行的商用静电放电测试标准都不考虑上述影响。例如,EN-61000-4-2 仅仅要求对被测设备每个测试点进行 10 次放电测试,不允许失败。这种做法的目的是简化测试过程,提高测试速度。然而,从统计学角度或从覆盖所有可能的时间窗口来讲,放电测试次数都是不够的。

总结

- 静电放电防护应成为初始系统设计的一部分。
- 应使用以下 3 种方法对静电放电进行防护。
    - 第一,防止直接放电进入。
    - 第二,加固敏感电路。
    - 第三,编写瞬态固化软件。
- 系统静电放电加固包括电子、机械及软件设计方面的加固。
- 相比模拟电路,数字电路对静电放电更敏感。
- 面临静电放电危害时数字电路和模拟电路同样脆弱。

- 数字集成电路最关键的输入如下。
  - ◆ 复位。
  - ◆ 中断。
  - ◆ 控制信号。
- 敏感设备的关键输入处应设有瞬态保护滤波器。
- 静电放电防护滤波器可进行如下选择。
  - ◆ 一个电容器。
  - ◆ 一个电阻器和电容器。
  - ◆ 一个铁氧体和电容器。
- 关键设备瞬态保护滤波器应该与设备的地连接,而不是与机壳连接。
- 静电放电的频谱为 $100\sim500\mathrm{MHz}$。
- 所有暴露在外的金属应该搭接在一起。
- 对于静电放电防护,机壳上的孔洞直径最大不应超过 $2.5\mathrm{cm}(1\mathrm{in})$。
- 塑料机壳内的产品应设有一个静电放电接地平板。
- 键盘和控制面板必须精心设计以承受静电放电。
- 考虑到静电放电防护,所有电缆必须采取以下方式处理。
  - ◆ 屏蔽。
  - ◆ 瞬态电压保护器。
  - ◆ 滤波器。
- 使用电缆屏蔽时,屏蔽层与机壳之间进行 $360°$ 连接非常重要。
- 瞬态电压抑制器和电缆输入滤波器应与机壳连接,而不是与电路的地连接。
- 瞬态电压抑制器必须满足以下条件。
  - ◆ 开关速度快($<1\mathrm{ns}$)。
  - ◆ 能够处理电流。
  - ◆ 与机壳地的连接线长度几乎为零。
- 对于塑料机壳内的产品,内部电缆可能同样需要静电放电防护。
- 带状电缆对静电放电特别敏感。
- 带状电缆应该有均匀分布在电缆上的大量接地返回导体(信号线与地线的比例为 $3:1$ 或更小为好)。
- 印制电路板上的所有回路面积应该尽可能小。
- 多层板对静电放电的敏感度比双面板小一个数量级。
- 铁氧体在限制静电放电电流方面非常有效。
- 软件遇到错误不应该锁死,而应该平稳恢复。
- 应该为下列 3 种类型的软件错误提供保护。
  - ◆ 程序流程。
  - ◆ 输入输出信号的有效性。
  - ◆ 存储器中数据的有效性。

习题

15.1　充电的绝缘体上会发生静电放电吗?

15.2 将一个中性导体 A 放到一个带电体 B 附近,再将 A 接地。

    a. 如果将接地去掉,再将导体 A 从带电体 B 附近移开,导体 A 会带电吗?

    b. 如果将导体 A 从带电体 B 附近移开,再将接地去掉,导体 A 会带电吗?

15.3 如果聚酯材料与铝摩擦后分开,每种材料上电荷的极性如何?

15.4 a. 通过与另一个导体摩擦可使一个导体带电吗?

    b. 通过与一个绝缘体摩擦可使一个导体带电吗?

15.5 a. 孤立绝缘体的不同表面区域可以存在不同极性的电荷吗?

    b. 孤立导体的不同表面区域可以存在不同极性的电荷吗?

15.6 计算下列物体的自由空间电容。

    a. 一个直径为 1/2in 的球形轴承。

    b. 一个直径为 5ft 的聚酯薄膜气球。

15.7 0.2m×0.25m 长方形平板的自由空间电容是多少?

15.8 0.2m×0.3m×0.4m 的长方体金属机壳的自由空间电容是多少?

15.9 测量一种材料的表面电阻率时,被测材料的正方形面积的大小为什么是无关紧要的?

15.10 为使输入免受静电放电危害,一个塑料机壳内的产品在电源供电电路中使用了二极管钳位。电路的 V_{CC} 对地电容为 $0.5\mu F$。一次静电放电在 100ns 的时间内向电源接地总线内输入 20A 电流(假设这个电流为一个方波)。

    a. V_{CC} 对地电压将有多大变化?

    b. 如果在 V_{CC} 与地之间另加一个 $10\mu F$ 的电容,V_{CC} 对地电压将有多大变化?

15.11 什么是真实地?什么是静电放电的参考地?

15.12 用于静电放电防护的"软地"有什么优点?

15.13 将一个 $5cm^2$ 的回路放在距 10A/ns 的放电源 10cm 处,这个回路中产生的瞬时感应电压是多少?

15.14 一个大金属物体与附近一个塑料机壳的产品之间有 10pF 的电容。金属物体上发生静电放电,电压在 1ns 内升至 4000V。注入这个产品的瞬态电流将为多大?

15.15 哪 3 种情况下应该编写静电放电加固软件以检测错误?

15.16 在存储器的一个数据区用循环冗余校验检测随机错误时,如果将一个 16 位字作为关键字,那么这个错误被检测出的概率为多少?

参考文献

[1] DOD-HDBK-263. *Electrostatic Discharge Control Handbook*. Washington, DC, Department of Defense, 1980.

[2] EN 61000-4-2. *Electromagnetic Compatibility(EMC)—Part 4-2: Testing and Measurement Techniques—Electrostatic Discharge Immunity Test*, 2001.

[3] Hayt W H. *Engineering Electromagnetics*. New York, McGraw-Hill, 1974.

[4] Moore A D. *Electrostatics and its Applications*. New York, Wiley, 1973.

[5] Palmgren C M. *Shielded Flat Cables for EMI and ESD Reduction*. 1981 IEEE International Symposium on Electromagnetic Compatibility, Boulder, CO, 1981.

[6] Peterson W W, Brown D T. *Cyclic Codes for Error Detection*. Proceedings of the IRE, 1961.

深入阅读

[1] Anderson D C. *ESD Control to Prevent the Spark that Kills*. Evaluation Engineering, 1984.

［2］　Bhar T N，McMahon E J. *Electrostatic Discharge Control*. New York，Hayden Book Co.，1983.

［3］　Boxleitner W. *Electrostatic Discharge and Electronic Equipment*. New York，IEEE Press，1989.

［4］　Calvin H，Hyatt H，Mellberg H. *A Closer Look at the Human ESD Event*. EOS/ESD Symposium，1981.

［5］　Gerke D，Kimmel W. *Designing Noise Tolerance into Microprocessor Systems*. EMC Technology，1986.

［6］　Jowett C E. *Electrostatics in the Electronics Environment*. New York，Halsted Press，1976.

［7］　Kimmel W D，Gerke D D. *Three Keys to ESD Systems Design*. EMC Test & Design，1993.

［8］　King W M，Reynolds D. *Personal Electrostatic Discharge：Impulse Waveforms Resulting from ESD of Humans Directly and through Small Hand-Held Metallic Objects Intervening in the Discharge Path*. 1981 IEEE International Symposium on Electromagnetic Compatibility，Boulder，CO，1981.

［9］　Mardiguian M. *Electrostatic Discharge：Understand，Simulate and Fix ESD Problems*. Interference Control Technologies，1986.

［10］　Mardiguian M. *ESD Hardening of Plastic Housed Equipment*. EMC Test & Design，1994.

［11］　Sclater N. *Electrostatic Discharge Protection for Electronics*. Blue Ridge Summit，PA，Tab Books，1990.

［12］　Violette J L N. *ESD Case History—Immunizing a Desktop Business Machine*. EMC Technology，1986.

［13］　Wong S W. *ESD Design Maturity Test for a Desktop Digital System*. Evaluation Engineering，1984.

第16章

PCB布线和叠层

在大部分产品中，电子元件都位于 PCB 上。PCB 电路的设计和布线对产品的功能和 EMC 性能都至关重要。PCB 是电路原理图的物理实现。

PCB 合理的设计和布线可能是能否通过 EMC 认证的产品间的差别。元件的布局、保留区、迹线布设、层数、如何叠层（叠层的次序、层间距），以及返回路径的不连续性对 PCB 的 EMC 性能都是很关键的。

16.1 PCB 布线的一般考虑

16.1.1 分区

在 PCB 布线中元件布局很重要，会对其 EMC 性能有重要影响，但经常被忽略。元件应分布在各逻辑功能区，包括：①高速逻辑电路、CPU 等；②存储器；③中速或混合逻辑电路；④视频；⑤音频等低频模拟电路；⑥输入/输出(I/O)驱动电路；⑦I/O 连接器和共模滤波器，如图 16-1 所示。

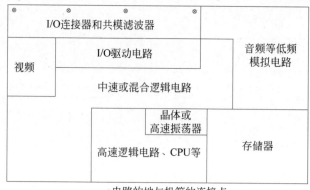

图 16-1 PCB 合理分区的例子

在一个合理分区的电路板上，高速逻辑电路和存储器不应位于 I/O 区附近。晶体或高速振荡器应位于使用它们的集成电路附近，并要远离电路板的 I/O 区。I/O 驱动器应该靠近连接器，视频和低频模拟电路应接近 I/O 区，而不必通过电路板的高频数字区。

合理的分区可使迹线长度最小化,提高信号质量,最小化寄生耦合,并减小 PCB 的发射并降低敏感性。

16.1.2 保留区

要特别小心地使振荡器、晶体及其他高频电路远离 I/O 区,这些电路产生的高频场(电场和磁场)很容易直接耦合到 I/O 电缆、连接器和电路中,如图 6-42 所示。经验表明,如果电路板的尺寸允许,这些电路与 I/O 区至少保持 0.5in(13mm) 的距离,会使寄生耦合最小化。

如 10.6.1 节所述,所有关键信号迹线(见 16.1.3 节定义)都远离电路板的边缘布设,以允许返回电流在迹线下扩散。一个很好的习惯是沿板的四周定义一个保留区,大小为信号层与返回平面间距的 20 倍。保留区内不能布设关键信号,如图 16-2 所示。

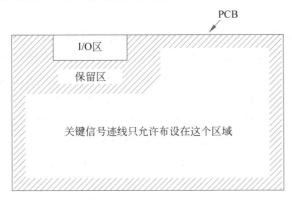

图 16-2　为关键信号定义了保留区的 PCB

16.1.3 关键信号

经验表明,90%的 PCB 问题是由 10%的电路引起的。因此,应更多地关注这 10%电路的电路板布线。对于发射,最大的问题是具有重复波型的高频(快速上升时间)数字电路,如时钟、总线和一些控制信号,这些信号包含多种大振幅的高频谐波,时钟通常影响最大,接下来是总线,然后是重复性控制信号。

在分类关键信号时,一个有用的度量是"信号速度"(Paul,2006,p.805)。信号的辐射与电流的高频频谱分量直接相关。高频频谱分量或信号速度与下列因素成比例。

- 信号的基频 F_0。
- 上升/下降时间 t_r 的倒数。
- 门切换时瞬时驱动电流 I_0 的大小。

因此,分类信号速度(单位是 A/s^2)的一种有效度量为

$$信号速度 \approx (F_0 I_0)/t_r \tag{16-1}$$

具有大电流和快速上升/下降时间的重复性高频信号具有丰富的频谱分量。因此,所有关键信号都应考虑信号速度。

16.1.4 系统时钟

要特别关注系统时钟。首先时钟迹线应尽可能地短,并在布线时为它们提供最佳位置。晶体、振荡器或谐振器应尽可能靠近使用它们的电路。在晶体、振荡器和时钟驱动器下面电路

板的元件侧加一接地平面,并通过多个导通孔将这个平面与主接地平面连接,从而终止来自晶体或振荡器的杂散电容(电场),并防止晶体下面顶层上布设其他信号。如果晶体或振荡器有一个金属外壳,将它与元件侧的接地面连接,如果需要,还可以为这个区域提供一个电路板级的屏蔽。

应在 20MHz 或更高频率的所有时钟输出迹线上加一个小的串联阻尼电阻(或铁氧体磁珠),这有助于减小振铃和控制反射。这种方法被推荐用于短的时钟迹线上(除非增加电阻将增加原来很短的迹线长度)。典型的电阻值为 33Ω*。

时钟振荡器和驱动器也应该有铁氧体磁珠与 V_{CC} 线串联以使电路与主配电系统隔离。

16.2　PCB 与机壳地的连接

电子产品的主要辐射源是外部电缆上的共模电流。从天线理论的角度看,可将电缆看作一副单极天线,其外壳是相关的参考平面(见附录 E)。驱动天线的电压是电缆与机壳之间的共模电压。因此,电缆辐射的参考点是机壳而不是某些外部地,如大地地。

由于电缆与机壳之间的电位差应该最小化,PCB 的地与机壳之间的连接就变得很重要。内部电路的地与机壳的连接点应尽可能地靠近 PCB 上电缆的终止位置。这对于二者之间电位差的最小化是必需的。这个连接必须是射频段的低阻抗连接。电路的地与机壳之间的所有阻抗都会产生一个电压降,并在电缆上激发一个共模电压,从而导致辐射。

电路的地与机壳的连接常用随意放置的金属支架,它们具有相当大的高频阻抗。这种连接很少为了 EMC 进行优化。这种连接的设计对产品的 EMC 很关键。连接应该短,并应该为多点连接以使连接电感并联,从而降低射频(RF)阻抗。图 16-1 是位于 PCB I/O 区的一个电路的地与机壳多点连接的例子,表明了将所有 I/O 设置在 PCB 上同一区域内的优点。

如果使用金属壳连接器,后壳与机壳应该做 360°的直接电连接(通过 EMC 衬垫或其他方法)。于是连接器的后壳成了 PCB 参考地平面与机壳之间低阻抗连接的一部分,如图 16-3 所示。

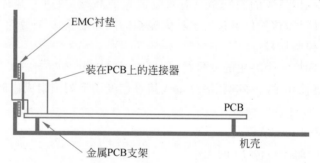

图 16-3　I/O 连接器的后壳与机壳做 360°的直接电连接

16.3　返回路径不连续

决定最佳 PCB 布线的关键因素在于理解信号返回电流实际上如何流动及在哪里流动。

---

* 如果迹线长度(in)数值上大于或等于上升时间(ns)的 3 倍,使用的串联阻尼电阻的值等于传输线的特征阻抗减去驱动电路的输出阻抗。

原理图仅显示了信号的路径,未给出返回路径。因此,大多数 PCB 设计者只考虑信号电流从哪里流过(显然是在信号迹线上),很少或从不考虑返回电流的路径。

针对上述分析,必须考虑高频返回电流如何流动。最低阻抗的返回路径是在信号迹线正下方的平面(无论是电源平面还是接地平面)上,因为它提供了最小电感路径(见 3.2 节),同时产生的环路面积也最小。

由于趋肤效应,高频电流不能穿透平面,因此,所有电源平面和接地平面上的高频电流都是表面电流(见 10.6.1 节)。对于 PCB* 上 1oz 的铜板层,当频率高于 30MHz 时会产生这种效应。因此,一个平面实际上是两个导体。在平面的顶面可以有一个电流,在该平面的底面也可以有不同的电流,或者根本没有电流。

当返回电流路径不连续时,就会出现 EMC 问题和信号完整性问题。这些不连续导致返回电流在大回路中流动,从而增加了接地电感和电路板的辐射,同时增加了相邻迹线间的串扰,并导致波形失真。另外,在一块固定阻抗的 PCB 上,返回平面的不连续性将改变迹线的特征阻抗并产生反射。PCB 设计者必须处理的 3 种最常见的返回路径的不连续如下。

- 电源平面或接地平面上的槽或缝隙。
- 信号迹线变层,这将导致返回电流改变参考平面。
- 连接器周围或集成电路下面接地平面被挖去。

16.3.1　接地/电源平面上的槽

当迹线跨越相邻的电源平面或接地平面上的槽时,返回电流必须在迹线下面沿槽绕行,如图 16-4(a)所示。这将导致电流流经更大的回路面积,槽越长,回路面积越大。大的电流回路增加了接地平面的辐射和电感,这都是不希望出现的。关于接地平面上的槽,我能说的最重要的就是不要它们! 如果所有 PCB 设计者都遵守这个简单的规则,那么很多EMC 问题都将避免。如果必须开槽,就要保证相邻层中没有迹线与之交叉。接地面上的槽或缝会使 PCB 的辐射增加 20dB 以上。

图 16-4(b)表示一个有多个通孔供过孔元件通过的接地平面。如果孔是重叠的,它们就会形成一个槽,与图 16-4(a)所示的槽一样转移返回电流。然而,如果孔不重叠,电流在孔之间流过,这些孔就不会明显破坏返回电流的路径,因此,对电路板的 EMC 性能就是无害的。

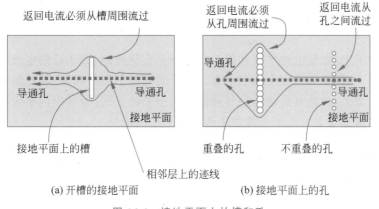

(a) 开槽的接地平面　　　　　　　(b) 接地平面上的孔

图 16-4　接地平面上的槽和孔

---

* 基于厚度至少为 3 倍趋肤深度的平面。对于 2oz 的铜板,频率应高于 8MHz;而对于 1/2oz 的铜板,频率应高于120MHz。

表 16-1 列出了开槽的接地平面上接地平面电压的测量值[*]。槽的方向与电流方向垂直，这与图 16-4(a)所示的情形相似。电压是在迹线正下方接地平面上相距 1in 的两个点之间测量的(槽两侧各 1/2in)。

测量时使 10MHz、3ns 上升时间的信号流过迹线，返回电流在接地平面上。较大的电压表示接地平面阻抗增加。

表 16-1　开槽的接地平面上接地平面电压的测量值

槽的长度/in	接地平面电压/mV	槽的长度/in	接地平面电压/mV
0	15	1	49
0.25	20	1.5	75
0.5	26	孔阵列[a]	15

[a]15 个孔的线阵列，每个孔的直径为 0.052in，与电流流向垂直，覆盖的直线距离为 1in。这些孔不重叠，与图 16-4(b)所示的孔相似。

可以清楚地看到，接地平面电压随槽的长度而增加。对于长 1.5in 的槽，接地平面电压(因此阻抗)增加到 5 倍(14dB)。而长 1in 的不重叠小孔阵列未增加接地平面电压。

16.3.2　有缝隙的接地(电源)平面

图 16-5 所示是一个 4 层板的例子，当一条迹线与邻近平面上的缝隙[**]交叉时，返回电流的路径被阻断。电流必须寻找另一路径来越过该缝隙，这就迫使电流在一个较大的回路中流动。

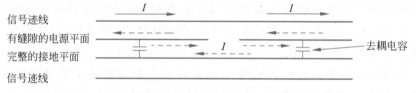

图 16-5　信号迹线跨越相邻电源平面上的一个缝隙。实线箭头
表示信号电流路径，虚线箭头表示返回电流路径

迹线与一个有缝隙的电源平面相交叉的情况如图 16-5 所示，返回电流将转到最近的去耦电容上，以跨越到完整的接地平面；然而在电源平面缝隙的另一侧，电流必须找到另一个去耦电容，以返回与迹线邻近的电源平面。电源平面与地平面之间的层间电容太小，不能提供足够低阻抗的路径，除非频率远超 500MHz。这个大得多的返回电流路径大幅增大了返回路径的电感和回路面积。

在上面的例子中，如果电源平面和接地平面都是有缝隙的，那么返回电流怎样越过这个缝隙？在一些情况下，可能必须完全返回电源。对于有缝隙平面的问题，最好的解决办法是避免缝隙与信号迹线交叉，尤其是关键的信号迹线。对于上述实例，信号应该布设在与完整的接地平面邻近的底层信号层上。关于有缝隙平面的进一步讨论见 17.1 节。

目前许多产品需要多个直流电压工作。因此，有缝隙的电源平面成了一种普遍现象。然而必须认识到，有缝隙的平面需要布线限制以避免迹线跨越缝隙。

解决有缝隙的电源平面产生的问题，可采用以下 5 种方法。

---

[*]　关于所用测量技术的讨论见附录 E.4。
[**]　一个有缝隙的平面是指完全被分为几个独立区域或部分的平面(图 16-6)；槽是指平面中一个有限宽度的孔径，如图 16-4(a)所示。

- 分割电源平面而遵守布线限制。
- 每个直流电压使用一个独立的完整电源平面。
- 为一个或多个电压设置"电源岛"。电源岛是指一个或多个集成电路下面的信号层(通常在电路板的顶层或底层)上的一个小的单独的电源平面。
- 在一个信号层上布设一些(或全部)直流电压作为迹线。
- 在迹线跨越缝隙平面处加拼接电容器。

每种方法都有它的优缺点。当直流电压只用于相互邻近的一个或多个集成电路时,电源岛是最有效的方法。

尽管信号迹线不应跨越相邻平面上的缝隙,但因设计和成本限制有时也有必要这么做,尤其是电源平面的情况。如果必须布设一条信号迹线,跨越有缝隙的电源平面,可以装几个小的拼接电容,越过电源平面两部分之间的缝隙,在迹线的两侧各放一个电容器,如图 16-6 所示。这种技术可使跨越缝隙时具有高频连续性,同时在平面的两部分之间保持直流隔离。电容器与迹线的距离应该在 0.1in 以内,根据信号的频率,电容量应为 $0.001 \sim 0.01 \mu F$。

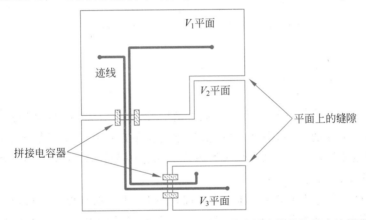

图 16-6　用于跨越电源平面上缝隙的拼接电容为跨越缝隙的迹线的信号电流提供返回路径

然而,这种解决方法并不理想,因为返回电流还必须通过一个导通孔、一条迹线、一个安装衬垫、一个电容器、一个安装衬垫、一条迹线,最后通过一个导通孔流到有缝隙平面的另一部分,这会在接地返回路径中增加约 5nH 或更大的附加电感(阻抗),但这比什么都不做好一些。

5nH 的电感在 100MHz 时有 3Ω 的阻抗,在 500MHz 时有 16Ω 的阻抗。这些阻抗比完整平面(无缝隙)的阻抗大几个数量级。Archambeault(2002 年,p. 76,图 5-7)给出的数据表明,在 300MHz 使用一个拼接电容器时辐射发射减少了 28dB,使用两个拼接电容器(迹线两侧各一个)时辐射发射减少了 32dB,这些结果是与用没有缝隙的完整平面时辐射发射减小 37dB 相比较的。

16.3.3　改变参考平面

一条信号迹线从一层变到另一层时,返回电流的路径会被阻断,因为返回电流也必须改变参考面,如图 16-7 所示。

于是问题变为返回电流如何从一层流到另一层。正如前面讲到的有缝隙平面的情况,平面间的电容没有大到足以提供一个低阻抗的路径,所以返回电流必须通过最近的去耦电容或面到面的导通孔改变平面。改变参考平面显然会增加回路面积,由于前面提到的有缝隙平面的所有理由都是不可取的。改变参考平面还会有效增加返回路径的阻抗(电感),如图 16-8 所示。

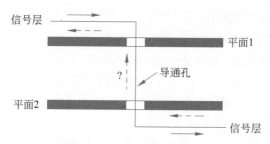

图 16-7   一条信号迹线布设在与两个不同平面相邻的两个层上。返回电流（虚线箭头）
怎样从平面 2 的底层流到平面 1 的顶层？实线箭头表示信号电流路径，
虚线箭头表示返回电流路径

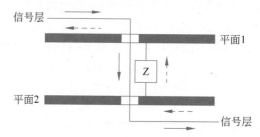

图 16-8   由于信号迹线变层产生的返回路径阻抗。实线箭头表示信号电流路径，
虚线箭头表示返回电流路径

这个问题的一个解决方法是尽可能避免关键信号（如时钟）更换参考平面。如果必须从一个电源平面变到一个接地平面，那么，可在信号导通孔附近设置一个附加去耦电容*以提供两平面之间的高频电流返回路径。然而，这种解决方法也不理想，因为会在返回路径上增加相当多的附加电感（典型值约为 5nH）。

注意：如果两个参考平面类型相同（或者都是电源，或者都是地），就可以用一个平面到平面的导通孔（地到地，或者电源到电源）代替紧临信号导通孔的电容。这种方法比较好，因为一个导通孔增加的电感（也就是阻抗）比一个电容器及其安装附件的阻抗小得多。关键信号改变参考平面时，强烈推荐要么加一个电容，要么加一个导通孔。

现在的 PCB 设计者大多忽略了这个问题。在 PCB 布线时，通常没有专门考虑信号转换到不同的层，而 PCB 也能工作，并符合电磁兼容的要求——可能是因为大多数 PCB 已经包含很多去耦电容。这些现存的去耦电容使这个问题最小化，而不需要设计者专门采取任何专门的预防措施。然而，可以推断，如果将这种现象作为电路板设计的一部分考虑，并加以纠正，那么现有的 PCB 将性能更优。

图 16-9 表示从有一段 30cm 长信号迹线的 4 层试验 PCB 上（Smith,2006）测量的辐射。其叠层与图 16-7 相似，都是两个平面作为接地平面。图 16-9(a) 表示当迹线被限制在一层上时的发射，图 16-9(b) 表示当迹线在电路板的一半处由顶层转变到底层时的发射。可以看出，信号层由板的顶层转变到底层时发射明显增大。在 247MHz（图 16-9(b) 中的菱形标记）时，信号由顶层转变到底层的情况与信号在同一层上的情况相比，发射水平高出近 30dB。在 2GHz以上时，平面间的电容足以减小返回路径的阻抗，因此，两种情况下的辐射就大致相当了。

图 16-9 所示的数据是由频谱分析仪的跟踪发生器扫频范围达到 3GHz 时输出的激励迹

---

* 使用与电源中其他去耦电容相同的值。

线。两个接地平面在 4 个位置相互连接,两个在负载端,两个在源端。试验 PCB 上没有平面到平面的电容器。如果另外使用平面到平面的电容器或平面到平面的导通孔,发射的差别不会如此大,如图 16-9(a)和图 16-9(b)所示。然而上面的例子清楚地表明,在 PCB 的不同层间转换信号迹线,即参考两个不同平面时,信号返回路径中会出现明显的不连续性,并显著增加辐射发射。

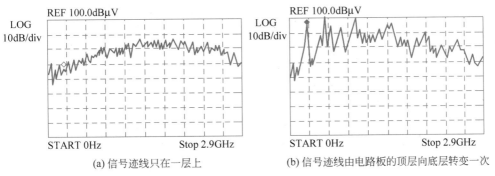

(a) 信号迹线只在一层上　　　　　(b) 信号迹线由电路板的顶层向底层转变一次

图 16-9　4 层 PCB 的辐射发射 ©2006 Douglas C. Smith.

16.3.4　参考同一平面的顶面和底面

信号变层,首先参考顶面,然后参考同一层的底面,返回电流是如何从这个层的顶面转换到底面的? 由于趋肤效应,电流不能在层内部流过,只能在层的表面流过。

为了做一个穿过层的信号导通孔,必须在这个层上做一个导通孔(隔离孔),否则,这个信号将被短路到参考平面上。导通孔的内表面为这个层的顶面和底面提供了一个表面连接,并为返回电流提供了一条从这个层的顶面到底面的路径,如图 16-10 所示。因此,当信号通过导通孔,并继续在同一层相反的面上通过时,返回电流的不连续性就不存在了。因此,必须使用两个布线层时,这是布设关键信号的首选方法。

高速时钟和其他关键信号应按如下方法布线(按优先顺序排列)。

- 仅布设在与一个平面相邻的一层上。

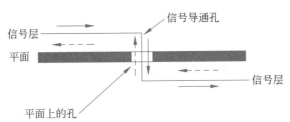

图 16-10　布设在与同一参考平面相邻两层上的信号迹线。
平面上这个孔的内表面为返回电流提供了路径

- 布设在与同一个平面相邻的两层上。
- 布设在与两个同类型(接地平面或电源平面)独立平面相邻的两层上,无论信号迹线在什么位置变层,都必须将两个平面用导通孔连接起来。
- 布设在与两个不同类型(接地平面和电源平面)独立平面相邻的两层上,无论信号迹线在什么位置变层,都用电容器将两个平面连接起来,作为参考平面。
- 在超过两层上布设。这种方法最好别用。

16.3.5 连接器

返回电流不连续经常出现的另一个位置是连接器附近。如果从接地平面上除去连接器下面的铜箔，如图16-11(a)所示，那么，返回电流就必须围绕该移除区流动，产生一个较大的回路，因此在PCB上产生一个噪声区。连接器越大(越长)，问题越严重。解决办法是只除去每个连接器插脚周围的铜箔，如图16-11(b)所示，从而使信号电流回路很小。

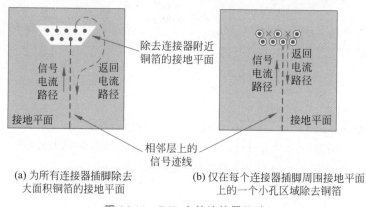

(a) 为所有连接器插脚除去
大面积铜箔的接地平面

(b) 仅在每个连接器插脚周围接地平面
上的一个小孔区域除去铜箔

图16-11　PCB上的连接器区域

16.3.6 接地填充

接地填充或接地灌注技术是指铜箔被敷到PCB信号层中不包含迹线的区域。目的是通过减小信号迹线的边缘场并在板上提供屏蔽来减小发射和敏感性。为使之有效，敷铜必须与板上现有的接地结构在多个位置连接。如果接地不合理，敷铜实际上和迹线间的串扰一样会增加发射和敏感性。从这方面来讲，小面积和细长形的填充特别麻烦。尤其应避免小面积填充，因为如果接地不合理，它们不但起不到作用，反而会使情况更糟。

如果敷铜没有接地，那么噪声就会耦合到孤立的敷铜区，然后通过电容性耦合进邻近的迹线，增加串扰。没有合理接地的敷铜还会产生静电放电问题。因此，PCB上不允许存在不接地的敷铜区。

尽管双面板经常用于模拟电路，但高速数字电路不推荐敷铜，因为它会引起阻抗不连续，从而导致潜在的功能性问题。在多层板上，如果使用接地填充，就必须与PCB的接地平面多点连接。如果接地填充用于多层板，则只能用于表层。

16.4　PCB叠层

PCB叠层(各层次序和层间距)是决定产品EMC性能的重要因素。好的叠层在PCB的回路上(差模发射)及连接板的电缆上(共模发射)产生的辐射都较少。然而，差的叠层在这两种机制下都会产生过多的辐射。

关于PCB的叠层，以下4个因素非常重要。

- 层数。
- 平面的类型和数量(电源和/或地)。
- 层的顺序或次序。
- 层间距。

除了层数,设计者通常对其他几个因素都不会给予太多考虑。然而很多情况下另外3个因素同样重要。PCB设计者有时甚至对层间距一知半解,这就留让PCB制造商自己权衡吧。

在确定层数时,应该考虑以下因素。

- 布设的信号数量及PCB成本。
- 时钟频率。
- 产品要达到的发射要求(A类或B类)。
- PCB放在屏蔽还是非屏蔽机箱中。
- 设计团队的电磁兼容工程专业知识。

通常情况下,只会考虑布设的信号数量及PCB成本。实际上,所有因素都至关重要并应同等对待。如果要在最少的时间内以最低的成本达到最优设计,则最后一项特别重要,不容忽视。例如,具有一定EMC专业知识的团队可以设计出一个令人满意的双层PCB,而专业知识不足的团队只能设计出一个4层PCB。

16.4.1　单层和双层板

单层和双层板向PCB设计者提出了EMC挑战。选择这些板主要考虑的是成本,而不是EMC性能。这里EMC性能的主要关注点是使回路面积尽可能小。当时钟频率低于10MHz时应只考虑单层或双层板,在这种情况下三次谐波将低于30MHz。单层板的唯一优点是成本低。

在单层或双层板上,为保证布线最优化,应该首先布设所有关键信号(见16.1.3节)。关键信号布线应尽可能短,并邻近接地返回迹线。在信号迹线或总线两侧,时钟和总线应该有接地返回迹线(见12.2.2节)。小阻尼电阻(约为33Ω)应该布设在所有时钟输出上以减少振铃。在晶体或振荡器下面应布设一个小的接地平面,晶体或振荡器的机壳应与该平面相连。在单层或双层板上,因为晶体产生很少的谐波能量,所以通常优先于振荡器。

在双层数字电路板上,地和电源应该布设成网格(见10.5.3节)。一个原来没有接地网格的双层数字板加上一个接地网格后使发射减少10~12dB并不罕见。

在去耦电容的电源一侧,增加一个小铁氧体磁珠与 V_{CC} 线串联以使所有时钟IC上的 V_{CC} 去耦。板上未利用的面积用地填充,但必须确保这个填充区与板上的接地结构多点连接,而不能有浮地。

考虑到时钟抖动会使时钟能量在频谱上展开,因此会减小发射的峰值幅度。见12.2.3节有关时钟抖动的内容。每个IC至少使用两个去耦电容(方形封装时用4个电容),并将其设置在IC的对边上,以使瞬时电源电流产生抵消回路(见11.5节)。

上述很多技术是适用的,也可以用于多层PCB。

单层或双层板上减少发射的最后一种方法是使用镜像平面(German,Ott和Paul,1990;Fessler,Whites和Paul,1946)。镜像平面是靠近电路板放置的一个相对较大的导电金属平面,最简单的是铝箔或铜箔。如果连接合理,不仅可以减少PCB的发射,也可以减少连接电缆的发射。更多细节见列出的参考文献。

为有效减少双层板上的发射并降低敏感度,必须要做到以下两点。

(1)减小关键信号(如时钟等)的回路面积。

(2)将接地和电源结构做成网格。

16.4.2　多层板

使用地平面和(或)电源平面的多层板(四层或更多层)可以比双层设计大幅减少辐射发

射。常用的基本原则是：在同等条件下，4层板可比双层板减少20dB或更多的辐射。包含平面的电路板比没有平面的电路板好很多，原因如下。

- 平面允许信号布设在微带（或带状线）结构中。与单层或双层板上所用的随机迹线相比，这些结构是产生辐射较小的可控制阻抗的传输线。
- 当返回电流在邻近平面上时，减小了回路面积。
- 接地平面使接地阻抗和接地噪声显著减小。

虽然在频率20~25MHz时双层板已成功应用于非屏蔽机箱中，但这是例外，而不是规律。这就要求设计团队具有丰富的EMC专业知识。在10MHz以上时，通常就应该考虑多层板。

16.4.2.1　多层板的目标要求

当使用多层板时，应满足下列6个设计目标要求。

（1）信号层应该总是与平面相邻。

（2）信号层应该与相邻的平面层紧密耦合（靠近）。

（3）电源与接地平面应该紧密耦合在一起*。

（4）高速信号应该布设在平面之间的埋层。因此，这些平面可以起到屏蔽作用，并抑制高速迹线的辐射**。

（5）多层接地平面非常有优势，因为它们可降低电路板的接地（参考平面）阻抗，减少共模辐射。

（6）当在两层或以上布设关键信号时，它们应被限制在与同一平面相邻的两层上。与前面讨论的一样，这个目标要求通常会被忽视。

大部分PCB设计者不能同时满足以上6个目标要求，所以需要折中。例如，人们经常面临选择，是信号与返回平面靠近（目标要求2），还是电源与接地平面靠近（目标要求3）。

另一个选择经常是布设信号与同一平面相邻（目标要求6），还是将信号层埋在平面之间来屏蔽（目标要求4）。如果板的层数允许，那么应该满足这些目标要求中的一个或多个。从EMC和信号完整性的角度考虑，通常使返回电流在单个平面上流动比将信号层埋在平面之间更重要。

目标要求1和2必须达到，不能折中。

很多优秀的PCB叠层只满足这6个设计目标要求中的4~5个就完全可以接受了。实际的PCB很少能满足以上6个目标要求。要满足上述6个目标要求中的5个，PCB至少需要8层。在4层和6层板上，以上目标要求中的某些是必须折中的。在这些条件下，设计者必须确定哪些目标要求对于当前设计是最重要的。

上面这段不能理解为在4层或6层板上不能获得好的EMC设计，因为这是可以实现的。它只表明6个目标要求中只有4个可以同时满足，而一些折中是必需的。

从力学的角度考虑，另一个目标要求是使板的横截面对称（或平衡）以防止变形。例如，在一块8层板上，如果第2层是一个平面，那么第7层也应该是一个平面。另一个要考虑的问题是奇数层还是偶数层。尽管可以制造奇数层电路板，但通常制造偶数层电路板更简单，也更便

　＊　在一些设计中可能不想用电源平面。专门的高电容PCB层压板可用在电源-地平面之间以提高IC电源的去耦，正如11.4.6节讨论的。

　＊＊　在少于8层的电路板上，这个目标要求与目标要求3不能同时满足。

宜。这里介绍的所有结构都将使用对称或平衡的偶数层结构。如果不对称，或者允许使用奇数层结构，那么另外的叠层结构也是可能的。

16.4.2.2　4层板

与双层板相比，4层板可以改进EMC性能及信号的完整性。虽然从信号层中移去了电源和接地迹线，但是没有提供额外的布线层。

一个常用的4层板结构包括两个信号层和两个平面，如图16-12所示[*]（电源平面和接地平面可以反过来）。它包含均匀间隔的4层，有内部电源和接地平面。两个外部迹线层上的迹线通常是相互垂直的。在一个厚0.062in的电路板上，层间距约为0.020in。

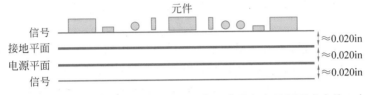

图16-12　常用的4层板结构。这种结构只满足6个目标要求中的一个

虽然这种结构明显优于双层板，但它的特性还是不理想，叠层只满足目标要求1。由于层间距相等，在信号层和电流返回平面之间间距较大，在电源平面和接地平面之间间距也较大。在4层板上，这两个不足不能同时纠正。

采用常规的PCB制造技术，500MHz以下时，相邻电源平面和接地平面之间没有足够的层间电容提供有效的去耦。所以，去耦必须使用其他方法（如第11章讨论的去耦电容的合理使用），因此，信号层和平面应该互相靠近。信号（迹线）层和电流返回平面之间紧耦合的优点远大于电源平面和接地平面层间电容的附加损耗导致的不足。

因此，提高4层板EMC性能的最简单方法之一是使信号层尽可能接近平面（≤0.010in），而在电源和接地平面之间用一个大芯层（≥0.040in），如图16-13所示。这有3个优点，几乎没有缺点。

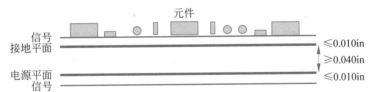

图16-13　改进的4层板的层间距。这种结构满足6个目标要求中的2个

第一个优点是信号回路面积更小，因此产生更少的差模辐射。对于0.005in的间距（迹线层到平面层），与等间距的结构相比，信号回路面积将减小为原来的1/4。因为差模（回路）辐射与回路面积成正比，所以与等间距的叠层相比，不需要额外的成本，差模辐射可减少12dB。

第二个优点是信号迹线与接地平面之间的紧耦合减小了接地平面阻抗（电感），从而减少了与电路板相连电缆的共模辐射。图10-19中的实验数据表明，当间距从0.020in变为0.005in时，平面电感将从约0.13nH/in减小为0.085nH/in，减小35%。由于流经接地电感的差模逻辑电流产生接地噪声电压，接地噪声也同样减小35%。这个电压是电缆上共模电流的激励电压，因此，电流也将以这个比例减小。电缆的辐射与电缆中的共模电流成正比，所以电缆辐射也会同样减少35%，或者稍小于4dB。

---

[*]　在接下来的PCB叠层图中，电源和接地平面用粗线条表示以示强调，并不说明它们比信号层的铜箔厚。

第三个优点是迹线与平面之间的紧耦合将减少相邻迹线间的串扰。对于固定的迹线与迹线间距，串扰正比于迹线高度的平方*（式（10-15））。因此，当迹线高度从 0.020in 减小到 0.005in 时，串扰将减少到原来的 1/16（或 24dB）。这是一个在 4 层 PCB 上减少辐射和串扰的最简单、成本最低、最易被忽视的方法之一。图 16-13 中的结构满足目标要求 1 和目标要求 2。

如果图 16-12 或图 16-13 所示的电源平面被分割以提供不同的直流电压，那么重要的是限制底层信号层上的布线以避免迹线跨越平面上的缝隙。如果一些迹线必须跨越缝隙，拼接电容应靠近迹线跨越缝隙的位置，以提供一个低阻抗的返回电流路径。

绝大多数 4 层板具有上述描述的叠层，即两个信号层在外面，两个平面在中间。图 16-13 所示的叠层对于大多数 4 层板的应用来说是令人满意的。但是，其他可能的叠层也已经得到成功应用。

采用稍微非常规的方法，使信号层和平面层倒置，产生如图 16-14(a) 所示的叠层。这种叠层的主要优点在于外层的平面为内层的信号迹线提供了屏蔽，缺点在于：第一，接地平面可能被高密度 PCB 上的元件安装衬垫切割。这可通过倒置平面、在元件侧设置电源平面及在板的焊接侧设置接地平面来稍微弥补一些。第二，一些设计者不喜欢暴露的电源平面。第三，虽然有可能，但埋藏的信号层使电路板很难返工。这种叠层满足目标要求 1、2 和 4。

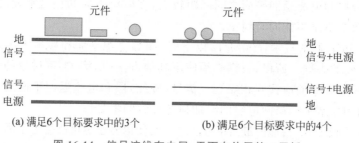

(a) 满足6个目标要求中的3个　　　　(b) 满足6个目标要求中的4个

图 16-14　信号迹线在内层，平面在外层的 4 层板

上面 3 个问题中的两个可以通过如图 16-14(b) 所示的叠层来减缓，即两个外层平面都是接地平面，电源布设为信号层上的迹线。电源应在信号层上使用宽迹线布设为网格。这种结构有两个优点：①两个接地平面产生更低的接地阻抗，因此产生更少的共模电缆辐射。②这两个接地平面可以在板的边缘连接起来，将所有的信号迹线装入法拉第笼中。当使用这种 4 层板时，这种结构满足目标要求 1、2、4 和 5。

第四种叠层不太常用，但效果很好，如图 16-15 所示。与图 16-13 相似，但是电源平面被接地平面取代，而电源作为迹线布设在信号层上。这种叠层克服了与图 16-14 中所示结构相关的返工问题，且由于是两个接地平面，还能提供低接地阻抗。然而这些平面不能提供任何屏蔽。图 16-15 的结构满足目标要求 1、2 和 5，但不满足目标要求 3、4 或 6。某著名的个人计算机外围设备制造商已经成功使用这种叠层很多年了。

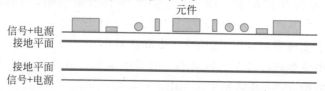

图 16-15　有两个内部接地平面、没有电源平面的 4 层板。这种结构满足 6 个目标中的 3 个

---

* 迹线层和相邻平面的间距。

所以,可以看出,4层板有更多的选择可用。只用4层板很可能满足6个目标要求中的4个。图16-13、图16-14(b)及图16-15所示的结构都可表现出很好的EMC性能。

16.4.2.3　6层板

大多数6层板包含4个信号布线层和两个平面。从EMC的角度看,6层板比4层板更受欢迎,因为它很容易将高频信号设置在平面间的埋层中以屏蔽它们,或提供以同一平面为参考的正交布线的信号层。

图16-16所示为一个不应该用于6层板的叠层。平面不能为信号层提供屏蔽,并有两个信号层(1和6)不与平面相邻。只有将所有高频信号都布设在第2层和第5层上,第1层和第6层上只布设低频信号或者最好根本没有信号(只安装衬垫和测试点),这种布设才能较好地工作。在这种结构中,第1层和第6层中未利用的面积都应采用接地填充,并通过导通孔与主接地平面在尽可能多的地方连接在一起。这种结构只满足目标要求3。

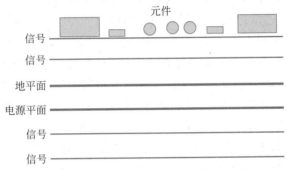

图16-16　不推荐的6层PCB叠层。这种结构使用6层但仅满足6个目标要求中的1个

6层板是可用的,它为高速信号提供两个埋层的原则(与图16-14所示的4层板做法一样)很容易实现,如图16-17所示。除高速信号布线层(第3层和第4层)外,这种结构还为布设低速信号提供了两个表面层。

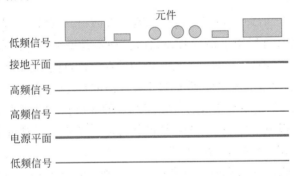

图16-17　一种常用且有效的6层PCB叠层,为高频信号层提供屏蔽。
这种结构满足6个目标要求中的3个

这是一种常用的6层PCB叠层,可有效地控制发射。这种结构满足目标要求1、2和4,但不满足目标要求3、5和6。它的主要(但不严重)缺点是电源和接地平面隔离。由于这种隔离,电源与接地平面间的层间电容失去了意义。因此,必须仔细设计去耦以弥补这一缺点。

图16-18所示的叠层不常用,但也是一种性能良好的6层PCB叠层。与图16-17所示的层序相同,但各层的分配不同,很多情况下可提供比图16-17的叠层更优的EMC性能。

在图16-18中,H_1表示信号1的水平布线层,V_1表示信号1的垂直布线层。H_2和V_2

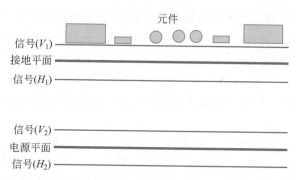

图 16-18　正交的布线信号层参考同一平面的 6 层 PCB 叠层。这种结构满足 6 个目标要求中的 3 个

对于信号 2 表示相同的含义。这种结构的优点在于总是参考相同的平面正交布设信号。缺点在于第 1 层和第 6 层上的信号没有屏蔽。因此,信号层应该靠近与它们相邻的平面,并且理想的板厚通过较厚的中央芯层达到。板的典型层间距可为 0.005in/0.005in/0.04in/0.005in/0.005in[*]。这种结构满足目标要求 1、2 和 6,但不满足目标要求 3、4 或 5。

　　如果图 16-18 所示的叠层中需要多种直流电压,而电源平面被分割为单独孤立的电压区块,那么所有关键信号必须只布设在与完整接地平面相邻的第 1 层和第 3 层上。不跨越电源平面上缝隙的信号可布设在第 4 层和第 6 层上。然而,如果直流电压之一作为迹线布设在信号层上时,就可以避免这个问题。

　　用 6 层板比用 4 层板更容易获得良好的 EMC 性能。不限于只有两层,6 层板也具有 4 个信号布线层的优点并允许使用两个接地平面。图 16-17 和图 16-18 所示结构的性能都不错,区别在于图 16-17 为两个高频信号层提供了屏蔽,而图 16-18 允许两个正交的布线层参考同一平面。如果将产品放在一个非屏蔽机箱中(因为高频信号迹线被外部的平面屏蔽),图 16-17 通常成为首选。而如果将产品放在屏蔽机箱中,图 16-18 中的结构可能成为首选。

16.4.2.4　8 层板

　　8 层板可以增加两个布线层,或者通过增加两个平面提高 EMC 性能。尽管两种情况都有实例,但大多数 8 层 PCB 叠层用于提高 EMC 性能,而不是增加额外的布线层。从 6 层板到 8 层板成本增加的百分比小于从 4 层板到 6 层板增加的百分比,这有利于判断提高 EMC 性能增加的成本是正当的。因此,大多数 8 层板(我们将主要关注的)包括 4 个信号布线层和 4 个平面。

　　无论决定如何叠层,一定不会推荐有 6 个布线层的 8 层板。如果需要 6 个布线层,应该使用 10 层板。因此,8 层板可看作一个 EMC 性能优化的 6 层板。尽管可能有多种叠层方式,我们只讨论几种已证明 EMC 性能卓越的方式。

　　具有良好 EMC 性能的 8 层板的基本叠层方式如图 16-19 所示。这种结构很流行且满足 6 个目标要求中的 5 个,不满足目标要求 6。所有信号层都与平面相邻,且所有层都紧密耦合在一起。高速信号被埋在平面之间,因此,平面提供屏蔽以减少这些信号的发射。而且,该板使用多个接地平面,减少了接地阻抗。

　　当关键高频信号变层(如从图 16-19 所示的第 4 层到第 5 层)时,为得到最优的 EMC 性能和信号完整性,应该在信号导通孔附近的两个接地平面之间增加一个接地层到接地层的导通孔。它可为返回电流提供一个邻近信号导通孔的路径。

---

*　实际层间距可能与这些数据不同,取决于几个因素,如预期的总板厚度及各层上铜箔的厚度。

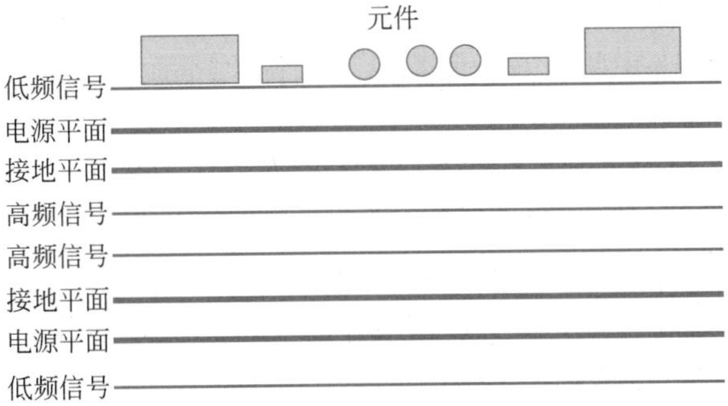

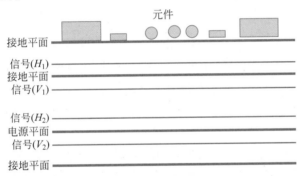

图 16-19　EMC 性能卓越的常用 8 层 PCB 叠层。这种结构满足 6 个目标要求中的 5 个

　　如 11.4.6 节所述,对第 2 层和第 3 层,以及第 6 层和第 7 层使用某种形式的嵌入式 PCB 电容技术以进一步改进图 16-19 中的叠层。这种方法可使高频去耦得到显著改善,并可用更少的离散去耦电容。

　　如果设计需要两个直流电压(如 5V 和 3.3V),应该考虑图 16-19 的叠层。两个电源平面可赋予不同的电压。这样的设计包含两个完整的电压平面,避免分割电源平面及与之相关的问题。

　　另一种有效的 8 层结构如图 16-20 所示。这种结构与图 16-18 的 6 层结构相似,但包含两个外层接地平面。这种结构使所有布线层都埋在平面之间,因此被屏蔽。另外,正交布线的高频信号参考相同的平面。

图 16-20　一种优秀的 8 层 PCB 叠层。这里正交布设的信号参考同一平面,而高频
信号布线层被外层接地平面屏蔽。这种结构满足 6 个目标要求中的 5 个

　　尽管不如图 16-19 的叠层常见,这种优秀的结构也满足 6 个目标要求中的 5 个,不满足目标要求 3。这种结构典型的层间距可为 0.010in/0.005in/0.005in/0.020in/0.005in/0.005in/0.010in。

　　第 1 层和第 2 层之间使用 0.010in 的间距,使来自第 2 层和第 4 层上信号的大部分返回电流返回较近的接地平面上,在这种情况下是第 3 层。第 5 层和第 7 层与之相似,大部分信号电流将会返回到第 6 层上。当一个信号层位于两个平面之间,到一个平面的距离是到另一个平面距离的 2 倍时,67% 的电流将返回到较近的平面上,只有 33% 的电流返回到较远的平面上(表 10-3)。

　　对于图 16-20 所示的叠层,更好的层间距为 0.015in/0.005in/0.005in/0.010in/0.005in/0.005in/0.015in。在这种情况下,信号层到较远平面的距离是较近平面的 3 倍,较近平面上的返回电流占 75%,较远平面上的占 25%(表 10-3)。

　　8 层板的另一种可能的叠层是修改图 16-20,将平面移到中间,如图 16-21 所示。它的优

点是以牺牲对迹线的屏蔽为代价获得一个紧耦合的电源到地的平面对。

这基本上是在图 16-18 中间加一个紧耦合的电源-地平面对的 8 层板。这种结构典型的层间距为 0.006in/0.006in/0.015in/0.006in/0.015in/0.006in/0.006in。0.006in 的层间距允许信号层与各自的返回平面之间紧耦合，以及电源和接地平面之间紧耦合，这也提高了 500MHz 以上的去耦。这种结构满足目标要求 1、2、3、5 和 6，但不满足目标要求 4。这是一个具有良好信号完整性的性能完美的结构，因为紧耦合的电源/接地平面通常优于图 16-20 的叠层。图 16-21 的叠层通过在第 4、5 层上使用某种嵌入式 PCB 电容技术提高高频去耦，还能进一步改进。对于高频信号，这是我喜欢的结构之一。

对于屏蔽机箱板上的高频信号（有 500MHz 以上的谐波），图 16-21 的叠层通常会成为首选。对于较低频率和（或）放在非屏蔽机箱中的产品，图 16-20 的叠层为信号层提供了屏蔽，因而成为首选。

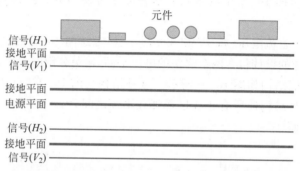

图 16-21　具有良好信号完整性和 EMC 性能的优秀 8 层板叠层。这种结构在板的
中心有一对紧耦合的电源-地平面。这种结构满足 6 个目标要求中的 5 个

注意以上 3 种 8 层板都满足 6 个目标要求中的 5 个。

如果需要分割电源平面，可用图 16-22 所示的可接受但不够理想的 8 层板的叠层。它有两个分割的电源平面和 4 个布线层。这个叠层典型的层间距为 0.006in/0.006in/0.015in/0.006in/0.015in/0.006in/0.006in。因为分割的电源平面到内部信号层（第 3 层和第 6 层）的距离是接地平面到内部信号层（第 2 层和第 7 层）距离的 3 倍，接地平面上有 75% 的信号返回电流，分割的电源平面上只有 25%（表 10-3）。这将使分割电源平面的不利影响减少 6dB。这种结构满足目标要求 1、2、4 和 5，但不满足目标要求 3 或 6。

就 EMC 性能而言，使用 8 层以上的板优势很少，超过 8 层的板通常只在需要额外信号布线层时使用。如果需要 6 个布线层，则应用 10 层板。

16.4.2.5　10 层板

10 层板通常有 6 个信号层和 4 个平面。不建议在 10 层板上布设超过 6 个信号层。

高层数（10 层以上）的板需要用薄电介质（厚 0.062in 的板上通常为 0.006in 或更薄），因此，它们在所有相邻的层之间自动具有紧耦合，而满足目标要求 2 和 3。如果叠层和布线合理，则可以满足 5 个甚至 6 个目标要求，具有卓越的 EMC 性能及信号完整性。

一个常用且接近理想的 10 层板叠层如图 16-23 所示。这种叠层具有良好性能的原因是：信号和返回平面的紧密耦合、高频信号层的屏蔽、多层接地平面的存在及位于板中央且紧密耦合的电源-接地平面对。在第 5 层和第 6 层上使用某种形式的嵌入式 PCB 电容技术，可使高频去耦性能进一步提高。高频信号通常布设隐埋在平面之间（第 3 层和第 4 层，以及第 7 层和第 8 层）的信号层上。

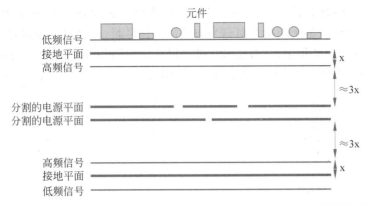

图 16-22　可接受但不够理想的 8 层板的叠层。有 4 个信号层和 2 个分割的
电源平面。这种结构满足 6 个目标要求中的 4 个

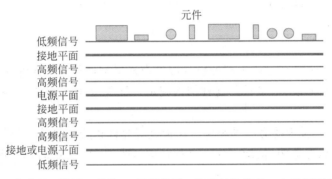

图 16-23　一种常用且接近理想的 10 层板叠层。这种结构满足 6 个目标要求中的 5 个

这种结构中正交布设信号对的常用方法是将第 1 层和第 10 层配为一对（仅载有低频信号），第 3 层和第 4 层为一对，第 7 层和第 8 层为一对（这两对都载有高频信号）。以这种方式配对信号，第 2 层和第 9 层平面为内部各层中的高频信号迹线提供了屏蔽。另外，第 3 层和第 4 层上的信号，以及第 7 层和第 8 层上的信号被中心的电源/接地平面对隔离（屏蔽）。例如，高速时钟可以布设在其中一对上，高速地址和数据总线布设在另一对上。在这种方法中，总线可被中间的平面保护而免受时钟噪声污染。

在关键信号从一层转移到另一层处，去耦电容或平面到平面的导通孔，哪个更合适就加入哪个，以减小返回电流的不连续性，否则就会出现这种不连续性（见 16.3.3 节）。这种结构满足多层板 6 个目标要求中的 5 个，不满足目标要求 6。

在图 16-23 所示的 10 层板上布设正交信号的另一种可能是将第 1 层和第 3 层配对，第 4 层和第 7 层配对，第 8 层和第 10 层配对。对于第 1 层和第 3 层对，以及第 8 层和第 10 层对的情况，优点是参考同一平面布设正交信号。当然，缺点是如果第 1 层和（或）第 10 层上有高频信号，那么 PCB 平面不能提供固有的屏蔽。因此，这些信号层应与其相邻的平面靠近（对于 10 层板自然会出现）。

以上讨论的这两种 10 层布线结构，每一种都有很多优点和很少的缺点，主要区别在于如何使正交布设的信号配对。如果小心设计，每种叠层都能具有良好的 EMC 性能和信号完整性。

图 16-23 的叠层可通过在第 5 层和第 6 层上使用某种形式的嵌入式 PCB 电容技术改进高频电源/接地平面的去耦。

图 16-24 是 10 层板的另一种叠层。这种结构放弃了近距离的电源/接地平面对。反过来,它通过板外层上的接地平面为 3 对信号布线层提供屏蔽,而且通过内部的电源和接地平面实现彼此隔离。在这种结构中,所有信号层都被屏蔽,而且相互隔离。如果外部信号层上只有很少的低频信号(如图 16-23 所示),而大部分是高频信号时,图 16-24 的叠层是非常可取的。

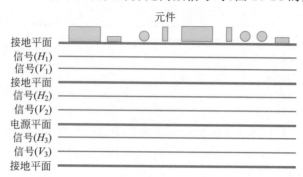

图 16-24 提供 3 对被屏蔽且相互隔离信号层的一个 10 层板叠层。
这种结构满足 6 个目标要求中的 4 个

在一块高密度 PCB 上,这种叠层的设计应考虑外层接地平面被元件安装衬垫和导通孔分割的严重程度,外层必须小心设计。这种结构满足目标要求 1、2、4 和 5,但不满足目标要求 3 或 6。

图 16-25 表示 10 层板的另一种叠层。这种叠层允许正交信号的布设邻近同一平面,但这种情况下必须放弃靠近电源/接地平面。这种结构与图 16-20 所示的 8 层板相似,另加了两个外层低频信号布线层。

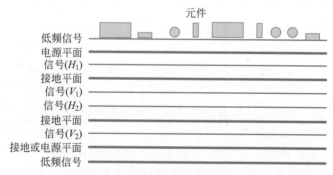

图 16-25 参考同一平面正交布设信号的一个 10 层板叠层。
这种结构满足 6 个目标要求中的 5 个

图 16-25 所示的结构满足目标要求 1、2、4、5 和 6,但不满足目标要求 3。

图 16-25 所示的叠层可将第 2 层和第 9 层各换为一对嵌入式 PCB 电容层(因而满足目标 3)以进一步改进。实际上这已经变成一个 12 层板。

图 16-26 所示的 10 层板满足 6 个目标要求。然而它的缺点是只有 4 个信号布线层。这种结构在 EMC 性能和信号完整性方面都表现出卓越的性能。图 16-26 的叠层可对第 5 层和第 6 层使用某些形式的嵌入式 PCB 电容技术进行改进。

16.4.2.6 12 层及更多层板

高层数电路板有很多平面,由于足够多的平面可为每个电压分配不同的电源平面,因此通常可以避免电源平面分割带来的问题。

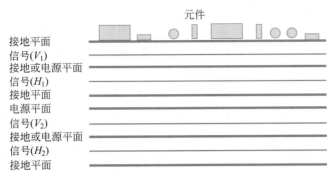

图 16-26　一种满足所有 6 个目标要求的 10 层板叠层。然而它只有 4 个信号布线层

　　满足 6 个目标要求的一个优秀的 12 层板叠层如图 16-27 所示。它本质上是图 16-25 的 10 层板另加两个平面以满足目标要求 3。如图 16-27 所示叠层的性能可通过在第 2 层和第 3 层，以及第 10 层和第 11 层使用某种形式的嵌入式 PCB 电容技术进行改进。

元件

| 低频信号 |
| 接地平面 |
| 电源平面 |
| 信号(H_1) |
| 接地或电源平面 |
| 信号(V_1) |
| 信号(H_2) |
| 接地或电源平面 |
| 信号(V_2) |
| 接地平面 |
| 电源平面 |
| 低频信号 |

图 16-27　一个有 6 个信号布线层的 12 层板，满足先前所有 6 个目标要求

　　如果一个设计中需要两个分割的电源平面提供多种直流电压，可以考虑如图 16-28 所示的叠层。在这种结构中，分割的电源平面利用完整的接地平面与信号层隔离。因此，没有信号层与分割的电源平面邻近，而且无须担忧信号跨越有缝隙的平面。如图 16-28 所示的叠层有 6 个布线层，满足先前 6 个目标要求中的 5 个，可以看出它不满足目标要求 6。

元件

| 低频信号 |
| 接地平面 |
| 高频信号 |
| 高频信号 |
| 接地平面 |
| 分割电源平面 |
| 分割电源平面 |
| 接地平面 |
| 高频信号 |
| 高频信号 |
| 接地平面 |
| 低频信号 |

图 16-28　如果需要分割电源平面，有 6 个信号布线层的 12 层板值得考虑。两个分割的电源平面被两个完整的接地平面与信号层隔离。这种结构满足 6 个目标要求中的 5 个

16.4.2.7 基本的多层 PCB 结构

正如本章几个例子所证实的,PCB 设计者会多次面临选择:是将关键信号层埋在平面之间(目标要求 4)以屏蔽它们,还是将关键信号布设在与同一平面相邻(目标要求 6)的两层上。

尽管与流行的做法相反,我认为有重要证据表明:高频电路获得良好的 EMC 性能和信号完整性,将关键信号布设在与同一平面相邻的层上优于将关键信号层埋在平面之间来屏蔽它们。用这种方法可以改进高速 PCB 的 EMC 性能和信号完整性(Archambeault,2002,p. 191)。将信号布设在与同一平面相邻的层上会显著减小返回电流路径的电感,因为大部分 PCB 设计者不能或不想在信号迹线的导通孔附近提供平面到平面的导通孔,见 16.3.3 节的讨论。

因此这就提出为高层数、高速数字逻辑电路板确定最佳叠层的一般步骤。基本的叠层应该包括两种基本结构的多重组合:两个信号层与同一平面相邻(信号-平面-信号),如图 16-29(a)所示,以及相邻的电源和接地平面对,如图 16-29(b)所示。这两种结构可以以多种方式组合成 6 层或更多层的 PCB。

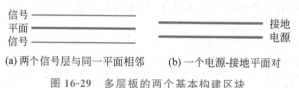

(a) 两个信号层与同一平面相邻   (b) 一个电源-接地平面对

图 16-29　多层板的两个基本构建区块

例如,图 16-18 所示的 6 层叠层包含两组图 16-29(a)所示的基本构建区块,而图 16-21 所示的 8 层 PCB 叠层使用了两组图 16-29(a)所示的基本构建区块与一组图 16-29(b)所示的构建区块的组合。

图 16-30 表示一个用了 4 组图 16-29(a)所示的基本构建区块,有 8 个布线层的 12 层电路板。这种叠层没有相邻的电源平面和接地平面,所以它只满足先前 6 个目标要求中的 5 个。

将图 16-29(b)所示的基本构建区块加到图 16-30 所示的板中心,就形成了满足所有设计目标的 14 层板。

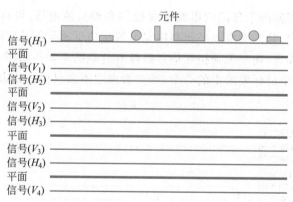

图 16-30　由图 16-29(a)所示的基本构建区块形成的有 8 个信号布线层的 12 层电路板。这种结构满足先前 6 个目标要求中的 5 个

16.4.3　一般 PCB 的设计步骤

前面各节已经讨论了 4~14 层的高速、数字逻辑 PCB 的各种叠层。好的 PCB 叠层可以减少辐射、提高信号质量,并有助于电源总线的去耦。没有哪种叠层是最好的,每种情况下都会有几个可行的选择,而且对某些目标进行折中通常是必要的。

表 16-2 总结了各种常见 PCB 叠层的布线层数量和平面数量,其他组合也是可能的,但这些是最常用的。从这个表中可以思考为什么要使用更多层的发展模式。

表 16-2　PCB 叠层选择小结

层数	布线层	平面	使 用 原 因	满足的目标要求
2	2	0	低成本	0
4	2	2	改进 EMC 和 SI 性能	1~4
6	4	2	改进 EMC 和 SI 性能,以及两个附加的布线层	3
8	4	4	改进 EMC 和 SI 性能	5
10	6	4	两个附加的布线层	4 或 5
12	6	6	改进 EMC 和 SI 性能	5 或 6
12	8	4	两个附加的布线层	5
14	8	6	改进 EMC 和 SI 性能	6

注意:在 8 层或更多层板的情况下,可以满足多层板目标要求中的 5 个,在某些情况下可满足所有的 6 个目标要求。

除了层数、层的类型(平面或信号)和层序以外,在决定板的 EMC 性能方面下面几个因素也很重要。

- 层间距。
- 正交布设信号时信号层对的分配。
- 将信号(时钟、总线、高频、低频等)分配到哪个信号布线层对上。

对于 PCB 叠层的讨论已假定标准板厚度为 0.062in,具有对称横截面、偶数层,使用常规的导通孔技术。如果将盲通孔、埋通孔、微通孔、不对称板或奇数层板也考虑进来,那么其他因素也会起作用,并且其他电路板的叠层不仅可以使用,而且在很多情况下也是令人满意的。

生成一个 PCB 叠层需要的一般步骤如下。

- 确定需要的信号布线层数。
- 确定如何处理多种直流电源。
- 确定各种系统电压需要的电源平面数。
- 确定同一电源平面层上是否有多种电压,因而需要分割平面,确定相邻层上的布线限制。
- 为每个信号层对分配一个完整的参考平面,如图 16-29(a)所示。
- 配对电源平面和接地平面,如图 16-29(b)所示。
- 确定各层的次序。
- 确定层间距。
- 确定必要的布线规则。

根据本章的指南能够制作出性能良好的 PCB,并避免很多与 PCB 相关的常见 EMC 问题。所有讨论过的叠层,除了图 16-16 以外,都会表现出优良甚至卓越的 EMC 性能。

避免返回电流路径的不连续性可能是良好的 PCB 设计中最重要但往往被忽视的原则。想一想,返回电流应从哪里流过?

混合信号 PCB 设计和布线的其他信息见第 17 章。

总结

- 多层板叠层满足的 6 个主要目标要求如下。
    - 每个信号层应该紧邻一个平面。
    - 信号层和与其相邻的参考平面之间应该紧耦合。
    - 电源与接地平面应该紧耦合。
    - 高频信号应该埋在平面之间从而被屏蔽。
    - 多层接地平面是可取的。
    - 正交布线的信号应该参考同一平面。
- 为满足上述目标要求中的 5 个及以上,需要 8 层或更多层板。
- 如果有可能,应使用有电源和接地平面的多层板。
- 对元件的位置和取向要倍加关注。
- 10% 电路中的关键信号导致 90% 的问题。
- 高频谱分量、波形重复的电路是关键信号。包括:
    - 时钟。
    - 总线。
    - 重复性的控制信号。
- 信号的速度(频谱分量)正比于以下值。
    - 基频。
    - 上升/下降时间的倒数。
    - 电流。
- 如果有可能,应将高频正交信号与同一平面相邻布设。
- 大多数板的叠层结构都需要折中。
- 已有的多种多层板结构都具有优良甚至卓越的 EMC 性能。
- 多使用平面,避免缝隙。
- 布设关键数字信号应远离板的边缘和 I/O 区。
- 多种直流电压可使用下面的一种或多种方法处理。
    - 分割电源平面并接受这种方法带来的布线限制。
    - 每个电压使用一个独立完整的电源平面。
    - 在信号层上对某些电压使用电源岛。
    - 将一些电压作为迹线布设在信号层上。
    - 当迹线必须跨越有缝隙的电源平面时使用拼接电容。
- 关键信号应布设在不多于两层上,并且这些层应与同一平面相邻。
- 从 EMC 性能和信号完整性的角度考虑,将关键信号布设在与同一平面相邻的层上应优先于将信号层埋在平面之间以获得屏蔽,特别是包含在屏蔽机箱中的电路板。
- 在电路板的 I/O 区,可通过一个非常低的电感将电路的地与机壳连接起来。

习题

16.1 一个信号的信号速度(频谱分量)与哪些参数成正比?

16.2 电路的地与机壳的地应该在何处连接?

16.3 I/O 连接器金属后壳应该在何处连接及如何连接?

16.4 双面 PCB 布线时应该满足的两个重要目标要求是什么?

16.5 多层 PCB 上导致返回电流路径不连续的 3 个常见原因是什么?

16.6 a. 说出在电源/接地平面上应该避免缝隙的 3 个原因。

b. 如果电源或接地平面上存在缝隙,则存在哪些布线限制?

16.7 6 个多层 PCB 目标要求中哪两个必须满足?

16.8 对于非对称横截面,图 P16-8 所示的 8 层板,这种叠层满足哪些基本的多层板设计目标要求?

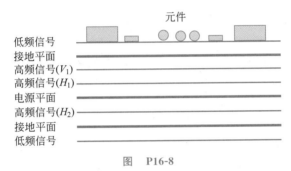

图 P16-8

16.9 对于图 16-19 的叠层,将第 6 层和第 7 层上的电源和接地平面互换后缺点是什么?

16.10 图 16-20 所示的 8 层 PCB 叠层不满足 6 个多层 PCB 目标要求中的哪个?

16.11 图 P16-11 所示的 12 层 PCB 叠层满足基本的多层 PCB 设计目标要求中的多少个?

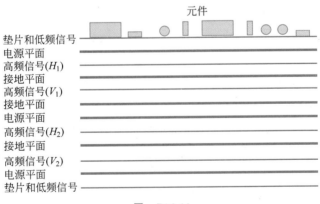

图 P16-11

16.12 PCB 上的一个直流电压使用位于 PCB 顶层上的"电源岛"。

a. 这种电源岛要求设计者明确电路板布局方面的一些特殊布线限制吗?

b. 假如这个电源岛位于板的底层,将如何?

16.13 画一个本书中没有的 PCB 叠层,它满足哪些基本的设计目标要求?

参考文献

[1] Archambeault B. *PCB Design for Real-World EMI Control*. Boston，MA：Kluwer Academic Publishers，2002.

[2] Fessler J T，Whites K W，Paul C R. *The Effectiveness of an Image Plane in Reducing Radiated Emissions*. IEEE Transactions on Electromagnetic Compatibility，1996.

[3] German R F，Ott H W，Paul C R. *Effect of an Image Plane on Printed Circuit Board Radiation*. 1990 IEEE International Symposium on Electromagnetic Compatibility，1990.

[4] Paul，Clayton R. *Introduction to Electromagnetic Compatibility*，2nd ed. New York Wiley，2006.

[5] Smith D C. *Routing Signals Between PWB Layers—Part 2，An Emission Example*，2006. Available at www. dsmith. org. Accessed，2009.

深入阅读

[1] Archambeault B. *Effects of Routing High-Speed Traces Close to the PCB Edge*. Printed Circuit Design & Fab，2008.

[2] Bogatin E. *An EMC Sweet 16*. Printed Circuit Design & Manufacture，2006.

[3] Ott H W. *PCB Stackup，Parts 1 to 6*. Henry Ott Consultants，2002-2004. Available at http://www. hottconsultants. com/tips. html. Accessed，2009.

[4] Ritchey L W. *Right the First Time，A Practical Handbook on High Speed PCB and System Design*. vol. 1，Speeding Edge. 2003. Available www. speedingedge. com. Accessed，2009.

第17章

混合信号PCB布线

混合信号 PCB 的设计与布线是一项富有挑战性的工作，它的解决方案在大多数工程文献中都没有很好的阐述。混合信号 PCB 问题通常涉及两种情况之一。一种情况涉及干扰敏感的低电平模拟电路(通常是音频或射频(RF))的数字逻辑电路，另一种情况涉及干扰数字和模拟电路的大功率电机或继电器驱动(噪声模拟)电路。

在下面的讨论中，记住 EMC 的两个基本原理。一是电流应该尽可能就近返回到源，即通过可能的最小回路面积。二是系统应该只有一个参考平面。如果电流不能就近返回，就会形成一个环形天线。如果系统有两个参考平面，就形成一个偶极子天线[*]。这两种情况都不是期望的结果。

决定最佳混合信号 PCB 布线的关键是理解接地返回电流实际上从哪里流过，怎样流过。大多数 PCB 设计者只考虑信号电流从哪里流过(明显在信号迹线上)，而忽视返回电流的路径。

高频电流最低阻抗的信号返回路径就在信号迹线正下方的一个平面上，如 3.2 节中的讨论。接地平面上的缝隙切断了这个最佳接地返回电流路径，产生一个大的接地阻抗(电感)和一个增大的接地平面的电压降。

17.1 分割接地平面

首先明确我们要解决的基本问题。它不是可能干扰数字逻辑电路的模拟电路，而是可能干扰低电平模拟电路的高速数字逻辑电路。这种关注是正常的。我们要保证数字接地电流不在模拟接地平面中流过，于是，经常听到将接地平面分割为模拟和数字部分的建议。

然而，如果分割接地平面，而迹线跨越缝隙，如图 17-1(a)所示，那么返回电流路径在哪儿？假设这两个平面在某处连接在一起，通常是一个点，返回电流必须在一个大环路中流过。在大环路中流过的高频电流产生辐射和大接地电感，在大环路中流过的低电平模拟电流对电磁场的拾取很敏感。以上两种情况都不是期望的结果。

如果接地平面必须分割，而迹线必须跨越缝隙，首先把平面在某个位置连接在一起，形成

---

[*] 偶极子天线更详细的信息见附录 D。

一个桥,如图 17-1(b)所示。然后布设所有的迹线,使它们在跨越这个桥时在每条迹线的正下方为返回电流提供路径,这样产生一个小的回路面积。

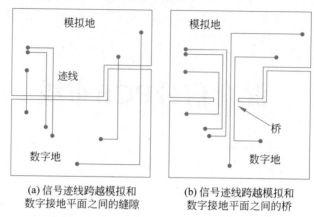

(a)信号迹线跨越模拟和
数字接地平面之间的缝隙

(b)信号迹线跨越模拟和
数字接地平面之间的桥

图 17-1 信号迹线跨越模拟和数字接地平面之间的缝隙和桥

另一种信号跨越分割平面的可接受方法是用光隔离器、磁阻隔离器或变压器。在第一种情况下,只有光跨越平面上的缝隙;在后两种情况下,磁场跨越缝隙。另一种可能是使用真正的差模信号,即信号从一条迹线流出,从另一条迹线返回。然而,这种方法没有其他 3 种方法好[*]。

当接地平面分割,且两个地平面一直保持分离,直至返回位于电源处的系统唯一的"星形接地点"时,会出现一种非常不好的布线方式,如图 17-2 所示。这种情况下,跨越缝隙的迹线的返回电流必须流回到电源地的全部路程,如图 17-2 所示——一个真正的大环路。另外,这形成一个偶极子天线,由模拟和数字地平面(它们处于不同的射频电位)通过长的电源接地线连接在一起组成。

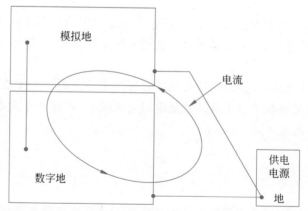

图 17-2 迹线跨越模拟和数字接地平面之间的缝隙时的一种不好的布线方式。
两部分接地平面只有一个点——电源的接地端,连接在一起

17.2 微带接地平面电流分布

解决上述问题有助于进一步理解高频电流的特征。假设一个多层 PCB,高频电流将从最

---

[*] 在差模信号中,接地路径仍然起作用,特别是在高频信号的情况下。通常假定在差模信号中信号电流从另一条迹线中返回。尽管它是一种有用的简化,但不完全正确。即使在差模信号的情况下,电流还是在与每个导体相邻的平面上流过(由于存在的场),好像它们是两个单独的布线、单端走线一样。但是,在适当的条件下,这两个接地平面的电流可以抵消。

靠近信号迹线的平面上返回,因为这是最低阻抗(最小电感)的路径。对于微带线的情况(平面上的迹线),不管这个平面是电源还是地,返回电流都将从邻近的平面上流过,见10.6.1.1节。这个电流将会在平面上扩散开,如图10-9所示,但是它将跟随迹线。

表17-1给出了包含在距微带迹线中心±x/h范围内接地平面电流的百分比,其中x是到迹线中心线的水平距离,h是迹线距接地平面的高度(图10-8)。这些数字是当迹线宽度为0.005in,高度为0.010in时,由式(10-13)在±x范围内积分计算的结果。其他尺寸可以得到类似的结果。表17-1中也列出了距微带迹线中心>x/h处接地平面电流的衰减(用dB表示)。

表17-1 距微带迹线中心±x/h范围内接地平面电流的百分比

距微带迹线中心的距离	电流的百分比/%	距离>x/h处接地平面电流[a]的衰减/dB
$x/h=1$	50	12
$x/h=2$	70	16
$x/h=3$	80	20
$x/h=5$	87	24
$x/h=10$	94	30
$x/h=20$	97	36
$x/h=50$	99	46
$x/h=100$	99.4	50
$x/h=500$	99.9	66

[a] 只计算迹线一侧的电流,所以增加6dB。

例如,如果一条微带迹线距离平面高度为0.010in,则97%的返回电流将会包含在距迹线中心线±0.200in范围内的平面上。

根据上面的讨论可以得出结论,如果数字信号迹线布线合理,那么数字接地电流就不会从接地平面的模拟部分流过,也不会干扰模拟信号。图17-3表示混合信号电路板的分割接地平面上的一条数字逻辑迹线,并标示出了返回电流路径。那么为什么必须分割接地平面来防止数字返回电流,做一些本不需要做的事情? 答案是没有必要。

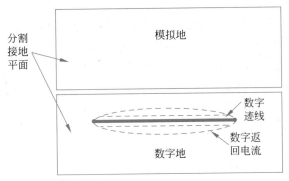

图17-3 PCB分割的接地平面上的一条数字逻辑迹线和与之相关的接地返回电流。
注意数字返回电流与迹线保持接近并在迹线下方

因此,我更喜欢只使用一个接地平面,并将PCB分区为数字和模拟分区的方法。模拟信号必须只布设在板(在所有层上)的模拟分区,数字信号必须只布设在板(在所有层上)的数字分区。如果处理得当,数字返回电流不会流入接地平面的模拟分区,而只会保持在数字信号迹线下方,如图17-4所示。模-数转换器则可以放在跨越模-数分区的位置,如图17-8所示。

比较图17-3和图17-4可以看出,不管接地平面是否分割,数字逻辑接地电流都沿相同的

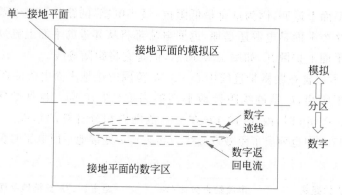

图 17-4 一块分区的单一接地平面的混合信号 PCB 上的一条数字逻辑迹线和
与之相关的接地返回电流。注意数字返回电流仍保持在迹线下方

路径。当数字信号迹线布设在板的模拟分区，或反过来时，产生模拟噪声问题的原因是什么？
如图 17-5 所示，数字接地电流现在流入接地平面的模拟分区。然而，这个问题不是没有分割
接地平面的结果，而是数字逻辑迹线布设不合理造成的。改进方法应该是合理布设数字逻辑
迹线，而不是分割接地平面。

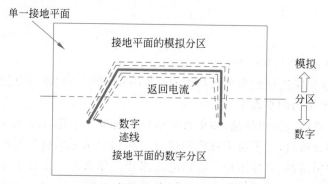

图 17-5 一条布线不合理的数字逻辑迹线。数字返回电流现在流过接地平面的模拟分区

具有单一接地平面、分为模拟和数字分区并按规则布线的 PCB 通常可以解决大多数其他
困难的混合信号布线问题，而不会由于分割接地平面带来任何额外的问题。因此，元件位置及
分区对于混合信号布线是关键。如果布线合理，数字接地电流就会保持在板的数字分区，而不
会干扰模拟信号。然而，必须仔细检查布线以确保 100% 地遵循上面的布线规则。只需一条
布设不合理的迹线，即可摧毁一个其他方面相当好的布线。混合信号 PCB 自动布线往往会导
致布线失败，因此，必须常用手工技术。

17.3　模拟和数字接地插脚

另一个问题是混合信号集成电路(IC)的模拟和数字接地插脚在哪里及怎样连接。有趣
的是，大多数模数(A/D)转换器制造商在建议使用分割接地平面的同时，在他们的数据表或者
使用说明中注明，模拟地(AGND)和数字地(DGND)的插脚必须在外部用最短的导线*连接

---

　　* 原因是大多数 A/D 转换器没有在内部将它们的模拟地和数字地连接起来。因此，它们依靠 AGND 和 DGND 插脚之
间的外部连接来提供这个连接。

到同一低阻抗接地平面上。DGND 到 AGND 的连接中任何附加的阻抗都会通过 IC 内部的杂散电容将噪声耦合到模拟电路中,如图 17-6 所示。

图 17-6 所示的 V_{noise} 是由瞬态电流流过 DGND 引线的内部电感及任何瞬态电流流过 AGND 和 DGND 之间的外部接地连接的电感产生的。然而,PCB 设计者只能控制外部接地连接的电感。因此,他们推荐将 A/D 转换器的 AGND 和 DGND 插脚都连接到模拟接地平面上(见17.5 节)。

如果系统只包含一个 A/D 转换器,以上所有要求都容易满足。接地平面可以分割为模拟区和数字区,在转换器下面的一个点上连接在一起,如图 17-7 所示。两个接地平面之间的桥应做得与 IC 一样大,不应布设迹线跨越平面上的缝隙。这是 IC 制造商典型的演示板。

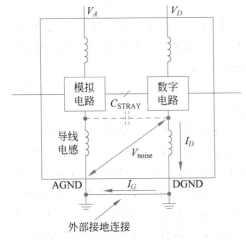

图 17-6 A/D(或 D/A)转换器的内部简化模型,表示了由数字接地电流产生的噪声电压(V_{noise})

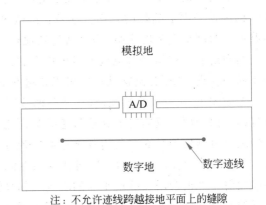

注:不允许迹线跨越接地平面上的缝隙

图 17-7 一种可以接受的混合信号 PCB 的布设,有一个 A/D 转换器和一个分割的接地平面

然而,如果不只是一个 A/D 转换器,系统中有多个转换器时会怎样? 如果模拟和数字接地平面在每个转换器的下面都连接在一起,平面在多点被连接在一起,就不再被分割。如果平面没有在每个转换器下面都连接在一起,那么怎样满足 AGND 和 DGND 插脚必须通过低阻抗连接在一起的要求?

满足把 AGND 和 DGND 插脚连接在一起的要求,且在这个过程中不产生额外问题的更好方法是只用一个接地平面。这个接地平面应该分为模拟分区和数字分区,如图 17-8 所示。这种布设满足通过一个低阻抗平面将模拟地和数字接地插脚连接在一起的要求,并且满足不产生任何意外回路和偶极子天线的 EMC 问题。

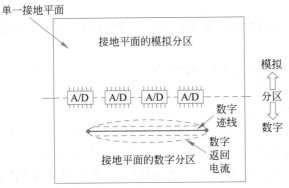

图 17-8 一个合理分区的混合信号 PCB,有多个 A/D 转换器和一个接地平面

正如 Terrell 和 Keenan(1997,p. 3-18)在 *Digital Design for Interference Specifications* 中明确指出的:"在你面前,应该只有一个地。"

17.4 什么时候应该使用分割的接地平面

任何时候都应该使用分割的接地平面吗? 我想至少在以下 3 种情况下使用分割的接地平面是合理的。

- 一些有低漏电电流(10μA)要求的医疗设备。
- 一些输出与噪声、大功率的机电设备相接的工业过程控制设备。
- PCB 的布局不合理。

在前两种情况下,跨越接地平面上缝隙的信号通常是光耦合或变压器耦合,满足不能有迹线跨越接地平面上缝隙的要求。注意:在这两种情况下,不是通过分割接地平面来保护模拟电路免受数字地电流的影响,而是通过其他外部强加的因素。

然而最后一种情况对电流的讨论更有意义。它可以清晰地证明:如果一个混合信号电路板布局不合理,使用分割接地平面可以改进它的性能。

考虑图 17-5 所示的情况,有一条高速数字迹线布设在电路板的模拟部分——明显违反分区规则。由于数字返回电流在信号迹线下面流过,所以它将在模拟接地平面部分流过。在这种情况下分割接地平面会强迫数字返回电流在数字接地平面上流动,将改进 PCB 的性能,如图 17-9 所示。然而,由于信号迹线和返回电流路径之间会产生较大的回路面积,将增大板的辐射发射。这也会增加接地平面的阻抗,因此增大与板相连的电缆上的辐射。在这种情况下,实际的问题是高速数字迹线路径布设不合理,而不是接地平面没有分割。用错误改正不了错误。一个较好的解决方案是一开始就正确布设数字信号迹线,而不是分割接地平面。

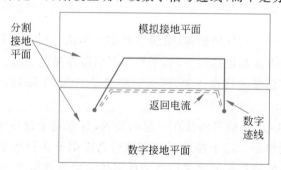

图 17-9 数字逻辑迹线布设不合理,并且具有分割接地平面的混合信号 PCB。
数字返回电流被限制在数字接地平面上

记住,PCB 布线成功的关键是分区和布线规则的使用,不是分割接地平面。系统最好只有一个参考平面(地)。

如果要分割平面,应该避免下面两种情况。

- 重叠平面。
- 布设跨越缝隙的迹线。

重叠平面将会增加层间电容,从而降低高频隔离,而隔离正是当初分割平面的原因。跨越缝隙的迹线将会增加对附近迹线的串扰,并且增加辐射发射 20dB 或更多。

如果模拟和数字接地平面被分割,经常用低电容、极性相反的肖特基二极管连接在两个平面之间,将直流电压差限制在几百毫伏以内,这对于防止损坏与两个平面相连的混合信号 IC 是非常重要的。使用肖特基二极管是因为它们有较低的正向电压降(典型值为 300mV)和较低的电容,低的二极管电容使平面之间的高频耦合最小。

"链锯"实验:在一个分割平面的板上,从概念上应该能够从缝隙处穿过板而不切割任何迹线或平面。若是如此,分割平面的 PCB 布局及布线很可能是合理的。

17.5　混合信号 IC

A/D 转换器制造商的数据表提供的布局信息通常仅适用于包含一个 A/D 转换器(如演示板)的简单系统。他们推荐的方法通常不适用于多个 A/D 或(D/A)转换器系统或多层板系统。

模数转换器和数模转换器都是具有模拟和数字端口的混合信号 IC。关于这些设备的正确接地和去耦存在很多困惑。数字和模拟工程师经常倾向于从不同的角度看待这些设备。

A/D 和 D/A 转换器,以及大多数其他混合信号 IC,应该被看作模拟元件。它们是具有数字部分的模拟 IC,而不是具有模拟部分的数字 IC。IC 插脚上的标记 AGND 和 DGND 是指这些插脚的内部连接在哪里,而不表示在外部它们应该在哪里或怎样连接。这些插脚几乎总是连接在一起,参考模拟接地平面并且对其去耦。当然,如果只用一个接地平面,而不是分割接地平面,这一点就没有意义了。

与上面的规则不同的是一些大型 DSP 包含大量的数字处理。这些设备从数字源得到大的瞬态电流,应该将它们的 AGND 插脚与模拟地连接,将 DGND 插脚与数字地连接,除非数据表中指定了其他情况。这些经过专门设计的设备在内部模拟和数字电路之间具有很高级别的噪声抗扰度。

图 17-10 是混合信号系统简化后的通用框图,包含一些模拟电路、一个混合信号 IC 和一些数字电路。如果板上存在接地电位差,哪里是危害最小的位置?

- 在接地点 A 和 B 之间。
- 在接地点 B 和 C 之间。
- 在接地点 C 和 D 之间。

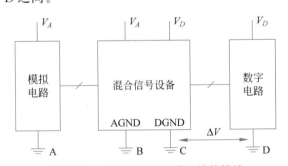

图 17-10　通用的混合信号系统的接地

接地点 A、B 和 C 应该与模拟接地平面相连,接地点 D 应该与数字接地平面相连

接地点 A 和 B 之间的接地噪声会对低电平敏感的模拟电路产生不利影响。同样,接地点 B 和 C 之间的接地噪声会影响混合信号 IC 中发生的模拟到数字(或数字到模拟)的转换。噪声具有最小不利影响的位置是两个数字接口之间,或者说是接地点 C 和 D 之间,如图 17-10 中所示的 ΔV。这是因为数字电路的固有抗扰度比模拟电路大。因此,接地点 A、B 和 C 应该

都与模拟接地平面相连,接地点 D 应该与数字接地平面相连。

多层板系统

另一种将数字地和模拟地隔离的方法是把数字电路放在一块 PCB 上,把模拟电路放在另一块 PCB 上。那么问题是 A/D 或 D/A 转换器应该装在哪块板上? 如果记得混合信号 IC 是模拟设备,答案就简单了。A/D 或 D/A 转换器应该装在模拟板上,如图 17-11 所示。这种方法①允许 AGND 和 DGND 插脚通过模拟接地平面的低阻抗连接在一起;②为敏感的模拟电路提供最短的路径;③将模拟电路与数字接地电流隔离;④把两板之间存在的接地电位差应用到转换器的数字输入端(或输出端),这比应用到低电平的模拟输入端(或输出端)产生的问题小。

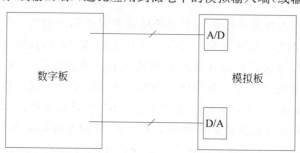

图 17-11 在一个多层板的混合信号系统中,A/D 或 D/A 转换器应该位于模拟板上

17.6 高分辨率的 A/D 和 D/A 转换器

对于大多数低到中分辨率的 A/D 转换器(8 位、10 位、12 位、14 位甚至 16 位),使用一个完整、合理分区和布线(如上面的讨论)的接地平面通常就足够了。对于更高分辨率的系统(18 位或更高),为了达到足够的性能,需要更多的接地噪声电压的隔离。这些转换器通常有微伏级或更小的最小分辨电压。

传统的设计方法是使模拟接地平面的噪声电压小于所关注的最小模拟信号电平。对于 A/D(或 D/A)转换器,最小可分辨信号电压电平、最少有效位数(LSB)是转换器的位数和满量程参考电压的函数。参考电压越低,位数越大,最小可分辨信号电压越小。表 17-2 列出了使用 1V 参考电压的 A/D 转换器的分辨电压与位数的关系。这些分辨率水平用其他参考电压表示时分辨率乘以一个适当的因子。例如,如果转换器用 2V 的参考电压,则表中的分辨率数据乘以 2。

表 17-2 所列的动态范围数字是最大信号(参考电压)与最小信号(LSB)的比,用分贝表示。不管参考电压是否变化,它们都保持相同。有趣的是,注意到大多数实际信号的动态范围小于 100dB。例如,现场音乐的动态范围高达 120dB,然而当录制在 CD 上时其动态范围被限制在 90dB 左右。

表 17-2 对于 1V 的参考电压,转换器的分辨率电压[a]

位　　数	分　辨　率	动态范围/dB	位　　数	分　辨　率	动态范围/dB
8	4mV	48	16	$15\mu V$	96
10	1mV	60	18	$4\mu V$	108
12	$240\mu V$	72	20	$1\mu V$	120
14	$60\mu V$	84	24	$0.06\mu V(60nV)$	144

[a] 分辨率可用其他参考电压表示(例如,对于 2V 的参考电压,分辨率数据乘以 2)。

需要的接地噪声电压隔离的估算可以通过假定数字接地噪声电压为 50mV(这是良好布线的 PCB 的典型值)获得。同时假定将模拟接地噪声电压限制在 $5\mu V$ 可以满足要求。这两个数的比值是 10000∶1 或 0.01%,这等于接地噪声隔离 80dB。

从前面的讨论及表 17-1 可知,对于微带迹线,大部分返回电流将从迹线下方或迹线附近流过。如果数字迹线与模拟分区保持 0.25in 或更远的距离,假设迹线距接地平面 0.005in(x/h 为 50),那么 99% 的数字返回电流将保持在 PCB 的数字分区内。然而,仍然有少量的数字接地电流(<1%)在模拟接地平面中流过,如图 17-12 所示。如前一段所述,总数字接地电流的 0.1% 甚至 0.01% 流过模拟接地平面,就可能产生问题。0.01% 或更少的电流需要电流衰减 80dB 或更多,而 1% 的电流仅衰减 40dB。

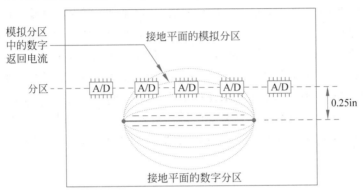

图 17-12 在单一接地平面且分区合理的板上,
小部分(<1%)数字接地电流可能流过接地平面的模拟分区

从表 17-1 中可以看出,模拟地与数字迹线的隔离,x/h 超过 50 几乎不会产生接地电流的额外衰减。因此,对于一些高分辨率的转换器,x/h 大于 50 时,非常小部分的数字逻辑接地电流仍然可能产生噪声问题。

17.6.1 带状线

这个问题除了分割接地平面以外还有两种可行的解决办法。一种是将数字逻辑迹线布设在带状线结构中,因为对于带状线,返回电流不会像微带线那样扩散。这已经在 10.6.1.2 节中讨论过,如图 10-12 所示。

表 17-3 列出了包含在距带状迹线中心 $\pm x/h$ 范围内接地平面电流的百分比,这里 x 是距迹线中心线的水平距离,h 是迹线距接地平面的高度(图 10-11)。表 17-3 中数值是在 0.005in 宽的迹线距平面高度为 0.010in 时,将式(10-16)在 $\pm x$ 之间积分计算的结果,其他尺寸也可以得到类似的结果。表 17-3 中也列出了接地平面电流与迹线中心的距离大于 x/h 时的衰减量(用 dB 表示)。

表 17-3 包含在距带状迹线中心 $\pm x/h$ 范围内接地平面电流的百分比

与迹线中心的距离	电流的百分比	距离 $>x/h$ 处接地平面电流[a] 的衰减量/dB
$x/h=1$	74%	24
$x/h=2$	94%	36
$x/h=3$	99%	52
$x/h=5$	99.95%	78
$x/h=10$	99.9999756%	144

[a] 只计算迹线一侧的电流,所以增加 6dB,因为有两个平面,又增加 6dB。

注意：对于带状线，99％的电流将包含在±3倍迹线高度的距离内，然而对于微带线，该距离将是±50倍的迹线高度——电流扩散的减少量超过一个数量级。对于带状线，±10倍迹线高度以外的电流仅占 0.0000244％。

因此，如果数字带状线离模拟区的距离为 0.05in 或更大，实际上 100％的数字返回电流将保持在 PCB 的数字分区——假设迹线距接地平面 0.005in。对于迹线高度为 0.010in 的数字迹线，只需保持距模拟分区 0.10in。

17.6.2　非对称带状线

由于成本的原因，带状线很少用于数字逻辑板，因为每个信号层需要两个平面。但是，非对称带状线是很常见的。对于非对称带状线的情况，两个正交布线（这使层间耦合最小）的信号层布设在两个平面之间。对于每个信号层，一个平面与迹线的距离为 h，而另一个平面与迹线的距离为 $2h$（图 10-14）。对于非对称带状线、带状线和微带线，参考平面可以是电源平面，也可以是接地平面，如 10.7 节的讨论。图 17-13 是宽 0.005in 的迹线距参考平面 0.020in 高时的微带线、带状线及非对称带状线，在迹线中心线的一侧归一化接地平面电流密度随 x/h 变化的对数-对数曲线。不对称带状线曲线的条件是 $h_2 = 2h_1$。可以看出，不对称带状线接地平面电流的分布比微带线更接近于带状线。因此，可以得出结论：非对称带状线的性能与带状线相似。

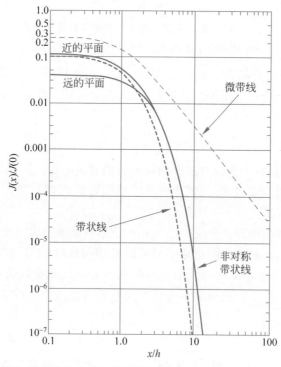

图 17-13　微带线、带状线和非对称带状线的归一化接地平面电流密度随 x/h 变化的对数-对数曲线。非对称带状线曲线的条件是 $h_2 = 2h_1$

图 17-13 清晰地表明，在限制返回电流的扩散方面，与微带线相比带状线（或非对称带状线）更具优势。当高分辨率的转换器用于混合信号板的单一接地平面上时，只要数字信号布设为带状线（或非对称带状线），并且与模拟-数字分区边界的距离保持 5～10 倍的迹线高度应该

没有问题。有趣的是,注意到对于非对称带状线,与中心线的距离超过 $x/h = 3$ 时两平面上的电流是相同的。

17.6.3　隔离的模拟和数字接地平面

高分辨率转换器问题的第二种解决办法是将板分为单独的、隔离的模拟和数字接地平面区,所有的区仍然与每个 A/D 转换器下面的数字接地平面牢固地连接在一起,如图 17-14 所示。这种方法在为系统保持单一、连续的接地平面的同时为高分辨率的 A/D 转换器提供了额外的接地噪声隔离。对于图 17-14 所示的布局,数字接地平面电流不会在地的模拟区流过,因为数字和模拟平面之间可能没有电流回路。

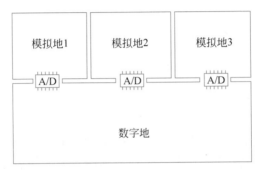

图 17-14　一个具有隔离的模拟和数字接地平面区的混合信号 PCB。这种方法可以为高分辨率的 A/D 转换器提供额外的噪声隔离,同时保持单一、连续的接地平面

注意,即使在这种情况下,模拟和数字接地平面没有分割,它们都连在一起,形成一个单一的连续的接地平面。而且要记住:在使用这种方法时任何一层上不能有迹线跨越平面上的隔离缝隙。

17.7　A/D 和 D/A 转换器的支持电路

在混合信号 PCB 设计中,通常会在布设 PCB 以控制接地噪声方面付出很大的努力。然而,忽视了同样会影响其性能设计的其他方面。

17.7.1　采样时钟

在一个高精度数据采样系统中,低抖动无噪声的采样时钟是至关重要的。采样时钟的任何抖动都会改变对信号波形进行采样的时间点,这将导致采样信号的幅度误差。这个误差等于时钟抖动乘以被采样信号的变化速率。如图 17-15 所示,由于时钟抖动,如果按不规则的时间间隔对一个波形进行采样,那么事后原始波形将不能被正确重建。

由于是在错误的时间点对信号进行采样,所以当模拟信号在 D/A 转换器中用稳定的时钟进行重建时,波形将出现误差(图 17-16),因此,样本表示的是不正确的幅度。与前面讨论的接地噪声的影响相似,时钟抖动有效增加了系统的本底噪声。

采样时钟的抖动对 A/D 转换器信噪比(SNR)的影响由下式给出(Kester,1997;Nunn,2005)[*]:

---

[*]　注意 Nunn 的论文中有一处错误,打印的等式是错误的。

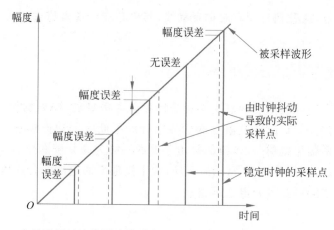

图 17-15　由于采样时钟的抖动造成在不正确的时刻对波形采样导致的幅度误差

$$\text{SNR} = 20\log\frac{1}{2\pi f t_j} \tag{17-1}$$

式(17-1)中的 SNR 用分贝表示,是对一个理想的 A/D 转换器(除时钟抖动以外无其他噪声源),用频率为 f 的正弦波输入,采样时钟抖动的均方根值(rms)为 t_j。

　　例如,一个理想的 A/D 转换器输入信号为 100MHz,采样时钟具有 1ps 的均方根值抖动时,SNR 不超过 64dB。将这个结果与表 17-2 中所列的转换器的动态范围数据相比可以得出结论:转换器在上述条件下工作时分辨率不超过 10 位。这个结果是令人吃惊的,10ps 的时钟抖动将转换器的分辨率限制为 8 位。为了分辨一个 20 位 A/D 转换器采样一个 100MHz 信号的 LSB,时钟抖动必须小于 1.5fs*。由此可得出结论:当采样高频信号时,时钟抖动可能是一个严重的问题。

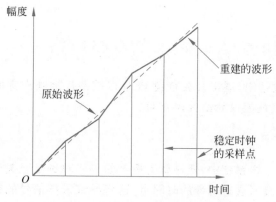

图 17-16　用一个稳定时钟的 D/A 转换器重建的图 17-15 的波形。
实线是重建的波形,虚线是原始波形

　　甚至在采样频率相对较低的信号时,时钟抖动也可能成为主要的噪声源。在一个 20 位的 A/D 转换器采样 1MHz 的信号时,采样时钟有 5ps 的 rms 抖动就将 SNR 限制在 90dB。这就意味着 20 位的转换器的分辨率还达不到 14 位。甚至在采样 500kHz 的信号时,在上述条件下转换器也达不到 16 位以上的分辨率。

　　由上面的例子可以得出结论:在很多情况下,由采样时钟抖动引起的误差远大于可能存

---

　　*　就是 1.5×10^{-15}s。

在的接地噪声电压引起的误差。

17.7.2　混合信号支持电路

合理布设混合信号IC支持电路的接地对系统的噪声性能是至关重要的。为将负载和输出电流最小化,混合信号设备的每个数字输出只能馈送给一个负载。

在高分辨率转换器中,把数字输出与一个位于转换器附近的中间缓冲寄存器连接起来也是一个好方法,可与有噪声的数字数据总线隔离开,如图17-17所示。这个缓冲器可以使转换器的数字输出上的负载最小(使需要的输出电流最小),并防止系统的数据总线通过转换器内部的杂散电容将噪声耦合回转换器的模拟输入端。另外,还可以用串联输出缓冲电阻(100~500Ω)代替这个缓冲器,使数字驱动器上的负载最小,可以减少转换器输出端的瞬态电流。

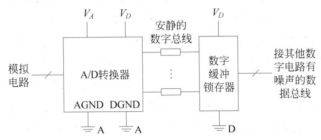

图 17-17　带数字输出缓存器和(或)电阻的A/D转换器。可使输出驱动器上的负载最小,也可使反馈给转换器的数字噪声最小

转换器与外部参考电压或采样时钟之间的任何接地噪声都会影响转换器的性能。因此,参考电压和采样时钟都应参考模拟接地平面,而不是数字接地平面。A/D转换器采样时钟应该位于PCB的模拟部分,而且应该与有噪声的数字电路隔离,并与模拟地连接和去耦。

如果采样时钟必须位于数字接地平面上,也许是因为它来源于数字系统时钟,它应该有区别地传输到A/D或D/A转换器,或者通过变压器去除两个地之间的任何噪声电压。

图17-18表示一个正确接地的混合信号转换器和它的支持电路,这里A表示模拟地,D表示数字地。

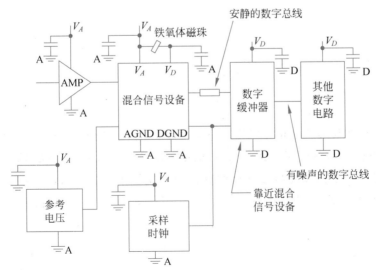

图 17-18　正确接地的混合信号IC的支持电路

17.8 垂直隔离

前面的讨论涉及在板的平面上分区或分割为模拟电路和数字电路,这通常称为水平隔离。在板的垂直或者 Z 轴方向隔离或分开模拟或数字电路也是可能的。例如,对于表面安装的双面板,数字电路应该布设在板的顶层,而模拟电路布设在板的底层。使用这种方法主要是为了减小产品的尺寸。例如,这种方法通常用于蜂窝电话。PCB 一侧的模拟元件应该与位于板另一侧的数字元件用一个平面(地或电源)隔开。

垂直隔离法的一些局限性包括:数字电源能够通过信号变层处的导通孔将噪声感应到模拟信号迹线上。这种耦合的大小取决于数字电源去耦的有效性及涉及导通孔的位置。导通孔也会在模拟和数字层之间提供耦合。导通孔延伸到板对面的部分可作为一小段天线,可以接收或辐射高频能量。这种作用通常称为 Z 轴耦合(King,2004)。电源和接地平面的隔离衬垫(通孔)在高频时也会产生一些泄漏(耦合)。可以通过使用盲通孔或埋通孔[*]最小化或消除这些问题。一个典型的 8 层板、垂直隔离、混合信号的 PCB 叠层如图 17-19 所示。

蜂窝电话是在混合信号 PCB 上有效使用垂直隔离的典型实例。它们在消费市场上大量销售,价格低和体积小是很重要的。模拟电路位于板的一侧,数字电路位于这个典型的 8 层板的另一侧。微孔技术、盲通孔和埋通孔技术可用来使耦合最小化,并减小产品的尺寸。

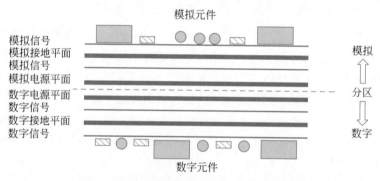

图 17-19 一个典型的垂直隔离混合信号 PCB 叠层

17.9 混合信号的配电

17.9.1 配电

混合信号板模拟和数字电路可以使用分割电源,这通常导致分割电源平面。只要在布线时使与电源平面相邻的任何层上都没有迹线跨越缝隙[**],那么分割电源平面是可以接受的。跨越电源平面缝隙的任何迹线都必须布设在与一个完整接地平面邻近的层上。在很多情况下,将一些电源通常是模拟电源布设为信号层上的迹线,而不是平面,就可以避免分割电源平面。

---

[*] 盲通孔是不完全穿过板的孔。埋通孔是使内部的层互连但不延伸到板任一外表面的孔。

[**] 因为电源平面会成为邻近迹线层上信号电流的返回路径,如果这个平面被分割,返回电流路径将被切断。

模拟电源可以通过以下几种不同的方法得到。

- 单独的电源。
- 稳压器,隔离数字电源。
- 滤波器,隔离数字电源。

如果使用稳压器,线性稳压器要优于开关式稳压器,尤其是在高分辨率转换器的情况下,因为它会提供一个没有任何附加开关噪声的输出。如果使用滤波器,它可由一个单独的隔离了数字电源的滤波器组成,为所有模拟电路供电,或者是在模拟和数字电源插脚之间的每个IC用单独的滤波器,在一些情况下用两种方法供电。

因为数字电路驱动最大数量级的电流并且有最大的瞬态电流,电源连接器应该位于板的数字分区内。于是电源可以直接给数字电路馈电,然后经滤波或稳压后给模拟电路供电,如图 17-20 所示。

模拟电源稳压器或滤波器应该处于跨越板的模拟和数字部分之间的区域,这与 A/D 转换器相似。

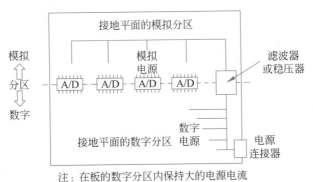

注:在板的数字分区内保持大的电源电流

图 17-20 用单一的电源给合理分区的 PCB 供电

17.9.2 去耦

对于大多数混合信号 IC,数字电源应该对模拟地去耦。然而,数字去耦电容必须直接与IC 的 DGND 插脚相连以使模拟接地平面上的数字电流最小化,如图 17-21 所示。

混合信号 IC 的数字电源插脚可由数字或模拟电源供电。在每种情况下,都应该用一个小阻抗,如铁氧体磁珠或电阻(图 17-21 中的 Z)隔离。如果使用模拟电源,这种隔离有助于将数字噪声排除在模拟电源以外。如果使用数字电源,则有助于将数字电源噪声排除在转换器的数字电路和去耦电容以外。

带微处理器和编解码器的大型数字信号处理器(DSP)IC 包含大量的数字电路,对于上述接地方案是个例外。通常使 AGND 和 DGND 分别与各自的接地平面相连。这些芯片的模拟和数字电路之间通常设计成具有很好的噪声隔离。查看 IC 的数据资料可以获取相关的设计建议。

图 17-22 表示一个混合信号 IC 上数字去耦电容的一种可以接受的布局。如图 17-22 所示,DGND 插脚有一个导通孔,直接与模拟接地平面相连,它使 AGND 和 DGND 插脚之间的阻抗最小。去耦电容的接地端用一条尽可能短的迹线直接与导通孔相连,然后与 DGND 插脚相连。这种布设使瞬态去耦电容接地电流不经过模拟接地平面。

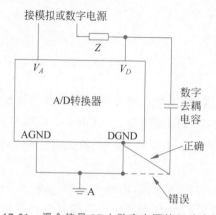

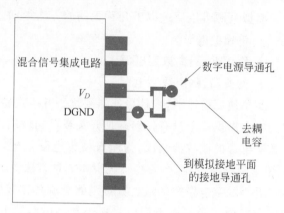

图 17-21 混合信号 IC 上数字电源的正确去耦。
去耦电容必须与混合信号 IC 的
DGND 插脚直接连接

图 17-22 混合信号 IC 上安装的数字去耦电容

17.10 IPC 问题

工业过程控制(IPC)设备给混合信号设计者提出了一个与前面不太相同的问题。这里往往是包括电机、继电器及螺线管驱动器等有噪声的模拟电路干扰数字或低电平模拟电路。因为电机、继电器和螺线管电流是低频信号,它们的返回电流不再选择最小电感的路径,也不再沿信号迹线的下方流动,而是选择电阻最小的路径。前面讨论过的所有原理仍然适用,但是它们的应用会稍有不同。

下面是处理 IPC 问题的几种方法。

- 对有噪声的模拟信号(工作良好)用返回迹线,而不是平面。
- 分割接地平面,对必须跨越缝隙的迹线使用单一的桥。
- 布设有噪声的模拟迹线,使有最小电阻的返回路径(直接路径)不通过板的数字或模拟部分。
- 分割接地平面,对必须跨越接地平面上缝隙的信号使用光隔离器、变压器或磁阻隔离器。

图 17-23 表示一个使用分区接地平面的实例,用单一的桥使信号从一侧跨越到另一侧。这种方法只要没有迹线布设在接地平面的缝隙上就可以正常工作。

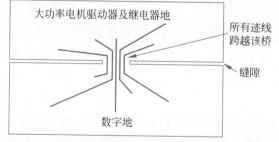

图 17-23 一个使用单一的桥连接有噪声的模拟地与数字地的混合信号 IPC 实例,
不能有迹线布设在接地平面的缝隙上,所有迹线必须布设在桥上

图 17-24 表示一个使用分割接地平面的混合信号板的实例。它使用光耦合器跨越缝隙进行通信。注意：图中从点 A 到点 B 的数字迹线必须布设在数字接地平面上，而不能直接从 A 到 B，以免跨越接地平面上的缝隙。

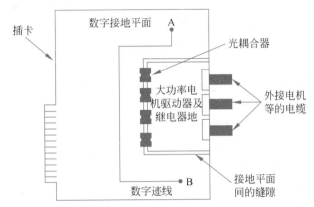

图 17-24 一个使用分割的接地平面和光耦合器跨越缝隙通信的混合信号 IPC 实例

总结

- 将混合信号 PCB 分为独立的模拟分区和数字分区。
- 用 A/D 或 D/A 转换器跨越分区。
- 不要分割接地平面，在板的模拟和数字分区下面用一个完整的接地平面。
- 如果由于某些原因分割了接地或电源平面，在邻近的层上不要跨越缝隙布设任何迹线。
- 必须跨越电源平面缝隙的迹线应在与一个完整接地平面相邻的层上。
- 数字信号仅布设在板的数字部分，这个规则适用于所有层。
- 模拟信号仅布设在板的模拟部分，这个规则适用于所有层。
- 想想接地返回电流实际上在哪里流动及如何流动。
- 混合信号 PCB 布线成功的关键是单一的接地平面、合理分区及布线规则。
- 高分辨率（超过 18 位）转换器板上的数字逻辑信号用带状线或非对称带状线。
- 对于高分辨率 A/D 转换器，可以将板分为相互隔离的模拟和数字接地区，每个区都与每个 A/D 或 D/A 转换器下面的数字地牢固地连接在一起。
- A/D、D/A 转换器及其他大多数混合信号 IC，都应看作具有数字部分的模拟设备，而不是具有模拟部分的数字设备。
- 对于多层板的混合信号系统，A/D 和（或）D/A 转换器应该安装在模拟板上。
- 混合信号 IC 插脚上的标记 AGND 和 DGND 是指这些插脚的内部连接位置，不是指它们的外部连接位置。
- 在大多数混合信号 IC 上，AGND 和 DNGD 插脚应该连接到模拟接地平面。
- 在混合信号 IC 上，数字去耦电容应该直接连接到数字地插脚。
- 大多数混合信号系统可用一个连续的接地平面成功布线。
- 在高分辨率的数据采样系统中，低抖动采样时钟是必需的。
- 实现最佳系统性能，正确的混合信号支持电路的布线和接地也是必需的。

习题

17.1　混合信号 PCB 布线成功的关键是什么？

17.2　在距参考平面 0.010in 的数字逻辑迹线的任一侧，99％的返回电流将在什么距离以内？
　　a. 当迹线是微带线时。
　　b. 当迹线是带状线时。

17.3　如果分割混合信号 PCB 上的接地平面，哪种情况应该避免？

17.4　一个混合信号 PCB 需要多少个参考平面？

17.5　处理高分辨率 A/D 转换器的两种方法是什么？

17.6　A/D 或 D/A 转换器插脚上的 AGND 和 DGND 标记是指什么？

17.7　应将大多数混合信号 IC 看作数字设备还是模拟设备？

17.8　用一个采样时钟抖动的均方根值为 300fs 以下的理想 A/D 转换器，采样一个 60MHz 的输入信号时，能得到的最大 SNR 和分辨率（位数）是多少？

17.9　对于分辨率达到 24 位的 A/D 转换器，采样一个 1MHz 的信号时，所允许的最大采样时钟抖动的 rms 值是多少？

17.10　将一个音频信号的带宽限制为 50kHz，用一个 16 位的 A/D 转换器进行采样。要分辨出 LSB，时钟抖动的最大允许值为多少？

17.11　大多数混合信号设备的 AGND 和 DGND 插脚应连接到哪里？

17.12　习题 17.11 答案的例外是什么？

17.13　在一个混合信号 IC 上，数字去耦电容的接地侧应该连接在哪里？

参考文献

[1]　Kester W. *A Grounding Philosophy For Mixed-Signal Systems*. Electronic Design, Analog Applications Issue,1997.

[2]　King W M. *Digital Common-Mode Noise：Coupling Mechanisms and Transfers in the Z-Axis*. EDN,2004.

[3]　Nunn P. *Reference-Clock Generation for Sampled Data Systems*. High Frequency Electronics,2005.

[4]　Terrell D L,Keenan R K. *Digital Design for Interference Specifications*,2nd ed. Pinellas Park,FL,The Keenan Corporation,1997.

深入阅读

[1]　Holloway C L,Kuester E F. *Closed-Form Expressions for the Current Densities on the Ground Plane of Asymmetric Stripline Structures*. IEEE Transactions on Electromagnetic Compatibility,2007.

[2]　Johnson H. *ADC Grounding*. EDN,2000.

[3]　Johnson H. *Multiple ADC Grounding*. EDN,2001.

[4]　Johnson H. *Clean Power*. EDN,2000.

[5]　Kester W. *Mixed-Signal and DSP Design Techniques*,*Chapter 10（Hardware Design Techniques）*. Norwood,MA,Analog Devices,2003.

[6]　Kester W. *Ask the Application Engineer—12*,*Grounding（Again）*,*Analog Dialogue 26-2*,Norwood, MA,Analog Devices,1992.

[7]　Ott H W. *Partitioning and Layout of a Mixed-Signal PCB*. Printed Circuit Design,2001.

EMC预测量

前文已经介绍了"正规的"EMC测量,即依据各种 EMC 标准,使用昂贵且复杂的测量设备进行的测量。如开阔测量场地或大型无反射室,价值数百万美元。但是很少介绍在产品研制实验室中就能做的简单 EMC 测量,这些测量只需要一些便宜的设备,就能为提高产品的EMC 性能提供很好的指导。

本章介绍在产品研制实验室中就能做的 EMC 测量,这些测量只需要有限、相对便宜的设备。所需要的设备包括频谱分析仪,不到 3 万美元。如果你已经有了一台频谱分析仪,1.5 万美元的预算就足够了。最大的优点是:这些测量可以做得比较早,在设计阶段,在产品设计者自己的实验室中就能做。虽然没有在可控的实验环境中所做的正规 EMC 测量那么精确,但这些测量简单、快捷,能够很容易地在你的工作台上完成,特别是在设计阶段就做这些测量,可以对降级做更多的补偿。我把这些测量称为"工作台 EMC 测量"。

在产品的设计阶段做早期 EMC 试验的好处如下。

- 增加通过最终符合性测量的可能性。
- 将需要返回 EMC 测量实验室作符合性测量的次数减到最少。
- 排除设计中 EMC 问题引起的意外事故。
- 确保在设计部分考虑 EMC,不需要再另做。

来自 EMC 测量实验室的数据表明,85％的产品第 1 次不能通过最终符合性测试。使用本章介绍的简单的工作台 EMC 测量,统计量能够被倒过来:85％或更多的产品第 1 次就能通过最终符合性测试。

18.1　试验环境

设计和构建辐射发射测量设备要注意控制反射,目标是只有一个反射面,那就是地面。OATS 通过把测量设备放在一个附近没有金属物体的开阔场地上实现了这个目标,在这个场地上反射面是由金属接地平面构成的。具有 3m 或 10m 测量距离的大的无反射室*是通过一个金属接地平面(小室的地面)并在墙上、天花板上敷设射频吸波材料(浸碳的锥体尖劈或铁氧

---

　　* 国际 EMC 测量标准委员会正在认真考虑在全反射室(地板上没有反射面)中测量辐射发射,测量距离可能是 5m。但是,用这种方法可能出现的一个问题是限值必须被改变,这就需要重新研究产品的干扰,因为测量方法和限值是相关的。

体片)吸收射频能量防止反射而实现相同的目标。

工作台 EMC 测量环境(你的设计实验室)与上面描述的正好相反,有许多不可控制的反射面,如金属文件柜、金属工作台、实验室的凳子及可能的金属墙壁。因此,在这种不可控制的环境中无法进行辐射发射测量,你需要做的只是测量一些与辐射发射成比例的参数,而不是直接测量辐射发射。

你肯定不希望建立一个小型屏蔽室(无吸收负载),将你的产品和一个接收天线放在屏蔽室内测量辐射发射。这种方法会使测量中的误差最大化,来自墙壁和天花板很强的反射将在辐射发射场中产生零值和峰值,产生的误差高达±40dB(Cruz 和 Larsen,1986)。

有效的工作台 EMC 测量必须排除不可控环境的影响(或至少把这种影响降到最低限度)。

18.2　天线与探头

除了一个例外(见 18.9 节),我们将不用天线进行符合性测试。天线的尺寸很大(通常是波长的一部分),对附近的反射很敏感,受附近金属物体的影响。

而我们将使用尺寸远小于一个波长的探头,能够贴近金属物体使用,对射频能量的反射也不敏感。探头只有几英寸或者更小,与天线相比,天线长达许多英尺,例如,30MHz 时调谐偶极子天线的长度是 16.4ft(5m)。

18.3　电缆中的共模电流测量

到目前为止,你能做的最有用的预测量是测量连接到你产品的所有电缆中的共模电流。

电缆的辐射正比于电缆中的共模电流,如式(12-7)所示。共模电流是电缆中的不平衡电流(电流没有返回)。如果说这种电流在电缆上返回,它会流向哪儿呢?辐射出去了,这就是它的去处。在有用信号的情况下(差模信号),电流沿电缆的一根导线流入,而沿相邻的导线返回,在这里净余的电流是零,而共模电流不是如此。

因为电缆是产品的一个主要辐射源,测量共模电流是你能学到的最有用的测量之一。用一个高频钳形电流探头(如 Fischer Custom Communications 的 Model F-33-1 电流探头,如图 18-1 所示)和一个频谱分析仪很容易测量共模电流。电流探头的直径约为 2.75in,中心有一个 1in 的孔,可以套在电缆上。测量配置如图 18-2 所示。F-33-1 电流探头在 2~250MHz 有一个平坦的频率响应曲线,转移阻抗[*]是 5Ω(+14dBΩ),所以对于 1μA 的电流,电流探头将产生 5μV 的输出。

图 18-1　共模电流钳(经 Fischer Custom Communications 公司允许)

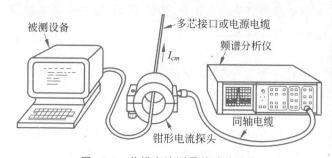

图 18-2　共模电流测量的试验配置

---

[*]　转移阻抗 Z 是测量电缆时探头输出电压和电流的比值,所以 $Z=V/I\ \Omega$ 或 $Z=20\lg(V/I)\mathrm{dB}\Omega$。转移阻抗越大,探头越灵敏。

大多数电缆的共模辐射发生在250MHz以下,所以F-33-1探头的带宽通常是足够的。但是,如果需要增加带宽,用F-61共模电流钳可以高达1GHz,而且比F-33-1探头的灵敏度更高。它的频率响应在40MHz～1GHz时为±1dB之间。F-61探头的转移阻抗是18Ω(+25dBΩ),所以对于1μA的电流,电流探头将产生18μV的输出。

习惯上是测量所有导线上的共模电流。测量应在产品开发过程的早期,在样机上做,设计上还很容易改变,测量应在最终的EMC符合性测试之前做。如果共模电流测量不符合要求,则辐射发射测量也不符合要求。

对于B类产品,电流必须小于5μA(对于A类产品是15μA)。使用上述限值,电缆的长度是1m或更长。对于短于1m的电缆,允许的电流与电缆的长度成反比。如一根0.5m长的电缆,对于B类产品,其最大电流是10μA(对于A类产品是30μA)。

5μA等于14dBμA,使用F-33-1探头,电流(dB)加上探头的转移阻抗可以得到5μA电流的输出电压,即

$$V = 14\text{dB}\mu A + 14\text{dB}\Omega = 28\text{dB}\mu V \tag{18-1}$$

因此,要使电缆发射符合B类限值,测量长度为1m或1m以上电缆中的电流时,从频谱分析仪上读出的探头的输出电压应小于28dBμV。对于A类产品,读出的电压应小于38dBμV。

这种技术同样适用于屏蔽电缆或非屏蔽电缆。由此,这种技术是确定电缆屏蔽端接效果的有效方法。如果在电缆上使用共模滤波器或铁氧体磁芯抑制共模辐射,电流探头测量也将确定它们的效能。只要在接入滤波器(或铁氧体磁芯)前后或改变电缆屏蔽层端接方法前后分别测量电流即可。

专用的钳形电流探头也可用于带状电缆(如图18-3所示),但是在大多数情况下是不需要的。只要折叠带状电缆,使其适合如图18-1所示的标准电流钳的圆孔即可。这样折叠电缆不影响共模电流。

应当测量所有的电缆,而不管其用途如何。测量信号电缆、电源线(交流或直流)、光缆、视频监视器电缆、输入/输出电缆、电信电缆和附属于产品的任何其他电缆。如果被连接到产品上,它就可能是共模辐射源。

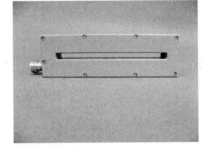

图 18-3 设计用于带状电缆的共模电流钳
(经 Fischer Custom Communications
公司允许)

18.3.1 测量程序

你的目标是使每根电缆中的共模电流都减小到5μA以下(对于A类产品,在15μA以下)。但是电缆之间是相互联系的,如果减小一根电缆中的共模电流,可能会增大其他电缆中的共模电流。

在用共模电流钳测量一根电缆的同时,使用共模滤波器、铁氧体扼流圈、电缆屏蔽等方法将共模电流减小到要求的限值以下,再用同样的方法测量下一根电缆。测量完所有的电缆以后,再重新做一遍,因为前面测量过的一些电缆中的共模电流可能又增大了。按照这种方法反复测量,直到所有电缆中的共模电流都在限值以下。每根电缆可能需要重复这种程序2～3遍,测量完成后,每根电缆中的共模电流都应该在5μA以下(对于A类产品,在15μA以下),电缆应该不再出现辐射发射问题。

18.3.2 注意事项

从产品耦合到电缆辐射能量,电缆也从外部源获得能量,如当地的 FM 或 TV 广播站。因此,所有的测量必须确保你所测量的是你想要测量的*。对于共模电流测量,一个简单的确认试验是关闭产品,看信号是否为零。如果仍有信号,就是接收到了外部的信号。FM 广播信号通常这样被接收,所以任何 88～108MHz(在美国)带宽内的信号都应该被怀疑可能来自外部源。如果你总在同一地点测量,就应当了解当地所有 FM 站的频率。

测量时电缆中可能有驻波,在这种条件下,沿电缆移动电流探头可以检测到最大电流的位置。如果频率 30MHz 以上时,最好将电流探头移动大约 1m(1 臂长),检测电流的最大值。如果电缆长 30m,则不必沿整个电缆移动电流钳。在大多数情况下,测量中电流最大值将出现在探头靠近产品处。

在各种类型的 EMC 测量中,共模电流测量是最有用的,为了达到符合 EMC 规范的目标,学习做它,经常做它,将带来时间和金钱的最大回报。

18.4 近场测量

正如第 12 章指出的,数码电子产品能够产生共模辐射或差模辐射。上述电缆电流测量可以提供共模辐射机制的信息,下面需要一些差模辐射的信息。差模辐射是电流流过印制电路板上的环形回路产生的,这些电流环作为小环形天线辐射磁场。所以你能做的就是测量印制电路板附近的磁场。这能够用类似图 2-29(c)的小屏蔽环形探头测量。

Roleson 1984 年在 EDN 论文(Roleson,1984)中描述了一种环形探头的设计与结构,这种磁场探头的详细结构如图 18-4 所示。这篇论文中描述的探头的商业版可用来自 Fischer Custom Communications 的 F-301 型屏蔽环形传感器(图 18-5)。环的直径约为 3/4in,使用的频率范围为 10～500MHz。

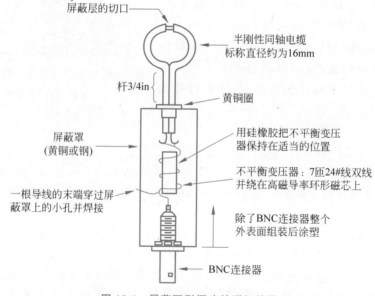

图 18-4 屏蔽环形探头的详细结构

---

* 这通常称为"零值试验",这种试验将产生一个零结果,用于验证试验仪器的配置。

虽然探头能够在磁场中校准,近场测量的结果不能外推到远场,从而确定辐射的大小。关于近场和远场的更多讨论见 6.1 节。因此,用这种探头做的测量是定性的,而不是定量的。但是在对产品进行改造或修改时,这些测量对于确定差模辐射的源,以及对 A 和 B 进行比较仍然是有用的。

对于上述磁场探头,有一种替代的方法,利用 50Ω 同轴电缆制作一个自制的简易探头。将电缆一端的内导体焊接到屏蔽层上,做成直径为 3/4～1in 的环,如图 18-6 所示,这一端的屏蔽应断开。虽然在屏蔽电场方面不像"Roleson 探头"那样好,它的性能对于大多数先期应用一般是足够的。这种探头的优点是便宜且易制作。采用这种结构的商业探头也是可用的,如 EMCO(ETS Lindgren) 7405 近场探头组或采用 A. R. A 技术的 HFP-7410 探头组,这两组探头包括磁场探头和电场探头[*]。

图 18-5 小缝隙屏蔽磁场环形探头

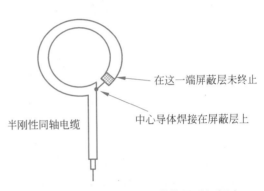

图 18-6 用同轴电缆制作的简易磁场探头

18.4.1 测量程序

用探头在印制电路板上扫描寻找"热点"(强磁场区域),这些辐射一般出现在时钟谐波的频率上。

找到一个热点,检查该点附近印制电路板的布局是否符合本书讨论的 EMC 设计要求。对板做了改进以后,再测量一次以确认辐射场的振幅减小了。

你会发现,大多数发射是由集成电路产生的,在这种情况下,应当考虑在器件上使用板级屏蔽。

进行这些测量时探头能垂直放置,也能水平放置,如果探头是垂直(环的平面垂直于板)的,它必须从 0°～90°旋转,检测场强的最大值。如果探头是水平使用(环的平面平行于板)的,它就不需要旋转。我一般喜欢垂直使用探头,因为这样它更容易进入板上不同高度的器件之间及四周。

18.4.2 注意事项

比较两次磁场测量结果时(如修复前、后),探头必须放在距板精确的相同距离。这是非常重要的,因为在近区场,磁场强度的幅度随与源距离的立方衰减。最容易记忆和重复的距离是

---

[*] 在预测量中通常不需要用电场探头。

零，所以，我让探头垂直并使其接触到板或者器件（集成电路等），这个距离也能给出最大的振幅读数。

因为小屏蔽磁场探头对外部场不敏感，通常可以假定所观测到的就是来自试验中的产品。只要把探头移离板，证实读数的幅度明显下降，即可确认上述假定，因为场强随与源距离的立方衰减。当然，另一种方法是关掉试验电路的电源，确认读数消失。

18.4.3 机箱上的缝隙和孔洞

上面描述的小屏蔽磁场探头也能用于测量屏蔽机箱上缝隙和孔洞的泄漏。

将探头靠近机箱，使检测环的平面平行于机箱，如图 18-7 所示。沿缝隙或孔洞移动探头，搜索强磁场的存在。

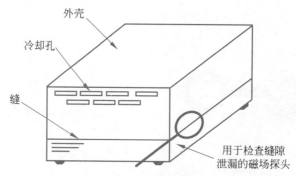

图 18-7   利用磁场探头检查机箱孔洞的泄漏

对于一个孔洞，磁场强度的最大值出现在孔洞的两端，中心处为零。这是因为孔洞的两端感应的屏蔽电流（这种电流产生磁场）是最大的，如图 6-25 所示。

上述两种 EMC 预测量（共模电流和 PCB 近区的磁场）是最重要的，且要在产品早期原型阶段和在法定 EMC 测量设备上进行最终的符合性测试之前，这是每个产品都应当做的。

18.5 噪声电压测量

噪声电压测量有助于查明辐射发射源，许多这样的测量能够用标准 X10 不平衡示波器探头和高频示波器做。

一些有用的测量包括时钟波形、IC 器件上的 V_{CC} 对地噪声电压、PCB 上的接地差分噪声电压、从输入/输出区 PCB 地与机壳之间的共模噪声电压。

时钟波形测量对于检测振铃干扰及下冲和（或）过冲波形是有用的（图 10-2（a））。如果出现这些现象中的一种，一般能够通过插入一个小电阻器或铁氧体磁珠将其消除，插入方法是与信号输出串联以抑制瞬态干扰（图 10-2（b））。33Ω 一般是一个很好的起始值，然后改变这个电阻值，直到发现干扰出现最小值，这个问题就解决了。

V_{CC} 对地噪声电压测量对于检测电源去耦效果是有用的。在示波器上观察，每当开、关信号时将出现一个噪声尖峰。这些测量也能使用频谱分析仪作为读出装置代替示波器来完成。这些测量提供了去耦效果与频率关系的信息，这可能是非常有启发的。

测量输入/输出区（在这里电缆接到 PCB 上）PCB 地与机壳之间的共模噪声电压将显示存在于电缆中的共模噪声电压，正是它们产生辐射。共模电缆电流测量（前面已讨论过）是类似的,是比较好的电缆辐射测量方法,这种测量提供一种额外的选择。

18.5.1 平衡差分探头

测量不同 IC 地插脚之间的差模噪声电压将提供 PCB 接地结构的性能(表 10-2)。因为在两个接地点之间的测量方式将使用平衡差分探头而不是标准的非平衡探头(见附录 E.4)。

大多数仪器制造商将差分探头设计为相对于设备是高阻抗有源的(场效应晶体管(FET)输入),这些探头的问题在于它们通常很贵、易损坏(如果遇到过电压,很容易损坏 FET 的输入)、带宽窄。如果采用高输入阻抗,这些问题都能解决,不需要地对地噪声电压测量。几百欧姆至 1kΩ 的输入阻抗对于这些应用是足够的。图 18-8 表示一个自制的 X10 平衡无源差分探头的详细结构,这种探头在这些应用中很适用,输入阻抗为 1000Ω(Smith,1993)。这种探头是在如图 4-7 所示的平衡电路中使用同轴电缆原理的一个实际例子。注意,在探头的顶端电缆屏蔽层没有连接到电路。

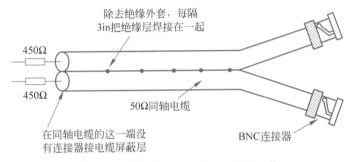

图 18-8 无源差分电压探头的详细结构

在示波器上使用这种平衡探头时,输入被送入示波器的两个通道,其中一个反向,两个输入被加上。但是如果这种无源差模探头与频谱分析仪一起使用,只有一个输入是可用的。因此,在把这个信号加到频谱分析仪之前,必须将两个信号变为一个。这很容易用一个高频的 180° 合成仪实现(如一个 Model ZFSCJ-2-1 微型电路)。这种合成仪的频率响应是 1~500MHz,插入损耗约为 4dB,在测量电压时这些必须计入。图 18-9 是一个自制的无源 X10 差模探头,带有 180° 合成仪。这种探头的工作频率高达 500MHz,如果需要,可以扩展到 1GHz,但是它的吉赫版,就是 X20 探头了。

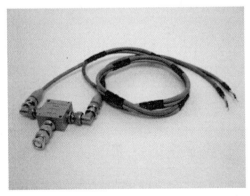

图 18-9 自制的 X10 无源差模电压探头,带有 180° 合成仪

如果只做出平衡探头两条电缆中的一条,就能用作一个 DC~500MHz 的非平衡探头,输入阻抗是 500Ω。

18.5.2 DC～1GHz 探头

除了合成仪,限制上述探头频率响应到 500MHz 的因素是示波器的输入阻抗并不真正是 50Ω,而是 50Ω 与示波器的输入电容并联(典型值是 3～10pF)。在 500MHz 以上时,这个电容在探头的电缆上引起反射,反射信号又回到探头的顶端。因为探头顶端的电阻是 450Ω,而不是 50Ω,信号又发生反射。这个反射波在电缆上来回反射将产生驻波,产生测量误差。解决的方法是在电缆的顶部(在中心导体与屏蔽层之间)450Ω 电阻的电缆一侧装一个 50Ω 的终端。为减小与这个分流电阻串联的电感,这个终端通常由 4 个 200Ω 的电阻并联而成。Doug Smith 在他的网站上详细描述了一个类似的非平衡探头的结构(Smith,2004)。对于平衡差分探头,用一个 450Ω 的末端电阻代替结构图中的 976Ω 电阻,断开接地引线,按所描述的方法更改平衡探头的两个末端。对于这种平衡结构的探头,如果连接到频谱分析仪上,如上面的讨论,也必须使用一个宽带的合成仪。

18.5.3 注意事项

进行高频噪声测量时,示波器的输入阻抗应设置为 50Ω,而不是 1MΩ。在 PCB 上进行高频噪声电压测量时,导线放置是很重要的,要保证导线不从 PCB 上接收磁场。导线应当垂直于 PCB(见附录 E.4)。

18.6　传导发射测量

使用线路阻抗稳定网络(LISN,见 13.1.1 节)很容易进行传导发射预测量。传导发射预测量方法类似于标准中规定的方法。

图 18-10 是 FCC/CISPR 规范中规定的传导发射测量配置。对于预测量,通常不用接地平面。但是一种较好的方法是在一个非金属试验台或试验车上配置传导发射测量,如图 18-11 所示,其中包括一个接地平面,虽然不像规范中规定的那么大。

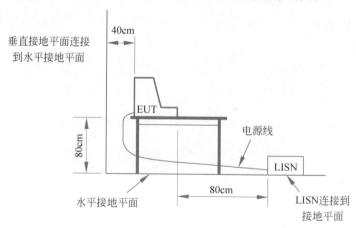

图 18-10　FCC/CISPR 规定的传导发射测量配置

两个 LISN 是必需的,交流电源线的一端连接一个。因此许多厂商都将两个 LISN 装在一个机箱内,设置一个开关测量电源线的一端或另一端。当测量端口被切换到一个 50Ω 终端时,就自动置于不用的端口。

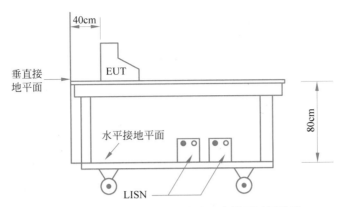

图 18-11　非金属试验车上的传导发射预测量配置

FCC 和欧盟都要求传导发射测量分别做准峰值测量(窄带)和平均值测量(宽带)。各自的限值如图 18-12 所示。对于 A 类产品,平均值限值比准峰值限值低 13dB,对于 B 类产品,低 10dB。

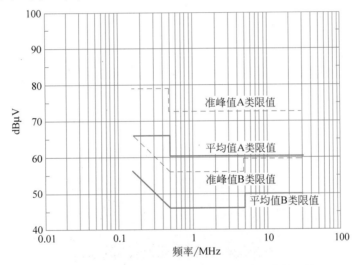

图 18-12　FCC/CISPR 准峰值和平均值传导发射限值

18.6.1　测量程序

将被测设备(EUT)放在距两个接地平面(如果使用接地平面)适当的距离,再将 EUT 的电源线插在 LISN 上,LISN 接外电源。将频谱分析仪接到 LISN 的电压测量端口,频谱分析仪的分辨率带宽设置为 10kHz,使用峰值或准峰值检波器。

测量每条线对地的共模电压(相线对地和中线对地),并与规范中的限值比较。将频谱分析仪设置到平均值检波进行重复测量*。传导发射测量通常从 150kHz～30MHz,如果不使用 LISN,测量端口应当接 50Ω 的终端电阻。

18.6.2　注意事项

噪声能够从外部电源线耦合到 LISN,因此,应当通过一个确认试验确认所测量的噪声就是想要测量的。对于传导发射测量,一个简单的确认试验是关闭产品的电源,看信号是否消

---

*　使用峰值或准峰值检波器时,如果达到了平均值限值,则认为 EUT 达到了限值,不需要再用平均值检波器测量了。

失。如果仍然有信号,则它很可能是外部电源线噪声。在 LISN 和外部交流电源线之间加一个电源线滤波器,有助于减小外部耦合的噪声。

虽然频谱分析仪能够直接连接到 LISN 的测量端口,这种方法可能损坏频谱分析仪或者产生错误的读数。连接到交流电源线的其他设备可能产生很大的瞬态电压,可能损坏频谱分析仪敏感的输入端。另外,测量信号中将出现很大的 50/60Hz 成分,可能引起频谱分析仪输入电路过载,这也可能产生错误的读数。

因此,虽然没有规范的要求,还是谨慎一些,增加一个高通滤波器(将信号中的 50/60Hz 成分衰减 60dB 以上)和一个 10dB 外部衰减器,吸收电源线上的瞬态电压或电流。这个测量设备配置框图如图 18-13 所示。作为一个单一组件的高通滤波器和 10dB 衰减器,如图 18-14 所示(如 Agilent 11947 瞬态限制器),与附加一个二极管限幅器一样(限制任何瞬态电压),不要忘记,用 10dB 对频谱分析仪进行限制是考虑外部衰减器,频谱分析仪也应该设置一个 10dB 的内部衰减器,提供进一步的保护。

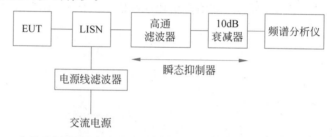

图 18-13　传导发射测量设备配置框图,包括一个高通滤波器和一个 10dB 衰减器

图 18-14　一个用于传导发射测量的瞬态限制器

与传导发射测量有关的两个最常见的问题是频谱分析仪的电源线频率过载和没有用 50Ω 电阻端接未使用的测量端口。

18.6.3　分离共模噪声和差模噪声

刚才介绍的传导发射测量程序测量的是总的噪声,由共模和差模两种成分组成。诊断传导发射问题时,区分共模发射和差模发射是有益的。这是可取的,因为不同的电源部件影响差模噪声电流,另一些部件影响共模噪声电流,见 13.2 节。类似地,电源线滤波器的一些部件抑制差模噪声,而另一些部件抑制共模噪声,见 13.3 节。知道了在产品的传导发射频谱中哪种模式是主要的,就提示了电源或电源线滤波器的哪些部件需要改变或改进。这就基本上排除了一半问题。

图 18-15 表示连接到 LISN 的电源线,来自电源线的有共模和差模噪声电流。两个 50Ω 的电阻起到 LISN 的作用,LISN 相线侧的噪声电压将为

$$V_P = 50(I_{cm} + I_{dm}) \tag{18-2}$$

LISN 中线侧的噪声电压将为

$$V_N = 50(I_{cm} - I_{dm}) \tag{18-3}$$

相线和中线噪声电压之和为

$$V_P + V_N = 50(2I_{cm}) = 2V_{cm} \tag{18-4}$$

相线和中线噪声电压之差为

$$V_P - V_N = 50(2I_{dm}) = 2V_{dm} \tag{18-5}$$

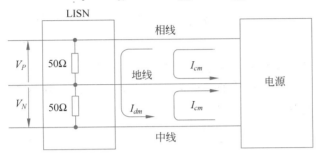

图 18-15　连接到 LISN 上的一个电源,显示出共模和差模噪声电流

所以,通过加或减两个 LISN 电压可确定共模和差模噪声电压。但是不能在测量后再加和(或)减相线电压和中线电压,因为只测量了振幅而没有提供任何相位信息。因此需要有一个网络在测量之前完成两个电压的加(或减),而相位信息是未知的。

图 18-16 所示为包括这样一个附加网络的传导发射测量配置。如果这个网络使相线和中线电压相加,就称为差模抑制网络;如果使这两个电压相减,就称为共模抑制网络。这个网络必须满足以下 3 个条件。

- 能使相线和中线电压相加(或相减)。
- 将合成的电压衰减 6dB(减小一半)。
- 对于每个 LISN 输出端提供一个 50Ω 的终端阻抗。

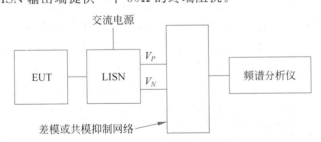

图 18-16　具有差模或共模抑制网络的传导发射测量配置

18.6.3.1　差模抑制网络

一个简单的差模抑制网络仅由 5 个电阻组成,如图 18-17 所示(Nave,1991,p.94)。这个网络使两个输入电压相加,所以它是一个差模抑制网络。为获得 50dB 以上的差模抑制效果,必须使用精度为 0.1% 的电阻,而且必须小心布线,以减少寄生效应。使用时,先不用这个网络测量传导发射,得到总的噪声电压(共模加差模)。然后使用差模抑制网络重做这个测量以获得共模噪声电压,两次测量值的差就是差模噪声电压。

18.6.3.2　开关模式抑制网络

另一个用于分离共模发射和差模发射的网络如图 18-18 所示(Paul 和 Hardin,1988)。在这个网络中,来自 LISN 的相线信号和中线信号被馈送到两个宽带(10kHz～50MHz)变压器

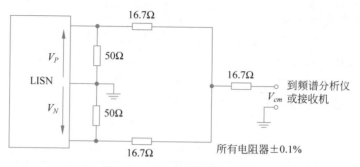

图 18-17　一个差模抑制网络

的初级。这两个信号相减由串联的两个变压器的次级完成。相加是利用双极转换开关改变一个初级信号的极性实现。这个网络的优点是只要扳动一个开关，就很容易在共模噪声测量和差模噪声测量之间进行转换。

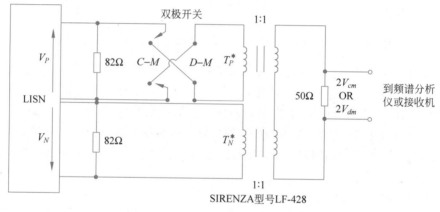

图 18-18　共模和差模抑制网络组合

　　但是这个网络不对输出提供必需的 6dB 衰减，输出是所希望的共模或差模噪声电压的两倍。在频谱分析仪上加一个允许的 6dB 限制，很容易解除这个局限性，在网络的输出端和频谱分析仪之间加一个 6dB、50Ω 的衰减器是很容易的（我的优先选择）。如果用图 18-13 的配置，已经有了一个 10dB 的衰减器，对频谱分析仪的限制只要有一个 4dB 的校正就行了。一种来自 Fischer Custom Communications 公司的这种可选网络如图 18-19 所示。

图 18-19　一种用于传导发射测量的商用共模和差模抑制网络组合

（经 Fischer Custom Communications 公司允许）

18.7　频谱分析仪

预测量需要的最贵的测量设备是频谱分析仪。大多数主要仪器制造商（Agilent，Tektronix，Anritsu，IFR等）都做出了小而轻便的频谱分析仪，能够满足预测量使用（图18-20），价格为1万～1.5万美元（2008）。另外，其他制造商也有可用的频谱分析仪，价格为1万美元或1万美元以下，有些也能用于预测量。

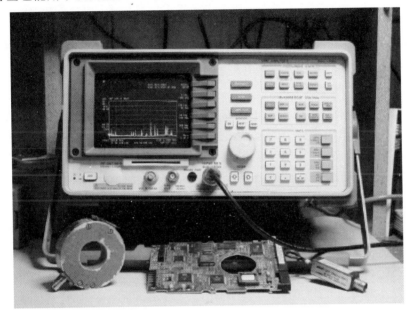

图18-20　用于EMC预测量的轻便频谱分析仪，显示出一个共模
电流钳（左前方）和一个屏蔽环形磁场探头（右前方）

频谱分析仪的频率范围至少应是1GHz，具有最大值保持模式。最大值保持模式使频谱分析仪运行一段时间（如5s或10s）并记录这段时间内峰值信号的幅值。输入阻抗应为50Ω，供电视行业使用的一些频谱分析仪的输入阻抗是75Ω。

频谱分析仪应当有峰值和平均值两种检波功能。大多数预测量将使用峰值检波器，虽然传导发射测量必须使用峰值和平均值两种检波器。一种准峰值检波器虽然也是令人满意的，但是在预测量中不需要。

18.7.1　检波器的功能

18.7.1.1　峰值检波器

大多数频谱分析仪默认的检波器是峰值检波器。频谱分析仪在中频（IF）放大器的输出端使用一个简单的包络检波器（一个串联的二极管和一个旁路电容器）。这个检波器的时间常数使电压随被检波的中频信号的峰值幅度变化。

大多数预测量都使用峰值检波器，因为它比使用准峰值或平均值检波器测量快得多。峰值测量结果总是高于或等于使用其他检波器的测量结果，所以使用峰值检波器测量时，如果所有的信号都在标准限值之下，则使用其他检波器测量时产品的指标也将在限值之下，也就不需要更多的测量了。

18.7.1.2 准峰值检波器

大多数辐射和传导发射限值都是基于使用准峰值检波器。准峰值检波器是根据脉冲的重复率来衡量一个信号,这是评估对中波广播干扰影响程度的一种方法。准峰值检波器在包络检波器的输出端使用一个滤波器,这个滤波器的充电速度比放电速度快得多,因此,信号的重复率越高,滤波电容器充电越多,准峰值检波器的输出也越高。准峰值检波器的读数总是小于或等于使用峰值检波器的读数。对于连续信号(非脉冲的),准峰值检波器和峰值检波器的读数是相同的。CISPR 16-1-1 (2006)中介绍了准峰值检波器的特性。

准峰值检波器具有很好的性能,但是对于预测量却不是最重要的。对于许多产品,峰值检波器和准峰值检波器得出的读数相同;对于另一些产品却不是这样,峰值检波器的读数将高于准峰值检波器,因此这将提供一种额外的保护。

18.7.1.3 平均值检波器

平均值检波器显示检测到的包络的平均值,对于传导发射测量是必需的。在平均值检波器中,包络检波器的输出通过一个滤波器,它的带宽小于频谱分析仪的分辨率带宽或中频带宽。这就滤除了包络检波器输出中的高频成分,产生一个信号的平均值。

关于各种频谱分析仪检波功能更多的信息见 Schaefer 的论文(2007)。

表 18-1 中列出了预测量对频谱分析仪技术指标的最低要求。

表 18-1 预测量频谱分析仪最低技术指标

参　　数	技 术 指 标	参　　数	技 术 指 标
频率范围	100kHz～1GHz	灵敏度	<20dBμV,在 100kHz 带宽
分辨率(IF)带宽	9kHz 或 10kHz 和 100kHz 或 120kHz	显示	自由运行和最大值保持模式
检波功能	峰值和平均值[*]	输入阻抗	50Ω

[*] 准峰值,可选。

18.7.2　常规测量程序

将信号源或探头接到频谱分析仪的输入端,设置适当的频率范围和分辨率带宽(用共模电流钳和磁场探头测量选择 100kHz 或 120kHz,对于传导发射测量选择 9kHz 或 10kHz)。设置为峰值检波器,对于传导发射,必须用峰值和平均值两种检波器进行测量。设置垂直轴为 dBmV,每大格为 10dB。对于共模电流测量和磁场测量,将内部衰减器设置为 0dB;对于传导发射测量,将内部衰减器设置为 10dB。适当设置参考电平(屏幕顶部)显示频谱,对于预测量(辐射或传导),典型的参考电平是 70～80dBmV。

有些老式或性能有限的频谱分析仪可能只有 dBm[*] 指示而没有 dBμV,dBm 与 dBμV 的关系是相差107dB:

$$dBm = dB\mu V - 107dB \tag{18-6}$$

频谱分析仪应能将屏幕传送到绘图仪打印,提供一个测量结果的硬拷贝。有些频谱分析仪(如 Agilent)也能将屏幕图像传送到便携式喷墨打印机。大多数频谱分析仪能将显示存储到内存,以后能够调出与实时图像比较。

---

[*] 分贝以 1mW 为参考(见附录 A)。

18.8　EMC 应急车

对于工作台 EMC 测量,需要的各种设备分散在实验室的各个位置,需要时可能很容易找到也可能找不到,可以将它们集中到一个地方,可以称之为"EMC 应急车"。利用图 18-11 所示的传导发射测量车,进行一些改进,增加几个抽屉,很容易做成这种应急车,如图 18-21 所示。

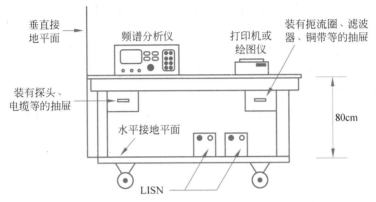

图 18-21　容纳预测量所需所有设备的 EMC 应急车

应急车可以用木材、塑料或玻璃纤维制作,但是不能用金属。需要时应急车可以被推走,车上有做预测量所需的各种设备,如果需要,也可用于修复设备。频谱分析仪和绘图仪或打印机可以放在车上,一个抽屉可以存放如下各种需要的测量设备。

- 共模电流钳。
- 环形磁场探头。
- 平衡电压探头。
- 瞬态抑制器。
- 共模和差模抑制网络等。
- 同轴电缆,衰减器等。
- 小手工工具。

第 2 个抽屉可以存放减小发射必需的 EMC 缓解器件,详见 18.8.1 节。

对于大多数预测量,将频谱分析仪和绘图仪放在车上。但是进行传导发射测量时,要将频谱分析仪和绘图仪从应急车上取下,将被测设备(假定是一个可以放在桌面上的产品)放在车上,与地面的垂直距离为 40cm。

应急部件表

以下各项设备及零部件常用于维修和(或)解决设备的 EMC 问题,应放在应急车的抽屉内。

- 铁氧体磁芯,用于减小来自电缆的共模发射。大多数铁氧体制造商都有琳琅满目的各种可用的铁氧体工具包,用于抑制电缆噪声。
- 铝箔和铜带,用于改进机箱和电缆屏蔽。
- 铜编织物,用于改进电缆屏蔽和用作接地带。
- 小金属线夹,用于改进电缆的屏蔽层端接。如果金属线夹不适用,可以给塑料线夹加上铜带，使它们导电。

- 交流电源线滤波器，常见的滤波连接器，如 DB-9、DB-25、RJ-11 和 RJ-45 连接器。
- 交流电保险装置，代理机构列表，在电源线滤波器中用作 X 和 Y 电容的 $1000\text{pF}\sim2\mu\text{F}$ 电源线电容器。
- 连接器后部的接地夹和通用连接器的 EMI 衬垫，用于将接地连接器后部直接接到机壳。
- 各类 EMI 导电衬垫和指形弹簧片，为机箱缝隙提供导电通路。
- $10\sim1000\Omega$ 电阻器，用于抑制时钟振荡等。
- $470\text{pF}\sim0.1\mu\text{F}$ 小陶瓷电容器和阻抗为 $50\sim100\Omega$ 的小铁氧体磁珠。
- 砂纸，用于除去机箱上的油漆和非导电涂层。

使用应急车，预测量需要完成的各种事项和产品修复都将很容易在一个地方完成。这可以节约时间，以免在实验室中到处找你所需的东西。这种方法也有助于使用设备，因为设备可方便地找到。

18.9 1m 法辐射发射测量

18.9.1 测量环境

如果能找到一种方法，解决 18.1 节中讨论的无法控制的反射问题，辐射发射测量应当作为预测量的一部分。

为解决这个问题，必须满足以下两个条件。

(1) 减小反射场的振幅。

(2) 使直接来自被测试产品的期望信号的振幅最大。

使 EUT 尽可能远离金属反射面，可以使反射能量减到最少。所以需要找一些开阔的场地做试验。室内测试场地可以是不使用的会议室、休息室、自助餐厅或一些空旷的仓库。室外测试场地可以是一个空的停车场或开阔场地。如果可能，可以找一个场地，确保大的金属物距 EUT 和天线至少 3m 远。因为室外测量可能遇到不利的天气条件，首选室内场地。

为确保需要的信号最大，测量天线应当距产品 1m，而不是像商业 EMC 测量中用的 3m 或 10m 测量距离。如果所有的反射物都距天线和 EUT 3m 以外，则 1m 的测量距离一般可以使反射信号比期望信号低 15dB 或更多[*]。

一个非导体的转台也是必需的，用于旋转产品以确定最大发射。基本的测量配置如图 18-22 所示。

辐射发射测量不应使用前面介绍的进行预测量的场地，应选择其他场地。

18.9.2 1m 法测量限值

在远场区，辐射发射限值与测量距离成反比。所以如果测量距离从 3m 减小到 1m，限值必须增大 3 倍或 10dB。但是，在 1m 处测量时，还会受其他复杂因素的影响，包括产品和天线的尺寸、限值与距离简单成反比的推断可能不精确。

---

[*] 这里假设远场条件下信号场强随距离按 $1/r$ 减小（r 是半径或有关的距离），这是一个保守的估计，因为场实际上可能以更快的速率下降，详见 6.1 节。

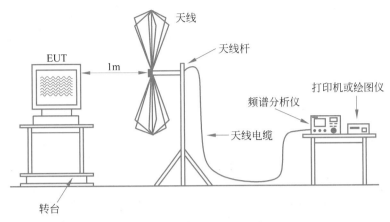

图 18-22 一个简单的 1m 法辐射发射测量配置

用 1m 法测量的经验表明,采用 6dB 修正因子更接近真实值(Curtis,1994)。这样做有些保守,但对于预测量是足够精确的。图 18-23 表示外推到 1m 法测量的 FCC 和 CISPR 辐射发射限值(使用 6dB 修正因子)。

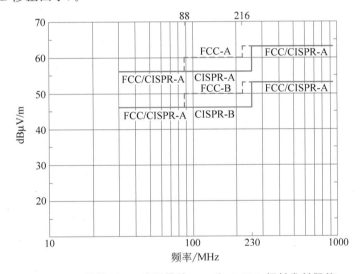

图 18-23 外推到 1m 法测量的 FCC 和 CISPR 辐射发射限值

18.9.3 用于 1m 法测量的天线

对于 1m 法 EMC 测量,小的宽带天线是最佳选择。大多数人用双锥天线(30～200MHz)和小的对数周期天线(200～1000MHz),虽然很不理想,但这项技术在许多情况下工作得很好。

18.9.3.1 注意事项

这个注意事项是关于对数周期天线的使用。对数周期天线的激活区随频率变化,如果将对数周期天线激活区的中心放在距被测设备 1m 的地方,高频分量的距离将小于 1m,低频分量的距离将大于 1m。因此,1m 法测量应当选用最小的对数周期天线(最短的激活区),但是,这意味着降低天线的灵敏度。用正规的 EMC 测试设备测量也会出现这种现象,但是,因为测量距离是 3m 或 10m,对数周期天线上激活区的位置相对于测量距离变化的幅度远小于 1m 法测量。

用1m法测量的另一个问题是大天线单元的影响,问题是从产品辐射的波束不能照射到整个天线上。但是,用于把场强转换为电压输出的天线校准系数是假定波束均匀照射在整个天线上而得出的。

18.9.3.2 用于1m法测量的理想天线

用于1m法预测量的理想天线应当具有以下性能。

(1)宽带,30~1000MHz。

(2)尺寸小,小于12in。

(3)灵敏度非常高,天线系数*小于6dB。

(4)适度平坦的频率响应。

要求天线的尺寸小且灵敏度高是矛盾的,频率在300MHz以下的小天线一般效率很低,因此很不灵敏。满足上述所有条件的天线是不存在的,但是用有源天线有可能接近这些条件。

18.9.3.3 有源天线

有源天线的优点是尺寸小、宽带、灵敏度高(天线系数小)和平坦的频率响应(控制放大器增益,以弥补天线响应的衰落)。当然,有源天线也有一些缺点,如放大器的稳定性、非线性失真和动态范围(强信号过载)。前两个问题可以通过选择合适的有源器件和改进放大器的设计解决,解决第3个问题可以利用频谱分析仪在放大器的整个带宽上监测输出电平,以确保在整个频率范围内都处于饱和电平之下。

没有一个主流天线制造商生产满足上述要求的天线,但是市场上有一些来自较小公司的天线近乎满足上述要求。据我所知,还没有可用的。

1997年以来,我在1m法预测量中使用得很成功的一种有源天线是由亚利桑那州的ETA工程公司制造的,但是这个天线已不再可用。这是一个称为100型弓顶天线的有源天线(如图18-24所示)。这个天线基本上是一个蝴蝶结天线的一半,所以是一个有电容性顶帽的单极天线。这种天线的技术规格如下:天线的最大尺寸为7.5in,频率范围为30~700MHz,在上述频率范围内天线系数的变化范围为+6~−3.5dB。除了频率响应不到1GHz以外,这个天线满足上述1m法预测量天线所有的理想条件(小尺寸、高灵敏度和平坦的频率响应)。无论我什么时候用这个天线做1m法辐射发射预测量,它工作得都很好。

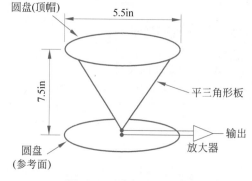

图18-24 有源弓顶天线

注意:做1m法EMC测量时,不需要像做3m法或10m法测量时那样改变天线的高度。改变天线的高度是为了保证地面的反射波和来自被测设备的直射波同相位相加。在1m法测量的情况下,反射点一般都在天线所在的区域以外,因此天线检测不到反射波。但是,必须在天线水平极化和垂直极化两种情况下测量,测量时通过旋转转台、移动电缆寻找最大发射。

注意到FCC(用双锥天线和对数周期天线)使用1m法室内辐射发射测量装置对随意选择的产品做EMC符合性测量也是有趣的。如果1m法测量数据表明产品符合标准,产品就被认

---

* 天线系数(AF)的单位是1/m,是入射场强 E 与天线终端电压 V 的比值,即 $AF=E/V$ 或 $V=E/AF$,所以天线系数越小,天线的灵敏度越高。

可,不需要再做更多的测量。但是,如果1m法测量数据表明产品不符合标准,就要在FCC的3m法开阔测试场地上重新测量以确认是否不符合标准。

关于EMC测量和故障排除技巧更多的讨论在《EMC符合性测试》(Montrose和Nakauchi,2004)一书中介绍。

18.10　抗扰度预测量

在本章中,已经讨论了与产品发射有关的简单的EMC测量。虽然FCC没有关于抗扰度的要求,但是欧盟和军用标准中有,医学设备、汽车设备和电子设备也必须满足抗扰度要求。所以,本节讨论一些涉及产品辐射、传导和瞬态抗扰度的简单的预测量。

18.10.1　辐射抗扰度

不能不加选择地在一个开阔的区域中发射频谱为30MHz～1GHz的射频能量,不要造成干扰合法无线电业务及招致FCC或其他监管机构愤怒的重大风险。显然,这是有目共睹的,因为1996年FCC认为有必要发出公告63811,其中一部分如下。

各实验室要注意,没有电台执照不能在开阔测试场地做电子设备的射频(RF)抗扰度测量……提醒希望在开阔测试场地做射频抗扰度测量的团体,必须采用一定的方式把射频能量限制在邻近的区域,如屏蔽室或无反射室,防止干扰通信系统。否则就违反了1934年的通信法第301节。

但是,在一个小屏蔽室中做辐射抗扰度预测量不是一个可行的选择,由于同样的理由,做辐射发射测量也是不可行的,这是由于反射会在辐射场中产生巨大的、不可控制的峰值和零值。

因此,必须找到一些其他的方法做预辐射抗扰度测量。有两种可用的方法,一种方法是使用低功率宽带辐射源,放在靠近EUT的地方。另一种方法是用目前由FCC授权供公众无许可限制使用的窄带无线发射机,如用于家庭无线电装置或民用波段(CB)收音机。但是,这种方法只能用于某些特定频率点的测量。

一种便利的宽带辐射场源是一台利用电刷连接换向器的小型电动机,如电钻或Dremels®*电动工具。电刷上产生的电弧是一个低电平的宽带发射源。图18-25表示一个Dremels®电动工具的辐射发射频谱。辐射发射是在距离30cm处使用弓顶天线(图18-24)测量的。可以看出,在1～10MHz范围内,辐射发射相对稳定,然后以20dB/dec(每10倍频20dB)的斜率下降,直到500MHz。在1～10MHz范围内,电平约为$90dB\mu V/m$(0.03V/m)。

测试PCB对辐射场敏感度的一个简单方法是手持Dremels®电动工具在PCB上方大约1in处沿板移动,观察产品出现的任何故障。这个测试中产生的场是相当低的,为几V/m,但是将发现非常敏感的电路。早在产品的设计阶段做这个测试是很好的,如果产品不能通过这个测试,就表明其对射频场很敏感,即使没有任何敏感度监管的要求,也应该进行改进。这也是检测不良PCB布局的好方法,特别是在单面或双面板模拟电路的情况下。大多数数字电路很容易通过这种测试。

---

*　Robert Bosch公司,mount Prospect,IL.的注册商标。

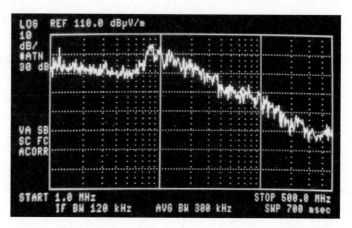

图 18-25 一个 Dremels® 电动工具 1MHz～500MHz 的辐射发射频谱

小手持式移动发射机在特定的频率点也可用于射频敏感度测试。CB 收音机、家庭无线电服务发射机、无线电话和手机都可以测试。表 18-2 列出许多在美国未经许可可用的无线电发射机 1m 距离处近似的频率、功率和场强。类似的无线电服务在其他国家可能也有。

表 18-2 各种低功率发射机的参数

服 务 项 目	近似的频率	最 大 功 率	1m 处的近似场强
民用波段	27MHz	5W	12.3V/m
家庭收音机	465MHz	500mW	3V/m
手机	830MHz/1.88GHz	600mW	6V/m
无绳电话	不相同*	200mW	2.5V/m
移动无线电服务(GMRS)**	465MHz	1～5W	5.5～12.3V/m

* 2006 年,大多数无绳电话工作于下述频带:400MHz、900MHz、2.4GHz 或 5.8GHz。
** 一般的移动无线电服务(GMRS)需要 FCC 的执照,许多公司已经有了使用 GMRS 的执照。这些发射机都是步话机,保安人员常在楼房和商场巡逻时使用。

电场强度作为发射功率和距离的函数可被近似表示为式(14-2)。一个便于记忆的数字是距离 1W 的发射机 1m 处的电场强度约为 5.5V/m。这个值能够被推广到其他与功率的平方根成正比、与距离成反比的情况。

注意:手机自动调整它们的发射功率作为接收信号强度的函数,因此在个别情况下要知道它的发射功率是很困难的。因为不同类型的低功率无线发射机可能有不同于表 18-2 中的参数,为了慎重起见,在使用它做预测试之前应先核对产品关于功率和频率的参数。

为了做预测量,把发射机放在距 EUT 及其电缆一个适当的距离(对于需要的场强),开始短暂的发射,并观察产品的响应。

18.10.2 传导抗扰度

在直流或交流电源线上接一个振动继电器能够产生噪声。这个系统由接在电源线上的继电器及与其串联的常闭触点组成,如图 18-26 所示。电源开启时,继电器将闭合,常闭触点打开,继电器将断开。这个过程将继续到电源从继电器上移开,因而称为振动继电器。继电器断开时,电源线上将产生一个很大的感应冲击电压,满足下式:

$$V = -L \frac{\mathrm{d}I}{\mathrm{d}t}$$

(18-7)

这个电压通常是电源线电压的 10～100 倍,可能达到数百甚至数千伏。可以在继电器两端接两个背靠背的齐纳二极管抑制(限制)这个电压,如图 18-26 所示。由于在机箱里安装了继电器,继电器两端接有不同值的雪崩二极管,通过一个旋转开关,能够改变电源线上噪声电压的幅值。这个测试对于确定 EUT 对电源线上的噪声敏感度是非常有效的。这个测试也是很实用的,因为许多电源线上都接有继电器或螺线管。

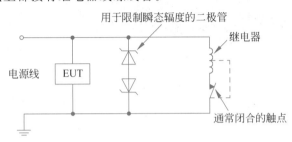

图 18-26　带有二极管限压器的振动继电器电路

振动继电器也可将噪声电压感应进入信号电缆,如图 18-27 所示。振动继电器通过一条单独的电缆由一个单独的电源供电。一条约长 1m 的电缆与被测信号电缆平行,捆在一起。继电器电路中的噪声电流将在测试电缆中磁感应一个噪声电压。开关二极管可以有不同的击穿电压,进入继电器电路,将改变感应测试电压的幅值。

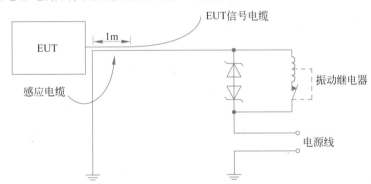

图 18-27　振动继电器用于感应噪声电压进入 EUT 信号电缆

将小手持式移动发射机(详见 18.10.1 节)靠近测试电缆,也能模拟传导射频抗扰度。

18.10.3　瞬变抗扰度

18.10.3.1　静电放电

用一个如图 18-28 所示的小便携式、电池供电的 ESD 模拟器可以做静电放电(ESD)预测量。这个装置是 Thermo Scientific 公司的 MiniZaps®[*]。

ESD 模拟器是第二昂贵的预测量设备,仅次于频谱分析仪,价格一般为 5000～10000 美元(2008)。但是用一种便宜的压电燃气烧烤打火机能做一种简易的 ESD 发生器[**]。这种装置的输出电压是不能重复或控制的,但是可以达到 10～15kV,能够做粗略的 ESD 测量。当我

---

　*　Thermo Fisher Scientific 公司的注册商标,马萨诸塞州。

　**　另一种称为 Zerostat 抗静电枪的商业产品,是一种压电装置,也能用于做粗略的 ESD 测量。这种装置最初用于清除乙烯基留声机唱片上的静电,可以产生几千伏的电压。扣动扳机时产生正电压,松开扳机时产生负电压。价格约为 100 美元(2008)。用这种装置测量,如果你的产品不能通过 ESD 测量,它就是非常敏感的,应当进行改进。

图 18-28　一个小电池供电的 ESD 模拟器

没有正规的 ESD 模拟器可用时,我多次用过这种装置。

用于预测量的 ESD 发生器应当既能做接触放电,也能做空气放电,可以输出正、负两种电压,可用电压的范围为 1～10kV。发生器应当模拟人体模型,是一个 150pF、330Ω 的 R-C 网络。能用单个脉冲或速率是每秒 1～10 个的重复脉冲,也都是令人满意的。

对于小的桌面设备,一种典型的 ESD 测量配置如图 18-29 所示。应当直接对 EUT 任何容易受影响的面,以及连接这些面的垂直和水平边缘放电。测量应当用测量电压正、负极性两种方式做。

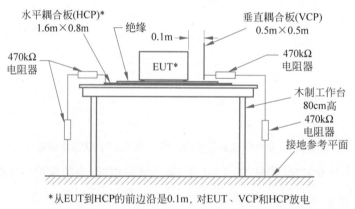

*从EUT到HCP的前边沿是0.1m,对EUT、VCP和HCP放电

图 18-29　对于桌面设备,一种典型的 ESD 测量配置

18.10.3.2　电快速瞬变

也能用 ESD 模拟器将瞬变感应进入 EUT 的电缆。取一条一端接地的导线,将其捆在测试电缆上,长度为 1m,将 ESD 脉冲加在导线的开放端,如图 18-30 所示。设置发生器每秒产生 10 或 20 个重复脉冲,这将模拟电快速瞬变(EFT)的测试。

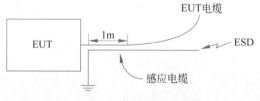

图 18-30　ESD 感应电缆瞬变

假定导线和测试电缆之间的耦合系数是 0.5(一个合理的假设),将 ESD 模拟器设置为两倍的 EFT 期望电压,例如,为了模拟一个 2kV 的 EFT 瞬变,就将 ESD 模拟器设置为 4kV 重复放电。

18.11　电能质量预测量

欧盟要求的两种特有的发射测量是 1.7.2 节讨论的谐波和闪烁测量。谐波测量要求限制产品由交流电源线引入的电流中的谐波成分,高达 40 次谐波。主要问题来自非线性负载,如开关电源、荧光灯和变速电动机驱动装置,这些装置都会使电流中含有丰富的谐波(详见 13.9 节)。闪烁测量要求限制产品引起的交流电源线中的瞬态电流(突变电流)。由于电源线的有限阻抗,很大的瞬态电流将引起线电压的波动,导致灯的闪烁。

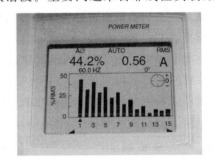

图 18-31　一个小开关电源的谐波电流,显示在谐波表上

18.11.1　谐波

用小手持式功率表/谐波分析仪很容易测量产品引入的谐波电流。图 18-31 表示仪表上显示的一个小开关电源产生的谐波失真。表 18-3 中列出了对于 A 类设备的谐波限值,包括高达 20 次的奇数次和偶数次谐波。A 类设备包括除个人计算机、电视机、便携式工具和灯光设备以外的大多数产品。

表 18-3　欧盟对于 A 类产品的谐波电流限值,高达 20 次谐波

谐 波 次 数	电流/A	谐 波 次 数	电流/A
1	···	2	1.08
3	2.30	4	0.43
5	1.14	6	0.30
7	0.77	8	0.23
9	0.40	10	0.18
11	0.33	12	0.15
13	0.21	14	0.12
15	0.15	16	0.12
17	0.13	18	0.10
19	0.12	20	0.09

对于 19 次以上的奇次谐波的要求是电流不超过 $2.25/n$,n 为谐波次数。对于 20 次以上的偶次谐波,电流的限值为 $1.84/n$。这些限值适用于高达 40 次的谐波。

个人计算机和电视机必须用更严格的 D 类限值,这基于设备的额定功率。D 类产品也不能超过表 18-3 中的数据。

如果没有谐波分析仪,一种粗略估计谐波失真的方法是在示波器上观察输入电流的波形。只用视觉观察波形很容易发现 5% 或以上的失真。如果电流波形看起来近似正弦曲线,产品很可能通过谐波发射测量。如果波形看起来像图 13-4,就基本上通不过。如果波形失真不像图 13-4 那么差,就很难说产品是否符合要求。脉冲的上升时间越慢,脉冲一个周期的时间越长,产品越有可能符合要求。

18.11.2 闪烁

闪烁标准要求进行大量的测量,然后在数据的基础上进行统计分析(包括幅度、持续时间、波形和骚扰的重复率)从而确定闪烁系数。作为预测量这不容易进行。

但是能够测量闪烁要求的一部分,就是最大瞬间电流。这能用一个具有瞬间峰值电流测量功能的钳形电流表测量,如 Fluke 330 系列的真有效值钳型电流表。

闪烁标准有三级要求,每一级适用于不同的产品类别。A 级适用于不包括 B 级或 C 级适用产品外的任何产品,A 级的要求最严格。B 级适用于手动开关或每天多于 2 次自动开关的产品。C 级产品是使用时有人照看(如电吹风或吸尘器)或每天不多于 2 次自动开关的产品,C 级的要求最低。

对于 A 级产品,允许的最大交流电源线电压波动是 4%,B 级是 6%,C 级是 7%。闪烁测量装置的电源线源阻抗是 0.4+j0.25Ω,这个阻抗的模是 0.472Ω。使用这个阻抗,对于三级测试可以确定允许的最大浪涌电流,对于 240V 交流线电压的测试结果列于表 18-4 中。

表 18-4　欧盟的最大峰值浪涌电流要求

测 试 级 别	最大相对电压变化	峰值浪涌电流/A
A	4%	20.3
B	6%	30.5
C	7%	35.6

对于 120V 电源线,电流电平应是表 18-4 中数据的一半。

18.12　裕量

虽然与预测量没有直接的联系,测试裕量还是一个应当讨论的重要话题。因为本章是唯一与 EMC 测量有关的章节,我决定在这里介绍这些信息。本节的讨论主要涉及正规的 EMC 符合性测试,而不是预测量。

从法律上讲,所有要求就是产品符合相应的 EMC 要求,为什么还需要有裕量呢?两个主要的原因是:产品是各不相同的;测量的不确定性总是存在的。

18.12.1 辐射发射裕量

辐射发射的不确定性有 5 个来源。第一个来源是测试场地的质量(OATS 或无反射室),包括地平面的质量和怎样很好地控制反射,这些很容易产生±2dB 的不确定性。

第二个来源是设备的精确度和校准,包括电缆。测量仪器包括频谱分析仪或无线接收机,精确度约为±1.5dB,类似地,天线校准系数的精确度一般为±2dB。天线和频谱分析仪之间 50ft 电缆的损耗大约是多少呢?是测量的电缆损耗,还是取自手册中的表格?如果测量,在测量前后 1 年或更长的时间内,电缆在地面上被几个人踩过?对此应允许±0.5dB 的不确定性。如果使用前置放大器,可能增加另外±1.5dB 的不确定性。

对以上的公差用均方根求和给出的不确定度约为±3.6dB,还没有考虑产品变化或下面讨论的其他因素影响。

第三个来源是测量程序。是转台旋转读取最大值,然后天线在垂直高度上搜索测定峰值?或者是天线在垂直高度搜索确定最大读数,然后产品在转台上旋转测定峰值?结果可能是不同的。

　　第四个来源是测量配置,连接到产品的电缆是多长,怎样放置? 相互连接的测量设备的确切位置怎样布局?

　　第五个来源是操作者的技术。例如,在每个频率布置电缆和旋转产品寻找最大发射用了多长时间?

　　一项辐射发射测量重复性的研究,在 10m 开阔测量场地做了 7 次,结果表明,在 30～400MHz 频率范围内,大多数(不是全部)读数与平均值相差在 ±4dB 之内(Kolb,1988)。

　　ANSI C63-4 要求,在频率 30～1000MHz 时通过归一化场地衰减[*](NSA)测量的辐射发射测量场地是可用的。要认为是可接受的,对于理想的测量场地(ANSI C63-4,2003),测量的 NSA 必须在 NSA 理论值的 ±4dB 之内。因此,两个场地相互之间的读数相差 8dB,仍然认为是可接受的。

　　作为上述不确定性的结果,许多公司都要求其产品相对于法定的限值有 6dB 的裕量。对于最终的符合性测试,4～6dB 的裕量或许是合理的,6dB 更好。但是对于预测量,裕量应当更大一些,典型值为 6～8dB。

18.12.2　静电放电裕量

　　ESD 是一个固有的统计学过程,详见 15.11 节。产品有一个失效的概率,如果这个概率很小,不做 1000 次或更多的放电就不能检测到失效。欧盟的 ESD 标准在每个测量点只要求 10 次放电,就是一个有效的统计样本。

　　数字设备也有一个“时间窗”,详见 15.11 节。设备在不同的时间执行不同的功能,例如,从硬盘驱动器读取数据,记录到硬盘驱动器上,从 RAM 读取数据,将数据输出到打印机上等。如果这些功能中只有一个是敏感的,功能的表现与放电有关吗?

　　环境也影响 ESD 测量结果,例如,湿度、温度和海拔高度变化都能产生不同的测量结果。ESD 枪上接地母线的布置也影响测量结果,因为位置不同,很大的放电电流产生的场也不同。

　　测量结果还取决于测量技术,对于空气放电测量,ESD 模拟器的顶部接近产品的速度能够影响测量结果,同样,模拟器相对于产品放置的角度不同,也会产生不同的测量结果。最后,不同测量样品的 ESD 敏感度是不同的,也会产生不小的影响。

　　为了克服这些可变性,提升对测量结果的信心,一定程度的裕量应当被引入预测量。例如,欧盟的 ESD 标准要求通过 4kV 接触放电和 8kV 空气放电测试。做预测量时,用 5kV 接触放电和 10kV 空气放电测试产品,就能获得一定程度的裕量。

总结

- EMC 预测量应当早在设计阶段和最终正规的符合性测试之前做。
- 最有用和重要的预测量是所有电缆上共模电流的测量。
- 第二重要的预测量是用磁场探头扫描 PCB。
- 磁场探头对于检查屏蔽箱上的缝隙和孔洞的泄漏也是有用的。
- 噪声电压测量有助于查明辐射发射的源。

---

　*　场地衰减是指在一个平的反射面上(地平面)测量相互之间指定距离和高度的两个天线之间的路径损耗。

- 一些有用的噪声电压测量包括时钟波形、集成电路上 V_{CC} 对地电压、集成电路间的接地噪声电压、I/O 接地和底盘之间的共模电压。
- 做 EMC 预测量必需的所有设备应当集中在一个地方，如 EMC 应急车。
- 作为预测量的一部分，如果做辐射发射测量，应当在一个开阔场地上（远离金属物体）进行，测量距离是 1m。
- 辐射发射预测量不能代替共模电缆电流测量，除此之外是可能的。
- 在自己的实验室，使用一个线路阻抗稳定网络（LISN）和一台频谱分析仪很容易做传导发射预测量。
- 做传导发射预测量时，根据使用的是共模还是差模抑制网络，很容易区分是差模还是共模传导发射。
- 在某一频点，使用小手持式发射机（如个人无线电台或民用波段的收音机）、电钻或 Dremel® 工具作为噪声源，能够做辐射抗扰度测量。
- 振动继电器可用于在交流或直流电源线上感应瞬时噪声。
- 用一个小的电池供电的 ESD 发生器或一种便宜的压电燃气烧烤打火机，能够做 ESD 测量。
- 理想的 1m 法辐射发射预测量天线的带宽应为 30～1000MHz，且不大于 12in，天线系数比较小，不大于 6dB。
- 一种小型有源宽带天线是 1m 测量法的首选天线，但是还没有商业化的可用产品。
- 对于 1m 法辐射发射测量，不需要改变天线的高度，但是必须测量水平极化和垂直极化。
- 做 1m 法发射测量时，通过旋转转台上的产品、移动电缆寻找最大发射。
- 对于 1m 法测量，为了外推 3m 辐射发射限值，允许电平增加 6dB。
- 在小屏蔽室内（非无反射室）不能做辐射发射测量。
- 辐射发射测量的不确定性超过 ±4dB。
- 产品裕量应当满足以下条件。
  - 对于最终的符合性测试有 4～6dB 的裕量。
  - 对于预测量有 6～8dB 的裕量。

习题

18.1 为什么小屏蔽室不适用于辐射发射测量？

18.2 用一个 F-33-1 共模电流钳测量载有 100mA 共模电流的电缆时，输出电压是多大？

18.3 用 F-33-1 电流钳在 3m 长的电缆上测量共模电流，对于 B 类产品最大允许的读数是多少（dBm）？

18.4 为了通过 FCC A 类产品辐射发射要求，用 F-61 共模电流钳在 1/3m 长的电缆上测试，频谱分析仪上显示的限值应在什么电压等级上（dBμV）？

18.5 a. 什么是零值试验？

b. 零值试验的目的是什么？

18.6 用平衡差分探头测量集成电路上的 V_{CC} 对地噪声时，什么是很好的零值试验？

18.7 在产品的电缆上测量共模电流时，怎样才能确认测量的电流的确来自被测产品，而不是外部的源。

18.8 下列 EMC 预测量是定量的还是定性的？

  a. 用共模电流钳测量。

  b. 用环形磁场探头测量。

  c. 噪声电压测量。

  d. 传导发射测量。

18.9 小环形磁场探头的两个用途是什么？

18.10 下列 EMC 预测量提供什么信息？

  a. 从产品的差模辐射发射。

  b. 从产品的共模辐射发射。

  c. 由产品引起的交流电源电流的波形失真。

18.11 4 种有用的噪声电压预测量是什么？

18.12 商品化的有源差分探头的 4 个缺点是什么？

18.13 (1) 做传导发射测量时，瞬态限制器起哪 3 种作用？

  (2) 瞬态限制器为什么用作传导发射测量？

18.14 频谱分析仪上 3 种常见类型的检波器是什么？

18.15 假定在最近的金属物体距产品和天线 5m 远的场地做 1m 法辐射发射预测量，反射信号必须低于有用信号多少分贝？

18.16 欧盟对于 A 类产品适用于 33 次谐波的谐波电流要求是多少？

18.17 对于辐射抗扰度预测量产生射频场的两种方法是什么？

18.18 辐射发射测量具有不确定性的 5 个原因是什么？

参考文献

[1] ANSI C63-4. *American National Standard for Methods of Measurement of Radio-Noise Emissions from Low-Voltage Electrical and Electronic Equipment in the Range of 9kHz to 40GHz*, 2003.

[2] CISPR 16-1-1. *Specification for Radio Disturbance and Immunity Measuring Apparatus and Methods Part 1-1：Radio Disturbance and Immunity Measuring Apparatus-730 PRECOM-PLIANCE EMC MEASUREMENTS Measuring Apparatus*. International Special Committee on Radio Interference (CISPR), 2006.

[3] Cruz J E, Larsen E B. *Assessment of Error Bounds for Some Typical MILSTD461/462 Types of Measurements*. NBS Technical Note 1300, 1986.

[4] Curtis J. *Toil and Trouble, Boil and Bubble：Brew Up EMI Solutions at Your Own Inexpensive One-Meter EMI Test Site*. Compliance Engineering, 1994.

[5] FCC. Public Notice 63811. *Conditions For The Use of Outdoor Test Ranges For RF Immunity Testing*, 1996.

[6] Kolb L. *Reproducibility of Radiated EMI Measurements*. Pan Alto, CA, Hewlett Packard, 1988.

[7] Montrose M I, Nakauchi E M. *Testing for EMC Compliance*. New York, IEEE Press, Wiley Intersciences, 2004.

[8] Nave M J. *Power Line Filter Design for Switched-Mode Power Supplies*. New York, Van Nostrand Reinhold, 1991.

[9] Paul C R, Hardin K B. *Diagnosis and Reduction of Conducted Noise Emissions*. 1988 IEEE International Symposium on Electromagnetic Compatibility, Seattle, WA, 1988.

[10] Roleson S. *Evaluate EMI Reduction Schemes with Shielded-Loop Antennas*. EDN, May 17, 1984.

[11] Schaefer W. *Narrowband or Broadband Discrimination with a Spectrum Analyzer or EMI Receiver*.

Conformity,2007.

[12] Smith D C. *High Frequency Noise and Measurements in Electronic Circuits*. New York，Van Nostrand Reinhold,1993.

[13] Smith D C. *DC to 1GHz Probe Construction Plans*. 2004. Available http://www. emcesd. com/ 1ghzprob. htm. Accessed,2009.

深入阅读

[1] AN-150. *Spectrum Analyzer Basics*. Agilent Technologies,2004.

[2] AN-1328. *Making Precompliance Conducted and Radiated Emissions Measurements with EMC Analyzers*. Agilent Technologies,2000.

[3] Gerke D,Kimmell W. *EDN The Designer's Guide to Electromagnetic Compatibility*,*Chapter 13*（*EMI Testing：If You Wait to the End*，*It's Too Late*）. St. Paul,MN,Kimmel Gerke Associates,2001.

[4] *LISN-UPt Application Note*. Fischer Custom Communications,2005.

[5] Roleson S. *Using Field Probes as EMI Diagnostic Tools*. Conformity,2007.

[6] Roleson S. *Field Probes as EMI Diagnostic Tools*. Conformity,2006.

[7] Smith D C. *Build It！Magnetic Field Probe*. Conformity,2003.

分　贝

在电子工程领域,分贝是最常用但经常被误解的术语,缩写为 dB。分贝是用于表示两个功率比值的一种对数单位,定义为

$$dB = 10\log \frac{P_2}{P_1} \tag{A-1}$$

分贝不是绝对量,它总是两个量的比值。这个单位可用于表示功率增益$(P_2 > P_1)$或功率损耗$(P_2 < P_1)$,在第二种情况下结果是负值。

分贝实际上来源于一个叫作贝尔的对数测量单位,它是以 Alexander Graham Bell 命名的。功率的比值为10(或10倍的功率)定义为1贝尔。它最初用于测量电话中听到声音的功率比值。贝尔是一个很大的单位,所以贝尔的1/10,即分贝更常用。

作为一个对数单位,它压缩了结果,使我们很容易对很大动态范围内的量进行测量或作图。这个特性在 EMC 测量时很有用。例如,电压比值1000000∶1可以表示为120dB。

A.1　对数的性质

既然分贝涉及对数,应当回顾一下对数的一些性质。一个数的常用对数(log)是:10的这个对数值的幂等于该数 *。因此,如果

$$y = \log x \tag{A-2}$$

则

$$x = 10^y \tag{A-3}$$

一些与对数相关的恒等式如下:

$$\log 1 = 0$$
大于1的数的常用对数是正值
小于1的数的常用对数是负值
$$\log(ab) = \log a + \log b \tag{A-4}$$

---

* 一个数的自然对数(ln)是: e(约等于 2.718)的这个对数值的幂等于该数。常用对数和自然对数之间的关系是 $\log x =$ $(\log e)(\ln x)$,或者 $\log x = 0.4343\ln x$。

$$\log(a/b) = \log a - \log b \tag{A-5}$$

$$\log a^n = n \log a \tag{A-6}$$

由上面的等式可以看出，两数乘积的对数等于它们的对数相加，两数商的对数等于它们的对数相减。这对 EMC 测量是很有用的。例如，假定将频谱分析仪用一根长电缆与暴露在电磁场中的天线相连，假定想知道测量的电压，必须将入射场强乘以天线系数，再乘以连接天线与测量设备的电缆的损耗，再乘以所用放大器或衰减器的增益或损耗。然而，如果所有这些数据都用分贝表示，我们所要做的是加上或减去它们的增益或损耗，非常简单。

A.2　分贝在功率测量以外的应用

虽然分贝的定义与功率相关，用它表示电压和（或）电流的比值也是常见的用法，在这些情况下它可定义如下：

$$dB\text{ 电压} = 20\log \frac{V_2}{V_1} \tag{A-7}$$

或

$$dB\text{ 电流增益} = 20\log \frac{I_2}{I_1} \tag{A-8}$$

这些等式仅在都是电压或都是电流时才成立，是在相同阻抗值的两端进行测量。然而通常的用法是使用式（A-7）和式（A-8）的定义，而不考虑阻抗的大小。

电压增益和功率增益之间的关系可参考图 A-1 确定。放大器的输入功率为

$$P_1 = \frac{V_1^2}{R_1} \tag{A-9}$$

放大器的输出功率为

$$P_2 = \frac{V_2^2}{R_2} \tag{A-10}$$

这个放大器的功率增益 G 以 dB 表示为

$$G = 10\log \frac{P_2}{P_1} = 10\log \left[\left(\frac{V_2}{V_1} \right)^2 \frac{R_1}{R_2} \right] \tag{A-11}$$

使用恒等式（A-4）和式（A-6），可将式（A-11）改写为

$$G = 20\log \frac{V_2}{V_1} + 10\log \frac{R_1}{R_2} \tag{A-12}$$

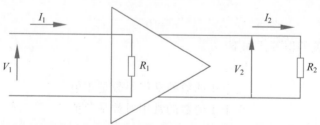

图 A-1　比较功率增益和电压增益的电路

比较式（A-7）和式（A-12）可以看出，功率增益的第一项为电压增益，如式（A-7）的定义。如果 $R_1 = R_2$，式（A-12）中的第二项为零，用 dB 表示的电压增益和功率增益在数值上是相等的。

然而,由电压增益确定功率增益时,电阻 R_1 和 R_2 的值必须是已知的。

采用相似的办法,图 A-1 中电路的功率增益也可表示为

$$G = 20\log \frac{I_2}{I_1} + 10\log \frac{R_2}{R_1} \qquad \text{(A-13)}$$

注意在这种情况下,第二项中电阻的比值与式(A-12)中是相反的。

例 A-1 一个电路的电压增益为 0.5,输入阻抗为 100Ω,负载阻抗为 10Ω。由式(A-7),用分贝表示的电压增益是 -6dB。由式(A-12)

$$\text{dB 功率增益} = -6 + 10\log \frac{100}{10} = 4\text{dB} \qquad \text{(A-14)}$$

因此,在这种情况下,用分贝表示的功率增益是正值,而用分贝表示的电压增益是负值。

A.3 功率损耗或负的功率增益

如果第二点的功率比第一点的功率小,让我们计算从第一点到第二点的功率增益。用分贝表示的功率增益为

$$G = 10\log \frac{P_2}{P_1} \qquad \text{(A-15)}$$

为将功率的比值表示为大于 1 的数,式(A-15)可改写为

$$G = 10\log \left(\frac{P_1}{P_2} \right)^{-1} \qquad \text{(A-16)}$$

由式(A-6),上式可变为

$$G = -10\log \frac{P_1}{P_2} \qquad \text{(A-17)}$$

因此,功率损耗可用一个负分贝值的功率增益表示。

A.4 绝对功率电平

将式(A-1)中的分母换为参考功率 P_0,即 1mW,分贝也可用于表示绝对功率电平,给出

$$\text{分贝数(绝对)} = 10\log \frac{P}{P_0} \qquad \text{(A-18)}$$

式(A-18)表示高于或低于参考功率 P_0 的绝对功率电平。在这种情况下,用户必须知道参考功率,通常在缩写 dB 后面加字母表示。例如,dBm 表示参考功率为 1mW。表 A-1 列出了一些常用的分贝单位及其参考电平和缩写。

表 A-1 各种 dB 单位的参考电平

单 位	单位类型	参 考 值	用 途	备 注
dBa	功率	$10^{-11.5}$ W	噪声	F1A 加权测量
dBm	功率	1mW		
dBrn	功率	10^{-12} W	噪声	参考噪声功率
dBrnc	功率	10^{-12} W	噪声	C-message 加权测量
dBspl	声压	$20\mu\text{Pa}^{\text{a}}$	声学	
dBu	电压	0.775V^{b}	音频	

续表

单　　位	单位类型	参　考　值	用　　途	备　　注
dBV	电压	1V		
dBmV	电压	1mV		
dBμV	电压	1μV		
dBμV/m	场强	1μV/m	电磁场	
dBw	功率	1W		

[a] SPL 是声压级别的缩写。0 SPL 被认为是 1kHz 听觉的阈值,等于 20μPa。这是分贝的原始用法。

[b] 如果阻抗是 600Ω,则 1dBu 等于 1dBm。换句话说,600Ω 两端电压为 0.775V 时等于 1mW。

在 EMC 测量中,我们常常谈到术语 dBμV(或 dBμV/m),这意味着参考值是 1μV(或 1μV/m)。如果测量信号是 40dBμV,就表示 100μV 的信号。80dBμV 的信号就是 10000μV 的信号。

记住,分贝总是两数的比值,绝不是一个绝对量。所以说一个放大器的电压增益是 22dB 是有道理的。它是输出电压和输入电压比值常用对数的 20 倍。然而说一个放大器的输出信号电平是 40dB 就没道理了,因为分贝不是一个绝对测量量。不过,可以说放大器的输出信号电平是 40dBmV,即这个信号比 1mV 大 40dB,也就是 100mV。

因此,分贝仅可以在下列两种情况下正确使用。

第一,当明显是两个数的比值时,如放大器的增益或滤波器的衰减。

第二,如果指定一个数(或测量值)作为比较的基准,在这种情况下分贝需要有标注。

A.5　以分贝表示的功率求和

当每个功率都相对于某个参考功率电平用分贝表示时(如 dBm),经常需要确定两个功率的和。每个功率都能转换为绝对功率,相加,再转换为分贝,但这很耗费时间。对这些项求和时可以使用下面的步骤。

Y_1 和 Y_2 是两个用分贝表示的功率电平,高于或低于参考功率电平 P_0。P_1 和 P_2 分别表示与 Y_1 和 Y_2 对应的绝对功率电平,这里假定 $P_2 \geqslant P_1$。由式(A-18)和式(A-3),可以写出

$$\frac{P_1}{P_0} = 10^{Y_1/10} \tag{A-19}$$

和

$$\frac{P_2}{P_0} = 10^{Y_2/10} \tag{A-20}$$

因此

$$\frac{P_1}{P_2} = 10^{(Y_1-Y_2)/10} \tag{A-21}$$

定义两个功率的差为 D,用分贝表示为

$$D = Y_2 - Y_1 \tag{A-22}$$

于是

$$P_1 = P_2 10^{-D/10} \tag{A-23}$$

两边同时加上 P_2,可得

$$P_1 + P_2 = P_2(1 + 10^{-D/10}) \tag{A-24}$$

参考 P_0,将功率 P_1 和 P_2 的和用分贝表示为

$$Y_T = 10\log\frac{P_1 + P_2}{P_0} \tag{A-25}$$

可以写为

$$Y_T = 10\log(P_1 + P_2) - 10\log P_0 \tag{A-26}$$

将式(A-24)代入 $P_1 + P_2$,可得

$$Y_T = 10\log P_2(1 + 10^{-D/10}) - 10\log P_0 \tag{A-27}$$

$$Y_T = 10\log\frac{P_2}{P_0} + 10\log(1 + 10^{-D/10}) \tag{A-28}$$

式(A-28)中的第一项表示 Y_2,是用分贝表示的两个功率中较大的一个。第二项表示当这两个功率相加时 Y_2 应增加的量。

因此,用分贝表示的两个功率的和等于较大的功率加上

$$10\log(1 + 10^{-D/10}) \tag{A-29}$$

其中,D 等于两个功率用分贝表示时的差。这个表达式的最大值为 3dB,出现在 $D=0$ 时。因此,如果两个相同的功率求和,则大小增加 3dB。这个表达式的值作为 D 的函数列于表 A-2 中。

表 A-2 以分贝表示的两功率之和

用分贝表示的两功率之差 D	为了求和,较大量应增加的量/dB	用分贝表示的两功率之差 D	为了求和,较大量应增加的量/dB
0	3.00	7	0.79
0.5	2.77	8	0.64
1	2.54	9	0.51
1.5	2.32	10	0.41
2	2.12	11	0.33
3	1.76	12	0.27
4	1.46	15	0.14
5	1.19	20	0.04
6	0.97		

附录 B

使产品产生最大发射的10种有效方法

　　作为一名电磁兼容顾问,我不确信这个附录是必要的。我的经验表明,许多产品设计师已经了解这些技术并付诸实践。但是对于这方面的新手,或者对于那些想回顾一下的人来说是有帮助的,我提出来帮你快速掌握它,向更有经验的同事看齐。下面列出了 10 种有效的方法使产品产生最大发射。

　　(1) 时钟通常在产生最大发射的最佳位置。尽可能挑选最高的时钟频率和最短的上升时间。100MHz 以上的时钟频率及亚纳秒的上升时间是特别期望的。环绕电路板应该总是布设比需要的频率更高的时钟,然后在负载端分频以降低频率。当在示波器上观看时,正是数字电路专家喜欢看到的,看起来像理想方波的亚纳秒上升时间的时钟,而不是由缓慢上升时间的时钟产生的那些梯形波。

　　(2) 时钟的布线是重要的。确保布线使时钟迹线尽可能地长。而且布线尽可能远离任意接地平面、电源平面、其他接地或返回迹线。当在 PCB 上布置元器件时,所有集成电路的方向和位置使时钟布线的长度最大化。沿着 PCB 的边缘,以及靠近或穿过输入/输出(I/O)区布设时钟也是可取的。

　　(3) 确保接地平面和电源平面上有许多缝隙。除去额外的铜将减少 PCB 的重量,也会迫使逻辑返回电流流过一个较大的回路,因此增大接地和电源平面的电感。增大的接地阻抗也会增大激励 I/O 电缆的接地电压,由此增加它们的辐射。

　　(4) 如果有分割的接地平面(如模拟地和数字地),确保在平面之间的缝隙上布设很多高频时钟迹线(或其他高频信号,如总线)。这种方法将使接地返回电流流过一个大回路,可以迫使返回电流返回到电源的接地端,在那里提供两个接地平面之间唯一的单点连接。相同的原理也可应用于分割的电源平面。

　　(5) 为给数字逻辑电路提供一个无效的高频去耦,可以在 IC 附近的某个地方接一个 $0.1\mu F$ 的电容器(如果 $0.1\mu F$ 的电容器已经用完,可用 $0.01\mu F$ 的电容器)。这种去耦方法与过去 40 多年用于数字逻辑 IC 的方法相同,所以它仍然是正确的。当然,如果以降低成本为目标,完全可以不用这个去耦电容,或者每 3~5 个数字逻辑 IC 用一个去耦电容。无论如何,每个 IC 不能超过一个电容。毕竟多个电容器多花钱,并占用更多的电路板空间,布线更加困难。

　　(6) 在非屏蔽 I/O 电缆上不应有任何共模滤波器或铁氧体扼流圈。铁氧体磁芯会在电缆上产生一个大的凸起,看起来很奇怪。另外,大部分使用者不知道它们是什么或者它们为什么用在那里。如果使用滤波器,就要确保PCB的布局使寄生参数——串联元件两端的电容及与分流元件串联的电感最大化,并将滤波器放在远离电缆进出机壳的地方。使用这种方法,在离开机壳以前,I/O信号可以通过滤波器,并通过电路板的高频逻辑区。

(7) 如果I/O信号使用屏蔽电缆,应该用长辫线端接电缆屏蔽层。3~4in长的辫线就够了,但是6~8in会更有效。一种特别有效的办法是将这个辫线连接到连接器的一个引脚上,然后增加一个辫线,与产品内部的引脚连接,并将屏蔽层终止到电路的地上。但是,更好的办法是根本不终止电缆屏蔽层,这也会减少产品的制造成本。

(8) 逻辑地应该在某个地方与机壳相连。一种方法是将PCB边缘离I/O电缆最远处与机壳相连。这种方法将保证PCB最大的接地电压能激励I/O电缆,从而导致它们有效地辐射。如果与机壳仅用一个单点连接,应该确保这个连接用一条细长的导线或迹线。这种电路的地与机壳的连接与上面提到的技术(低劣的电缆屏蔽层端接,非屏蔽电缆的无效滤波)结合,可有效地使I/O电缆发射最大化。

(9) 如果产品在金属机壳内,可采用很多方法得到最佳发射。首先,确保所有缝隙都覆盖一厚层油漆或其他绝缘涂料,这有助于抗腐蚀并改善外观。如果在缝隙中必须使用导电涂料,机械设计要确保只用很小的力或无须力将接触面压到一起,形成电接触。其次,使缝隙数尽量多,并使每个缝隙尽可能地长。大散热孔是另一种产生最佳发射的有效方法。

(10) 如果使用电源线滤波器,则要确保该滤波器安装在远离电源线进入机壳的地方。于是电源线可以通过一个很长的路径迂回到机壳内电源线滤波器。而且滤波器应该通过一根长导线接地。无论如何都不要将滤波器的金属外壳直接与机壳相连。我喜欢用的另一种方法是将滤波器的输入和输出电源电缆扎在一起。这种技术使电缆看起来很整齐。

若使发射达到最大,设计过程可能还有很多其他事情要做。但上面的10种方法是一个很好的起点,使用这些方法,应该可以使你的产品发射至少增加20~40dB。

然而,在搭建并测试完原型电路以后,如果你确实想卖掉这个产品,你可能要去咨询EMC工程师,他应能帮你对产品做一些必要的修正,从而使产品通过正规的符合性测试。祝你好运!

附录C

薄屏蔽层中磁场的多重反射

考虑波阻抗为 Z_1 的磁场入射到特征阻抗为 Z_2 的薄屏蔽层上的情况,如 6.5.6 节图 6-14 所示。由于屏蔽层很薄,而传播速度较大,通过这个屏蔽层的相移可以忽略。在这种条件下,总透射波可写为

$$H_{t(\text{total})} = H_{t2} + H_{t4} + H_{t6} + \cdots \tag{C-1}$$

由式(6-10)和式(6-15),可以写出

$$H_{t2} = \frac{2Z_1 H_0}{Z_1 + Z_2}(e^{-t/\delta})K \tag{C-2}$$

其中,K 为从媒质 2 到媒质 1 的第二个界面上的透射系数(式(6-17))。

现在可以写出

$$H_{t4} = \frac{2Z_1 H_0}{Z_1 + Z_2}(e^{-t/\delta})(1-K)(e^{-t/\delta})(1-K)(e^{-t/\delta})K \tag{C-3}$$

简化为

$$H_{t4} = \frac{2Z_1 H_0}{Z_1 + Z_2}(e^{-3t/\delta})(K - 2K^2 + K^3) \tag{C-4}$$

考虑到金属屏蔽时 $Z_2 \ll Z_1$,则 $K \ll 1, K^2 \ll K, K^3 \ll K$,等等。总透射波可改写为

$$H_{t(\text{total})} = 2H_0 K(e^{-t/\delta} + e^{-3t/\delta} + e^{-5t/\delta} + \cdots) \tag{C-5}$$

式(C-5)括号中无穷数列的极限值为 [*]

$$e^{-t/\delta} + e^{-3t/\delta} + e^{-5t/\delta} + \cdots = \frac{\text{cosech}(t/\delta)}{2} = \frac{1}{2\sinh(t/\delta)} \tag{C-6}$$

用式(6-17)代替 K,用式(C-6)代替式(C-5)中的无穷数列,可得

$$H_{t(\text{total})} = \frac{4H_0 Z_2}{Z_1} \frac{1}{2\sinh(t/\delta)} \tag{C-7}$$

$$\frac{H_0}{H_{t(\text{total})}} = \frac{Z_1}{4Z_2} 2\sinh\frac{t}{\delta} \tag{C-8}$$

---

[*] Standard Mathematical Tables,第 21 版,p. 343(Chemical Rubber Co. ,1973)。

屏蔽效果等于 20 乘以式(C-8)的常用对数,或

$$S = 20\log\frac{Z_1}{4Z_2} + 20\log\left(2\sinh\frac{t}{\delta}\right) \qquad\text{(C-9)}$$

在屏蔽层表面用波阻抗 Z_w 代替 Z_1,用屏蔽层阻抗 Z_s 代替 Z_2,所以

$$S = 20\log\frac{Z_w}{4Z_s} + 20\log\left(2\sinh\frac{t}{\delta}\right) \qquad\text{(C-10)}$$

式(C-10)的第一项是式(6-22)定义的反射损耗 R。为了计算修正系数 B,必须将式(C-10)整理为式(6-8)的形式。因此,式(C-10)中的第二项必须等于 $A+B$。于是可以写出

$$B = 20\log\left(2\sinh\frac{t}{\delta}\right) - A \qquad\text{(C-11)}$$

用式(6-12a)代替 A,可得

$$B = 20\log\left(2\sinh\frac{t}{\delta}\right) - 20\log e^{t/\delta} \qquad\text{(C-12)}$$

合并这两项

$$B = 20\log\frac{2\sinh\left(\dfrac{t}{\delta}\right)}{e^{t/\delta}} \qquad\text{(C-13)}$$

将 $\sinh(t/\delta)$ 表示为指数形式,修正系数 B 为

$$B = 20\log(1 - e^{-2t/\delta}) \qquad\text{(C-14)}$$

图 6-15 是式(C-14)关于 t/δ 的函数曲线。注意修正系数 B 总是一个负数,表示由于多重反射,薄屏蔽层获得的屏蔽很小。

表 C-1 列出了 t/δ 的值非常小时 B 的值,在图 6-15 中没有显示。

表 C-1 薄屏蔽层的反射损耗修正系数

t/δ	B/dB	t/δ	B/dB
0.001	−54	0.008	−36
0.002	−48	0.010	−34
0.004	−42	0.050	−20
0.006	−38		

附录D

偶极子入门

为什么这个天线理论的附录会出现在本书中？因为了解一些基本的天线理论对所有的电子工程师都是有帮助的，尤其是对涉及 EMC 的工程师。毕竟，如果一种产品辐射，或者对电磁能量很敏感，它就是一幅天线，尽管可能称它为别的名字，如微处理器、集成电路、PCB、电源线或 RS-232 电缆。

关于天线，需要记住的一个重要特性是互易性。互易是指如果一个结构（天线）辐射性能好，那么它接收能量的性能也好，反之亦然。能阻止天线辐射的东西也能阻止天线接收能量。因此，同样的技术可用于解决发射和敏感性问题。

D.1 基础偶极子入门

偶极子是一个基本的天线结构，由两个直的、共线的导线（臂或极）构成，如图 D-1 所示。首先要注意的是一个偶极子由两部分组成，因此，它的名字中有一个"偶"字。

当终端开路，因而没有闭合回路时，将电流馈入偶极子也是可能的，怎样解释这样一个事实？不用电磁场理论解释这个看似两难的问题，最简单的方法是将天线两臂（极）之间的寄生电容看作返回电流路径，如图 D-2 所示。高频时这个电容表现为低阻抗。通过这个非受控寄生电容的电流产生辐射。

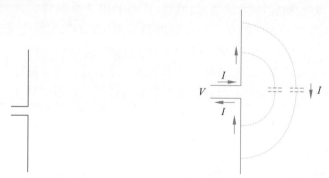

图 D-1　偶极子天线　　　　　图 D-2　偶极子天线上的电流流过两臂（极）间的电容

因此，偶极子需要两部分来辐射，而辐射量与偶极子中的电流成正比。由图 D-2 也可以看出，偶极子工作时不需要"地"，仅有两臂间的这个电容即可。

一个好的类比就是考虑当我们拍手时会发生什么。拍手发射声波,而偶极子发射电磁波。拍手要用两只手,就像偶极子辐射要用两臂。

那么单极天线呢?它只需要一部分就可产生辐射吗?答案是否定的,单极天线也需要两部分。就像我们看到的一样,单极天线只是偶极子天线的一半。它的另一部分通常是位于单臂(极)下面的一个参考平面,如图 D-3 所示。如果不提供参考平面(单极天线的另一部分),那么单极天线将会找个参考平面才能工作,通常是附近最大的金属物体。单极天线的电流流经单极天线的一个臂与参考平面之间的寄生电容,如图 D-3 所示。注意参考平面不必是一个平面,也不必接地。任何与臂有电容的金属物体都可以,不管它的形状如何。其他单极天线结构的例子如图 D-4 所示。

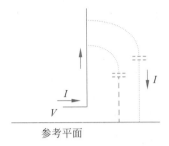

图 D-3　单极天线,显示出臂(极)和参考平面

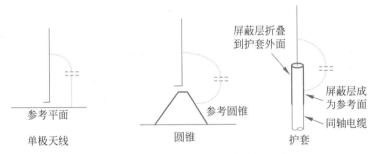

图 D-4　基本单极天线的一些变化形式

注意:即使是单极天线,工作时也不需要地。

再谈一下拍手的类比,若要求你一只手放在口袋中,你会用另一只自由的手找个东西去拍,如膝盖、办公桌、工作台或墙等,单极天线也是这么工作的。

因此,制作天线(偶极子或单极)的方法是在两个金属之间加一个射频(RF)电压。两个金属之间的电容将提供电流返回的路径。

防止辐射的方法是将天线的两部分连接在一起,使它们具有相同的电位。顺便说一下,这两部分的电位是多大并不重要,只要它们之间不存在电位差即可。

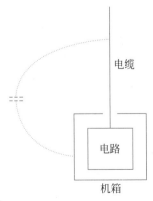

图 D-5　放在金属机箱中附带一根电缆的产品

回到拍手这个类比,如果将双手放在一起,并用胶带把它们缠起来(等同于使偶极子的两臂处在相同的电位),就不能再分开两只手和拍手了。

你会问:这一切与 EMC 有什么关系吗?答案是关系很大!考虑金属机箱内附带一根电缆的简单产品,如图 D-5 所示。为了更有趣,假设把这个产品放到火箭上,并发射到空中,于是它就沿地球轨道运行。这种情况下可以省略对产品应如何接地的讨论。

然而,如果机箱与电缆之间存在电位差,就得到一个单极天线(电缆是单极天线的臂,机箱是参考平面),这根电缆将会辐射。这个电位差称为共模电压。

因为不希望电缆与机箱之间存在电位差,内部电路与机箱之间怎样连接就变得很重要。内部电路的参考点(通常称为"电路地")应该在离电缆终端尽可能近的地方与机箱连接,使机箱与电缆之间的电压最小。这个连接必须在射频段呈现低阻抗。电路的参考点与机箱之间的任意阻抗都会产生一个电压降,并导致这个装置辐射。实际中,这种地到机箱的连接经常做成放置不整齐的金属支架,可能有相当大的阻抗。这种连接很少出于EMC的目的进行优化。这种连接及其如何做对产品的EMC性能来讲至关重要(见3.2.5节)。

减少电缆辐射的第二种方法是在所有的电缆导体(称为地)与机箱之间接电容器,以短路电缆与机箱之间的射频电压。

第三种方法是在电缆上使用共模扼流圈(铁氧体磁芯)增加电缆的共模阻抗,从而减小机箱和电缆之间共模电压产生的电缆电流。

最后,但并非最不重要的一种方法是可以屏蔽电缆,并将屏蔽层正确端接(360°连接,见2.15节)到机箱上。在这种情况下,电缆事实上并没有离开机箱。可认为电缆的屏蔽层是机箱的延伸,这种方式的性能优劣与屏蔽层和机箱的连接有密切关系。

注意在上面的例子中,机箱对地或任意其他参考点的电位多高并不重要,只有机箱与电缆之间的电位差是重要的。

现在,让我们从轨道上取回产品并带回地球。将机箱接地到某个外部参考点,如大地或电源线的地,还重要吗?不,即使不从EMC的观点看,在轨道上适用的标准仍然适用,唯一的要求是电缆与机箱之间不存在共模电压。

D.2 中级偶极子入门

现在已经了解了一些偶极子和单极天线的工作原理,让我们更进一步地确定沿单极天线长度方向电流的分布。先将结果应用于偶极子天线的每个臂,同样的结果也适用于整个偶极子。

假定将电流 I 馈入单极天线的底部,如图 D-6 所示。天线顶端的电流一定为零。因此,电流从底部的 I 变为顶端的 0。如果天线短于 1/4 波长(如小于 1/10 波长),电流分布从底部到顶部将是线性的。如果天线是长的,则电流将呈正弦分布,如图 D-7 所示。

图 D-6　馈给单极天线的电流

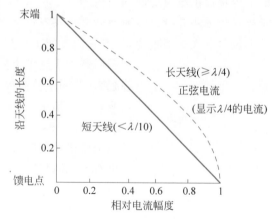

图 D-7　单极天线上的电流分布

很明显,沿整个长度天线的辐射是不均匀的。底部几毫米辐射最大,顶部几毫米几乎不辐射。短天线的平均电流是 $0.5I$,1/4 波长的天线是 $0.637I$。与理想天线(沿整个长度电流均匀分布)相比,短偶极子产生一半的辐射,1/4 波长的偶极子产生 64% 的辐射。

这就直接产生了天线的"有效长度或有效高度"的概念。如果有效长度(单位为 m)乘以入射电场强度(单位为 V/m),就得到天线接收到的电压。对于理想(电流均匀分布)的偶极子或单极天线,有效长度等于天线的实际长度。然而对于短偶极子(或单极天线),有效长度等于实际长度的一半。

怎样才能使天线更有效?增加平均电流。这意味着迫使更多的电流流到天线的顶端。因为电流是通过天线臂与参考平面之间的寄生电容流过的,所以就必须增加天线顶端到参考平面的电容。

图 D-8 表示通常称为"顶帽"或电容性负载的天线。通过在顶部加一个大的金属片,可以增加天线顶部到参考平面的电容,从而增加流到天线顶端的电流。"顶帽"可以是一个金属圆盘、辐射状的线或金属球。它的形状如何不重要,只要能增加单极天线顶端到参考平面的电容即可。

正如前面提到的,同样的方法可用于偶极子,只是对于偶极子必须将"顶帽"应用于两个臂的终端。这样形成的天线通常称为"哑铃"天线,如图 D-9 所示。

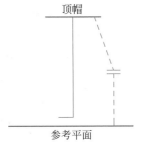

图 D-8 电容性负载单极天线

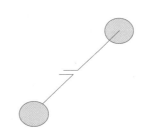

图 D-9 电容性负载偶极子天线

因此可以得出结论:在偶极子或单极天线的终端加上金属(电容)将提高天线的辐射效率。因为顶帽增加了电容,也减小了天线的谐振长度(见 D.3.2 节),这是由于天线的顶端有了电流。这可以通过研究图 D-16 推导出。

可以再次提出这个问题:这一切与 EMC 有什么关系?EMC 要求做的是保证不把产品配置成一个"顶帽"天线。

考虑图 D-10 描绘的产品,它包括与一根长电缆末端相连的一个 PCB,安装在金属机箱上方一定距离处。我们制作了一个"顶帽"天线,这种结构可以产生有效的辐射。电缆是单极天线,机箱是参考面,PCB 是"顶帽"。因此,当一个 PCB 安装在一个有金属机箱的产品中时,应该安装得尽可能靠近机箱,并将它的参考点(地)与机箱连接起来。

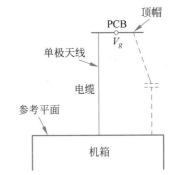

图 D-10 安装在金属机箱上方一定距离处的 PCB 构成一个顶帽天线

有一种相似的情况,当一块子电路板安装在 PCB 上方时,如图 D-11 所示。这比图 D-10 所示的情况好一些,因为它的尺寸比较小。然而有时也会出现问题。这种情况下解决办法也很简单,只需将子板的地与母板的地通过多个金属支架或其他方式连接起来即可。

图 D-12 是一个有趣的例子。它与图 D-5 所示的例子相似,但此时的产品是在一个塑料机箱中,而非金属机箱中。在这种情况下,产品不能为单极天线的工作提供参考面,所以单极天线必须找到产品外的某个物体作为它的参考面。这个参考面可能是实际的地(地球)或附近的一个金属桌子、文件柜或其他金属物体。产品的位置不同,参考面也不尽相同。在这些情况下,怎样才能消除共模辐射?

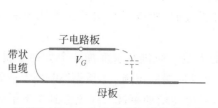

图 D-11　安装在 PCB 上方的子电路板构成一个顶帽天线

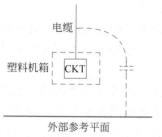

图 D-12　塑料机箱中的产品,附带一根电缆

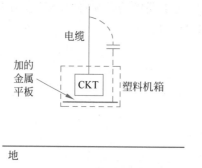

图 D-13　塑料机箱中的产品,加一块金属参考平板

在这种情况下,最好加上天线的另一半(参考平面)作为产品的一部分,而不是每次安装时去找不同的参考面。一个方法是在塑料机箱底部加一块金属平板,如图 D-13 所示,然后使单极天线与这个平板短路。这个平板不需要很厚或很重(金属箔即可),但它应该比较大,从而对天线有最大的电容。平板需要多大呢?答案很简单,机箱允许做多大,就做多大。

D.3　高级偶极子入门

至此,关于偶极子你已经了解了很多,并即将进入高级课程。这里将确定偶极子天线的阻抗。阻抗是很重要的,因为它影响从天线结构耦合进或耦合出能量的能力。

D.3.1　偶极子的阻抗

参考图 D-2,可以确定天线阻抗的要素之一是电容。我们知道,天线的导线臂一定有电感,且这个电感与电容是串联的。

如果天线辐射,那么能量将会损失,这些损失的能量可用我们的模型计算。消耗能量的唯一元件是电阻,所以可在模型中加入与电感电容串联的电阻。因此,偶极子天线的等效电路就成为一个 R-L-C 串联电路,如图 D-14 所示。我们将电阻 R_R 称为辐射电阻,因为它表示因辐射而损失的能量。

从图 D-14 中可以看出,偶极子实际是一个串联谐振电路。在谐振频率以下,阻抗是电容性的;在谐振频率以上,是电感性的;谐振时是电阻性的。

单极天线的阻抗是偶极子的一半。这可以通过研究图 D-15 导出。图 D-15(a)表示一个偶极子天线和它的阻抗。如果我们将图 D-15(a)的偶极子切成两半,并沿着切面加入一个参考平面,就形成一个单极天线,如图 D-15(b)所示。单极天线的电感和电阻是偶极子天线的一半,而电容是偶极子的 2 倍。

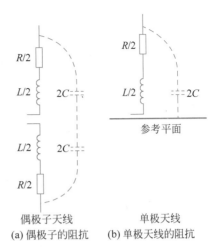

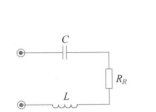

图 D-14 偶极子的阻抗是一个 R-L-C 串联电路

图 D-15 一个偶极子切成两半就等效为单极天线

D.3.2 偶极子谐振

参考图 D-14 可以得出结论,在谐振频率以下,由于电容的阻抗,天线的输入阻抗很大(＞1000Ω)。在谐振频率以上,由于电感的阻抗,输入阻抗也很大(＞1000Ω)。然而谐振时,阻抗很小(偶极子约为 70Ω,单极天线约为 35Ω),这是因为谐振时感抗与容抗抵消,只剩下辐射电阻。

当输入阻抗较大时,共模电压(或任何与此有关的其他电压)很难驱动更多的电流到天线,然而谐振时很容易驱动电流到天线。对于 EMC,偶极子(或单极天线)的谐振是很重要的。在谐振频率,天线更容易耦合进或耦合出能量,因此,它将是一个更有效的电磁能量的辐射器或接收器。

事实证明,偶极子(或单极天线)的谐振频率与其长度有关。当天线一个臂(天线元)的长度为 1/4 波长时将发生谐振。因此,偶极子的总长度等于半波长时将发生谐振,单极天线的长度等于 1/4 波长时将发生谐振。

结合图 D-7,回顾一下关于单极天线上电流的相关讨论,可以更好地理解为什么会这样。在任意时刻,沿导体长度方向的电流分布都是正弦曲线,如图 D-16(a)所示。天线元需要的边界条件是顶端电流为 0。图 D-16(b)表示各种不同长度天线元都可使顶端电流为 0。可以看出,当天线元为 1/4 波长时底部的电流最大。最大电流点也表示最小的阻抗点,因此,它表示谐振长度。

如果天线元比 1/4 波长短,那么底部的电流较小,因此,阻抗较大,天线元将在谐振状态之下。如果天线元比 1/4 波长长,底部的电流也会较小,因此,阻抗较大,天线元将在谐振状态之上。

当天线元的长度等于 1/4 波长的奇数倍时也会发生谐振。这可由图 D-16 通过向左扩展电流的正弦波形(图 D-16(a)),然后将天线的底部(图 D-16(b))移到下一个电流的峰值处导出。在这些频率,谐振也会增加电缆辐射。

D.3.3 接收偶极子

图 D-17(a)表示一个暴露在电场 E 中的偶极子天线。图 D-17(b)表示图 D-17(a)中接收偶极子的等效电路,这里 Z_A 表示偶极子阻抗(图 D-14),R_L 是负载阻抗。如果这个偶极子的

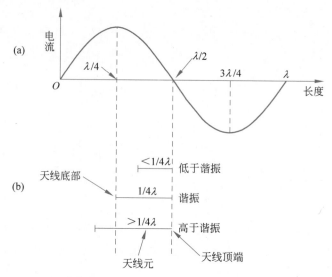

图 D-16　(a) 沿导体长度的电流分布；(b) 不同长度天线元上的电流分布

有效长度为 L_e，则当该天线暴露在电场 E 中时天线上的感应电压为

$$V_i = L_e E \tag{D-1}$$

不管天线的长度为多少，也不管天线是否谐振。

天线终端负载 R_L 两端的电压为

$$V_L = \frac{R_L}{R_L + Z_A} V_i = \frac{R_L}{R_L + Z_A} L_e E \tag{D-2}$$

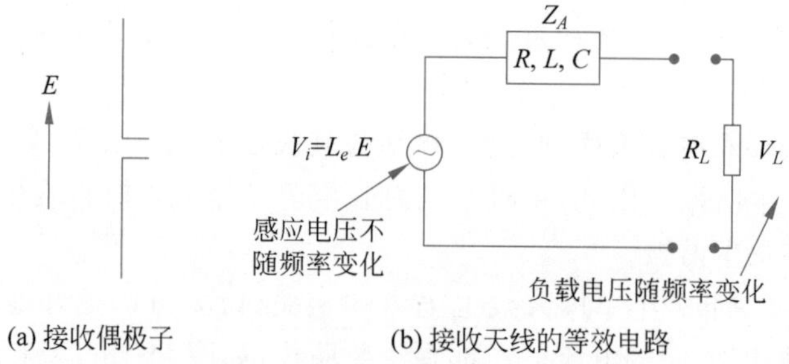

(a) 接收偶极子　　　　(b) 接收天线的等效电路

图 D-17　接收偶极子及其等效电路

由图 D-14 可知，阻抗 Z_A 为

$$Z_A = R_R + X_L - X_C \tag{D-3}$$

它与频率有关。天线的阻抗 Z_A 在高于或低于谐振频率时较大，在谐振时很小，其中第二项和第三项相互抵消，只剩下辐射电阻 R_R。因此，V_L 在谐振时最大（此时 Z_A 很小），在高于或低于谐振频率时减小（此时 Z_A 很大）。

由以上 3 个等式及图 D-17(b) 可知，天线上的感应电压 V_i 与频率无关，然而天线终端的电压 V_L 是与频率有关的。因此，问题不是非谐振天线不接收电压，而是当天线不谐振时，由于天线的阻抗 Z_A 很大，接收到的电压不能被耦合出天线。

D.3.4　镜像理论

让我们比较一下偶极子与单极天线作为辐射体时的性能。例如，假定测量距离偶极子天

线 d m，与天线轴向夹角 45°处的场，如图 D-18(a)所示，与距长度是图 D-18(b)所示偶极子的一半，载有相同电流的单极天线相同的距离、相似的点处测量的场比较，结果将怎样？

为回答这个问题，可以使用镜像理论。理解镜像理论最简单的方法是考虑我们都熟悉的东西——镜子。毕竟，光与我们讨论的电磁能量相似，只不过频率更高。

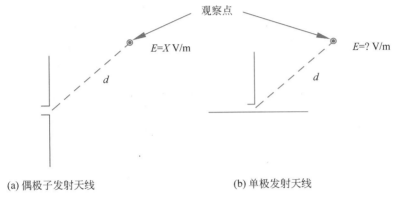

图 D-18　偶极子与单极天线

如果向镜子（反光面）中看，你会看到什么？你自己。如果你从镜子往后退三步，你的像将会怎样变化？它也往后退三步。因此，镜子产生一个其前面物体的像，这个像位于镜子的后面，与镜子前面的物体距离镜子一样远。

类似的情形发生在单极天线放在一个参考平面（反射面）上时。参考平面产生单极天线的一个像，像在平面的下方与平面的距离与天线在平面上方的距离相同。稍有不同的是，位于平面上方、垂直于反射面的导体，在上半空间任意点产生的场，等于原来的导体产生的场加上位于平面下方相同距离处的另一个相同导体产生的场，但没有反射面。图 D-19 显示了这种等效关系。因此，单极天线在上半空间与偶极子天线是等效的。

于是，原来那个问题的答案就是，若只考虑上半空间中的场，单极天线与偶极子天线在观察点上产生的场是完全相同的。

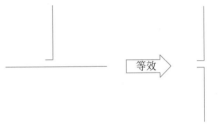

图 D-19　偶极子-单极天线等效

D.3.5　偶极子阵列

偶极子不一定单独使用，它们常以各种方式结合在一起，改变它们的辐射或接收特性。两种常用的偶极子阵列是八木天线和对数周期天线。

八木天线由一个驱动偶极子、几个稍短一些位于激励偶极子前面（称为引向器）的寄生偶极子和一个稍长一些位于激励偶极子后面（称为反射器）的偶极子组成，如图 D-20 所示。八木天线的目的是增加天线的增益。由于天线是一个被动结构，获得增益（例如，在一个方向上有更多的能量）的唯一方法是从某处获得能量，而在另一方向上减少能量，以此减小天线的波束宽度并增加天线的方向性。一个优化的八木天线可以比偶极子天线增加约 10dB 的增益。八木天线常用作甚高频（VHF）电视天线。

对数周期天线是长度及间距依次减小的驱动元阵列，如图 D-21 所示。对数周期天线用天线元之间交叉馈电的方式从前方馈电。对数周期天线的目的是产生一个能在很大频率范围内有效工作的天线。在不同频率,不同的偶极子成为激励元。因为在非谐振频率偶极子的阻抗很大,非谐振偶极子从馈线得到很小的电流或根本没有电流。

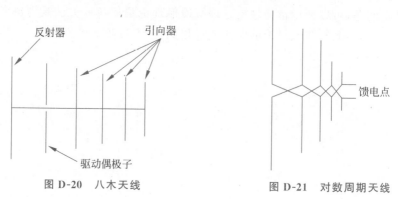

图 D-20　八木天线　　　　　　　图 D-21　对数周期天线

一个对数周期天线从最长单元的谐振频率到最短单元的谐振频率阻抗和辐射模式完全相同。EMC 测量经常只用一个对数周期天线,即可覆盖 300~1000MHz 的频率范围。

D.3.6　甚高频偶极子

在甚高频(>1GHz),谐振偶极子的尺寸很小,在 3GHz 时只有 2in。因此,它只接收或辐射很少的能量,因为由式(D-1),感应电压等于入射场强 E 乘以比天线的实际长度短的有效长度 L_e。如果偶极子做大一些,那么它的阻抗会增大,将不能用它耦合入或输出能量。怎么做才能解决这个问题?用一个小的谐振偶极子,并在它后面设置一个大的反射器,将很多能量集中在焦点上如何?这个小偶极子的放置位置如图 D-22 所示。这就增加了偶极子处的场强 E,也增加了它接收的电压。我们已经做了一个常用的卫星接收天线。

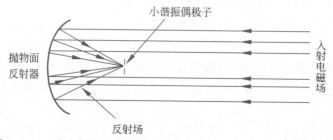

图 D-22　一个小偶极子与抛物面反射器构成一个有效的甚高频天线

总结

- 偶极子天线(或单极天线)需要两部分。
- 辐射的大小与偶极子(或单极天线)的电流成正比。
- 偶极子(或单极天线)工作时不需要接地。
- 单极天线就是伪装的偶极子天线。
- 制作偶极子(或单极)天线的方法是在两块金属之间加上射频电压。
- 阻止辐射的方法是使天线的两部分之间不存在电位差。
- 一个产品内部电路的参考点(地)应该连接到机箱上,并尽可能靠近电缆进/出产品的位置。

- 将天线的有效长度(或有效高度)定义为天线上的感应电压(不是终端电压)与入射电场大小的比值。
- 在偶极子或单极天线的末端加一块金属(电容)能提高它的辐射效率。
- PCB应该安装在离金属机箱尽可能近的地方,并使它的地与机箱直接连接。
- 电子产品的塑料机箱应该有一个金属参考面。
- 偶极子(或单极天线)的等效电路是一个 R-L-C 串联电路。
- 单极天线的阻抗是偶极子的一半。
- 在谐振频率,将能量耦合到天线中比较容易,因此,在这个频率上它是一个较有效的发射器(或接收器)。
- 天线谐振发生在天线元是 1/4 波长时。
- 多重谐振发生在频率是 1/4 波长频率的奇数倍谐波处。
- 单极天线和偶极子天线辐射相同的场。

深入阅读

[1] German R F,Ott H W. *Antenna Theory Simplified*. One-Day Seminar,Henry Ott Consultants,2003.
[2] Iizuka K. *Antennas for Non-Specialists*. IEEE Antennas and Propagation,2004.

附录E

电　感

分析电子系统中的 EMC 问题时,电感是一个需要理解的重要概念。然而,电感没有被很好地理解。因此人们对电感的意义,以及电感的计算或测量存在相当多的误解和困惑。对电感的一种可能的解释如图 E-1 所示。如果图 E-1 不是正确的解释,什么是呢?

图 E-1　Milli 和 Henry 的鸭子舞会(Otto Buhler)

E.1　电感概述

当电流流过导体时,导体周围会产生磁通量 Φ,如图 E-2 所示。如果电流增加,磁通量会正比例增加。电感是电流与磁通量的比例常数,可表示为

$$\Phi = LI \qquad (E\text{-}1a)$$

其中,Φ 是由电流 I 产生的磁通量,L 是导体的电感。由式(E-1a),解出电感为

$$L = \frac{\Phi}{I} \qquad (E\text{-}1b)$$

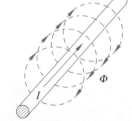

电感有很多含义,包括自感、互感、回路电感及部分电感。理解这些概念的区别是很重要的。这个差别主要在于计算电感时

图 E-2　载流导体周围的磁场

式(E-1b)中所用的磁通量 Φ^* 是什么。

式(E-1a)指出了为什么 EMC 工程师总是强调减小信号和接地导体电感的重要性。如果这些导体有电感,它们周围就会有磁通量 Φ,且这个磁通量与电感成正比。哪里有泄漏的磁通,哪里就有辐射。因此,导体的电感越大,产生的噪声越多,如图 E-3 所示。

图 E-3 鸭子舞会上鸭子越多,产生的噪声越多 (Courtesy of Kathryn Whitt)

E.2 回路电感

要产生磁通量 Φ,必须有电流流动,而要有电流流动,必须有电流回路。这经常导致错误的结论:电感只能在闭合回路中定义。Weber(1965)曾经说过:"看到没有形成回路的一段导线的电感没有意义是很重要的。"然而我们很快就知道,这是不正确的。

距离载流导体 r 处的磁通密度可由毕奥-萨伐尔定律确定,等于(见 2.4 节式(2-14))

$$B = \frac{\mu I}{2\pi r} \tag{E-2}$$

r 大于导体半径,B 是磁通密度(Φ /单位面积),μ 是磁导率,I 是导体中的电流,r 是从导体到需要确定磁通密度的点的距离或半径。

回路的自感等于

$$L_{\text{loop}} = \frac{\Phi_T}{I} \tag{E-3}$$

其中,Φ_T 是穿过回路表面积的总磁通量,I 是回路中的电流。

回路 1 和 2 之间的互感为

$$M_{12} = \frac{\Phi_{12}}{I_1} \tag{E-4}$$

其中,Φ_{12} 是回路 1 产生的穿过回路 2 表面积的磁通量,I_1 是产生磁通的回路 1 中的电流。

比较式(E-3)和式(E-4),可以有趣地发现互感的最大值等于自感,这是正确的,因为自感等于总磁通量 Φ_T 除以产生磁通的电流,而互感等于一部分磁通量 Φ_{12} 除以产生磁通的电流。最大值就是全部,因此可以写出

$$M_{12} \leqslant L_{\text{loop}} \tag{E-5}$$

---

* 本附录中我们仅关注计算导体的外部电感。外电感只包括导体外部的场(如图 E-2 所示),不包括导体内部的场。高频时内部电感可以忽略,有意义的唯一电感就是外部电感,见 5.5.1 节。

矩形回路的电感

用一些简单的几何学知识就可以容易地计算电感。要重点强调的是,虽然电感理论很简单,但电感的计算通常很复杂。

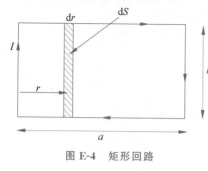

图 E-4 矩形回路

考虑图 E-4 所示的矩形回路边长为 a 和 b,载有电流 I。左手载流边中的电流产生的穿过这个回路表面积($S=ab$)的磁通量可通过积分法求和得到,由穿过面元 $\mathrm{d}S$ 的通量,对 r 从 r_1 到 a 积分,可得

$$\Phi = BS = \int_{r_1}^{a} \frac{\mu I \,\mathrm{d}S}{2\pi r} \tag{E-6}$$

其中,r_1 是载流导线的半径。距左边导体 r 处回路上的小面元 $\mathrm{d}S$ 的表面积为

$$\mathrm{d}S = b\,\mathrm{d}r$$

将 $\mathrm{d}S$ 代入式(E-6),可得

$$\Phi = \frac{\mu I b}{2\pi} \int_{r_1}^{a} \frac{\mathrm{d}r}{r} = \frac{\mu I b}{2\pi} \ln \frac{a}{r_1} \tag{E-7}$$

根据对称性,回路右边中电流产生的穿过这个回路面积的磁通量也等于式(E-7)。

同样,可以写出回路顶边电流产生的穿过这个回路面积的磁通量

$$\Phi = \frac{\mu I a}{2\pi} \int_{r_1}^{b} \frac{\mathrm{d}r}{r} = \frac{\mu I a}{2\pi} \ln \frac{b}{r_1} \tag{E-8}$$

再根据对称性,回路底边中电流产生的穿过这个回路面积的磁通量也等于式(E-8)。

因此垂直穿过这个回路的总磁通量等于式(E-7)的 2 倍加上式(E-8)的 2 倍,即

$$\Phi_T = \frac{\mu I b}{\pi} \ln \frac{a}{r_1} + \frac{\mu I a}{\pi} \ln \frac{b}{r_1} \tag{E-9}$$

这个矩形回路的电感为

$$L_{\text{loop}} = \frac{\Phi_T}{I} = \frac{\mu}{\pi} \left(b \ln \frac{a}{r_1} + a \ln \frac{b}{r_1} \right) \tag{E-10}$$

式(E-10)忽略了回路角上磁场的边缘效应。对于矩形回路的电感,包含边缘效应的更准确的等式由式(E-20)给出。

式(E-10)表示的回路电感可以放在回路中的任意位置,它在回路中的位置不能唯一确定。因此,从回路电感的角度看,图 E-5(a)、图 E-5(b)和图 E-5(c)所示的电路表现都相同。哪种模型是正确的? 可能都不正确。只用回路电感的知识不能回答这个问题。那么怎样才能确定回路一个边的电感?

例如,只想确定电路中接地导体的电感以计算接地噪声电压,或者可能只想确定 PCB 上电源迹线的电感,从而确定当一块集成电路板(IC)状态转换并产生大的瞬态电流时出现的电压降的大小。回路电感的知识对这些问题都没有帮助。

对于一个方形回路,假定回路的四条边中每条边上有 1/4 的电感可能是合理的,这与图 E-5(c)相似。但是当回路不是方形或者导体长度、直径不同时情况又会怎样? 例如,一个导体是 26Ga 导线(或者 PCB 上的一条窄迹线),而另一个导体是一块大的接地平面。在这种情况下,利用回路电感的知识不能确定每个导体(接地平面或迹线)的电感。然而,使用部分电感的理论可以确定回路中每一部分特有的电感。

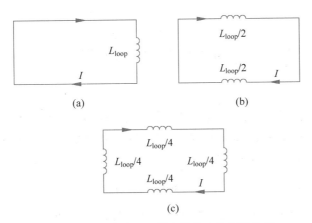

图 E-5 回路电感可以放在回路中的任意位置

E.3 部分电感

部分电感理论是一个很重要的概念,重要的是要理解,因为它可以定义只与回路的某一部分相关的特有电感。这个方法能够解释接地反弹和电源轨崩溃现象。接地反弹或接地电压是瞬态电流流过接地总线或接地平面的部分电感时产生的。电源轨崩溃或电源电压骤降是瞬态电流流过电源总线或电源平面的部分电感时发生的。没有部分电感理论,这些概念无法解释,因为一个回路某段的电感不能用其他方法单独确定。

在 Grover(1946)研究的基础上,Ruehli(1972)进行的扩展研究表明:特定的电感可以归结为一个不完整回路的一部分。作为回路电感的情况,部分自电感和部分互电感都存在。

E.3.1 部分自电感

用式(E-1b)计算部分电感时,要在一个表面上对磁通密度求和确定磁通量的值,理解部分电感最重要的是确定这个表面积。

对于一个载流导体上单独一段的情况,Ruehli 给出部分自电感的磁通面积,是以这段导体为一个边界,另一边是无穷远,另外两边是与导体段垂直的两条直线,如图 E-6 所示。

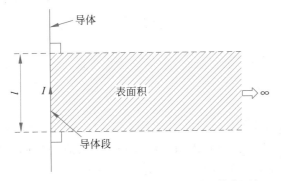

图 E-6 与导体一段的部分电感相联系的表面积

因此,导体段的部分自电感等于穿过导体段和无穷远之间表面积的磁通量除以导体段中的电流。

穿过图 E-6 所示的表面积的磁通量等于下面的面积分:

$$\Phi = \int_S \boldsymbol{B}\,\mathrm{d}\boldsymbol{S} \tag{E-11}$$

因此，一个长为 l、半径为 r_1 的导体段的部分自电感可以写为

$$L_p = \frac{\mu l}{2\pi}\int_{r_1}^{\infty}\frac{1}{r}\,\mathrm{d}r \tag{E-12}$$

由于是无穷上限的积分，式（E-12）不能直接算出。然而因为磁通密度 $\boldsymbol{B}$ 等于矢量磁位 $\boldsymbol{A}$ 的旋度，可以写为 $\boldsymbol{B}=\nabla\times\boldsymbol{A}$，应用 Stokes 定理，式（E-11）在表面积 S 上的积分可以转换为矢量磁位 $\boldsymbol{A}$ 在这个表面的边界 C 上的线积分。所以

$$\phi = \int_S \boldsymbol{B}\,\mathrm{d}\boldsymbol{S} = \int_C \boldsymbol{A}\,\mathrm{d}\boldsymbol{l} \tag{E-13a}$$

乍一看，上式好像并不能解决这个无穷积分的问题，因为这个表面的边界也是无限的。这个表面的边界有 4 条边：一条边沿着导线，两条边与导线垂直，另一条平行于导体位于无穷远，如图 E-6 所示。

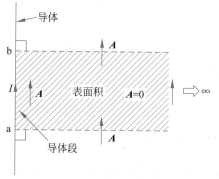

图 E-7　矢量磁位 A 的方向

然而，很容易证明矢量磁位的线积分必须沿回路上与导线相邻的那条边计算。矢量磁位 $\boldsymbol{A}$ 与导体上电流的方向相同，如图 E-7 所示。由于矢量磁位 $\boldsymbol{A}$ 在无穷远处等于零，沿表面那条边的积分也为零。这个面积上与导线垂直的两条边与矢量磁位 $\boldsymbol{A}$ 的夹角为直角，因此，沿这条边的线积分 $\boldsymbol{A}\,\mathrm{d}\boldsymbol{l}$ 也为零。所以，沿这个表面边界的积分就简化为仅在与导线相邻表面的那条边从 a 点到 b 点的线积分。因此，式（E-13a）可简化为

$$\Phi = \int_a^b \boldsymbol{A}\,\mathrm{d}\boldsymbol{l} \tag{E-13b}$$

这个积分是有限的。

确定矢量磁位 $\boldsymbol{A}$ 并将其转换为可以计算的形式，涉及相当多的超出本书范围的数学运算（Ruehli,1972）。这也证明如前文所述，电感理论可能很简单，但电感的实际计算通常很复杂。

对于一个长为 l、半径为 r_1 的圆导体段，Grover（1946）给出的部分自电感为

$$L_p = \frac{\mu l}{2\pi}\left(\ln\frac{2l}{r_1} - 1\right) \tag{E-14}$$

其中，μ 是自由空间的磁导率，等于 $4\pi\times10^{-7}$。

E.3.2　部分互电感

两段任意导体之间的部分互电感可用与前面计算导体的部分自电感相似的方法来确定。对于这种情况，Ruehli 给出了部分互感通量的面积：一条边是导体段 2，另一条边在无穷处，剩余两条边是与导体段 1 垂直的两条直线，如图 E-8 所示。

图 E-8 表示与两个共面、不平行、有偏移的导体段相关的部分互感的通量面积。注意，两导体段共面不是必须的，但是如果共面，分析会简化。

因此，两个导体段之间的部分互感等于穿过第二个导体段与无穷远之间表面的磁通量除以第一个导体段中的电流 I_1。

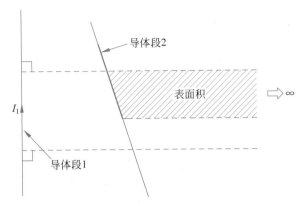

图 E-8 与两个导体段的部分互感相关的表面积

考虑如图 E-9 所示两个共面、平行的导体段的情况,间距为 D。计算电流 I_1 产生的穿过部分互感表面积(导体 2 和无穷远之间的平面)的磁通量,除以电流 I_1,得出两个导体段之间的部分互感为

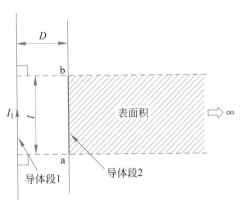

图 E-9 两个共面平行导体段的例子

$$L_m = \frac{\mu l}{2\pi} \int_D^\infty \frac{1}{r} dr \qquad (E\text{-}15)$$

其中,l 是载流导体段的长度,D 是导体之间的间距。

这个无穷积分不能直接计算,但可以利用 Stokes 定理转化为矢量磁位 $\boldsymbol{A}$ 在表面边界上的线积分。与部分自电感的情况一样,矢量磁位 $\boldsymbol{A}$ 的积分只需要在与导体段 2 邻近表面的那条边上计算 a 点到 b 点的积分,因为在其他 3 条边上的积分为零。这个计算再次涉及超出本书范围的相当多的数学运算(Ruehli,1972)。

对于两个相同的长为 l、距离为 D、平行放置的圆导体段,Grove(1946)给出了部分互感的无穷级数表达式:

$$L_{p12} = \frac{\mu l}{2\pi} \left(\ln \frac{2l}{D} - 1 + \frac{D}{l} + \frac{1}{4} \frac{D^2}{l^2} + \cdots \right) \qquad (E\text{-}16)$$

如果 $D \ll l$,式(E-16)可简化为

$$L_{p12} = \frac{\mu l}{2\pi} \left(\ln \frac{2l}{D} - 1 \right) \qquad (E\text{-}17)$$

E.3.3 净余部分电感

任何导体段的净余部分电感 L_{np} 等于该段的部分自电感加上或减去与附近所有载流导体的部分互电感。互感的符号取决于电流流动的方向。如果电流在两导体段中的方向相同,则部分互感项的符号为正,如果两导体段中电流的方向相反,则符号为负。两正交的导体段之间的部分互感为零。

如果一个回路由许多段导体构成,对每个导体段的净余部分电感(包括自感和互感)求和,结果就是回路的电感。因此,回路电感可以由部分电感确定,但是部分电感不能由回路电感确定。所以,部分电感的理论是更基本或更基础的概念。回路电感只是部分电感一般理论中的

一个特例。

E.3.4 部分电感的应用

E.3.4.1 矩形回路

考虑矩形回路的情况,如图 E-10 所示,r_1 是导体的半径,a 是一条边的长度,b 是另一条边的长度。考虑到每条边都是一个导体段,回路的净余部分电感为

$$L_{\text{loop}} = (L_{p11} - L_{p31}) + (L_{p22} - L_{p42}) + (L_{p33} - L_{p13}) + (L_{p44} - L_{p24}) \quad \text{(E-18)}$$

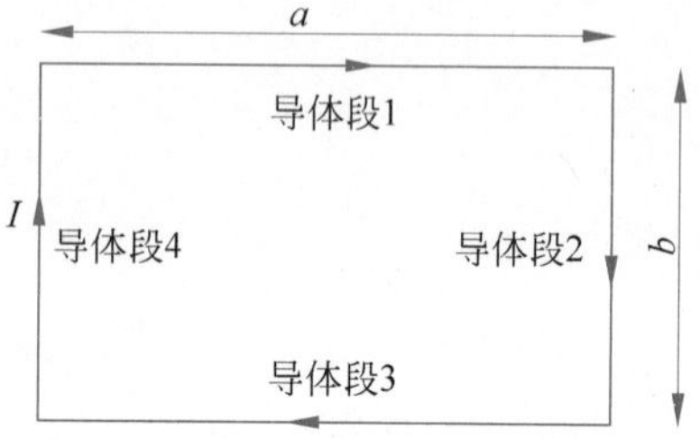

其中,L_{pxx} 是每个导体段的部分自电感,L_{pyx} 是每个导体段的部分互电感。

将式(E-14)代入式(E-18)中的每个部分自电感,将式(E-17)代入每个部分互电感,可以得出矩形回路的电感

$$L_{\text{loop}} = \frac{\mu}{\pi}\left(b\ln\frac{a}{r_1} + a\ln\frac{b}{r_1}\right) \quad \text{(E-19)}$$

图 E-10 有 4 个导体段的矩形回路

式(E-19)与式(E-10)回路电感的表达式相同。这两个等式都忽略了回路拐角处磁场的边缘效应。

Grover(1946)给出了以下矩形回路电感的更精确的公式:

$$L_{\text{loop}} = \frac{\mu}{\pi}\left[a\ln\frac{2a}{r_1} + b\ln\frac{2b}{r_1} + 2\sqrt{a^2+b^2} - a\,\text{arcsinh}\frac{a}{b} - b\,\text{arcsinh}\frac{b}{a} - 2(a+b) + \frac{\mu}{4}(a+b)\right]$$

$$\text{(E-20)}$$

例 E-1 对于如图 E-10 所示的矩形回路,令 $a=1\text{m}$,$b=0.5\text{m}$,$r_1=0.0001\text{m}$。由净余部分电感的计算式(E-19)得出的回路电感是 $5.25\mu\text{H}$。Grover 的公式(式(E-20))给出的回路电感是 $4.97\mu\text{H}$。显然,二者的差别是回路拐角处的边缘效应造成的。

有趣的是,注意到将式(E-18)中的每一个部分自电感用式(E-12)的无穷积分代入,每一个部分互电感用式(E-15)的无穷积分代入,使用定积分

$$\int_{x_1}^{x_2}\frac{\mathrm{d}x}{x} = \ln\frac{x_2}{x_1} \quad \text{(E-21)}$$

通过一定量的数学运算,式(E-18)可以简化为式(E-19)。这是正确的,因为部分自电感和部分互电感等式中所有的无穷项都可相互抵消,因此,这些项就不需要计算了。这个推导过程与E.3.5 节中由式(E-32)推导式(E-33)的过程相似。

E.3.4.2 两个不同直径的平行导体

现在来研究间隔很近但直径不同的两个平行导体的情况,如图 E-11 所示。假设每个导体的长度 l 都远远大于两导体的间距 D。导体 1 的半径为 r_1,导体 2 的半径为 r_2。

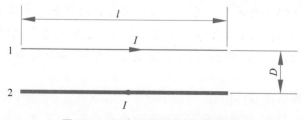

图 E-11 两个不同直径的平行导体

导体 2 的净余部分电感为

$$L_{np2} = L_{22} - L_{12} \tag{E-22}$$

将式(E-14)代入 L_{22}，式(E-17)代入 L_{12}，得到导体 2 的净余部分电感为

$$L_{np2} = \frac{\mu l}{2\pi}\left(\ln\frac{2l}{r_2} - \ln\frac{2l}{D}\right) \tag{E-23}$$

式(E-23)表明一个重要结论：如果载有大小相等、方向相反电流的两导体相互靠在一起时，导体的净余部分电感将减小，因为式(E-23)中的第二项也就是部分互电感增加。这种方法是减小电感的一种实际方法，将两个载有大小相同、方向相反电流的导体靠在一起。

上述表述清楚地表明：如果导体 2 是接地导体，导体 1 是信号导体，那么接地电感不仅是接地导体特性的函数，而且是接地导体和信号导体之间间距的函数——信号导体与接地导体靠得越近，接地电感越小。这将用 E.4 节介绍的接地平面的测量证明，结果如图 E-19 所示。

E.3.5　传输线的例子

让我们用部分电感的理论来计算由两个半径为 r_1、间距为 D 的相同圆导体构成的无限长传输线单位长度的电感 L，如图 E-12 所示。通过使用无限长传输线，可以忽略传输线末端产生的任何效应。

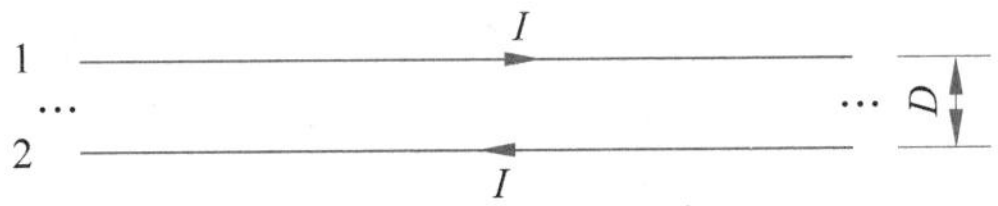

图 E-12　无限长双线传输线

传输线的净余部分电感为

$$L = (L_{p11} - L_{p21}) + (L_{p22} - L_{p12}) \tag{E-24a}$$

根据对称性，$L_{p11} = L_{p22}$，$L_{p21} = L_{p12}$，因此

$$L = 2(L_{p11} - L_{p21}) \tag{E-24b}$$

将式(E-14)代入 L_{p11}，将式(E-17)代入 L_{p12}，可得

$$L = \frac{\mu l}{\pi}\left(\ln\frac{2l}{r_1} - 1 - \ln\frac{2l}{D} + 1\right) \tag{E-25}$$

除以 l 并将其中各项展开，得到双线传输线单位长度上的回路电感为

$$L = \frac{\mu}{\pi}\ln\frac{D}{r_1} \tag{E-26}$$

其中，$\mu = 4\pi \times 10^{-7}\,\mathrm{H/m}$。

为核对答案，将式(E-26)与使用标准传输线方程得到的结果进行比较。第 5 章中给出的传输线单位长度的电感为(式(5-30))

$$L = \frac{\sqrt{\varepsilon_r}}{c}Z_0 \tag{E-27}$$

其中，c 是光速，Z_0 是传输线的特性阻抗。

由式(5-18b)可知，两个平行圆导体组成的传输线的特性阻抗为

$$Z_0 = \frac{120}{\sqrt{\varepsilon_r}}\ln\frac{D}{r_1} \tag{E-28}$$

将式(E-27)中的 Z_0 用式(E-28)代替,可得传输线电感为

$$L = \frac{120}{c} \ln \frac{D}{r_1} \tag{E-29}$$

光速为

$$c = \frac{1}{\sqrt{\mu \varepsilon}} = \frac{120\pi}{\mu} \tag{E-30}$$

将式(E-30)代入式(E-29),可得传输线电感为

$$L = \frac{\mu}{\pi} \ln \frac{D}{r_1} \tag{E-31}$$

这与用部分电感理论得到的结果(式(E-26))相同。

图 E-12 中传输线的电感也可通过将无穷积分式(E-12)和式(E-15)分别代入式(E-24b)中的部分自电感和部分互电感来计算,结果如下:

$$L = \frac{\mu l}{\pi} \left(\int_{r_1}^{\infty} \frac{1}{r} \mathrm{d}r - \int_{D}^{\infty} \frac{1}{r} \mathrm{d}r \right) \tag{E-32}$$

用与式(E-21)相似的方法计算积分并除以 l,可得单位长度上的电感为

$$L = \frac{\mu}{\pi} \left(\ln \frac{\infty}{r_1} - \ln \frac{\infty}{D} \right) = \frac{\mu}{\pi} (\ln\infty - \ln r_1 - \ln\infty + \ln D) = \frac{\mu}{\pi} \ln \frac{D}{r_1} \tag{E-33}$$

它也与式(E-26)相同。

E.4　接地面电感测量试验设置

前面关于部分电感的讨论自然地把我们引导到对导体段(如一个 PCB 接地平面或迹线)电感的理解及测量方法上来。任何导体两端产生的电压都是导体中电流的函数,也是附近所有导体中电流的函数。后者是由导体间的互感引起的。

导体段两端感应电压降的大小与通过导体段的电流变化率成正比。可以用式(10-1)表示,即

$$V = L \frac{\mathrm{d}i}{\mathrm{d}t} \tag{E-34a}$$

因为 $L = \Phi/I$

$$V = \frac{\mathrm{d}\Phi}{\mathrm{d}t} \tag{E-34b}$$

式(E-34b)就是法拉第定律。

注意电阻两端的电压与流过电阻的电流成正比,而电感两端的电压与流过电感的电流的变化率成正比。

当用式(E-34a)计算一个导体两端产生的电压时,式中所用的电感 L 取决于要计算的电压。如果希望计算整个回路上的电压,则应用回路电感 L_{loop}。如果只计算回路中一段导体两端的电压降,则应用该段的净余部分电感 L_{np}。式(E-34b)中应用哪个磁通量 Φ 的讨论与之相似。

回路中某段导体两端产生的电压 V_S 可由式(E-34a)改写得到

$$V_S = L_{np} \frac{\mathrm{d}i}{\mathrm{d}t} \tag{E-35}$$

其中,L_{np} 是该段导体的净余部分电感,$\mathrm{d}i/\mathrm{d}t$ 是该段导体上电流的变化率。

　　Skilling(1951,p.102-103)给出,这个电压可以用接在这个导体段末端的一个仪表测量,只要这个仪表的导线与导体段垂直并延伸到离导体段很远的距离。这种构造必须确保测量时导体段电流周围的磁场不与仪表的导线相互影响。

　　图 E-13 表示将一仪表与一个载流导体段相连以测量导体段两端感应电压降的正确和不正确方法。图 E-13(a)表示的是测试导线与载流导体平行的情况。在这种情况下,测试导线拾取载流导体耦合的磁场产生的错误电压。图 E-13(b)表示测试导线与载流导体垂直。在这种情况下,导线没有拾取错误电压。因此,测试导线应该与载流导体垂直布设很大一段距离,理想情况下应该无穷大。实际上,如果测试导线与导体垂直布设一定距离,由于磁通密度随距离增大而减小(见式(E-2)),耦合可以忽略。

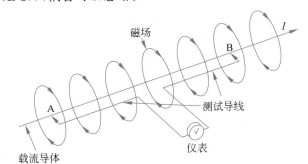

(a) 由于载流导体的磁场, 测试导线与载流导体平行时拾取错误电压

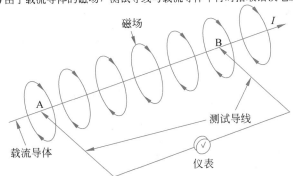

(b) 测试导线与载流导体垂直时没有拾取错误电压

图 E-13　测量载流导体段上 A、B 两点之间电压降的设置

　　看这个问题的另一种方式是测试导线不能穿过与部分自电感相关的表面,如图 E-6 所示。如果测试导线沿表面的边界布设,那么对矢量磁位积分的唯一贡献就在沿被测导体这一段,如图 E-7 和式(E-13b)所示。

　　由式(E-35)解出净余部分电感为

$$L_{np} = \frac{V_S}{\mathrm{d}i/\mathrm{d}t} \tag{E-36}$$

由式(E-36)可以看出,如果一段迹线或一个平面两端的电压降 V_S 可以测量,那么这段导体的净余部分电感可由测量得到的电压除以通过导体电流的变化率确定。电流的变化率可通过测量接在信号迹线末端终端电阻两端的电压确定。

　　当测量接地平面的噪声电压时,必须考虑:①测量仪器的带宽;②测量仪器的高频共模抑制比(CMRR);③从测量仪器到被测电路导线的覆盖物和布设方法。

如果要测量接地平面的电压,必须用一个宽带示波器和具有良好高频 CMRR 的宽带差分探头,在所用的频率范围内至少 100∶1。测量噪声的高频谱分量时测量仪器需具有较大的带宽。

因为示波器的地与探头的任一探针的电位都不同,所以,当测量一个载流导体段两端的电压降时需要用一个高 CMRR 的差分探头。这个电位差会导致高频共模电流在测量仪器系统内流动,从而干扰测量,因此,高 CMRR 的差分探头是必须的。

用 500MHz 带宽的数字示波器和自制的比率为 10∶1 的同轴差分探头,如图 18-8 所示,对 10.6.2.1 节讨论的接地电感进行测量。这个测试是在一个 3×8in 的双面 PCB 上做的,这个 PCB 上层有一条迹线,底层是完整的接地平面,如图 10-7 所示。迹线长 6in,宽 0.050in,终端接一个 100Ω 的电阻。各种不同厚度的电路板用于改变迹线距地平面的高度。被测 PCB 横截面的结构如图 E-14 所示。

测量接地电压降的测试点位于迹线下方,沿接地平面每英寸设一个点。由于趋肤效应,迹线的返回电流只出现在接地平面的顶面。因此,接地平面的电压必须在 PCB 迹线这一侧测量,测量是很难的,如图 E-15 所示。平衡差分探头的测试导线间距为 1in,与 PCB 垂直放置,距离 2in,如图 E-16 所示。

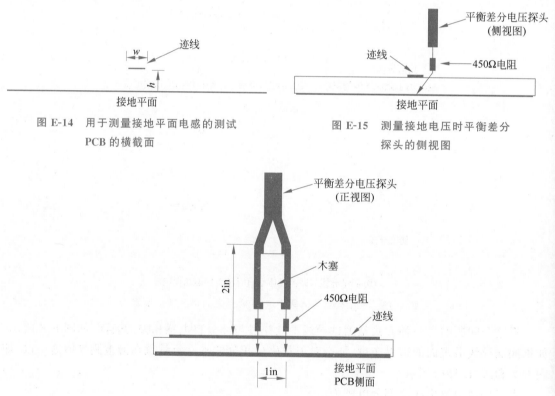

图 E-14　用于测量接地平面电感的测试　　　　图 E-15　测量接地电压时平衡差分
　　　　　PCB 的横截面　　　　　　　　　　　　　　　探头的侧视图

图 E-16　测量接地电压时平衡差分探头的正视图

为确定接地平面的部分自感,用振幅为 3V、上升时间(10%～90%)为 3ns 的方波激励迹线,进行时域测量。采用相同的技术也可以进行频域测量,不过应该用正弦波替代方波以激励迹线。

图 E-17 表示用于时域和频域测量的全部仪器配置。对于时域测量,使用的信号源是自制的 74HC240 方波振荡器。

180°合成器(带宽为 500MHz,插入损耗为 4dB)的输出提供一个等于两差分输入信号之

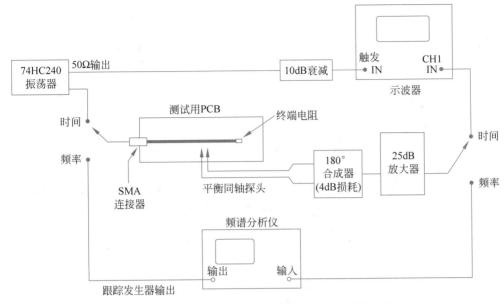

图 E-17　在时域和频域测量接地平面电压的仪器配置

差的单端输出。由于所测的接地平面电压降通常很小，并且平衡差分探头有 20dB 的损耗（比率为 10∶1），所以在合成器与频谱分析仪或示波器之间用一个 25dB 的射频（RF）放大器（带宽为 1.3GHz）。探头的损耗、合成器的损耗加上放大器的增益，这种仪器配置提供的总增益约为 +1dB。

图 E-18 表示典型的接地噪声电压的波形。方波信号每次转换时都出现一个接地噪声脉冲。由低到高转换时产生一个正的接地噪声电压脉冲，由高到低转换时产生一个负的接地噪声电压脉冲。

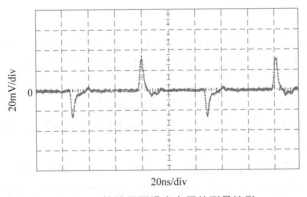

图 E-18　接地平面噪声电压的测量波形

接地平面净余部分电感的测量结果如图 10-19 所示。

尽管复杂，Holloway 和 Kuester(1998)还是计算出了接地平面的净余部分电感。然而他们的结果不是用解析公式表示的，而是用只能通过数值方法计算的复杂积分方程表示的。

作为重复图 10-20 的图 E-19（没有 7mils 高的数据点），采用这里讲述的测量技术将第 10 章中测量的净余部分电感值与 Holloway 和 Kuester 计算的理论值进行了比较。图 E-14 所示的迹线宽度为 50mils，迹线高度分别是 16、32 和 60mils。如图 E-19 所示，当迹线高度为 10～60mils 时，结果表现出很好的相关性。

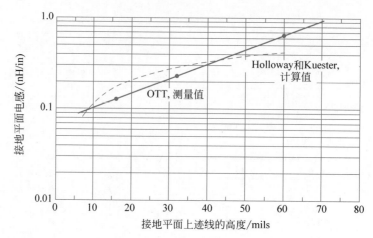

图 E-19　作为迹线高度的函数,接地平面电感的测量值与理论计算值的比较。除了缺少 7mils 的数据点以外,该图与图 10-20 相同。关于这个数据点问题的讨论见 10.6.2.3 节

E.5　电感的符号

部分电感经常用一个带下标 p 的电感表示,如用符号 L_p。为了与部分电感区别,回路电感通常不带下标,或使用 l 或 loop 作为下标,如 L_{loop}。

通常电感的类型应该能从电感的使用上明显地看出。例如,如果是指一个完整电流路径的电感,就是回路电感。然而,如果只讨论回路中一段的电感,如接地电感,指的就是部分电感。因此,本书各章中都不用下标(除了本附录)来区分回路电感和部分电感。使用下标会区分得更清楚。

总结

回路的每一段都有唯一的电感。部分自感和部分互感同时存在,且每个导体段上的部分自感和部分互感都可以计算。这个工具非常强大且非常实用,能够解决像接地噪声电压和电源轨骤降等问题。

这种方法的有效性可通过计算各种导体结构的电感得到证实。包括方形回路、两平行但直径不相等的导体及无限长传输线。利用部分电感理论并与其他方法计算出的众所周知的结果进行了比较,在所有情况下结果都是相同的。

必须使用部分电感理论的一个实际例子是:PCB 上有一条与大接地平面相邻的窄信号迹线。在这种情况下,组成这个回路的每个导体(信号迹线和接地平面)的电感没有部分电感理论就不能确定,如第 10 章已证明的,两个部分电感(迹线与平面)的大小相差约两个数量级。

我们也证明了回路电感可以通过确定穿过回路面积的磁通量计算,或者通过对回路各段的部分自感和互感求和计算。

必须记住的另一个重要问题是,回路电感可由部分电感推导出,但是,由回路电感不能推导出部分电感。

最后,我们证明了部分电感及与部分电感相关的电压降是可以测量的,并给出了合理的测量方法,而且测量的接地平面的部分电感值与 Holloway 和 Kuester 计算的理论值具有良好的相关性。

参考文献

[1] Grover F W. *Inductance Calculations*. New York，NY，Dover，1946. Reprinted in 1973 by the Instrument Society of America，Research Triangle Park，NC.

[2] Holloway C L，Kuester E F. *Net Partial Inductance of a Microstrip Ground Plane*. IEEE Transactions on Electromagnetic Compatibility，1998.

[3] Ruehli A. *Inductance Calculations in a Complex Integrated Circuit Environment*. IBM Journal of Research and Development，1972.

[4] Skilling H H. *Electric Transmission Lines*. New York，McGraw-Hill，1951.

[5] Weber E. *Electromagnetic Theory*. Mineola，NY，Dover，1965.

深入阅读

[1] Hoer C，Love C. *Exact Inductance Equations for Rectangular Conductors with Applications to More Complicated Geometries*. Journal of Research of the National Bureau of Standards-C，Engr. Instrum. ，1965.

[2] Paul C R. *What Do We Mean by 'Inductance'？Part I：Loop Inductance*. IEEE EMC Society Newsletter，2007.

[3] Paul C R. *What Do We Mean by 'Inductance'？Part II：Partial Inductance*. IEEE EMC Society Newsletter，2008.

附录F

习 题 解 答

注：一些习题的解可能不是唯一的，因此这里列出的其他解在某些情况下可能也是正确的。

第1章

习题1.1
噪声是电路中出现的期望信号以外的其他信号。
干扰是噪声不良的影响。

习题1.2
a. 是的。
b. 不，它的功率低于豁免值6nW。

习题1.3
a. 没有，它属于豁免测试设备。
b. 是的，即使是符合技术标准豁免的设备，仍然必须符合不干扰要求。

习题1.4
a. 制造商或进口商。
b. 用户。

习题1.5
a. The FCC's。
b. The European Union's。
c. The FCC's。
d. The European Union's。

习题1.6
a. 216～230MHz。
b. 5.5dB。

习题1.7
a. 150kHz～30MHz。
b. 30MHz～40GHz。

习题1.8
a. 该设备必须确保它产生的任何电磁干扰不影响无线电和通信设备及其他设备的正常

工作,而设备对外部产生的电磁干扰必须具有固有的抗扰度。

b. EMC 指令 2004/108/EC(取代原来的指令,89/336/EEC)。

习题 1.9

在该国的官方刊物上公布。

习题 1.10

欧盟有抗扰度要求,FCC 没有抗扰度要求。

习题 1.11

谐波和闪烁。

习题 1.12

对于住宅/商业/轻工业环境的通用标准。

特别是对发射有 EN 61000-6-3,对抗扰度有 EN 61000-6-1。

习题 1.13

否,产品必须符合 EMC 指令,不一定符合标准。在欧盟,标准不是法定的文件,但指令是。

习题 1.14

1. 符合性声明。

2. 技术解释文件。

习题 1.15

FCC 第 15 部分 B:法律。

MIL-STD-461E 标准:合同。

EMC 指令 2004/108/EC:法律。

RTCA/DO-160E 对于航空电子设备:合同。

GR-1089 对于电话网络设备:合同。

TIA-968 对于电信终端设备:法律,因为 FCC 第 68 部分需要遵守。

SAE J551 对于汽车:合同。

习题 1.16

美国:联邦纪事。

加拿大:加拿大官方公报。

欧盟:欧盟官方公报。

习题 1.17

不,是美国食品药品监督管理局(FDA),而不是 FCC 管制医疗设备。

习题 1.18

1. 噪声源。

2. 耦合通道。

3. 接收器。

习题 1.19

频率,振幅和时间。

习题 1.20

a. 镁。

b. 镍(钝化)。

习题 1.21

锌。

第 2 章

习题 2.1

a. 2.5V。

b. 314mV。

c. 15.7mV。

习题 2.2

a. 187mV。

b. 12.6mV。

c. 628mV。

习题 2.3

图 F2-3 显示的是一个噪声耦合的等效电路。为简化问题,合理地假设 $2C_{1G} \gg C_{12}$。

a. 在图 F2-3 中所示的顶部曲线是 V_{N2}/V_{N1} 的渐近线。

b. 如果添加电容 C,就会产生增加 C_{1G} 的效果,在保持拐点不变的同时,减少最大耦合。这被表示为图 F2-3 中间的曲线。

c. 屏蔽电缆 1 将 C_{12} 减少到 C'_{12}。这样进一步降低了最大耦合,也增加了拐点频率,可表示为图 F2-3 中下面的曲线。屏蔽的第二个作用是增加电容 C_{1G},从而进一步降低了耦合。

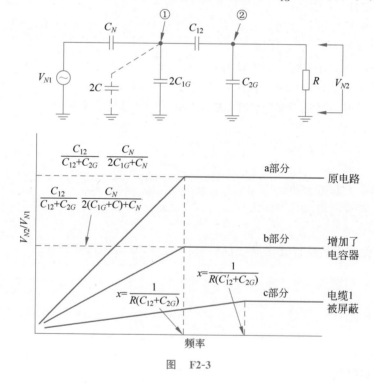

图　F2-3

习题 2.4

377mV。

习题 2.5

在交叉的输入迹线两侧拾取的磁场极性相反,从而抵消了噪声电压。

习题 2.6

$$M = \frac{\mu}{2\pi} \ln \frac{b^2}{b^2 - a^2}。$$

习题 2.7

a. 57.4nH/m;

　12.9nH/m;

　5.62nH/m。

b. 36mV/m。

习题 2.8

互感小于或等于产生磁通的电路的自感。

习题 2.9

a. $\dfrac{1}{r}$。

b. $\dfrac{1}{r^2}$。

习题 2.10

综合图 2-9(a)和图 2-9(b)中所示的等效电路,我们可以确定答案。

a. 一个电阻两端的电压为 25mV,另一个电阻两端的电压为 0V。

b. 在一个终端电阻上两个噪声电流相加,在另一个终端电阻上相抵消。

c. 25mV 的那个终端电阻器现在为 0V,0V 的那个终端电阻器现在为 25mV。

习题 2.11

由式(2-2)可知,电容(电场)耦合是终端电阻 R 的函数。如果双绞线的两根导线有不同的终端电阻,那么它们将耦合不同的电压,它们之间将出现净噪声电压。如果终端电阻都相等,它们将耦合相同的电压,因此,它们之间的净噪声电压将为零。

习题 2.12

a. 屏蔽层外 100% 和屏蔽层内 0%。

b. 屏蔽层外 0% 和屏蔽层内 100%。

第 3 章

习题 3.1

安全地。

习题 3.2

错,电源地只影响共模噪声。

习题 3.3

利用接地平面或网格(ZSRP)。

习题 3.4

a. 电流 I_g。

b. 阻抗 Z_g。

习题 3.5

a. 10~15Ω。

b. 25Ω。

习题 3.6

$$V_B = (I_1 + I_2 + I_3)Z_1 + (I_2 + I_3)Z_2 。$$

习题 3.7

为了减小机壳和地之间的电感。

习题 3.8

105nH。

习题 3.9

29MHz。不要忘记每个接地带的电感除以4,因为4个接地带并联。

习题 3.10

互连(I/O)信号和电缆的处理。

习题 3.11

在扩展的中央系统中,远处的单元不在本地接地,由中央系统供电;然而在分布式系统中,远处的单元都在本地供电和接地。

习题 3.12

1. 避免环路。

2. 容忍环路。

3. 断开环路。

习题 3.13

1. 隔离变压器。

2. 光耦合器。

3. 共模扼流圈。

习题 3.14

它违背了NEC的要求,是不安全的。

习题 3.15

a. 90.4Hz。

b. 60Hz 10.8dB。

180Hz 20dB。

300Hz 24dB。

第 4 章

习题 4.1

由图 4-4 和图 4-5 可写出

$$V_{dm} = \left(\frac{R_L}{R_L + R_S} - \frac{R_L}{R_L + R_S + \Delta R_S} \right) V_{cm} = \frac{R_L \Delta R_S}{(R_L + R_S + \Delta R_S)(R_L + R_S)} V_{cm}$$

由式(4-5)可得

$$\mathrm{CMRR} = 20\log \frac{V_{cm}}{V_{dm}} = 20\log \frac{(R_L + R_S + \Delta R_S)(R_L + R_S)}{R_L \Delta R_S}$$

习题 4.2

300μV。

习题 4.3

a. 60dB。

b. 89.5dB。

c. 106dB。

习题 4.4

6dB。

习题 4.5

尽可能地大。

习题 4.6

a. 9.4kΩ。

b. 57.5dB 或 35dB。

c. 137.4kΩ。

d. 1.15dB 或 1.2dB。

e. 34dB。

习题 4.7

a. 21dB 或 26dB。

b. 60dB。

习题 4.8

仪表放大器的 CMRR 比差分放大器大 34dB。

习题 4.9

当源阻抗小而负载阻抗大时,反之亦然。

习题 4.10

a. 大于源和负载阻抗之和。

b. 小于源和负载阻抗的并联组合。

习题 4.11

1. 源阻抗通常不知道。

2. 负载阻抗通常不知道。

3. 滤波器必须不影响差模信号。

习题 4.12

接到外壳或底盘的地。

习题 4.13

合理的布线。

习题 4.14

配电系统的特性阻抗 Z_0。

习题 4.15

a. 34.5mV。

b. 1.26Ω。

c. 630mV。

第 5 章

习题 5.1

a. 介电材料。

b. 频率。

习题 5.2

a. 铝和钽电解电容器。

b. 纸和薄膜电容器。

c. 云母和陶瓷电容器。

习题 5.3

a. 陶瓷电容器。

b. 云母电容器。

c. 多层陶瓷电容器。

习题 5.4

电感与直径的对数成反比。

习题 5.5

$0.2\mathrm{MHz}, R_{AC}/R_{DC} = 1.33$；

$0.5\mathrm{MHz}, R_{AC}/R_{DC} = 1.96$；

$1.0\mathrm{MHz}, R_{AC}/R_{DC} = 2.66$；

$2.0\mathrm{MHz}, R_{AC}/R_{DC} = 3.65$；

$5.0\mathrm{MHz}, R_{AC}/R_{DC} = 5.63$；

$10\mathrm{MHz}, R_{AC}/R_{DC} = 7.85$；

$50\mathrm{MHz}, R_{AC}/R_{DC} = 17.23$。

习题 5.6

a. $0.172\mathrm{m\Omega/m}$。

b. $16.57\mathrm{m\Omega/m}$。

习题 5.7

a. 由式(5-6)，$R = \rho/A$，$\rho = 1.724 \times 10^{-8}\,\Omega/\mathrm{m}$。

对于 $d \gg \delta$，$A = \pi d\delta$。

对于铜，δ 在式(5-12)中给出。

$R_{AC} = \rho/A$，将上述 ρ 和 A 代入，得到式(5-9b)。

b. $d\sqrt{f} \geqslant 0.66$，d 的单位是 m。

习题 5.8

感抗正比于频率，交流电阻正比于频率的平方根。

习题 5.9

a. $\delta = \dfrac{wt}{2(w+t)}$。

b. $\delta = \dfrac{t}{2}$。

c. 拐点频率出现在导体厚度等于趋肤深度 2 倍频率时，因此高频电流将流过导体的整个横截面。所以,在这个频率交流和直流电阻相等。

d. 斜率正比于$\sqrt{f}$,或 10dB/dec。

习题 5.10

a、b、c 部分的答案在下表中。

导体	横截面积	R_{DC}	R_{AC}(10MHz)	L
圆形	0.05in²	13.6$\mu\Omega$/in	1.04mΩ/in	14nH/in
矩形	0.05in²	13.6$\mu\Omega$/in	0.690mΩ/in	12.6nH/in

d. 两种导体的截面积和直流电阻相同。然而,矩形截面导体比圆导体的交流电阻小 34%,电感小 10%。

习题 5.11

$X_L = 8.69\Omega$/in。

$R_{AC}=0.139\Omega$/in。

习题 5.12

下列任意两个:

1. 只有一个导体。

2. 不能传输交流。

3. 不能使用 TEM 模式传输。

习题 5.13

6ns。

习题 5.14

96nH/ft。

习题 5.15

50Ω。

习题 5.16

介电常数。

习题 5.17

$L=6$nH/in。

$C=2.4$pF/in。

习题 5.18

a. 50Ω。

b. 1.24rad 或 71°。

习题 5.19

对于介电常数为 4.5(表 4-3)。

$\alpha_{欧姆}=0.084$dB/in。忽略参考面的损耗。

$\alpha_{电介质}=0.293$dB/in。

总衰减$=0.377$dB/in。

习题 5.20

1. 使用更长的圆柱磁芯。

2. 磁芯上使用多匝线圈。

第 6 章

习题 6.1

银：$|Z_s| = 3.6 \times 10^{-5}\Omega$。

黄铜：$|Z_s| = 7.2 \times 10^{-5}\Omega$。

不锈钢：$|Z_s| = 5.8 \times 10^{-3}\Omega$。

习题 6.2

频率/kHz	趋肤深度/in	吸收损耗/dB
0.1	0.51	1.1
1.0	0.16	3.3
10	0.05	10.6
100	0.02	33.4

习题 6.3

使用非铁性材料需要的屏蔽层厚度为 1.2in 或更厚,这是不切合实际的。

然而,使用钢,屏蔽层厚度为 0.12in,这是相当合理的。

对于高磁导率材料,如镍铁合金,屏蔽层厚度只需 0.05in,这是最好的解决方法。

习题 6.4

a. 138dB。

b. 138dB。

习题 6.5

24dB。

习题 6.6

133dB。

习题 6.7

218dB。

习题 6.8

大于 313MHz。

习题 6.9

厚度/in	吸收损耗/dB
0.020	2.11
0.040	4.22
0.060	6.34

习题 6.10

0.6in (1.5cm)。

习题 6.11

35dB。

习题 6.12

161dB。

习题 6.13

1in（2.54cm）。

习题 6.14

1. 导电表面抛光。

2. 足够的压力。

习题 6.15

92dB。

习题 6.16

348MHz。

习题 6.17

183MHz。

第 7 章

习题 7.1

电弧放电，因为需要的电压远小于辉光放电所需的电压。

习题 7.2

$43\sim400\Omega$ 的电阻与 $0.075\mu F$ 或更大的电容串联，跨接在负载或触点两端（$R=270\Omega$，$C=0.1\mu F$ 是一个好的选择）。

习题 7.3

近似波形如图 F7-3 所示。

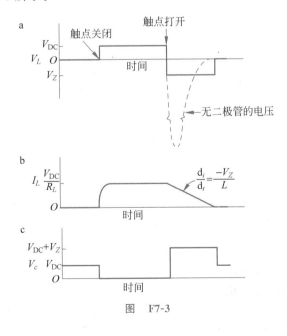

图   F7-3

习题 7.4

a. R 的值为 $60\sim240\Omega$，$C\geqslant0.1\mu F$（好的选择是 $R=100\Omega$，$C=0.2\mu F$）。

b. $C\geqslant0.35\mu F$。

习题 7.5

$C \geqslant 0.1 \mu F$。

$R \geqslant 600 \Omega$。

二极管额定电压$>24V$,额定电流$>100mA$。

第 8 章

习题 8.1

$283nV$。

习题 8.2

a. $0.91 \mu V$。

b. $1.01 \mu V$。

习题 8.3

$8.33nV/\sqrt{Hz}$。

习题 8.4

a. $179 \mu V$。

b. $179 \mu V$。

习题 8.5

$10nV/\sqrt{Hz}$。

习题 8.6

$400pA$。

习题 8.7

$4kHz$。

习题 8.8

$56.6pA/\sqrt{B}$。

习题 8.9

a. $4 \mu V$。

b. $2 \mu V$。

习题 8.10

$39 \mu V$。

第 9 章

习题 9.1

设N_o=设备的噪声功率输出;

N_i=输入到设备的噪声功率;

G=设备的功率增益;

S_i=输入到设备的信号功率;

S_o=设备的信号功率输出。

由式(9-1),$F = \dfrac{N_o}{GN_i}$,分子和分母同乘以 S_i,可得

$$F = \frac{N_o S_i}{G S_i N_i} = \frac{N_o S_i}{S_o N_i} = \frac{S_i / N_i}{S_o / N_o}$$

习题 9.2

a. 双极晶体管：$V_{nd} = 38 \text{nV} / \sqrt{\text{Hz}}$。

b. 场效应管：$V_{nd} = 70 \text{nV} / \sqrt{\text{Hz}}$。

因此，双极晶体管产生最小的等效输入设备噪声。

习题 9.3

$S_o / N_o = 14.9 \text{dB}$。

习题 9.4

a. NF = 5.4dB。

b. $R_S = 300 \text{k}\Omega$。

NF = 4.0dB。

习题 9.5

a. 匝数比 = 100。

b. NF = 0.5dB。

c. NF = 27.9dB。

d. SNI = 556。

习题 9.6

a. $5\mu\text{V}$。

b. FM 的固有噪声抗扰性允许工作在低信噪比，75Ω 传输线的热噪声低于 300Ω 系统。同时，较小的带宽只允许较少的噪声进入系统。

习题 9.7

NF = 3dB。

习题 9.8

a. $F = 1.11, R_S = 26.500\Omega$。

b. $F = 1.25, R_S = 572\Omega$。

习题 9.9

NF = 6dB。

习题 9.10

总输入噪声电压 V_{nt} 由式(9-30)给出。

输入热噪声电压 V_t 由式(9-4)给出。

噪声功率输出(总噪声或热噪声)等于相应的噪声电压平方乘以设备的功率增益 G，除以源电阻 R_S。

$F =$ 总噪声功率输出/由于热噪声的噪声功率输出。

因此

$$F = \frac{V_{nt}^2}{V_t^2} = \frac{4kTBR_S + V_n^2 + (I_n R_S)^2}{4kTBR_S} = 1 + \frac{1}{4kTB}\left(\frac{V_n^2}{R_S} + I_n^2 R_S\right)$$

习题 9.11

总噪声功率输出等于 $N_o = \frac{V_{nt}^2}{R_S} G$，其中 V_{nt} 由式(9-30)给出，G 是设备的功率增益。

总信号功率输出由 $S_o = \dfrac{V_S^2}{R_S} G$ 给出。

因此

$$\frac{S_o}{N_o} = \frac{V_S^2 G R_S}{R_S [4kTBR_S + V_n^2 + (I_n R_S)^2] G} = \frac{V_S^2}{V_n^2 + (I_n R_S)^2 + 4kTBR_S}$$

第 10 章

习题 10.1

网格。平面不是正确的答案。虽然平面性能良好,但不是基本的结构。

习题 10.2

a. 电阻,在直流或低频。

b. 电感,在高频。

习题 10.3

a. 70%。

b. 94%。

习题 10.4

a. 与高度的平方成正比。

b. 与迹线间距的平方成反比。

习题 10.5

a. 75%。

b. 25%。

习题 10.6

因为趋肤效应,迹线上信号的返回电流只存在于平面的上层。接地平面上层的电压与接地平面底层的电压不同。

习题 10.7

a. 300mΩ/in。

b. 0.0024in。

习题 10.8

1. 去耦电容。

2. 寄生迹线和负载电容。

习题 10.9

1. 有两个信号电流环路。在一个环路中,电流顺时针流动,在另一个环路中,电流逆时针流动,因此,两个环路的辐射相互抵消。

2. 两个参考平面对辐射的任何场提供屏蔽。

习题 10.10

a. 见图 F10-10。

b. 寄生迹线电容。

c. 去耦电容。

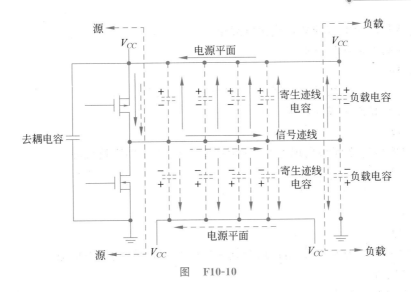

图 F10-10

第 11 章

习题 11.1

132mA。

习题 11.2

1. 去耦电容环路的辐射。

2. 去耦电流产生接地电压降,将激励与系统连接的电缆产生共模辐射。

3. 电源总线噪声耦合到同一电源总线上的其他 IC 上,然后从内部耦合到 I/O 信号和电源电缆,于是辐射。

习题 11.3

1. 电容。

2. 迹线和导通孔。

3. IC 的导线结构。

习题 11.4

1. 所用电容的数量。

2. 与每个电容串联的电感。

习题 11.5

所用电容的总电容。

习题 11.6

1. 电容必须足够大以使电抗等于或小于关注的最低频率的低频目标阻抗。

2. 总电容必须足够大以提供 IC 所需的总瞬态电流(式(11-12))。

习题 11.7

两个,因为它将显著减小去耦电容的共模和差模辐射发射。

习题 11.8

1. 用等值电容。

2. 在 IC 周围扩展开。

习题 11.9

1. 总电容与所用电容的数量成比例增大。

2. 总电感与所用电容的数量成比例减小。

3. 没有并联谐振或反谐振。

习题 11.10

1. 电容不与电容的数量成比例增大,只是各个电容的总和。

2. 将出现并联谐振或反谐振。

习题 11.11

在两个电容网络之间将出现由并联谐振(反谐振)产生的阻抗尖峰。

习题 11.12

a. 34。

b. 0.05μF。

习题 11.13

a. 20~318MHz 为 50mΩ,超过这个频率将以 20dB/dec 的斜率增加。

b. 200 个电容。

c. 每个电容是 800pF。

d. 对,只要不增加电容封装的电感。

习题 11.14

0.01μF。

习题 11.15

4.5nF。

第 12 章

习题 12.1

a. 小环天线。

b. 偶极子或单极天线。

习题 12.2

差模:以 40dB/dec 的斜率上升到频率 $1/\pi t_r$,超过该频率后是平坦的。

共模:以 20dB/dec 的斜率上升到频率 $1/\pi t_r$,超过该频率后以 20dB/dec 的斜率下降。

习题 12.3

64mA。

习题 12.4

1. 抵消环路。

2. 时钟抖动。

3. 屏蔽。

习题 12.5

小偶极子。

习题 12.6

a. 13dBμV/m。

b. 10MHz 为 13dBμV/m,100MHz 上升到 33dBμV/m,之后到 350MHz 是平坦的。

c. 频率为 88MHz 时具有 8dB 的裕量。

习题 12.7

a. 369MHz。

b. 20dB/dec。

习题 12.8

它们两个相同。

习题 12.9

差模,由于发射等式中的 f^2 项。

习题 12.10

$800\mu\mathrm{V/m}$。

习题 12.11

$4\mathrm{in}(10.2\mathrm{cm})$。

习题 12.12

$6.4\mu\mathrm{A}$。

第 13 章

习题 13.1

a. 由图 13-8

$$V_{cm}=25I_{cm}=\frac{25V(f)}{R_{\mathrm{LISN}}+\dfrac{1}{\mathrm{j}2\pi fC_p}}$$

当 $R_{\mathrm{LISN}}\ll\dfrac{1}{\mathrm{j}2\pi fC_p}$ 时

$|V_{cm}|=50\pi fC_pV(f)$

b. $R_{\mathrm{LISN}}\ll1/(2\pi fC_p)$

c. $C_p=500\mathrm{pF},f=500\mathrm{kHz}$ 时(值都偏高),习题 13.1b 答案中的不等式为 $25\ll637$。

习题 13.2

$6.92\mathrm{nF}$。

习题 13.3

图 13-38 中的电流脉冲。

1. 幅度较低。

2. 较宽(在一周期内的较大部分上扩展)。

3. 有较低的谐波分量。

习题 13.4

画图如图 F13-4 所示。

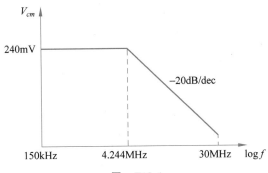

图 F13-4

习题 13.5

画图如图 F13-5 所示。

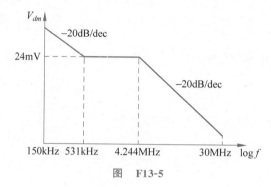

图 F13-5

习题 13.6

由式(13-7),差模。

习题 13.7

1. 提供了一些差模电感,改进了滤波器差模的有效性。

2. 由于电源线电流,太多的泄漏电感会导致共模扼流圈饱和。

习题 13.8

共模扼流圈两端的寄生电容和与 Y 电容(对地电容)串联的电感。

习题 13.9

231pF。

习题 13.10

输入纹波滤波电容的 ESL 和 ESR。

习题 13.11

从图 13-9 中可看出,是开关频率。

第 14 章

习题 14.1

0.88V/m。

习题 14.2

5.48V/m。

习题 14.3

6.2V/m。

习题 14.4

$E=\sqrt{120\pi P}$。

习题 14.5

194V/m。

习题 14.6

低频电路中非线性元件对高频能量的无意检波(整流)。

习题 14.7

a. $2\mu\text{H}$。

b. $0.02\mu F$。

习题 14.8

a. 将增加衰减。

b. 将减小衰减。

习题 14.9

由式(6-33),0.9in(2.3cm)。

习题 14.10

72V。

习题 14.11

a. 20.1Ω。

b. 1.1Ω。

习题 14.12

a. 12.12A。

b. 20A。

c. 1000A。

习题 14.13

a. 39.5A。

b. 6.9A。

c. 163.1A。

习题 14.14

$5000\mu F$。

习题 14.15

1.5 周期。

习题 14.16

a. 对,基于 CBEMA 曲线(图 14-21)。

b. 不对,基于图 14-21。

c. 对,基于图 14-21。

d. 不对。

习题 14.17

下降到图 14-21 右上部分条件的任意组合。

第 15 章

习题 15.1

不会,只有充电的导体才会发生放电。

习题 15.2

a. 会。

b. 不会。

习题 15.3

聚酯材料带负电,铝带正电。

习题 15.4

a. 不能。

b. 能。

习题 15.5

a. 可以。

b. 不能,因为电荷在导体上可以移动,符号相反的电荷会中和。

习题 15.6

a. 0.7pF。

b. 84.6pF。

习题 15.7

10pF。

习题 15.8

22.5pF。

习题 15.9

如果测量电极的间距加倍,它们之间的电阻也加倍。然而,要保持在正方形上进行测量,电极的长度也加倍,这提供了两倍的平行路径,因此电阻将会减半。综合以上两种影响,不管测量时的正方形多大,电阻保持相同。

习题 15.10

a. 4V。

b. 0.2V。

习题 15.11

底盘,金属机壳或 ESD 接地平面。

习题 15.12

减小了 ESD 电流的幅度和相关的磁场,减少了可能的瞬态混乱或软件错误。

习题 15.13

10V。

习题 15.14

40A。

习题 15.15

1. 程序流程。

2. I/O 数据有效性。

3. 存储器中数据的有效性。

习题 15.16

大约 94%。

第 16 章

习题 16.1

1. 与基频成正比。

2. 与信号电流的大小成正比。

3. 与上升时间成反比。

习题 16.2

在板的 I/O 区。

习题 16.3

与机壳 360° 连接。

习题 16.4

1. 使关键信号(时钟等)的回路面积非常小。

2. 电源和接地用网格。

习题 16.5

1. 平面上的槽或缝隙。

2. 信号迹线变层。

3. 连接器周围的接地平面被挖去(空的)。

习题 16.6

a.

1. 它们使返回电流流经大的回路。

2. 它们增加平面的阻抗。

3. 它们增加辐射发射。

b. 不能有高频信号迹线跨越相邻平面上的缝隙。

习题 16.7

1. 所有信号层都与平面相邻。

2. 信号层和与它们相邻的参考平面紧耦合(靠近)。

习题 16.8

目标要求 1、2、4 和 5。

习题 16.9

信号迹线从第 4 层变到第 5 层处不能用相邻的地到地的导通孔。

习题 16.10

目标要求 3(电源和接地平面靠近)。

习题 16.11

全部。

习题 16.12

a. 不需要。只要信号层与平面相邻(目标要求 1),板的第二层总是一个平面。因此,没有内部信号层与电源岛所在的层相邻。然而,电源岛将会阻断它所在信号层上的某些布线通道。

b. 与 a 的答案相同。

第 17 章

习题 17.1

1. 单一接地平面。

2. 合理分区。

3. 布线规则。

习题 17.2

a. ±0.50in。

b. ±0.030in。

习题 17.3

1. 布设迹线跨越缝隙。

2. 平面重叠。

习题 17.4

系统最好只有一个参考平面。

习题 17.5

1. 将数字迹线布设为带状线或非对称带状线。

2. 在 PCB 上使用隔离的模拟和数字接地区,与图 17-14 相似。

习题 17.6

是指插脚的内部连接位置。AGND 接到内部模拟地上,DGND 接到内部数字地上。它们不表示这些引脚的外部连接位置。

习题 17.7

模拟设备。

习题 17.8

SNR =78.9dB。

最大分辨率=12 位。

习题 17.9

10fs (0.010ps)。

习题 17.10

50ps。

习题 17.11

模拟地。

习题 17.12

包含大量数字电路的大 DSP 和编解码器。

习题 17.13

直接与 DGND 插脚连接。

第 18 章

习题 18.1

因为墙面的反射。

习题 18.2

54dBμV 或 500μV。

习题 18.3

—79dBm。

习题 18.4

58dBμV。

习题 18.5

a. 结果应当是零的试验。

b. 为了验证试验配置。

习题 18.6

将探头放在测量时的位置,再将两个探针短路,电压值应当是零。

习题 18.7

关闭产品的电源,看到信号消失。

习题 18.8

a. 定量。

b. 定性。

c. 定量。

d. 定量。

习题 18.9

(1) 测量 PCB 附近的磁场。

(2) 测量机箱上孔洞处的泄漏。

习题 18.10

a. 靠近 PCB 处的磁场。

b. 电缆上的共模电流。

c. 谐波。

习题 18.11

(1) 时钟波形。

(2) V_{CC} 对地电压。

(3) 接地电压差。

(4) 电缆对底盘的共模电压。

习题 18.12

(1) 是昂贵的。

(2) 是易损坏的。

(3) 带宽有限。

(4) 必须提供电源。

习题 18.13

(1) ① 低通滤波,截止频率为 60Hz。

② 10dB 衰减器,衰减电源线上出现的瞬变。

③ 二极管限幅器,钳制电源线上很大的瞬变。

(2) 出现过载或危害时保护频谱分析仪的输入端。

习题 18.14

(1) 峰值检波器。

(2) 平均值检波器。

(3) 准峰值检波器。

习题 18.15

20dB。

习题 18.16

68mA。

习题 18.17

（1）用电钻或 Dremel 电动工具产生一个宽带的场。

（2）用一个经授权公众可以无许可限制使用的小手持式发射机，如家庭式无线电装置或民用波段收音机。

习题 18.18

（1）测试场地的质量。

（2）测量设备的精确度。

（3）测试程序。

（4）测试配置。

（5）操作者。

一些单位符号

序号	单位符号	释 义	换 算
1	r/min 或 rpm	每分钟转数	
2	hp	马力	1 马力＝735.49875 瓦
3	inch,缩写 in	英寸	1in＝2.54cm
4	foot,缩写 ft	英尺	1ft＝12in＝0.3048m
5	mil	密尔,也称毫英寸	1in＝1000mil 1mil＝25.4μm
6	oz	英制单位盎司 在 PCB 行业是指涂覆铜的厚度	1oz＝31.1035g 1oz 相当于 35μm
7	GAUGE,缩写 Ga.	是起源于北美的一种关于直径的长度计量单位,数字越大直径越小,后经推广也可表示厚度	见表 5-4
8	nanosecond,缩写 ns	纳秒,也称毫微秒	1ns＝10^{-9}s
9	picosecond,缩写 ps	皮秒,也称微微秒	1ps＝10^{-12}s
10	femtosecond,缩写 fs	飞秒,也称毫微微秒	1fs＝s^{-15}s
11	dB/decade 缩写 dB/dec	dB/10 倍频	

中英文对照

harmonics 谐波
immunity 抗扰性
inrush current 浪涌电流
leakage at seams 在接缝处泄漏
magnetic fields 磁场
near-field measurements 近区场测量
noise voltage 噪声电压
power quality 电能质量
    radiated 辐射的
    emission 发射
    immunity 抗扰性
transient immunity 瞬变抗扰性
Preventing ESD entry 防止静电放电进入
    insulated enclosure 绝缘罩(机壳)
    metallic enclosure 金属罩(机壳)
Printed circuit board see PCB 印制电路板
Printed wiring board see PCB 印制线路板
Probability density function 几率密度函数
Probes 探头
    balanced differential voltage 平衡差分电压
    common-mode current 共模电流
    electric field 电场
    magnetic field 磁场
Propagation constant 传播常数
Propagation delay 传播延迟
Properties of logarithms 对数的特性
Pyramidal cones, carbon loaded 金字塔形椎体, 掺入(浸)碳

Q. Q 值
Quasi-peak detector 准峰值检波器
Quiet ground 安静地

Radiated emission 辐射发射
    effect of decoupling on, 454 去耦作用
    envelope 包络线
      common-mode 共模
      differential-mode 差模
    margin 裕量
    measurement 测量
    requirements 要求
    test environment 测试环境
    uncertainty 不确定
Radiated immunity 辐射抗扰性
    limits 限值
    measurements 测量

Radiation 辐射
    common-mode 共模
      controlling 可控的
    differential-mode 差模
      controlling 可控的
Radiation resistance 辐射电阻
Radio-frequency device 射频设备
Radio-frequency environment 射频环境
Radio-frequency immunity 射频抗扰度
    cable suppressions techniques 电缆抑制技术
    device level 设备级
    enclosure techniques 机壳技术
R-C 电阻-电容
    contact protection network 触点保护网络
    filter 滤波器
    R-C-D contact protection networks R-C-D 触点保护网络
Receiving dipole 接收偶极子(天线)
Receptacle, isolated ground 插座, 单独接地
Reciprocity 互易
Rectifier diode noise 整流二极管噪声
Reference plane current distribution: 电流分布参考面
    asymmetric stripline 不对称带状线
    microstrip line 微带线
    stripline 带状线
Reference plane, monopole 参考面, 单极天线
Reference planes, changing 参考面, 变换
Referencing the top and bottom of the same plane 参考同一面的顶部和底部
Reflection loss 反射损耗
    electric field 电场
    generalized equation 一般方程
    magnetic field 磁场
    plane wave 平面波
Regulations 规范
    automotive 汽车的
      SAE J551 the Society of Automotive Engineers (汽车工程师学会)标准名称
      SAE J1113 同上
    avionics 航空电子设备
      DOE-160 标准名称
    Canadian 加拿大
    European Union 欧盟
    FCC the Federal Communications Commission (美国联邦通信委员会)缩写

Triangle wave 三角波

Triaxial cable 三同轴电缆

Triboelectric 摩擦起电的

    charging 充电

    effect 影响

    series 系列

True rms meter 真均方根仪表

TV antenna 电视天线

TVS diodes see Transient voltage suppression diodes 瞬态电压抑制二极管

Twelve-layer PCB stackup 12 层 PCB 叠层

Twisted pair 双绞线

Universal absorption loss curves 通用吸收损耗曲线

Vacuum discharge 真空放电

Vacuum metalizing 真空金属喷涂(镀)

Variable frequency motor drive 变频电机驱动器

Variable speed motor drive 变速电机驱动器

    controlling noise 控制噪声

      input side 输入端

      output side 输出端

    harmonic suppression 谐波抑制

Varistor 变阻器

Vector magnetic potential 矢量磁位

Velocity of propagation 传播速度

Verification 验证,确认

Vertical isolation 垂直隔离

Very high-frequency dipole 甚高频偶极子

Vias 通孔

    blind 盲通孔

    buried 埋通孔

    plane-to-plane 面到面

Vibration sensitivity(cable) 振动灵敏度(电缆)

V_n-I_n noise model V_n-I_n 噪声模型

Voltage 电压

    arcing 电弧

    dips 骤降

    ground plane 接地面

    interruptions 中断

    sags 跌落

Voltage probe, dc to 1-GHz 电压探头, 直流~ 1GHz

Voltage variable resistor 电压可变电阻器

Watchdog timer 看门狗定时器

Wave impedance 波阻抗

Waveguide 波导

Waveguide below cutoff 波导截止(频率)以下

Waveshape 波形

    ground noise voltage 接地噪声电压

    switched-mode power supply, input 开关电源, 输入

with inductive input filter 带有电感输入滤波器

Whisker growth 晶须生长

White noise 白噪声

Windows, conductive 窗口, 传导的

Wire mesh screens 金属丝网屏

Workbench EMC measurements EMC 测量工作台

X-capacitor X 电容器

Yagi antenna 八木天线

Y-capacitor Y 电容器

Z-axis coupling Z 轴耦合

ZBC-2000® 一种注册商标

Zener diode contact protection network 齐纳二极管触点保护网络

Zero signal reference plane 零信号参考平面

Zerostat 一种抗静电枪的名称

Zinc 锌

ZSRP Zero signal reference plane 零信号参考平面